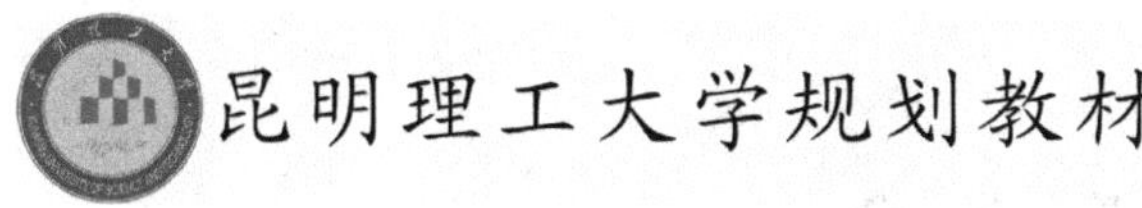

昆明理工大学规划教材

电子技术实践教程

刘 辉 黄 灿 编著

科 学 出 版 社

北 京

内 容 简 介

本书是电子技术实践教学的综合指导教材，涵盖电子技术实验、课程设计、电子实习等教学环节，侧重于对学生实践操作能力和综合设计能力的培养。全书共6章，主要包括模拟电子技术基础实验、模拟电子技术设计实验、数字电子技术基础实验、数字电子技术设计实验、电子技术课程设计、电子实习等内容，并加入当前应用广泛的 Multisim 仿真软件、PCB 知识、常用器件的识别与套件制作等内容，还通过大量设计实例讲述如何将所学理论知识应用到实际项目中，既注重主要知识内容的深入讨论，又突出新颖性。本书每个实验都设有基本型实验、提高型实验、开拓型实验三个层次，以满足不同专业、不同学时的学生对教学内容和难易程度的要求。

本书可以作为高等院校电类本科生、专科生电子技术课程的实验教材，也可以供相关专业的教学、科研和工程技术人员参考。

图书在版编目（CIP）数据

电子技术实践教程／刘辉，黄灿编著. —北京：科学出版社，2017
昆明理工大学规划教材
ISBN 978-7-03-051199-7

Ⅰ. ①电… Ⅱ. ①刘… ②黄… Ⅲ. ①电子技术-高等学校-教材
Ⅳ. ①TN

中国版本图书馆 CIP 数据核字（2016）第 321171 号

责任编辑：胡云志　任俊红　董素芹／责任校对：刘亚琦
责任印制：张　伟／封面设计：华路天然工作室

科学出版社 出版
北京东黄城根北街 16 号
邮政编码：100717
http://www.sciencep.com
北京建宏印刷有限公司 印刷
科学出版社发行　各地新华书店经销
*
2017年 2 月第　一　版　开本：787×1092　1/16
2021年 12 月第三次印刷　印张：27 3/4
字数：680 000

定价：62.00 元

（如有印装质量问题，我社负责调换）

前　　言

电子技术的发展，直接推动了计算机技术的发展。当今社会电子技术应用广泛，可以用“无孔不入”来形容，对于一个工程技术人员来讲，具备一定的电子技术实操技能是很有必要的。大学本科教学改革不断提出要强化学生理论联系实际、解决实际问题能力的培养，强化学生实践能力的培养以及注重学生工程能力的培养，教学改革需要教材建设来支撑。在教学中，我们发现学生在电子技术实践多个教学环节学习中需要一本综合实践教材，同时学生更渴求包含更多解决实际操作问题的实践教材。为了给在校本科生提供一本内容较新、论述较系统的有关电子技术实践的综合教材，也为相关领域的工程技术人员提供一本内容涵盖面广、具有一定实用性的参考书，我们编写了本书。

本书是编者多年的课程教学、实践指导的经验总结，是集电子技术基本理论、实验、课程设计、系统仿真、实习多个教学环节于一体的一本实用性强、易于教学的教材。本书内容体现“以能力培养为本位、以职业实践为主线”的要求，突出实践训练与知识学习的联系，让学生在掌握知识的基础上，增强课程内容与职业岗位能力要求的相关性，强化知识学习的针对性和应用性。具体任务是在学生具备基本理论知识的基础上进行实践锻炼和强化学习，目标是使学生掌握电子技术实验、设计、操作技能及工艺知识，培养学生动手能力。让学生在练习中学习，在学习中练习，注重学生“工程技术人员”综合素质的培养。

本书具有如下特点：

(1)内容广泛。本书是电子技术实践教学的综合指导书，内容涵盖电子技术实验、课程设计、电子实习等教学环节的内容。不同院校教师可根据学生专业、水平等实际情况选用教学环节。

(2)结构清晰合理。本书内容以实验原理—基本型实验—提高型实验—开拓型实验为主线，按由浅入深、先易后难、先理论后验证、先应用再提高，循序渐进来安排。既易于学生接受，又能达到增强学生实践能力的目的。每个实验都设有基本型实验、提高型实验、开拓型实验三个层次，满足不同专业、不同学时的学生对教学内容和难易程度的要求。

(3)注重基础。打好基础才能建高楼。本书自始至终都非常注重和强化基本知识、基本方法、基本技能和基本应用。

(4)选材考究。电子技术不断发展，理论、技术不断推陈出新。本书在众多应用中只选取基础理论、经典方法、经典应用等重要内容。

(5)注重综合设计能力的培养。项目设计时先学习、演练教材中的设计示例，然后在示例电路的基础上改进、增加功能，最后再进行独立创新设计。采用先设计后仿真再完善；先单元电路后整体电路，先主体电路后扩展电路的方法进行展开。

(6)注重动手能力的培养。实验项目中的注意事项及思考题与实习项目中器件识别与检测、焊接、套件制作的操作方法都是参编教师多年教学经验的总结。不仅有利于学生对理论知识的消化吸收，而且对实践操作具有直接指导意义。既有利于强化学生动手能力的培养，又注重学生工程技能的培养。

本书是由昆明理工大学的刘辉、云南财经大学的黄灿共同编写的，其中第 1 章、第 4 章、第 6 章由刘辉编写，并负责全书制定大纲和编写组织；第 2 章、第 3 章、第 5 章由黄灿编写，并负责全书统稿。本书在编写过程中得到了许多同事的支持、指导和帮助，他们是朱荣、胡寅、李江涛、蔡燕、申云丰、金而瑾、刘涛、赵耀等。

衷心感谢昆明理工大学规划教材项目的资助，衷心感谢科学出版社的编辑，同时也衷心感谢在编写过程中提供支持、帮助的同事和无私奉献的家人，是他们的辛勤劳动，使本书顺利出版。最后，本书参考了许多同行的著作，引用了他们的观点、方法与结论，在此一并感谢。

为辅助教师教学，本书配有书中所讲解示例的 Multisim 仿真程序，请需要的教师拨打电话 010-64010638 索取。

由于编者学识有限，时间仓促，书中难免有不足之处，敬请读者批评、指正。

编　者

2016 年 7 月

目　录

第 1 章　模拟电子技术基础实验

电子技术的发展直接推动了计算机技术的发展，当今社会电子技术应用十分广泛，可以用“无孔不入”来形容。对于一名在校理工科大学生来说，学习一些电子技术的知识并掌握相关操作技能是很有必要的，在今后的工作、生活中也将大有益处。

模拟信号是在时间上和数值上都连续变化的信号。模拟电子技术是以晶体管为基础，主要阐述、分析、研究如何放大、处理模拟信号的学科。实验是学习模拟电子技术必不可少的实践环节，侧重培养和训练学习者的实践经验和操作技能。

1.1　常用电子仪器的使用实验

1.1.1　实验目的

(1) 学习示波器、函数信号发生器、直流稳压电源、交流毫伏表等常用的电子仪器的主要技术指标、性能及正确的使用方法。

(2) 初步掌握用双踪示波器观察正弦信号波形和读取波形参数的方法。

1.1.2　实验仪器与器材

常用电子仪器使用实验中的实验仪器与器材如表 1.1.1 所示。

表 1.1.1　常用电子仪器使用实验中的实验仪器与器材

序号	设备名称	型号及参数	数量
1	直流稳压电源	0～30V 可调	1 台
2	函数信号发生器	YB1602	1 台
3	通用示波器	LDS20405	1 台
4	交流毫伏表	YB2172	1 台
5	电容		若干
6	电阻		若干
7	短接桥和连接导线	P8-1 和 50148	若干

1.1.3　实验原理

在模拟电子技术实验中，对模拟电子电路的静态和动态的工作情况进行测试、分析是必不可少的任务。只有测试方法正确、测试数据无误，才能保证数据分析的正确性。所以在测试之前了解一些测试所用的仪器设备的知识是很有必要的。

在测试中经常使用的电子仪器有示波器、函数信号发生器、直流稳压电源、交流毫伏表、万用表等。模拟电子实验中往往要对各种电子仪器进行综合使用，一般可按照信号流向，以连线简捷、调节顺手、观察与读数方便等原则进行合理布局。图 1.1.1 所示为仪器与被测实验装置之间的布局与连接示意图。

注意：

(1) 为防止外界干扰，各仪器的接地端应连接在一起，这称为共地。

(2) 信号发生器、交流毫伏表、示波器的引线通常要用屏蔽线或专用电缆线。

(3) 直流电源的接线可以使用普通导线。

(4) 屏蔽线连接时应先对齐接头连接孔再插入，并顺时针旋转 90°

(5) 屏蔽线的红色引线是信号线，黑色引线是屏蔽线，黑色引线需接地。

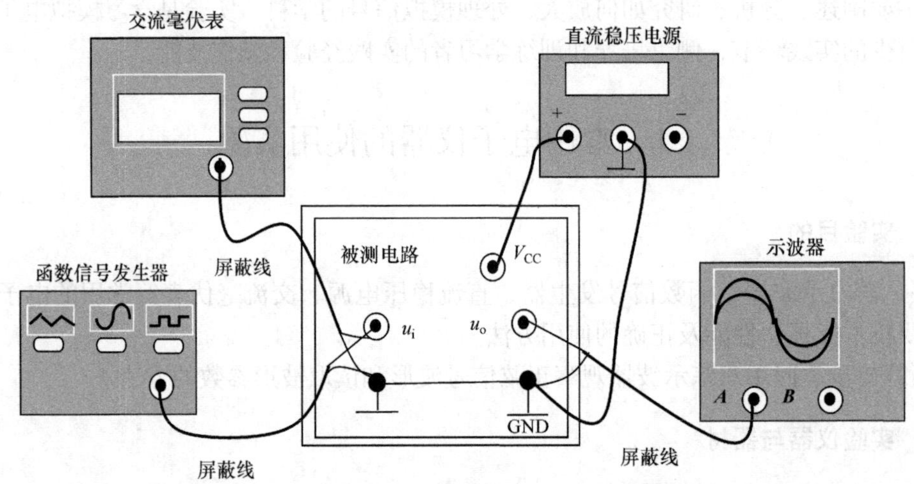

图 1.1.1 模拟电子电路中常用电子仪器布局示意图

1. 函数信号发生器

函数信号发生器可以输出正弦波、方波、三角波三种信号波形。输出电压幅值最大可达 $20V_{p\text{-}p}$。通过输出衰减开关和输出幅度调节旋钮，可使输出电压在毫伏级到伏级范围内连续变化。函数信号发生器的输出信号频率可以通过频率分挡开关和微调旋钮进行调节。

在模拟电路实验中，一般用函数信号发生器作为信号源。函数信号发生器输出端红色为信号线，黑色为接地线。函数信号发生器作为信号源，它的两个输出端不允许短接。

函数信号发生器上显示的输出幅值为峰-峰值。如果要函数信号发生器产生幅度大小为 $10mV_{p\text{-}p}$(指峰-峰值)的信号，那么先把函数信号发生器的衰减按钮 20dB 和 40dB 都按下去，然后再调节幅度调节旋钮使输出显示为 10mV 即可。

由于函数信号发生器显示的输出幅值为峰-峰值，不是有效值。而放大电路输入、输出的交流量一般指有效值，所以需要同时使用交流毫伏表来检测有效值。或采用有效值与峰-峰值的关系式 $U=\dfrac{V_{p\text{-}p}}{2\sqrt{2}}$ 来计算。

如果要用函数信号发生器得到一个有效值为 5mV、频率为 1kHz 的正弦波交流信号。通常具体操作方法为：函数信号发生器输出信号的同时应把信号也接到交流毫伏表；先按下函数信号发生器的正弦波信号类型选择按钮，并调节输出频率为 1kHz；按下 20dB 和 40dB 衰减按钮，然后再调节幅度旋钮，使交流毫伏表的读数为 5mV。这样便得到一个有效值为 5mV、频率为 1kHz 的正弦波交流信号(当然也可以通过示波器观察和测量来实现)。

注意：

(1)函数信号发生器作为信号源，它的两个输出端不允许短接。

(2)函数信号发生器输出端红色为信号线，黑色为接地线。

(3)函数信号发生器输出电压显示值为峰-峰值，而不是有效值。

(4)要测量有效值，一般采用交流毫伏表进行。

(5)模拟电子电路中的小信号一般不能使用万用表的交流电压挡测量，因为万用表仅能测量频率为 400Hz 以下的交流信号。

2. 交流毫伏表

交流毫伏表只能在规定的工作频率范围之内测量正弦交流电压的有效值。所以交流毫伏表显示的是交流正弦信号的有效值。实验所用交流毫伏表测试频率范围是 10Hz～2MHz。使用交流毫伏表测量电压信号时，应把交流毫伏表的红色夹子和待测信号相连，黑色夹子接地。为了防止交流毫伏表过载而损坏，测量前一定先把量程开关置于量程较大的位置上，然后在测量中逐挡减小量程。

3. 示波器

示波器是一种用途很广的电子测量仪器，它既能直接显示电信号的波形，又能对电信号进行各种参数的测量。

操作示波器一定要按照相应的规程进行。在进行实验时，示波器常规操作有如下几种：

(1)将示波器 Y 轴显示方式置 CH1 或 CH2，输入耦合方式置 GND(接地)，开机预热后，按“自动寻迹”按钮就可在显示屏上出现光点和扫描基线。若没有，可按下列操作找到扫描线：①适当调节亮度旋钮；②触发方式开关置“自动”；③适当调节垂直(↑↓)、水平(⇄)“位移”旋钮，使扫描光迹位于屏幕中央。

(2)双踪示波器一般有五种显示方式，即 CH1、CH2、“叠加”三种单踪显示方式和“交替”“断续”两种双踪显示方式。“交替”显示一般适宜输入信号频率较高时使用。“断续”显示一般适宜输入信号频率较低时使用。

(3)为了显示稳定的被测信号波形，“触发方式选择”开关一般选为“常态”。“触发源选择”开关一般选为 CH1(或 CH2)(单路输入时，选相应的通道；双路输入时，选信号幅度大的一路作为触发源)。

(4)扫描方式开关通常先置于“自动”调出波形后，若显示的波形不稳定，可置触发方式开关于“常态”。通过调节“触发电平”旋钮找到合适的触发电压，使被测试的波形稳定地显示在示波器屏幕上。有时，由于选择了较慢的扫描速率，显示屏上将会出现闪烁的光迹，但被测信号的波形不在 X 轴方向左右移动，这样的现象仍属于稳定显示。

(5)适当调节“扫描速率”开关及“Y 轴灵敏度”开关使屏幕上显示 1～2 个周期的被测信号波形。在测量幅值时，应注意将“Y 轴微调”旋钮置于“校准”位置，即逆时针旋到底，且听到关的声音。在测量周期时，应注意将“X 轴微调”旋钮置于“校准”位置，即逆时针旋到底，且听到关的声音。

根据被测波形在屏幕坐标刻度上垂直方向所占的格数(div 或 cm)与“Y 轴灵敏度”开关指示值(V/div)的乘积，即可算得信号幅值的实测值。

根据被测信号波形一个周期在屏幕坐标刻度水平方向所占的格数(div 或 cm)与“扫速”开关指示值(t/div)的乘积，即可算得信号周期的实测值。

当然也可以通过“测量”按钮来显示相关参数，找到需要的数据，实现测量。

1.1.4 实验内容与步骤

1. 基本型实验：用机内校正信号对示波器进行自检

1)扫描基线调节

将示波器的显示方式开关置于“单踪”显示(CH1 或 CH2)，输入耦合方式开关置于 GND(接地)，扫描方式开关置于“自动”。开启电源开关后，调节“辉度”“聚焦”“辅助聚焦”等旋钮，使荧光屏上显示一条细而且亮度适中的扫描基线。然后调节“X 轴位移”(⇄)和“Y 轴位移”(↑↓)旋钮，使扫描线位于屏幕中央，并且能上下左右移动。

2)测试“校正信号”波形的幅度、频率

将示波器的“校正信号”通过专用电缆线引入选定的 Y 通道(CH1 或 CH2)，将 Y 轴输入耦合方式开关置于 AC 或 DC，触发方式选择开关置“常态”，触发源选择开关置 CH1 或 CH2。调节 X 轴“扫描速率”开关(t/div)和 Y 轴“灵敏度”开关(V/div)，使示波器显示屏上显示出一个或数个周期稳定的方波波形。

(1)校准“校正信号”幅度。

将“Y 轴灵敏度微调”旋钮置“校准”位置，“Y 轴灵敏度”开关置适当位置，读取校正信号幅度，记入表 1.1.2 中。

注：不同型号示波器标准值有所不同，请按所使用示波器将标准值填入表格中。

(2)校准“校正信号”频率。

将“扫速微调”旋钮置“校准”位置，“扫速”开关置适当位置，读取校正信号周期，记入表 1.1.2 中。

表 1.1.2　示波器校验数据表

测量项	标准值	实测值
幅度 U_{p-p}/V		
频率 f/ kHz		
上升沿时间/μs		
下降沿时间/μs		

(3)测量“校正信号”的上升时间和下降时间。

调节“Y 轴灵敏度”开关及微调旋钮，并移动波形，使方波波形在垂直方向上正好占据中心轴，且上、下对称，便于读数。通过扫速开关逐级提高扫描速度，使波形在 X 轴方向扩展(必要时可以利用“扫速扩展”开关将波形再扩展 10 倍)，并同时调节触发电平旋钮，从显示屏上清楚地读出上升时间和下降时间，将数据记入表 1.1.2 中。

2. 提高型实验：用示波器和交流毫伏表测量信号参数

调节函数信号发生器有关旋钮，使输出频率分别为 100Hz、1kHz、10kHz、100kHz，有效值均为 1V(交流毫伏表测量值)的正弦波信号。

改变示波器“扫速”开关及“Y 轴灵敏度”开关等位置，测量信号源输出电压频率及峰-峰值，记入表 1.1.3 中。

表 1.1.3　示波器和交流毫伏表测量信号表

信号电压频率	示波器测量值		函数信号发生器读数/V	示波器测量值	
	周期/ms	频率/Hz		峰-峰值/V	有效值/V
100Hz					
1kHz					
10kHz					
100kHz					

3. 开拓型实验：测量两波形间相位差

1)观察双踪显示波形“交替”与“断续”两种显示方式的特点

CH1、CH2 均不加输入信号，输入耦合方式置 GND，“扫速”开关置扫速较低挡位(如 0.5s/div 挡)和扫速较高挡位(如 5μs/div 挡)，把显示方式开关分别置“交替”和“断续”位置，观察两条扫描基线的显示特点。

2)用双踪示波器测量两波形间相位差

(1)按图 1.1.2 连接实验电路，将函数信号发生器的输出调至频率为 1kHz，幅值为 2V 的正弦波。经 *RC* 移相网络获得频率相同但相位不同的两路信号 u_i(Y_A端)和 u_R(Y_B端)，分别加到双踪示波器的 CH1 和 CH2 两个输入端。

为便于稳定波形，比较两波形相位差，应使内触发信号取自被设定作为测量基准的一路信号。

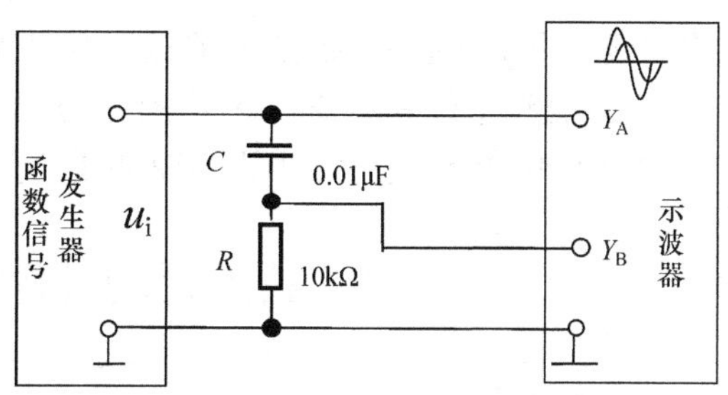

图 1.1.2　两波形间相位差测量电路图

(2)把显示方式开关置“交替”挡位，将 CH1 和 CH2 输入耦合方式开关置 GND，调节 CH1、CH2 的移位旋钮，使两条扫描基线重合。

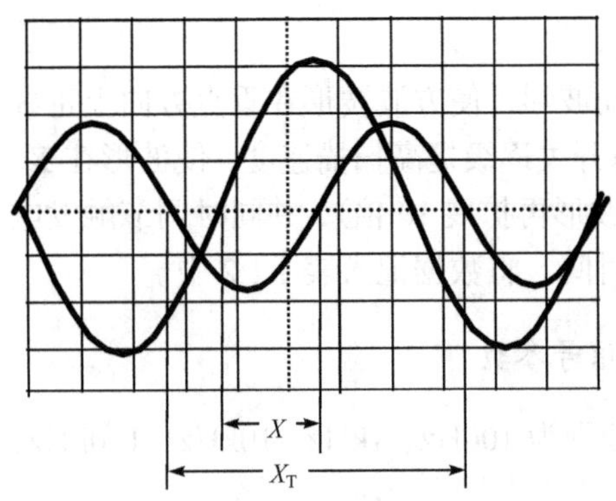

图 1.1.3 波形相位差计算示意图

(3)将 CH1、CH2 输入耦合方式开关置 AC，调节触发电平、扫速开关及 CH1、CH2 灵敏度开关的位置，使在显示屏上显示出如图 1.1.3 所示的易于观察的两个相位不同的正弦波形 u_i 及 u_R。再根据两个波形在水平方向的差距 X 及信号周期 X_T，则可求得两波形相位差。记录两波形相位差于表 1.1.4 中，并根据下式计算：

$$\theta = \frac{X(\text{div})}{X_T(\text{div})} \times 360°$$

式中，X_T 为 1 个周期所占格数；X 为两波形在 X 轴方向差距格数。

表 1.1.4 波形间相位差数据表

1 个周期格数	两波形间 X 轴差距格数	相位差	
		实测值	计算值
X_T =	X =	θ =	

为读数和计算方便，可适当调节扫速开关及微调旋钮，使波形的一个周期占整数格。

注意：实验结束时，请整理、摆放好设备，并填写实验设备使用登记本，最后请指导教师签字确认后方可离开实验室。

1.1.5 实验要求

(1)实验前查阅并学习有关示波器、交流毫伏表、函数信号发生器操作的内容。

(2)记录、整理实验结果，并对结果进行分析。

(3)画出实测的波形，并从中读出相应的参数值。

1.1.6 思考题

(1)已知 C=0.01μF、R=1kΩ，计算图 1.1.2 中 RC 移相网络的阻抗角 θ。

(2)函数信号发生器有哪几种输出波形？它的输出端能否短接？如用屏蔽线作为输出引线，则屏蔽层一端应该接在哪个接线端？

(3)交流毫伏表用来测量正弦波电压还是非正弦波电压？它的表头指示值是被测信号的什么参数值？它是否可以用来测量直流电压的大小？

1.2 晶体管的性能测试与质量鉴别实验

1.2.1 实验目的

(1)学会用万用表判别二极管和晶体三极管的极性与引脚。

(2)熟悉用万用表判别晶体三极管和二极管的质量。

(3)掌握二极管的简单应用。

1.2.2　实验仪器与器材

晶体管的性能测试与质量鉴别实验仪器与器材如表 1.2.1 所示。

表 1.2.1　晶体管的性能测试与质量鉴别实验仪器与器材

序号	设备名称	型号及参数	数量
1	直流稳压电源	0～30V 可调	1 台
2	九孔插件方板	297mm×300mm	1 块
3	函数信号发生器	YB1602	1 台
4	通用示波器	LDS20405	1 台
5	万用表	数字型和模拟型	各 1 块
6	二极管、发光二极管	IN4007、LED	3 只
7	晶体管	9014、9015	2 只
8	整流桥	ST2017	1 只
9	电阻、电位器		若干
10	短接桥和连接导线	P8-1 和 50148	若干

1.2.3　实验原理

PN 结是电子技术的基础，PN 结具有单向导电性。当 PN 结正向偏置时处于导通状态，反向偏置时处于截止状态。如果 PN 结加上相应的电极和管壳，就成为二极管。常用的二极管有普通二极管、稳压二极管、发光二极管、光电二极管等。二极管广泛应用于整流、检波、限幅、元件保护以及开关元件等。

发光二极管(LED)加上正向电压并有足够大的驱动电流就能发出清晰的可见光。其工作电压为 1.6～2.5V，不同颜色的发光二极管，工作电压略有不同。稳压二极管工作于反向击穿状态，在电路中能起稳压作用。

双极型晶体管简称晶体管，又称三极管，它是最主要的一种半导体器件。它的放大作用和开关作用的应用促使电子技术得到飞跃发展。三极管就类型而言分为 NPN 和 PNP 型，就材料而言分为硅管和锗管。不管是 NPN 和 PNP，晶体管都有两个结(发射结和集电结)、三个引出极(基极 B、发射极 E 和集电极 C)。

在使用二极管、三极管之前，一般都应进行性能测试和质量鉴别。常用的性能测试与鉴别工具是万用表。

1. 用指针式万用表测试二极管或三极管的方法

1)指针式万用表电阻挡使用时的模型与说明

当指针式万用表的转换开关拨到电阻挡用作欧姆表使用时，要用到内部的电源即干电池。这时的万用表欧姆挡的等效电路如图 1.2.1 所示。此时红表笔是内部电源的负极，黑表笔是内部电源的正极。R_0 为表内等效电阻，E_0 为表内电源电压。

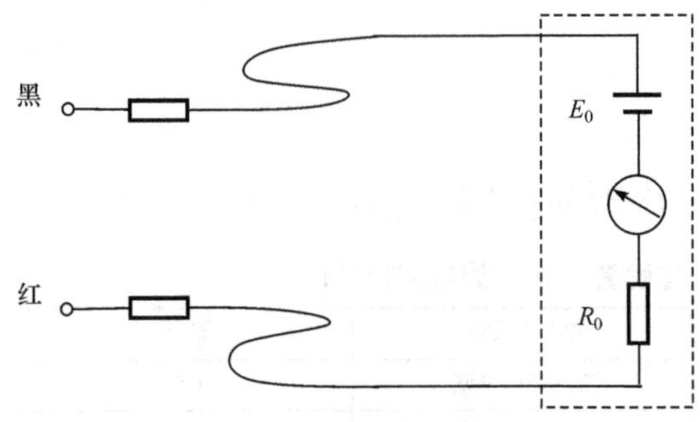

图 1.2.1　万用表欧姆挡的等效电路图

用指针式万用表测试小功率二极管或三极管时，用电阻挡 R×100Ω 或 R×1kΩ 挡为宜。因为在 R×1Ω 和 R×10Ω 挡时，虽然 E_0=1.5V，但是其等效内阻小，测量电流大，容易烧坏 PN 结。而采用 R×10kΩ 挡时，所用的电源是层叠电池。电池电压有 9V、12V 不等(因万用表的型号而异)，测量电压较高，容易击穿 PN 结。

同时必须注意，万用表电阻挡不同，其等效内阻也各不相同。

测量发光二极管时，可以使用 R×10kΩ 挡。

2)指针式万用表测试二极管的原理

因为 PN 结正向偏置时，PN 结变薄，流过 PN 结的电流增大，此时测出的电阻小；而 PN 结反向偏置时，PN 结变厚，流过 PN 结的电流减小，此时测出的电阻大。所以可用测量二极管正、反向电阻的方法来判断二极管的阳极、阴极。

具体的操作方法是：先将调好零的万用表挡位开关拨到电阻 R×100Ω 或 R×1kΩ 挡，然后将万用表的黑表笔和红表笔同时接到二极管的两个电极上。若此时测得的电阻为几百欧姆，则与黑表笔相连的那一极是二极管的阳极；若此时测得的电阻为几百千欧姆，则与黑表笔相连的电极是二极管的阴极。

注意：

在进行二极管测试时，

(1)若正向电阻很小、反向电阻很大，则说明二极管单向特性好。

(2)若反向电阻比正向电阻大很多倍，那么证明二极管是好的。

(3)若正反向电阻都为零，则说明二极管被击穿，不能再使用。

(4)若正反向电阻都为无穷大，则说明二极管内部已经断路，也不能再使用。

(5)使用万用表不同挡位(R×100Ω 或 R×1kΩ 挡)测量二极管的正向电阻时，阻值会不尽相同。这是因为二极管是非线性元件，万用表不同挡位的工作电流不同，导致二极管工作点不一样，所以所测阻值不一样。

---

3)指针式万用表测试三极管的原理

(1)三极管的基极与类型的判断。

由于三极管可以简单地看成两个 PN 结反向串联而成的，其内部等效结构如图 1.2.2 所示(注意：实际的三极管不是由两个二极管简单地反向串联而成的)。如果基极是阳极，那么该管是 NPN 型；如果基极为阴极，那么该管为 PNP 型。

具体操作为：用黑表笔接某一引脚(最好先选当中的一个)，红表笔分别与其他两引脚相连，若此时测得的电阻值都很大(几百千欧姆)且相同，或都很小(几百欧姆)，则与黑表笔相连的那一极为基极。其中，所测的电阻都很小且阻值相同的三极管是 NPN 型的；所测的电阻都很大且阻值相近的三极管是 PNP 型的；测不出基极的三极管，则可能是晶体管已坏。

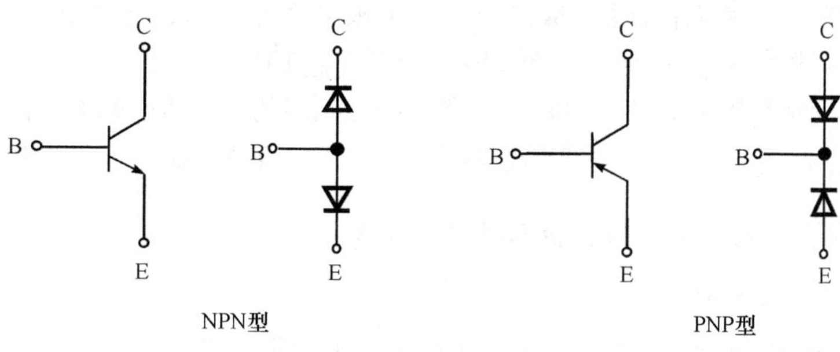

图 1.2.2　三极管内部等效结构图

(2)发射极和集电极的判别。

当三极管的集电结反偏，发射结正偏且基极偏置电阻也选择得合适时，那么三极管处于放大状态，三个电极满足 $U_C>U_B>U_E$(NPN 型)或 $U_C<U_B<U_E$(PNP 型)。此时集电极与发射极间流过的电流较大，测得集电极与发射极间的电阻小。当三极管的集电结正偏，发射结反偏时，三极管处于倒置状态，此时电流放大倍数 $\beta\approx0.01$，集电极与发射极间仅有微小的电流 I_{CEO} 流过，测得集电极与发射极间的电阻较大。

由于万用表的挡位开关拨到电阻挡时，万用表本身相当于一个等效电源，输出电源电压小于 1.6V(R×10kΩ挡除外)。图 1.2.3 所示是用万用表判别晶体管发射极和集电极的电路。它利用万用表内部电源和 BC 间的偏置电阻 R_b 构成基本共射放大器。

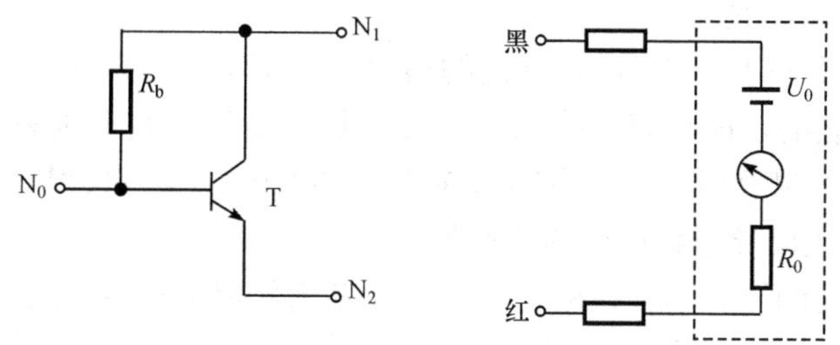

图 1.2.3　万用表判别晶体管发射极和集电极的电路图

判别三极管集电极 C 和发射极 E 的具体操作方法为：对于一只已预先判断出基极 B 的 NPN 型三极管，将万用表黑表笔和红表笔分别与三极管基极以外的两个极任意相连，然后在黑表笔和基极间加一个 100kΩ 的电阻(在操作过程中，用手指代替，如果表针摆动不明显，也可用舌头代替)，观察万用表所测出的电阻值；再将万用表红、黑表笔对调，仍在万用表黑表笔和三极管基极间加一个 100kΩ 电阻，观察所测出的电阻值；比较两次操作所测出的电阻值，找出电阻值小的那一次(即集电极与发射极间电流大的那一次)，此时与万用表黑表笔相连的那一极为三极管的集电极 C，余者为发射极 E。

倘若要判断的是一只已预先判断出基极的 PNP 型三极管，判断的操作过程与上述过程相同，只是判定结果相反。即选择万用表所测电阻值大的那次操作，该次操作与万用表黑表笔相连的极为三极管的集电极 C。

(3)共射极直流电流放大系数β测试。

静态电流放大系数h_{FE}是集电极电流I_C与电极电流I_B之比，它可用万用表进行测量。具体方法为：将挡位旋钮拨到电阻挡的R×10Ω挡(h_{FE}挡)，短接两表笔，并通过旋转调零电位器调零，完成后断开表笔。再将三极管按照已测出的管型将引脚顺序插入万用表左上角的对应插孔，此时读出的h_{FE}值即静态电流放大系数，其值近似等于动态电流放大系数β。

2. 数字式万用表测试二极管和三极管的方法

1)二极管极性的测试

将数字式万用表的红表笔插在V、Ω孔中，黑表笔插在COM孔中，将量程转换开关置于测量二极管的挡位，并将数字万用表的红、黑表笔分别与二极管的两个电极相接。

(1)如果显示数字500.0～700.0，说明此时二极管正向导通。万用表所显示为二极管正向导通时管压降的毫伏值。

(2)如果显示1，表示超量程，说明二极管不导通，二极管处于反向截止。

(3)如果显示数字500.0～700.0，那么与红表笔相连的引脚是阳极。

2)三极管的基极与类型的判断

万用表挡位置于测量二极管挡，将红表笔固定接在三极管的某一极上，黑表笔分别与另外两极相接。若两次都导通，则与红表笔相接的电极为基极，且三极管的类型为NPN型；若将黑表笔固定接在三极管的某一个电极上，红表笔分别与另外两极相接，若两次都导通，则与黑表笔相接的电极为基极，且此三极管的类型为PNP型。

3)三极管的质量鉴别

测试NPN三极管时，如果满足下面的情况，则基本上可以认为三极管是好的。

(1)数字万用表的正极红表笔接三极管的基极B，负极黑表笔接集电极C或发射极E，对应PN结正偏。如果万用表显示数字为500.0～700.0，说明PN结正向导通。此时万用表所显示为PN结正向导通管压降的毫伏值。

(2)数字万用表的黑表笔接三极管B极，红表笔分别接C、E极，此时PN结应反偏。即万用表显示1，表示超量程，PN结不导通。

(3)数字万用表的红表笔接三极管E极，黑表笔接C极，万用表显示1，表示超量程，PN结不导通。红表笔与黑表笔交换，仍然显示1。

4)发射极和集电极的判断及直流电流放大系数β测试

将数字式万用表的量程转换开关置于测量三极管的h_{FE}挡，然后将已经判断出类型和基极的三极管插入测量三极管的孔中(按照类型和基极对应插好)。记录万用表的读数。将三极管的C、E两引脚对换位置后再插好，记录万用表的读数。两次读数中数值大的一次，说明三极管处于放大状态，该次插接时孔上所标注的极性即为三极管的引脚极性，同时万用表的读数就是直流电流放大系数β的值。

在掌握这些测试方法后，就可以使用万用表判断二极管和三极管的质量以及是否已损坏。这些通常都是在实际电子电路设计和维护中判断晶体管是否工作良好的简便方法。

3. 晶体管选型注意事项

在选择二极管时应注意最大整流电流、反向工作峰值电压、反向峰值电流等参数。在选择三极管时注意动态电流放大系数β不宜太大也不要太小，β太小时电路没有足够的放大能力；β太大时晶体管工作不稳定。

1.2.4　实验内容与步骤

1. 基本型实验：用数字万用表判别二极管和三极管的性能

1) 二极管质量和性能判别实验

(1) 二极管质量判别。

首先将数字万用表置于测量二极管的挡位，将红、黑表笔分别与二极管的两个电极相接，观察万用表的示数。然后将红、黑表笔对换位置，再观察万用表的示数。对比两次万用表读数，若一次导通一次截止，则导通时与万用表红表笔相接的一极是二极管的阳极；若两次示数都为零，则二极管已被击穿；若两次示数都为超量程显示，则二极管内 PN 结已断路；若导通时万用表示数较大，则说明此二极管的质量较差。

(2) 二极管性能测试。

在保证所测二极管质量是好的基础上，再用万用表对二极管(IN4007)和发光二极管分别用 R×100Ω、R×1kΩ 和 R×10kΩ 挡测量其正、反向电阻，并记录数据到表 1.2.2 中，最后判定其性能的好坏。

表 1.2.2　二极管性能测试实验数据表

型号	挡位					质量判别
	正向电阻			反向电阻		
	R×100Ω	R×1kΩ	R×10kΩ	R×1kΩ	R×10kΩ	
1N4007						
LED						

2) 判断三极管的引脚和管型(NPN 和 PNP 型)

(1) 三极管的基极与类型的判断。

根据表 1.2.3 的要求，将红表笔固定接在三极管的某一极上，黑表笔分别与另外两极相接，若两次都导通，则与红表笔相接的电极为基极，且此三极管的类型为 NPN 型；若将黑表笔固定接在三极管的某一极上，红表笔分别与另外两极相接，若两次都导通，则与黑表笔相接的电极为基极，且此三极管的类型为 PNP 型。将判断的管型填入表 1.2.3 中。

(2) 发射极和集电极的判断。

将万用表的量程转换开关置于测量三极管的 h_{FE} 挡，然后将已经判断出类型和基极的三极管插入测量三极管的孔中(按照类型和基极对应插好)。记录万用表的读数，将三极管的 C、E 两引脚对换位置后再插好，记录万用表的读数。两次读数中数值大的一次，说明三极管处于放大状态，该次插接时孔上所标注的极性即为三极管的引脚极性。此时的数值即为电流放大倍数 β。最后，将引脚和电流放大倍数 β 填入表 1.2.3 中。

表 1.2.3　晶体管类型及引脚判断表

晶体管型号	引脚判断	1 2 3	管型	电流放大系数 β
9013				
9015				

注意：

(1) 不能用双手将两个表笔与引脚同时捏住进行测量。

(2) 操作完毕后，将万用表挡位置于交流电压挡。

2. 提高型实验：NPN 晶体管工作区的测定

通常把晶体管的输出特性曲线分为三个工作区(放大区、饱和区、截止区)，也就是晶体管有三个工作状态(本实验只讨论 NPN 型晶体管)。当发射结正偏，集电结反偏时，$U_{BE}>0$, $U_{BC}<0$，晶体管工作于放大区，有 $I_C=\beta I_B$；当发射结正偏，集电结也正偏时，$U_{BE}>0$，$U_{BC}>0$，晶体管工作于饱和区，有 $I_C<\beta I_B$；当发射结反偏，集电结反偏时，$U_{BE}<0$, $U_{BC}<0$，晶体管工作于截止区，有 $I_C\approx 0$。

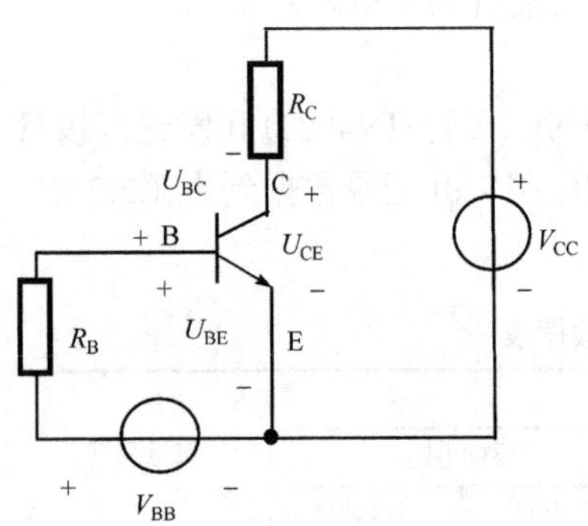

图 1.2.4　晶体管工作区的测定实验图

按图 1.2.4 所示电路接线，其中 V_{CC}=12V，R_B=20kΩ，R_C=3kΩ。

首先，让 V_{BB}=1V，用万用表测量 U_{BE}、U_{BC}、U_{CE} 的电压，把测量的数据填入表 1.2.4 中，并判断晶体管的工作状态。

然后，分别让 V_{BB} 为 3V 和−1V，再测量 U_{BE}、U_{BC}、U_{CE} 并判断晶体管的工作状态，最后将数据填入表 1.2.4 中。

表 1.2.4　晶体管工作状态测定表

输入电压	发射结电压	集电结电压	U_{CE} 电压	工作状态
V_{BB}	U_{BE}	U_{BC}		
1V				
3V				
−1V				

3. 开拓型实验：二极管限幅、整流实验

在电子电路中，常常利用二极管的单向导电性，实现限幅、整流等功能。

1）二极管的限幅作用测试

图 1.2.5 所示是二极管限幅实验电路，其中 R=5kΩ，二极管 D 为 IN4007，2V 电压源可由稳压电源提供。

实验时由信号发生器提供 $u_I=3\sin\omega t$，并用示波器观察输入波形和输出波形，记录波形，最后分析输出波形与二极管 D 的工作情况。

注意：

（1）信号发生器上显示的幅值是峰-峰值，其大小是最大值的 2 倍。

（2）要测量交流正弦信号的有效值一般使用毫伏表来测量。

（3）直流信号一般用万用表测量。

2）二极管的整流作用测试

图 1.2.6 所示是二极管整流实验电路。其中 R_L=3kΩ，整流桥可以由 IN4007 二极管组成，也可以直接使用整流桥。

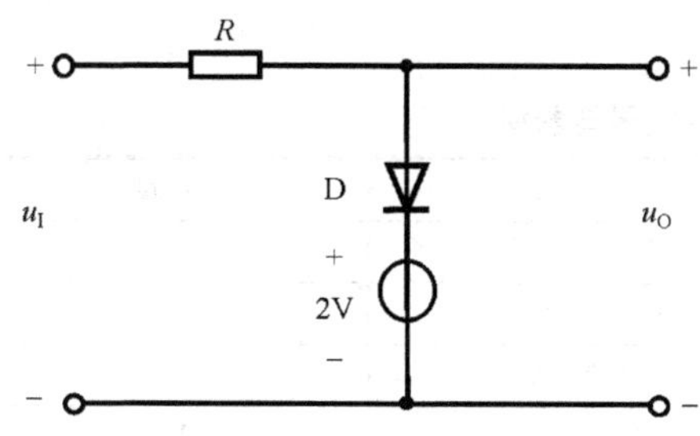

图 1.2.5　二极管限幅实验电路图

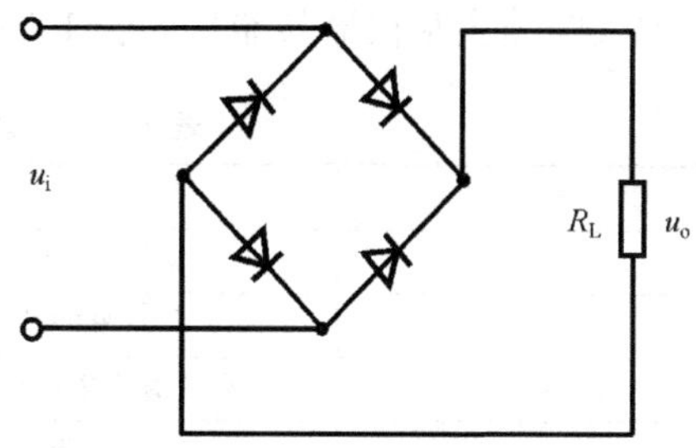

图 1.2.6　二极管整流实验电路图

实验时由信号发生器提供 $u_I=3\sin\omega t$，同时用示波器观察输入波形和输出波形，并记录相应波形。最后分析输出波形与二极管的工作情况。

注意： 实验结束时，请整理、摆放好仪器设备，并填写实验设备使用登记本，最后请指导教师签字确认后方可离开实验室。

1.2.5　实验要求

（1）记录、整理实验结果，并对结果进行分析。

（2）画出实测的限幅波形和整流波形，并从中读出各有关参数值。

1.2.6　思考题

（1）为什么在用指针式万用表不同电阻挡测二极管正向电阻时，测得的阻值不同？

（2）在判断三极管发射极和集电极的操作中，为什么用舌头代替手指，万用表指针摆动幅度更大，测试效果更明显？

1.3　固定偏置式共发射极放大电路实验

1.3.1　实验目的

(1)掌握基本放大电路的组成、原理及放大条件。

(2)掌握单管放大器静态工作点的调整及电压放大倍数的测量方法。

(3)学习静态工作点和负载电阻对电压放大倍数的影响，进一步理解设置合适的静态工作点对放大电路动态性能的影响。

(4)观察放大电路输出波形的失真现象并分析原因。

(5)熟悉信号发生器、示波器及交流毫伏表的使用方法。

1.3.2　实验仪器与器材

放大电路实验仪器与器材如表 1.3.1 所示。

表 1.3.1　放大电路实验仪器与器材

序号	设备名称	型号及参数	数量
1	直流稳压电源	0～30V 可调	1 台
2	九孔插件方板	297mm×300mm	1 块
3	函数信号发生器	YB1602	1 台
4	通用示波器	LDS20405	1 台
5	数字万用表	UA9205N	1 块
6	交流毫伏表	YB2172	1 台
7	电阻	510Ω、2kΩ	若干
8	电位器	2.2kΩ、1MΩ	2 只
9	电容	10μF/35V	2 只
10	三极管	9013	1 只
11	短接桥和连接导线	P8-1 和 50148	若干

1.3.3　实验原理

1. 实现放大的过程

放大的目的是将微弱的变化信号放大成变化较大的信号。放大的实质就是用小能量的信号通过晶体管的电流控制作用，将放大电路中直流电源能量转换成交流能量输出。实现放大的过程如下：

(1)要实现信号不失真地放大，必须保证晶体管时刻工作在放大区，即要求晶体管发射结正偏，集电结反偏。

(2)只有正确设置合适的静态工作点，才能使晶体管始终工作在放大区。

(3)输入回路将变化的电压转换成变化的基极电流。

(4) 利用晶体管的电流放大作用，将基极电流的微小变化转变成集电极电流的较大变化。

(5) 输出回路将变化的集电极电流转换成变化的集电极电压，经耦合电容只输出交流信号。

2. 电路元件的作用与取值范围

固定偏置式共发射极放大电路是最简单的放大电路，主要用来放大交流信号。电路如图 1.3.1 所示，电路由晶体管 T、直流电源 V_{CC}、集电极负载电阻 R_C、基极偏置电阻 R_B、耦合电容 C_1 及 C_2 组成。各个元件在电路中都有相应的作用及取值要求。

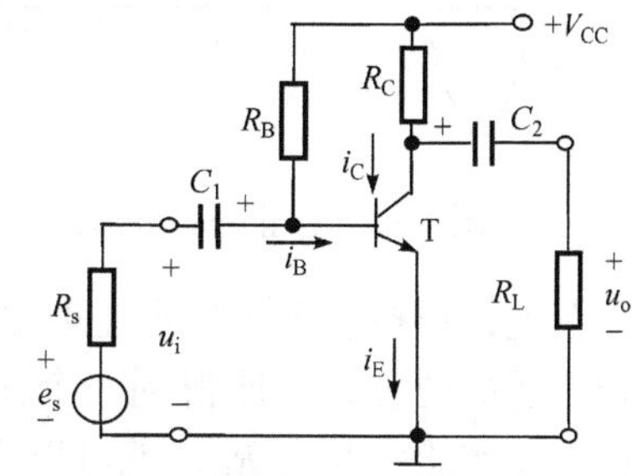

图 1.3.1　固定偏置式共发射极放大电路图

(1) 晶体管 T。它是放大电路中的放大元件，利用其电流放大作用，将基极电流的微小变化转换成集电极电流的较大变化，在集电极电路得到放大了的电流。

(2) 直流电源 V_{CC}。为放大电路提供能量，并保证晶体管工作在放大区。直流电源一般为几伏到十几伏。

(3) 集电极电阻 R_C。主要作用是将集电极电流的变化转换为电压的变化，以实现电压放大。R_C 一般为几千欧姆到几十千欧姆。

(4) 基极偏置电阻 R_B。主要作用是为电路提供大小适当的基极电流 I_B，以使放大电路获得合适的静态工作点。R_B 一般为几十千欧姆到几百千欧姆。

(5) 耦合电容 C_1、C_2。耦合电容一方面起到隔离直流的作用，用来隔断信号源与放大电路以及放大电路与负载之间的直流通路；另一方面起到耦合交流的作用，保证交流信号畅通无阻地经过放大电路。总的来说，耦合电容的作用就是“隔直通交”。C_1、C_2 一般为几微法到几十微法的电解电容。连接时，要注意电解电容的极性。

3. 放大电路工作原理

要想不失真地放大，就要在信号的整个作用周期内保证晶体管始终工作在放大区。要使晶体管工作在放大区，必须设置合适的静态工作点。静态工作点由 I_B、I_C、U_{CE} 等参数决定。在图 1.3.1 中 $U_{CE}=V_{CC}-I_CR_C$，$I_C=\beta I_B$，$I_B=\dfrac{V_{CC}-U_{BE}}{R_B}$。

基极电流 I_B 的大小不同，静态工作点在负载线上的位置也不同。所以，通过改变 I_B 的大小，就可以使放大电路获得一个相应的静态工作点。实际中一般通过调节 R_B 来改变偏置电流 I_B，从而改变 I_C 及 U_{CE}。

如果假设图 1.3.1 中输入信号 u_i 为正弦信号。若 R_B 选得太大，则 i_B 偏小，称为静态工作点设置得太低，此时输出波形易出现截止失真(对于 NPN 型，顶部失真)，其波形如图 1.3.2 所示；若 R_B 太小，则 i_B 偏大，称为静态工作点设置得太高，从而使输出波形出现饱和失真(对于 NPN 型，底部失真)，其波形如图 1.3.3 所示。

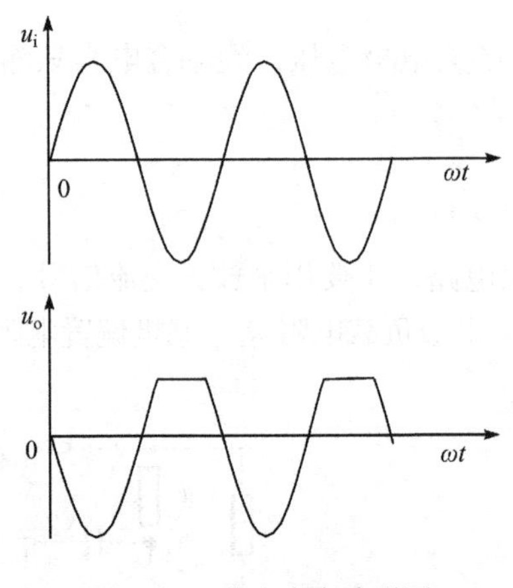

图 1.3.2　截止失真波形图

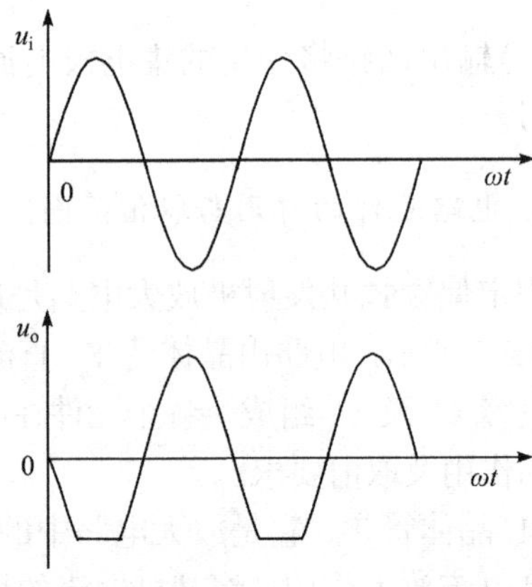

图 1.3.3　饱和失真波形图

因此，选择静态工作点主要是通过调节偏置电阻 R_B 的阻值来实现的。只有将 R_B 调到合适的位置，才能得到一个比较适中的静态工作点，放大器的输出电压波形才不失真。在实验中改变 R_B，就可以观察到静态工作点的选择对输出电压波形的影响。值得注意的是，即使静态工作点调得非常适合，但是如果输入的交流信号过大，也会出现既饱和又截止的失真波形。而往往就利用这一点来调节电路的静态工作点，使之处于一个最佳状态。

4. 合适静态工作点的调节方法

(1) 静态调试法。在不接输入信号时，用万用表测三极管的集电极与发射极之间的电压 U_{CE}，并调节 R_B，使 $U_{CE}=\frac{V_{CC}}{2}$。此时静态工作点处于直流负载线的中点位置。

(2) 动态调试法。在放大器的输入端加上输入信号，并将放大器的输出端接入示波器 CH1 通道。放大器输出线(即 C_2 耦合电容的负极)与示波器输入信号线(红夹)相连；放大器的地线与示波器的地线(黑夹)相连。调节如图 1.3.1 中所示的基极偏置电阻 R_B，使示波器出现最大不失真的正弦电压波形，从而使放大电路处于最佳放大状态，此时静态工作点被设置在交流负载线的中点位置，这是一个比较合适的静态工作点。

5. 动态性能指标

衡量一个放大电路的动态性能指标主要有电压放大倍数、输入电阻、输出电阻等。

1) 电压放大倍数

当有交流信号输入而输出不接负载 R_L(空载)时，放大电路的电压放大倍数为

$$A_u=\frac{U_o}{U_i}=-\frac{\beta R_C}{r_{be}},\quad r_{be}=200+(1+\beta)\frac{26}{I_E}\Omega$$

注意：这里的 26 的单位是 mV，I_E 的单位只能是 mA。

当有交流信号输入而输出接负载 R_L 时，放大电路的电压放大倍数为

$$A_u = \frac{U_o}{U_i} = -\frac{\beta R'_L}{r_{be}}, \quad R'_L = R_L // R_C$$

放大电路带上负载后，电压放大倍数还与集电极总负载电阻 R'_L 有关，只要改变 R_C 或 R_L 都会让电压放大倍数发生改变。

2）输入电阻

放大电路对信号源（或对前级放大电路）来说是一个负载，可用一个电阻来等效代替。这个等效电阻是信号源的负载电阻，也是放大电路的输入电阻 R_i。输入电阻是表明放大电路从信号源吸取电流大小的参数。放大电路的输入电阻越大，从信号源取得的电流越小，因此一般总是希望得到较大的输入电阻。

3）输出电阻

放大电路对负载（或对后级放大电路）来说是一个信号源，可以将它进行戴维宁等效，等效电源的内阻即为放大电路的输出电阻 R_o。输出电阻是表明放大电路带负载能力的参数。电路的输出电阻越小，负载变化时输出电压的变化越小，说明带负载能力越强。因此一般总是希望得到较小的输出电阻。

1.3.4　实验内容与步骤

1. 基本型实验

1）三极管模块的检测

实验前应先对三极管 T 进行检查。由于 NPN 三极管可以看成两个背靠背连接的 PN 结，本实验使用的是 NPN 型硅三极管，基极是两个结的公共阳极。可以利用数字万用表的二极管挡来大致判断它的好坏。

测试 NPN 三极管模块时，如果满足下面的情况，则基本上可以认为三极管是好的。

（1）数字万用表的正极红表笔接三极管的基极 B，负极黑表笔接集电极 C 或发射极 E，对应 PN 结正偏。如果显示数字 500.0～700.0，说明 PN 结正向导通。此时万用表所显示为 PN 结正向导通管压降的毫伏值。

（2）数字万用表的黑表笔接三极管 B 极，红表笔分别接 C、E 极，此时 PN 结应反偏。如果显示 1，表示超量程，PN 结不导通。

（3）数字万用表的红表笔接三极管 E 极，黑表笔接 C 极，显示 1，表示超量程，不导通。红表笔与黑表笔交换，仍然显示 1。

2）实验线路的连接

根据图 1.3.4 所示电路在 9 孔插件方板上进行接线。其中 R_{B1}=100kΩ，R_C=4kΩ，R_L=2kΩ，R_W=1MΩ，耦合电容 C_1=C_2=10μF/35V，晶体管 T 为 9013（β 待测）。

将直流稳压电源的输出电压调整为+12V，用导线将电源输出端分别接在放大电路的 +V_{CC}（+12V）和公共地端。J_1、J_2 用一个开关连接并使开关闭合，J_3、J_4 用一根短线或短

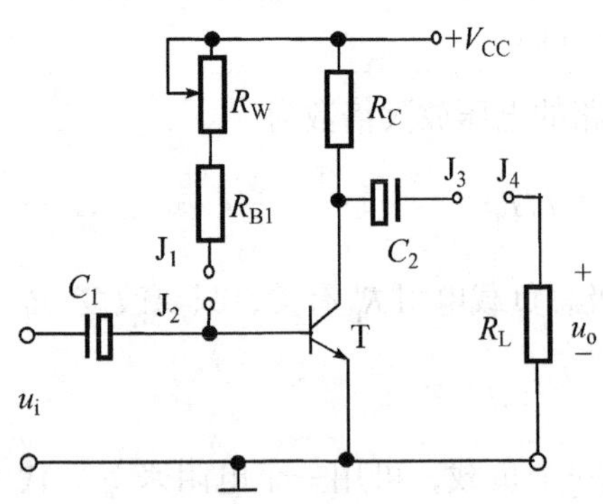

图 1.3.4　固定偏置式放大电路实验图

接桥相连，检查无误后接通电源。

3) 调整静态工作点

使用万用表或直流电压表来测量晶体管电压 U_{CE}。同时调节电位器 R_W，使 U_{CE} 为 5V 左右，从而使静态工作点位于交流负载线的中点(为了校验放大器的静态工作点选择是否合适，把信号发生器输出的 f=1kHz 信号加到放大器的输入端，并从零逐渐增加输入信号 u_i 的幅值，用示波器观察放大器的输出电压 u_o 的波形。若放大器工作点调整合适，则放大器的截止失真和饱和失真应该同时出现，若不是同时出现，只要稍微改变 R_W 的阻值便可得到合适的静态工作点)。

在输出端刚好既出现饱和失真又出现截止失真(此时静态工作点已处于交流负载线的中点)后断开 u_i 信号，即让 u_i=0，再用万用表分别测量晶体管各极对地的电压 U_C、U_B 和 U_E，最后将所测数据填入表 1.3.2 中。

表 1.3.2　静态工作点的参数值测定表

测量值				计算值		
U_C	U_B	U_E	R_B	I_B	I_C	β

计算值按 $I_C=\dfrac{V_{CC}-U_C}{R_C}$，$I_B=\dfrac{V_{CC}-U_B}{R_B}$，$\beta=\dfrac{I_C}{I_B}$ 计算。

其中 R_C=4kΩ，R_B ($R_B=R_W+R_{B1}$) 用万用表的电阻挡来测量。此时直流电流的放大倍数由 $\beta\approx\dfrac{I_C}{I_B}$ 估算所得。

注意：

(1) 在模拟电子技术中，直流量一般要用万用表测量，所以测量 U_{CE} 时用万用表进行测量。

(2) 在模拟电子技术中，交流电压一般用有效值表示，所以测量输入信号时要用毫伏表测量其有效值。

(3) 函数信号发生器输出的电压值为峰-峰值，而实验要求输入的电压值为有效值。对于正弦波来说其峰-峰值与有效值的关系为 $U_{P-P}=2\sqrt{2}U$。同时禁止将函数发生器的输出端短接。

(4) 测量 R_B 阻值时，务必断开电源。同时应将 J_1、J_2 间的开关断开。

4) 测量放大器的电压放大倍数以及观测改变 R_C 和 R_L 对放大倍数的影响

在调整好静态工作点的基础上，将信号发生器的输出频率调至 f=1kHz，输出电压的有效值为 5mV，并接入放大电路的输入端。

观察输出端 u_o 的波形变化情况。在不失真的情况下用交流毫伏表测量空载和带负载时的输出电压 u_o 的有效值 U_o 值，并将测得的数据填入表 1.3.3 中。

表 1.3.3　电压放大倍数的测定以及 R_C 和 R_L 变化对放大倍数的影响

R_C	R_L	测量值		计算值
		U_i/mV	U_o/mV	A_u
4kΩ	R_L=∞	5		
	R_L=∞	10		
	R_L=2kΩ	5		
	R_L=4kΩ	5		
2kΩ	R_L=∞	5		
	R_L=∞	10		
	R_L=2kΩ	5		
	R_L=4kΩ	5		

注意：

(1) 带负载 R_L，即 J_3、J_4 短接。

(2) 空载（不带负载 R_L），即去掉 J_3、J_4 之间的短接线，不连接 R_L。

然后，将 R_C 改接为 2kΩ，仍分别按带负载和空载两种情况进行测量，读取输出电压 u_o 的有效值 U_o 值，并将所有测量结果填入表 1.3.3 中，并计算电压放大倍数 A_u，电压放大倍数用 $A_u = \dfrac{U_o}{U_i}$ 求取。

2. 提高型实验：观测静态工作点对放大器输出电压波形的影响

先调整好静态工作点，放大电路输出端接示波器，并将信号发生器输出 f=1kHz 的正弦波信号加到放大器的输入端。

(1) 逐渐增大 u_i 的幅值，观察波形，使放大器输出波形呈现最大不失真。然后在表 1.3.4 中画出静态工作点合适时的输入、输出波形（记录 u_i 和 u_o 的有效值），并记录 U_{CE} 值。

(2) 使输出波形呈现最大不失真，调整 R_W 的阻值，使其减小（顺时针方向旋动），直到输出信号在示波器上波形出现明显的饱和失真。画出静态工作点过高时的输出波形，测量 U_{CE} 值，并记录到表 1.3.4 中。

(3) 同理，在输出波形呈现最大不失真的情况下，调整 R_W 的阻值，使其增大（逆时针旋动），直到输出信号的波形出现明显的截止失真。画出静态工作点过低时的输出波形，并记录 U_{CE} 值。最后将观察到的波形和所测得数据填入表 1.3.4 中。

表 1.3.4　静态工作点对放大电路输出电压波形的影响记录表

输入波形			u_i O t　U_i=　mV
静态工作点	失真类型	U_{CE}/V	输出波形
合适	无失真		U_o=　V
过高	饱和失真		U_o=　V
过低	截止失真		U_o=　V

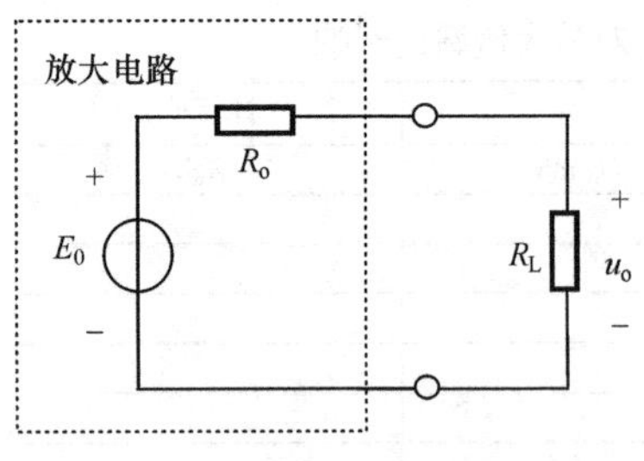

图 1.3.5　输出电阻测量原理图

3. 开拓型实验：输入电阻与输出电阻的测量

1)输出电阻 R_o 的测量

输出电阻 R_o 是放大电路从输出端看进去的等效电阻。放大电路对负载来说是一个信号源，而输出电阻就是信号源的内阻。测量原理电路如图 1.3.5 所示，图中放大电路的输出端接一个阻值已知的负载电阻 R_L。先测量此时的输出电压 U_L，再将负载电阻断开(空载)，然后再测空载时的输出电压 U_o，最后根据 $R_o = \frac{U_o - U_L}{U_L} R_L$ 公式计算，求取输出电阻。

(1)在调好静态工作点的电路(见图 1.3.4)中，输入正弦信号 U_i =5mV(有效值)，f=1kHz。

(2)根据表 1.3.5 中的数据，测量空载时输出电压 U_o(有效值)，填入表 1.3.5 中。

表 1.3.5　输出电阻 R_o 的测量表

R_C/kΩ	R_L/kΩ	测量值		计算值
		U_O/V	U_L/V	R_o/kΩ
2	4			
	2			
4	4			
	2			

(3)然后再测量带负载 R_L=4kΩ 和 R_L=2kΩ 时的输出电压 U_L(负载两端电压的有效值)，填入表 1.3.5 中。

(4)最后计算 R_o。

2)输入电阻 R_i 的测量

输入电阻 R_i 是指从放大器输入端看进去的等效电阻。放大电路对信号源(或对前级放大电路)来说，是一个负载，可用一个电阻来等效代替。这个电阻是信号源的负载电阻，也就是放大电路的输入电阻。输入电阻是表明放大电路从信号源吸取电流大小的参数。电路的输入电阻越大，从信号源取得的电流越小，因此总是希望输入电阻越大越好。

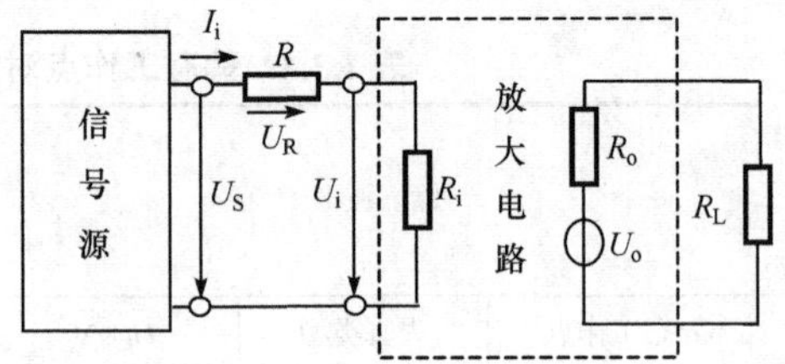

图 1.3.6　输入电阻测量原理图

实际测量输入电阻的原理电路如图 1.3.6 所示。电路在被测放大器的输入端与信号源之间串入一个已知阻值的电阻 R，在放大器正常工作的情况下，用交流毫伏表测出 U_S 和 U_i，再根据输入电阻的定义可得

$$R_i = \frac{U_i}{I_i} = \frac{U_i}{\frac{U_R}{R}} = \frac{U_i}{U_S - U_i} R$$

(1)在调好静态工作点的电路(如图 1.3.4 所示)中，在放大器输入端和信号源之间加入一个阻值为 1kΩ 的电阻。

(2)让信号源的频率为 1kHz 的正弦波信号，调整信号源 U_S 的幅值，使放大器的输入端 U_i=5mV(有效值)。

(3)再用交流毫伏表测出此时的信号源 U_S 的有效值，并填入表 1.3.6 中。

(4)最后计算 R_i。

表 1.3.6　输入电阻的测量表

R/kΩ	测量值		计算值
	U_i/mV	U_S/V	R_i/kΩ
1	5		
1.6	5		

注意：

(1)由于电阻 R 两端没有电路公共接地点，所以测量 R 两端电压 U_R 时必须分别测出 U_S 和 U_i，然后按 $U_R = U_S - U_i$ 求出 U_R 值。

(2)电阻 R 的值不宜取得过大或过小，以免产生较大的测量误差，通常取 R 与 R_i 为同一数量级为好，本实验可取 $R = 1\sim 2$kΩ。

(3)实验结束时，请整理、摆放好仪器设备，并填写实验设备使用登记本，最后请指导教师签字确认后方可离开实验室。

1.3.5　实验要求

(1)记录、整理实验结果，并对结果进行分析。

(2)列表整理测量结果，并把实测的静态工作点、电压放大倍数、输入电阻、输出电阻的值与理论计算值比较(取一组数据进行比较)，并分析产生误差的原因。

(3)总结 R_C、R_L 及静态工作点对放大器电压放大倍数、输入电阻、输出电阻的影响。

(4)总结静态工作点变化对放大器输出波形的影响。

1.3.6　思考题

(1)解释 A_u 随 R_L 变化的原因。

(2)分析静态工作点对放大器输出波形的影响。

(3)当放大电路出现截止失真或饱和失真时，应如何调节 R_B(增大还是减小)才能消除失真?

1.4　分压式偏置放大电路实验

1.4.1　实验目的

(1)掌握分压式偏置放大电路的组成、基本原理及放大条件。

(2)学会放大电路静态工作点的调试方法，并分析静态工作点对放大器性能的影响。

(3)掌握放大电路电压放大倍数、输入电阻、输出电阻及最大不失真输出电压的测试方法。

1.4.2　实验仪器与器材

分压式偏置放大电路实验仪器与器材如表 1.4.1 所示。

表 1.4.1　分压式偏置放大电路实验仪器与器材

序号	设备名称	型号及参数	数量
1	直流稳压电源	0～30V 可调	1 台
2	九孔插件方板	297mm×300mm	1 块
3	函数信号发生器	YB1602	1 台
4	通用示波器	LDS20405	1 台
5	万用表	MF47 型	1 只
6	交流毫伏表	YB2172	1 台
7	电阻	510Ω、2kΩ	若干
8	电位器	2.2kΩ、1MΩ	2 只
9	电容	10μF/35V	2 只
10	三极管	9013	1 只
11	短接桥和连接导线	P8-1 和 50148	若干

1.4.3　实验原理

1. 分压式偏置放大电路组成及原理

晶体单管放大器是最基本的放大电路。放大电路的本质是利用晶体管的基极对集电极的控制作用来实现的，即 $i_C = \beta i_B$。放大的前提是晶体管必须工作在放大区，即发射结正偏，集电结反偏。为解决固定式偏置电路的静态工作点稳定问题，这里引入了分压式偏置放大电路。图 1.4.1 所示是分压式偏置放大电路的原理图。它的偏置电路采用 R_{B1} 和 R_{B2} 组成的分压电路，并在发射极中接有电阻 R_E，以稳定放大器的静态工作点。

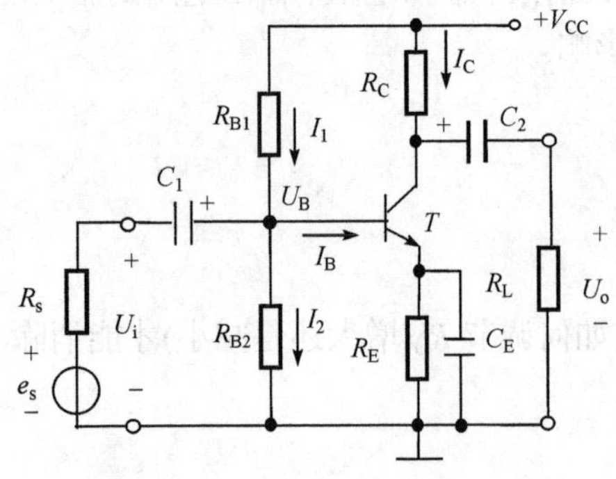

图 1.4.1　分压式偏置放大电路的原理图

当在放大器的输入端加入输入信号 u_i 后，在放大器的输出端便可得到一个与 u_i 相位相反，幅值被放大了的输出信号 u_o，从而实现了电压放大。

电路中各元件的作用为：晶体管 T 是放大元件，用基极电流 I_B 控制集电极电流 I_C；电源 V_{CC} 使晶体管的发射结正偏，集电结反偏，晶体管处于放大状态，同时也是放大电路的能量来源，提供输出电流 i_o 和集电极电流 i_C；R_{B1}、R_{B2} 是为了调节晶体管静态工作点而设置的，它使晶体管有一个合适的静态工作点；集电极负载电阻 R_C 是将集电极电流 i_C 的变化转换为电压的变化，实现电压放大的作用；电容 C_1、C_2 用来阻断直流，传递交流信号，起到耦合的作用。

在图 1.4.1 所示电路中，当流过偏置电阻 R_{B1} 和 R_{B2} 的电流 I_1、I_2 远大于晶体管 T 的基极电流 I_B 时(一般是 5～10 倍)，它的静态工作点可用下式估算：

$$U_B \approx \frac{R_{B2}}{R_{B1}+R_{B2}}V_{CC}，I_C \approx I_E \approx \frac{U_E}{R_E} = \frac{U_B - U_{BE}}{R_E} \approx \frac{Vcc - U_C}{R_C}，U_{CE} = V_{CC} - I_C(R_C + R_E)$$

放大电路的动态性能指标如下：

(1) 电压放大倍数为 $A_u = -\beta \dfrac{R_C // R_L}{r_{be}}$。

(2) 输入电阻为 $R_i = R_{B1} // R_{B2} // r_{be}$。

(3) 输出电阻为 $R_o \approx R_C$。

2. 静态工作点的测量

对于一个放大电路而言，为保证其正常工作即不失真地放大信号，必须设置适合的静态工作点。只有正确设置静态工作点才能保证晶体管时刻处于放大区。

测量放大器的静态工作点，应在输入信号 u_i=0 的情况下进行，即将放大器输入端与地端短接。然后选用量程合适的直流毫安表和直流电压表，分别测量晶体管的集电极电流 I_C 以及各电极对地的电位 U_B、U_C 和 U_E。实验中为了避免误差，采用测量电压 U_E 或 U_C，然后算出 I_C 的方法。例如，只要测出 U_E，即可用 $I_C \approx I_E = \dfrac{U_E}{R_E}$ 算出 I_C(也可根据 $I_C = \dfrac{V_{CC} - U_C}{R_C}$，由 U_C 确定 I_C)，同时也能算出 $U_{BE}=U_B - U_E$，$U_{CE}=U_C - U_E$。

3. 静态工作点对放大电路的影响

一个放大电路只有正确设置静态工作点才能保证晶体管时刻处于放大区，才能不失真地放大信号。

放大电路静态工作点的设置是否合适，会直接影响其性能。若设置不当，将会产生饱和失真和截止失真的情况。对于 NPN 型晶体管，如果静态工作点偏高，放大器在加入交流信号以后易产生饱和失真，此时输出 u_o 的负半周将被削底，如图 1.4.2(a)所示。如果静态工作点偏低则易产生截止失真，即输出 u_o 的正半周被缩顶(一般截止失真不如饱和失真明显)，如图 1.4.2(b)所示。

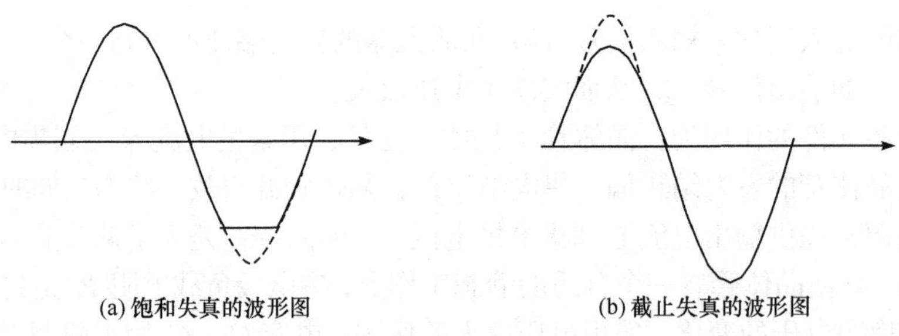

(a) 饱和失真的波形图
(b) 截止失真的波形图

图 1.4.2　静态工作点对输出波形失真的影响

产生饱和失真和截止失真都不符合不失真放大的要求。所以在选定工作点以后还必须进行动态调试，即在放大器的输入端加入一定的输入电压 u_i，检查输出电压 u_o 的大小和波形是否满足要求。如不满足，则应调节静态工作点的位置。

放大器静态工作点的调试是指对晶体管集电极电流 I_C(或 U_{CE})的调整与测试。只要改变电路参数 V_{CC}、R_C、R_B(R_{B1}、R_{B2})就会引起静态工作点的变化，如图 1.4.3 所示。但通常采用调节偏置电阻 R_{B1} 的方法来改变静态工作点，如减小 R_{B1} 可使静态工作点提高。常规做法是把静态工作点(Q 点)设置在交流负载线的中点，如图 1.4.3 中的 Q_0 点，此时可获得最大不失真电压输出。

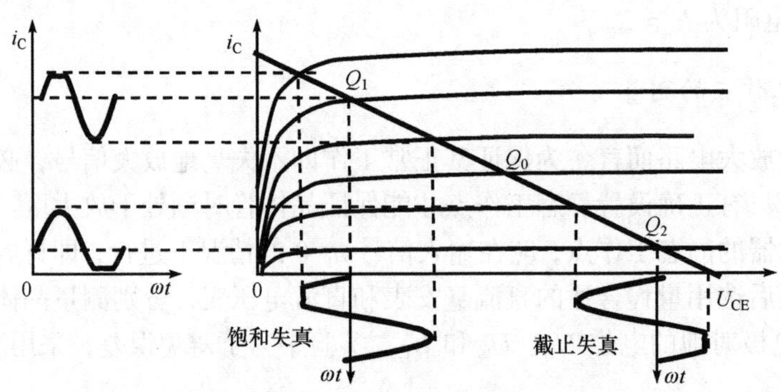

图 1.4.3　静态工作点对输出波形的影响图

在图 1.4.3 中，Q_1 静态工作点选得太高，易造成饱和失真；Q_2 静态工作点又选得太低，易造成截止失真。选取放大器静态工作点时，在输出信号不失真的前提下，如果希望耗电少，则工作点选低一点；如果要求放大电路有最大动态范围，则静态工作点应选在交流负载线的中点(Q_0 点)。

4. 放大器动态指标测试

放大器动态性能指标包括电压放大倍数、输入电阻、输出电阻、最大不失真输出电压和通频带等。

1) 电压放大倍数 A_u 的测量

设定好静态工作点，然后加入输入电压 u_i，在输出电压 u_o 不失真的情况下，用交流

毫伏表测出 u_i 和 u_o 的有效值 U_i 和 U_o，则 $A_u = \dfrac{U_o}{U_i}$。

2) 输入电阻 R_i 的测量

输入电阻 R_i 是指从放大器输入端看进去的等效电阻。为了测量放大器的输入电阻，按图 1.4.4 所示电路在被测放大器的输入端与信号源之间串入一个已知阻值的电阻 R，在放大器正常工作的情况下，用交流毫伏表测出 U_S 和 U_i，则根据输入电阻的定义可得

$$R_i = \frac{U_i}{I_i} = \frac{U_i}{\dfrac{U_R}{R}} = \frac{U_i}{U_S - U_i} R$$

3) 输出电阻 R_o 的测量

输出电阻 R_o 是指从放大器输出端看进去的等效电阻。如图 1.4.4 所示，在放大器正常工作的条件下，测出输出端不接负载 R_L（空载）的输出电压 U_o 和接入负载后的输出电压 U_L，根据 $U_L = \dfrac{R_L}{R_o + R_L} U_o$，即可求出 $R_o = \left(\dfrac{U_o}{U_L} - 1\right) R_L$。

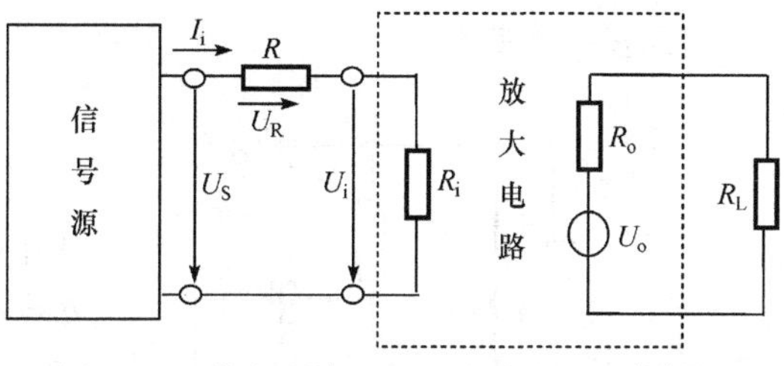

图 1.4.4　放大器输入电阻和输出电阻等效图

注意：

(1) 在输入电阻测试中，由于电阻 R 两端没有电路公共接地点，所以测量 R 两端电压 U_R 时必须分别测出 U_S 和 U_i，然后按 $U_R = U_S - U_i$ 求出 U_R 值。

(2) 电阻 R 的值不宜取得过大或过小，以免产生较大的测量误差，通常取 R 与 R_i 为同一数量级为好，本实验可取 $R = 1 \sim 2\text{k}\Omega$。

(3) 在输出电阻测试中，必须保持 R_L 接入前、后输入信号的大小不变，同时负载电阻 R_L 的阻值已知。

4) 最大不失真输出电压 $U_{oP\text{-}P}$ 的测量

为了得到最大不失真输出电压，应将静态工作点调在交流负载线的中点。让放大器正常工作，并逐步增大输入信号的幅度；同时改变静态工作点，观察示波器上显示的输出信号 u_o 的波形。当输出波形出现如图 1.4.5 所示的削底和缩顶同时出现的现象时，说明静态工作点已调在交流负载线的中点。然后再反复调整输入信号，使波形输出幅度最大，且无明显失真时，就可得到最大不失真输出电压。最后用交流毫伏表测出 U_o（有效值），则最大不失真输出电压 $U_{oP\text{-}P}$ 等于 $2\sqrt{2}U_o$，或用示波器直接读出 $U_{oP\text{-}P}$ 值。

5) 放大器幅频特性的测量

放大器的幅频特性是指放大器的电压放大倍数 A_u 与输入信号频率 f 之间的关系曲线。单管阻容耦合放大电路的幅频特性曲线如图 1.4.6 所示，A_{um} 为中频电压放大倍数，通常规定电压放大倍数随频率变化下降到中频放大倍数的 $1/\sqrt{2}$ 倍时，即 $0.707A_{um}$ 所对应的频率分别称为下限频率 f_L 和上限频率 f_H，则通频带 $f_{BW}=f_H - f_L$。

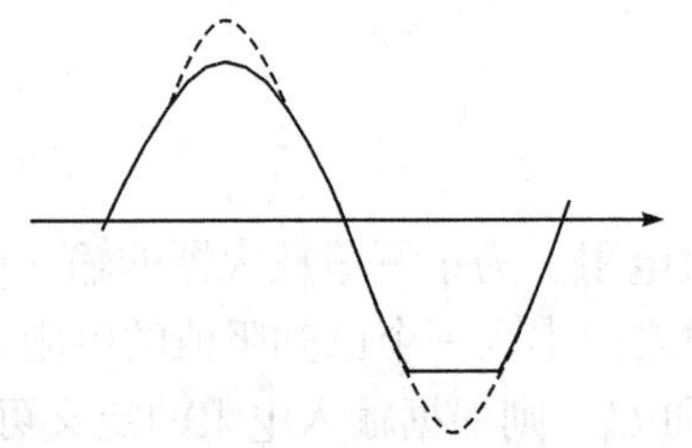

图 1.4.5　输入信号太大引起的失真图

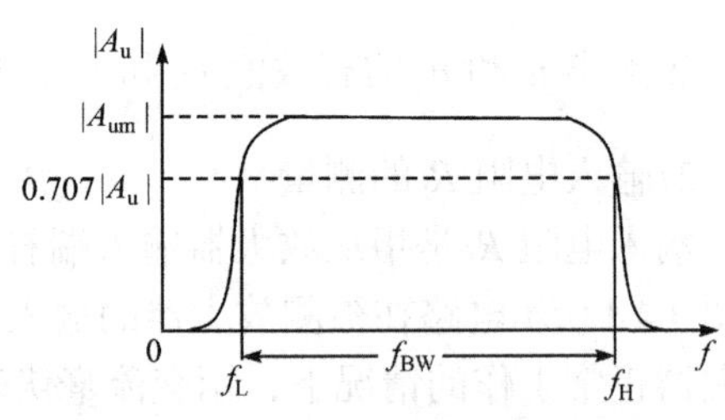

图 1.4.6　放大器幅频特性

1.4.4　实验内容与步骤

1. 基本型实验

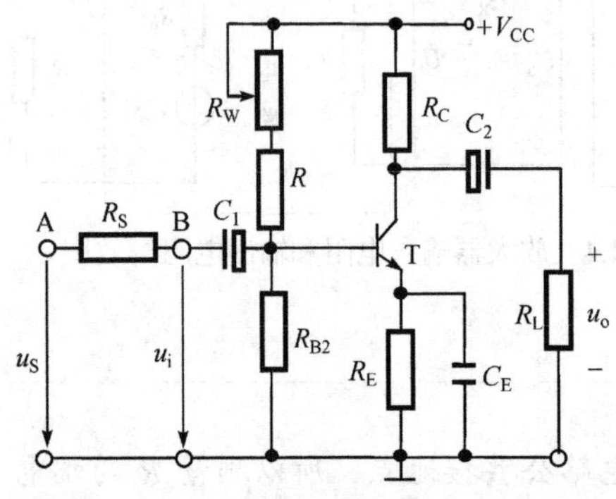

图 1.4.7　分压式偏置放大电路实验接线图

1)线路的连接

按图 1.4.7 所示电路图接线，其中 R_W=47kΩ，R=15kΩ，R_{B2}=10kΩ，R_C=2kΩ，R_L=2kΩ，R_E=R_S=1kΩ，C_E=C_1=C_2=10μF，T 为 9013(β=160~200)。为防止干扰，各仪器的公共端必须连在一起。信号源、交流毫伏表和示波器的引线应采用专用电缆线或屏蔽线。如果使用屏蔽线，则屏蔽线的外包金属网应接在公共接地端上。

2)静态工作点调整与测量

先将 R_W 调至最大，函数信号发生器输出幅值旋钮旋至零，再接通+12V 直流电源。调节 R_W，同时用万用表直流电压挡测量晶体管的集电极与发射极之间的电压 U_{CE}，使 $U_{CE}=\dfrac{V_{CC}}{2}=6\text{V}$ 左右。最后用直流电压表测量 U_B、U_C、U_E 及用万用电表测量 R_{B1} 的实际电阻值，记入表 1.4.2 中。

表 1.4.2　静态工作点参数测量表

实测值				计算值			
U_B/V	U_C/V	U_E/V	R_{B1}/kΩ	I_B/mA	I_C/mA	I_E/mA	U_{CE}/V

注意：

(1) U_B、U_C、U_E 分别为晶体管 B、C、E 极对地的电压。U_{CE} 是晶体管的集电极 C 与发射极 E 之间的电压。

(2) $I_C \approx I_E = \dfrac{U_E}{R_E}$。

(3) 电路输入端 A、B 点不接任何信号，只有 12V 直流电压提供静态工作点。

3) 输入与输出波形的观测

在已经调好静态工作点的放大电路上，将信号发生器的输出信号接到 B 点。调整信号发生器的输出幅值和频率，使放大电路的输入信号为 U_i=5mV(有效值)，f=1kHz 的正弦波信号。用示波器观察输入、输出波形。此时输出波形应该不失真，画出静态工作点正常时的输出波形 U_{o1}，并用万用表测量 U_{CE}，将结果记录到表 1.4.3 中。

然后调整 R_W 的阻值使其减小，直到示波器上出现明显的饱和失真波形，画出静态工作点过高时的波形 U_{o2}，并测量 U_{CE} 值，将结果记录到表 1.4.3 中。

同理，调整 R_W 的阻值使其增大，直到示波器上出现明显的截止失真波形，画出静态工作点过低时的波形 U_{o3}，并测量 U_{CE} 值，将结果记录到表 1.4.3 中。

表 1.4.3　静态工作点对放大电路输出电压波形的影响记录表

静态工作点	失真类型	U_{CE}/V	输入/输出波形
合适	无失真		
过高	饱和失真		
过低	截止失真		

注意：

(1) 当函数信号发生器输出信号为 u 时，其上显示的电压值为峰-峰值。因此，要得到输出有效值为 5mV，一般有效值采用毫伏表来测量，或用 $U=\dfrac{U_{P-P}}{2\sqrt{2}}$ 计算。

(2) A 点与 B 点是有区别的，测量放大倍数时，输入信号加到 B 点；测量输入电阻时，输入信号加到 A 点。

(3) 电路中存在交流信号 U_i=5mV(有效值)与直流电压+12V。

(4) 记录波形时注意波形的幅值与相位。

2. 提高型实验

放大电路的动态性能指标主要有电压放大倍数 A_u、输入电阻 R_i、输出电阻 R_o 等。

1) 电压放大倍数的测量

放大器的电压放大倍数是指在输出电压不失真时，输出电压与输入电压的振幅或有效值之比，即 $A_u=\dfrac{U_o}{U_i}$。

调整信号发生器的幅值和频率，使其输出信号为 U_i=5mV(有效值)，f=1kHz 的正弦波信号。按图 1.4.7 接线，并调好放大电路的静态工作点，将信号发生器的输出信号接到 B 点，放大器输出接交流毫伏表。

(1)让负载电阻 $R_L=R_C=2k\Omega$，在保证输出波形不失真的条件下，读取交流毫伏表上的输出电压 U_o，将结果填入表 1.4.4 中。

表 1.4.4　电压放大倍数的测量表

负载电阻	实测值		计算值
R_L	U_i/mV	U_o/mV	A_u
$R_L=R_C=2k\Omega$	5		
$R_L=\infty$ (空载)	5		

(2)断开负载电阻(空载)，让 $R_L=\infty$，在保证输出波形不失真的条件下，读取交流毫伏表上的输出电压 U_o，将结果填入表 1.4.4 中。

(3)计算电压放大倍数 A_u。

提示：

(1)测量放大电路的动态指标必须在输出波形不失真的条件下进行，输入信号不能过大，实验中一定要用示波器观察输出信号的波形。

(2)注意 A 点与 B 点的区别，测量放大倍数时，输入信号加入 B 点。

(3)注意带负载与空载的区别，空载时输出开路，带负载时一般选择 $R_L=R_C$。

2)输入电阻 R_i 的测量

输入电阻 R_i 是指从放大器输入端看进去的等效电阻。实际测量输入电阻的电路如图 1.4.8 所示，用毫伏表或示波器分别测量 R_S 两端对地电压 U_i 与 U_S，则

$$R_i=\frac{U_i}{U_S-U_i}R_S$$

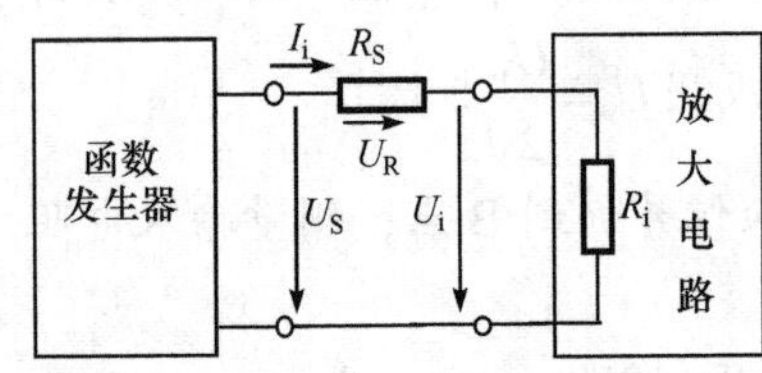

图 1.4.8　输入电阻测量原理图

(1)如图 1.4.7 所示接线，并调好静态工作点，将函数信号发生器的输出信号接到 A 点。调整函数信号发生器的输出幅值和频率，使 B 点的电压，即放大电路的输入信号为 U_i =10mV(有效值)，f=1kHz 的正弦波信号。

(2)用示波器观察 U_o，保证输出不失真。然后用交流毫伏表测量 A 点的电压 U_S，并填入表 1.4.5 中。

(3)改变函数信号发生器的输出幅值，让 B 点电压的有效值为 5mV，用交流毫伏表测量 A 点的电压 U_S，并填入表 1.4.5 中。

(4)最后计算输入电阻 R_i 的阻值。

表 1.4.5　输入电阻测量数据表

实测值		计算值
U_i/mV	U_S/mV	R_i/kΩ
10		
5		

3)输出电阻 R_o 的测量

输出电阻 R_o 是指从放大器输出端看进去的等效电阻。实际测量输出电阻 R_o 的电路如图 1.4.9 所示，在被测放大器后加一个已知阻值的负载电阻 R_L，输入端加入正弦信号。用交流毫伏表分别测量空载时输出电压 U_o 以及加负载电阻 R_L 时的输出电压 U_L，则输出电阻 $R_o = \dfrac{U_o - U_L}{U_L} R_L$。

(1)按图 1.4.7 所示接线，先调好放大电路的静态工作点，并在 B 点输入 U_i=5mV(有效值)，f=1kHz 的正弦信号。

(2)在输出电压不失真的条件下，测量空载时的输出电压 U_o，填入表 1.4.6 中。

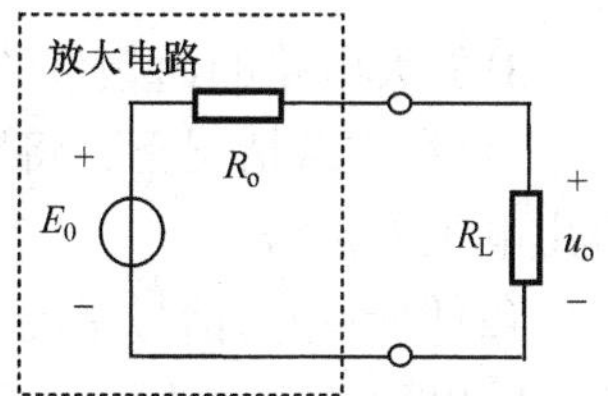

图 1.4.9　输出电阻测量原理图

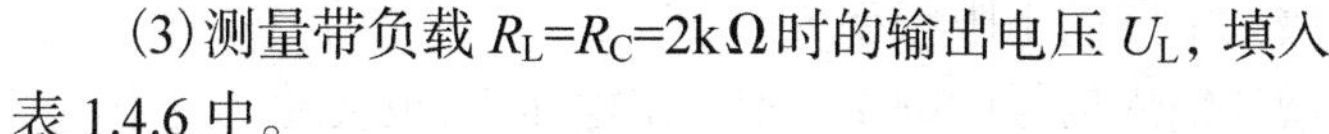
(3)测量带负载 $R_L=R_C=2\text{k}\Omega$ 时的输出电压 U_L，填入表 1.4.6 中。

(4)测量带负载 $R_L=1\text{k}\Omega$ 时的输出电压 U_L，填入表 1.4.6 中。

(5)根据公式计算出 R_o。

表 1.4.6　输出电阻的测量表

负载电阻	实测值		计算值
R_L/kΩ	U_o/V	U_L/V	R_o/kΩ
2			
1			

3. 开拓型实验

1)测量最大不失真输出电压

在图 1.4.7 所示电路中，取 $R_L= R_C=2\text{k}\Omega$，放大器 B 端接信号发生器。逐步增大信号发生器输出信号的幅度，并同时调节放大电路中的 R_W(改变静态工作点)。通过示波器观察输出信号 U_o 的波形，直到出现最大不失真的情况。最后，用示波器测量 $U_{oP\text{-}P}$ 或用交流毫伏表测量输出有效值 U_{om}，记入表 1.4.7 中。

表 1.4.7　最大不失真输出电压

U_{im}/mV	U_{om}/V	$U_{oP\text{-}P}$/V

2)反馈电阻 R_E 对电路性能指标的影响

在图 1.4.7 所示电路中，断开发射极旁路电容 C_E 的条件下，按照上述的步骤重新测量放大倍数 A_u、输入电阻 R_i、输出电阻 R_o，将数据填入表 1.4.8 中。最后比较接入 C_E 与断开 C_E 时的变化，并分析变化原因。

表 1.4.8 反馈电阻 R_E 对电路性能指标的影响测试表

电路条件	放大倍数 A_u	输入电阻 R_i	输出电阻 R_o
C_E接入			
C_E断开			
结论			

3）放大电路的通频带的测量

(1)在空载情况下，将频率 f=lkHz 的正弦波加到 B 点，并调整输入信号的幅值，使输出电压 U_o=1V。

(2)保持输入信号幅度不变，减小输入信号的频率，此时输出电压 U_o会随之变小。测量输出为 1V、0.9V、0.8V、0.7V、0.6V 时的输入频率，将数据记入表 1.4.9 中。当 U_o=0.7V 时，对应的输入频率为放大电路的下限频率 f_L。

(3)在步骤(1)所述基础上，增加输入信号的频率，则输出电压 U_o也会随之变小。测量输出为 1V、0.9V、0.8V、0.7V、0.6V 时的输入频率，将数据记入表 1.4.9 中。当 U_o=0.7V 时，此时对应的频率为放大电路的上限频率 f_H，将数据记入表 1.4.9 中。

(4)最后计算通频带，$f_{BW}=f_H-f_L$。

表 1.4.9 放大电路的通频带的测量表

测量值						计算值	
输出电压	1V	0.9V	0.8V	0.7V	0.6V	截止频率	通频带 $f_{BW}=f_H-f_L$
输入频率（增加）	1kHz						
输入频率（减小）	1kHz						

注意：实验结束时，请整理、摆放好仪器设备，并填写实验设备使用登记本，最后请指导教师签字确认后方可离开实验室。

1.4.5 实验要求

(1)记录、整理实验结果，并对结果进行分析。

(2)列表整理测量结果，并把实测的静态工作点、电压放大倍数、输入电阻、输出电阻的值与理论计算值比较，分析产生误差原因。

(3)总结 R_C、R_L 对放大器电压放大倍数、输入电阻、输出电阻的影响。

(4)总结静态工作点变化对放大器输出波形的影响。

1.4.6 思考题

(1)说明 A_u 随 R_L 变化的原因，提高 A_u 的办法有哪些？

(2)图 1.4.7 中 R_E 和 C_E 各起什么作用？

(3)放大电路为什么要设置静态工作点？什么是放大电路的最佳 Q 点？

(4)当放大电路出现截止失真或饱和失真时，应如何调节 R_B(增大还是减小)才能消除失真?

1.5　射极输出器实验

1.5.1　实验目的

(1)掌握射极输出器的特性及测试方法。

(2)进一步学习放大器各项参数测试方法。

1.5.2　实验仪器与器材

射极输出器实验仪器与器材如表 1.5.1 所示。

表 1.5.1　射极输出器实验仪器与器材

序号	设备名称	型号及参数	数量
1	直流稳压电源	0～30V 可调	1 台
2	九孔插件方板	297mm×300mm	1 块
3	函数信号发生器	YB1602	1 台
4	通用示波器	LDS20405	1 台
5	万用表	MF47 型	1 只
6	交流毫伏表	YB2172	1 台
7	三极管	9013	1 只
8	电阻、电位器		若干
9	电容		若干
10	短接桥和连接导线	P8-1 和 50148	若干

1.5.3　实验原理

射极输出器的原理图如图 1.5.1 所示。射极输出器输入电阻高，输出电阻低，电压放大倍数接近于 1，输出电压能够在较大范围内跟随输入电压进行线性变化以及输入、输出信号同相，故射极输出器又称射极跟随器。

射极输出器的输出取自发射极，故称为射极输出器。射极输出器的动态性能指标主要有电压放大倍数 A_u、输入电阻 R_i、输出电阻 R_o。动态性能实验测试原理图如图 1.5.2 所示。

1. 输入电阻

图 1.5.1 中输入电阻 $R_i=r_{be}+(1+\beta)R_E$。

如果考虑偏置电阻 R_B 和负载 R_L 的影响，则 $R_i=R_B/\!/[r_{be}+(1+\beta)(R_E/\!/R_L)]$。所以射极输出器的输入电阻 R_i 比共射极单管放大器的输入电阻 $R_i=R_B/\!/r_{be}$ 要高得多，但由于偏

置电阻 R_B 的分流作用，输入电阻难以进一步提高。

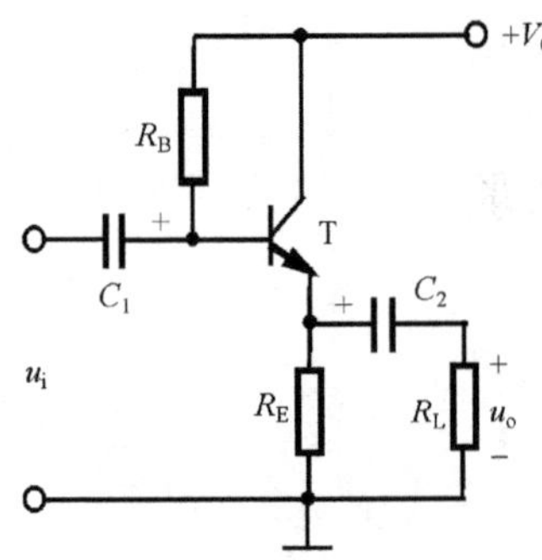

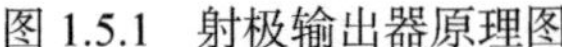

图 1.5.1　射极输出器原理图

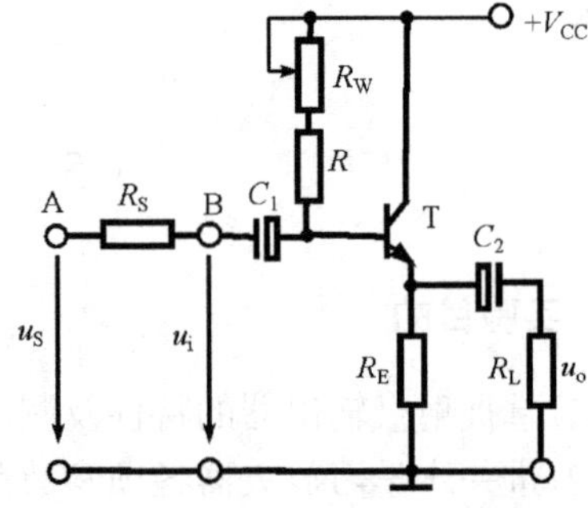

图 1.5.2　射极输出器实验电路图

射极输出器实验电路如图 1.5.2 所示。射极输出器输入电阻的测试方法与单管放大器相同，因为

$$R_i = \frac{U_i}{I_i} = \frac{U_i}{\frac{U_R}{R}} = \frac{U_i}{U_S - U_i} R$$

即只要在图中测得 A、B 两点的对地电位即可计算出 R_i。

2. 输出电阻

如果考虑信号源内阻 R_S，则输出电阻为

$$R_o = \frac{r_{bc} + (R_S // R_B)}{\beta} // R_E \approx \frac{r_{eb} + (R_S // R_B)}{\beta}$$

此时输出电阻 R_o 比共射极单管放大器的输出电阻 $R_o \approx R_C$ 低得多。三极管的 β 越高，输出电阻越小。

要测量输出电阻 R_o，先测出空载输出电压 U_o，再测接入负载 R_L 后的输出电压 U_L，根据 $R_o = \frac{U_o - U_L}{U_L} R_L$，即可求出 R_o。

3. 电压放大倍数

射极输出器的电压放大倍数 $A_u = \frac{(1+\beta)(R_E // R_L)}{r_{be} + (1+\beta)(R_E // R_L)} \leqslant 1$。

说明射极输出器的电压放大倍数小于 1 并接近于 1，且为正值。这是引入深度电压负反馈的结果。此时射极电流比基极电流大 $1+\beta$ 倍，所以射极输出器具有一定的电流和功率放大作用。

4. 电压跟随范围

电压跟随范围是指射极输出器输出电压 u_o 跟随输入电压 u_i 进行线性变化的区域。为了使输出电压 u_o 正、负半周对称，并充分利用电压跟随范围，静态工作点应选在交流负

载线中点。测量时可直接用示波器读取 u_o 的峰-峰值，即电压跟随范围。或者使用交流毫伏表读取 u_o 的有效值 U_o，则电压跟随范围为 $U_{oP-P}=2\sqrt{2}\,U_o$。

1.5.4　实验内容与步骤

1. 基本型实验

1) 静态工作点的调整

按图 1.5.2 所示电路接线，接通 + 12V 直流电源，在 B 点加入 f=1kHz 的正弦信号 u_i，输出端接示波器。反复调整 R_W 及信号源的输出幅值，在示波器上得到一个最大不失真输出波形。然后置 u_i=0，用直流电压表测量晶体管各电极对地电位，将测得数据记入表 1.5.2 中。

表 1.5.2　静态工作点测量值

测量值			计算值
U_E/V	U_B/V	U_C/V	I_E/mA

2) 测量电压放大倍数 A_u

按图 1.5.2 所示电路接线，调好静态工作点，并保持 R_W 值不变(即保持静态工作点 I_E 不变)，接入负载 R_L=1kΩ。在 B 点加 f=1kHz 的正弦信号 u_i，调节输入信号幅度，用示波器观察输出波形 u_o，在输出最大不失真的情况下，用交流毫伏表测 U_i、U_o 值。将结果记入表 1.5.3 中，并计算 A_u。

表 1.5.3　电压放大倍数测量表

测量值		计算值
U_i/V	U_o/V	A_u

2. 提高型实验

1) 测量输出电阻 R_o

按图 1.5.2 所示电路接线，调好静态工作点，并保持 R_W 值不变(即保持静态工作点 I_E 不变)，接上负载 R_L=1kΩ。在 B 点加 f=1kHz 的正弦信号 u_i，用示波器观察输出波形。分别测量空载时的输出电压 U_o 以及带上负载 R_L=1kΩ时的输出电压 U_L，并记入表 1.5.4 中，最后计算 R_o。

表 1.5.4　输出电阻测量表

测量值		计算值
U_o/V	U_L/V	R_o/kΩ

2) 测量输入电阻 R_i

按图 1.5.2 所示电路接线，调好静态工作点，并保持 R_W 值不变(即保持静态工作点 I_E 不变)，在 A 点输入端加 f=1kHz 的正弦信号 U_S，用示波器观察输出波形。用交流毫伏表分别测出 A、B 点对地的电位 U_S、U_i，记入表 1.5.5 中。最后计算输入电阻 R_i。

表 1.5.5　输入电阻测量表

测量值		计算值
U_S/V	U_i/V	R_i/kΩ

3. 开拓型实验

1) 测试跟随特性

按图 1.5.2 所示电路接线，调好静态工作点，保持 R_W 值不变(即保持静态工作点 I_E 不变)，再接入负载 R_L=1kΩ。在 B 点输入端加入 f=1kHz 的正弦信号 u_i，然后逐渐增大信号 u_i 的幅度，用示波器监视输出波形直至输出波形出现最大不失真，测量对应的 U_o 值，记入表 1.5.6 中。

表 1.5.6　跟随特性测试表

U_i/V	
U_o/V	

2) 测试频率响应特性

按图 1.5.2 所示电路接线，调好静态工作点，保持 R_W 值不变，保持输入信号 u_i 幅度不变。改变信号源频率(频率上升或频率下降操作)，用示波器观察输出波形，用交流毫伏表测量不同频率下的输出电压 U_o 值，记入表 1.5.7 中。

表 1.5.7　频率响应特性测试表

U_o/V	1	0.9	0.8	0.7	0.6	0.5
输入频率 f/kHz(上升)						
输入频率 f/kHz(下降)						

注意：实验结束时，请整理、摆放好仪器设备，并填写实验设备使用登记本，最后请指导教师签字确认后方可离开实验室。

1.5.5　实验要求

(1) 复习射极输出器的工作原理。

(2) 根据图 1.5.2 的元件参数值估算静态工作点。

(3) 整理实验数据，并画出 U_o=f(U_i) 曲线及 U_o=f(f) 曲线。

1.5.6　思考题

分析射极输出器的特点。

1.6 两级阻容耦合交流放大电路实验

1.6.1 实验目的

(1)学习两级阻容耦合放大电路静态工作点的调试方法。

(2)学会多级放大电路放大倍数的测量和计算方法。

(3)验证电压总放大倍数与单级电压放大倍数的关系。

(4)学习放大电路频率特性的测试方法。

1.6.2 实验仪器与器材

两级阻容耦合交流放大电路实验仪器与器材如表 1.6.1 所示。

表 1.6.1 两级阻容耦合交流放大电路实验仪器与器材

序号	设备名称	型号及参数	数量
1	直流稳压电源	0～30V 可调	1 台
2	九孔插件方板	297mm×300mm	1 块
3	函数信号发生器	YB1602	1 台
4	通用示波器	LDS20405	1 台
5	万用表	MF47 型	1 只
6	交流毫伏表	YB2172	1 台
7	两级放大模块	ST2001	1 个
8	电阻、电位器		若干
9	短接桥和连接导线	P8-1 和 50148	若干

1.6.3 实验原理

在输入信号很弱(一般为毫伏或微伏数量级)的情况下，为了推动负载工作，需要把几个单级放大电路连接起来，使信号逐级得到放大方可在输出端获得所需的电压幅值。由几个单级放大电路连接起来的电路称为多级耦合放大电路。

两级放大电路是将输入信号经过两次放大。从信号的传递方向来说，前面的单级放大电路叫前级，后面的单级放大电路叫后级。其工作原理是：输入信号加到前级的输入端，经过放大后的前级输出接到后级的输入端，再经后级放大输出。两级放大的线性电压放大倍数就等于前后两级放大倍数的乘积，即 $A_u = A_{u1}A_{u2}$ 。但不等于各个单级放大电路独立工作时电压放大倍数的乘积，这是因为后级输入阻抗的接入使前级的等效负载下降，从而使前级的放大倍数下降。

在多级放大电路中，每两个单级放大电路之间的连接称为耦合。多级放大电路按耦合方式不同分为阻容耦合、直接耦合、变压器耦合以及光电耦合等。其中阻容耦合是一种常见的耦合方式，将前级输出端通过电容接到后级输入端。图 1.6.1 所示为两级阻容

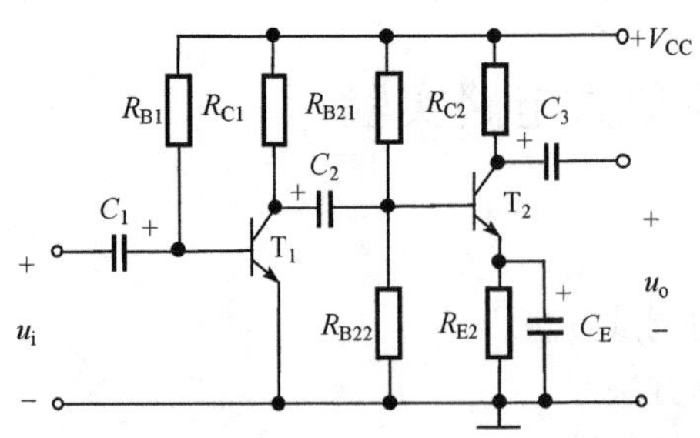

图 1.6.1　两级阻容耦合放大电路原理图

耦合放大电路实验原理图。由于耦合环节具有"隔直通交"的作用，前后两级的静态工作点互不影响，而信号则可顺利通过。在保证第二级信号不失真的前提下，可以分别调节 R_{B1} 和 R_{B21}、R_{B22} 来确定 T_1 和 T_2 的静态工作点。

两级放大电路的通频带比它的任何单独作用时都窄。也就是说，将两级放大电路串联起来后，总电压增益虽然提高了，但通频带变窄了。由放大电路的带宽增益积可以推知，级数越多，则 f_L 越高，f_H 越低，多级放大电路的通频带比它的任何一级都窄。

1.6.4　实验内容与步骤

1. 基本型实验：使用示波器测量两级放大电路的放大倍数

1) 按图 1.6.2 实验电路图接线

找到两级交流放大电路模块 ST2001，并安装到九孔板上，同时必须把 u_{o1} 和 u_{i2} 连通。

电路中：R_{W1}=100kΩ，R_{W2}=10kΩ，R_{B1}=10kΩ，R_{B21}=1kΩ，R'_{C2}=120Ω，R_{C1}=100Ω，R_{C2}=R_E=51Ω，R_{B22}=680Ω，C_1=C_2=C_3=10μF/25V，C_E=470μF/25V，C_4=2.2μF/25V。

2) 接入直流电源

调节直流稳压电源，并用万用表的 20V 直流电压挡进行测量，使它输出 12V 电压。然后把该直流电源接入模块电路的+12V 端(V_{CC})和 0V 端(接地端)。该直流电源在整个实验过程中都要保持供电。它不是输入信号，但它为整个放大器和负载提供电能，只有这样电路才能正常工作。

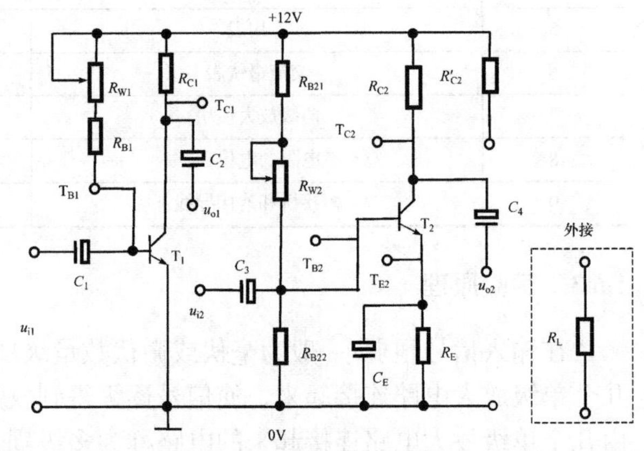

图 1.6.2　两级阻容耦合放大电路实验电路图

3) 设置静态工作点

V_{CC} 端接入直流电源后，通过调节可变电阻 R_{W1}、R_{W2} 分别设置第一级和第二级放大电路的静态工作点。调好后测量晶体管 T_1、T_2 各电极的对地电压，并填入表 1.6.2 中。

设置第一级放大电路的静态工作点时，用万用表的 20V 直流电压挡测量 U_{CE1}(T_{C1} 点的电位)，调节 R_{W1} 使 U_{CE1}=6V 左右。同理，设置第二级放大电路的静态工作点时，调节 R_{W2}，使得 U_{CE2}=7V 左右(T_{C2} 点的电位)。这样就确定了第二级的静态工作点 Q_2 大致在交流负载线的中点。此时两级放大电路的静态工作点就基本调整好了。

根据表 1.6.2 测量各静态工作点，其中 U_B、U_C、U_E 分别是三极管的 B 极对地电压、C 极对地电压和 E 极对地电压，用万用表 20V 直流电压挡测量。

表 1.6.2　两级阻容耦合放大电路静态工作点测试表

第一级		第二级		
U_{B1}/V	U_{C1}/V	U_{B2}/V	U_{C2}/V	U_{E2}/V

4）输入端接入交流小信号

如图 1.6.2 所示，调整好静态工作点后，在输入端 u_{i1} 加入频率为 1kHz，幅度为 2mV（有效值）的正弦波交流信号。

注意：

（1）在模拟电路实验中，一般用函数信号发生器作为信号源。函数信号发生器显示的输出幅值为峰-峰值，而放大电路输入值一般指有效值，所以需要同时使用交流毫伏表加在输入点进行检测。

（2）调节函数信号发生器的幅度旋钮，使交流毫伏表的读数为 2mV，这样便得到一个有效值为 2mV 的小信号。

（3）此时一般不能使用万用表的交流电压挡测量，因为万用表仅能测量频率为 400Hz 以下的交流信号。

输入信号经过放大器的两级放大，最终在输出端输出一个放大的交流信号。在输出端 u_{o2} 用示波器观察第二级的输出电压波形有无失真。若有失真现象，适当微调 R_{W1} 消除失真。

提示：

（1）当要使函数信号发生器产生频率 f=1kHz、幅度大小约为 5mVp-p（指峰-峰值）的正弦波时，此时函数信号发生器的衰减按钮 20dB 和 40dB 都要按下去。

（2）交流毫伏表显示的是信号的有效值。

（3）使用交流毫伏表监测电压时把交流毫伏表红色夹子和待测信号相连，黑色夹子接地。然后把交流毫伏表的量程开关先置于最大挡，开启电源开关打开后，再逐渐减小量程。调节函数信号发生器的幅度旋钮，使交流毫伏表的读数为需要的电压数值。

5）观测波形，测量电压放大倍数

（1）使用示波器观测波形。

信号是否被放大，有没有得到期望的效果，往往需要使用示波器进行观测。

将示波器的第一通道 CH1 和第二通道 CH2 分别加在 u_{o1} 端和 u_{o2} 端，观测第一级放大信号以及第二级放大信号。调节示波器的设置，使其能显示稳定的正弦波信号图像，而且不失真，信号的幅度合理。

示波器的设置提示：

①由于信号频率 f=1kHz，此时示波器的时间灵敏度可调到 0.5ms/div。另外根据放大倍数的估算，CH1 通道垂直灵敏度可调到 5mV/div，CH2 通道垂直灵敏度可调到 1V/div。

②调出稳定的波形后，试读一下 u_{o1} 端和 u_{o2} 端的输出电压的值，此时的读数为正弦波的峰-峰值。

如果示波器不能显示期望的信号波形，说明实验某个环节存在问题。这时需要对直流电源、三极管、接线、接点、静态工作点、函数发生器的设置、示波器的设置等所有可能涉及的地方逐一排查。

(2)测量电压放大倍数。

通过示波器显示的数据，记录 U_{o1} 和 U_{o2}(有效值)。在计算放大倍数的时候，还要求测量 U_i。此时需要把示波器的其中一个通道接在电路的输入端，测量输入电压 U_i，根据所测数据计算放大倍数，填入表 1.6.3 中。

同理，保持输入电压 U_i 不变，输出端接上负载 R_L=510Ω，重复用示波器测量 U_{o1}、U_{o2} 一次，根据数据计算带负载时的放大倍数，填入表 1.6.3 中。

表 1.6.3　用示波器测量电压放大倍数测试表

R_L	输入及输出电压(有效值)			电压放大倍数		
	U_i	U_{o1}	U_{o2}	A_{u1}	A_{u2}	A_u
∞	2mV					
510Ω	2mV					

在空载和负载电阻 R_L=510Ω的情况下，用交流毫伏表分别测量第一级和第二级的输出电压 U_{o1} 和 U_{o2}，记录于表 1.6.4 中，并计算出各级电压放大倍数及总的电压放大倍数 A_u。

表 1.6.4　用交流毫伏表测量电压放大倍数测试表

R_L	输入及输出电压(有效值)			电压放大倍数		
	U_i	U_{o1}	U_{o2}	A_{u1}	A_{u2}	A_u
∞	2mV					
510Ω	2mV					

交流毫伏表操作提示：

①首先将量程开关置于最大挡，然后接通电源。待加入被测量信号后，再逐渐减小量程。

②交流毫伏表的读数为正弦波的有效值 U，与峰-峰值之间需要转换，其关系式如下：

$$U=\frac{U_{P-P}}{2\sqrt{2}}$$

2. 提高型实验：测量各级独立时的电压放大倍数

将 u_{o1} 和 u_{i2} 之间的连线断开，即两级独立。从 u_{i1} 端输入 U_S=2mV，f=1kHz 的正弦波信号，测出第一级空载输出电压 U_{o1}；从 u_{i2} 处输入 U_S=2mV，f=1kHz 的正弦波信号，测出第二级空载输出电压 U_{o2}，数据记入表 1.6.5 中，并计算电压放大倍数。

表 1.6.5　两级放大电路各级独立时的电压放大倍数测试表

第一级			第二级		
U_S	U_{o1}	A_{u1}	U_S	U_{o2}	A_{u2}
2mV			2mV		

对比表 1.6.4 和表 1.6.5 中的 A_{u1} 和 A_{u2}，并分析异同的原因。

3. 开拓型实验:测量两级放大电路的频率特性

1)频率特性与通频带的原理

放大电路的频率特性是电压放大倍数的模$|A_u|$与频率f的关系。图 1.6.3 所示是频率特性图。当放大倍数从$|A_u|$下降到$\frac{A_u}{\sqrt{2}}$，即 0.707$|A_u|$时，在高频段和低频段所对应的频率分别称为上限截止频率f_H和下限截止频率f_L。f_H和f_L之间形成的频带宽度称为通频带，记为f_{BW}。

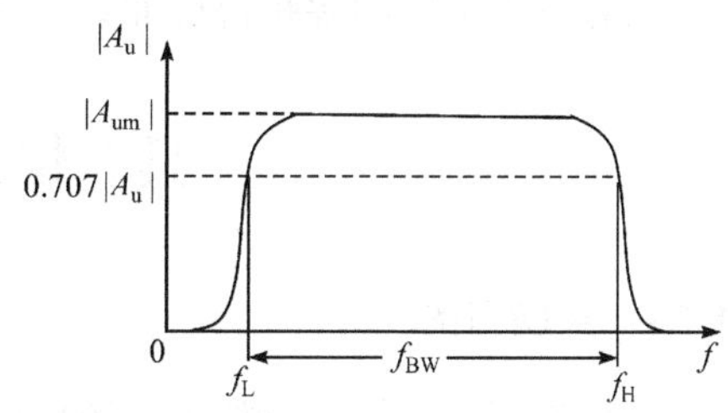

图 1.6.3　频率特性图

通频带越宽表明放大电路对不同频率信号的适应能力越强。但是通频带宽度也不是越宽越好，超出信号所需要的宽度，一是增加成本，二是把信号以外的干扰和噪声信号一起放大，显然是无益的。所以应根据信号的频带宽度来要求放大电路应有的通频带。

2)频率特性与通频带的测定

在图 1.6.2 所示电路上调整好静态工作点，然后将 u_{o1} 和 u_{i2} 连通，构成两级放大电路，第二级空载(把负载去掉)，再测量空载时的频率特性。

(1)从 u_{i1} 处输入f=1kHz 的正弦波信号，调节输入信号 U_i 的大小，使输出电压 U_{o2}=1V，然后保持输入电压幅值不变，只调节信号发生器的频率，使频率减小。随着输入频率的减小，输出电压 U_{o2} 也会随之变小。在输出电压 U_{o2} 分别等于 0.9V、0.8V、0.7V、0.6V 时，分别记下对应的频率，将数据填入表 1.6.6 中。

表 1.6.6　两级放大电路的频率特性测试表

项目	输出电压 U_{o2}/V								
	0.6	0.7	0.8	0.9	1	0.9	0.8	0.7	0.6
频率 f/Hz					1kHz				
通频带 f_{BW}/Hz	$f_{BW}=f_H-f_L=$								

(2)在 u_{i1} 处输入 f=1kHz 的正弦波信号，在输出电压 U_{o2}=1V 的基础上，调节信号发生器的频率，使其频率升高。随着输入频率的增加，输出电压 U_{o2} 会变小，在 U_{o2} 分别等于 0.9V、0.8V、0.7V、0.6V 时，记下对应的频率，将数据填入表 1.6.6 中。

当 U_{o2}=0.7V 时，其对应频率分别为下限频率 f_L 和上限频率 f_H，从表 1.6.6 中计算出通频带，并画出频率特性曲线。

注意：实验结束时，请整理、摆放好仪器设备，并填写实验设备使用登记本，最后请指导教师签字确认后方可离开实验室。

1.6.5 实验要求

(1) 复习多级放大电路的工作原理。

(2) 复习多级放大电路的有关计算主要性能指标(A_u、R_i、R_o)的方法。

(3) 整理实验数据。

1.6.6 思考题

(1) 分析两级阻容放大电路特点以及级间静态工作点相互有无影响。

(2) 分析两级放大电路总的电压放大倍数与各级电压放大倍数的关系。

(3) 放大电路的幅频特性曲线在实际的放大电路中有何意义？

1.7 具有恒流源的差分放大器实验

1.7.1 实验目的

(1) 学习、了解差分放大电路的特点和性能。

(2) 学习差分放大电路静态工作点的测试方法。

(3) 学习差分放大电路动态指标(单端输入、单端输出或双端输出时差模放大倍数 A_d、共模放大倍数 A_c 以及共模抑制比 K_{CMR})的测试方法。

1.7.2 实验仪器与器材

具有恒流源的差分放大器实验仪器与器材如表 1.7.1 所示。

表 1.7.1 具有恒流源的差分放大器实验仪器与器材

序号	设备名称	型号及参数	数量
1	直流稳压电源	0～30V 可调	1 台
2	九孔插件方板	297mm×300mm	1 块
3	函数信号发生器	YB1602	1 台
4	通用示波器	LDS20405	1 台
5	万用表	MF47 型	1 只
6	交流毫伏表	YB2172	1 台
7	电阻		若干
8	二极管	IN4007	若干
9	差分放大模块	ST2020	1 个
10	短接桥和连接导线	P8-1 和 50148	若干

1.7.3　实验原理

由于大容量的耦合电容不好制作，许多多级耦合放大电路使用直接耦合的形式。同时为适应集成化的要求，在集成运放的内部，级间都是直接耦合。直接耦合放大电路会存在零点漂移现象。抑制零点漂移是制作高质量直接耦合放大电路的一个重要问题。

差分放大电路是抑制零点漂移最有效的电路结构。图 1.7.1 所示是差分放大电路的结构原理图。电路由完全相同的两个共射极单管放大电路组成，要求两个晶体管特性一致，两侧电路参数对称。电路有两个输入端、两个输出端(双端输入–双端输出)。

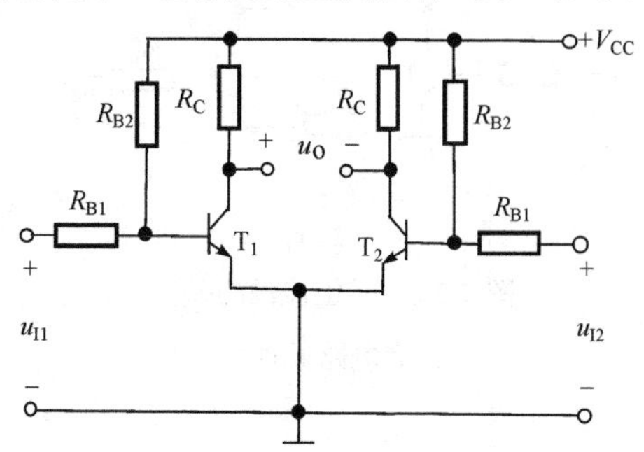

图 1.7.1　差分放大电路的结构原理图

差分放大电路两个输入端信号大小相等，极性相反时称为差模输入；两个信号大小相等，极性也相同时称为共模输入。差模输入放大倍数与共模输入放大倍数的比值称为共模抑制比。根据结构不同，差分放大电路有四种形式：单端输入、单端输出；单端输入、双端输出；双端输入、单端输出和双端输入、双端输出。表 1.7.2 是差分放大电路的主要性能参数。

表 1.7.2　差分放大电路的主要性能参数

项目	输入方式			
	双端输入		单端输入	
输出方式	双端输出	单端输出	双端输出	单端输出
差模放大倍数 A_d	$A_d=\dfrac{\beta(R_c//\frac{R_L}{2})}{R_b+r_{be}}$	$A_d=\dfrac{\beta(R_c//R_L)}{2(R_b+r_{be})}$	$A_d=\dfrac{\beta(R_c//\frac{R_L}{2})}{R_b+r_{be}}$	$A_d=\dfrac{\beta(R_c//\frac{R_L}{2})}{R_b+r_{be}}$
共模放大倍数 A_c	$A_c=0$	$A_c=\dfrac{\beta(R_c//R_L)}{R_b+r_{be}+2(1+\beta)R_e}$	$A_c=0$	很小
共模抑制比 K_{CMR}	$K_{CMR}=\infty$	$K_{CMR}=\dfrac{R_b+r_{be}+2(1+\beta)R_e}{2(R_b+r_{be})}$	$K_{CMR}=\infty$	$K_{CMR}=\dfrac{R_b+r_{be}+2(1+\beta)R_e}{2(R_b+r_{be})}$
差模输入电阻 R_i	$R_i=2(R_b+r_{be})$			
输出电阻 R_o	$R_o=2R_c$	$R_o=R_c$	$R_o=2R_c$	$R_o=R_c$

为了获得性能更好的差分放大电路，可以采用带恒流源的差分放大电路。图 1.7.2 所示是一个带恒流源的差分放大电路原理图。它具有静态工作点稳定，对共模信号有高抑制能力，而对差模信号具有放大能力的特点。

此时，双端输出的差模放大倍数为

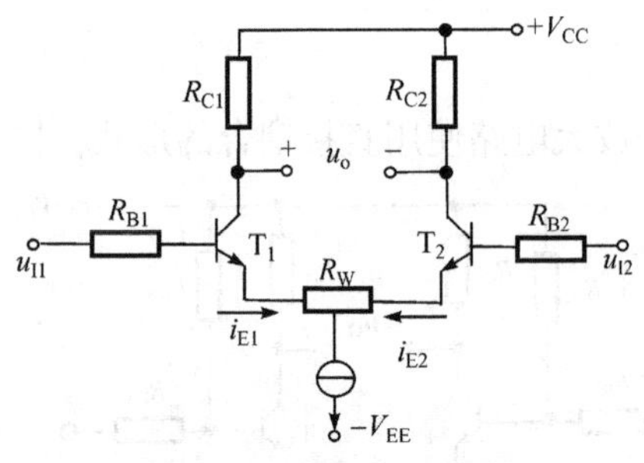

图 1.7.2　带恒流源的差分放大电路原理图

$$A_d = -\frac{\beta R_L'}{R_b + r_{be}}$$

而共模放大倍数 $A_c \approx 0$。

共模抑制比为

$$K_{CMR} = \left|\frac{A_d}{A_c}\right| \to \infty$$

单端输出时，差模放大倍数为双端输出的一半，即

$$\frac{A_d}{2} = \frac{-\beta R_L'}{2(R_b + r_{be})}$$

而共模放大倍数 $A_c \approx -\dfrac{R_c}{2R_e'}$，其中 R_e' 为恒流源的等效电阻。

1.7.4　实验内容与步骤

1. 基本型实验：静态工作点的测试

1)实验电路接线

找到差分放大电路模块 ST2020，并放置到九孔板上。按图 1.7.3 所示的带恒流源的差分放大电路实验连线图搭接实验电路。

实验电路中：RB=4.7kΩ，RC=2kΩ，RE=100Ω，R_W=1kΩ，R=1.6kΩ，D_1、D_2 为 1N4007，T_1、T_2、T_3 为 9013。

2)接入直流电源

实验电路用到两个直流稳压电源，调节直流稳压电源，用万用表的 20V 直流电压挡进行测量，使它们输出 12V 电压。然后把一个直流电源的“+”接入电路的+12V 端(V_{cc}端)，“-”接接地端；另一个直流电源的“+”接入电路的接地端，“-”接电路的-12V 端($-V_{EE}$端)。

注意，直流电源在整个实验过程中都要保持供电，这样电路才能正常工作。

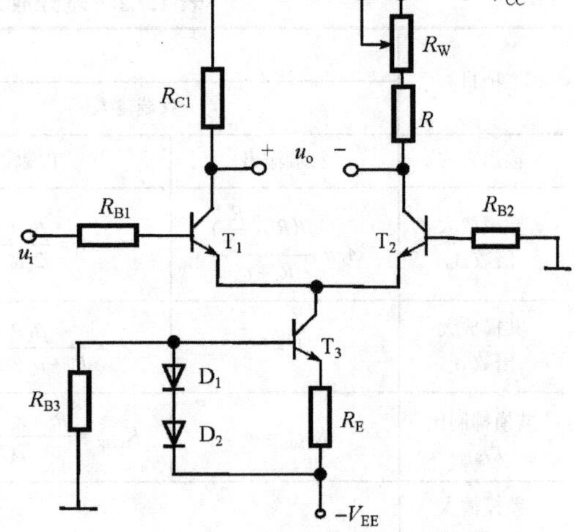

图 1.7.3　带恒流源的差分放大电路实验连线图

3)设置静态工作点

(1)接通电源±12V，调节电位器 R_W，使 U_i=0 时(输入端对地短接)，U_o=0(即 $U_{o1}=U_{o2}$)。然后，用万用表分别测量 U_{C1}、U_{C2}、U_{C3} 填入表 1.7.3 中。

(2)用万用表测出 R_E 两端电压 U_{RE}，然后计算出 I_{E3} 和 I_{C1}、I_{C2}，填入表 1.7.3 中。其中 $I_{E3}=U_{RE}/R_E$，$I_{C1}=I_{C2}=\frac{1}{2}I_{E3}$。

表 1.7.3　差分放大电路静态工作点测试表

测量值			计算值		
U_{C1}/V	U_{C2}/V	$U_{C3}=U_{E1}=U_{E2}$/V	I_{C1}/mA	I_{C2}/mA	I_{E3}/mA

2. 提高型实验：差模电压放大倍数的测量

1）单端输入、双端输出时差模电压放大倍数的测量

调节信号发生器，将峰-峰值 U_{IP-P}=100mV，f=1kHz 的正弦波信号送至三极管 T_1 的输入端。用示波器观察和测量 U_{IP-P} 与 U_{OP-P} 的大小及相位，算出差模放大倍数 A_d，并与理论值比较，填入表 1.7.4 中。

表 1.7.4　单端输入、双端输出时差模电压放大倍数的测量表　（U_{zp-p}=100mV,f=1KHz）

测试条件		测量值			计算值		
输入 输出方式	U_{IP-P}	U_{OP-P}	U_{O1P-P}	U_{O2P-P}	A_d	A_{d1}	A_{d2}
单入双出	100mV						
单入单出	100mV	／					

2）单端输入、单端输出时差模放大倍数的测试

步骤同上，将峰-峰值 U_{IP-P}=100mV，f=1kHz 的正弦波信号送至三极管 T_1 的输入端。用示波器观察和测量 U_{O1P-P}、U_{O2P-P}（即集电极输出）的大小及相位，算出差模放大倍数 A_{d1} 和 A_{d2}，填入表 1.7.4 中，并与理论值比较。

3. 开拓型实验：测试单端输出的共模抑制比 K_{CMR}

将差模电压输入改为共模电压输入。将峰-峰值 U_{IP-P}=100mV，f=1kHz 的信号同时送入三极管 T_1 和 T_2 的输入端，用示波器测量 U_{O2P-P}，算出 A_{c2} 及 $K_{CMR}=A_{d2}/A_{c2}$，填入表 1.7.5 中。

表 1.7.5　单端输出的共模抑制比 K_{CMR} 测量表

U_{IP-P}	U_{O2P-P}	A_{c2}	K_{CMR}
100mV			

注意：实验结束时，请整理、摆放好仪器设备，并填写实验设备使用登记本，最后请指导教师签字确认后方可离开实验室。

1.7.5　实验要求

（1）复习差分放大电路的工作原理。

（2）复习差分放大电路的单端输入以及双端输入时的主要性能指标（A_u、R_i、R_o）的计算方法。

（3）整理实验数据，填写相应表格和波形，完成实验报告。

1.7.6 思考题

(1)差模放大器的差模输出电压是与输入电压的差还是和成正比?

(2)加到差分放大器的两管基极的输入信号幅值相等、相位相同时，输出电压等于多少?差分放大器对差模输入信号起放大作用，还是起抑制作用?

(3)假设放大器的 T_1 集电极为输出端，试指出该放大器的反相输入端和同相输入端。

1.8 负反馈放大器实验

1.8.1 实验目的

(1)加深理解负反馈放大电路的工作原理。

(2)掌握负反馈对放大器各项性能指标的影响。

(3)学习反馈放大电路性能的测量与测试方法。

1.8.2 实验仪器与器材

负反馈放大器实验仪器与器材如表 1.8.1 所示。

表 1.8.1 负反馈放大器实验仪器与器材

序号	设备名称	型号及参数	数量
1	直流稳压电源	0～30V 可调	1 台
2	九孔插件方板	297mm×300mm	1 块
3	函数信号发生器	YB1602	1 台
4	通用示波器	LDS20405	1 台
5	万用表	MF47 型	1 只
6	交流毫伏表	YB2172	1 台
7	反馈放大电路模块	ST2002	1 块
8	短接桥和连接导线	P8-1 和 50148	若干

1.8.3 实验原理

负反馈在电子电路中有着非常广泛的应用。虽然它的引入会使放大器的放大倍数降低，但能在多方面改善放大器的动态指标，如稳定放大倍数，改变输入、输出电阻，减小非线性失真和展宽通频带等。因此，几乎所有的实用放大器都带有负反馈。

负反馈放大器有四种组态，即电压串联、电压并联、电流串联、电流并联。本实验以电压串联负反馈为例，分析负反馈对放大器各项性能指标的影响。

图 1.8.1 所示为负反馈的两级阻容耦合放大电路。在电路中通过电阻 R_{F2} 和电位器 R_{F1} 组成负反馈电路把输出电压 U_o 引回到输入端，加在晶体管 T_1 的发射极上(图中连接 A、B)，在发射极电阻 R'_{E1} 上形成反馈电压 U_f。根据反馈的判断法可知，它属于电压串联负反馈。

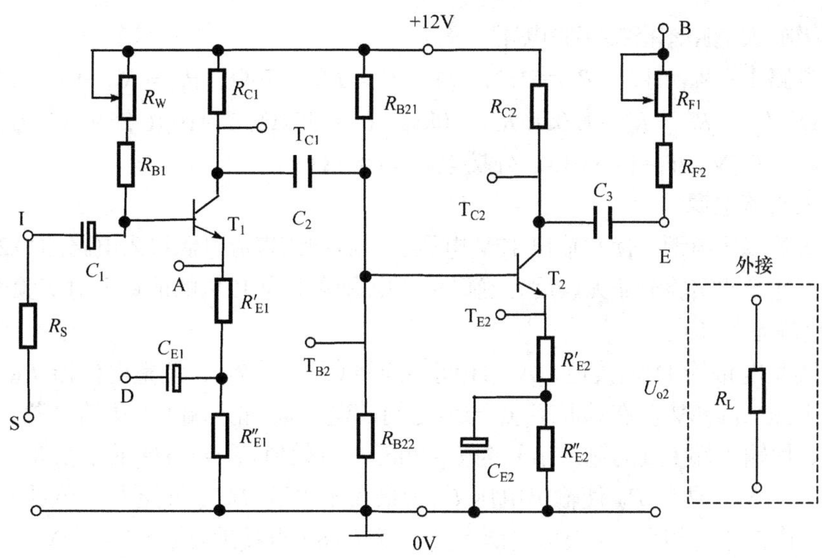

图 1.8.1　电压串联负反馈两级放大电路图

负反馈放大电路主要性能指标如下。

1) 闭环电压放大倍数

$$A_{uf}=\frac{A_u}{1+A_uF_u}$$

式中，$A_u=U_o/U_i$ 为基本放大器(无反馈)的电压放大倍数，即开环电压放大倍数；$1+A_uF_u$ 为反馈深度，它的大小决定了负反馈对放大器性能改善的程度。

2) 反馈系数

$$F_u=\frac{R_{E1}}{R_{E1}+R_F}$$

式中，$R_F=R_{F2}+R_{F1}$ 的实际值；R_{E1} 为 T_1 的发射极电阻。

3) 输入电阻

$$R_{if}=(1+A_uF_u)R_i$$

式中，R_i 为基本放大器的输入电阻。

4) 输出电阻

$$R_{of}=\frac{R_o}{1+A_{uo}F_u}$$

式中，R_o 为基本放大器的输出电阻；A_{uo} 为基本放大器 $R_L=\infty$ 时的电压放大倍数。

1.8.4　实验内容与步骤

1. 基本型实验：测量基本放大电路的性能

1) 实验电路接线

先找到反馈放大电路模块 ST2002，并放置到九孔板上。按图 1.8.1 所示的电压串联负反馈两级放大电路图搭接实验电路。

实验电路中：R_{F1}=1kΩ，R_{F2}=51Ω，$R_{C2}=R_S=R''_{E2}$=470Ω，$R'_{E1}=R'_{E2}$=10Ω，R_{B22}=1kΩ，R_{B21}=1.6kΩ，$R_{C1}=R''_{E1}=R''_{E1}$=120Ω，R_{B1}=10kΩ，R_W=150kΩ，C_1=10μF/25V，$C_2=C_3$=0.47μF，$C_{E1}=C_{E2}$=47μF/25V，$T_1=T_2$=9013，外接电阻R_L=2kΩ。

2)接入直流电源

调节直流稳压电源，使它输出12V电压，然后把该直流电源接入电路的+12V处和地端。在检查连接的实验电路无误后并确保稳压电源输出为12V的前提下对实验电路供电。

3)测定静态工作点

先将实验电路的D端接地，A、B间不连线(无负反馈)，调整电位器R_W使第一级的集电极电压U_{C1}=8V左右(即T_{C1}点与地之间的电压)。输入端I点接信号源，并调整信号发生器，使输入端I点的输入信号为U_i=20mV(有效值)，f=1kHz的正弦波，最后输出端E点接示波器。调节R_W使输出电压U_o为最大不失真(U_o尽可能大，必要时也可增大输入信号)正弦波。然后，撤去信号源，并让输入端I点接地(或令U_i=0mV)。最后，再用万用表测量表1.8.2中各直流电位(对地)。

表1.8.2　静态工作点的数据测量表

级别＼数据	U_B/V	U_E/V	U_C/V	I_C/mA
第一级				
第二级				

4)测量基本放大电路的性能

在反馈放大电路模块ST2002上用导线将D端接地，A、B之间不连接(即无负反馈的情况)。

(1)测量基本放大电路的电压放大倍数A_u。

在输入端I点接入U_i=20mV、f=1kHz的正弦波信号，不接负载R_L(空载)。用示波器观察此时输出端(E点)的波形应为不失真，再用交流毫伏表测量U_o并记入表1.8.3中，并用公式$A_u=\dfrac{U_o}{U_i}$，计算出电压放大倍数A_u。

表1.8.3　负反馈放大电路的性能测试表

测量电路	测量值				计算值			
基本放大电路(无反馈)	U_i	U_o/mV	U'_o /mV	U_S/mV	A_u	A'_u	R_i/Ω	R_o/Ω
	20mV f=1kHz							
反馈放大电路(有反馈)	U_{if}	U_{of}/mV	U'_{of} /mV	U_{Sf}/mV	A_{uf}	A'_{f}	R_{if}/Ω	R_{of}/Ω
	20mV f=1kHz							
结论								

(2)测量基本放大电路的输出电阻 R_o。

仍在输入端 I 点接入 U_i=20mV、f=1kHz 的正弦波信号，同时在输出端(E 点)接入负载电阻 R_L=2kΩ，测量此时 E 点的输出电压 U'_o，并记入表 1.8.3 中。并用公式计算输出电阻 $R_o=\dfrac{U_o-U'_o}{U'_o}R_L=\left(\dfrac{U_o}{U'_o}-1\right)R_L$，将结果填入表 1.8.3 中。

其中 U_o 是未接负载电阻 R_L 时对应的输出电压；U'_o 是接负载电阻 R_L 后的输出电压。接负载 R_L 后的电压放大倍数为 A'_u，则 $A'_u=\dfrac{U'_o}{U_i}$。

(3)测量基本放大电路的输入电阻 R_i。

在输入端 S 端接入 R_S=470Ω(R_S 已在 ST2002 模块内)。把函数信号发生器的输出改接到输入端 S 点，交流毫伏表接输入端 I 点。增大函数信号发生器输出信号电压，使放大电路 I 点的输入信号(交流毫伏表的示值)仍为 20mV。然后再用毫伏表测量此时输入端 S 点的电压(函数信号发生器输出信号的电压)U_S，并记录在表 1.8.3 中。输入电阻按 $R_i=\dfrac{U_i}{U_S-U_i}R_S$ 计算。

2. 提高型实验：测量负反馈放大电路的性能

在反馈放大电路模块 ST2002 上用导线将 D 端接地，并用导线连接 A、B 两点(即引入负反馈情况)。再将 R_{F1} 逆时针旋到底。

1)测量负反馈放大电路的放大倍数 A_{uf}

在输入端(I 点)接入 U_i=20mV、f=1kHz 的正弦波信号，不接负载 R_L(空载)。用示波器观察此时输出端(E 点)的波形应为不失真，然后再用交流毫伏表测量 U_{of}，并记入表 1.8.3，最后用公式 $A_{uf}=\dfrac{U_{of}}{U_i}$ 计算出电压放大倍数 A_{uf}。

2)测量负反馈放大电路的输出电阻 R_{of}

仍在输入端 I 点接入 U_i=20mV、f=1kHz 的正弦波信号，同时在输出端(E 点)接入负载电阻 R_L=2kΩ，测量此时的输出电压 U'_{of}，并记入表 1.8.3 中，则负反馈输出电阻为

$$R_{of}=\frac{U_{of}-U'_{of}}{U'_{of}}R_L=\left(\frac{U_{of}}{U'_{of}}-1\right)R_L$$

式中，U_{of} 是未接负载电阻 R_L 时的输出电压；U'_{of} 是接负载电阻 R_L 后的输出电压。接负载 R_L 后的电压放大倍数为 A'_{uf}，则 $A'_{uf}=\dfrac{U'_{of}}{U_i}$。

3)测量负反馈放大电路的输入电阻 R_{if}

把函数信号发生器输出改接到输入端 S 点，交流毫伏表接输入端 I 点。增大函数信号发生器输出信号电压，使放大电路 I 点的输入信号(交流毫伏表的示值)仍为 20mV。然后再测量此时输入端 S 点的电压大小(函数信号发生器输出信号的电压)U_{Sf}，

并记录在表 1.8.3 中。此时负反馈输入电阻按 $R_{\mathrm{if}}=\dfrac{U_{\mathrm{i}}}{U_{\mathrm{Sf}}-U_{\mathrm{i}}}R_{\mathrm{S}}$ 计算。

3. 开拓型实验

1) 观察负反馈对放大电路输出波形失真的改善

为了便于观察负反馈对放大电路输出波形失真的改善情况，一般在空载下，对比有、无负反馈时的输出波形变化。

在图 1.8.1 所示的电路基础上，将 D 端接地，A、B 不连接(即无负反馈)，输入信号接在 I 点，输出接示波器，检查无误后通电。逐渐增大输入信号 U_{i} 值(40~50mV)，让示波器上显示的输出电压 U_{o} 的波形出现严重失真。记下此时的输出波形和输入、输出电压的幅度。

然后，用导线连通 A、B 两点(引入负反馈)。当 A、B 连通后，在同样幅值的 U_{i} 输入下，输出波形则不失真(失真被改善了)，观察并比较两者的波形变化。最后在表 1.8.4 中画出波形。

表 1.8.4　负反馈对波形失真的改善作用表

	波形情况
无负反馈 放大电路	
引入负反馈 放大电路	
结论	

2) 负反馈放大电路对通频带的展宽作用

(1) 无负反馈时的通频带的测量。

① 断开 A、B 间连接线，在空载情况下，将函数信号发生器的输出信号接到模块的输入端 S 点，使输入信号为频率为 1kHz 的正弦波。调节函数信号发生器的输出电压，使输出端 E 点的电压 U_{o}=1V。然后保持输入信号的幅值不变，减小输入信号的频率，则输出电压 U_{o} 的幅值会随频率的减小而变小。

② 当 U_{o}=0.7V 时，此时对应的输入频率为下限频率 f_{L}，将下限截止频率 f_{L} 记入表 1.8.5 中。

③ 仍保持输入信号幅度不变，先将输入频率调整为 1kHz，并在此基础上，增加输入信号的频率，则输出电压 U_{o} 幅值也会随频率的增加而减小。当 U_{o}=0.7V 时，此时对应的频率为上限频率 f_{H}，将 f_{H} 记入表 1.8.5 中。

④ 根据公式 $f_{\mathrm{BW}}=f_{\mathrm{H}}-f_{\mathrm{L}}$ 计算通频带。

(2) 引入负反馈时的通频带的测量。

在空载情况下，用导线将 A、B 两点连通，构成具有负反馈的放大电路。在输入端

S 点输入 1kHz 的正弦波信号，调节输入电压 U_S 的大小，使放大电路 E 点的输出电压 U_o=1V。然后保持输入信号的幅度不变，增大和减小输入信号的频率，测量输出电压 U_o=0.7V 时对应的上限频率 f_H 和下限频率 f_L，记入表 1.8.5 中，并计算有负反馈时的放大电路的通频带 f_{BW}。

表 1.8.5　负反馈放大电路对通频带的拓展作用表

	上限频率 f_H/kHz	下限频率 f_L/kHz	通频带 f_{BW}/kHz
无负反馈放大电路			
有负反馈放大电路			

注意：实验结束时，请整理、摆放好仪器设备，并填写实验设备使用登记本，最后请指导教师签字确认后方可离开实验室。

1.8.5　实验要求

(1) 复习书中有关负反馈放大器的内容。

(2) 将基本放大器和负反馈放大器动态参数的实测值和理论值进行比较。

(3) 根据实验结果，总结电压串联负反馈对放大器性能的影响。

(4) 整理实验数据，回答思考题。

1.8.6　思考题

(1) 怎样把负反馈放大器改接成基本放大器？

(2) 如输入信号存在失真，能否用负反馈来改善？

(3) 如图 1.8.1 所示电路取 $\beta_1=\beta_2=100$，先计算基本放大器的 A_u、R_i 和 R_o，然后再计算负反馈放大器的 A_{uf}、R_{if} 和 R_{of}，并验算它们之间的关系。如按深负反馈计算，则闭环电压放大倍数 A_{uf} 应为多少？

1.9　运算放大器的线性应用实验

1.9.1　实验目的

(1) 掌握检查运算放大器质量的方法。

(2) 掌握由集成运算放大器组成的比例、电压跟随器、加法、减法和积分等基本运算电路的结构与功能。

(3) 通过实验测试与分析，进一步掌握运放的主要特点和性能及输出电压与输入电压的函数关系。

(4) 了解运算放大器在实际应用时应考虑的相关问题。

1.9.2　实验仪器与器材

运算放大器的线性应用实验仪器与器材如表 1.9.1 所示。

表 1.9.1　运算放大器的线性应用实验仪器与器材

序号	设备名称	型号及参数	数量
1	直流稳压电源	0～30V 可调	1 台
2	九孔插件方板	297mm×300mm	1 块
3	函数信号发生器	YB1602	1 台
4	通用示波器	LDS20405	1 台
5	万用表	MF47 型	1 只
6	集成运算放大器	LM358	1 只
7	直流信号源	ST2016(−5～+5V)	1 块
8	电阻、电位器		若干
9	电容		若干
10	短接桥和连接导线	P8-1 和 50148	若干

1.9.3　实验原理

1. 运算放大器简介及理想运算放大器特性

集成运算放大器是一种具有高电压放大倍数的直接耦合多级放大电路，其输入级常常由差分放大电路组成。集成运算放大器工作在线性区时能完成对信号的比例、加减、积分与微分等简单运算以及对数与反对数和乘除等复杂运算。集成运算放大器工作在非线性区时能完成电压比较器、滞回比较器等功能。

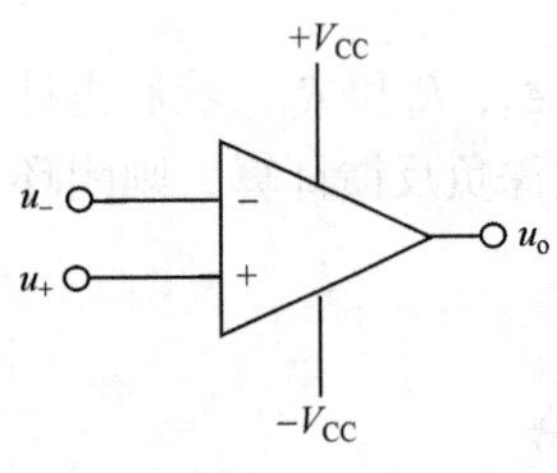

图 1.9.1　运放电路符号图

在大多数情况下，将运放视为理想运放，就是将运放的各项技术指标理想化。满足开环电压增益 $A_{ud}=\infty$；输入阻抗 $R_i=\infty$；输出阻抗 $R_o=0$；带宽 $f_{BW}=\infty$；失调与漂移均为零的运算放大器称为理想运放。

图 1.9.1 所示为理想运放的符号。运放一般具有两个输入端(反相输入端与同相输入端)和一个输出端，以及连接正、负电源和外加校正环节等引出端。实验中使用的是集成双运算放大器 LM358，其引脚排列图如图 1.9.2 所示。

2. 运放工作在线性工作区时的特点

大多数情况下可以将集成运放看成一个理想运算放大器。在集成运放应用电路中，运放可以工作在线性区或工作在非线性区，运放传输特性曲线如图 1.9.3 所示。图中运放电路处于开环状态或有正反馈(不存在负反馈)时，电路工作在非线性区(饱和区)；电路处于闭环状态(或存在负反馈)时，运放工作在线性区。

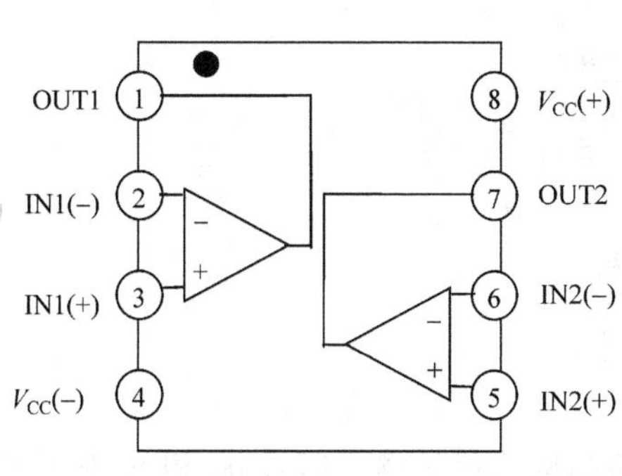

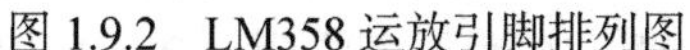

图 1.9.2　LM358 运放引脚排列图

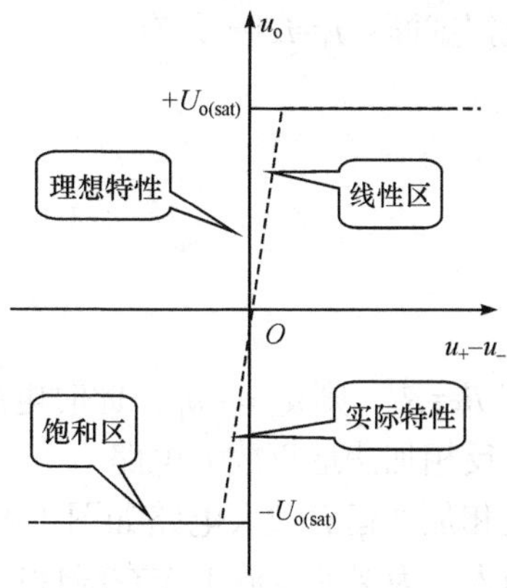

图 1.9.3　运放传输特性曲线

运放线性工作区是指输出电压 u_o 与输入电压 u_d 成正比时的输入电压范围。在线性工作区，集成运放 u_o 与 u_d 之间的关系可表示为

$$u_o = A_{od}u_d = A_{od}(u_+ - u_-)$$

式中，A_{od} 为集成运放的开环差模电压放大倍数；u_+ 和 u_- 分别为同相输入端和反相输入端电压。

3. 运放工作在线性区的特点与分析方法

集成运放工作在线性区时，它具有以下两个特点：

虚短：集成运放两个输入端之间的电压通常非常接近，即 $u_+ \approx u_-$，但不是短路，故称为“虚短”。

虚断：流入集成运放两个输入端的电流通常可视为零，即 $i_+ \approx 0$，$i_- \approx 0$，但不是断开，故称为“虚断”。

在分析运放线性应用电路时，利用虚短和虚断概念求解运算电路的函数关系时所产生的误差，通常可以忽略不计。因此可以将虚短 $u_+ \approx u_-$ 写成 $u_+ = u_-$，将虚断 $i_+ \approx 0$，$i_- \approx 0$ 写成 $i_+ = i_- = 0$。即虚短：$u_+ = u_-$；虚断：$i_+ = i_- = 0$。

4. 线性电路的应用

只有引入负反馈，运放才能工作在线性区；要让运放工作在线性区，必然引入负反馈。在运放线性应用电路中一般加入深度负反馈以实现各种不同功能。典型线性应用电路包括各种运算电路及有源滤波电路。

1) 反相比例运算放大电路

反相比例运算放大电路如图 1.9.4 所示。电路结构特点是信号从反相输入端输入，为保证运放工作在线性区，在输出端和反相输入端之间接反馈电阻 R_F，构成深度电压并联负反馈，R_2 为平衡电阻，取 $R_2=R_1//R_F$。

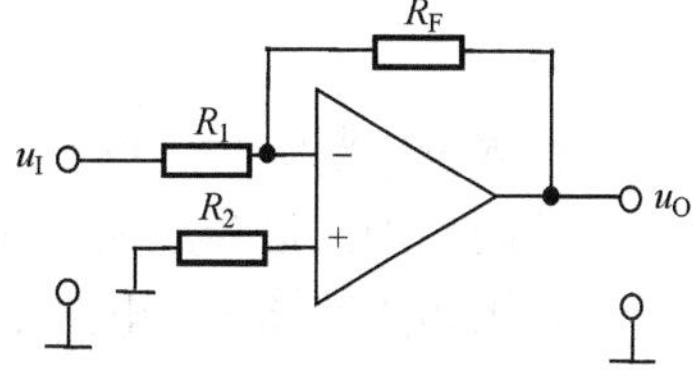

图 1.9.4　反相比例运算放大电路

根据虚短：$u_+ = u_-$，同时 u_+=0V，则 $u_+ = u_- = 0$。

根据虚断：$i_+=i_-=0$，有

$$\frac{u_{\rm I}-u_-}{R_1}=\frac{u_- -u_{\rm O}}{R_{\rm F}}$$

故

$$u_{\rm O}=-\frac{R_{\rm F}}{R_1}u_{\rm I}$$

若 $R_{\rm F}=R_1$，则 $u_{\rm O}=-u_{\rm I}$，此时电路称为反相器。

2)反相加法运算放大电路

反相加法运算放大电路如图 1.9.5 所示。电路结构特点是输入信号 $u_{\rm I1}$ 和 $u_{\rm I2}$ 从反相输入端输入。为保证运放工作在线性区，在输出端和反相输入端之间接反馈电阻 $R_{\rm F}$，构成深度电压并联负反馈，R_2 为平衡电阻，$R_2=R_{11}//R_{12}//R_{\rm F}$。此时

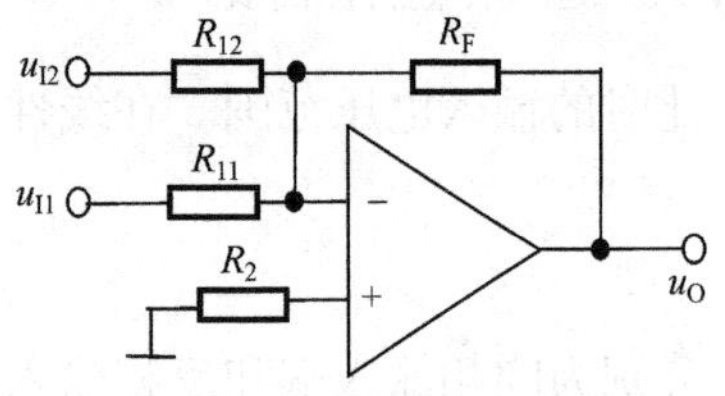

图 1.9.5　反相加法运算放大电路

$$u_{\rm O}=-\left(\frac{R_{\rm F}}{R_{11}}u_{\rm I1}+\frac{R_{\rm F}}{R_{12}}u_{\rm I2}\right)$$

3)同相比例运算放大电路

同相比例运算放大电路如图 1.9.6 所示。电路结构特点是输入信号从同相输入端输入，反相输入端经电阻接地。为保证运放工作在线性区，在输出端和反相输入端之间接反馈电阻 $R_{\rm F}$，构成深度电压串联负反馈。R_2 为平衡电阻，$R_2=R_1//R_{\rm F}$。

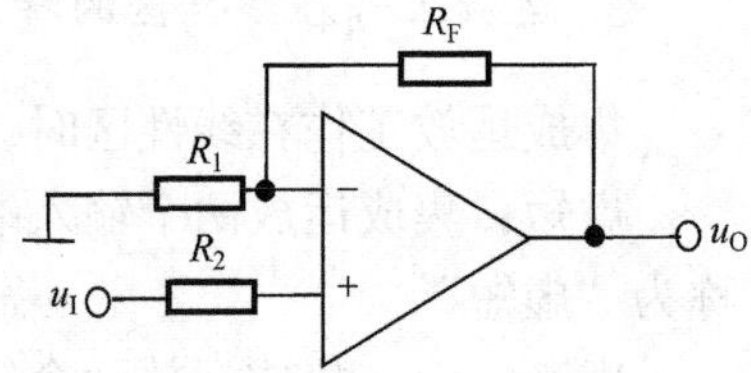

图 1.9.6　同相比例运算放大电路

此时根据虚短 $u_+=u_-$，同时 $u_+=u_{\rm I}$，则 $u_-=u_+=u_{\rm I}$。

同时

$$u_-=\frac{R_1}{R_1+R_{\rm F}}u_{\rm O}$$

所以

$$u_{\rm I}=\frac{R_1}{R_1+R_{\rm F}}u_{\rm O}$$

故

$$u_{\rm O}=\left(1+\frac{R_{\rm F}}{R_1}\right)u_{\rm I}$$

若 $R_{\rm F}=0$ 或 $R_1=\infty$，则 $u_{\rm O}=u_{\rm I}$，称为同相器或电压跟随器。

4)同相加法运算放大电路

同相加法运算放大电路如图 1.9.7 所示。电路结构特点是输入信号 $u_{\rm I1}$ 和 $u_{\rm I2}$ 从同相输入端输入，反相输入端经 R_1 电阻接地。为保证运放工作在线性区，在输出端和反相输入端之间接反馈电阻 $R_{\rm F}$，构成深度电压串联负反馈。

此时 $u_O = \left(1+\dfrac{R_F}{R_1}\right)\left(\dfrac{R_{12}}{R_{11}+R_{12}}u_{I1}+\dfrac{R_{11}}{R_{11}+R_{12}}u_{I2}\right)$。

若 $R_1//R_F=R_{11}//R_{12}$ 成立，则

$$u_O = R_F\left(\frac{u_{I1}}{R_{11}}+\frac{u_{I2}}{R_{12}}\right)$$

5) 减法运算放大电路

减法运算放大电路如图 1.9.8 所示。电路结构特点是输入信号 u_{I1} 和 u_{I2} 分别从反相输入端和同相输入端输入。为保证运放工作在线性区，在输出端和反相输入端之间接反馈电阻 R_F，构成深度电压负反馈。此时

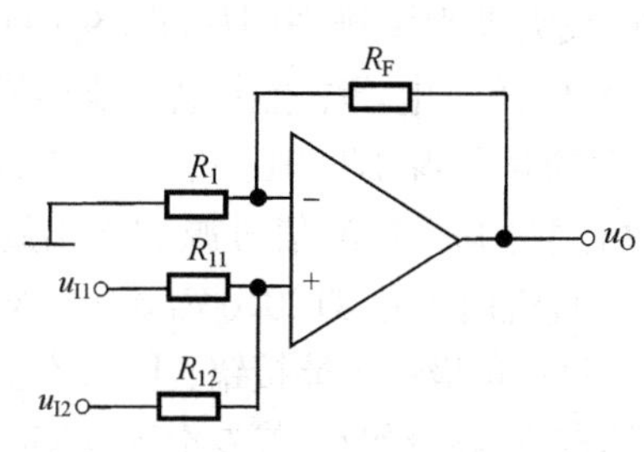

图 1.9.7　同相加法运算电路图

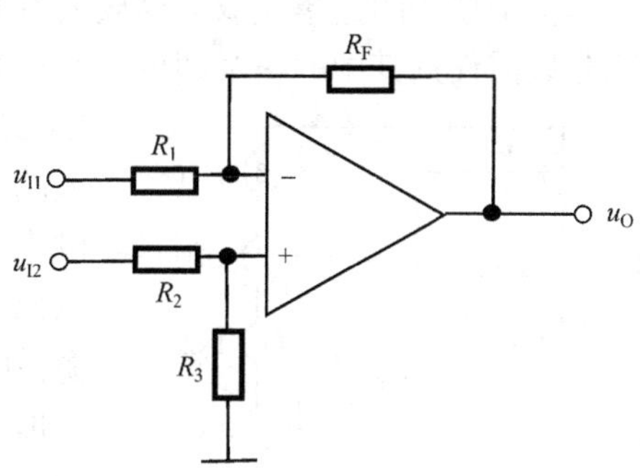

图 1.9.8　减法运算电路图

$$u_O = \left(1+\frac{R_F}{R_1}\right)\frac{R_3}{R_2+R_3}u_{I2}-\frac{R_F}{R_1}u_{I1}$$

若平衡电阻 R_3 的取值满足 $R_3//R_2=R_1//R_F$，则

$$u_O = \frac{R_F}{R_2}u_{I2}-\frac{R_F}{R_1}u_{I1}$$

6) 反相积分运算放大电路

反相积分运算放大电路如图 1.9.9 所示。电路结构特点是输入信号 u_I 接反相输入端，同相输入端接地。为保证运放工作在线性区，在输出端和反相输入端之间接电容 C_F 作为反馈电路，构成电压并联负反馈。

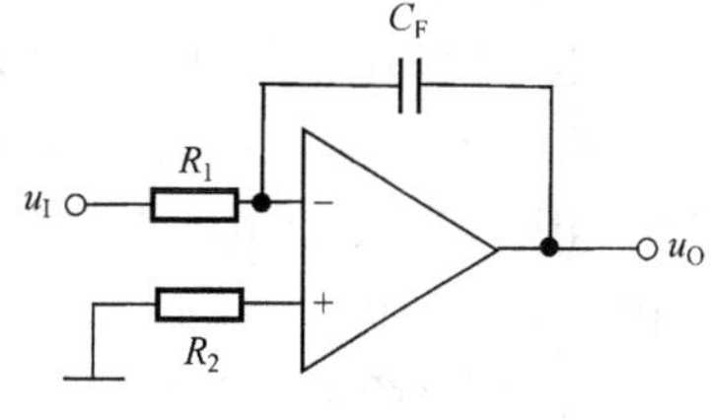

图 1.9.9　积分运算电路图

反相积分电路在理想化条件下，输出电压为

$$u_O = -\frac{1}{R_1C_F}\int_0^t u_I \mathrm{d}t + u_C(0)$$

式中，$u_C(0)$ 是 t=0 时刻电容 C_F 两端的电压值，即初始值。

如果 $u_I(t)$ 是幅值为 E 的阶跃电压，并设 $u_C(0)=0$，则

$$u_O(t) = -\frac{1}{R_1C_F}\int_0^t E\mathrm{d}t = -\frac{E}{R_1C_F}$$

即输出电压 $u_O(t)$ 随时间增长而线性下降。显然 R_1C_F 的数值越大，达到 u_O 值所需的

时间就越长。

当然，积分输出电压所能达到的最大值也受集成运放最大输出范围的限制，不能超出极限值，所以有时会出现积分饱和现象。

1.9.4 实验内容与步骤

1. 基本型实验

1) 运算放大器好坏的检测

(1) 电源的连接。

实验中使用的是集成双运算放大器 LM358，集成芯片内部由两个运算放大器组成，实验时只需任选其中的一个即可。LM358 集成双运算放大器引脚排列图如图 1.9.10 所示。

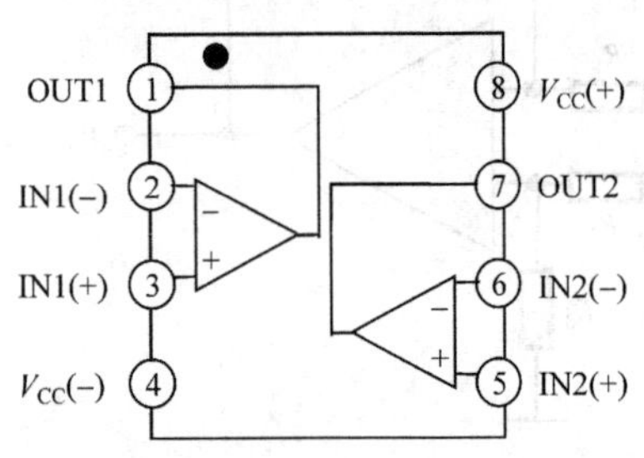

图 1.9.10 LM358 运放引脚排列图

LM358 需要 ± 15V 电源供电。注意供电不能供错。输入的直流信号由直流信号源 ST2016 提供，其输出范围为−5～+5V，可通过调整直流信号源的输出旋钮，输出需要的电压。直流信号源 ST2016 需要 ± 15V 双电源供电，连接时注意正负极性不能接错，同时不要忘了接地。用万用表的直流挡测量时，若表指针反偏应及时调换万用表的表笔。

接线时先把电源 1 和电源 2 分别调为 15V。再找到运算放大器 LM358 模块和直流信号源 ST2016，并放置到实验板上。然后将 ± 15V 及地线 GND 接到对应的“± 15V”和“⊥”处。

(2) 运算放大器好坏的检测——电压跟随器。

电压跟随器如图 1.9.11 所示。输出电压全部引到反相输入端(即 R_F=0)，信号从同相输入端输入。电压跟随器是同相比例运算的特殊情况，输入电阻大，输出电阻小，输出电压 U_O 与输入电压 U_I 相同，即 $U_O=U_I$。

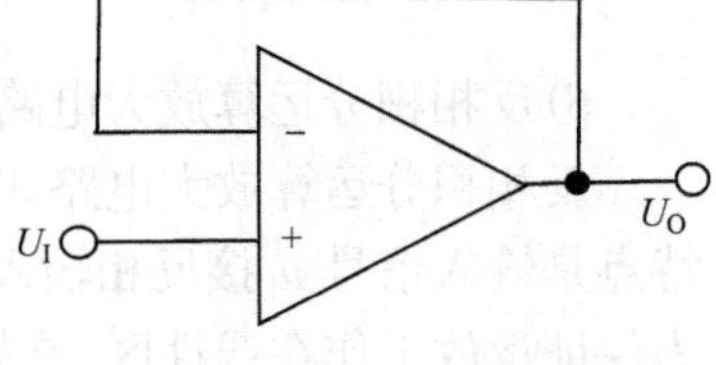

图 1.9.11 电压跟随器

① 结合图 1.9.11 和图 1.9.10 在 LM358 集成芯片上接线，先将芯片 8 脚接+15V 电源，4 脚接−15V 电源，完成供电。

② 用导线连接输出端 1 脚和反相输入端 2 脚，组成电压跟随器。

③ 在同相输入端接入直流电压 U_I(−5～5V)。

④ 测量对应的输出电压 U_O。

若 $U_O=U_I$，则可以认为该运算放大器是正常的。

(3) 电压跟随器实验。

按图 1.9.12 接线，用表 1.9.2 中的数据测试电压跟随器的功能，将结果填入表 1.9.2 中。并与理论值比较，计算误差，分析原因。

注意：

① 禁止将正、负电源极性接反，否则将会损坏运放集成块。

② 禁止将运放输出端与地短路，否则将会损坏集成块。

③ 输入直流电压 U_I(−5～5V) 由直流信号源模块 ST2016 提供。

④ 直流电压都采用万用表进行测量。

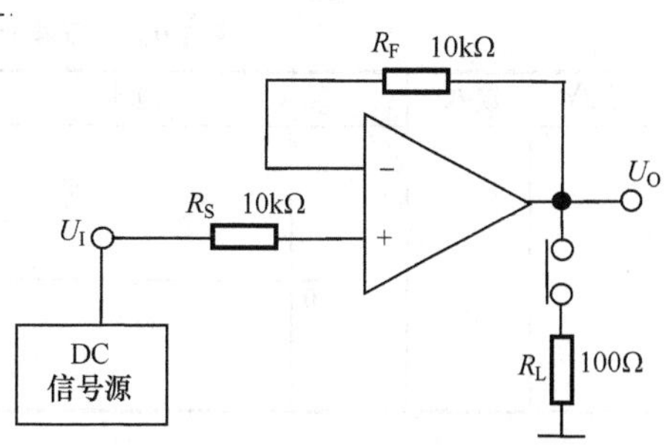

图 1.9.12　电压跟随器实验连线图

表 1.9.2　电压跟随器实验数据表

项目		U_I/V			
		1		2	
测试条件		R_S=10kΩ R_F=10kΩ R_L 开路	R_S=10kΩ R_F=10kΩ R_L=100Ω	R_S=100kΩ R_F=100kΩ R_L 开路	R_S=100kΩ R_F=100kΩ R_L=100Ω
U_O	理论估算值/V				
	实测值/V				
	误差				

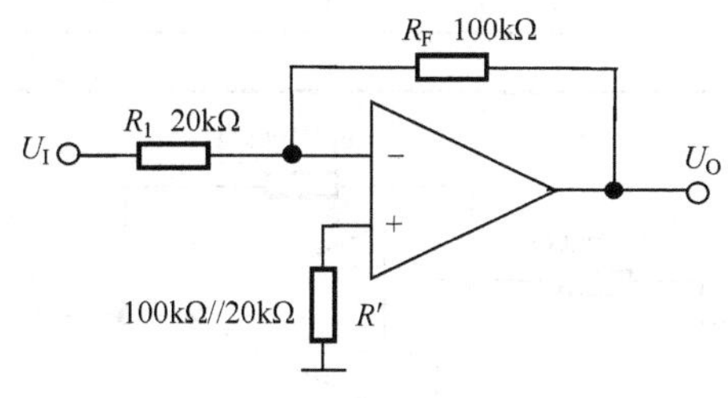

图 1.9.13　反相比例放大器图

2) 反相比例运算电路

(1) 按图 1.9.13 所示反相比例放大器线路，在集成双运算放大器 LM358 上连接实验电路。检查无误后，再接通±15V 电源。

(2) 在输入端通过直流信号源提供表 1.9.3 中的数据。最后用万用表测量输出端的电压，并将结果填入表 1.9.3 中。

表 1.9.3　反相比例放大器直流输入实验数据表

项目		直流输入电压 U_I/V				
		0.3	0.5	1	2	−1
输出电压	理论估算值/V					
	实测值/V					
	误差					

(3) 在输入端 U_I 接入频率 f=100Hz，有效值 U_I=0.5V 的正弦交流信号，测量相应的 U_O 的有效值，并用示波器观察 u_O 和 u_I 的相位关系，最后记入表 1.9.4 中。

表 1.9.4　反相比例放大器交流输入实验数据表

U_I/V	U_O/V	u_I波形	u_O波形	A_u	
				实测值	计算值
		0　t	0　t		

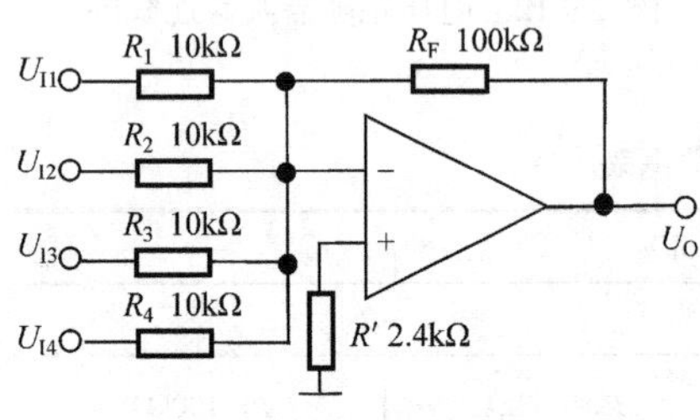

图 1.9.14　反相加法放大电路图

3) 反相加法运算电路

(1) 按图 1.9.14 所示反相加法放大电路图，在集成双运算放大器 LM358 上连接实验电路。检查无误后，再接通±15V 电源。

(2) U_{I1}、U_{I2}、U_{I3}、U_{I4}都通过直流信号源 ST2016 提供。在输入端加入如表 1.9.5 中所列的数据。然后用万用表测量输出端的电压，并将结果填入表 1.9.5 中。

(3) 最后写出输入与输出的关系式。

表 1.9.5　反相加法运算电路测试数据表

U_{I1}/V	U_{I2}/V	U_{I3}/V	U_{I4}/V	U_O/V
1	2	−1.7	−2	
−3	0.5	−0.5	2	
表达式				

2. 提高型实验

1) 同相比例运算电路

(1) 按图 1.9.15 所示同相比例放大器电路，在集成双运算放大器 LM358 上连接实验电路。检查无误后，再接通±15V 电源。

(2) 在输入端通过直流信号源提供表 1.9.6 中的数据。最后用万用表测量输出端的电压，并将结果填入表 1.9.6 中。

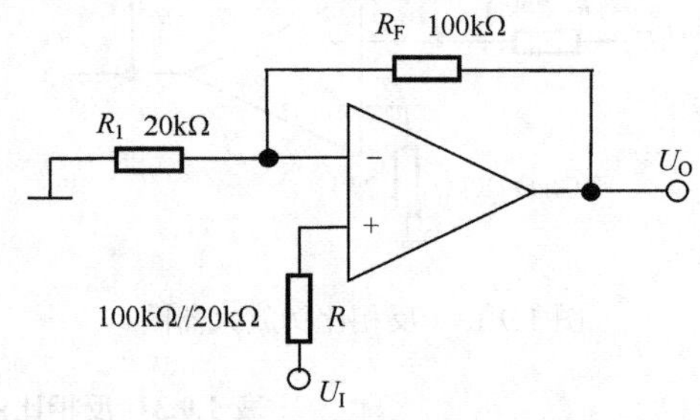

图 1.9.15　同相比例放大电路图

表 1.9.6　同相比例放大器直流输入实验数据表

项目		直流输入电压 U_I/V				
		0.3	0.5	1	2	−1
输出电压	理论估算值/V					
	实测值/V					
	误差					

(3) 在输入端 U_I 接入频率 f=100Hz，有效值 U_I=0.5V 的正弦交流信号，测量相应的 U_O 的有效值，并用示波器观察 u_O 和 u_I 的相位关系，最后记入表 1.9.7 中。

表 1.9.7　同相比例放大器交流输入实验数据表

U_I/V	U_O/V	u_I 波形	u_O 波形	A_u	
				实测值	计算值
		0　t	0　t		

2) 同相加法电路

(1) 按图 1.9.16 所示同相加法运算电路图，在集成双运算放大器 LM358 上连接实验电路。检查无误后，再接通±15V 电源。

(2) U_{I1}、U_{I2} 都通过直流信号源 ST2016 提供。在输入端加入表 1.9.8 中所列的数据。然后用万用表测量输出端的电压，并将结果填入表 1.9.8 中。

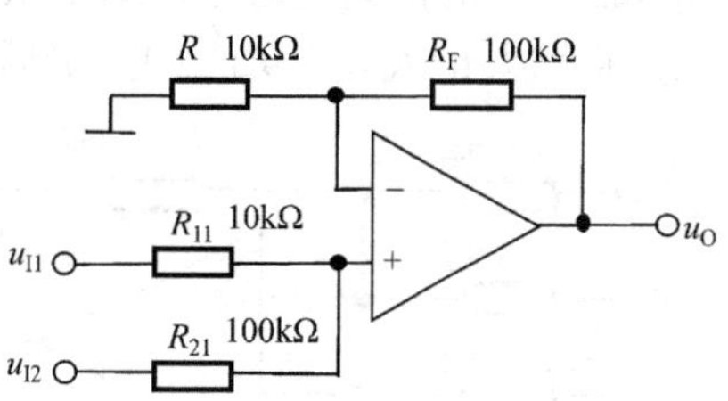

图 1.9.16　同相加法运算电路图

表 1.9.8　同相加法运算电路测试数据表

u_{I1}/V	1	0.5	−1	1	−1
u_{I2}/V	2	3	5	−3	-2
u_O/V					
表达式					

(3) 如果输入端 U_{I2} 接 1V 直流电压，U_{I1} 接频率 f=100Hz，有效值 U_I=0.5V 的正弦交流信号，测量相应的 U_O 的有效值，并用示波器观察 u_O 和 u_I 的相位关系，最后记入表 1.9.9 中。

表 1.9.9　同相比例放大器交流输入实验数据表

U_O/V	u_I 波形	u_O 波形
	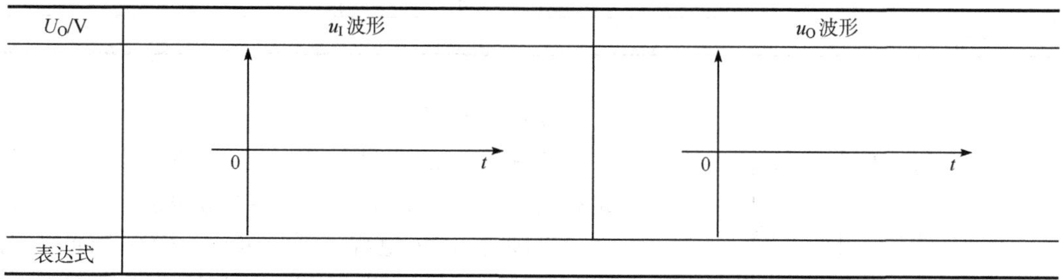 0　t	0　t
表达式		

3. 开拓型实验

1) 减法电路

(1) 按图 1.9.17 所示减法运算电路图，在集成双运算放大器 LM358 上连接实验电路。检查无误后，并接通±15V 电源。

(2) 在输入端通过直流信号源提供如表 1.9.10 中的数据。最后用万用表测量输出端的电压，并将结果填入表 1.9.10 中。最后确定输出与输入的表达式。

表 1.9.10 减法运算电路测试数据表

U_{I1}/V	U_{I2}/V	U_{I3}/V	U_{I4}/V	U_O/V
−1	2	−1.7	2	
−3	1.7	0.5	−2	
表达式				

(3) 按图 1.9.18 接线。如果输入端 U_{I2} 接 1V 直流电压，U_{I1} 接频率 f=100Hz，有效值 U_I=0.5V 的正弦交流信号，测量相应的 u_O 的有效值，并用示波器观察 u_O 和 u_I 的相位关系，将结果记入表 1.9.11 中。最后写出输出与输入的表达式。

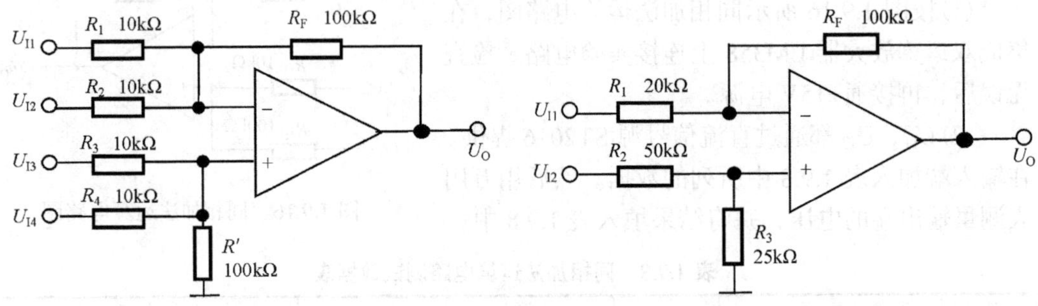

图 1.9.17 减法运算电路图　　　图 1.9.18 减法运算电路交直流输入电路图

表 1.9.11 减法电路交流输入实验数据表

U_O/V	u_I 波形	u_O 波形
	0 t	0 t
表达式		

2) 积分电路

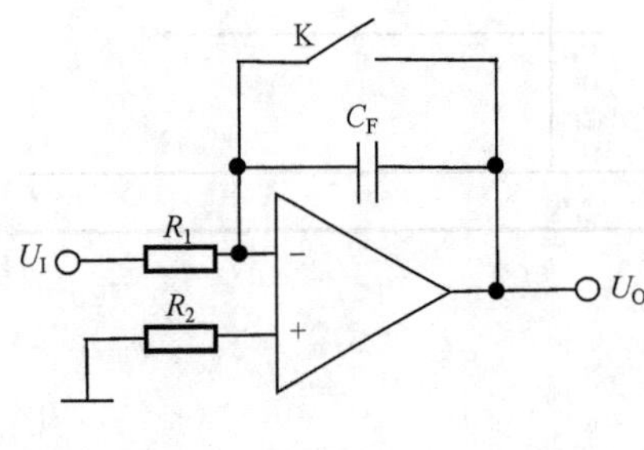

图 1.9.19 积分运算实验电路图

(1) 按图 1.9.19 所示积分运算实验电路图，在集成双运算放大器 LM358 上连接实验电路。检查无误后，再接通±15V 电源。开关 K 的设置一方面为积分电容放电提供通路，同时可实现积分电容初始电压 $u_C(0)=0$，另一方面可控制积分起始点，即在加入信号 U_I 后，只要 K 断开，电容就将被恒流充电，电路也就开始进行积分运算。

(2) 让 $R_1=R_2=10\text{k}\Omega$，$C_F=10\mu\text{F}$，调好直流输入电压 U_I=0.5V，接入实验电路，再打开 K。然后用直流电压表测量输出电压 U_O，每隔 5 秒读一次 U_O，记入表 1.9.12 中，直到 U_O 不继续明显变化。

表 1.9.12　积分运算数据表

项目	t/s							
	0	5	10	15	20	25	30	…
U_O/V								

(3) 让 $R_1=R_2=10\text{k}\Omega$，$C_F=1\mu\text{F}$，同时将输入 U_I 信号接幅值为 2V、频率为 100Hz 的方波，用示波器观察输入、输出的波形，并记录到表 1.9.13 中。若将输入的方波改为正弦波，则输出的波形又是什么波形，用示波器观察，并分析原因。

表 1.9.13　积分电路波形转换特性表

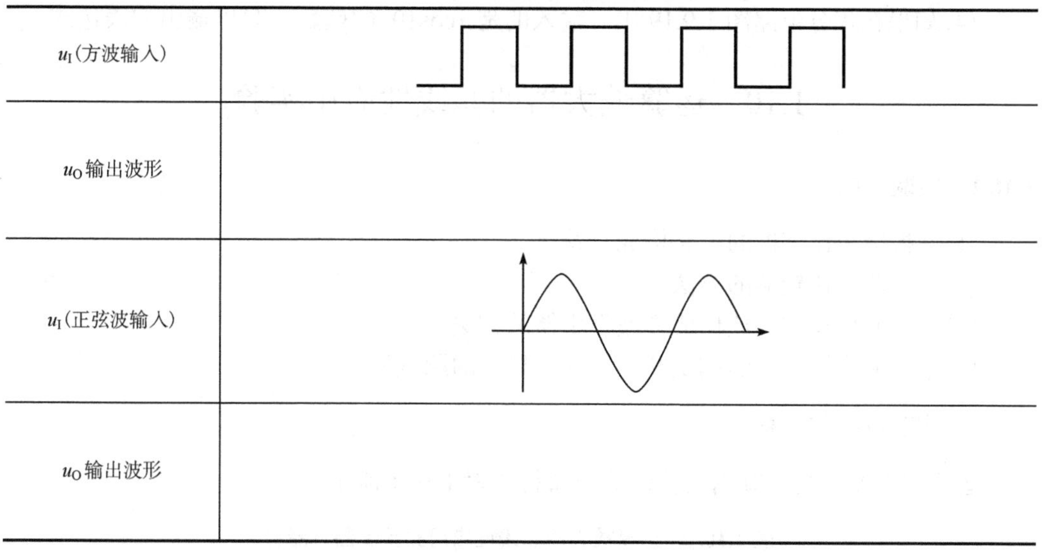

u_I（方波输入）	
u_O 输出波形	
u_I（正弦波输入）	
u_O 输出波形	

注意：实验结束时，请整理、摆放好仪器设备，并填写实验设备使用登记本，最后请指导教师签字确认后方可离开实验室。

1.9.5　实验要求

(1) 复习集成运放线性应用的内容，并根据实验电路参数计算各电路输出电压的理论值。

(2) 掌握集成运放使用的注意事项。

(3) 整理实验数据，画出波形图（注意波形间的相位关系），将理论计算结果和实测数据相比较，分析产生误差的原因。

(4) 回答思考题。

1.9.6　思考题

(1) 在同相加法电路图 1.9.16 中，如 U_{I1} 和 U_{I2} 均采用直流信号，并选定 $U_{I2}=-1\text{V}$，运算放大器的最大输出幅度（±12V）时，$|U_{I1}|$ 的大小不应超过多少伏？

(2) 要求输入信号 $U_I=1\sin\omega t$，而要求输出信号 $U_O=2-2\sin\omega t$，试设计相应电路。

(3) 求如图 1.9.20 所示电路的输入与输出关系式？

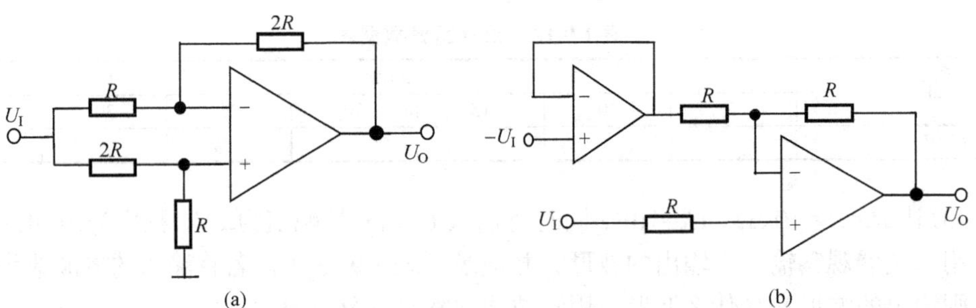

图 1.9.20 思考题(3)电路

(4)如果在积分电路图 1.9.19 中，输入的是 1cos10t 的函数，写出输出的表达式。

1.10 运算放大器的非线性应用实验

1.10.1 实验目的

(1)掌握电压比较器的电路构成及特点。

(2)学会测试比较器的方法。

(3)学习利用集成运放构成方波发生器的方法。

(4)学习波形发生器的调试和主要性能指标的测试方法。

1.10.2 实验仪器与器材

运算放大器非线性应用实验仪器与器材如表 1.10.1 所示。

表 1.10.1 运算放大器非线性应用实验仪器与器材

序号	设备名称	型号及参数	数量
1	直流稳压电源	0～30V 可调	1 台
2	九孔插件方板	297mm×300mm	1 块
3	函数信号发生器	YB1602	1 台
4	通用示波器	LDS20405	1 台
5	万用表	MF47 型	1 只
6	集成双运算放大器	LM358	1 只
7	直流信号源	ST2016(−5～+5V)	1 块
8	电阻、电位器		若干
9	电容		若干
10	短接桥和连接导线	P8-1 和 50148	若干

1.10.3 实验原理

1. 运算放大器简介及理想运算放大器特性

集成运算放大器是一种具有高电压放大倍数的直接耦合多级放大电路。集成运算放大器工作在线性区能完成对信号的比例、加减、积分与微分等简单运算以及对数与反对数和乘除等复杂运算。集成运算放大器工作在非线性区能完成电压比较器、滞回比较器等功能。

图 1.10.1 所示是运放的电路符号。其中 u_+是同相输入端，u_-是反相输入端，$+V_{CC}$是正电源端，$-V_{CC}$是负电源端，u_O是输出端。一般运放可以看成是理想运放，有时在原理图中电源端可以不用画出，默认都接了电源，但是实验时必须自己来连接。实验中使用的是集成双运算放大器 LM358，其引脚排列图如图 1.10.2 所示。

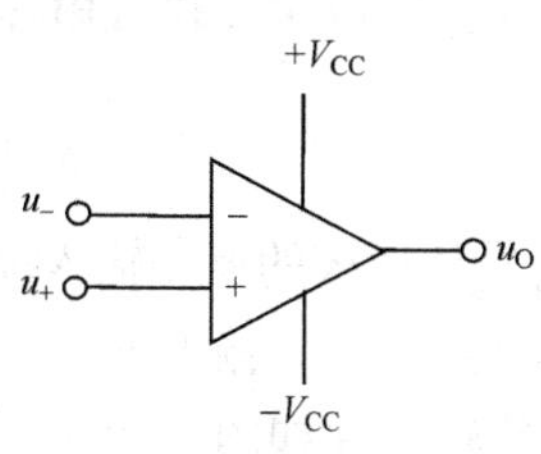

图 1.10.1　运放的电路符号

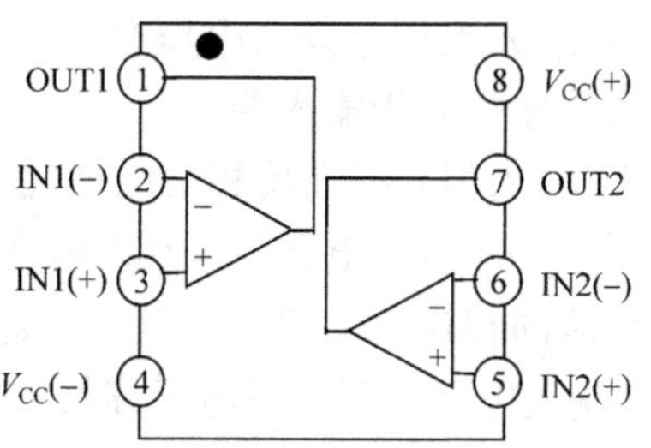

图 1.10.2　LM358 运放的引脚排列图

2. 运放工作在非线性工作区时的特点

大多数情况下可以将集成运放看成一个理想运算放大器。在集成运放应用电路中，运放的工作范围有两种情况：工作在线性区或工作在非线性区。如图 1.10.3 所示，运放电路处于开环状态或正反馈(不存在负反馈)时，电路工作在非线性区；电路处于闭环状态(存在负反馈)时，运放工作在线性区。

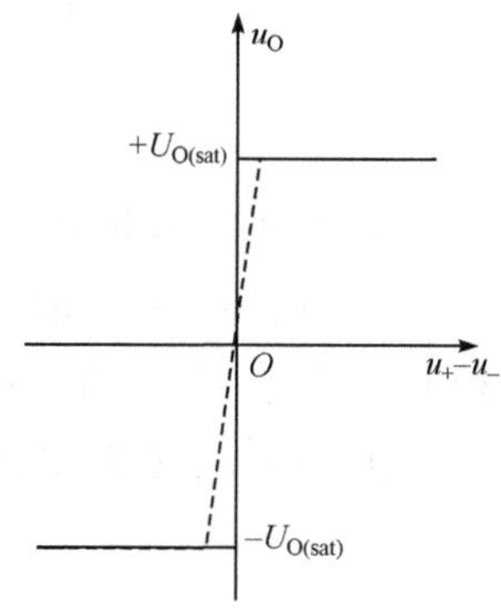

图 1.10.3　运放非线性区的特性曲线

运算放大器工作在非线性区(饱和区)的特点如下：

(1)输出只有两种可能取值($+U_{O(sat)}$或$-U_{O(sat)}$)，不是正极限值就是负极限值，没有第三种可能。

当 $u_+>u_-$时，$u_O=+U_{O(sat)}$。

当 $u_+<u_-$时，$u_O=-U_{O(sat)}$。

(2)不存在“虚短”现象。

(3)仍存在“虚断”现象，即 $i_+=i_-\approx 0$。

3. 运放非线性电路的应用

运放非线性应用电路中，一般都工作在开环或正反馈条件下，可实现各种不同功能。典型非线性应用电路包括电压比较器和方波发生器。

1)单限电压比较器

电压比较器是集成运放非线性应用电路，此时运算放大器工作在开环状态或引入正反馈。电压比较器是将一个输入电压信号和参考电压相比较，在二者幅度相等时，输出电压将产生跃变，相应输出由高电平变成低电平或者由低电平变成高电平。由此来判断输入信号的大小和极性。电压比较器是一种模拟输入、数字输出的模/数接口电路。常用于越限报警、波形发生和波形变换以及模/数转换等场合。

传输特性是描述输出电压与输入电压之间关系的函数。判断电压比较器的传输特性往往采用三要素法。电压比较器的传输特性的三要素法如下：

(1)输出高电平、低电平的幅值决定于集成运放的输出电压或输出端的限幅电路，即输出幅值决定于输出电压或限幅电路。

(2)阈值电压是指使运放同相输入端和反相输入端电位相等的输入电压。

(3)输入电压过阈值电压时输出电压发生跃变，跃变方向取决于输入电压作用于反相输入端还是同相输入端。

① 输入信号接在反相端的情况。

图 1.10.4 所示电路为反相端输入的电压比较器。信号从运放的反相输入端输入，参考电压从同相输入端输入。当 $u_I > u_R$(输入电压大于参考电压)时，输出 $u_O = -U_{O(sat)}$，当 $u_I < u_R$(输入电压小于参考电压)时，$u_O = +U_{O(sat)}$。其电压传输特性如图 1.10.5 所示。

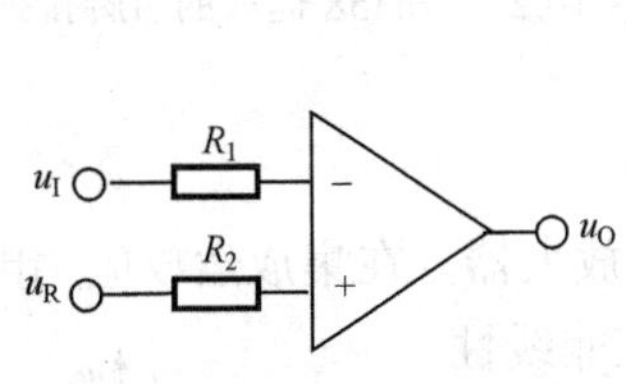

图 1.10.4 反相端输入的电压比较器

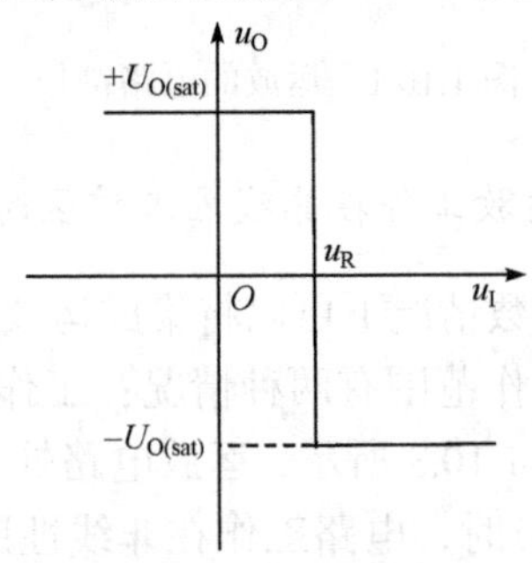

图 1.10.5 反相输入的电压传输特性

基本电压比较器的输出为运放的极限值。有时需要对输出进行一定的限制，那么必须加入限幅环节。图 1.10.6 是带限幅的反相端输入电压比较器，其中 D_Z 为双向限幅稳压管。此时对应的电压传输特性如图 1.10.7 所示。输出电压 u_O 不再是 $\pm U_{O(sat)}$，而是 $\pm U_Z$。

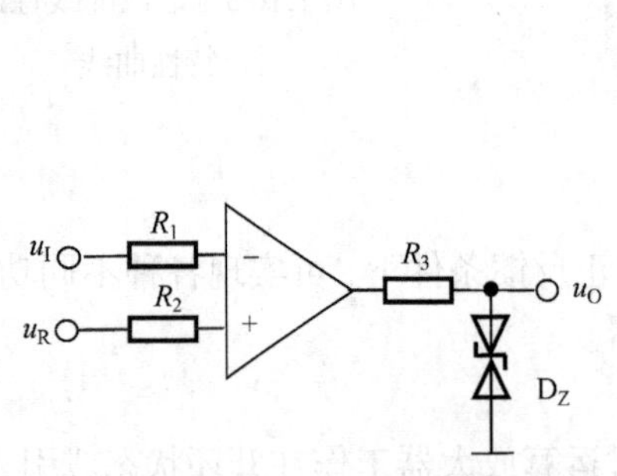

图 1.10.6 带限幅的反相端输入电压比较器

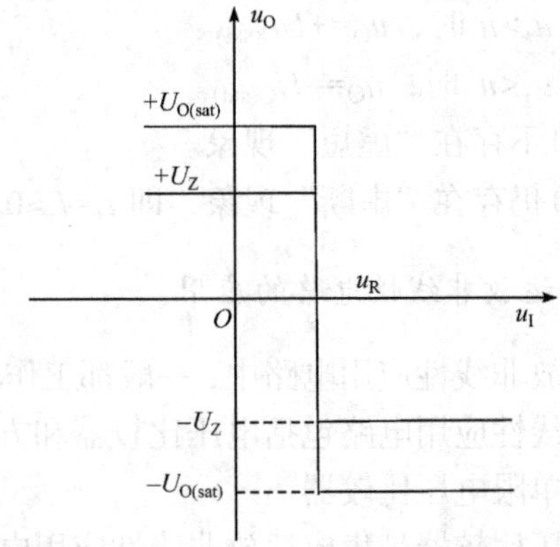

图 1.10.7 带限幅的反相输入电压传输特性

② 输入信号接在同相端的情况。

图 1.10.8 所示电路为带限幅的同相输入电压比较器。信号从运放的同相输入端输入，参考电压从反相输入端输入。当 $u_I > u_R$(输入电压大于参考电压)时，输出 $u_O = +U_Z$；当 $u_I < u_R$(输入电压小于参考电压)时，$u_O = -U_Z$。其电压传输特性如图 1.10.9 所示。

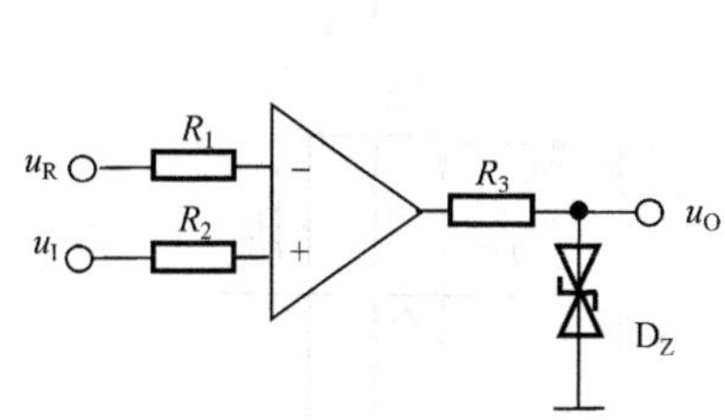

图 1.10.8　带限幅的同相输入电压比较器

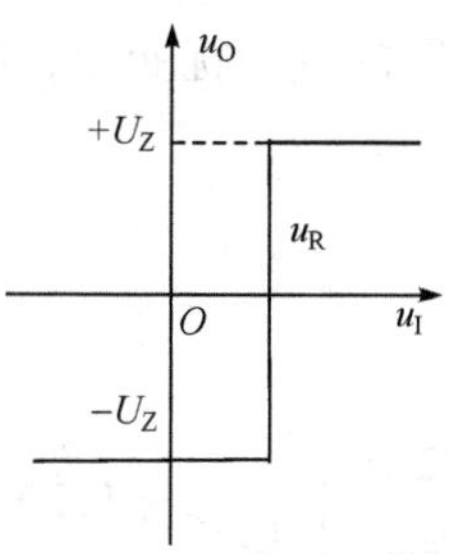

图 1.10.9　带限幅的同相输入电压传输特性

③ 过零电压比较器。

若 u_R=0(即参考电压为零或接地)，则此时的电压比较器称为过零电压比较器。图 1.10.10 所示是带限幅的过零电压比较器，其中 D_Z 为双向限幅稳压管。此时电路对应的电压传输特性如图 1.10.11 所示。过零电压比较器结构简单，灵敏度高，但抗干扰能力差。

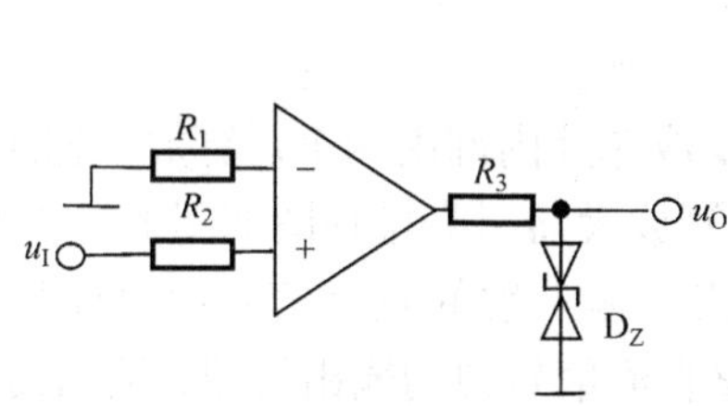

图 1.10.10　带限幅的过零电压比较器

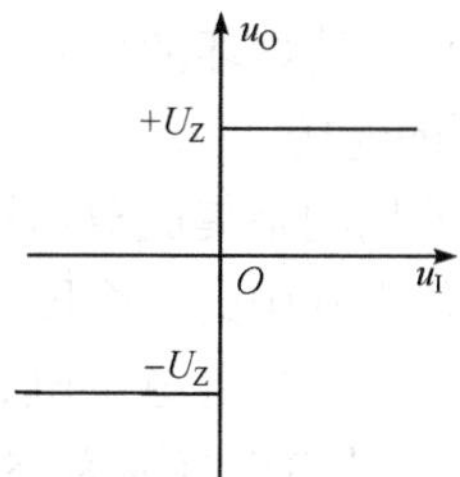

图 1.10.11　带限幅的过零电压比较器特性

2)滞回电压比较器

图 1.10.12 所示为滞回电压比较器电路。信号从运放的反相输入端输入，同相输入端经 R_2 接地，同时输出信号经反馈电阻 R_F 引回到同相输入端，形成正反馈。电路中引入正反馈的目的有两个，其一是提高了比较器的响应速度；其二是让输出电压的跃变不是发生在同一门限电压上。滞回电压比较器对应的电压传输特性如图 1.10.13 所示。

图 1.10.13 中 U' 为上门限电压，U'' 为下门限电压，如下：

$$U' = \frac{R_2}{R_2 + R_F}(+U_Z),\quad U'' = \frac{R_2}{R_2 + R_F}(-U_Z)$$

当 u_I 逐渐增加，在 $u_I = U'$ (输入电压等于上门限电压)时，输出才会发生跳变。当 u_I 逐渐减小，在 $u_I = U''$ (输入电压等于下门限电压)时，输出才会发生跳变。两次跳变之间具有迟滞特性，所以称为滞回比较器。通常用回差来描述迟滞特性。回差电压是上门限电压与下门限电压之差，即

$$\Delta U = U' - U'' = \frac{2R_2}{R_2 + R_F}U_Z$$

所以，只要调节 R_F 或 R_2 就可以改变回差电压的大小。

滞回电压比较器的优点是一方面改善了输出波形在跃变时的陡度；另一方面回差电

压提高了电路的抗干扰能力，ΔU 越大，抗干扰能力越强。

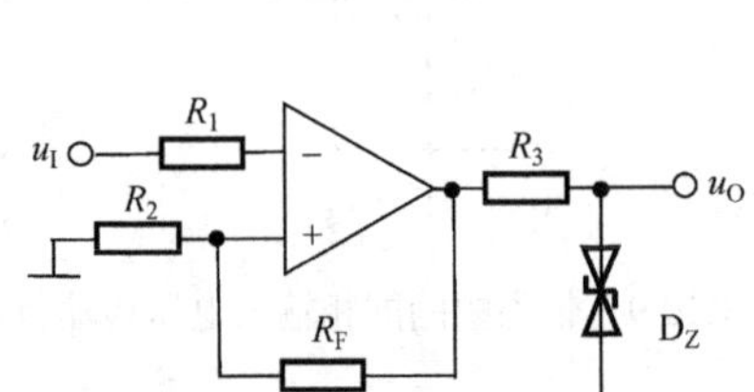

图 1.10.12　滞回电压比较器电路

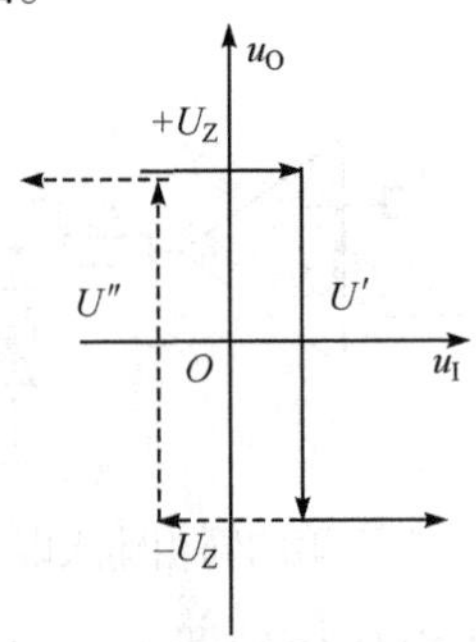

图 1.10.13　滞回电压比较器滞回特性

1.10.4　实验内容与步骤

1. 基本型实验：输入信号接在反相端的电压比较器实验

1）运算放大器好坏的检测

(1) 电源的连接。

实验中使用的是集成双运算放大器 LM358，集成芯片内部由两个运算放大器组成，实验时只需任选其中的一个即可。LM358 集成双运算放大器引脚排列图如图 1.10.2 所示。LM358 需要 ± 15V 电源供电，注意极性不能接错。输入端的直流信号由直流信号源 ST2016 提供，其输出范围为−5～+5V，可通过调整直流信号源的输出旋钮，输出需要的电压。直流信号源 ST2016 为 ± 15V 双电源供电，连接时注意正负极性不能接错，同时不要忘了接地。用万用表的直流挡测量时若万用表指针反偏，应及时调换万用表的表笔。

接线时先把电源 1 和电源 2 分别调为 15V。再找到运算放大器 LM358 模块和直流信号源 ST2016，并放置到实验板上。然后将 ± 15V 及地线 GND 接到对应的“ ± 15V”和“⊥”处。

(2) 运算放大器好坏的检测——电压跟随器。

电压跟随器电路如图 1.10.14 所示。用导线连接输出端与反相输入端，输入信号从同相输入端输入。电压跟随器应该输出电压 u_O 与输入电压 u_I 相同，即 $u_O=u_I$。

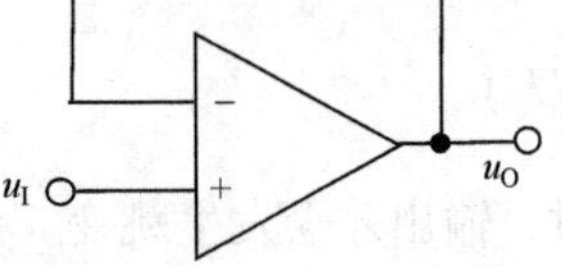

图 1.10.14　电压跟随器电路

① 根据图 1.10.2 引脚接线，把运放芯片的 8 脚接+15V 电源，4 脚接−15V 电源。

② 用导线连接输出端 1 脚和反相输入端 2 脚，组成电压跟随器。

③ 在同相输入端接入直流电压 u_I(−5～+5V)。

④ 测量对应的输出电压 u_O。

⑤ 若 $u_O=u_I$，则可以认为该运算放大器是正常的。

2）输入信号接在反相端的电压比较器实验

(1) 按图 1.10.4 所示输入信号接在反相端的电压比较器图，在集成双运算放大器

LM358 上连接实验电路。取 $R_1=R_2=10\text{k}\Omega$，检查无误后，再接通±15V 电源。

(2)先让 u_R 分别为+2V、−2V，输入电压 u_I 的数据如表 1.10.2 所示。然后用万用表测量输出端的电压，并将结果填入表 1.10.2 中。

表 1.10.2　反相输入的电压比较器实验测试数据表

项目	u_R/V					
	2		−2		0	
u_I/V	−3	3	−3	3	−3	3
u_O/V						

(3)使 u_R=0V 或同相输入端通过电阻 R_2 接地，此时构成过零电压比较器。在输入端输入如表 1.10.2 的数据，用万用表测量输出电压，并将结果填到表 1.10.2 中。

(4)在图 1.10.4 的基础上加入限幅环节(按图 1.10.6 接线)。其中让稳压二极管的 U_Z=±6V。u_I 和 u_R 都通过直流信号源 ST2016 提供，电压值如表 1.10.3 所示。然后用万用表测量输出端的电压，并将结果填入表 1.10.3 中。

表 1.10.3　带限幅的基本电压比较器实验测试数据表

项目	u_R/V					
	2		−2		0	
u_I/V	−3	3	−3	3	−3	3
u_O/V						

(5)让 u_R 接直流信号源 ST2016 模块，将 u_I 接到信号发生器输出端。使信号发生器的输出和直流信号源 ST2016 模块的输出分别为表 1.10.4 中的信号和数值，并用示波器观察输入端 u_I 和输出端 u_O 的波形，并描绘到表 1.10.4 中相应位置。

表 1.10.4　带限幅的电压比较器输入输出波形测试表

类型	u_R/V		
	2	−2	0
信号类型	三角波　($U_{P\text{-}P}$=4V，f=100Hz)		
u_I 的波形			
u_O 的波形			
信号类型	正弦波　($U_{P\text{-}P}$=4V，f=100Hz)		
u_I 的波形			
u_O 的波形			

2. 提高型实验：输入信号接在同相端的电压比较器实验

(1)按图 1.10.8 所示输入信号接在同相端的带限幅的电压比较器图在集成双运算放大器 LM358 上连接实验电路。取 $R_1=R_2=10\text{k}\Omega$，$U_Z=\pm 6\text{V}$。检查无误后，再接通±15V 电源。

(2) u_I 和 u_R 都通过直流信号源 ST2016 提供，并分别输入表 1.10.5 中所列的数值。然后用万用表测量输出端的电压，并将结果填入表 1.10.5 中。

(3)使 u_R=0V 或同相输入端通过电阻 R_2 接地，此时构成过零电压比较器。在输入端输入如表 1.10.5 的数据，用万用表测量输出电压，并将结果填到表 1.10.5 中。

表 1.10.5　同相输入的电压比较器实验测试数据表

项目	u_R/V					
	2		−2		0	
u_I/V	−3	3	−3	3	−3	3
u_O/V						

(4)让 u_R 接直流信号源 ST2016 模块，将 u_I 接到信号发生器输出端。使信号发生器的输出和直流信号源 ST2016 模块的输出分别为表 1.10.6 中的信号和数值，并用示波器观察输入端 u_I 和输出端 u_O 的波形，并描绘到表 1.10.6 中相应位置。

表 1.10.6　带限幅的基本电压比较器输入输出波形测试表

u_R/V	2	−2	0
信号类型	三角波　($U_{P\text{-}P}$=4V，f=100Hz)		
u_I 的波形			
u_O 的波形			
信号类型	正弦波　($U_{P\text{-}P}$=4V，f=100Hz)		
u_I 的波形			
u_O 的波形			

3. 开拓型实验：滞回电压比较器实验

(1)按图 1.10.12 所示滞回电压比较器电路图在集成双运算放大器 LM358 上连接实验电路，$U_Z=\pm 6\text{V}$。检查无误后，再接通±15V 电源。

(2)将 u_I 接到信号发生器输出端，使信号发生器的输出按表 1.10.7 中的信号输出，并用示波器观察输入端 u_I 和输出端 u_O 的波形，最后描绘到表 1.10.7 中相应位置。

表 1.10.7　滞回电压比较器输入输出波形测试表

项目	电阻	
	$R_1=R_2=2\text{k}\Omega$ $R_F=4\text{k}\Omega$	$R_1=R_2=4\text{k}\Omega$ $R_F=2\text{k}\Omega$
信号类型	三角波　（$U_{P\text{-}P}$=6V，f=100Hz）	
u_I的波形		
u_O的波形		
信号类型	正弦波　（$U_{P\text{-}P}$=6V，f=100Hz）	
u_I的波形		
u_O的波形		

注意：实验结束时，请整理、摆放好仪器设备，并填写实验设备使用登记本，最后请指导教师签字确认后方可离开实验室。

1.10.5　实验要求

(1)复习、总结电压比较器和滞回比较器的特点。

(2)根据各项实验任务要求，记录数据，并加以分析、总结。

(3)整理实验数据，回答思考题。

1.10.6　思考题

(1)画出如图 1.10.15 所示电路的电压传输特性图。

(2)在图 1.10.15 中，若输入信号为图 1.10.16 所示信号，画出输出的波形。

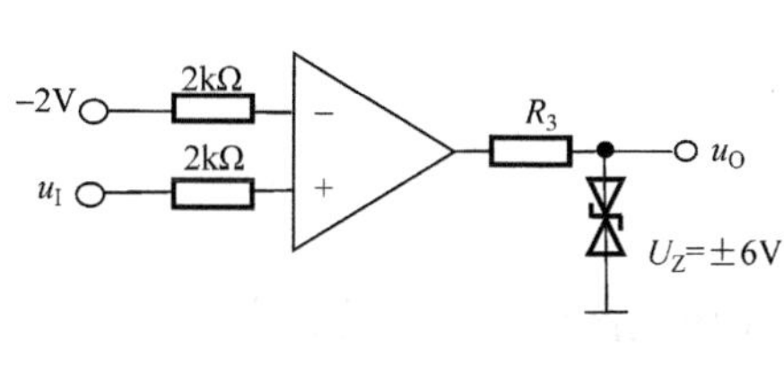

图 1.10.15　电路图 1

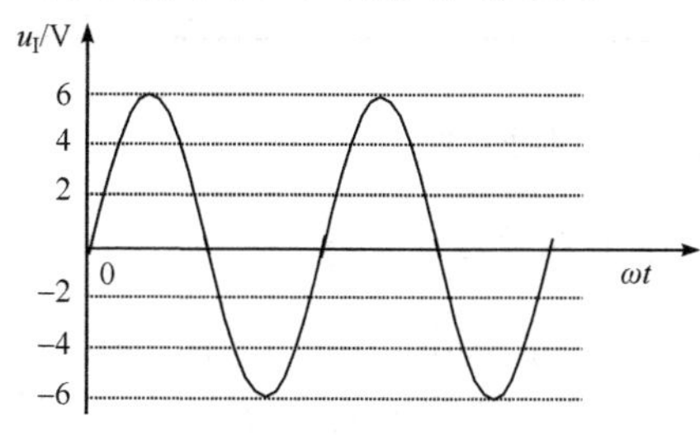

图 1.10.16　信号图

(3)在图 1.10.17 中，若输入信号为图 1.10.16 所示信号，画出输出的波形。

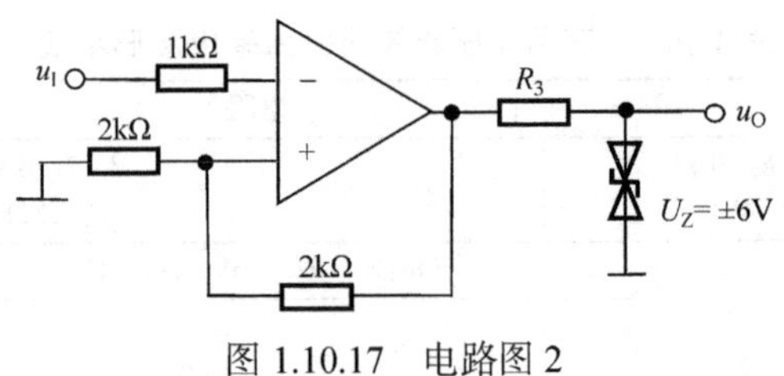

图 1.10.17　电路图 2

1.11　*RC* 正弦波振荡器实验

1.11.1　实验目的

(1)学习文氏振荡电路的工作原理和电路结构。

(2)学习 *RC* 正弦波振荡器的组成及其振荡条件。

(3)学习振荡电路的调整与测量振荡频率的方法。

(4)观察 *RC* 参数对振荡频率的影响，学习振荡频率的测定方法。

1.11.2　实验仪器与器材

RC 正弦波振荡器实验仪器与器材如表 1.11.1 所示。

表 1.11.1　*RC* 正弦波振荡器实验仪器与器材

序号	设备名称	型号及参数	数量
1	直流稳压电源	0～30V 可调	1 台
2	九孔插件方板	297mm×300mm	1 块
3	通用示波器	LDS20405	1 台
4	交流毫伏表	YB2172	1 台
5	万用表	MF47 型	1 只
6	集成双运算放大器	LM358	1 只
7	电阻、电位器		若干
8	电容		若干
9	二极管	4007	若干
10	短接桥和连接导线	P8-1 和 50148	若干

1.11.3　实验原理

1. 正弦波振荡电路

正弦波振荡电路用来产生一定频率和幅值的正弦交流信号。它的频率范围很广，可以从一赫兹以下到几百兆赫兹以上；输出功率可以从几毫瓦到几十千瓦；输出的交流电能是从电源的直流电能转换而来的。正弦波振荡电路常应用于无线电通信、广播电视、工业上的高频感应炉、超声波发生器、正弦波信号发生器、半导体接近开关等。目前，常用的正弦波振荡电路与特点如表 1.11.2 所示。

表 1.11.2　常用的正弦波振荡电路与特点

序号	正弦波振荡电路	特点
1	RC 振荡电路	输出功率小、频率低
2	LC 振荡电路	输出功率大、频率高
3	石英晶体振荡电路	频率稳定度高

2. *RC* 正弦波振荡电路结构

RC 正弦波振荡器是无外加信号就能输出一定频率、一定幅值信号的电路。*RC* 正弦波振荡电路如图 1.11.1 所示，正弦波振荡电路一般由放大电路、反馈网络、选频网络和稳幅环节组成。*RC* 正弦波振荡电路从结构上看其电路是带选频网络的正反馈放大器。由于放大环节采用的是运放芯片，其输入电阻比较大，而输出电阻比较小，致使选频网络受到放大环节的影响很小，增加了振荡电路的带负载能力。

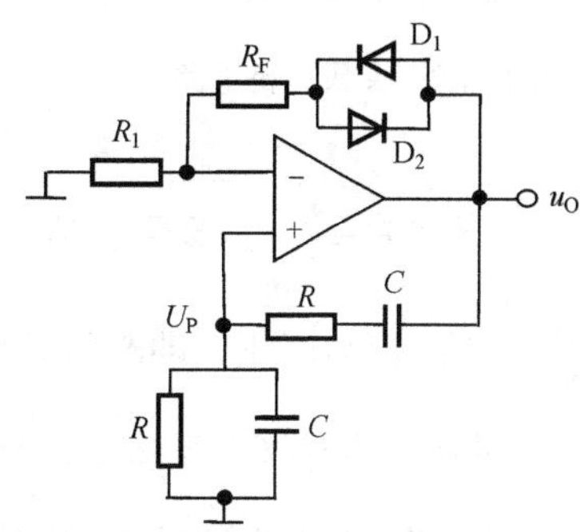

图 1.11.1　*RC* 正弦波振荡电路

RC 振荡电路的振荡频率为 $f_o=\dfrac{1}{2\pi RC}$。由于受到放大器件输入、输出阻抗以及电容的限制。f_o不能太高，一般高频达到 1MHz，低频可达 1Hz 以下。

RC 正弦波振荡电路的组成部分与功能作用如表 1.11.3 所示。

表 1.11.3　*RC* 正弦波振荡电路的组成部分与功能作用

电路环节	组成电路	功能及要求
放大电路	运放	放大信号，放大倍数 $A_f=\left(1+\dfrac{R_f}{R_1}\right)$
反馈网络	*RC* 串并联组合	必须是正反馈，反馈信号即是放大电路的输入信号，使振荡电路满足相位条件
选频网络	*RC* 串并联组合	确定振荡频率 f_0，保证电路产生正弦波振荡。保证输出为单一频率的正弦波，即使电路只在某一特定频率下满足自激振荡条件
稳幅环节	二极管 D_1、D_2	利用二极管的非线性特性，使电路能从 $\lvert A_uF\rvert>1$，过渡到 $\lvert A_uF\rvert=1$，从而达到稳幅振荡，起稳幅作用

3. *RC* 串并联选频网络的选频特性

RC 串并联电路作为选频网络和反馈网络，又称为文氏电桥，电路如图 1.11.2 所示。此时，文氏电桥电路的反馈系数为

$$\dot{F}=\frac{\dot{U}_f}{\dot{U}_O}=\frac{R//\dfrac{1}{j\omega C}}{R+\dfrac{1}{j\omega C}+R//\dfrac{1}{j\omega C}}$$

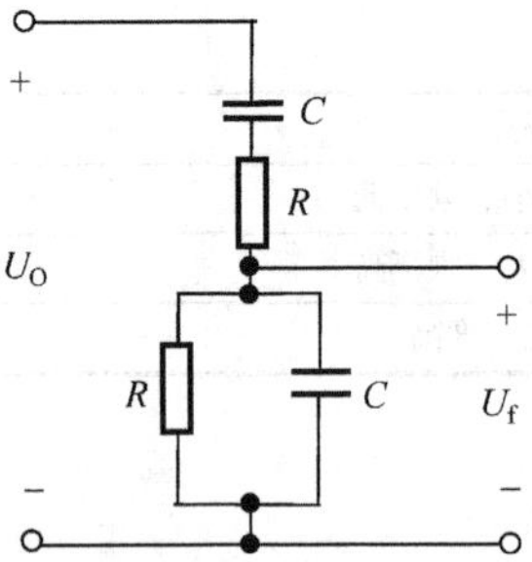

$$\dot{F}=\frac{1}{3+\mathrm{j}\left(\omega RC-\dfrac{1}{\omega RC}\right)}$$

令 $f_0=\dfrac{1}{2\pi RC}$，则

$$\dot{F}=\frac{1}{3+\mathrm{j}\left(\dfrac{f}{f_0}-\dfrac{f_0}{f}\right)}$$

图 1.11.2　文氏电桥电路

要使 $\dot{F}=\dfrac{\dot{U}_\mathrm{f}}{\dot{U}_\mathrm{O}}$ 达到最大值，必须要求 $f=f_0=\dfrac{1}{2\pi RC}$，此时 $\dot{F}$ 取得最大值为 $\dfrac{\dot{U}_\mathrm{f}}{\dot{U}_\mathrm{O}}=\dfrac{1}{3}$，而且 U_f 与 U_O 同相，即网络具有选频特性，f_0 决定于 RC。

4. RC 正弦波振荡电路工作过程

当 RC 振荡电路的电源刚接通时，电路中出现一个电冲击，由于这种扰动的不规则性，它包含着频率范围很宽的各次谐波，其中只有符合相位平衡条件的振荡频率 f_0 被选频网络选中，并建立起稳定的振荡。而不符合振荡条件的谐波都逐渐衰减而最终消失。图 1.11.3 是 RC 正弦波振荡电路工作过程，即从起振到稳幅的过程。

要使振荡器振荡，必须满足振荡条件 $|\dot{A}\dot{F}|=1$。电路中必须有正反馈环节，使相角等于 $2n\pi$。如果系统能够自行起振，开始时必须满足 $|\dot{A}\dot{F}|>1$。对于 RC 振荡电路来讲，$|\dot{F}|=\left|\dfrac{\dot{U}_\mathrm{f}}{\dot{U}_\mathrm{O}}\right|=\dfrac{1}{3}$，所以当 $|\dot{A}|>3$ 时才满足幅值条件，才能起振。然后振幅逐渐增大，随着振幅的增大，又由于二极管非线性元件的限制，$|\dot{A}\dot{F}|$ 值逐渐下降，最后达到 $|\dot{A}\dot{F}|=1$，处于等幅振荡状态。

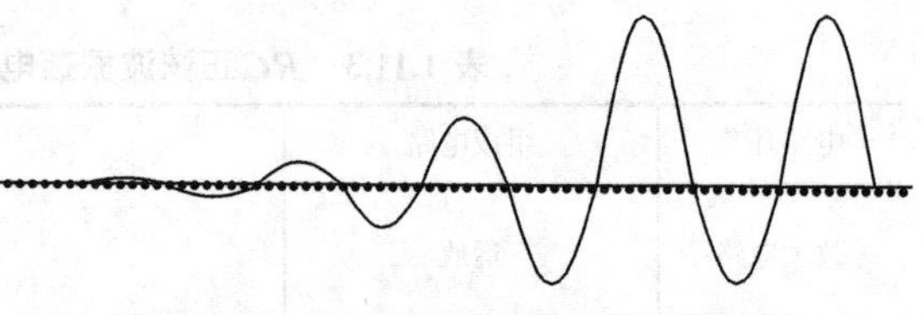

图 1.11.3　RC 正弦波振荡电路工作过程

1.11.4　实验内容与步骤

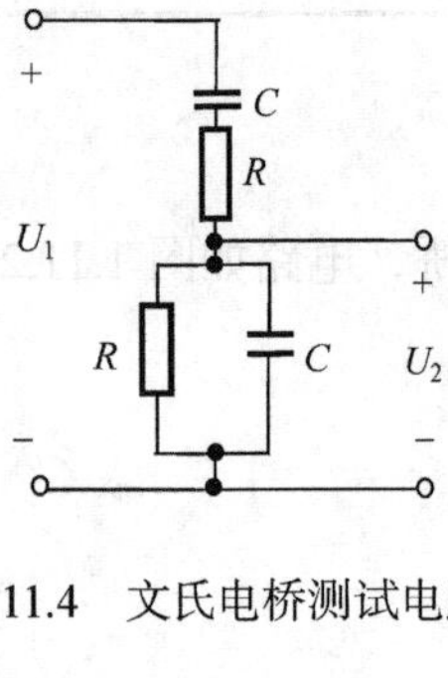

1. 基本型实验

(1) RC 串并联选频网络的选频特性测试。按图 1.11.4 所示电路，在九孔板上接线，其中电阻 R=2kΩ，电容 C=0.01μF。将函数信号发生器的输出接到输入电压 U_1，输出电压 U_2 接示波器。

(2) 使函数信号发生器的输出幅值的有效值为 300mV 的正弦波。不断调节信号发生器的输出频率，

图 1.11.4　文氏电桥测试电路图

使输出 U_2 的有效值为 100mV。此时信号发生器的输出频率就是振荡频率 f_0，测出数值并将结果填入表 1.11.4 中。观察此时输入、输出波形，并进行记录。

(3)在输出波形稳定的基础上，将信号发生器的输出频率分别调到 $1.1f_0$ 和 $0.9f_0$，观察输出 U_2 的波形变化，并在表 1.11.4 中画出波形，最后分析原因。

注意：

① 有效值一定要用交流毫伏表进行测量。

② 振荡频率 $f_0=\dfrac{1}{2\pi RC}$。

表 1.11.4　*RC* 串并联选频网络的选频特性测试表

振荡频率 f_0 实测值		振荡频率 f_0 计算值	
输入频率	输出波形		
f_0			
$1.1f_0$			
$0.9f_0$			

2. 提高型实验：晶体管组成的 *RC* 正弦波振荡电路

1)振荡频率 f_0 的测试

(1)用 ST2002 反馈放大电路模块，按照图 1.11.5 所示电路原理图，进行连线。注意电路中 D 和 0V 两点不要连接。

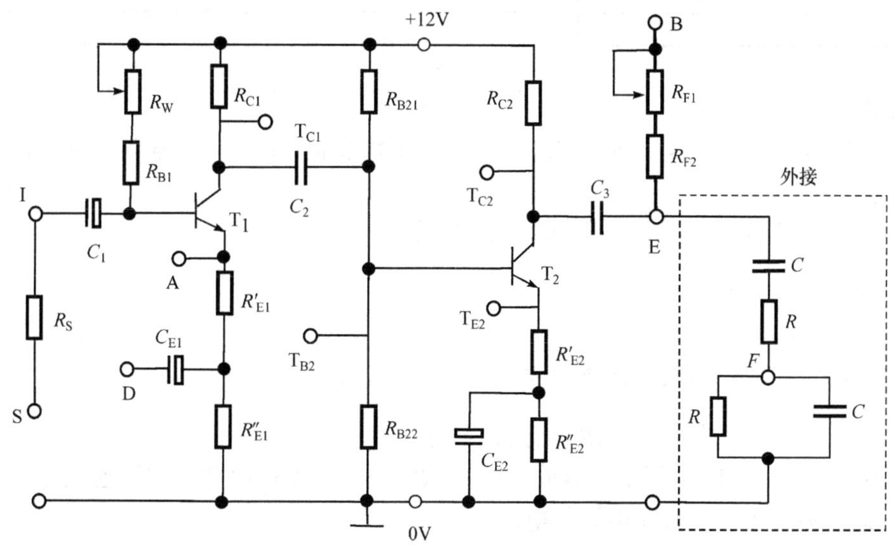

图 1.11.5　晶体管组成的 *RC* 正弦波振荡电路连线图

图 1.11.5 中，R_{F1}=1kΩ，R_{F2}=51Ω，$R_{C2}=R_S=R''_{E2}$=470Ω，$R'_{E1}=R'_{E2}$=10Ω，R_{B21}=1.6kΩ，R_{B22}=1kΩ，$R_{C1}=R''_{E1}$=120Ω，R_{B1}=10kΩ，R_W=150kΩ，C_1=10μF/25V，$C_2=C_3$=0.47μF，$C_{E1}=C_{E2}$=47μF/25V，$T_1=T_2$=9013，外接电阻 R_L=2kΩ，电容 C=0.01μF。

(2)在 A、B 断开的情况下，调整放大器工作点。工作点调好后断开电源然后将 A、B 短接(引入负反馈)。然后放大电路的输出接到由电阻、电容组成的文氏电桥上，并用导线连接 F 至放大电路的输入 I 点，最终组成文氏振荡器。

(3)打开电源，用示波器观察输出波形，若无振荡则可调节 R_{F1}，直至输出为稳定的正弦波。在电路维持稳定振荡的情况下，观察输出的波形，记下输出波形的幅值和频率，填入表 1.11.5 中。

表 1.11.5　晶体管组成的 *RC* 正弦波振荡电路测试表

输出波形的峰-峰值		输出波形的有效值	
振荡频率 f_0 实测值		振荡频率 f_0 计算值	

2)测量负反馈放大电路的放大倍数 A_{uf} 及反馈系数 F

(1)在电路维持稳定振荡的情况下，观察输出的波形，记下输出波形的幅值和频率。

(2)断开 RC 选频网络与放大电路输入间的连线(断开 F、I 连线)，但保留 A、B 连线。通过信号发生器在输入端 I 点加入频率等于刚才测量得到的 f_0 的正弦波信号，并调整幅值，使输出波形的幅值与原来振荡时的幅值相同，测出此时的输入电压 U_I、输出电压 U_O(E 对地之间电压)和反馈电压 U_F(A 对地之间电压)。将测量结果记入表 1.11.6 中。

表 1.11.6　负反馈放大电路的放大倍数 A_{uf} 及反馈系数 F 测试表

测量值			计算值	
输入电压 U_I/V	输出电压 U_O/V	反馈电压 U_F/V	闭环放大倍数 A_{uf}	反馈系数 F

注意:

① 测量负反馈放大电路的放大倍数 A_{uf} 及反馈系数 F 时，要外接频率等于振荡频率 f_0 的信号源。

② 保证还是负反馈电路，即保留 A、B 连线。

③ 计算值 $A_{uf}=\dfrac{U_O}{U_I}$，$F=\dfrac{U_F}{U_O}$。

3. 开拓型实验：由运放组成的 RC 正弦波振荡电路

1)频率固定的运放组成的 RC 正弦波振荡电路

(1)按照如图 1.11.6 所示的运放组成的 RC 正弦波振荡电路连线图连接电路。注意 LM358 运放需要 ±15V 直流电源供电。

图 1.11.6 中 R=10kΩ，C=0.01μF，R_1=2kΩ，$R_{F1}+R_{F2}$=4kΩ，D_1、D_2 为 IN4007，运

放为 LM358。

(2) 启动示波器，并将振荡电路输出端接到示波器。

(3) 调节振荡电路中放大器的放大倍数及示波器有关旋钮，使示波器显示屏显示一个稳定、失真小的振荡电路输出波形。

(4) 在示波器上读出所产生的正弦波信号频率值，或用频率计测出该信号频率值，并将结果记录于表 1.11.7 中。

(5) 用交流毫伏表测量所产生的正弦波信号电压值，记录于表 1.11.7 中。

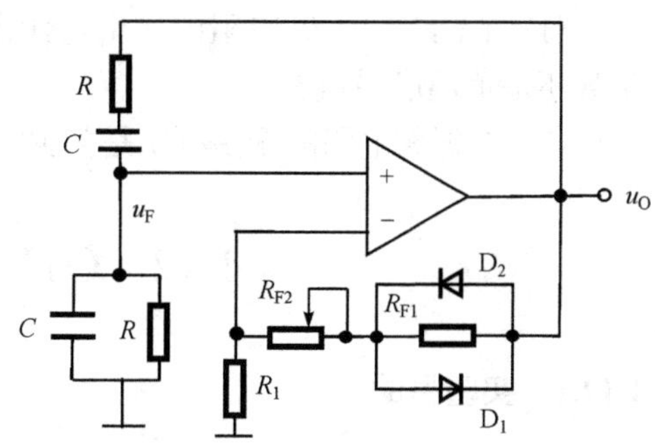

图 1.11.6　运放组成的 RC 正弦波振荡电路连线图

表 1.11.7　运放组成的 RC 正弦波振荡电路数据测试表

测量参数	测量数值	理论值
振荡频率		
输出信号的电压		

注意：

① 在进行运放组成的 RC 正弦波振荡电路连接之前，应先对运放进行检查，保证性能完好，再接入电路。

② 运放组成的 RC 正弦波振荡电路不需要接输入信号，但必须接电源。

③ 保证反相比例运算电路的 A_{uf} 略大于 2，即 R_F 略大于 2 倍 R_1。

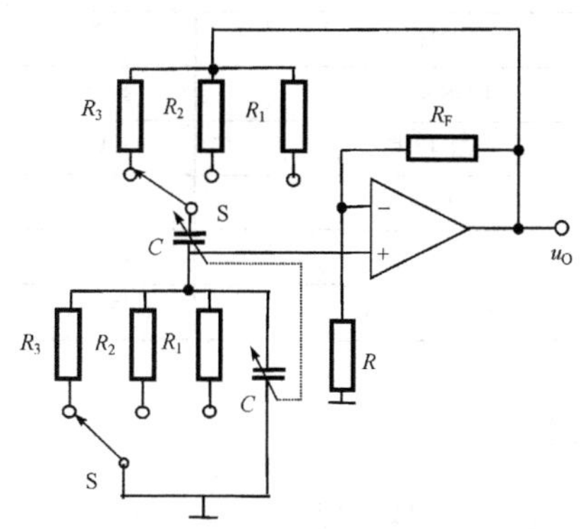

图 1.11.7　频率可调的运放组成的 RC 正弦波振荡电路

2) 频率可调的运放组成的 RC 正弦波振荡电路

图 1.11.7 所示电路是频率可调的运放组成的 RC 正弦波振荡电路。改变开关 S 的位置可改变选频网络的电阻，实现频率粗调。改变电容 C 的大小可实现频率的细调。

按图接线，并验证、分析其工作原理。

注意： 实验结束时，请整理、摆放好仪器设备，并填写实验设备使用登记本，最后请指导教师签字确认后方可离开实验室。

1.11.5　实验要求

(1) 复习 RC 振荡器的结构与工作原理。

(2) 根据各项实验任务要求，记录数据，并加以分析、总结。

(3) 整理实验数据，回答思考题。

1.11.6　思考题

(1)图 1.11.1 中 R_F 电阻的作用是什么？如果选用热敏电阻代替 D_1、D_2，应选正温度系数还是负温度系数？

(2)*RC* 振荡电路的振荡频率是多少？如何用示波器来测量 *RC* 振荡电路的振荡频率？

1.12　OTL 功率放大器实验

1.12.1　实验目的

(1)理解 OTL 功率放大器的工作原理。

(2)学会 OTL 电路的调试及主要性能指标的测试方法。

(3)测量 OTL 互补功率放大器的最大输出功率、效率。

(4)了解自举电路原理及其对改善 OTL 互补功率放大器性能所起的作用。

1.12.2　实验仪器与器材

OTL 功率放大器实验仪器与器材如表 1.12.1 所示。

表 1.12.1　OTL 功率放大器实验仪器与器材

序号	设备名称	型号及参数	数量
1	直流稳压电源	0～30V 可调	1 台
2	九孔插件方板	297mm×300mm	1 块
3	函数信号发生器	YB1602	1 台
4	通用示波器	LDS20405	1 台
5	万用表	MF47 型	1 只
6	OTL 低频功率放大器	ST2007	1 只
7	电阻		若干
8	短接桥和连接导线	P8-1 和 50148	若干

1.12.3　实验原理

1. OTL 功率放大电路原理

功率放大电路是放大电路的输出级，推动负载工作。例如，使扬声器发声、继电器动作、仪表指针偏转、电动机旋转等。目前使用最广泛的互补功率放大电路是无输出变压器的功率放大电路(OTL 电路)和无输出电容的功率放大电路(OCL 电路)。

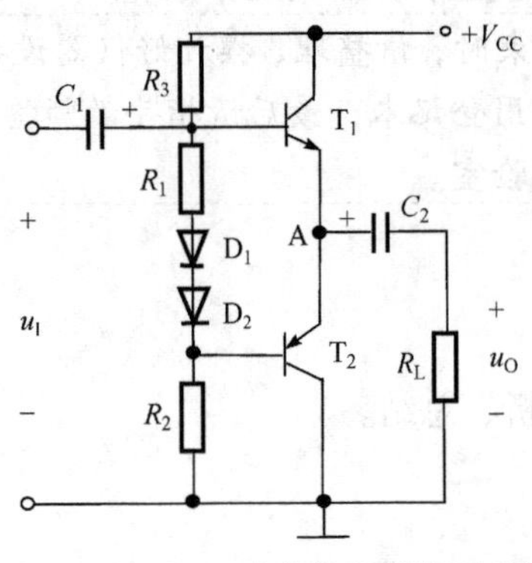

图 1.12.1　OTL 功率放大器的原理图

图 1.12.1 所示为 OTL 功率放大器的原理图。

其中 T_1、T_2 是一对参数对称的 NPN 和 PNP 型晶体三极管，它们组成互补推挽 OTL 功放电路。由于每一个三极管都接成射极输出器形式，因此具有输出电阻低、负载能力强等优点，适合于作为功率输出级。R_1 和 D_1、D_2 上的压降使 T_1、T_2 两管获得合适的偏压，工作在甲乙类状态，以克服交越失真。静态时要求 A 点的电位为 $\frac{1}{2}V_{CC}$，可以通过调节 R_3 实现。

当 u_I 输入正弦交流信号时，会同时作用于 T_1、T_2 的基极。u_I 的正半周使 T_1 管导通(T_2 管截止)，有电流通过负载 R_L，电容 C_L 被充电；在 u_I 的负半周时 T_2 导通(T_1 截止)，则已充好电的电容器 C_L 起着电源的作用，通过负载 R_L 放电，这样在 R_L 上就得到了完整的正弦波。

2. OTL 功率放大实验电路

实验采用的电路如图 1.12.2 所示。C_3 和 R_2 组成自举电路，用于提高电路的功率效率，增大了最大不失真输出功率。二极管 D_1、D_2 的作用是消除交越失真。实验时，用导线连接 A、C 两点，使电路引入交、直流电压并联负反馈，一方面能够稳定放大器的静态工作点，另一方面改善非线性失真。

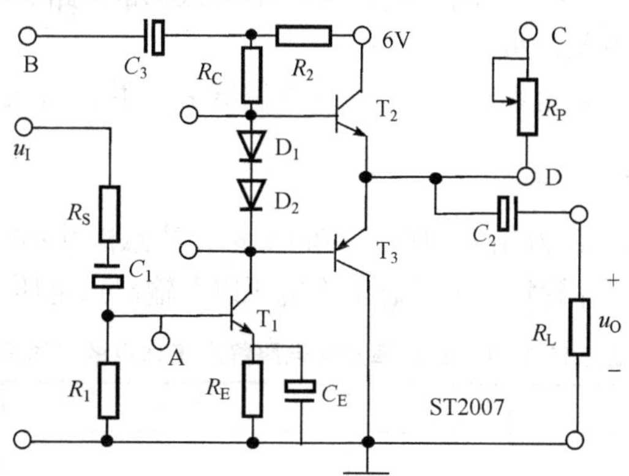

图 1.12.2　OTL 功率放大电路实验线路图

图 1.12.2 中，R_1=5.1kΩ，R_2=150Ω，R_C=680Ω，R_E=R_S=51Ω，R_L=8Ω，R_P=47kΩ，D_1=D_2=1N4007，C_2=C_3=470μF/50V，C_E=47μF/50V，C_1=10μF/50V，T_1=9013，T_2=BD137，T_3=BD138。

3. OTL 功率放大电路的主要性能指标

1) 最大不失真输出功率 P_{om}

理想情况下，最大不失真输出功率 $P_{om}=\frac{V_{CC}^2}{8R_L}$。在实验中可通过测量 R_L 两端的电压有效值，来求得实际的 $P_{om}=\frac{U_O^2}{R_L}$。

2) 效率 η

OTL 功率放大电路的效率 $\eta=\frac{P_{om}}{P_E}\times100\%$ (其中 P_E 为直流电源供给的平均功率；P_{om} 为最大不失真输出功率)。

理想情况下，OTL 功率放大电路的最大效率 η_{max}=78.5%。在实验中，可测量电源供给的平均电流 I_{DC}，从而求得 $P_E=V_{CC}I_{DC}$。负载上的交流功率用 $P_{om}=\frac{U_O^2}{R_L}$ 公式求出，所以就可以计算实际效率了。

1.12.4　实验内容与步骤

1. 基本型实验

1) 静态工作点的测试

(1) 找到 ST2007 模块，按图 1.12.2 连接实验电路。用导线连接 A、C 点，电源进线中串入直流毫安表(可用万用表的直流 50mA 挡，但注意极性不能接反)。

(2) 接通+6V 电源，观察毫安表指示，同时用手触摸输出级管子。若电流过大(大于 50mA)或管子温升显著，应立即断开电源检查原因(如 R_P 开路、电路自激或输出管性能不好等)。如果无异常现象，可开始调试。

(3) 将输入信号旋钮旋至零(u_I=0)，调节电位器 R_P，并用直流电压挡测量 D 点电位，使 $U_D=\frac{1}{2}V_{cc}=3V$。

(4) 再串入直流毫安表(万用表的直流 50mA 挡，注意极性不能接反)测量电源供电电流 I 的值、T_1 管的基极、T_1 管集电极静态工作电压以及输出点电压，最后填入表 1.12.2 中。

表 1.12.2　OTL 功率放大电路静态工作点的测试表

T_{1b}/V	T_{1c}/V	U_D/V	I/mA

2) 有自举电路时 OTL 互补功率放大器的最大不失真输出功率与效率

(1) 保持调好的静态工作点不变，用导线连接 B、D 两点(接入自举电路)。

(2) 在输入端接 f=1kHz 的正弦波信号 U_I，逐步增大 U_I 的幅度(15～20mV)，使负载 R_L=8Ω 上的输出波形为最大不失真波形(用示波器观察)，测出 U_{om} 值及直流电流表 I 的值，填到表 1.12.3 中，并计算 P_{om} 和 η。

(3) 如果负载 R_L 上的电压为最大不失真电压 U_{om}，则最大不失真输出功率 $P_{om}=\frac{U^2{}_{om}}{R_L}$。接入直流毫安表，并读出直流毫安表中的电流值，此电流即为直流电源供给的平均电流 I(有一定误差)，由此可近似求得直流电源的平均功率 $P_E=V_{CC}I$，再根据上面测得的 P_{om}，即可求出输出效率 $\eta=\frac{P_{om}}{P_E}$。理想情况下，$\eta_{max}=78.5\%$。

表 1.12.3　自举电路时 OTL 互补功率放大器的最大不失真输出功率与效率测试表

输入电压 U_I/V	最大不失真电压 U_{om}/V	输入电流 I/mA	最大不失真输出功率 P_{om}/W	平均功率 P_E/W	输出效率 η

2. 提高型实验

1) 无自举电路时 OTL 互补功率放大器的效率

(1) 保持同上的输入信号不变，将 B、D 两点连接断开（无自举）。

(2) 用万用表测出负载 R_L=8Ω 上的电压 U_{om}，数值填入表 1.12.4 中，则最大不失真输出功率 $P_{om}=\dfrac{U^2_{om}}{R_L}$。

表 1.12.4　无自举电路时 OTL 互补功率放大器的效率测试表

测量值			计算值		
U_{om}/V	I/mA	V_{CC}/V	P_{om}/W	P_E/W	η

(3) 读出直流毫安表中的电流值，数值填入表 1.12.4 中。由此可近似求得直流电源的平均功率 $P_E=V_{CC}I$，再根据测得的 P_{om}，即可求出输出效率 $\eta=\dfrac{P_{om}}{P_E}$。

(4) 比较有、无自举电路时 OTL 互补功率放大器的效率的区别，并分析原因。

2) OTL 互补功率放大器的交越失真

(1) 在有自举电路 OTL 互补功率放大器电路的基础上，把输出信号接到示波器上并观察输出波形。在输出电压不失真的情况下，在表 1.12.5 中画出输出波形。

(2) 短接二极管 D_1、D_2，用示波器观察此时 T_2、T_3 管的发射极输出波形产生交越失真的情况，并在表 1.12.5 中画出输出波形。

(3) 对输出电压波形进行比较，分析产生交越失真的原因和消除交越失真的方法。

表 1.12.5　OTL 互补功率放大器的交越失真波形记录表

连接方式	输出波形
T_2、T_3 管的发射极无正偏电压（D_1、D_2 被短接）	
T_2、T_3 管的发射极有正偏电压（D_1、D_2 不短接）	

3. 开拓型实验：OTL 互补功率放大器的频率响应特性的测试

(1) 在有自举电路时的 OTL 互补功率放大电路中，把毫伏表接在输出端，输入端仍加入 f=1kHz 的正弦波。调节输入信号 U_I 的幅度，使输出端的电压 U_O=0.5V。

(2) 保持 U_I 不变，在 f=1kHz 的基础上，升高输入信号源的频率，测出不同输出电压下的输入频率，并填入表 1.12.6 中。当输出端电压为 0.35V 时，对应的输入频率就是上限截止频率 f_H。

表 1.12.6　OTL 互补功率放大器的频响特性的测试表

项目	U_O/V								
	0.3	0.35	0.4	0.45	0.5	0.45	0.4	0.35	0.3
f/Hz					1k				
f_{BW}/Hz									

(3) 保持 U_I 不变，先将输入频率调为 1kHz，然后减小输入信号源的频率，测出不同输出电压下的输入频率，并填入表 1.12.6 中。当输出端电压为 0.35V 时，对应的输入频率就是下限截止频率 f_L。

(4) 利用公式 $f_{BW}=f_H-f_L$ 计算通频带。

注意： 实验结束时，请整理、摆放好仪器设备，并填写实验设备使用登记本，最后请指导教师签字确认后方可离开实验室。

1.12.5　实验要求

(1) 复习 OTL 互补功率放大器的结构与工作原理、交越失真发生的原因及解决办法。

(2) 复习最大输出功率、最大不失真输出功率及效率 η 等。

(3) 根据各项实验任务要求，记录数据，并加以分析、总结。

(4) 整理实验数据，回答思考题。

1.12.6　思考题

(1) 交越失真产生的原因是什么？怎样克服交越失真？

(2) 低频功率放大电路有哪些种类？

(3) 分析自举电路的作用。

1.13　直流稳压电源实验

1.13.1　实验目的

(1) 掌握单相桥式整流、电容滤波电路的特性。

(2) 学习集成稳压器的特点和性能指标的测试方法。

(3) 了解集成稳压器扩展性能的方法。

1.13.2　实验仪器与器材

直流稳压电源实验仪器与器材如表 1.13.1 所示。

表 1.13.1　直流稳压电源实验仪器与器材

序号	设备名称	型号及参数	数量
1	九孔插件方板	297mm×300mm	1 块
2	通用示波器	LDS20405	1 台
3	万用表	MF47 型	1 只
4	降压变压器	ST2019	1 台
5	整流桥	ST2017	1 台
6	稳压块	LM317、7812、7912	各 1 只
7	电阻	510Ω、2kΩ	若干
8	电位器	2.2kΩ、1MΩ	2 只
9	电容	10μF/35V	2 只
10	短接桥和连接导线	P8-1 和 50148	若干

1.13.3　实验原理

电子设备一般都需要直流电源供电。这些直流电源除了少数直接利用干电池和直流发电机，大多数都是采用把交流电(市电)转变为直流电的直流稳压电源。

1. 直流稳压电源的结构

直流稳压电源由电源变压器、整流电路、滤波电路和稳压电路四部分组成，其结构原理框图如图 1.13.1 所示。

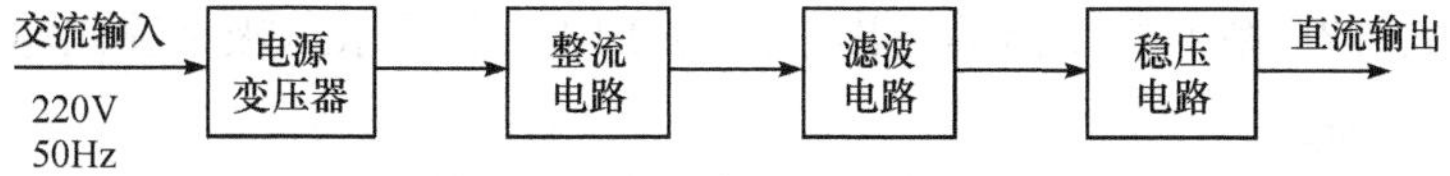

图 1.13.1　直流稳压电源结构原理

电网供给的交流电压 u_1(AC 220V，50Hz)经电源变压器降压后，得到符合电路需要的交流电压，然后由整流电路变成方向不变、大小随时间变化的脉动电压，再用滤波器滤去其交流分量，就可得到比较平直的直流电压。但这样的直流输出电压，还会随交流电网电压的波动或负载的变动而变化。在对直流供电要求较高的场合，还需要使用稳压电路，以保证输出直流电压更加稳定。图 1.13.2 所示电路是一个 12V 输出的直流稳压电源。

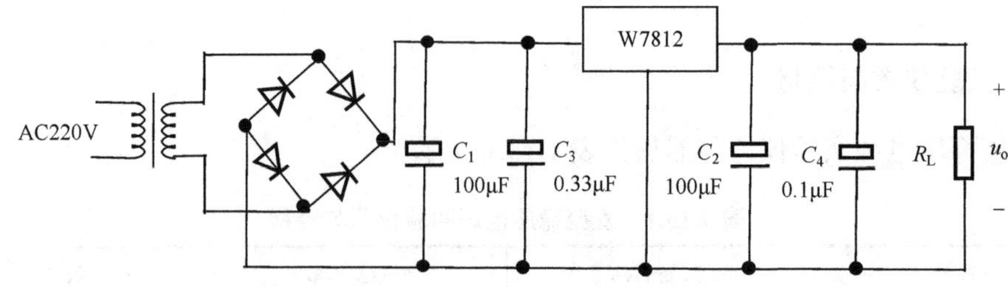

图 1.13.2　12V 输出的直流稳压电源

2. 三端稳压器的简单应用

由于集成稳压器具有体积小、外接线路简单、使用方便、工作可靠和通用性等优点，所以在各种电子设备中应用十分普遍，基本上取代了由分立元件构成的稳压电路。集成稳压器的种类很多，应根据设备对直流电源的要求进行选择。对于大多数电子仪器、设备和电子电路来说，通常是选用串联线性集成稳压器。而在这种类型的器件中，又以三端式稳压器应用最为广泛。

W78××、W790××系列三端式集成稳压器的输出电压是固定的。图 1.13.3 为 W78××和 W79××系列的外形封装和功能图。

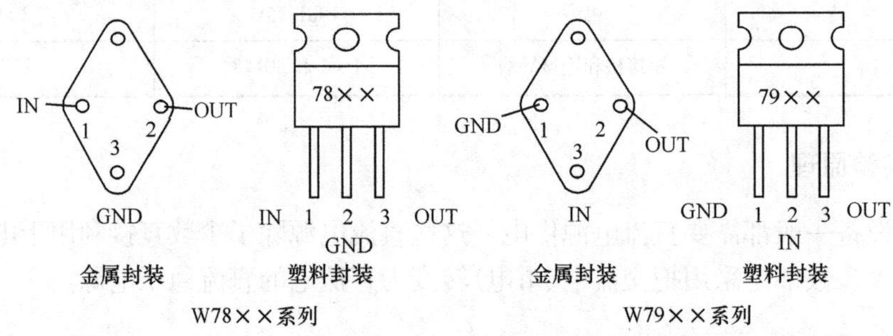

图 1.13.3　三端稳压器的外形封装和引脚功能图

W78××系列三端式稳压器输出的是正极性电压，一般有 5V、6V、9V、12V、15V、18V、24V 七个挡，输出电流最大可达 1.5A(加散热片)。同类型 78M××系列稳压器的输出电流为 0.5A，78L 系列稳压器的输出电流为 0.1A。若要求负极性输出电压，则可选用 W79××系列稳压器。

三端集成稳压器有输入端、输出端和调整端三个引脚，使用时必须注意引脚功能，不能接错，否则电路将不能正常工作，甚至损坏集成电路。图 1.13.4 是常见的三端集成稳压器 W7805 的连线图。其中要求输入电压不得低于输出电压，一般要高 2～5V。C_i用来抵消输入端接线较长时的电感效应，防止产生自激振荡，即用以改善波形。C_o为了瞬时增减负载电流时，不致引起输出电压有较大的波动，即用来改善负载的瞬态响应。

图 1.13.5 所示为正、负双电压输出直流电源电路图。若需要 ± 15V 输出，即 U_{O1}= + 15V，U_{O2}= − 15V，那么只需要选用 W7815 和 W7915 三端稳压器就可实现。这时的 U_I应为单电压输出时的两倍。

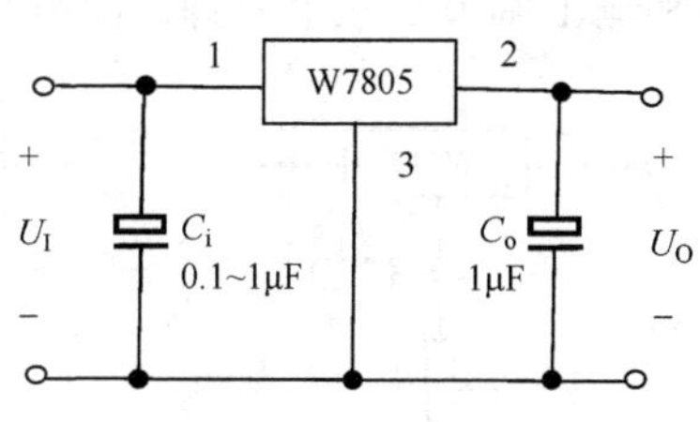

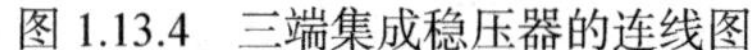

图 1.13.4 三端集成稳压器的连线图

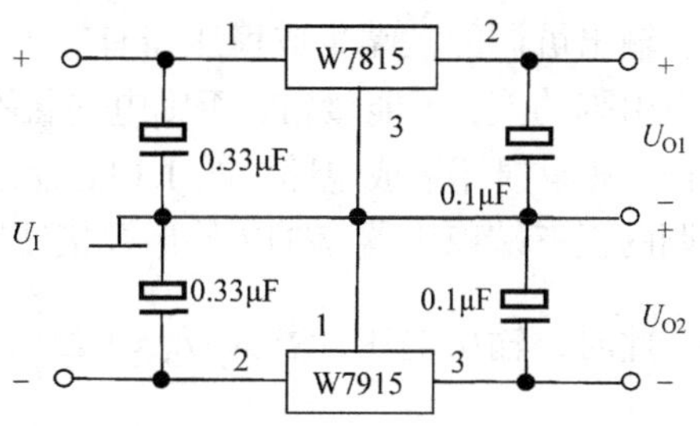

图 1.13.5 正、负双电压输出直流电源电路图

3. 三端稳压器的扩展应用

当集成稳压器本身的输出电压或输出电流不能满足要求时，可通过外接电路来进行性能扩展。

图 1.13.6 所示是一种简单的输出电压扩展电路，如 W7812 稳压器的 3 脚和 2 脚间输出电压为 12V。因此只要适当选择 R 的值，使稳压管 D_Z 工作在稳压区，则输出电压 $U_O=12+U_Z$。这样就可以输出高于三端稳压器本身的输出电压了。

图 1.13.7 是通过外接晶体管 T 及电阻 R_1 来进行电流扩展的电路。电阻 R_1 的阻值由外接晶体管的发射结导通电压 U_{BE}、三端式稳压器的输入电流 I_i(近似等于三端稳压器的输出电流 I_{O1})和 T 的基极电流 I_B 来决定，即

$$R_1=\frac{U_{BE}}{I_R}=\frac{U_{BE}}{I_i-I_B}=\frac{U_{BE}}{I_{O1}-\dfrac{I_C}{\beta}}$$

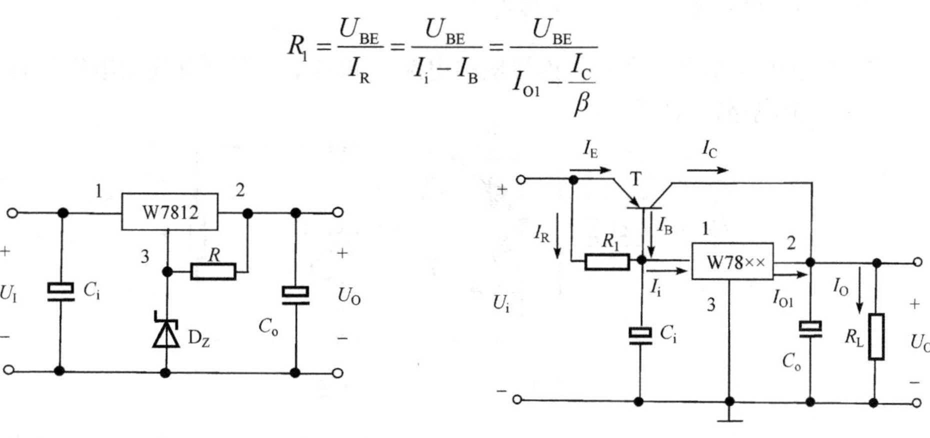

图 1.13.6 三端稳压器输出电压扩展电路图

图 1.13.7 三端稳压器输出电流扩展电路图

式中，I_C 为晶体管 T 的集电极电流，它应等于 $I_C=I_O-I_{O1}$；β 为 T 的电流放大系数；对于锗管 U_{BE} 可按 0.3V 估算，对于硅管 U_{BE} 按 0.7V 估算。

4. 可调三端稳压器的应用

除固定输出三端稳压器外，还有可调式三端稳压器。可调式三端稳压器可通过外接元件对输出电压进行调整，以适应不同的需要。

输出可调的三端集成稳压器有输入端、输出端和输出调节端三个引脚，使用时必须注意引脚功能，不能接错，否则电路将不能正常工作，甚至损坏集成电路。图 1.13.8 所示是输出可调的正三端稳压器 W317 外形及接线图。

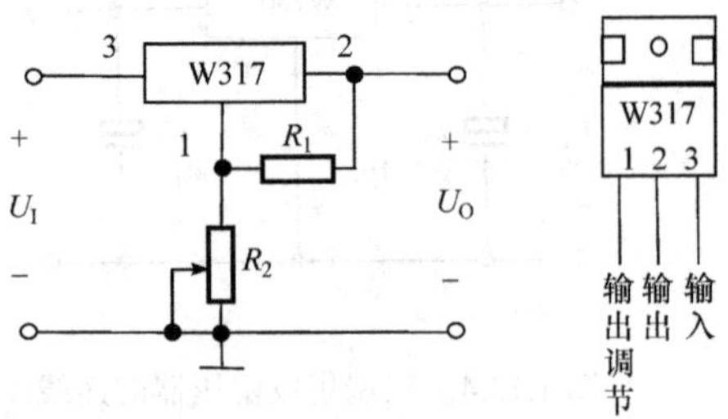

图 1.13.8　W317 外形及接线图

此时，输出电压计算为 $U_O \approx 1.25\left(1+\dfrac{R_2}{R_1}\right)$，最大输入电压 U_{Im}=40V，输出电压范围 U_O=1.25～37V。

5. 稳压系数 S(电压调整率)

稳压系数定义为：当负载保持不变时，输出电压相对变化量与输入电压相对变化量之比，即 $S=\left.\dfrac{\Delta U_O / U_O}{\Delta U_I / U_I}\right|_{R_L=常数}$。

由于工程上常把电网电压波动±10%作为极限条件，因此有时也将此时输出电压的相对变化 $\Delta U_O/U_O$ 作为衡量指标，称为电压调整率。

1.13.4　实验内容与步骤

1. 基本型实验：整流、滤波电路测试

按图 1.13.9 所示在九孔板上连接实验电路。调整变压器使其输出电压的有效值为 14V，作为整流电路输入电压 u_2。

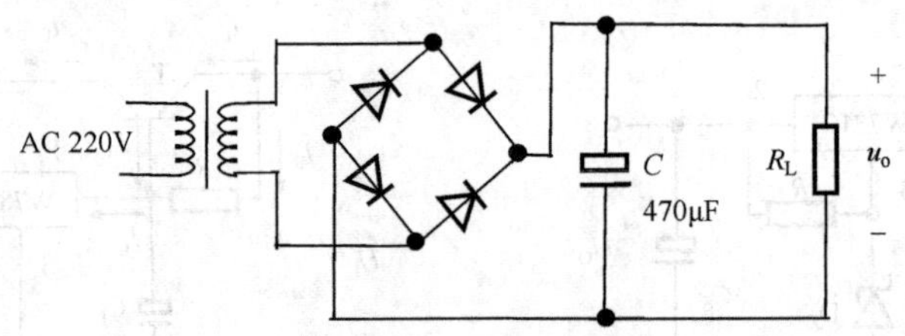

图 1.13.9　整流滤波电路

(1) 取 R_L=240Ω，不加滤波电容，测量直流输出电压 U_L 及纹波电压 u'_L，并用示波器观察 u_2 和 u_L 波形，记入表 1.13.2 中。

(2) 取 R_L=240Ω，C=470μF，重复内容(1)的要求，记入表 1.13.2 中。

(3) 取 R_L=120Ω，C=470μF，重复内容(1)的要求，记入表 1.13.2 中。

(4) 去掉 R_L(空载)，C=470μF，测量直流输出电压 U_L 及纹波电压 u'_L，记入表 1.13.2 中。

注意：

① 每次改接电路时，必须切断工频电源。

② 在观察输出电压 u_L 波形的过程中，“Y 轴灵敏度”旋钮位置调好以后，不要再变动，否则将无法比较各波形的脉动情况。

表 1.13.2　整流滤波电路测试表(U_2=14V)

电路形式		U_O/V	u'_L / V	u_L 波形
R_L=240Ω				
R_L=240Ω C=470μF				
R_L=120Ω C=470μF				
R_L=∞ C=470μF				

2. 提高型实验：稳压电路的功能测试

断开电源，按图 1.13.10 接线。

1)负载变化对输出电压的影响

首先把负载 R_L 替换为一个 100Ω 的电阻 R 和一个 680Ω 的电位器 R_W 的串联组合。然后改变可调交流电源输出为 16V 挡(即 U_2=16V)。缓慢调整 R_W(680Ω 电位器)，观察电流表使其输出表 1.13.3 中的不同的电流值 I，并测量输出电压 U_O 以及三端稳压器的输入点电压 U_i，记入表 1.13.3 中。

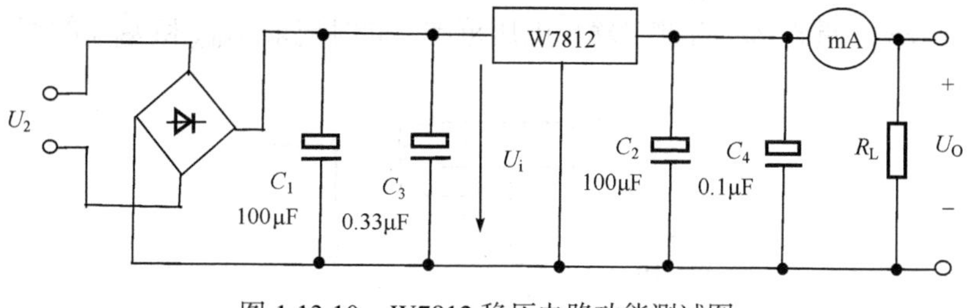

图 1.13.10　W7812 稳压电路功能测试图

最后，断开电源，再断开 R 和 R_W 与电路的连接，测量其等效负载电阻 R_L，并填入表 1.13.3 中。

表 1.13.3　负载变化对输出电压的影响测试表

电流 I_O/mA	等效负载电阻 R_L/Ω	稳压器输入电压 U_i/V	输出电压 U_O/V	结论
100				
50				
0				

2) 输入电压对输出电压的影响

如图 1.13.10 中，首先让负载 R_L=100Ω。让可调交流电源输出分别为 14V、16V、18V 挡，测量输出电流 I_O 和输出电压 U_O，记入表 1.13.4 中。

表 1.13.4　负载变化对输出电压的影响测试表

输入电压 U_2/V	稳压器输入电压 U_i/V	电流 I_O/mA	输出电压 U_O/V	结论
14				
16				
18				

3) 稳压系数 S 的测量

接通电源，保持 I_O=100mA，按表 1.13.5 中数据改变整流电路输入电压 U_2（模拟电网电压波动），分别测出相应的稳压器输入电压 U_i 及输出直流电压 U_O，记入表 1.13.5 中。最后计算稳压系数，也将结果填入表 1.13.5 中。

表 1.13.5　稳压系数 S 的测量数据表

测试值			计算值
输入电压 U_2/V	稳压器输入 U_i/V	输出电压 U_O/V	S
14			S_{12} =
16			S_{23} =
18			

3. 开拓型实验

1) 基于 W317 的可调三端集成稳压电路

按图 1.13.11 接线，并在输出端接一个电流表和一个 200Ω的负载电阻。输入端分别接直流 12V 和 18V，调节 R_P，并测量输出电压范围，同时记录 I_{Omax} 和 I_{Omin} 的值。将数据记入表 1.13.6 中。

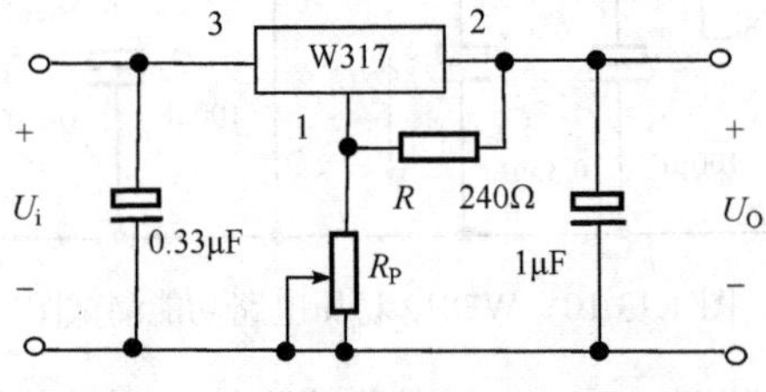

图 1.13.11　可调三端集成稳压电路

表 1.13.6　可调三端集成稳压电路的测试表

负载	稳压器输入 U_i/V	输出电压 U_O 的范围/V	输出电流 I_O 的范围/mA
R_L=200Ω	12		
R_L=200Ω	18		
空载	12		
空载	18		

2) 基于 W7805 的可调稳压电源电路

图 1.13.12 是基于 W7805 的 5～17V 可调稳压电源电路。按图接线，调节电位器 R_2，观察输出电压的变化情况，并分析其工作原理。

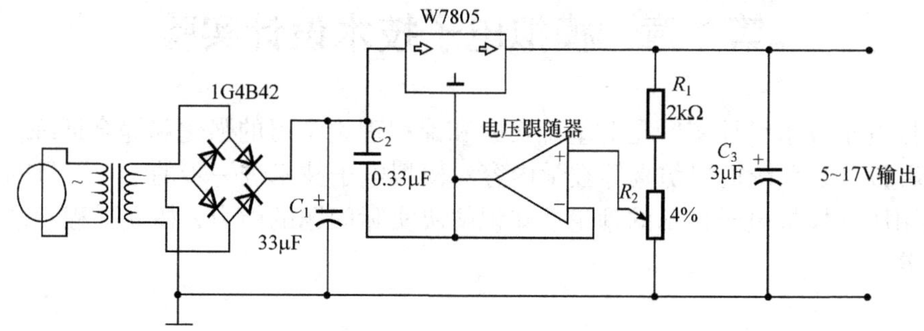

图 1.13.12　基于 W7805 的可调稳压电源电路图

注意：实验结束时，请整理、摆放好仪器设备，并填写实验设备使用登记本，最后请指导教师签字确认后方可离开实验室。

1.13.5　实验要求

(1) 复习书中有关集成稳压器部分内容。

(2) 完成实验内容中的记录要求，描绘实验波形图。

(3) 根据各项实验任务要求，记录数据，并加以分析、总结。

(4) 分析讨论实验中发生的现象和问题。

(5) 整理实验数据，回答思考题。

1.13.6　思考题

(1) 单相桥式整流电路，接电容滤波，空载时输出电压还满足 U_o=1.2U_2 吗？

(2) 如果线性直流稳压器 78×× 的输入端是一个直流脉动电压，器件能否正常工作？如果不能，应当如何处理？

第 2 章　模拟电子技术设计实验

模拟电子技术设计实验是对基础实验和课程理论学习的强化和综合训练，是学生通过课程设计、系统模拟仿真等教学内容对模拟电子技术进一步的学习。目的是培养学生利用所学模拟电子技术的理论、知识解决实际问题的能力，树立工程观念，培养职业素养。

2.1　简易双极型三极管放大性能测试电路设计实验

2.1.1　实验目的

(1) 进一步掌握晶体管的功能与测试方法。
(2) 掌握运放电路和 555 定时器电路的应用方法。
(3) 熟悉基本模拟电子电路的设计步骤。

2.1.2　实验仪器与器材

简易双极型三极管放大性能测试电路实验仪器与器材如表 2.1.1 所示。

表 2.1.1　简易双极型三极管放大性能测试电路实验仪器与器材

序号	设备名称	型号及参数	数量
1	直流稳压电源	0～30V 可调	1 台
2	九孔插件方板	297mm×300mm	1 块
3	函数信号发生器	YB1602	1 台
4	通用示波器	LDS20405	1 台
5	万用表	MF47 型	1 只
6	发光二极管	LED	6 只
7	集成双运算放大器	LM358	3 只
8	稳压二极管	5V	2 只
9	555 定时器	NE555	1 片
10	晶体管	9012、9013	若干
11	电阻、电位器		若干
12	短接桥和连接导线	P8-1 和 50148	若干

2.1.3　实验原理

模拟电子电路最基本的任务就是对信号不失真地放大，而放大多是以晶体管为基础的。在使用晶体管之前，往往要对其进行一些必要的选型和检测操作。而这些操作中，识别晶体管的类型和确定电流放大倍数是最基本的。

本实验就是设计一个简易双极型晶体管放大性能测试电路。该电路既能检测出晶体管的类型，又能够粗略检测出晶体管的β值在多大的范围，并进行分级指示。

设计任务：设计一个简易双极型晶体管类型与放大倍数的判断电路。

1. 功能指标要求

(1)能够检测出三极管是 NPN 型还是 PNP 型。

(2)将三极管电流放大倍数β分为大于 250、200～250、150～200 和小于 150 四个挡位，电路能够进行判断。如果需要也能手动调节四个挡位值的具体大小范围。

(3)用发光二极管来指示被测三极管的放大倍数β值属于哪一个挡位。如果β超出 250，发光二极管能够闪烁报警(频率为 100Hz)。

(4)使用通用元器件进行设计。

2. 功能分析

根据简易双极型三极管放大性能测试电路的功能要求，整个测试电路应由三极管类型判别电路、三极管放大倍数β挡位判断指示电路、报警电路以及电源电路等四个部分构成。图 2.1.1 是双极型三极管放大性能测试电路的结构图。

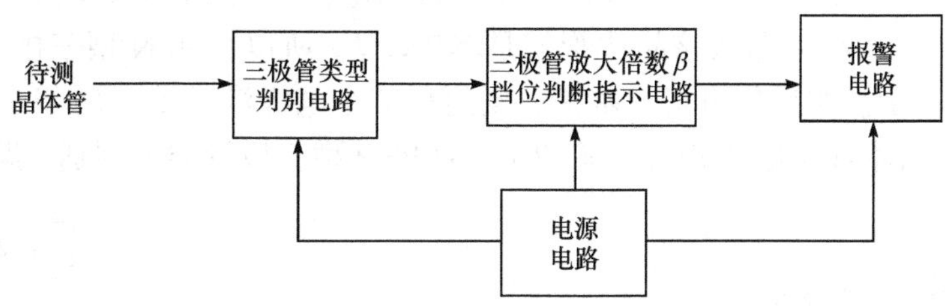

图 2.1.1　双极型三极管放大性能测试电路的结构图

三极管类型判别电路是根据 NPN 型和 PNP 型三极管处于放大区时，各电极电位大小不相同，电流流向也不相同的特性来实现的。具体来说，对于一个 NPN 型的三极管，如果工作在放大区(即发射结正偏，集电结反偏)，那么其基极与发射极之间电压应为正向电压，且集电极的电位要比基极电位高，三个电极中电位最高的是集电极，此时满足$U_C>U_B>U_E$，同时电流从基极、集电极流入，发射极流出。对于 PNP 型的三极管则正好相反。发射极电位最高，基极次之，集电极最低，满足 $U_C<U_B<U_E$，电流从基极、集电极流出，发射极流入。

三极管放大倍数挡位判断电路的功能是利用三极管的电流分配特性和电流放大作用，将β值的测量转换为对三极管 U_{CE} 电压的测量。然后，再通过电压比较器来实现挡位的判断，同时能够对挡位进行手动调节。对于一个电压比较器而言，若其同相输入端的输入电压高于反相输入端的电压，则其输出为高电平，反之为低电平。利用这个特性可以实现对三极管 U_{CE} 输出电压进行判断并处理。指示电路主要由四个发光二极管与四个限流电阻串联组成，接在三极管放大倍数挡位判断电路下一级。由于电压比较器输出的电压不同，将导致导通的二极管也不同，从而指示不同的挡位。

报警电路主要由一个 555 定时器和一个发光二极管实现。通过 555 定时器构成的多谐振荡器的输出端电平的变化来实现二极管亮和灭的轮换。

电源电路的功能是为各模块电路提供直流电源。

2.1.4 实验内容与步骤

1. 基本型设计实验

1) 三极管类型判别电路分析

图 2.1.2 三极管引脚功能图

双极型晶体管简称晶体管，又称三极管。三极管分 NPN 型和 PNP 型两种类型。不管是 NPN 还是 PNP 都有两个结(发射结和集电结)、三个引出极(基极 B、发射极 E 和集电极 C)。常见的塑料封装的小功率三极管引脚功能如图 2.1.2 所示。将三极管有字的一面朝向自己，并将三个引脚朝下，此时从左到右的三个引脚分别为发射极 E、基极 B、集电极 C。

如果基极偏置电阻选择得合适，同时保证三极管的集电结反偏，发射结正偏，那么三极管就处于放大状态。晶体管工作在放大区时，如果集电极、基极、发射极的电位满足 $U_C>U_B>U_E$，集电极电位最高，那么该晶体管就是 NPN 型。所以，NPN 型三极管类型判别电路如图 2.1.3 所示。如果集电极、基极、发射极三个电极满足 $U_C<U_B<U_E$，集电极电位最低，那么该晶体管就是 PNP 型。图 2.1.4 为 PNP 型三极管类型判别电路。

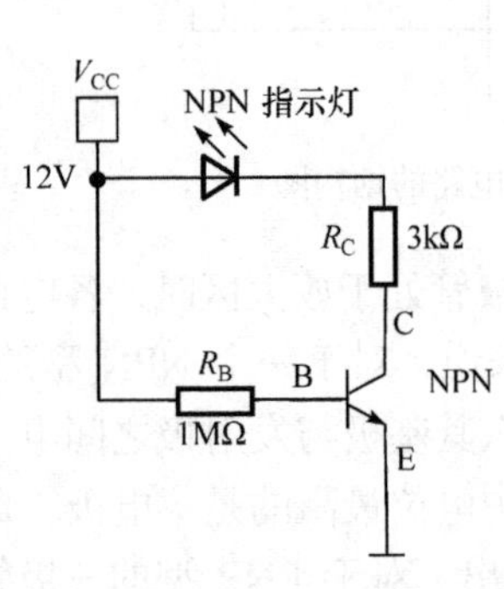

图 2.1.3 NPN 型三极管类型判别电路

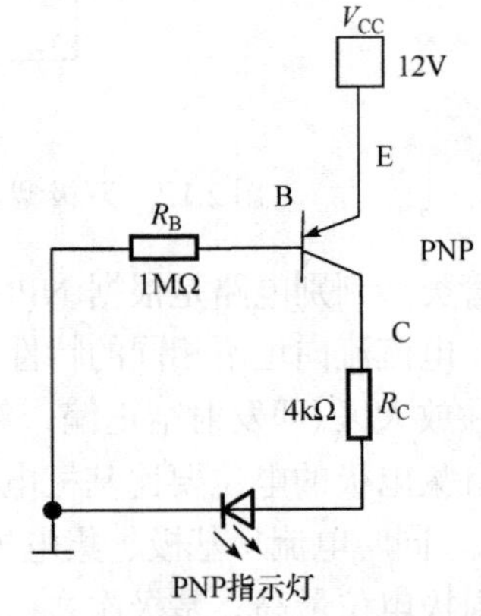

图 2.1.4 PNP 型三极管类型判别电路

如果把晶体管的三个电极按图 2.1.3 所示方式连接到判别电路，此时如果待测的晶体管是 NPN 晶体管，则发射结正偏，集电结反偏，处于放大区。此时，发光二极管导通，NPN 指示灯亮，说明待测晶体管类型应为 NPN 型；如果待测的晶体管是 PNP 晶体管，则发射结反偏，集电结正偏，处于截止区。此时，发光二极管截止，NPN 指示灯不会亮。

如果把晶体管的三个电极按图 2.1.4 所示方式连接到判别电路，此时如果待测的晶体管是 PNP 晶体管，则发射结正偏，集电结反偏，处于放大区。此时，发光二极管导通，PNP 指示灯亮，说明待测晶体管类型为 PNP 型；如果待测的晶体管是 NPN 晶体管，则发射结反偏，集电结正偏，处于截止区。此时发光二极管也截止，PNP 指示灯不会亮。

如果两种情况都已经测试，两个灯都不亮，那么说明待测的晶体管可能已经损坏。

所以，可以通过三极管类型判别电路，由类型指示灯的发光状态能够简单判断出三极管的类型是 NPN 还是 PNP。

注意：在进行三极管类型判别时，要确保晶体管的三个引脚一定要与判别电路的相对应，同时不能有短路或断路现象。

2)放大倍数 β 挡位判断指示电路分析

在晶体管处于放大区时，有公式

$$I_B = \frac{V_{CC} - U_{BE}}{R_B}, \quad U_{CE} = V_{CC} - I_C R_C = V_{CC} - \beta I_B R_C$$

由于可以让 V_{CC}、U_{BE} 以及 R_B 保持不变，所以 I_B 也可以基本保持恒定。在图 2.1.3 所示的电路中，则 I_B=11.3μA(硅管)，I_B=11.7μA(锗管)。在输出回路中 R_C 和电源 V_{CC} 可以保持恒定，那么电流放大倍数 β 和 U_{CE} 成反比。所以，可以通过输出电压 U_{CE} 来确定电流放大倍数 β 的大小。表 2.1.2 是电流放大倍数 β 的挡位和 U_{CE} 的对应关系(忽略发光二极管导通管压降，并以硅管为例计算)。

表 2.1.2　电流放大倍数 β 的挡位和输出 U_{CE} 的对应关系

挡位	电流放大倍数 β	U_{CE}
4	>250	< 3.525V
3	200～250	3.525～5.22V
2	150～200	5.22～6.915V
1	<150	>6.915V

图 2.1.5 所示电路是晶体管放大倍数 β 挡位判断指示电路。通过分压比较器使输入电压被分成四挡。其中电阻 R_1、R_2、R_3、R_4 和电压比较器 1、电压比较器 2、电压比较器 3 组成分压比较器。稳压二极管 D_1、D_2、D_3 是限制运算放大器的输出幅值。限流电阻 R_5、R_6、R_7、R_8 和发光二极管构成挡位指示电路。

按照设计要求，电压比较器 3 的同相输入端的电位应为 3.525V，电压比较器 2 的同相输入端的电位应为 5.22V，电压比较器 1 的同相输入端的电位应为 6.915V。各电压比较器反相输入端都接输入信号(类型判断电路的输出电压 U_{CE})。

当 $\beta<150$ 时，输入电压 U_I>6.915V，电压比较器 1、电压比较器 2、电压比较器 3 都输出低电平。此时 2 挡指示灯、3 挡指示灯、4 挡指示灯两端的电压相同，LED 灯不会亮。只有 1 挡指示灯，上端接高电平，下端接低电平，LED 灯被点亮。所以电路指示放大倍数 β 挡位为 1 挡。

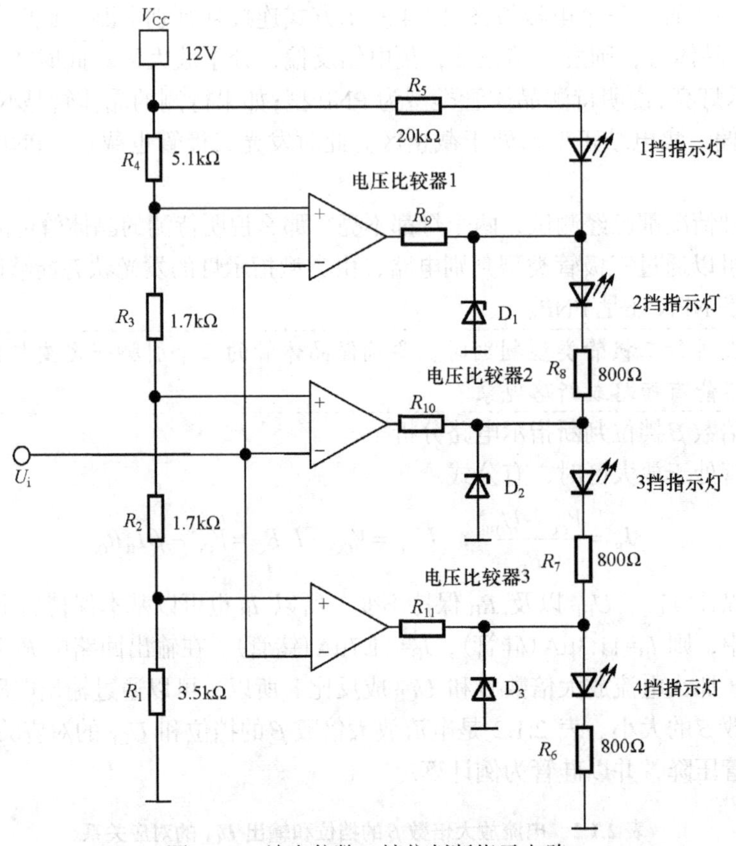

图 2.1.5　放大倍数 β 挡位判断指示电路

当 $150<\beta<200$ 时，输入电压 $5.22\text{V}<U_I<6.915\text{V}$，那么电压比较器 1 输出高电平，电压比较器 2、电压比较器 3 都输出低电平。此时 1 挡指示灯两端电压都为高电平，所以 LED 灯不会亮。3 挡指示灯、4 挡指示灯两端的电压都为低电平，所以 LED 灯也不会亮。只有 2 挡指示灯，上端接高电平，下端接低电平，所以 LED 灯被点亮。因此电路指示放大倍数 β 挡位为 2 挡。

当 $200<\beta<250$ 时，输入电压 $3.525\text{V}<U_I<5.22\text{V}$，那么电压比较器 1、电压比较器 2 都输出高电平，只有电压比较器 3 输出低电平。此时 1 挡指示灯、2 挡指示灯两端电压都为高电平，所以 LED 灯不会亮。4 挡指示灯两端的电压都为低电平，所以 LED 灯也不会亮。只有 3 挡指示灯，上端接高电平，下端接低电平，所以 LED 灯被点亮。因此电路指示放大倍数 β 挡位为 3 挡。

当 β 大于 250，即 $\beta>250$ 时，输入电压 $U_I<3.525\text{V}$，那么电压比较器 1、电压比较器 2、电压比较器 3 都输出高电平。此时 1 挡指示灯、2 挡指示灯、3 挡指示灯两端电压都为高电平，所以 LED 灯不会亮。只有 4 挡指示灯上端接高电平，下端接低电平，所以 LED 灯被点亮。因此电路指示放大倍数 β 挡位为 4 挡。

3) 闪烁报警电路分析

图 2.1.6 是一个矩形波信号图，矩形波的周期为 T，脉冲宽度为 T_P。在一个周期 T 内，

脉冲宽度为 T_P 时间输出高电平，$T-T_P$ 时间输出低电平。如果将矩形波输出信号接到发光二极管电路上就可以构成闪烁报警电路了。

通过学习我们知道用 555 定时器可以组成多谐振荡器，多谐振荡器能产生一定频率的矩形波信号。图 2.1.7 是由 555 定时器组成的闪烁报警电路。图中 555 定时器和电阻、电容组成多谐振荡器产生矩形波信号。其中 $T=0.7(R_1+2R_2)C$，$T_P=0.7(R_1+R_2)C$。

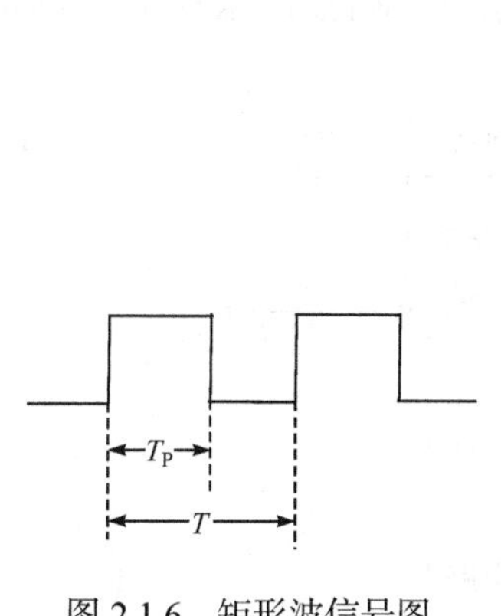

图 2.1.6　矩形波信号图

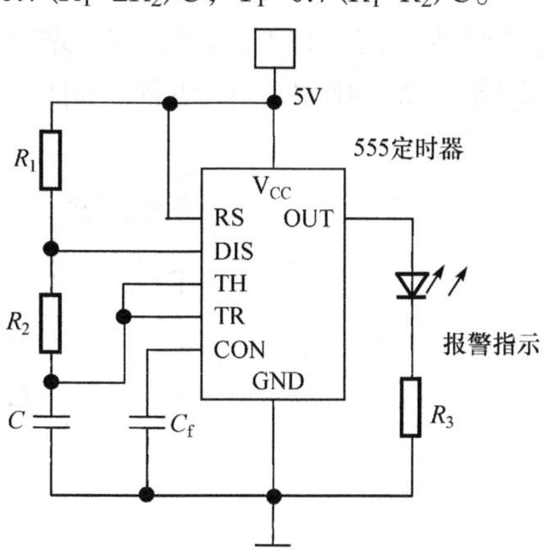

图 2.1.7　闪烁报警电路

2. 提高型设计实验

1) NPN 型晶体管放大倍数 β 挡位判断指示电路设计

图 2.1.8 是 NPN 型晶体管类型与放大倍数 β 挡位判断指示电路。将待测的晶体管按

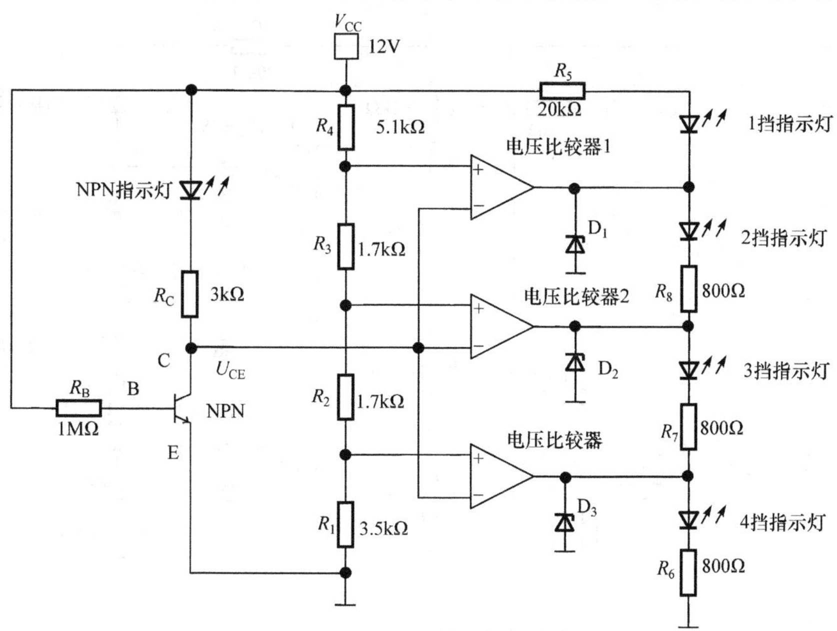

图 2.1.8　NPN 型晶体管类型与放大倍数 β 挡位判断指示电路

图 2.1.8 所示的 C、B、E 的顺序插入测试电路，通过指示灯就可判断晶体管是不是 NPN 型以及放大倍数 β 挡位。

2) PNP 型晶体管类型与放大倍数 β 挡位判断指示电路设计

在图 2.1.4 中，U_{EC} 电压是发射极 E 和集电极 C 之间的电压。因为发射极和集电极都没有接地，所以不能直接将 U_{EC} 连接到放大倍数 β 挡位判断指示电路的输入端作为 U_I 的输入，需要用 $U_{EC}=U_E-U_C$ 来得到。故必须引入减法电路，同时为了减小引入减法电路对 R_C 的影响，在两者之间接入电压跟随器。图 2.1.9 所示是实现 U_{EC} 的计算电路。

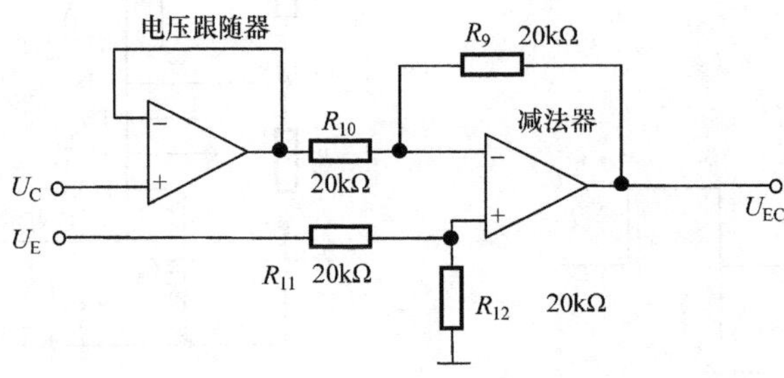

图 2.1.9 实现 U_{EC} 的计算电路图

图 2.1.10 所示是 PNP 型晶体管类型与放大倍数 β 挡位判断指示电路。将待测的晶体管按所示的 C、B、E 的顺序插入测试电路，通过类型指示灯的状态就可判断待测晶体管是不是 PNP 型以及放大倍数 β 相应挡位。

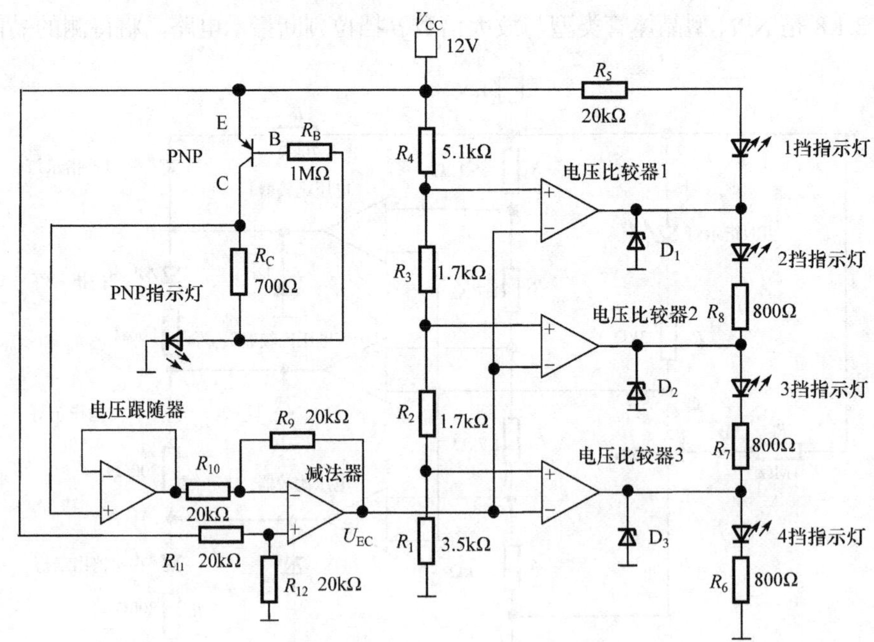

图 2.1.10 PNP 型晶体管类型与放大倍数 β 挡位判断指示电路

3. 开拓型设计实验

1) NPN 晶体管性能测试与模拟仿真电路

根据公式 $U_{CE}=V_{CC}-I_C R_C=V_{CC}-\beta I_B R_C$ 可知，待测的晶体管不同，其放大倍数 β 一般也会不同，输出 U_{CE} 也会跟随变化。如果晶体管不变，改变电阻 R_C 的阻值，也可以让输出 U_{CE} 有同样的变化。所以，为了便于软件仿真，本实验采用改变电阻 R_C 的阻值来代替不同晶体管的 β 的变化。图 2.1.11 所示是 NPN 晶体管性能测试与模拟仿真电路。只要改变电阻 R_W 的阻值，就可以通过发光二极管的亮灭实现输出 β 的挡位指示。

实验时按图 2.1.11 接线，并验证其功能。

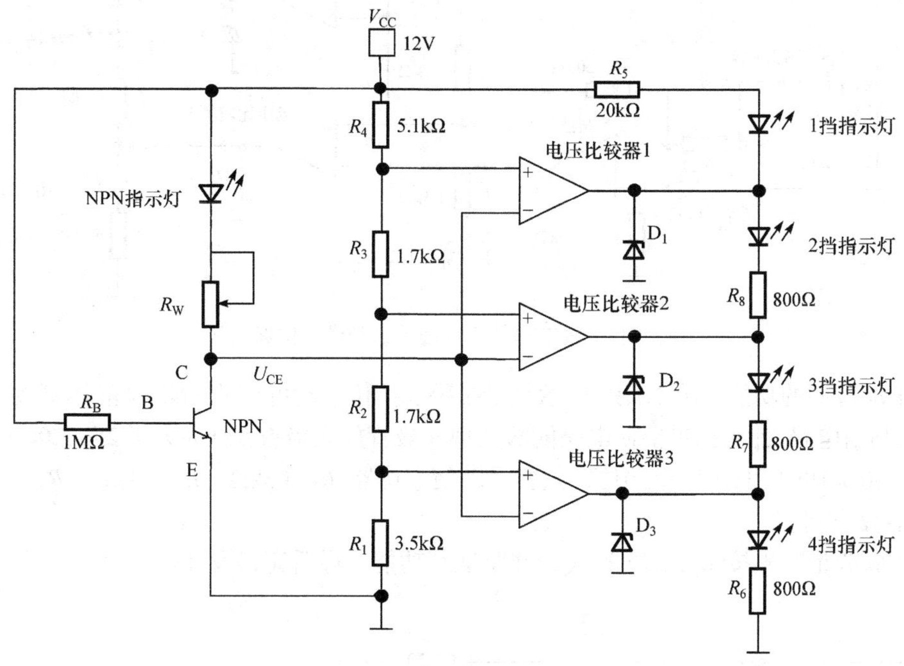

图 2.1.11　NPN 晶体管性能测试与模拟仿真电路

2) PNP 晶体管性能测试与模拟仿真电路

图 2.1.12 所示是 PNP 晶体管性能测试与模拟仿真电路。为了便于使用软件进行仿真，同样采用改变电阻 R_W 的阻值来代替不同晶体管的 β 的变化。只要改变电阻 R_W 的阻值，就可以实现放大倍数 β 的挡位指示。

实验时，按图 2.1.12 接线，并验证其功能。

3) 带报警、挡位手动可调的 PNP 型晶体管放大倍数 β 挡位判断电路

通过前面的分析，要实现放大倍数 β 超出 250 时发光二极管闪烁报警，只要在 PNP 型晶体管放大倍数 β 挡位判断电路的基础上，把 β 超出 250 时的输出信号接到报警电路即可。

如果要实现挡位手动可调，简单的方法就是把 PNP 型晶体管放大倍数 β 挡位判断电路中的电阻 R_1、R_2、R_3、R_4 换成电位器，使电压比较器的同相输入电压可调，就可实现

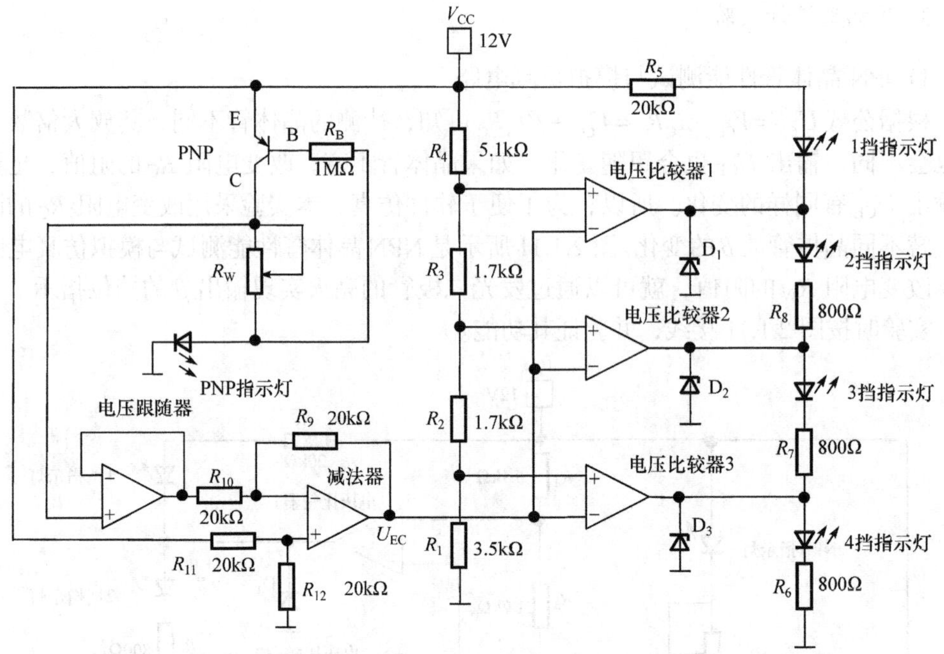

图 2.1.12　PNP 晶体管性能测试与模拟仿真电路

挡位手动可调的功能。图 2.1.13 所示是带报警、挡位手动可调的 PNP 型晶体管放大倍数 β 挡位判断电路。此时如果要使电路能够实现三极管放大倍数 β 分为大于 250、200～250、150～200 和小于 150 四个挡位，只要手动使电位器 R_1=3.5kΩ、R_2=1.7kΩ、R_3=1.7kΩ、R_4=5.1kΩ 即可。

实验验证时先按图 2.1.13 接线，并验证其功能，最后完善设计。

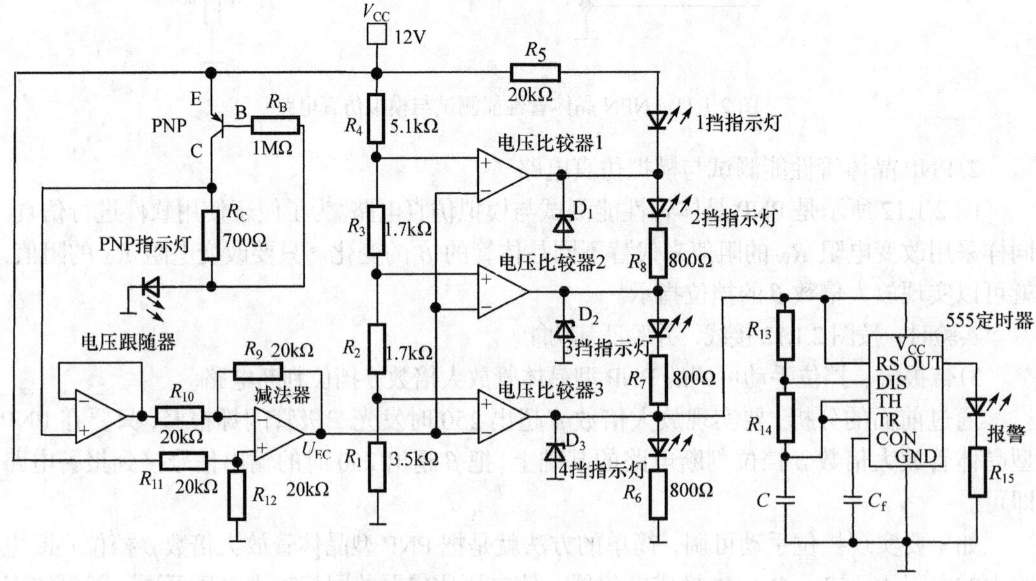

图 2.1.13　带报警、挡位手动可调的 PNP 型晶体管放大倍数 β 挡位判断电路

2.1.5　实验要求

(1)复习晶体管的功能与测定方法和电压比较器以及 555 定时器的相关知识。
(2)将设计的电路进行实验仿真、验证，并记录测试结果。
(3)对实验中出现的问题进行分析。
(4)实验体会和设计分析。

2.2　逻辑信号电平测试器电路设计实验

2.2.1　实验目的

(1)掌握电压比较器的工作原理、参数选择、测试以及使用方法。
(2)学习信号发生电路的应用。
(3)学习声响电路的设计方法。
(4)进一步熟悉模拟电子电路的设计方法与步骤。

2.2.2　实验仪器与器材

逻辑信号电平测试器实验仪器与器材如表 2.2.1 所示。

表 2.2.1　逻辑信号电平测试器实验仪器与器材

序号	设备名称	型号及参数	数量
1	直流稳压电源	0～30V 可调	1 台
2	九孔插件方板	297mm×300mm	1 块
3	函数信号发生器	YB1602	1 台
4	通用示波器	LDS20405	1 台
5	万用表	MF47 型	1 只
6	二极管、发光二极管	4007、LED	若干
7	集成双运算放大器	LM358	1 只
8	555 定时器	NE555	2 个
9	扬声器(喇叭)	32Ω，0.23W	2 个
10	稳压二极管	5V	若干
11	电阻、电位器		若干
12	电容		若干
13	短接桥和连接导线	P8-1 和 50148	若干

2.2.3　实验原理

数字电子技术研究的是逻辑问题，数字信号不是高电平就是低电平。在数字信号输入系统之前往往需要判定是高电平还是低电平，这时逻辑信号电平测试是极其重要的。

本实验就是设计一个逻辑信号电平测试器。该电路能够判定输入信号的逻辑电平并进行声光指示。

设计任务：设计一个逻辑信号电平测试器。逻辑信号电平测试结果用声音和指示灯来表示，高电平和低电平分别用不同的声调和不同颜色的指示灯表示。

1. 功能指标要求

(1) 测量电平范围：低电平 0V< U_L <0.8V，高电平 2.4V<U_H <5V。
(2) 被测信号为高电平时用 1kHz 的声响表示，同时高电平指示灯(绿色)点亮。
(3) 被测信号为低电平时用 500Hz 的声响表示，同时低电平指示灯(红色)点亮。
(4) 当被测信号为 0.8～2.4V 时，不发出声响，指示灯也不亮。
(5) 输入电阻大于 20kΩ。
(6) 使用通用元器件进行设计。

2. 功能分析

根据逻辑信号电平测试器电路的功能要求，测试电路应由逻辑状态判断电路、声响电路、指示电路以及电源电路等四个部分构成。逻辑信号电平测试器的系统框图如图 2.2.1 所示。

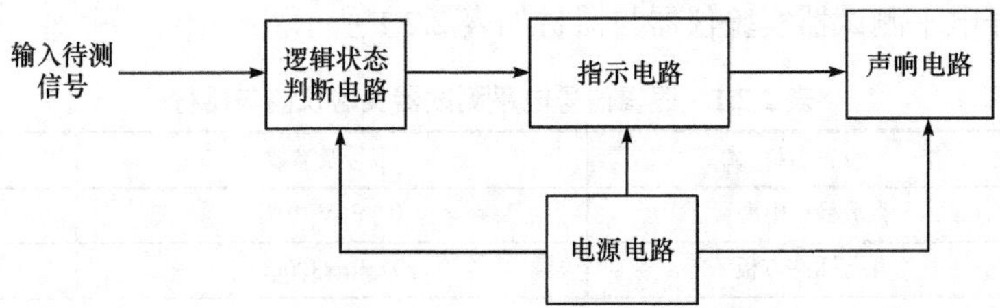

图 2.2.1　逻辑信号电平测试器的系统框图

逻辑状态判断电路的功能是利用电压比较器的作用，对输入模拟信号电压进行幅度检测、鉴别，最后输出相应逻辑电平。

指示电路主要用发光二极管来实现。

声响电路主要由频率发生器和喇叭组合来实现。实验中频率发生器可由 *RC* 正弦波振荡电路实现，也可以用 555 定时器实现。

电源电路的功能是为各模块电路提供直流电源。

3. 电压比较器的基础知识

电压比较器是将一个输入电压信号和参考电压相比较，在二者幅度相等时，输出电压将产生跃变，相应输出可由高电平变成低电平或者由低电平变成高电平。由此来判断输入信号的大小和极性。一般电压比较器的输入、输出的关系用电压传输特性来描述。确定电压比较器的传输特性往往采用三要素法。

电压比较器的传输特性的三要素法如下：

(1)输出高电平、低电平的幅值，决定于集成运放的输出电压或输出端的限幅电路(输出幅值决定于输出电压或限幅电路)。

(2)阈值电压是使运放同相输入端和反相输入端电位相等的输入电压。

(3)输入电压过阈值电压时输出电压发生跃变，跃变方向取决于输入电压作用于反相输入端还是同相输入端。

① 输入信号接在反相端的情况。

图 2.2.2 所示电路为反相端输入的电压比较器。信号从运放的反相输入端输入，参考电压从同相输入端输入。当 $U_I > U_R$(输入电压大于参考电压)时，输出负的极限值，即 $U_O= -U_{O(sat)}$；当 $U_I<U_R$(输入电压小于参考电压)时，输出正的极限值，即 $U_O=+U_{O(sat)}$。其电压传输特性如图 2.2.3 所示。

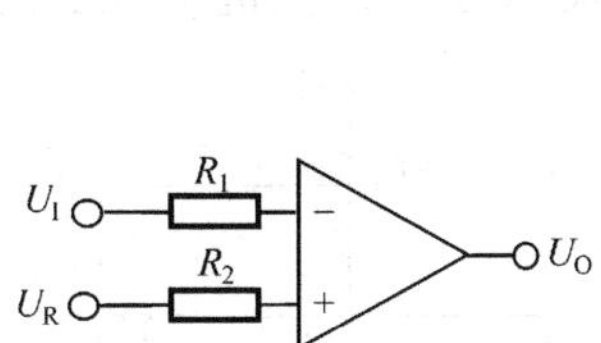

图 2.2.2　反相端输入的电压比较器

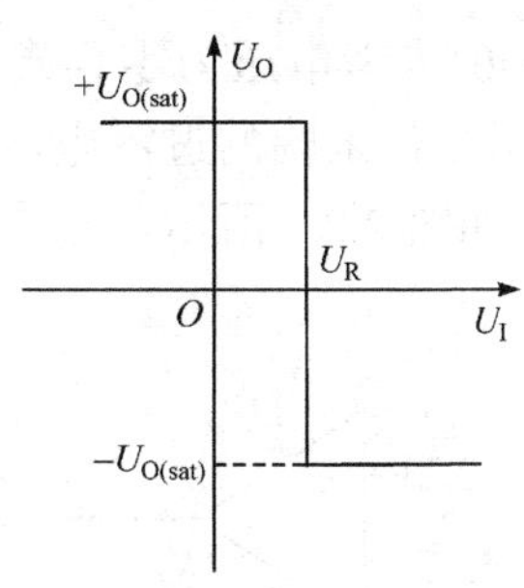

图 2.2.3　反相输入的电压传输特性

一般电压比较器的输出为运放的极限值，有时需要对输出进行一定的限制，必须加入限幅环节。图 2.2.4 是带限幅的反相端电压比较器，其中 D_Z 为双向限幅稳压管。此时对应的电压传输特性如图 2.2.5 所示。输出电压 U_O 不再是 ± $U_{O(sat)}$，而是$\pm U_Z$。

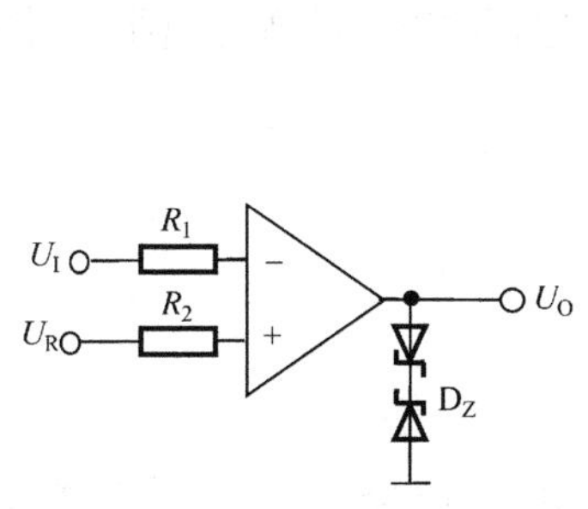

图 2.2.4　带限幅的反相端输入电压比较器

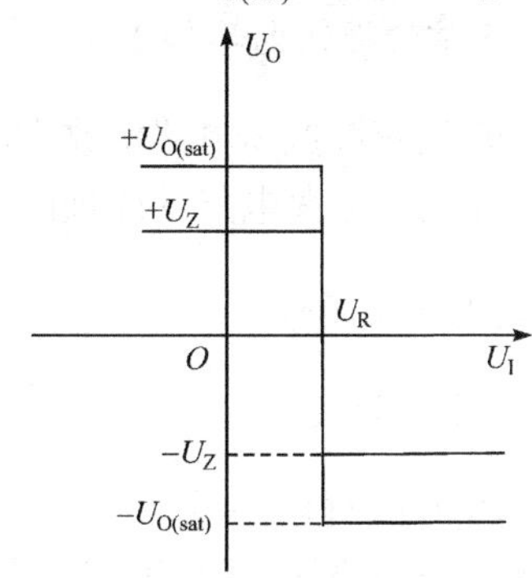

图 2.2.5　带限幅的反相输入电压传输特性

② 输入信号接在同相端的情况。

图 2.2.6 所示电路为带限幅的同相端输入的电压比较器。信号从运放的同相输入端输入，参考电压从反相输入端输入。当 $U_I > U_R$(输入电压大于参考电压)时，输出 $U_O=+U_Z$；当 $U_I<U_R$(输入电压小于参考电压)时，$U_O=-U_Z$。其电压传输特性如图 2.2.7 所示。

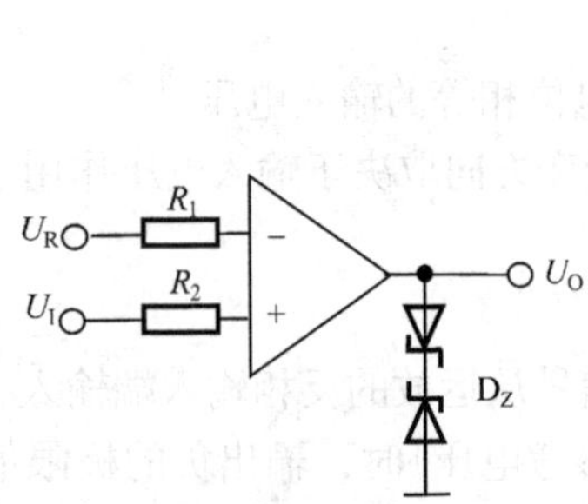

图 2.2.6　带限幅的同相端输入的电压比较器

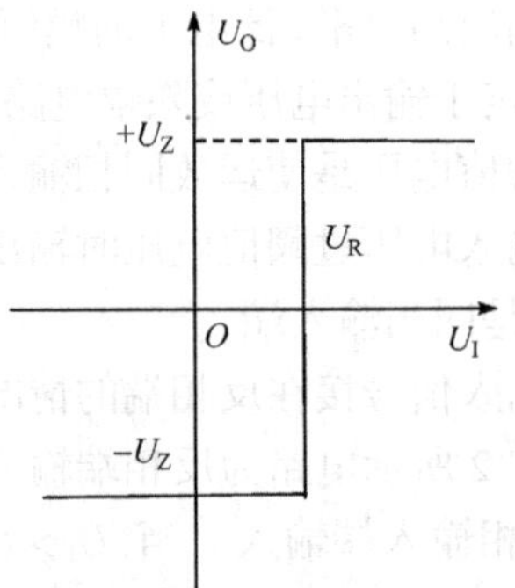

图 2.2.7　带限幅的同相输入电压传输特性

若 U_R=0(参考电压为零，或接地)，则此时的电压比较器称为过零电压比较器。图 2.2.8 所示是带限幅的过零电压比较器，其中 D_Z 为双向限幅稳压管。此时对应的电压传输特性如图 2.2.9 所示。过零比较器结构简单，灵敏度高，但抗干扰能力差。

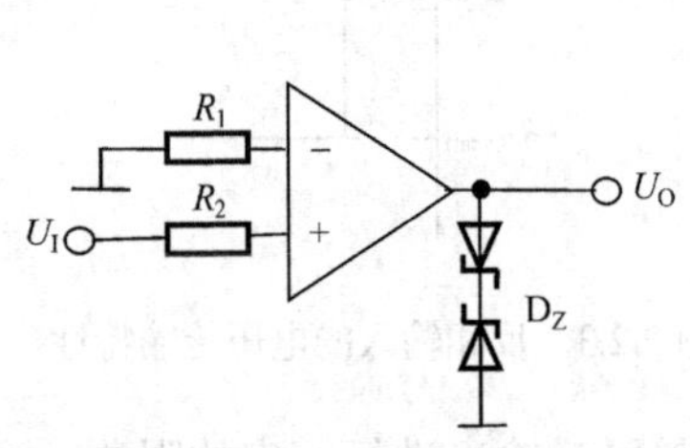

图 2.2.8　带限幅的过零电压比较器

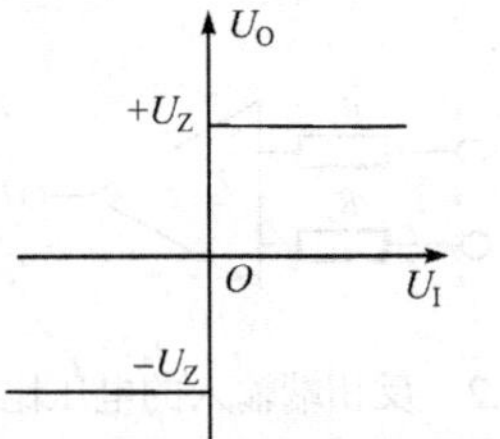

图 2.2.9　带限幅的过零电压比较器特性

4. *RC* 正弦波振荡电路知识

一般 *RC* 正弦波振荡电路由放大电路、反馈网络、选频网络和稳幅环节组成，图 2.2.10 所示是 *RC* 正弦波振荡电路的原理图。

2.2.4　实验内容与步骤

1. 基本型设计实验

1)参考电压采样电路设计

逻辑信号电平测试器对于高电平的要求是输入电压幅值要大于 2.4V，所以对应的高电平电压比较器的参考电压应为 2.4V。逻辑信号电平测试器对于低电平的要求是输入电压小于 0.8V，所以对应的低电平电压比较器的参考电压为 0.8V。因此，可以采用如图 2.2.11 所示的参考电压采样电路来获得参考电压。此时，高电平参考电压 U_{R1}=2.4V，低电平参考电压 U_{R2}=0.8V。

根据分压定理，$U_{R1}=\dfrac{R_1}{R_1+R_2}\times V_{CC}$，若取 $V_{CC}=12\text{V}$，$R_1=800\Omega$，则 $R_2=3.2\text{k}\Omega$。同

理，R_3=800Ω，则 R_4= 11.2kΩ。

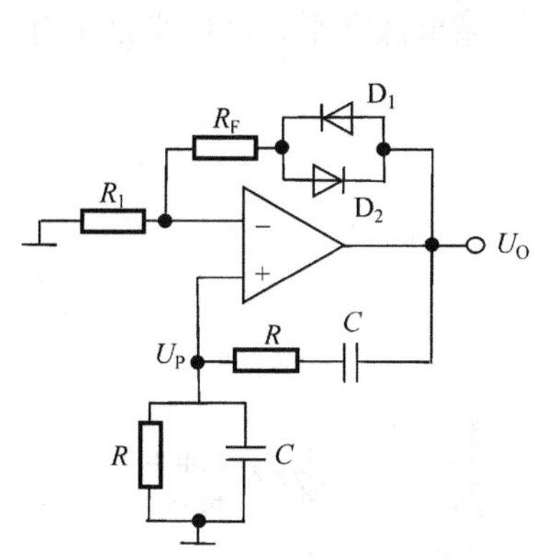

图 2.2.10　RC 正弦波振荡电路原理

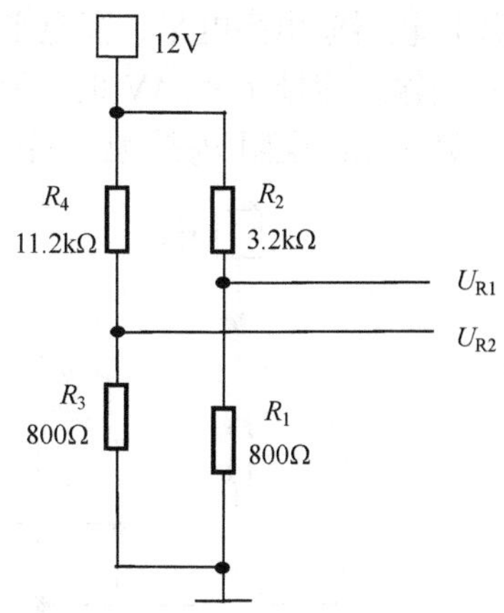

图 2.2.11　参考电压采样电路设计

2) 输入逻辑状态判断电路设计

电压比较器将输入电压信号和参考电压相比较，以此来判断输入信号的大小和极性。表 2.2.2 是根据设计要求，逻辑信号电平测试器高、低电平电压比较器采用不同参考电压接法时的输入电压与输出指示灯逻辑状态关系对应表。

表 2.2.2　电压比较器参考电压不同接法时的输入电压与状态指示灯的关系对应表

逻辑电平	输入电压 U_I	参考电压接法	电压比较器输出	指示灯状态
高电平	>2.4V	反相输入端	高电平	亮
	>2.4V	同相输入端	低电平	亮
	≤2.4V	反相输入端	低电平	灭
	≤2.4V	同相输入端	高电平	灭
低电平	≥0.8V	反相输入端	高电平	灭
	≥0.8V	同相输入端	低电平	灭
	<0.8V	反相输入端	低电平	亮
	<0.8V	同相输入端	高电平	亮

据此，结合参考电压采样电路，可以设计如图 2.2.12 所示的逻辑电平的判断与指示电路。图中高电平电压比较器的参考电压接反相输入端，输入信号接同相输入端。低电平电压比较器的参考电压接同相输入端，输入信号接反相输入端。二极管 D_1、D_4 起单向导电作用，在电压比较器输出高电平时二极管才导通。稳压二极管 D_2、D_3 起限幅作用，保证电压比较器的输出电压为 5V。状态指示灯接在电压比较器的输出端和地之间。限流电阻 R_5、R_6 起保护发光二极管的作用。

在图 2.2.12 中，对于高电平电压比较器而言，当输入信号 U_I>2.4V(为高电平)时，高电平电压比较器输出高电平，高电平指示灯一端接高电平，另一端接地，所以高电平指示灯亮；当输入信号 U_I<2.4V 时，高电平电压比较器输出低电平，高电平指示灯一端接低电平，另一端经电阻 R_5 接地，高电平指示灯熄灭。

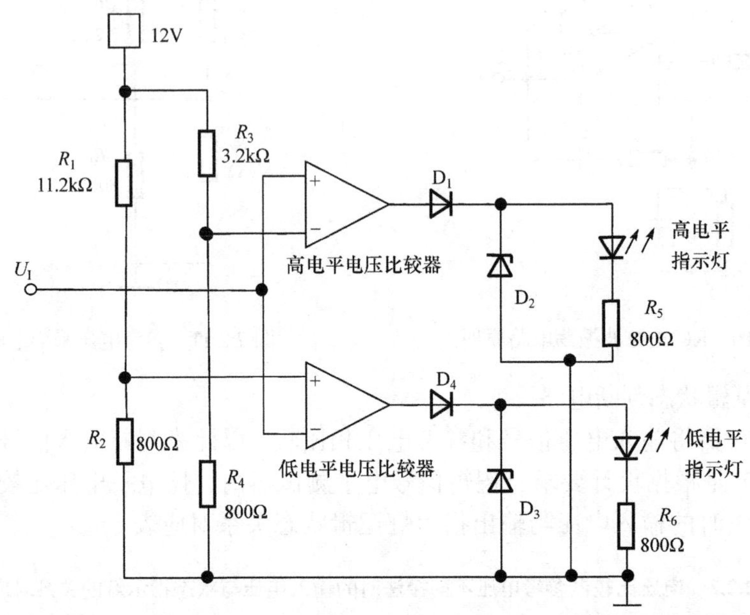

图 2.2.12　逻辑电平判断与指示电路设计图之一

在图 2.2.12 中，对于低电平电压比较器而言，当输入信号 U_I>0.8V 时，低电平电压比较器输出低电平。此时，低电平指示灯一端接低电平，另一端接地，所以指示灯熄灭；当信号 U_I<0.8V(为低电平)时，低电平电压比较器输出高电平，低电平指示灯一端接高电平，另一端接地，所以指示灯亮。

在图 2.2.12 中，当输入信号 0.8V<U_I<2.4V 时，高电平电压比较器输出低电平，高平指示灯熄灭；低电平电压比较器输出也为低电平，低电平指示灯熄灭。

因此，图 2.2.12 所示电路可以实现输入电压的逻辑电平的判断与指示功能。

图 2.2.13 所示是另一种输入电压逻辑电平判断与指示电路的设计图。电路中高电平电压比较器的参考电压接同相输入端，输入信号接反相输入端。低电平电压比较器的参考电压接反相输入端，输入信号接同相输入端。稳压二极管 D_1、D_2 保证电压比较器输出的最小值为 0V，而不是$-V_{CC}$。指示灯接在电压比较器的输出端和电源之间，限流电阻 R_5、R_6、R_7 起保护作用。

在图 2.2.13 中，当输入高电平时，高电平电压比较器输出低电平，高电平指示灯一端接电源，另一端接低电平，所以指示灯亮。当输入低电平时，高电平电压比较器输出高电平，高电平指示灯一端接高电平，另一端接电源(高电平)，指示灯熄灭。

在图 2.2.13 中，当输入高电平时，低电平电压比较器输出高电平。此时，低电平指示灯一端接高电平，另一端接电源，所以指示灯熄灭；当输入低电平时，低电平电压比较器输出低电平，低电平指示灯一端接低电平，另一端接电源，所以指示灯亮。

在图 2.2.13 中，当输入电压 0.8V<U_I<2.4V 时，高电平电压比较器输出高电平，高电平指示灯熄灭；低电平电压比较器输出也为高电平，低电平指示灯熄灭。

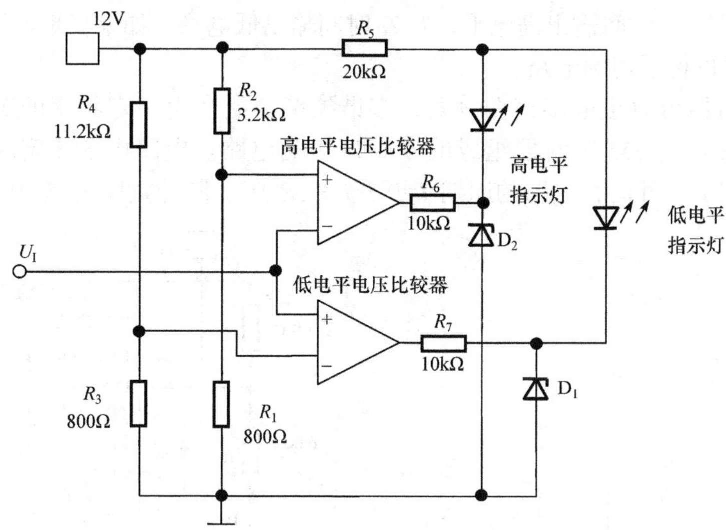

图 2.2.13　逻辑电平判断与指示电路设计图之二

因此，图 2.2.13 所示电路也可以实现输入电压的逻辑电平的判断与指示功能。

3)声响电路设计

(1)正弦波声响电路。

在电子电路中，扬声器(喇叭)是主要的发声设备。如果喇叭接收到一定频率变化的信号，就会发出对应的声响，所以声响电路可以用喇叭来实现。频率发生器既可以通过正弦波发生器产生，也可以通过 555 定时器产生。

图 2.2.14 所示是 1kHz 的正弦波声响电路。对于正弦波发生电路而言，其频率 $f=\dfrac{1}{2\pi RC}$。所以要实现频率为 1kHz 的正弦波，只要取 $C_1=C_2=0.01\mu F$，$R_3=R_4=16k\Omega$即

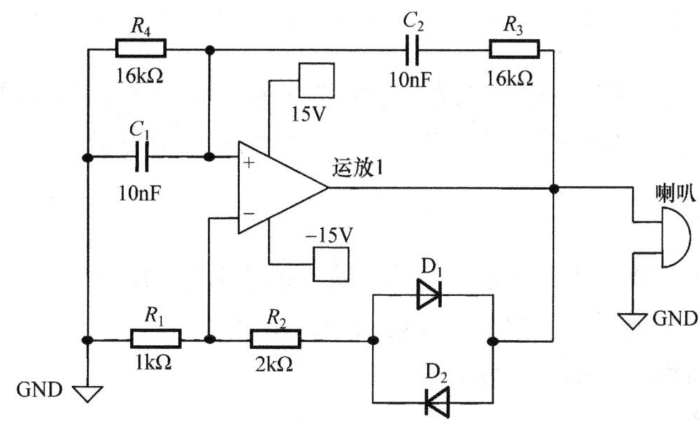

图 2.2.14　1kHz 的正弦波声响电路

可。同时再保证 $R_2=2R_1$ 就可在输出端得到 1kHz 的正弦波了。最后将该信号接到喇叭，就可发出相应频率的声响了。

(2) 555 定时器的声响电路。

图 2.2.15 是一个矩形波信号图，矩形波的周期为 T，脉冲宽度为 T_P。在一个周期 T 内，脉冲宽度为 T_P 时间输出高电平，$T-T_P$ 时间输出低电平。如果将矩形波输出信号接到喇叭上就可以构成声响电路。

555 定时器可以组成多谐振荡器，多谐振荡器能产生一定频率的矩形波信号。图 2.2.16 所示是由 555 定时器组成的 500Hz 声响电路。电路由 555 定时器和必要的电阻、电容组成。此时，电路的周期 $T=0.7(R_1+2R_2)C$，脉冲宽度为 $T_P=0.7(R_1+R_2)C$。

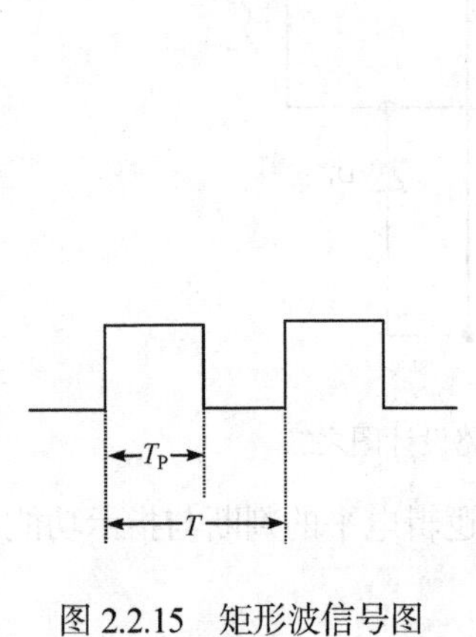

图 2.2.15　矩形波信号图

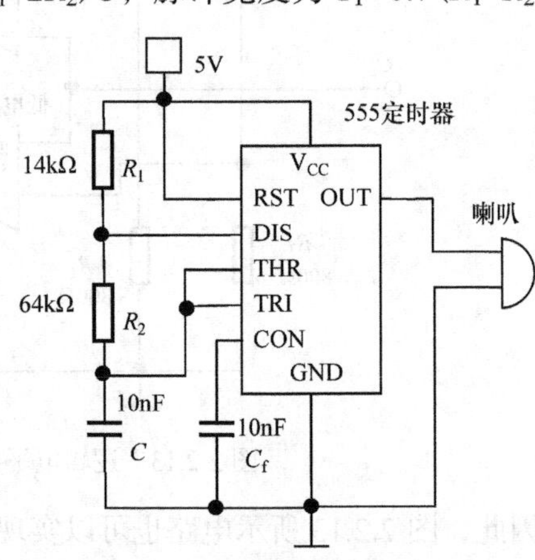

图 2.2.16　555 定时器组成的声响电路

2. 提高型设计实验：由正弦波产生声响的逻辑信号电平测试器设计

图 2.2.17 所示是由正弦波产生声响的逻辑信号电平测试器电路。将待测的电压 U_I 接入测试电路，通过指示灯以及声响就可以确定逻辑电平。

按图 2.2.17 接线，并验证其功能。

3. 开拓型设计实验：由 555 定时器产生声响的逻辑信号电平测试器设计

图 2.2.18 所示电路是由 555 定时器产生声响的逻辑信号电平测试器电路。将待测的电压 U_I 接入测试电路，通过指示灯以及声响就可以确定逻辑电平。

2.2.5　实验要求

(1) 复习电压比较器、正弦波发生电路以及 555 定时器的知识。

(2) 将设计的电路进行实验测试，并记录测试结果。

(3) 对实验中出现的问题进行分析。

(4) 实验体会和设计分析。

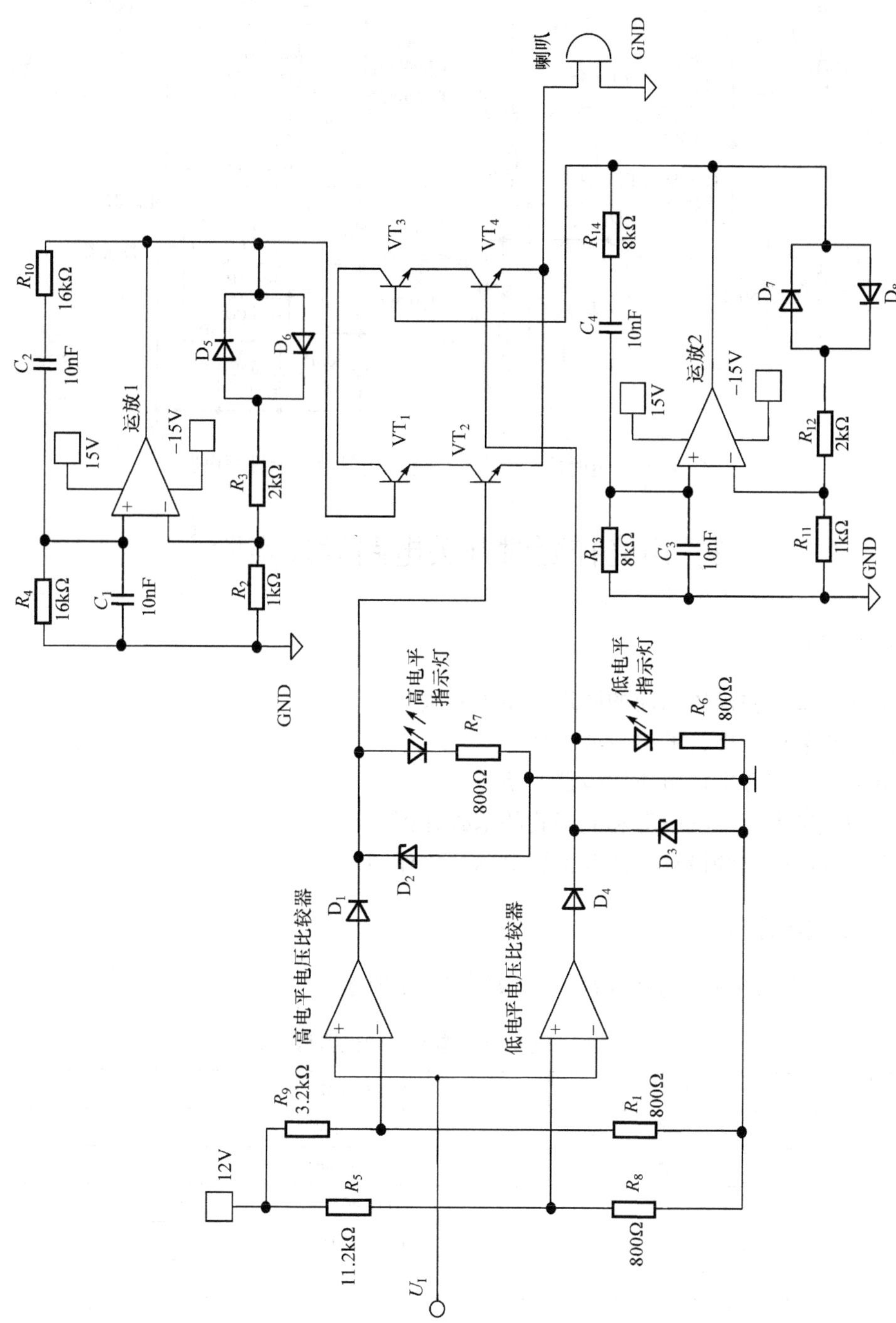

图2.2.17 由正弦波产生声响的逻辑信号电平测试器电路

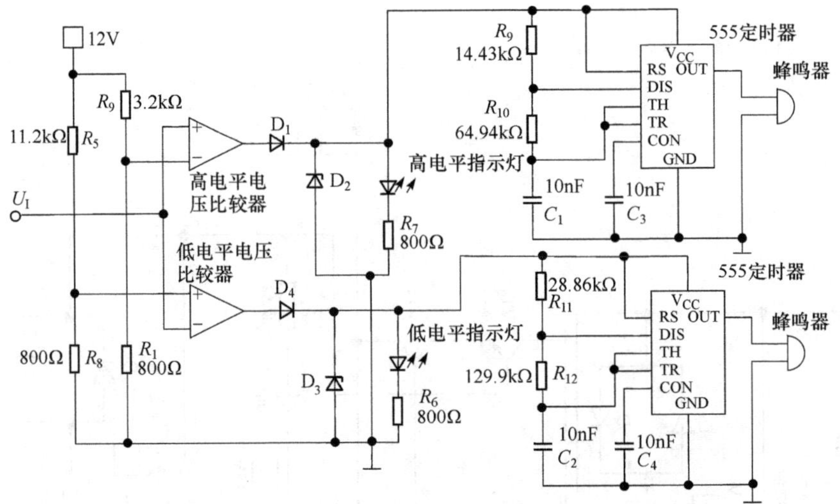

图 2.2.18　由 555 定时器产生声响的逻辑信号电平测试器电路

2.3　声光控延时开关电路设计实验

2.3.1　实验目的

(1) 了解并掌握驻极体话筒的原理及使用方法。
(2) 进一步掌握三极管的电流放大功能。
(3) 进一步学习并掌握电压比较器的功能。
(4) 学习光敏电阻、继电器和晶闸管的基础知识。
(5) 学习控制电路的设计方法并掌握电路的工作原理。

2.3.2　实验仪器与器材

声光控延时开关电路实验仪器与器材如表 2.3.1 所示。

表 2.3.1　声光控延时开关电路实验仪器与器材

序号	设备名称	型号及参数	数量
1	直流稳压电源	0～30V 可调	1 台
2	九孔插件方板	297mm×300mm	1 块
3	函数信号发生器	YB1602	1 台
4	通用示波器	LDS20405	1 台
5	万用表	MF47 型	1 只
6	发光二极管	LED	2 个
7	集成双运算放大器	LM358	3 只
8	三极管	9014	若干
9	驻极体(话筒)	6050P	1 个

续表

序号	设备名称	型号及参数	数量
10	光敏电阻	5516	1 个
11	继电器	12V，0.36W	1 个
12	晶闸管	IGBT-2N6565	1 个
13	电阻、电位器		若干
14	电容		若干
15	短接桥和连接导线	P8-1 和 50148	若干

2.3.3　实验原理

声光控延时自熄灭开关是一种集声、光、定时于一体的，既节电又方便，日常生活中较为实用的无触点、自控开关。当晚上光线变暗时，可用声音自动开灯，延时一段时间后自动熄灭。白天光线充足时，无论多大的声音也不能开灯。它广泛适用于住宅楼、办公楼楼道、走廊、仓库、地下室、厕所等公共场所的照明电路。

本实验是设计一个声光控延时自熄灭开关电路，能通过声音和光强信号自动控制开关。

设计任务：设计一个声光控延时自熄灭开关电路。白天不论声音有多大，灯都不亮；夜晚没有声音或声音轻微，灯也不亮，而有较大的声音时则灯亮，延时数十秒后自动熄灭。

1. 功能指标要求

(1) 电路与所控制的灯泡串联接 220V 交流电源，允许电源电压有±10%的波动。

(2) 灯不亮时，电路的电流消耗不大于 5mA；灯亮时电路的电压降不大于 3V。

(3) 照明灯点亮延时自熄灭的时间约 40s，并可手动调节。

(4) 白天使灯不亮的光照度为大于 100lx；夜晚使声控起作用的光照度为小于 10lx，声强为大于 60dB。

(5) 使用通用元器件进行设计。

2. 功能分析

根据声光控延时自熄灭开关电路的功能要求，声光控延时自熄灭开关电路应由声控电路、光控电路、延时电路以及电源电路等四个部分构成。声光控延时自熄灭开关电路的系统框图如图 2.3.1 所示。

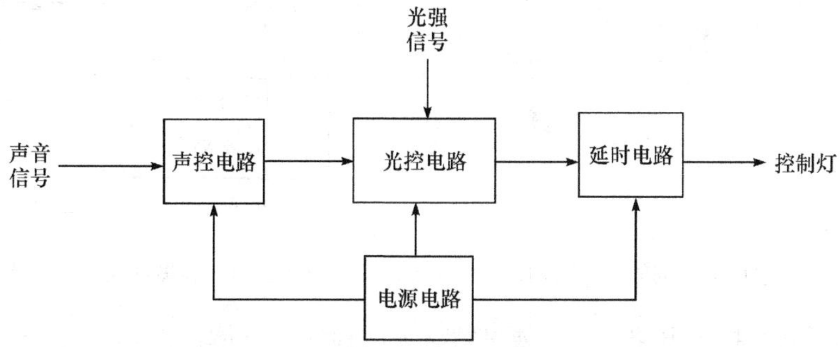

图 2.3.1　声光控延时自熄灭开关电路的系统框图

声控电路的功能是利用驻极体话筒接收声音信号，并转换成电信号输入系统，在其他控制电路的配合下实现声控功能。

光控电路的功能是利用光敏电阻把光强信号转换成电阻变化的特性，并在电压比较器电路的配合下实现光控功能。

延时电路就是实现照明灯延时自熄灭功能。它可以由 555 定时器组成的单稳态延时电路，也可由基本 *RC* 延时电路组成。

3. 驻极体话筒的基础知识

驻极体话筒具有体积小、结构简单、电声性能好、价格低的特点，广泛用于盒式录音机、无线话筒及声控等电路中。

驻极体话筒由声电转换和阻抗变换两部分组成。

声电转换的关键元件是驻极体振动膜。驻极体极头的基本结构由一片单面涂有金属的驻极体薄膜与一个上面有若干小孔的金属电极(称为背电极)以及它们中间的几十μm厚的尼龙隔离垫组成。驻极体面与背电极相对，中间有一个极小的空气隙，形成一个以空气隙和驻极体作为绝缘介质，以背电极和驻极体上的金属层作为两个电极的平板电容器。电容的两极之间有输出电极。由于驻极体薄膜上分布有极化电荷，当声波引起驻极体薄膜振动而产生位移时，改变了电容两极板之间的距离，从而引起电容发生变化。由于驻极体上的电荷量恒定，根据公式 $Q=CU$ 可知，当 C 变化时必然引起电容器两端电压 U 的变化，从而输出电压信号，实现声音向电压的转换。

驻极体膜片与金属极板之间的电容量比较小，一般为几十 pF。因而它的输出阻抗很高，为几十兆欧姆以上。因此，它不能直接与放大电路相连接，必须连接阻抗变换器。通常用一个专用的场效应管和一个二极管复合组成阻抗变换器。内部原理如图 2.3.2 所示。

驻极体话筒的接线图如图 2.3.3 所示。话筒有两根引出线，漏极 D 与电源正极之间接一个漏极电阻 *R*，信号由漏极经一个隔直电容输出，这种接法有一定的电压增益，话筒的灵敏度比较高，但动态范围比较小。目前市售的驻极体话筒大多是这种方式连接的。

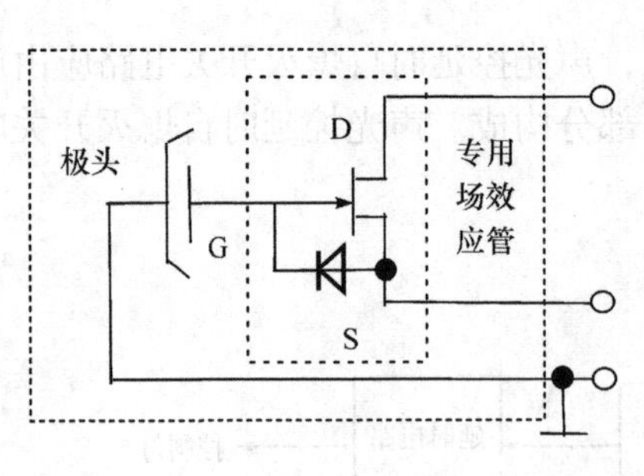

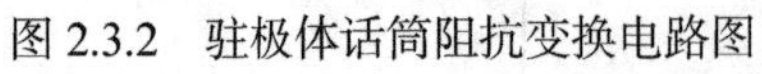
图 2.3.2　驻极体话筒阻抗变换电路图

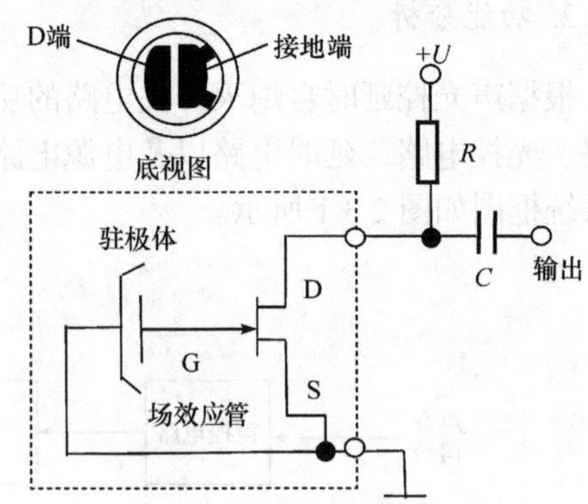

图 2.3.3　驻极体话筒的接线图

驻极体话筒在接入电路之前，要进行必要的检测。具体检查方法为：将指针式万用表置于 R×100Ω 挡，将红表笔接话筒的负极(一般为话筒引出线的芯线)，黑表笔接话筒的正极(一般为话筒引出线的屏蔽层)。此时，万用表应指示出某一阻值(如 1kΩ)。接着正对着话筒吹一口气，并仔细观察指针，应有较大幅度的摆动。万用表指针摆动的幅度越大，话筒的灵敏度越高。若指针摆动幅度很小，说明话筒灵敏度很低，使用效果不佳。若吹气时发现指针不动，可交换表笔位置再次吹气试验，若指针仍然不摆动，则说明话筒已经损坏。另外，如果在未吹气时，指针指示的阻值便出现漂移不定的现象，则说明话筒稳定性很差，这样的话筒是不宜使用的。

4. 光敏电阻知识

光敏电阻是利用半导体的光电效应制成的一种电阻值随入射光的强弱而改变的电阻器，常见的光敏电阻外形如图 2.3.4 所示。光敏电阻一般用于光的测量、光的控制和光电转换(将光的变化转换为电的变化)。入射光强，光敏电阻的阻值减小；入射光弱，光敏电阻的阻值增大。

图 2.3.4　光敏电阻外形图

光敏电阻是利用半导体的光电效应制成的一种特殊电阻，它主要是由半导体材料制成的。常用的光敏电阻是硫化镉光敏电阻。光敏电阻的特点是对光线非常敏感，光敏电阻的阻值随入射光线(可见光)的强弱变化而变化。当无光线照射(或黑暗条件下)时，光敏电阻呈高阻状态，其阻值(暗阻)可达 1～10MΩ。当有光线照射时，电阻值迅速减小，其阻值(亮阻)仅有几百至数千欧姆。

对于一个光敏电阻来说，没有光照时的暗阻越大越好；有光照时的亮阻则越小越好。

2.3.4　实验内容与步骤

1. 基本型实验

1)声控电路的设计

图 2.3.5 所示是驻极体话筒放大电路接线图。其中 MIC 是驻极体话筒，R_1、C_1是漏极电阻和隔直电容。MIC、R_1、C_1 组成前级，前级主要是驻极体的接法。电路中其他元件构成后级，主要是起信号放大并输出的作用。R_2 是偏置电阻兼反馈电阻，为放大电路提供合适的静态工作点。R_3是集电极电阻，C_2是耦合电容，晶体管是 9014。

图 2.3.6 所示是一个声控电路原理图。通过驻极体话筒接收声音信号，经 9014 晶体管放大后输出信号控制发光二极管的亮灭。发光二极管的动作随输入声音的变化而变化。发光二极管的闪烁频率与输入声音的频率相同，它们是同频变化的。有时可以用该电路

来粗略检测输入声音信号的频率大小。

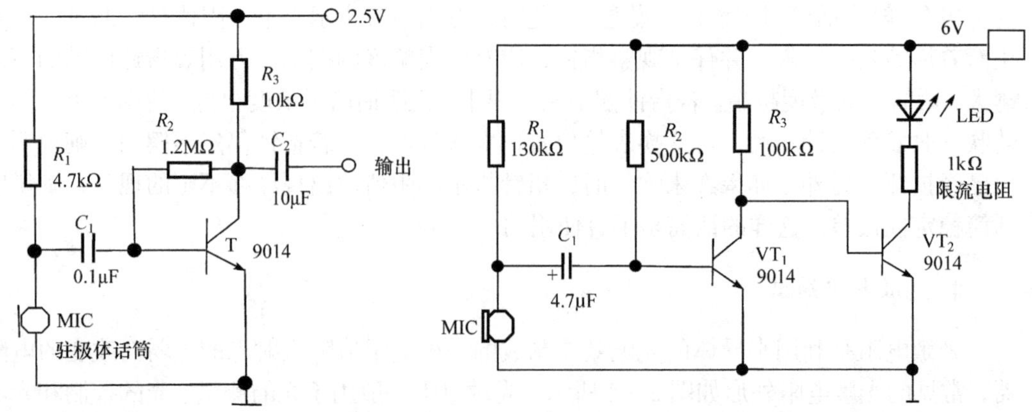

图 2.3.5　驻极体话筒放大电路接线图　　　　图 2.3.6　声控电路原理图

2)光控电路设计与仿真

光敏电阻在电路中可以等效看成一个可变电阻，只是光敏电阻是随光强度而自动变化的。图 2.3.7 所示是一个光控电路。光强变化使光敏电阻的阻值发生变化，改变了晶体管基极的电压，从而使晶体管工作状态发生变化。当晶体管工作在放大区和饱和区时，发光二极管发光；当晶体管工作在截止区时，发光二极管不亮。这样就可以实现通过光强控制 LED 指示灯(或控制输出设备)的工作状态。

图 2.3.8 所示是光控电路的原理仿真图。图中用可变电阻 R_W 代替光敏电阻来模拟仿真外界光强的变化过程。减小 R_W 的阻值相当于外界光线越强，光敏电阻的阻值减小；反之，增大 R_W 的阻值相当于外界光线越弱，光敏电阻的阻值增大。通过改变 R_W 的电阻就可以实现对 LED 指示灯的控制。

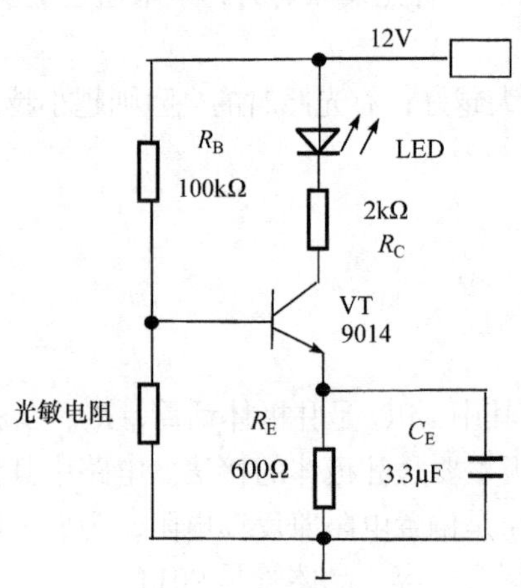

图 2.3.7　光控电路

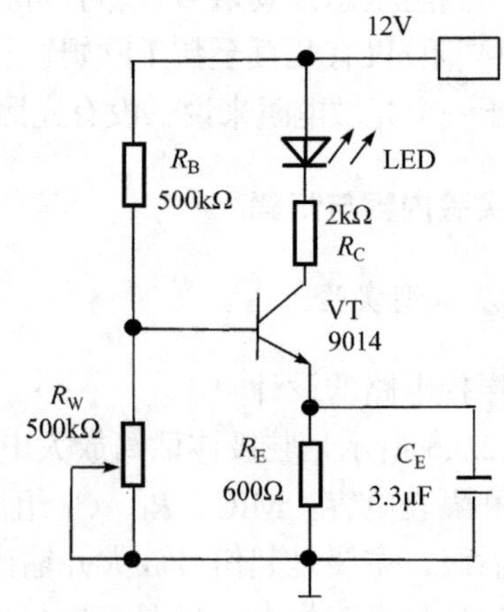

图 2.3.8　光控电路的原理仿真图

3) 延时电路的设计

(1) *RC* 简单延时电路。

电容有充、放电现象，充、放电时间长短由电路的时间常数决定，$\tau=2\pi RC$。

时间常数由充、放电回路的等效电阻和电容决定。图 2.3.9 所示是一个简单的 *RC* 延时电路。

当开关 K 闭合时，晶体管 9013 饱和导通，LED 指示灯被点亮，此时电容两端被开关 K 短路，其两端电压为 0。当开关 K 由闭合到断开时，由于电容的存在，电容一端通过电阻接电源，另一端通过晶体管发射结接地，此时电容会发生充电现象。因此，晶体管电路会延迟一段时间才会关闭 LED 指示灯。图 2.3.9 中电路的延迟时间为 $2\pi RC=2\times3.14\times10\times10^{3}\times47\times10^{-6}=2.95\text{s}$，约为 3s。

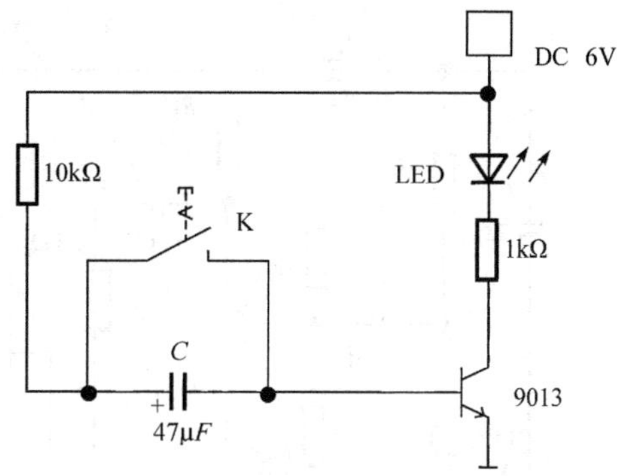

图 2.3.9　*RC* 延时电路图

图 2.3.10 所示电路是一个实用的 *RC* 延时电路。试分析其工作原理。

(2) 555 定时器组成的延时电路。

图 2.3.11 所示电路是由 555 定时器组成的延时电路。

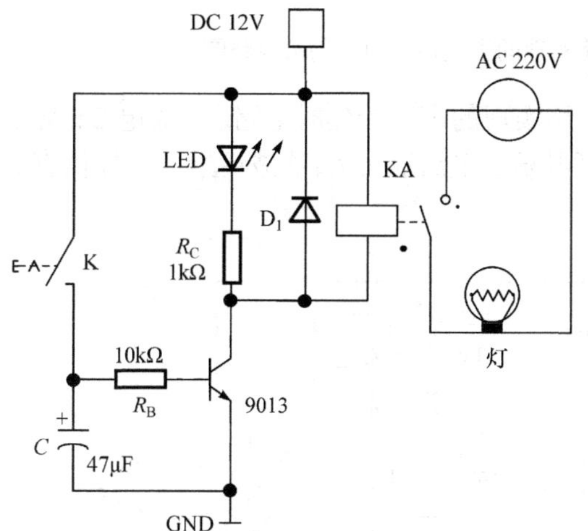

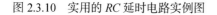

图 2.3.10　实用的 *RC* 延时电路实例图

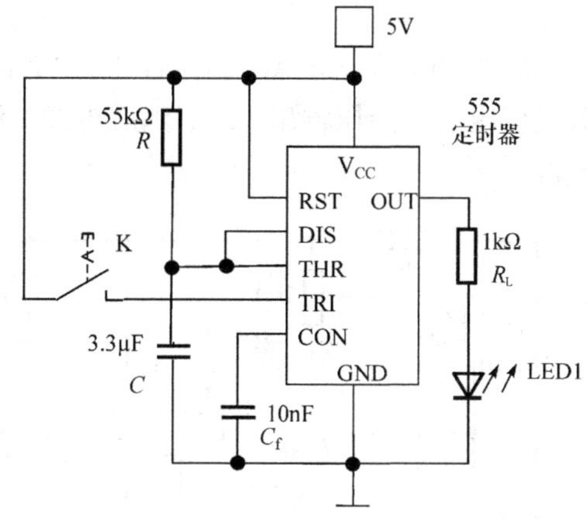

图 2.3.11　555 定时器组成的延时电路图

当开关 K 先合上再断开时，即输入一个负脉冲，那么电路被启动。输出指示灯 LED1 通电发光，一段时间后指示灯 LED1 会自动熄灭。

此时，图 2.3.11 中电路的延迟时间为 $T=1.1RC=1.1\times3.3\times10^{-6}\times55\times10^{3}=2\text{s}$。

2. 提高型实验

1) 由晶体管和 *RC* 延时电路实现的声光控延时自熄灭电路设计

(1) 由晶体管和 RC 延时电路实现的灵敏度可调的声光控延时电路如图 2.3.12 所示。按图接线，并验证其功能，最后分析其工作原理。

注意：

① DC 12V 直接由实验台提供。

② 延时电路由 R_5、C_6 组成。

③ 为确保运放正常工作，运放也必须接 DC 12V 电源。

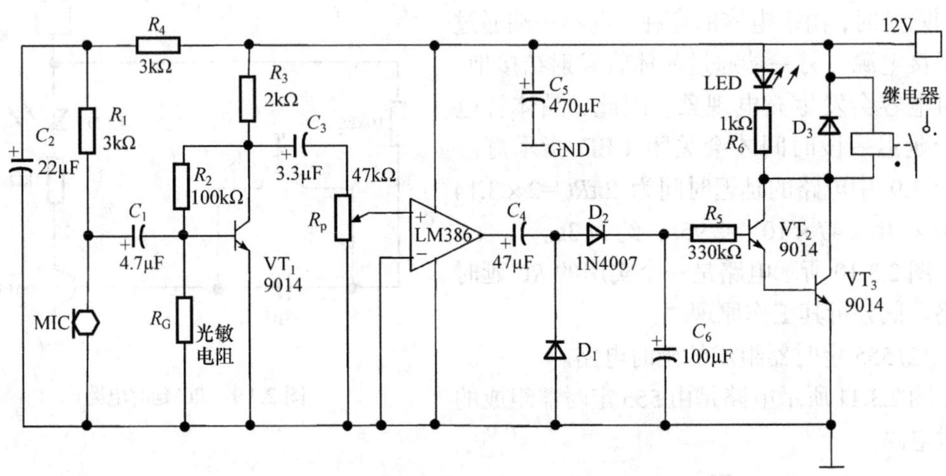

图 2.3.12　用晶体管和 RC 延时电路实现的声光控延时自熄灭电路图

图 2.3.13 是带电源的晶体管和 RC 延时电路实现的声光控延时电路。交流电 220V 电源经变压器 T 降压输出 12V，然后再经整流桥整流，最后通过 C_5 滤波后给电路提供直流电源。

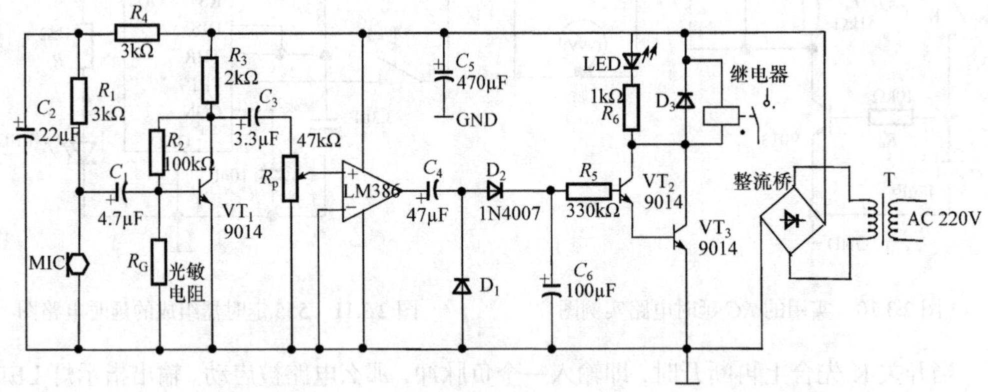

图 2.3.13　带电源的晶体管和 RC 延时电路实现的声光控延时电路图

按图接线，并验证其功能，最后分析其工作原理。

(2) 图 2.3.14 所示是用电压比较器实现的声光控延时自熄灭电路。

该电路中运放 A_1、A_2 组成滞回电压比较器，运放 A_3、A_4 组成普通电压比较器。由

R_9、C_4 构成延时电路。

按图 2.3.14 接线，并验证其功能，最后分析其工作原理。

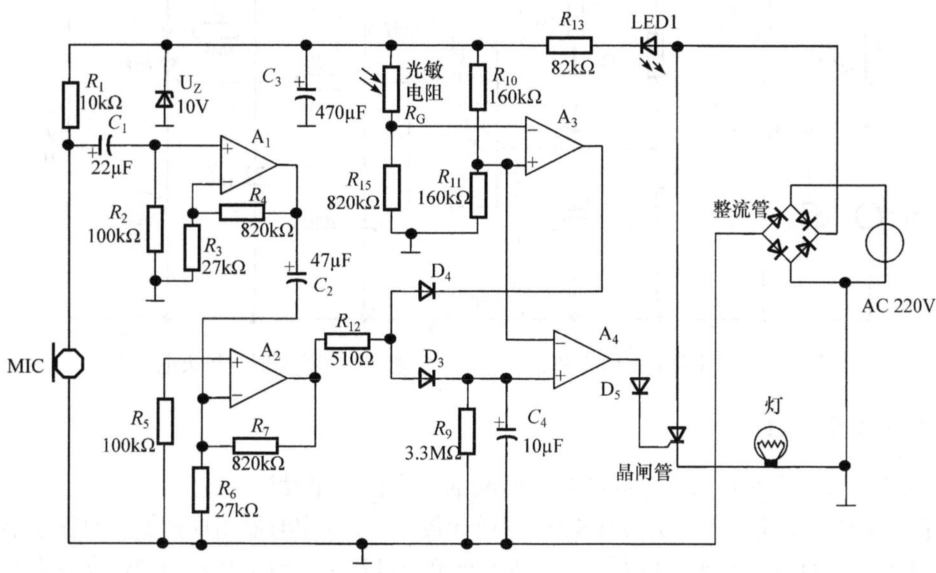

图 2.3.14　用电压比较器实现的声光控延时自熄灭电路图

2) 由晶体管和 555 定时器实现的声光控延时自熄灭电路

图 2.3.15 所示是由晶体管和 555 定时器实现的声光控延时自熄灭电路。其中 555 定时器实现延时功能；输出采用晶闸管控制形式；直流电源由限流电阻 R_6、滤波电容 C_5、稳压二极管 V_D 以及二极管 D_4 组成。

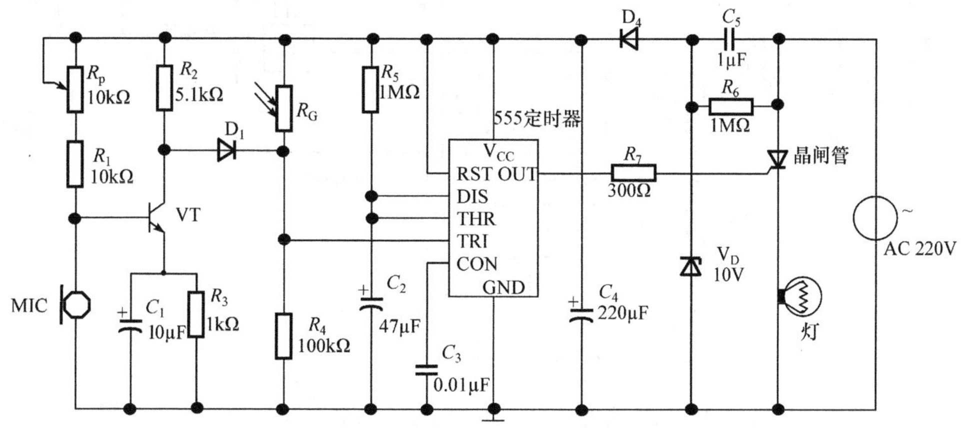

图 2.3.15　由晶体管和 555 定时器实现的声光控延时自熄灭电路图

按图 2.3.15 接线，并验证其功能，最后分析其工作原理。

图 2.3.16 所示是另一种形式的由晶体管和 555 定时器实现的声光控延时自熄灭电路。

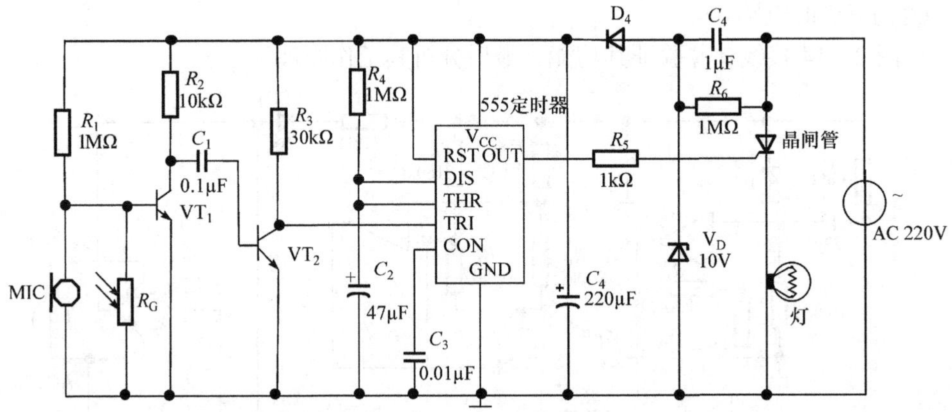

图 2.3.16　简单的晶体管和 555 定时器实现的声光控延时自熄灭电路图

3. 开拓型实验

1) 可通过拍手次数选择不同的延迟时间的声光控电路设计

图 2.3.17 所示是一个采用 74LS192 可逆计数器、555 定时器组成的倒计时振荡器以及门电路等组成的声光控延时开关，它的特点是可通过拍手次数选择不同的灯亮延迟时间。

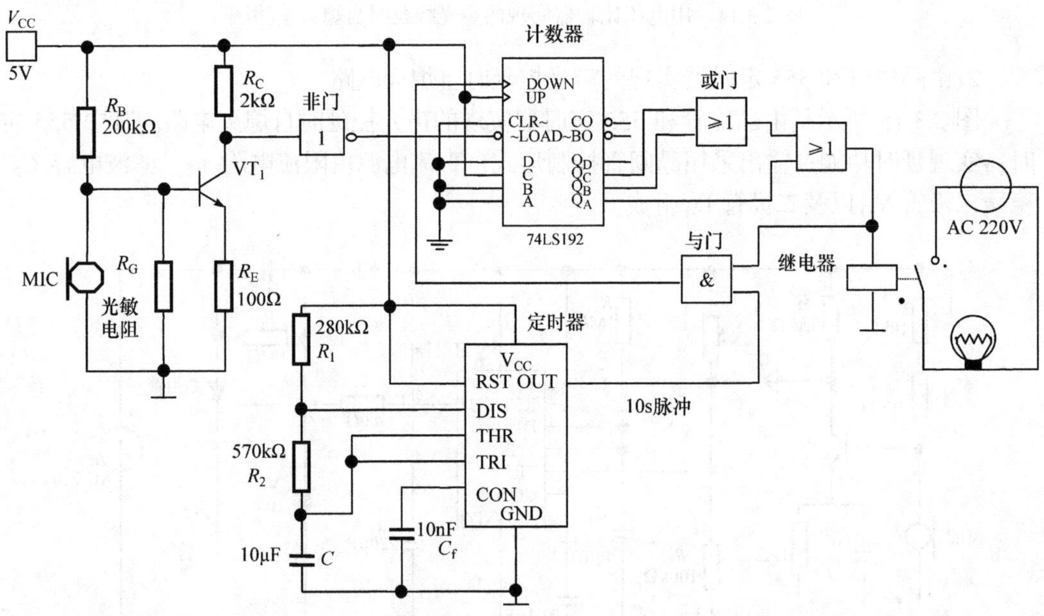

图 2.3.17　通过拍手次数选择不同的延迟时间的声光控电路

2) 声控电路的扩展：声控流水灯设计

图 2.3.18 所示是一个采用 CD4017 及声控电路组成的声控流水灯电路。它的特点是可通过拍手声音的频率改变流水灯运行的速度。

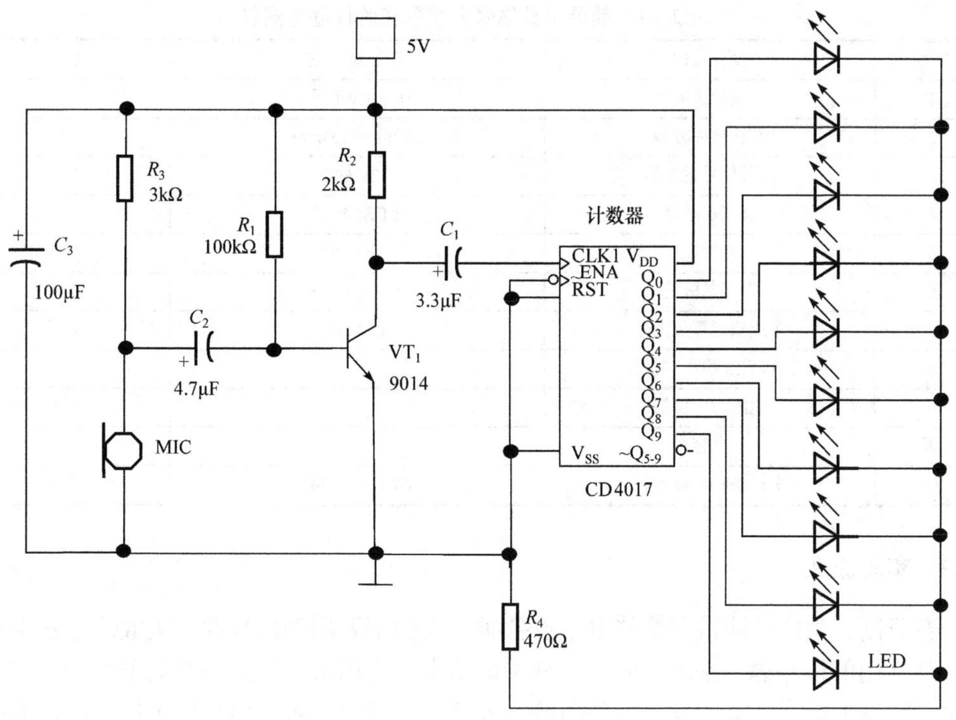

图 2.3.18　声控流水灯电路图

2.3.5　实验要求

(1)学习光敏电阻和驻极体以及 555 定时器的相关知识。

(2)将设计的电路进行验证测试，并记录测试结果。

(3)对实验中出现的问题进行分析。

(4)总结声光控延时自熄灭电路的实现方法。

2.4　简易函数信号发生器设计实验

2.4.1　实验目的

(1)进一步熟悉正弦波产生电路的基础知识并掌握其应用。

(2)进一步掌握电压比较器功能。

(3)学习并掌握方波产生电路和三角波产生电路。

(4)熟悉函数信号发生器电路的设计和调试方法。

2.4.2　实验仪器与器材

简易函数信号发生器实验仪器与器材如表 2.4.1 所示。

表 2.4.1　简易函数信号发生器实验仪器与器材

序号	设备名称	型号及参数	数量
1	直流稳压电源	0～30V 可调	1 台
2	九孔插件方板	297mm×300mm	1 块
3	函数信号发生器	YB1602	1 台
4	通用示波器	LDS20405	1 台
5	万用表	MF47 型	1 只
6	发光二极管	LED	2 个
7	集成双运算放大器	LM358	1 只
8	二极管、稳压二极管		若干
9	电阻、电位器		若干
10	电容		若干
11	短接桥和连接导线	P8-1 和 50148	若干

2.4.3　实验原理

在研制、生产、测试和维修电子设备时，人们都要用到信号源。函数信号发生器作为一种常用的信号源，是电子测量领域中最基本、应用最广泛的一类电子仪器。它可以产生多种波形信号，如正弦波、三角波、方波等。目前，函数信号发生器是现代测试领域内应用最为广泛的通用仪器之一。

本实验是设计一个简易函数信号发生器电路，能实现正弦波、矩形波、方波、三角波等基本波形的输出。

设计任务：设计一个能产生方波、三角波、正弦波等多种波形信号输出的简易函数信号发生器，并能手动调整输出幅值和频率。

1. 功能指标要求

(1) 所有输出波形频率范围为 0.2～2kHz，并且能连续可调。
(2) 正弦波幅值 10mV～10V 连续可调。
(3) 矩形波最大幅值±10V，占空比能连续可调。
(4) 三角波最大峰-峰值 20V，输出波形幅值连续可调。
(5) 使用通用元器件进行设计。

2. 功能分析

根据简易函数信号发生器电路的功能要求，简易函数信号发生器应具有正弦波产生电路、三角波产生电路、矩形波(方波)发生电路以及电源电路等四个部分。

根据波形变换的知识，如果先产生正弦波，并在此基础上得到其他波形，则基于正弦波的函数信号发生器的系统框图如图 2.4.1 所示。

在这种结构下，正弦波产生电路可以由文氏振荡器来实现；用电压比较器可以实现从正弦波到矩形波的转换；用积分电路可以实现从方波到三角波的转换。

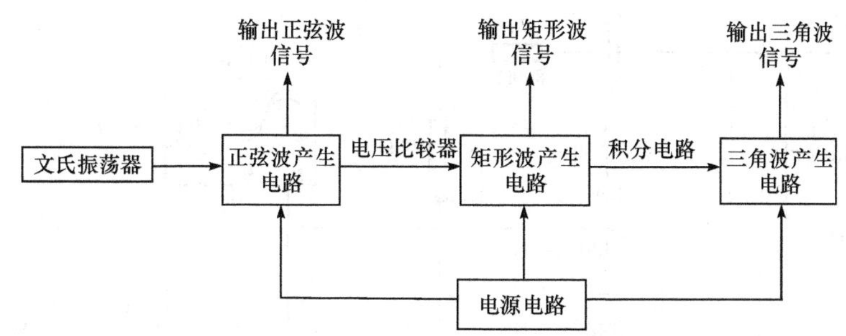

图 2.4.1　基于正弦波的函数信号发生器的系统框图

根据波形变换的知识，如果先产生矩形波，并在此基础上得到其他波形，则基于方波的函数信号发生器的系统框图如图 2.4.2 所示。

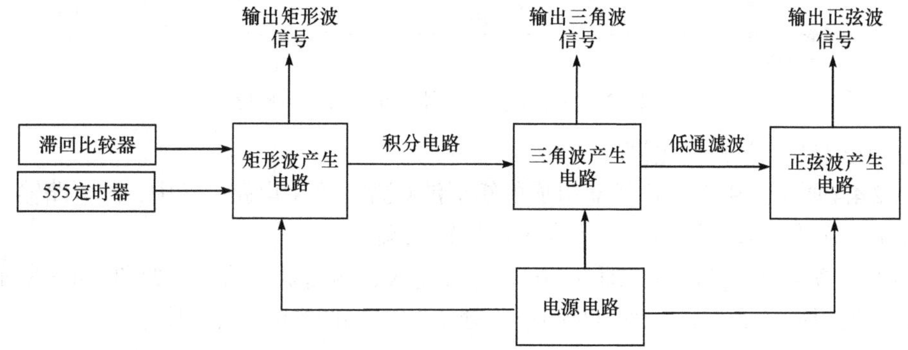

图 2.4.2　基于方波的函数信号发生器的系统框图

在这种结构下，方波(矩形波)产生电路可以由滞回比较器或 555 定时器来实现；用积分电路可以实现从方波到三角波的转换；用低通滤波器可以实现从三角波到正弦波的转换。

2.4.4　实验内容与步骤

1. 基本型实验：基于文氏振荡器的函数信号发生器设计

1) 正弦波产生电路

因为设计要求输出波形频率范围为 0.2～20kHz，并且能连续可调。根据正弦波发生器的频率 $f = \dfrac{1}{2\pi RC}$，若取电容 C 为 0.01μF，则电阻的范围为 0.8～80kΩ。

图 2.4.3 是基于文氏振荡器的正弦波产生电路。同时调节电位器 R_3 和 R_6 的阻值就可以改变输出波形的频率。调节电位器 R_2 的阻值可以改变输出波形的幅值。

注意：

(1) LM324 运放必须接±12V 直流电源才能正常工作。

(2) 输出正弦波的振荡周期 $T=2\pi RC$。其中 R 为 R_4 与电位器 R_3 实际电阻值之和，$C=C_1=C_2=10\text{nF}$。

(3) 通过同时改变电位器 R_3 和 R_6 的电阻值就可以调节输出正弦波的频率。

(4) 输出正弦波的幅值由运放放大倍数和二极管 D_1 和 D_2 的非线性决定。

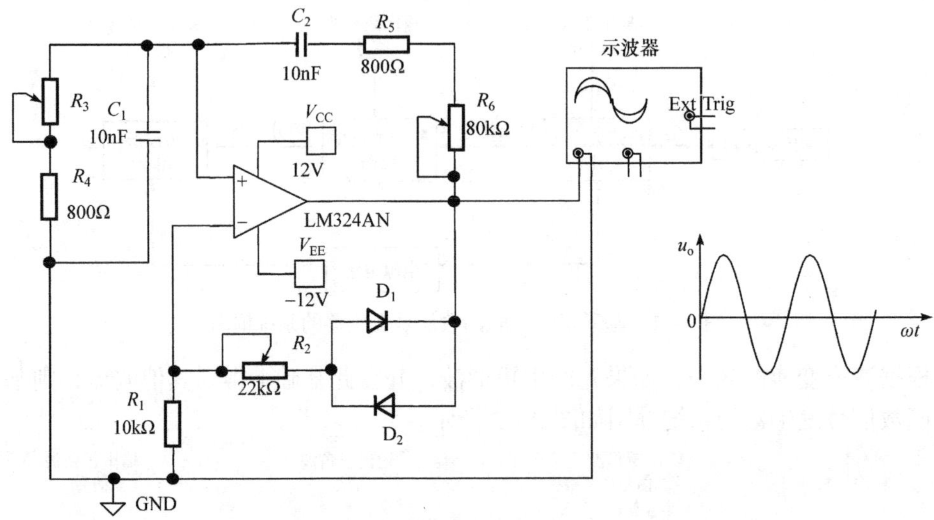

图 2.4.3　基于文氏振荡器的正弦波产生电路

2）矩形波与方波产生电路

图 2.4.4 所示是由电压比较器组成的矩形波（方波）产生电路。其中，该电路输入信号为正弦波。u_I 为输入信号端，u_R 为参考电压输入端。

如果参考电压 u_R 为正值（即 $u_R>0$），那么输入、输出电压的关系如图 2.4.5 所示。此时，输出的矩形波处于高电平的时间小于处于低电平的时间，占空比小于 50%。

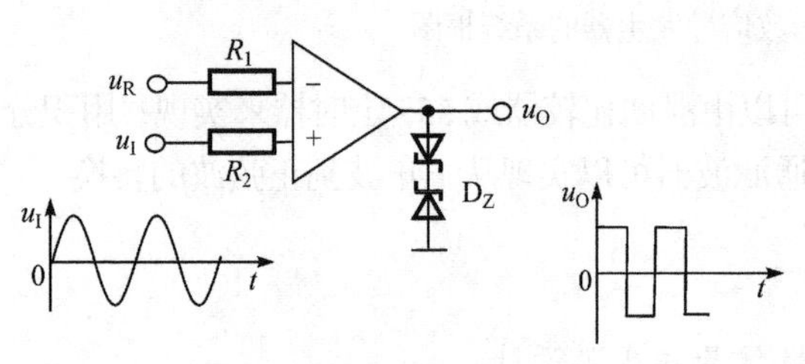

图 2.4.4　由电压比较器组成的矩形波（方波）产生电路

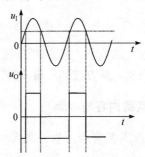

图 2.4.5　占空比小于 50%的矩形波图

如果参考电压 u_R 为负值（即 $u_R<0$），那么输入、输出电压的关系如图 2.4.6 所示。此时，输出的矩形波处于高电平的时间大于处于低电平的时间，占空比大于 50%。

如果参考电压 u_R 为 0（即 $u_R=0$），那么输入、输出电压的关系如图 2.4.7 所示。输出的矩形波处于高电平的时间等于处于低电平的时间，占空比等于 50%，此时输出信号为方波。

3）三角波产生电路

图2.4.8所示是由积分电路组成的三角波产生电路。其中，该电路输入信号为方波时，通过积分作用，在输出端就可以产生三角波。

由于积分电路在理想化条件下，输出电压 u_O 等于

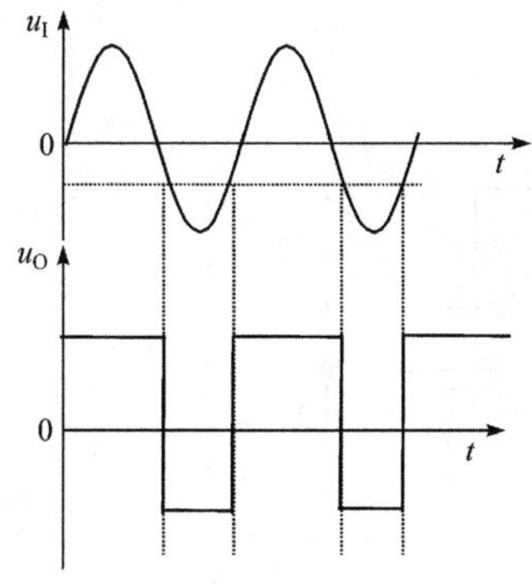

图 2.4.6　占空比大于 50%的矩形波

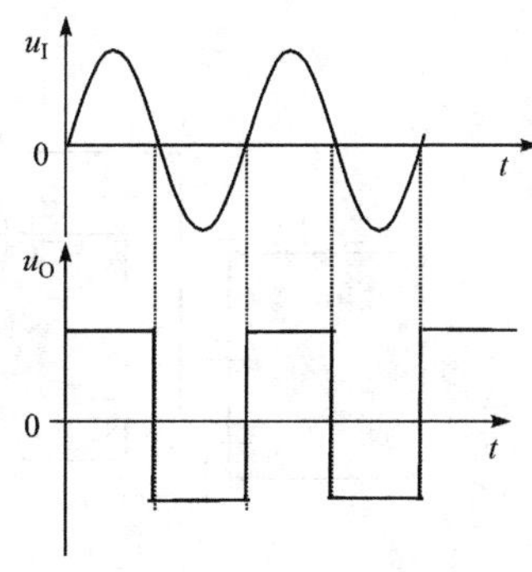

图 2.4.7　方波传输特性图

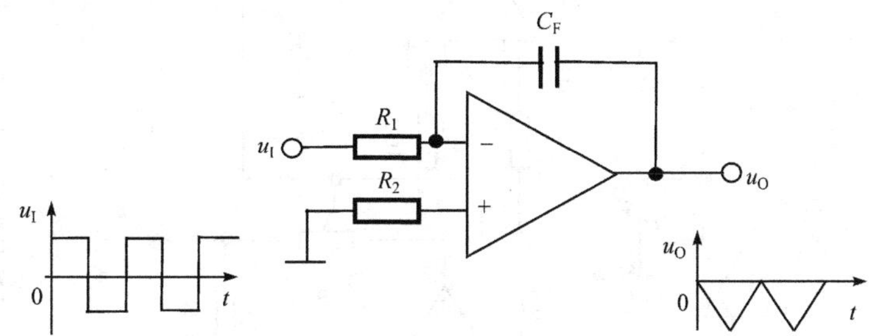

图 2.4.8　由积分电路组成的三角波产生电路

$$u_O(t) = -\frac{1}{RC}\int_0^t u_I \mathrm{d}t + u_C(0)$$

式中，$u_C(0)$是 t=0 时刻电容 C 两端的电压值，即初始值。

如果 $u_I(t)$是幅值为 A 的方波信号，并设 $u_C(0)$=0，则

$$u_O(t) = -\frac{1}{RC}\int_0^t A\mathrm{d}t = -\frac{A}{RC}t$$

即输出电压 $u_O(t)$随时间增长而线性变化。显然 RC 的数值越大，达到给定的 u_O 值所需的时间就越长。图 2.4.9 所示是积分电路方波输入三角波输出的电压传输特性曲线图，即实现方波到三角波的波形转换。

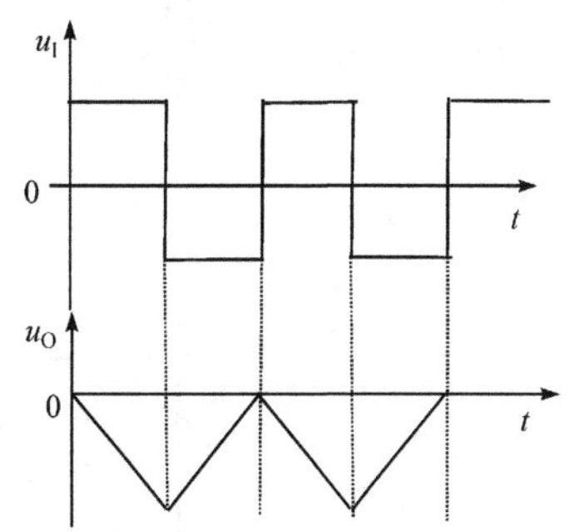

图 2.4.9　方波到三角波的波形转换图

4）基于文氏振荡器的函数信号发生器电路

图 2.4.10 所示是一个基于文氏振荡器的函数信号发生器电路。该电路可以产生正弦波、方波、矩形波以及三角波等常用的波形。图中输出信号的频率调节都是通过同时调整电位器 R_5 和 R_6 来实现的；电位器 R_4 是调节正弦波起振的。

为了达到输出正弦波幅值可调而引入了由运放 1 组成的反相比例电路，通过改变电位器 R_9 的实际电阻值，改变反馈电阻，使放大系数变化，从而达到调整输出正弦波幅值的目的。

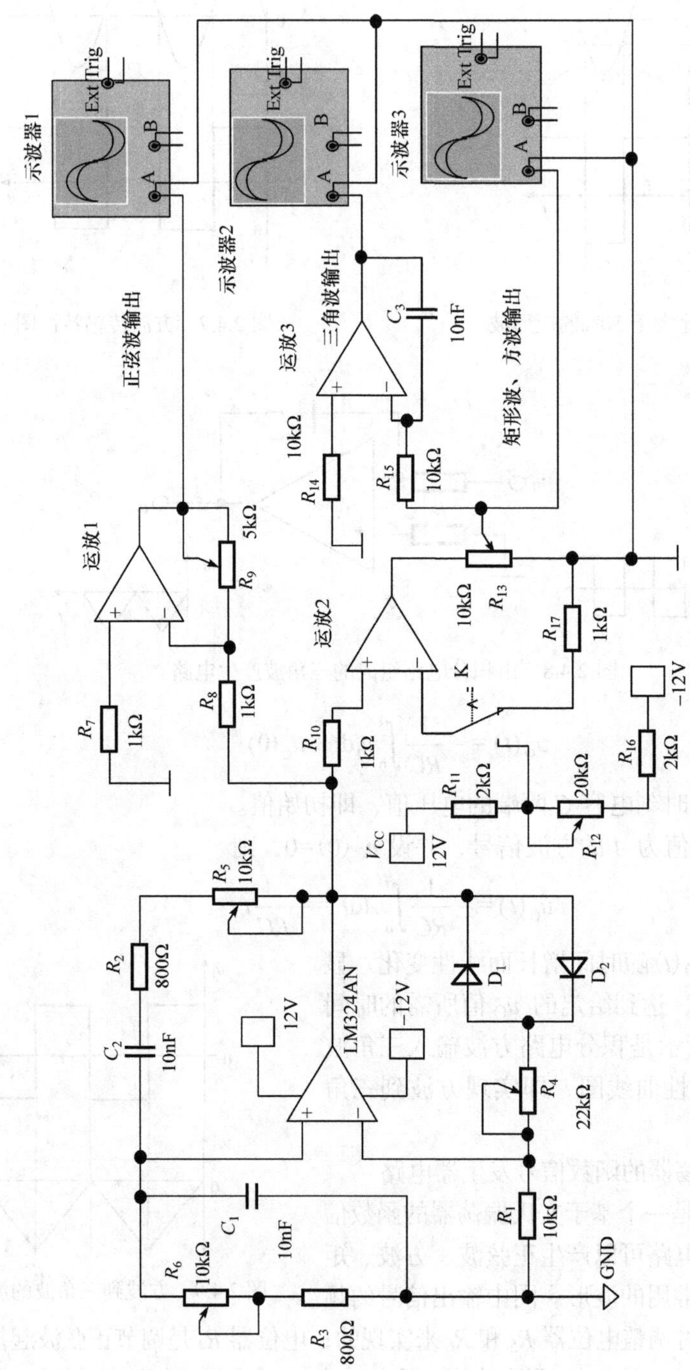

图2.4.10　基于文氏振荡器的函数信号发生器电路图

运放 2 接成电压比较器的形式完成正弦波到矩形波或方波的转换。如果要产生矩形波信号可将开关 K 拨到左端，并通过改变电位器 R_{12} 的电阻，从而改变输入的参考电压，可以实现不同占空比的矩形波输出。如果要产生方波信号可将开关 K 拨到右端，使参考电压输入端直接接地。矩形波（方波）输出幅值可以通过调整电位器 R_{13} 完成。

在保证输入为方波的条件下（开关 K 拨到右端或参考电压为零），运放 3 接成积分电路的形式完成方波到三角波的转换。通过改变电位器 R_{13} 的电阻，改变输入的方波的幅值，可以实现三角波输出幅值的调整。

2. 提高型实验：基于滞回电压比较器的函数信号发生器电路设计

1）基于滞回电压比较器的方波产生电路

图 2.4.11 所示电路是基于滞回电压比较器的矩形波产生电路原理图。电路由滞回比较器和 RC 充、放电电路组成。电容 C 两端的电压 u_C 作为电压比较器的输入电压，电阻 R_2 两端的电压 U_R 作为电压比较器的参考电压。

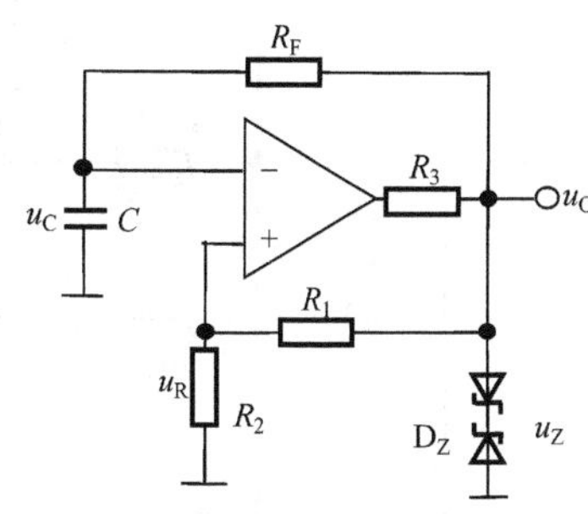

图 2.4.11　基于滞回电压比较器的矩形波产生电路原理图

假设电源接通时，$u_O = +u_Z$，$u_C(0) = 0$。那么 u_O 通过 R_F 对电容 C 充电，u_C 按指数规律增长。此时参考电压为

$$u_{R+} = \frac{R_2}{R_1 + R_2} U_{OM}$$

当电容 C 充电到 $u_C = u_{R+}$ 时，u_O 跳变成 $-U_Z$。所以，电容 C 将开始放电，u_C 下降，此时参考电压为

$$u_{R-} = -\frac{R_2}{R_1 + R_2} U_{OM}$$

当电容 C 放电到 $u_C = u_{R-}$ 时，u_O 跳变成 $+U_Z$，电容又重新充电。因此，基于滞回电压比较器的方波产生电路的工作波形如图 2.4.12 所示。

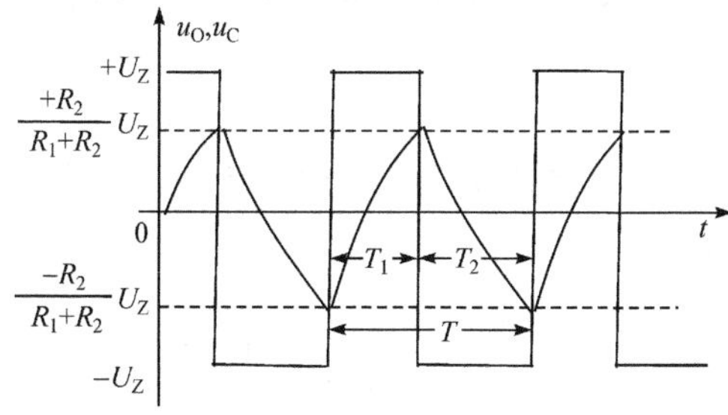

图 2.4.12　基于滞回电压比较器的方波产生电路的工作波形

因为电路的电阻、电容参数一定，所以充、放电时间常数相同，因此得到的是方波信号。此时方波信号的周期 $T = T_1 + T_2 = 2R_F C \ln\left(1 + \frac{2R_2}{R_1}\right)$。

2) 基于滞回电压比较器的占空比可调的矩形波产生电路

根据基于滞回电压比较器的方波产生电路的工作波形可知，电路电阻、电容的参数一定，所以充、放电时间常数相同，得到的是方波信号，即占空比为 50%的矩形波。如果想要得到占空比可调的矩形波，只要改变 *RC* 电路的充、放电回路时间常数即可。通常做法是使充、放电回路的电阻不同来达到改变时间常数的目的。图 2.4.13 所示的是基于滞回电压比较器的占空比可调的矩形波产生电路。

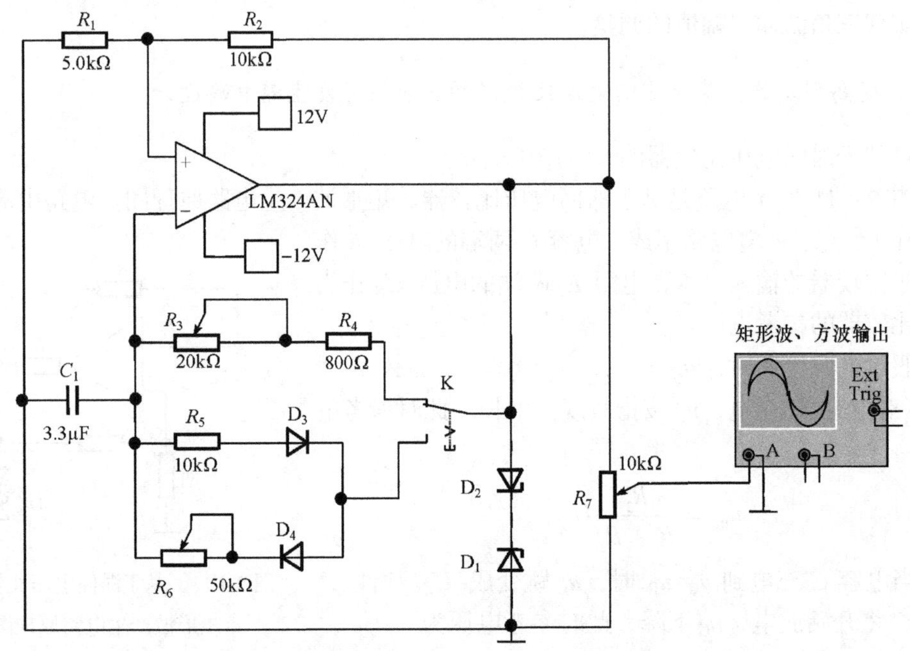

图 2.4.13　基于滞回电压比较器的占空比可调的矩形波产生电路

如果需要输出方波信号，先将开关 K 置于上方，并通过调节电位器 R_3 可以改变输出方波的频率；通过调节电位器 R_7 可以改变输出波形的幅值。

如果需要输出矩形波信号，则将开关 K 置于下方，可以通过调节电位器 R_6 改变输出矩形波的占空比。

3) 三角波产生电路

图 2.4.14 所示是由积分电路组成的三角波产生电路。电路只要输入信号为方波，将在输出端产生三角波信号。

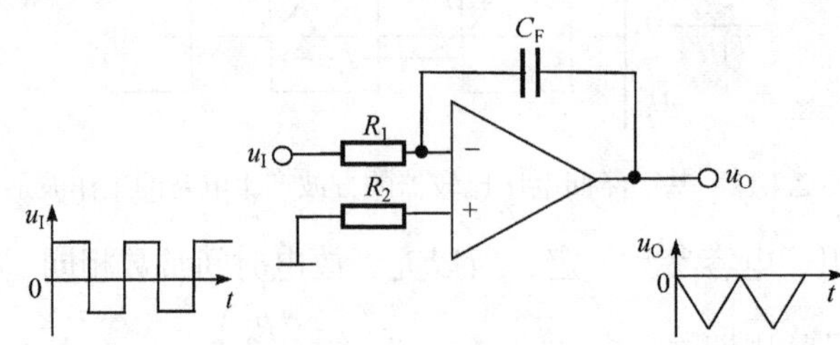

图 2.4.14　由积分电路组成的三角波产生电路

4）正弦波产生电路

正弦波产生电路是一个输入为三角波，输出为正弦波的电路，在实际中往往可以采用低通滤波器。图 2.4.15 是一个三角波输入的正弦波产生电路。

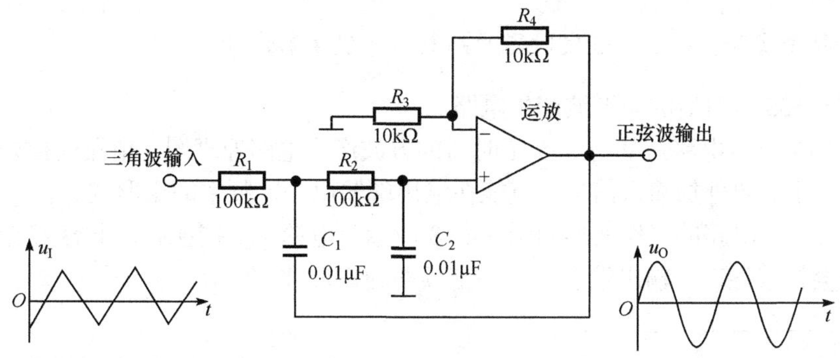

图 2.4.15　三角波输入产生正弦波的电路原理图

5）基于滞回电压比较器的函数信号发生器电路

图 2.4.16 所示是一个基于滞回电压比较器的函数信号发生器电路。该电路可以产生正弦波、方波、矩形波以及三角波等常用的波形。通过调整电位器 R_3 来调节输出信号的频率；通过调整电位器 R_7 来调节输出信号的幅值。

如果要产生方波信号可将开关 K 拨到上端，并通过改变电位器 R_3 的实际电阻，从而改变输出方波的频率。如果要产生矩形波信号可将开关 K 拨到下端。为了达到输出矩形波占空比可调而引入了 RC 充、放电回路分开的电路。由电位器 R_6 和二极管 D_4 串联组合形成充电回路；由电阻 R_5 和二极管 D_3 串联组合形成放电回路。通过改变电位器 R_6 的实际电阻值，可以改变充电回路的电阻，使充电时间系数发生变化，从而达到调整输出矩形波占空比的目的。

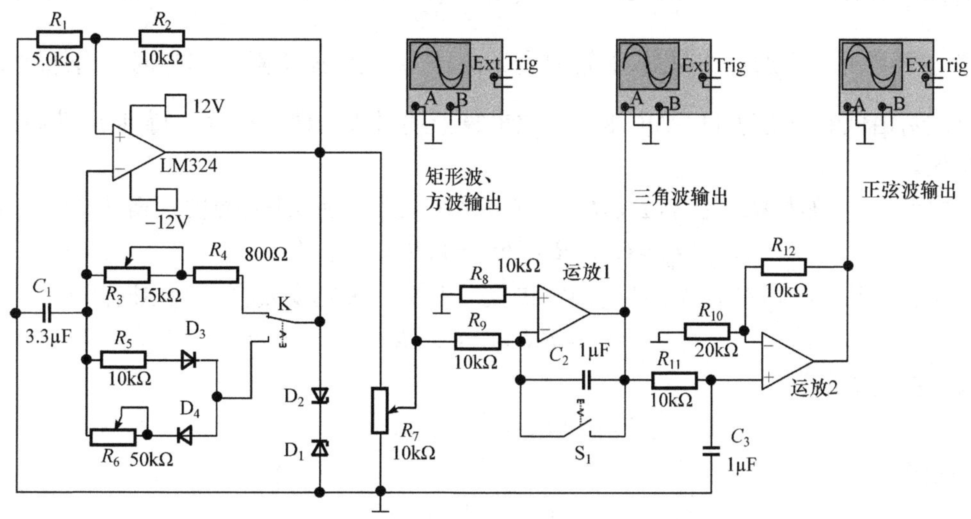

图 2.4.16　基于滞回电压比较器的函数信号发生器电路图

运放 1 接成反相积分电路的形式主要完成方波到三角波的转换。可通过改变电位器 R_7 的电阻，改变输入的方波的幅值，从而实现三角波输出幅值的调整。

运放 2 接成低通滤波器的形式主要完成三角波到正弦波的转换。

3. 开拓型实验：基于 555 定时器的函数信号发生器设计

1) 基于 555 定时器的矩形波产生电路

图 2.4.17 所示电路是基于 555 定时器的方波产生电路原理图。电路连接好后，只要接通电源，不需要外加输入信号，就能在输出端输出一定频率的矩形波。

矩形波产生电路的工作波形如图 2.4.18 所示。电源 V_{CC} 接通后，电容 C 会经过充、放电，u_C 会持续振荡，输出端会产生一定频率的矩形波。

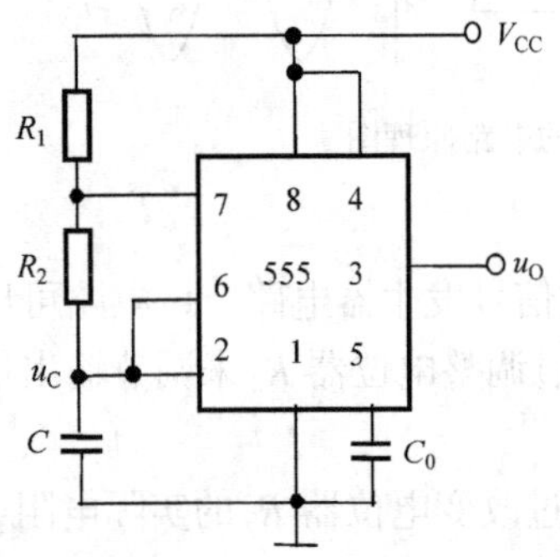

图 2.4.17 基于 555 定时器的矩形波产生电路图

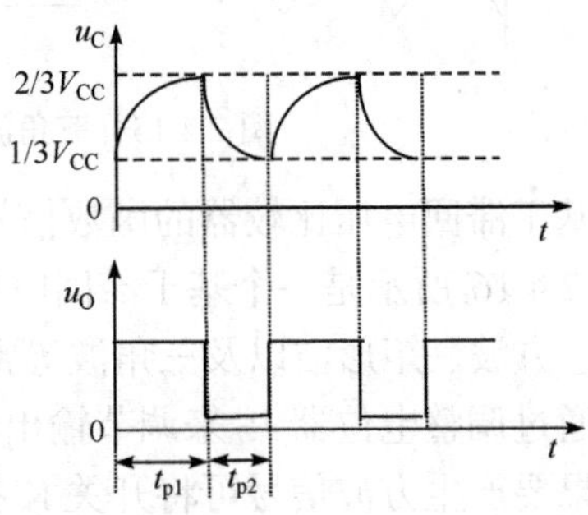

图 2.4.18 矩形波产生电路的工作波形图

当 $0 < u_C < \frac{1}{3}V_{CC}$ 时，u_C 被充电，u_O 输出为高电平电压。当 $\frac{1}{3}V_{CC} < u_C < \frac{2}{3}V_{CC}$ 时，输出状态保持不变，u_O 仍为高电平电压。当 $u_C > \frac{2}{3}V_{CC}$ 时，u_O 为低电平电压。这时定时器内部放电管导通，C 通过 R_2 和放电管放电，u_C 下降。当 u_C 下降到 $\frac{1}{3}V_{CC}$ 时，内部触发器置 1，u_O 由低电平变为高电平电压。如此重复上述过程，建立振荡，得到 u_O 为持续的矩形波。

由于第一个暂稳状态电源通过 R_1、R_2 向电容 C 充电，所以脉冲宽度 t_{p1} 等于充电时间为

$$t_{p1} = (R_1 + R_2)C\ln 2 = 0.7(R_1 + R_2)C$$

第二个暂稳状态电容 C 通过 R_2 经放电端放电，所以脉冲宽度 t_{p2} 等于放电时间为

$$t_{p2} = R_2 C\ln 2 = 0.7R_2 C$$

因此，振荡周期为

$$T = t_{p1} + t_{p2} = 0.7(R_1 + 2R_2)C$$

振荡频率为

$$f = \frac{1}{T} = \frac{1.43}{(R_1 + 2R_2)C}$$

占空比为

$$q = \frac{t_{p1}}{T} = \frac{0.7(R_1 + R_2)C}{0.7(R_1 + 2R_2)C} = \frac{R_1 + R_2}{R_1 + 2R_2}$$

2) 基于 555 定时器的占空比可调的矩形波产生电路

在基于 555 定时器的矩形波产生电路中，由于电容 C 的充电时间常数 $\tau_1 = 0.7(R_1 + R_2)C$，放电时间常数 $\tau_1 = 0.7R_2C$。此时 $t_{p1} > t_{p2}$，输出 u_O 的波形不仅不可能对称，而且占空比也不易调节。如果利用二极管的单向导电性，把电容的充放电回路隔开，再加上一个电位器，便可以得到占空比可调的矩形波产生电路。图 2.4.19 所示是由 555 构成的占空比可调的矩形波产生电路。

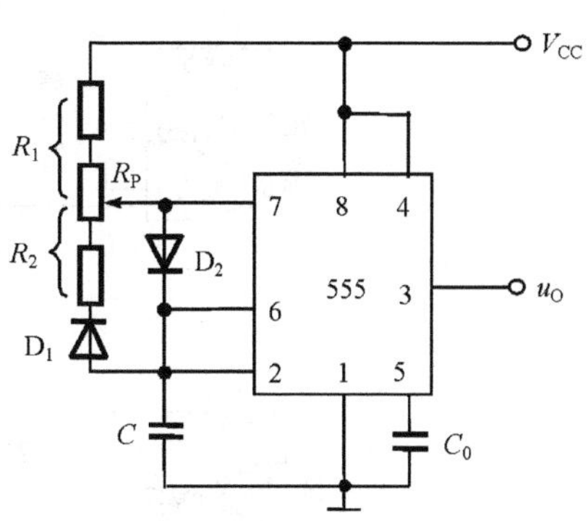

图 2.4.19　占空比可调的矩形波产生电路

此时占空比为

$$q = \frac{t_{p1}}{T} = \frac{R_1}{R_1 + R_2}$$

只要改变电位器 R_P 活动端的位置，就可以方便地调节占空比 q。当 $R_1=R_2$ 时，$q=50\%$，输出 u_O 将成为对称的矩形脉冲，也就是产生了方波信号。

3) 三角波和正弦波产生电路

三角波和正弦波产生电路的方法与前述一致。通过积分电路将方波转换成三角波，再通过滤波电路将三角波转换成正弦波。

4) 基于 555 定时器的函数信号发生器电路

图 2.4.20 所示是一种基于 555 定时器的函数信号发生器电路。该电路可以产生正弦波、方波、矩形波以及三角波等常用的波形。方波由 555 定时器产生，此时所产生的方波信号幅值为 0～12V。为了能得到三角波，积分电路所需要的方波应该是有正有负的方波，故引入减法电路(运放 1)把幅值为 0～12V 的方波，改变为-6～6V 的方波。运放 2 按积分电路接法，实现方波到三角波的变换。运放 3 按滤波电路接法，实现三角波到正弦波的变换。

图 2.4.21 所示是另一种基于 555 定时器的函数信号发生器电路。与图 2.4.20 不同的是电路用电阻 R_4 和 R_5 分压和电源跟随器来实现 6V 直流电源的输出。

2.4.5　实验要求

(1) 复习电压比较器以及 555 定时器的知识。

(2) 掌握正弦波发生电路、三角波产生电路、方波产生电路的实现方法。

(3) 将设计的电路进行实验测试，并记录测试结果。

(4) 对实验中出现的问题进行分析。

(5) 总结函数信号发生器的实现方法。

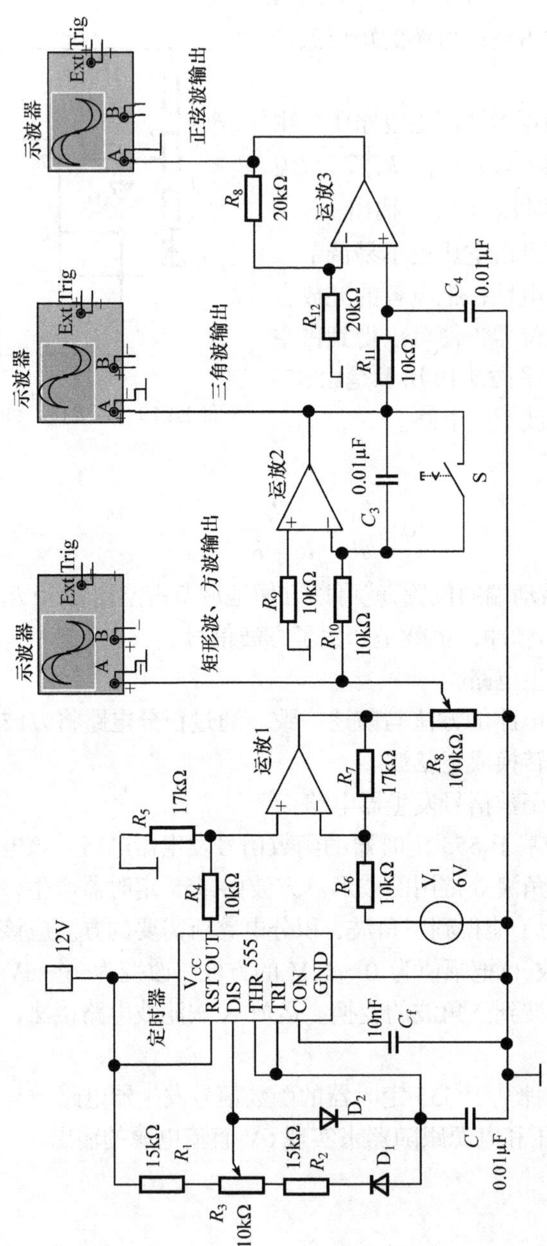

图2.4.20　基于555定时器的函数信号发生器电路一

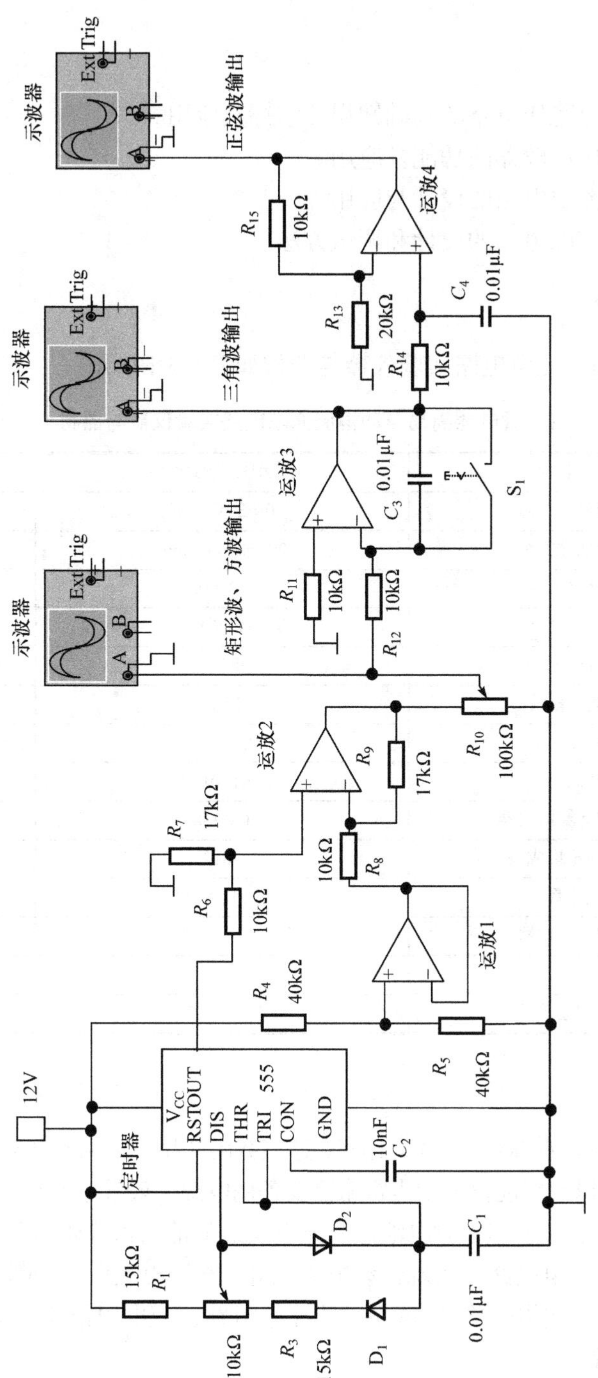

图2.4.21　基于555定时器的函数信号发生器电路二

2.5　蓄电池简易自动恒流充电电路设计实验

2.5.1　实验目的

(1)进一步熟悉直流稳压电路的基础知识并掌握其应用。

(2)进一步掌握电压比较器的功能及应用。

(3)学习并掌握恒流源电路的设计与应用。

(4)熟悉自动恒流充电电路的设计和调试方法。

2.5.2　实验仪器与器材

蓄电池简易自动恒流充电电路实验仪器与器材如表 2.5.1 所示。

表 2.5.1　蓄电池简易自动恒流充电电路实验仪器与器材

序号	设备名称	型号及参数	数量
1	直流稳压电源	0～30V 可调	1 台
2	九孔插件方板	297mm×300mm	1 块
3	函数信号发生器	YB1602	1 台
4	通用示波器	LDS20405	1 台
5	万用表	MF47 型	1 只
6	发光二极管	LED	2 个
7	降压变压器	ST2019	1 台
8	整流桥	ST2017	1 台
9	集成双运算放大器	LM358	1 个
10	三端稳压集成块	7812	1 个
11	晶体管	9013、9014	4 个
12	电阻、电位器		若干
13	电容		若干
14	短接桥和连接导线	P8-1 和 50148	若干

2.5.3　实验原理

在我们的生活中高科技数码产品越来越多，这些数码产品一定离不开充电电池。同时在通信、交通、电力设备以及智能仪表中也常常需要备用电源，最常用的是镍氢充电电池。

目前，在我们的生活、工作中对电池进行充电是最为常见和普通的事情。本实验是设计一个蓄电池自动恒流充电电路，实现自动恒流充电、充满电池后自动断电功能。

设计任务：设计一个蓄电池简易自动恒流充电电路，充电时能指示充电状态，充电完成后能自动切断电源。

1. 功能指标 3 要求

(1)电路以恒定的电流进行充电，电流的大小为 100mA。
(2)可对镍氢蓄电池串联充电，电池额定电压为 1.5V，电池数量为 1～4 节可调。
(3)充电时绿色指示灯亮，充满电后红色指示灯亮。
(4)充电完成后能自动切断电源。
(5)使用通用元器件进行设计。

2. 功能分析

根据蓄电池简易自动恒流充电电路的功能要求，蓄电池简易自动恒流充电电路应由变压器整流滤波电路、恒流充电电路、自动断电电路、状态指示电路以及直流电源电路等五个部分构成。图 2.5.1 所示是蓄电池简易自动恒流充电电路的系统框图。

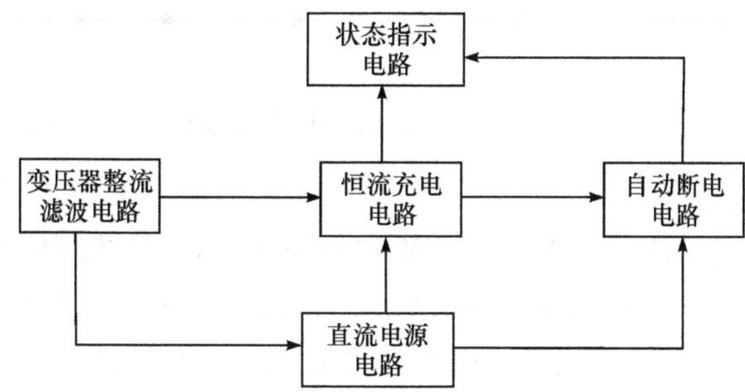

图 2.5.1　蓄电池简易自动恒流充电电路的系统框图

变压器整流滤波电路的功能是将市电电网 220V 交流电转换为合适的电流和电压信号，从而为后续电路提供能源。恒流充电电路的功能是以晶体管电流源为基础，为蓄电池产生恒定的充电电流。自动断电电路的功能是利用电压比较器产生低电平使三极管截止的特性，从而实现电池充满电时能够自动切断电源。状态指示电路的功能是利用发光二极管将电路充电和结束充电的状态显示出来。直流电源电路的功能是为所有电路提供直流电压。

2.5.4　实验内容与步骤

1. 基本型实验

1) 变压器整流滤波电路

图 2.5.2 所示是变压器整流滤波电路。市电电网供给的交流电压(220V，50Hz)经电源变压器降压后，得到符合电路需要的交流电压。然后由整流电路将交流电变成方向不变、大小随时间变化的脉动电压，再用滤波器滤去其交流分量。最后得到比较平直的直流电压输出。

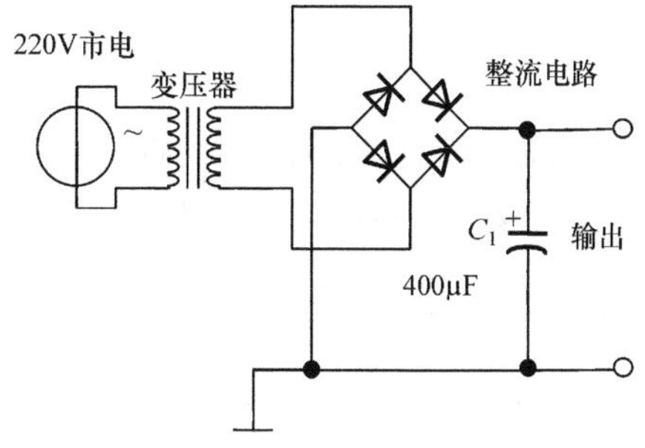

图 2.5.2　变压器整流滤波电路

2) 直流稳压电源电路及固定式三端稳压器

(1) 直流稳压电源电路。

图 2.5.3 所示是直流稳压电源电路。它在变压器整流滤波电路的基础上加了一个稳压环节，输出稳定的 12V 直流电，可作为稳压电源使用。其中稳压环节由三端稳压器 LM7812 和电容 C_2、C_3 以及保护二极管 D_2 组成。

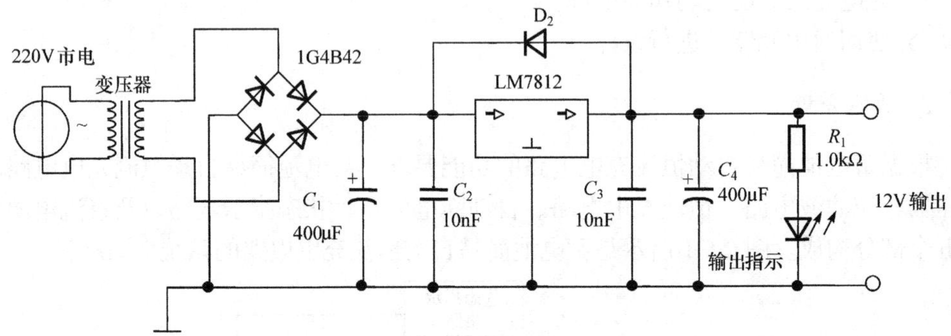

图 2.5.3　直流稳压电源电路图

(2) 固定式三端稳压器。

常用的三端式集成稳压器有 W78××、W79××系列。它们的输出电压是固定的，在使用中不能进行调整。W78××系列三端式稳压器输出正极性电压，一般有 5V、6V、9V、12V、15V、18V、24V 七个挡位，输出电流最大可达 1.5A (加散热片)。同类型 78M××系列稳压器的输出电流为 0.5A，78L 系列稳压器的输出电流为 0.1A。若要求输出负极性电压，则可选用 W7900 系列稳压器。图 2.5.4 所示为 W78××和 W79××系列的外形封装和功能图。

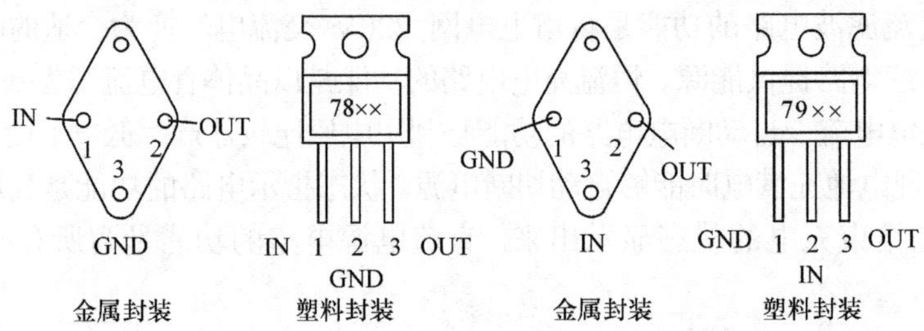

图 2.5.4　三端稳压器的外形封装和引脚功能图

三端集成稳压器有输入端、输出端和调整端三个引出端。使用时必须注意引脚功能，不能接错，否则电路将不能正常工作，甚至损坏集成电路。图 2.5.5 所示是三端集成稳压器 W7812 的连线图。

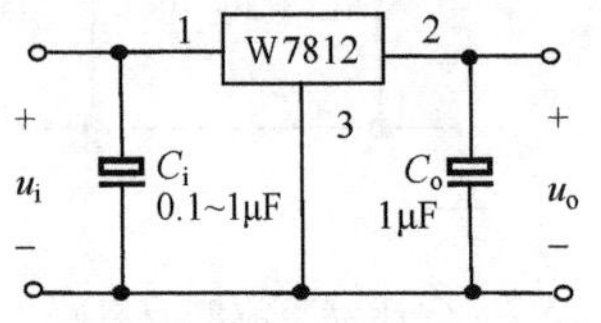

图 2.5.5　三端集成稳压器 7812 的连线图

3) 恒流充电电路

在电子电路中晶体管不仅可以作为放大管、开关管使用，还可以构成镜像电流源电路，因此可以完成恒流源的功能。图 2.5.6 是镜像电流源的原理图。图中晶体管 T_0 和 T_1 特性完全相同。

因此有

$$I_{\mathrm{R}}=(V_{\mathrm{CC}}-U_{\mathrm{BE}})/R$$

$$U_{\mathrm{BE1}}=U_{\mathrm{BE0}},\quad I_{\mathrm{B1}}=I_{\mathrm{B0}}$$

$$I_{\mathrm{C1}}=I_{\mathrm{C0}}=I_{\mathrm{C}}$$

$$I_{\mathrm{R}}=I_{\mathrm{C0}}+I_{\mathrm{B0}}+I_{\mathrm{B1}}=I_{\mathrm{C}}+\frac{2I_{\mathrm{C}}}{\beta}$$

所以

$$I_{\mathrm{C1}}=\frac{\beta}{\beta+2}\cdot I_{\mathrm{R}}$$

若 $\beta>>2$，则 $I_{\mathrm{C1}}\approx I_{\mathrm{R}}$。

在晶体管电路中电流放大倍数 β 一般为几十到一两百，$\beta>>2$ 的条件很容易满足，所以可以认为 $I_{\mathrm{C1}}=I_{\mathrm{R}}$。即输出电流 I_{C1} 跟随电流 I_{R} 的变化而变化。

通过改变电阻 R 的值，就可以方便地改变输出的电流。保持输出电流不变，就能达到恒流输出的目的。电路设计时可根据所需静态电流，来选取集电极电阻的数值。再根据所需静态电流，来确定集电结面积以及晶体管的类型。

图 2.5.7 所示是一个充电电流固定的恒流充电电路原理图。电路由稳压管 D_1、晶体管 VT_1、VT_2 和电阻 R_1、R_2、R_3 和 LED 绿灯等构成。该电路可向电池提供恒定充电电流。

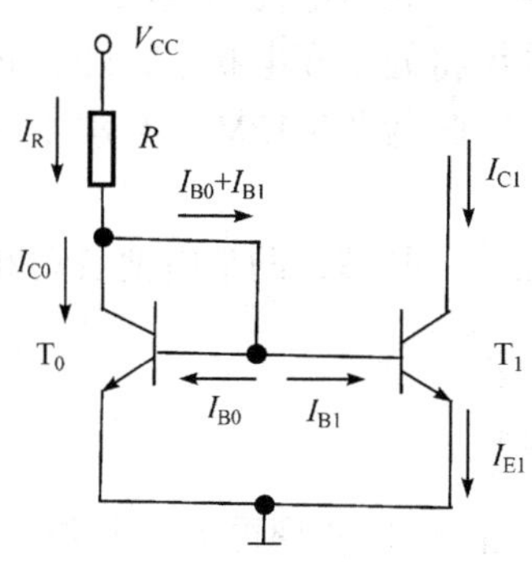

图 2.5.6　镜像电流源的原理图

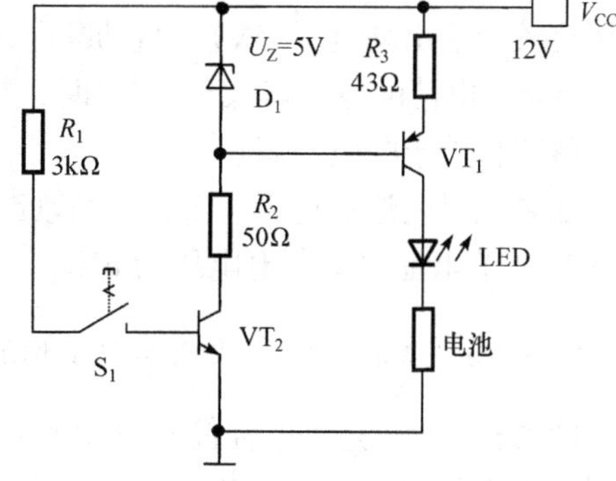

图 2.5.7　充电电流固定的恒流充电电路原理图

当开关 S_1 闭合时，电路就以恒流方式对电池充电，并通过绿色 LED 指示充电状态。当开关 S_1 断开时，电路停止充电，绿色 LED 熄灭。

因为电路设计要求充电电流 I=100mA。如果电源为 12V，稳压管 U_{Z} 取 5V，那么发射极电阻 R_3 应为

$$R_3=\frac{U_{\mathrm{Z}}-U_{\mathrm{BE}}}{I}=\frac{5-0.7}{100\times10^{-3}}=43(\Omega)$$

4) 自动断电电路

在图 2.5.7 所示电路中，开关 S_1 是手动控制的。当电池充满后手动关断 S_1 使晶体管 VT_2 处于截止状态，从而停止对电池充电。如果电池充满后能自动使晶体管 VT_2 处于截

止状态，那么就可以实现自动断电功能了。图 2.5.8 所示是自动断电电路原理图。

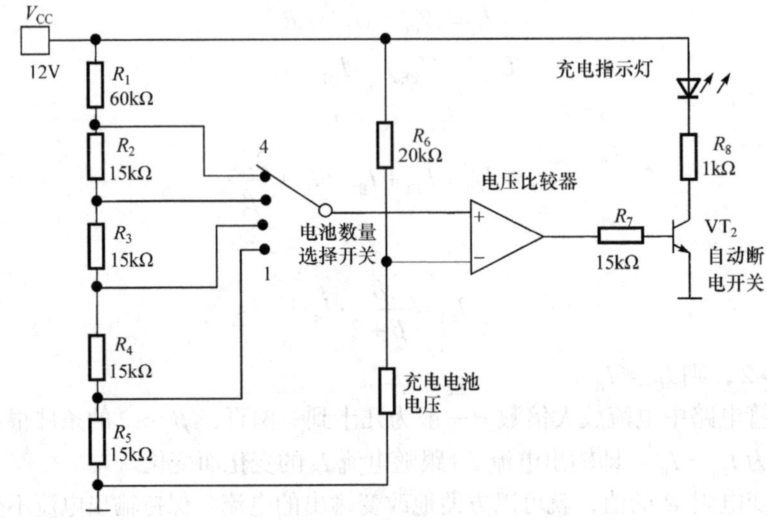

图 2.5.8　自动断电电路原理图

在充电前应先选择电池数量，自动断电电路才能正常工作。一节充电电池充满电后的电压约为 1.5V，放电后一般约为 1.2V。如果充电电池数量为 1 节，将电池数量选择开关拨到 1 的位置，此时从分压电阻取得的电压为 1.5V。当充电电池的电压小于 1.5V 时，电压比较器输出高电平(5V)，自动断电开关导通，系统将处于充电状态；随着充电的进行，当充电电池的电压略大于 1.5V 时，电压比较器输出低电平(–12V)，自动断电开关关断，系统将处于断电状态。

如果充电电池数量为 1 节，则自动断电电压为 1.5V。同理，两节电池自动断电电压为 3V，4 节电池自动断电电压为 6V。

2. 提高型实验：蓄电池简易自动恒流充电电路设计

图 2.5.9 所示是蓄电池简易自动恒流充电电路。电路可以实现恒流充电并状态指示；同时可供不同充电电池数量(1～4 节)充电功能；根据不同充电电池数量选择不同断电电压功能，电池充满后自动关断电源并指示等功能。

首先通过电池数量选择开关决定电池充电关断电压(如 1 节为 1.5V，4 节为 6V)，图中连接的是 4 节电池，故关断电压为 6.0V，接到电压比较器的同相输入端，并以此作为电压比较器的参考电压。电池电压通过电压跟随器连接到电压比较器的反相输入端作为输入信号。当电池开始充电时，其电压小于 6V，电压比较器输出高电平+5V，晶体管 VT_3 饱和导通，电池被恒流充电。电池充电后，电压不断增加。当电压略大于 6V 时，电压比较器的反相输入端的电压高于同相输入端的电压，电压比较器输出低电平−12V，晶体管 VT_3 处于截止状态，自动关断充电电源。同时充满指示灯点亮，指示充电结束。

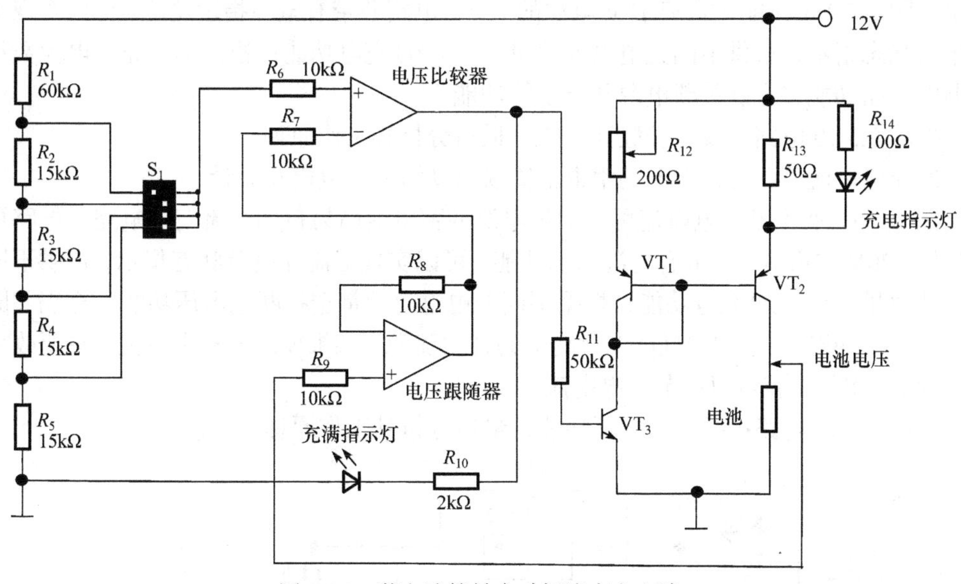

图 2.5.9　蓄电池简易自动恒流充电电路

3. 开拓型实验：带电源的蓄电池简易自动恒流充电电路设计

1)恒定充电电流的带电源的蓄电池简易自动恒流充电电路设计

图 2.5.10 所示是带电源的蓄电池简易自动恒流充电电路。电路可以接 220V 的市电，

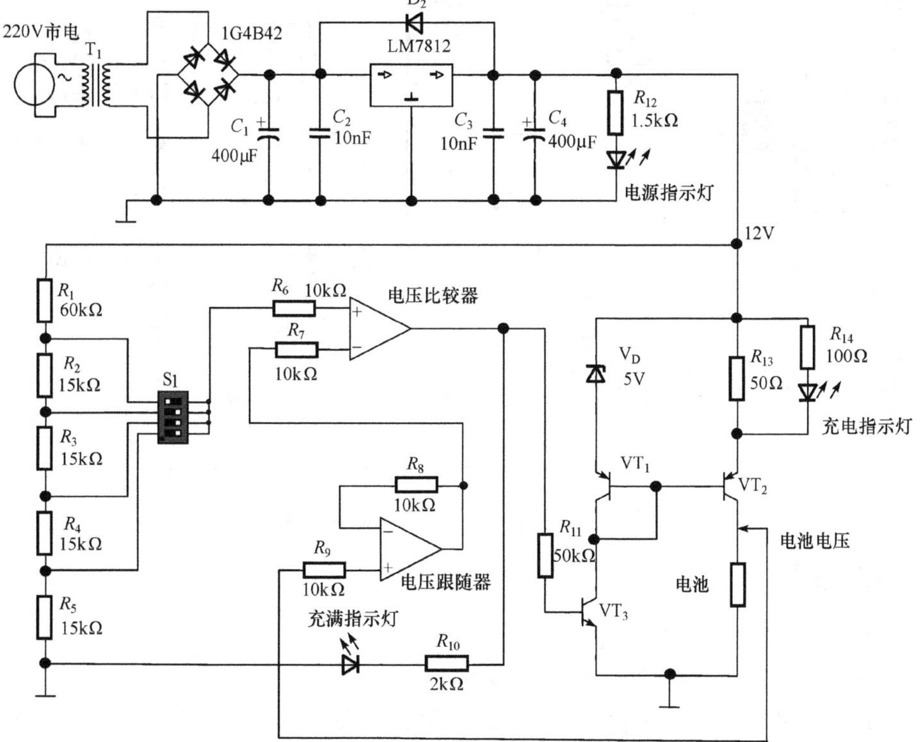

图 2.5.10　带电源的蓄电池简易自动恒流充电电路图

解决了图 2.5.9 中只能接直流 12V 电源的缺陷。电路并带有电源指示功能，可以实现恒流充电及状态指示；可供不同充电电池数量(1～4 节)充电功能；根据不同充电电池数量选择断电电压功能，充满关断电源并指示等功能。

按图 2.5.10 电路接线，并验证功能，最后分析其工作原理。

2)充电电流可调的带电源的蓄电池简易自动恒流充电电路设计

图 2.5.11 所示是充电电流可调的带电源的蓄电池简易自动恒流充电电路。电路可以直接接 220V 的市电，并带有电源指示功能，可以实现恒流充电及状态指示；可供不同充电电池数量(1～4 节)充电功能；根据不同充电电池数量选择断电电压功能，充满关断电源并指示等功能。电路中 VT_1、VT_2 构成镜像电流源。如果要改变充电电流，只要改变电位器 R_{13} 的阻值，就可以调节充电电流。

按图 2.5.11 电路接线，并验证功能，最后分析其工作原理。

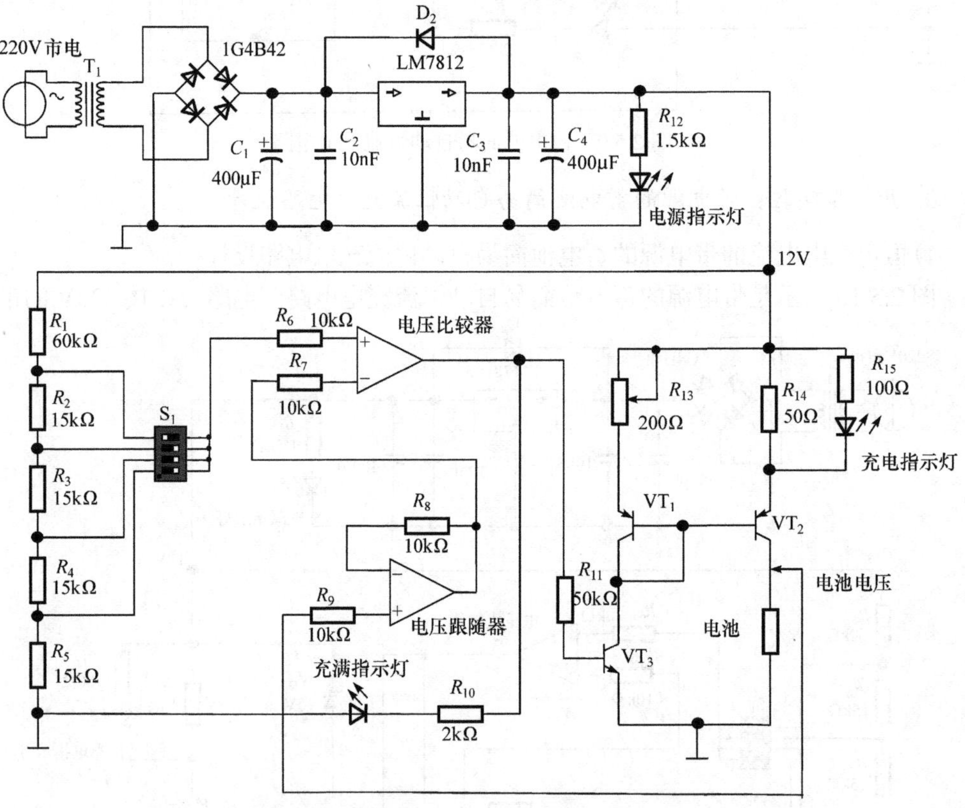

图 2.5.11 充电电流可调的带电源的蓄电池简易自动恒流充电电路

2.5.5 实验要求

(1)复习电压比较器的知识。

(2)学习并掌握直流电源电路的原理和应用。

(3)将设计的电路进行实验测试，并记录测试结果。

(4)对实验中出现的问题进行分析。

(5)总结蓄电池简易自动恒流充电电路的实现方法。

2.6　简易万用表电路设计实验

2.6.1　实验目的

(1)进一步掌握运算放大器的功能和应用。

(2)学会设计由运算放大器组成电压表、电流表、欧姆表的方法。

(3)学习调试并验证自己设计的电路。

2.6.2　实验仪器与器材

简易万用表电路实验仪器与器材如表 2.6.1 所示。

表 2.6.1　简易万用表电路实验仪器与器材

序号	设备名称	型号及参数	数量
1	直流稳压电源	0～30V 可调	1 台
2	九孔插件方板	297mm×300mm	1 块
3	函数信号发生器	YB1602	1 台
4	通用示波器	LDS20405	1 台
5	万用表	MF47 型	1 只
6	二极管桥式电路	4007	1 个
7	集成双运算放大器	LM358	1 只
8	微安表头	100μA	1 个
9	电阻、电位器		若干
10	电容		若干
11	短接桥和连接导线	P8-1 和 50148	若干

2.6.3　实验原理

在电子电路中最常用的仪表是万用表。万用表的基本功能是测量电压、电流和电阻。万用表的工作原理是利用微安表头和运算放大器的结合把输入的电压、电流以及电阻通过万用表表头的可动线圈的指针或数码来显示相应读数。

在进行测量时，电表的接入应不影响被测电路的原工作状态，这就要求电压表应具有无穷大的输入电阻，电流表的内阻应为零。但实际上，万用表表头的可动线圈总有一定的电阻(如 100μA 的表头，其内阻约为 2.2kΩ)，用它进行测量时将影响被测电量，引起误差。此外，交流电表中的整流二极管的压降和非线性特性也会产生误差。只有在万用表中使用运算放大器，才能大大降低这些误差，提高测量精度。

本实验是设计一个简易万用表电路，能实现测量电压、电流、电阻的功能。

设计任务：设计一个简易万用表电路，能对电压、电流、电阻进行测量。

1. 功能指标要求

(1)万用表能对 0～100V 的电压进行测量。

(2)万用表能对 0～50mA 的电流进行测量。

(3)万用表能对 100Ω～10kΩ 的电阻进行测量。

(4)使用通用元器件进行设计。

2. 功能分析

根据简易万用表电路的功能要求，简易万用表电路应由电压测量电路、电流测量电路、电阻测量电路三个部分构成。图 2.6.1 所示是简易万用表电路的系统框图。

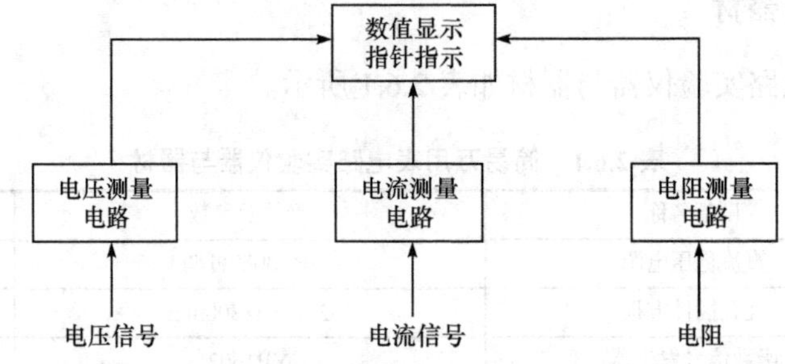

图 2.6.1　简易万用表电路的系统框图

电压测量电路可以测量直流、交流电压信号，并显示数值；电流测量电路可以测量直流、交流电流信号，并显示数值；电阻测量电路可以测量电阻，并显示数值。

2.6.4　实验内容与步骤

1. 基本型实验：电压表电路设计

1)直流电压测量电路原理

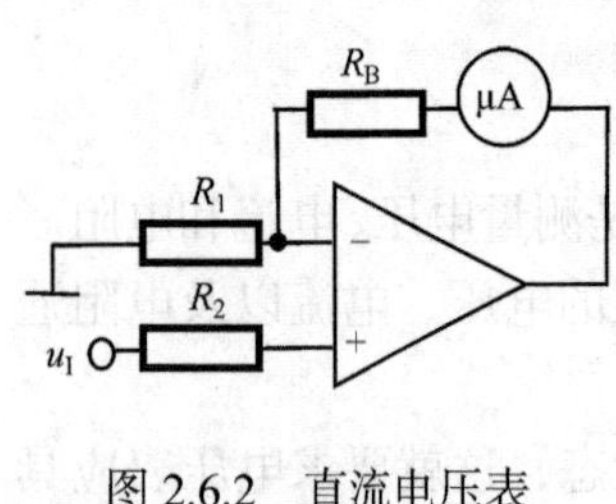

图 2.6.2　直流电压表的原理图

图 2.6.2 所示是直流电压表的原理图。其中输入信号由同相输入端输入，同时为了减小表头参数对测量精度的影响，提高测量精度，将表头置于运算放大器的反馈回路中。其中，表头采用 100μA 表头，R_B 是表头内阻，大小为 2.2kΩ；R_1、R_2 为外接电阻，R_2 的大小等于 R_1 和 R_B 的并联总电阻。此时运放工作在负反馈状态，有 $u_- = u_+ = u_1$，流经表头的电流 I 应为

$$I = \frac{u_1}{R_1}$$

所以，流经表头的电流与表头的参数 R_B 无关，输入待测电压与表头电流是线性关系。如果需要，只要改变 R_1 阻值，就可进行量程的切换。

注意：

(1) 直流电压表原理图适用于测量电路与运算放大器共地的有关电路。

(2) 当被测电压较高时，在运放的输入端应设置衰减器。

(3) 运放要接±12V 电源才能正常工作。

2) 直流电压表的设计与验证

图 2.6.3 所示是 1～100V 的直流电压表的电路图。设计为输入 1V 的直流电压对应微安表输出 1μA，满刻度为 100μA。

因为受运放输出电压的限制，输出电压不会超过电源电压 12V。为了便于计算和设计，把所有输入量限定在 0～10V。设计要求为 0～100V，因此需要把输入量缩小到 0～10V，比例系数应为 0.1。图中把运放和 R_5、R_3、R_4 接成反相比例电路构成十分之一的衰减器(R_5 取 100kΩ)。

所以，$R_5=100\text{k}\Omega$，$R_3=10\text{k}\Omega$，$R_4=\dfrac{R_5\times R_3}{R_5+R_3}=9.1\text{k}\Omega$。

为了补偿衰减器衰减的值，同时考虑电压表的输入输出对应关系，R_1 的取值应为

$$R_1=\frac{u_1}{I\times10^{-6}}\times10=100\text{k}\Omega$$

所以

$$R_2=\frac{R_1\times R_B}{R_1+R_B}=2.18\text{k}\Omega$$

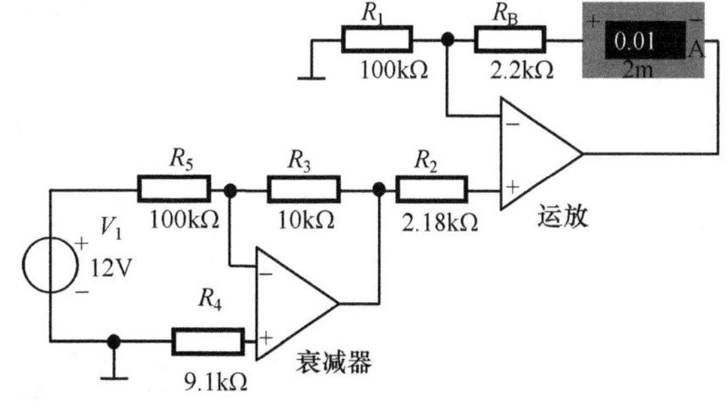

图 2.6.3　1～100V 的直流电压表的电路图

按图 2.6.3 接线，并按表 2.6.2 中数据进行验证。最后将测量结果填入表中，并与理论值对比，分析误差。

表 2.6.2　直流电压表测量数据分析表

输入值	1V	5V	10V	20V	50V	65V	78V	88V	100V
微安表输出值									
理论计算值									
误差									

3) 交流电压测量电路原理

图 2.6.4 所示是由运算放大器、二极管整流桥式电路和直流毫安表组成的交流电压表的原理图。二极管桥式电路是将交流信号转换成单方向的直流信号。被测交流电压 u_I 加到运算放大器的同相端，故有很高的输入阻抗；同时又因为引入负反馈，能减小反馈回路中的非线性影响，故把二极管桥路和表头都置于运算放大器的反馈回路中，以减小二极管本身非线性的影响。

电路中表头电流 I 与被测电压 u_I 的关系为

$$I=\frac{u_I}{R_1}$$

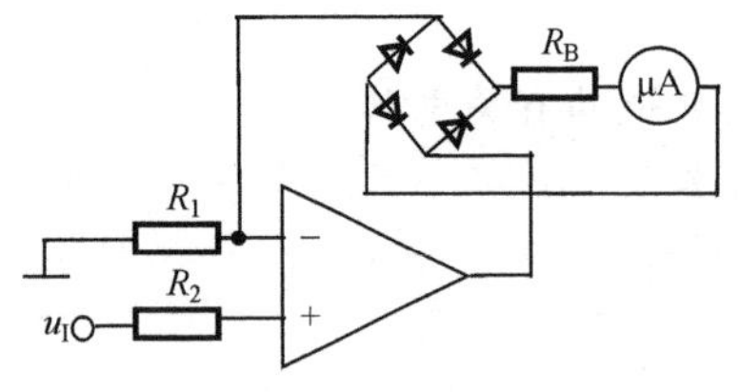

图 2.6.4　交流电压表的原理图

电流全部流过桥路，其值仅与 u_I、R_1 有关，与桥式二极管的死区等非线性参数和表头参数无关。表头中电流与被测电压 u_I 的全波整流平均值成正比，若 u_I 为正弦波，则表头可按有效值来刻度。

4）交流电压表的设计与验证

图 2.6.5 所示是 1～100V 的交流电压表的电路图。设计为输入有效值为 1V 的正弦交流电压对应微安表输出 1μA，满刻度为 100μA。

如果被测交流电压为正弦波 $u_I = \sqrt{2}U\sin\omega t$，则经整流后输出的直流电压的平均值为 $U_O = 0.9U$。

因为受运放输出电压的限制，输出电压不会超过电源电压 12V。为了便于计算和设计，把所有输入量限定在 0～10V。如果衰减器衰减比设为五分之一，那么 R_1 的取值应为 $R_1 = \dfrac{u_I}{I\times10^{-6}}\times5 = 50\text{k}\Omega$。所以，$R_2 = \dfrac{R_1\times R_B}{R_1+R_B} = 2.1\text{k}\Omega$。

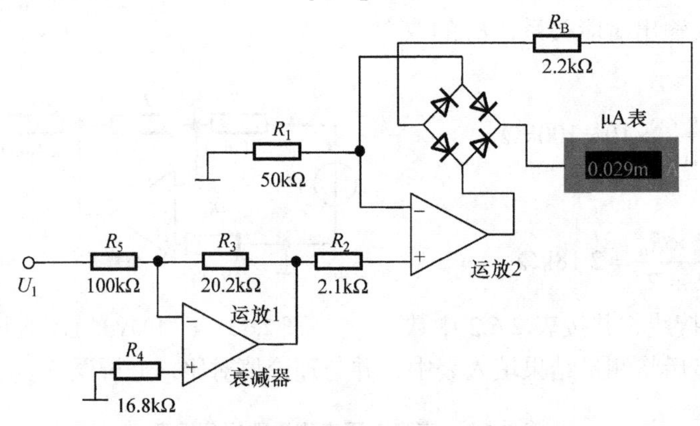

图 2.6.5　1～100V 的交流电压表的电路设计图

图 2.6.5 中运放 1 和 R_5、R_3、R_4 接成反相比例电路应构成五分之一的衰减器（若 R_5 取 100kΩ）。同时考虑 $U_O = 0.9U$，则

$$R_5 = 100\text{k}\Omega,\quad R_3 = \frac{R_5}{5}\times\frac{10}{9} = 20.2\text{k}\Omega,\quad R_4 = \frac{R_5\times R_3}{R_5+R_3} = 16.8\text{k}\Omega$$

实际反相比例电路的电压放大倍数为 $A_u = -\dfrac{R_3}{R_5} = -0.202$，而不是五分之一。

按图 2.6.5 接线，并按表 2.6.3 中的数据进行验证。最后将测量结果填入表中，并与理论值对比，分析误差。

表 2.6.3　交流电压表测量数据分析表

输入值	1V	5V	10V	20V	50V	65V	78V	88V	100V
微安表输出值									

续表

输入值	1V	5V	10V	20V	50V	65V	78V	88V	100V
理论计算值									
误差									

2. 提高型实验：电流表电路设计

1) 直流电流测量电路原理

图 2.6.6 所示是直流电流表的原理图。此时运放工作在负反馈状态，有 $u_- = u_+$，所以表头电流 I 与被测电流间关系为

$$-I_1 R_1 = (I_1 - I)R_2$$

$$I = \left(1 + \frac{R_1}{R_2}\right) I_1$$

可见，只要改变电阻比 $\frac{R_1}{R_2}$，就可调节流过微安电流表的电流，以提高电流表的灵敏度。如果被测电流较大，应给电流表表头并联分流电阻。

注意：

(1) 直流电流表原理图适用于测量电路与运算放大器共地的有关电路。

(2) 当被测电流较大时，应给电流表表头并联分流电阻。

(3) 运放要接 ± 12V 电源才能正常工作。

2) 直流电流表的设计与验证

图 2.6.7 所示是 1～50mA 的直流电流表的电路图。设计为输入 1mA 的直流电流对应微安表输出 2μA。

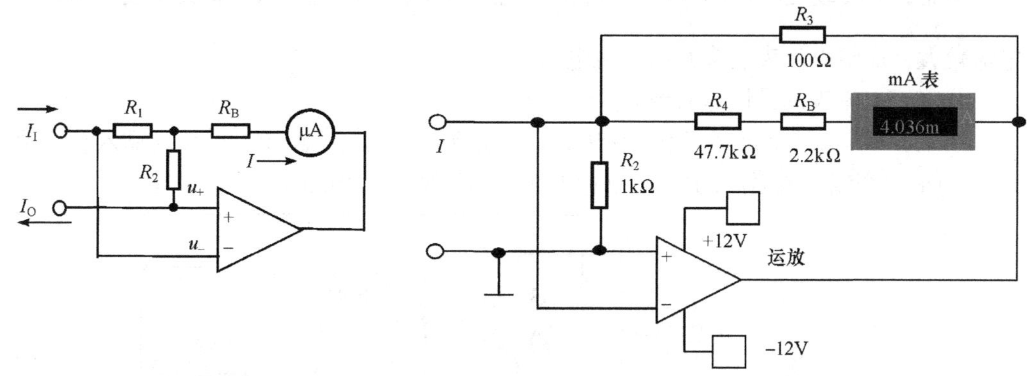

图 2.6.6　直流电流表的原理图

图 2.6.7　1～50mA 的直流电流表的电路图

因为受微安表电流的限制，流经微安表的电流不能超过 100μA。根据设计要求为测量电流 1～50mA，因此需要把输入电路进行分流。图 2.6.7 中 R_3 就是分流电阻。使流经微安表的电流是测量电流的 500 分之一。

按图 2.6.7 接线，并按表 2.6.4 中数据进行验证。最后将测量结果填入表中，并与理论值对比，分析误差。

表 2.6.4　直流电流表测量数据分析表

输入值	1mA	5mA	10mA	15mA	25mA	30mA	40mA	45mA	50mA
微安表输出值									
理论计算值									
误差									

3）交流电流测量电路原理

图 2.6.8 所示是交流电流表的原理图。此时运放工作在负反馈状态，有 $u_{-}=u_{+}$，所以表头电流 I 与被测电流间关系为

$$-I_1R_1=(I_1-I)R_2$$

$$I=\left(1+\frac{R_1}{R_2}\right)I_1$$

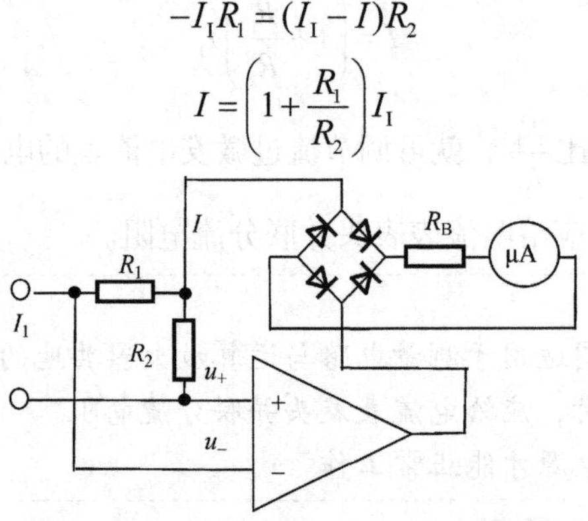

图 2.6.8　交流电流表的原理图

可见，只要改变电阻比 $\frac{R_1}{R_2}$，就可调节流过电流表的电流，以提高灵敏度。如果被测电流较大，应给电流表表头并联分流电阻。

4）交流电流表的设计与验证

图 2.6.9 所示是正弦交流电 1～50mA 的交流电流表的电路图。设计为输入有效值为 1mA 的正弦交流电流对应的微安表输出 2μA，满刻度为 100μA。

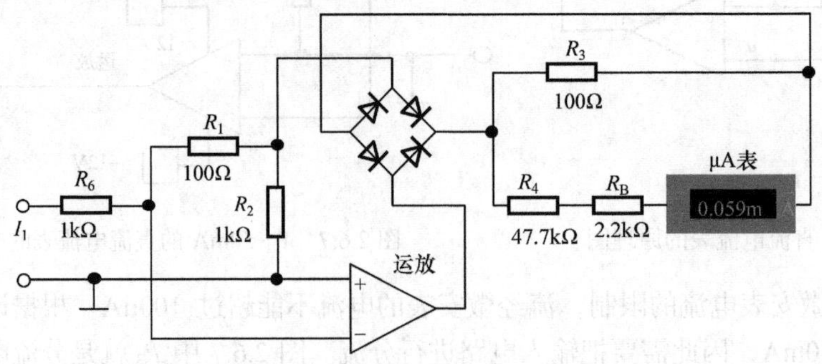

图 2.6.9　1～50mA 的交流电流表的电路图

如果被测电压为 $i_I = \sqrt{2} I_I \sin\omega t$，则经整流后输出的直流电压的平均值为 $I = 0.9 I_I$。为了补偿测量的信号，应该使 $I = \left(1 + \frac{R_1}{R_2}\right) I_I = 1.1 I_I$。当 R_2 取 1kΩ 时，R_1 应取 100Ω。其他与直流电流表设置相同。

按图 2.6.9 接线，并按表 2.6.5 中的数据进行验证。最后将测量结果填入表中，并与理论值对比，分析误差。

表 2.6.5　交流电流表测量数据分析表

输入值	1mA	5mA	10mA	15mA	25mA	30mA	40mA	45mA	50mA
微安表输出值									
理论计算值									
误差									

3. 开拓型实验：电阻测量电路设计

图 2.6.10 所示是电阻测量电路（欧姆表）的电路原理图。在此电路中，待测电阻 R_X 跨接在运算放大器的反馈回路中，同相端加基准电压 U_{REF}，由稳压二极管 D_1 提供，电路中 U_{REF} 设定为 2.2V。设计为 100Ω 电阻输入对应表头输出 1μA。

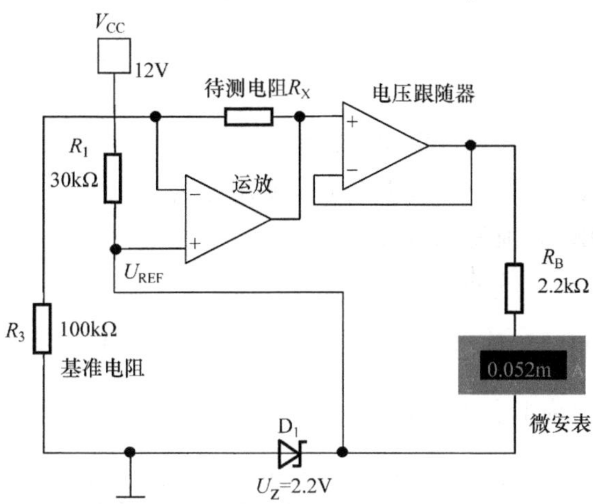

图 2.6.10　电阻测量电路（欧姆表）的电路原理图

图 2.6.10 中，运放 $U_+ = U_- = U_{REF}$，基准电阻 R_3 上的电流应等于待测电阻 R_X 中的电流。所以，$\frac{U_{REF}}{R_3} = \frac{U_O - U_{REF}}{R_X}$，即 $U_O - U_{REF} = \frac{R_X U_{REF}}{R_3}$。

流经表头的电流 $I = \frac{U_O - U_{REF}}{R_B} = \frac{R_X U_{REF}}{R_3 R_B} = \frac{U_{REF}}{R_3 R_B} R_X$。

可见，表头电流 I 与待测电阻成正比，而且表头具有线性刻度。如果想要改变欧姆表的量程，只要改变 R_3 值即可。图 2.6.10 中设计的欧姆表能自动调零，当 R_X 为 0 时，电路变成电压跟随器，$U_O = U_{REF}$，故表头电流为零，从而实现了自动调零。

按图 2.6.10 接线，并按表 2.6.6 中的数据进行验证。最后将测量结果填入表中，并与理论值对比，分析误差。

表 2.6.6　欧姆表测量数据分析表

输入值/Ω	100	500	850	1k	3k	5k	6.5k	8k	10k
微安表输出值									
理论计算值									
误差									

2.6.5　实验要求

(1) 复习电压比较器的知识。
(2) 学习并掌握电压表、电流表、欧姆表电路的原理和应用。
(3) 将设计的电路进行实验测试，并记录测试结果。
(4) 对实验中出现的问题进行分析。
(5) 总结万用表电路的实现方法。

2.7　常用直流稳压电源设计实验

2.7.1　实验目的

(1) 熟悉桥式整流、电容滤波电路的特性。
(2) 学习集成稳压器的特点、性能指标及使用方法。
(3) 学习设计常用的直流稳压电源的方法。
(4) 调试并验证自己设计的电路。

2.7.2　实验仪器与器材

直流稳压电源设计实验仪器与器材如表 2.7.1 所示。

表 2.7.1　直流稳压电源设计实验仪器与器材

序号	设备名称	型号及参数	数量
1	直流稳压电源	0～30V 可调	1 台
2	九孔插件方板	297mm×300mm	1 块
3	函数信号发生器	YB1602	1 台
4	通用示波器	LDS20405	1 台
5	万用表	MF47 型	1 只
6	发光二极管	LED	2 个
7	降压变压器	ST2019	1 台
8	整流桥	ST2017	1 台
9	三端稳压集成块	7812、7805、7912	各 1 个

续表

序号	设备名称	型号及参数	数量
10	晶体管	9014	1 个
11	电阻、电位器		若干
12	电容		若干
13	短接桥和连接导线	P8-1 和 50148	若干

2.7.3　实验原理

在数字、模拟电子技术中不可避免地要用到直流稳压电源。这些直流电源除了少数直接利用干电池和直流发电机，大多数采用把交流电(市电)转变为直流电的直流稳压电源。

本实验是设计一个简易的直流稳压电源电路，能够对常用的数字、模拟电子电路提供必要的电源。

设计任务：设计一个简易直流稳压电源电路，能提供三种不同的电压输出。

1. 功能指标要求

(1)提供一个固定输出的 5V 直流电源。

(2)提供一个固定输出的 ± 12V 直流电源。

(3)提供一个 5～24V 连续可调输出的直流电源。

(4)使用通用元器件进行设计。

2. 功能分析

根据简易直流稳压电源电路的功能要求，简易直流稳压电源电路应具有整流滤波电路、5V 稳压输出电路、± 12V 稳压输出电路和连续可调输出电路等四个部分。图 2.7.1 所示是直流稳压电源电路设计系统框图。

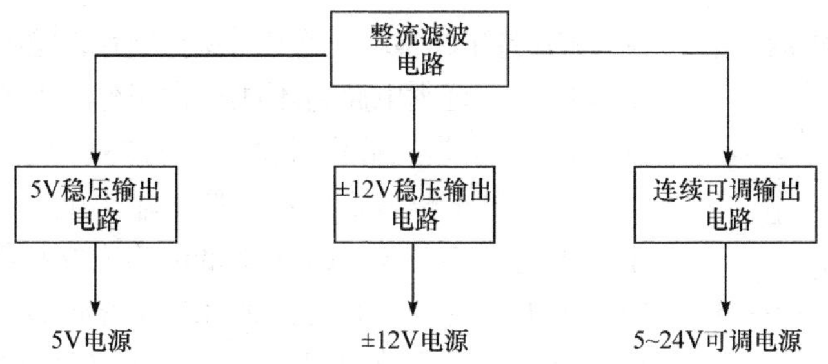

图 2.7.1　直流稳压电源电路设计系统框图

3. 整流滤波电路

一般直流稳压电源由电源变压器、整流电路、滤波电路和稳压电路四部分组成，其过程原理图如图 2.7.2 所示。电网供给的交流电压(220V，50Hz) 经电源变压器降压后，得到符合电路需要的交流电压，然后由整流电路变成方向不变、大小随时间变化的脉动电压，再用滤波器滤去其交流分量，就可得到比较平直的直流电压。但这样的直流输出电压，还会随交流电网电压的波动或负载的变动而变化。在对直流供电要求较高的场合，还需要使用稳压电路，以保证输出直流电压更加稳定。

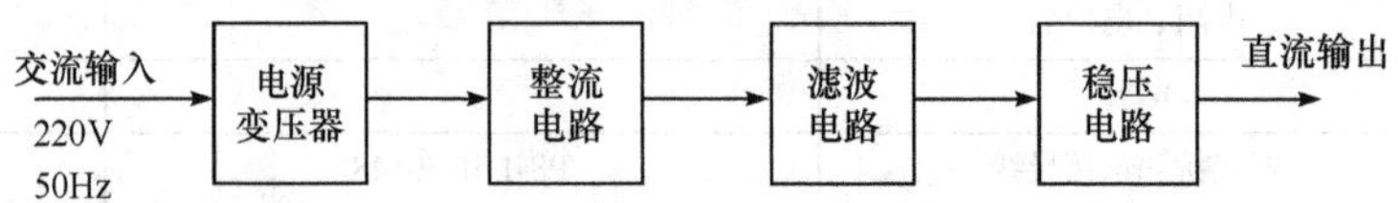

图 2.7.2　直流稳压电源过程图

4. 固定式三端稳压器

常用的三端式集成稳压器有 W78××、W79××系列。它们的输出电压是固定的，在使用中不能进行调整，但可以扩展。W78××系列三端式稳压器输出正极性电压，一般有 5V、6V、9V、12V、15V、18V、24V 七个挡位，输出电流最大可达 1.5A(加散热片)。同类型 78M××系列稳压器的输出电流为 0.5A，78L 系列稳压器的输出电流为 0.1A。若要求输出负极性电压，则可选用 W7900 系列稳压器。图 2.7.3 所示为 W78××和 W79××系列的外形封装和功能图。

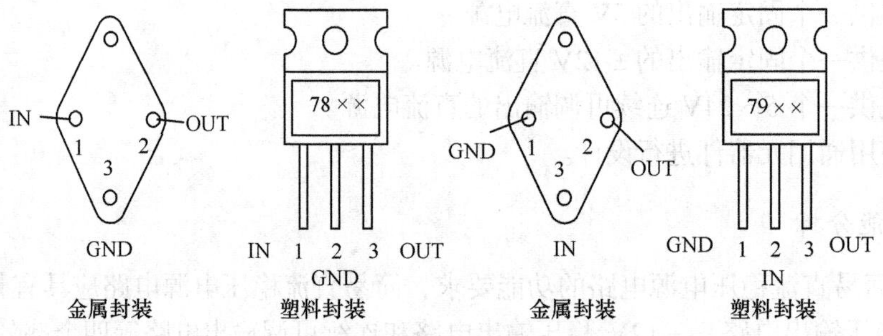

图 2.7.3　三端稳压器的外形封装和引脚功能图

三端集成稳压器有输入端、输出端和调整端三个引出端。使用时必须注意引脚功能，不能接错，否则电路将不能正常工作，甚至损坏集成电路。图 2.7.4 所示是三端集成稳压器 W7812 的连线图。

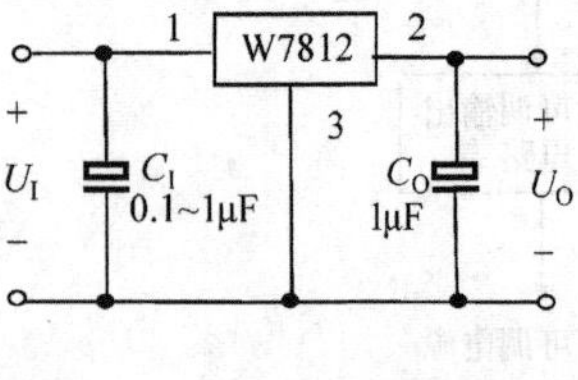

图 2.7.4　三端集成稳压器 W7812 的连线图

其中要求输入电压不得低于输出电压，一般输入电压高于输出电压 2～5V。C_I 用来抵消输入端接线较长时的电感效应，防止产生自激振荡，即用以改善波形。C_O 为了瞬时增减负载电流时，不致引起输出电压有较大的波动，即用来改善负载的瞬态响应。

除固定输出三端稳压器外，还有可调式三端稳压器 W317，可调式三端稳压器可通过外接元件对输出电压进行调整，以适应不同的需要。

2.7.4　实验内容与步骤

1. 基本型实验：5V 直流稳压电源输出电路设计

1) 变压器整流滤波电路

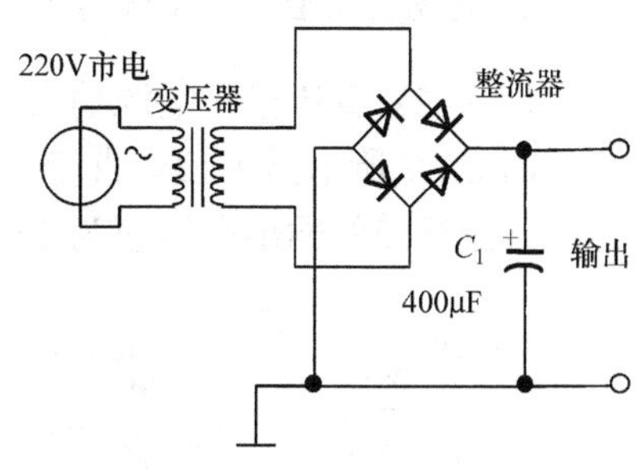

图 2.7.5　变压器整流滤波电路图

图 2.7.5 所示是变压器整流滤波电路。市电电网供给的交流电压(220V，50Hz)经变压器降压后，得到符合电路需要的交流电压，然后由整流电路变成方向不变、大小随时间变化的脉动电压，再用滤波器滤去其交流分量，就可得到比较平直的直流电压输出。

2) 5V 直流稳压电源输出电路

图 2.7.6 所示是 5V 直流稳压电源输出电路。它在变压器整流、滤波电路的基础上加了一个稳压环节，输出稳定的 5V 直流电压，可作为稳压电源使用。其中稳压环节由三端稳压管 LM7805 和电容 C_2、C_3 以及保护二极管 D_2 组成。此时要求整流、滤波输出约为 10V。

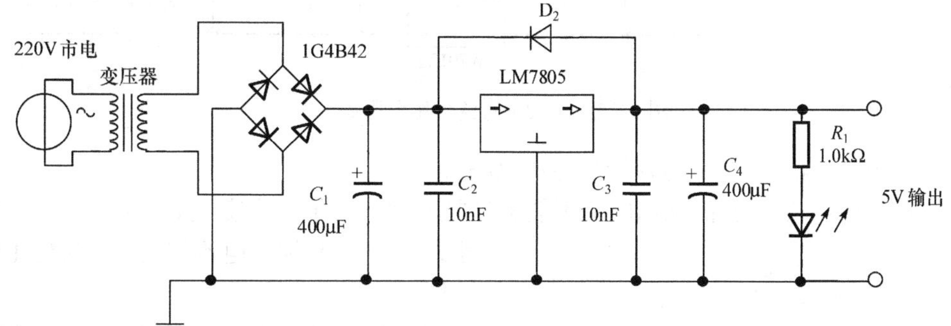

图 2.7.6　5V 直流稳压电源输出电路图

按图 2.7.6 接线，并按表 2.7.2 中的数据进行验证。最后将测量结果填入表中，并与理论值对比，分析误差。

表 2.7.2　5V 直流电压源测试数据分析表

测试条件		输出测量值	理论计算值	误差
负载变化对输出电压影响测试	负载电阻			
	R_L=300Ω			
	R_L=3kΩ			
	R_L=∞(空载)			
输入电压对输出电压影响测试	交流电源输入电压	输出测量值	理论计算值	S 稳压系数
	240V			S_{12} = S_{23} =
	220V			
	200V			

2. 提高型实验：±12V 直流稳压电源输出电路设计

1) ±12V 直流稳压电源输出电路

图 2.7.7 所示是 ±12V 直流稳压电源输出电路。三端稳压器选用 W7812 和 W7912。此时整流滤波的输出电压应为 25V 以上，应是单电压输出时的两倍。

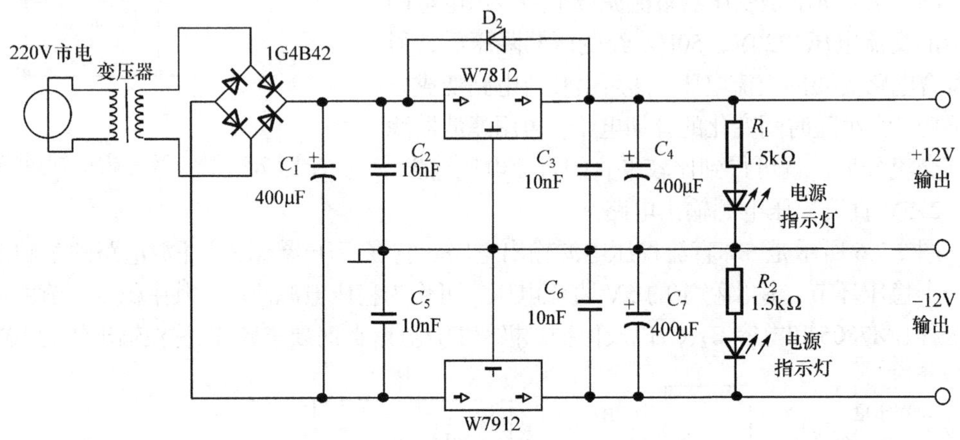

图 2.7.7　±12V 直流稳压电源输出电路

2)大电流输出的 12V 直流稳压电源电路

当集成稳压器本身的输出电流不能满足要求时，可通过外接电路来进行性能扩展。图 2.7.8 所示是输出电流扩展的直流稳压电源原理图。

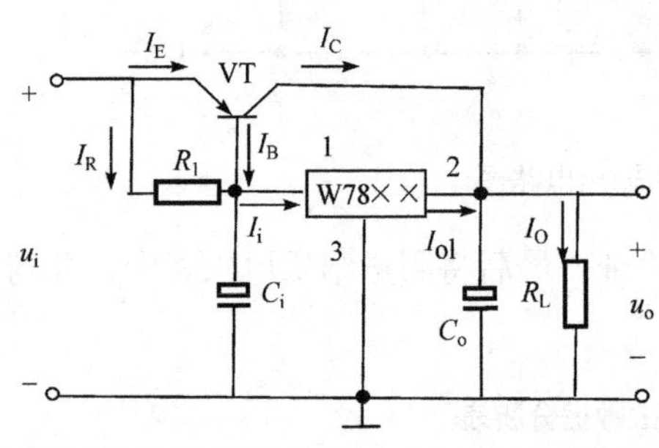

图 2.7.8　输出电流扩展的直流稳压电源原理图

通过外接晶体管 VT 及电阻 R_1 来进行电流扩展。负载可以获得比集成稳压器输出电流大得多的输出电流。

电阻 R_1 的阻值由外接晶体管的发射结导通电压 U_{BE}、三端稳压器的输入电流 I_i(近似等于三端稳压器的输出电流 I_{o1})和 VT 的基极电流 I_B 来决定，即

$$R_1 = \frac{U_{BE}}{I_R} = \frac{U_{BE}}{I_i - I_B} = \frac{U_{BE}}{I_{o1} - \frac{I_C}{\beta}}$$

式中，I_C 为晶体管 VT 的集电极电流，它应等于 $I_C = I_o - I_{o1}$；β 为 VT 的电流放大系数；对于锗管 U_{BE} 可按 0.3V 估算，对于硅管 U_{BE} 按 0.7V 估算。

图 2.7.9 所示是大电流输出的 12V 直流稳压电源图。按图接线，并验证其功能。

3. 开拓型实验：5～24V 连续可调输出的直流稳压电源电路设计

1)输出可调的正三端稳压器

图 2.7.10 所示是输出可调的正三端稳压器 W317 外形及接线图。W317 有输入端、输

出端和输出调节端三个引出端。使用时必须注意引脚功能，不能接错，否则电路将不能正常工作，甚至损坏集成电路。

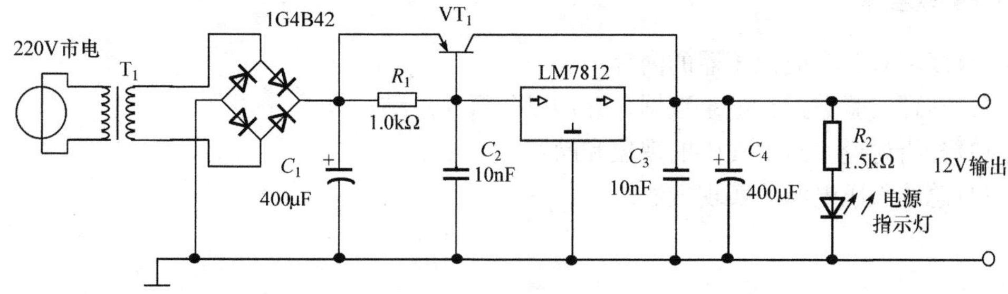

图 2.7.9　大电流输出的 12V 直流稳压电源图

此时输出电压计算公式为

$$U_O = 1.25\left(1 + \frac{R_2}{R_1}\right)$$

输出电压范围为 U_O=1.25～37V，最大输入电压 U_{Im}=40V。

2) 基于 W317 的 5～24V 连续可调输出的直流稳压电源电路

图 2.7.11 所示是 5～24V 连续可调输出的直流稳压电源电路。通过调整 R_P 就可以实现 5～24V 连续可调输出，最大输出电压为 24V。

若选择 R_1 为 200 Ω，则根据 $U_O = 1.25\left(1 + \frac{R_2}{R_1}\right)$，得：当 U_O=24V 时，$R_2 = \left(\frac{24}{1.25} - 1\right) \times R_1 = 3.68\text{k}\Omega$；当 U_O=5V 时，$R_2 = \left(\frac{5}{1.25} - 1\right) \times R_1 = 600\Omega$。

所以，R_2 的取值范围为 600～3.68kΩ。

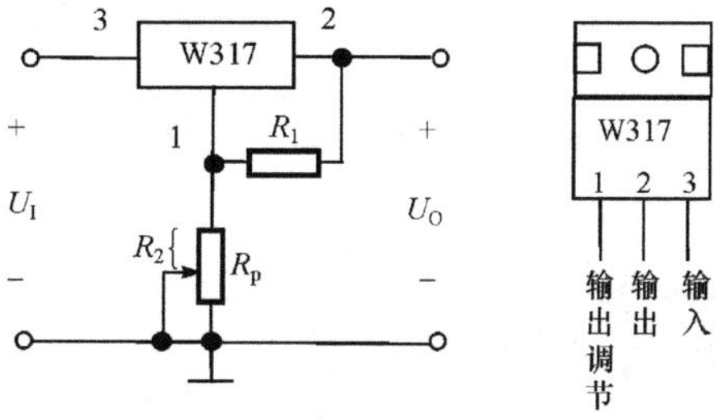

图 2.7.10　输出可调的正三端稳压器 W317 外形及接线图

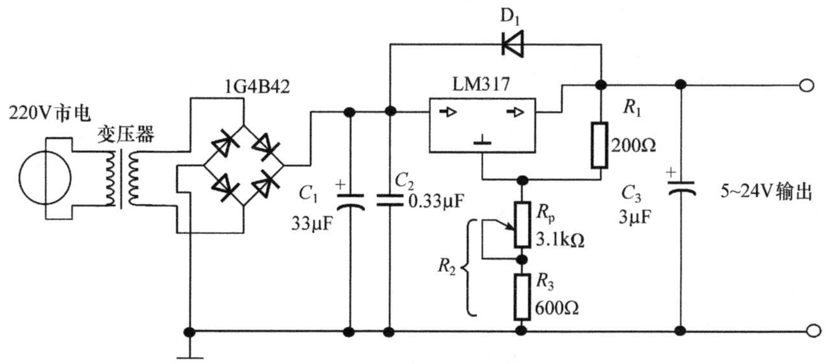

图 2.7.11　5～24V 连续可调输出的直流稳压电源电路图

如图 2.7.11 接线，并验证其功能。

2.7.5　实验要求

(1) 复习有关集成稳压器的内容。
(2) 整理实验数据，记录数据，并加以分析、总结。
(3) 分析讨论实验中发生的现象和问题。
(4) 总结稳压电源的实现方法。

第 3 章　数字电子技术基础实验

数字信号是在时间上和数值上都离散的(不连续变化的)信号，也称为脉冲信号。数字电子技术是以逻辑代数为基础，阐述、分析、研究如何处理数字信号的学科。数字电子技术的发展直接推动了计算机技术的发展，我们学习、掌握一些数字电子技术的知识和技能，在今后的生活、工作中大有益处。实验是学习数字电子技术必不可少的实践环节，着重培养和训练学习者的实践经验和操作技能。

3.1　数字电子技术实验的基础知识

3.1.1　实验目的

(1)掌握数字实验电路板的组成与布局。

(2)掌握 TTL 门电路的引脚分布和使用注意事项。

(3)学习门电路的基本检查方法。

(4)了解 CMOS 门电路的引脚分布和使用注意事项。

3.1.2　数字实验电路板的说明

在本书的数字电子技术实验中，所使用的数字实验板是六孔板，其他必备模块有电源适配器、四位输入器、芯片卡座、四位输出器以及连接线。实验布局示意图如图 3.1.1 所示。除适配器以外，其他实验模块安置在实验板上时可以横放，也可以竖放。

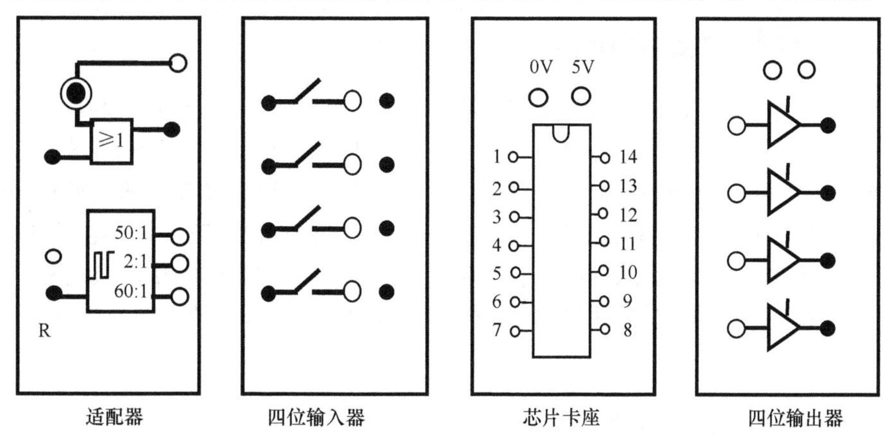

图 3.1.1　数字电子技术实验电路布局示意图

适配器给实验板提供 5V 的电源和实验需要的脉冲信号。其中脉冲信号有手动脉冲和自动脉冲两类。通过手动单击脉冲按钮开关，可输出一定频率的脉冲信号。按下时为脉冲上升沿；放开时为下降沿。自动脉冲有 1 路 25Hz 的脉冲(2∶1 端口)和 1 路 1Hz 的脉冲(50∶1 端口)。此时应注意自动脉冲信号必须在 R 端接 0 时才有输出。

实验所需的输入的逻辑信号由四位输入器的逻辑开关提供。逻辑开关闭合时输入逻辑 1 状态(高电平)，逻辑开关断开时输入逻辑 0 状态(低电平)。逻辑电平可观察相应通道 LED 指示灯发光与否来判断，发光时表明输入变量是逻辑 1 状态(高电平)，反之表明输入变量是逻辑 0 状态(低电平)。

输出信号的逻辑电平的测量由观察四位输出器上的 LED 指示灯来判断。当 LED 灯亮时，表示所测量的输出信号的逻辑变量为 1 电平；反之表明输出信号的逻辑变量为 0 电平。

实验芯片卡座有 16 脚和 14 脚两类，卡座和芯片要对应，不要将 14 脚的芯片安装到 16 脚的卡座上，否则卡座引脚和芯片引脚不能一一对应。切记芯片的缺口或小圆点标记一定要和卡座的对应，否则通电后芯片正负极将接反，很容易损坏芯片。

在进行实验时，首先找到实验用的芯片并插在芯片卡座上固定好，再把芯片卡座放置到实验板适当的位置；并按信号的走向把电源适配器、输入器、输出器顺序放置到实验板上；然后根据实验所用芯片的引脚布局图和功能表，连接相应连线；最后连接适配器的连接插头，接通适配器电源；此时，实验板上已通上了 5V 直流电，安置在实验板的各个模块都被供给 5V 电源。这样就可以进行相应实验了。

注意：

(1)模块上有一个方向定位杆，保证 5V 供电准确。

(2)适配器除了供给 5V 电源功能外，还带有一个按钮开关，1 路 25Hz 的脉冲(2∶1 端口)，1 路 1Hz 的脉冲(50∶1 端口)，脉冲信号必须在 R 端接 0 时才有输出。

(3)使用时四位输出器的使能端接 0，才能正常输出。

(4)芯片的缺口或小圆点标记一定要和卡座的对应，否则通电后芯片正负极将接反，很容易损坏芯片。

3.1.3　数字逻辑芯片引脚排列规则

数字电路实验中所用到的集成芯片都是双列直插式的。以与非门 74LS00 芯片为例，其实物图和引脚排列与功能图如图 3.1.2 和图 3.1.3 所示。引脚排列识别方法是：正对集成电路型号(如 74LS00)或看标记(左边的缺口或小圆点标记)，从左下角开始按逆时针方向以 1，2，3，…，依次排列到最后一脚(在左上角)。在标准形 TTL 集成电路中，电源端 V_{CC} 一般排在左上端，接地端 GND 一般排在右下端。例如，74LS20 为 14 脚芯片，14 脚为 V_{CC}，7 脚为 GND。若集成芯片引脚上的功能标号为 NC，则表示该引脚为空脚，与内部电路无连接。

3.1.4　门电路逻辑功能的检查

门电路的输入、输出都是逻辑电平。在进行实验前，应首先检查所使用的门电路功能是否正确，以验证门电路的好坏，这样才能保证实验结果的可靠性。具体检查的步骤如下（以与非门为例）：

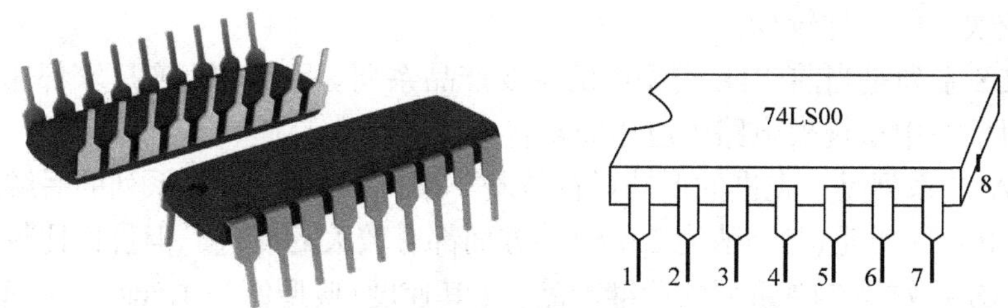

图 3.1.2 数字逻辑芯片引脚排列实物图

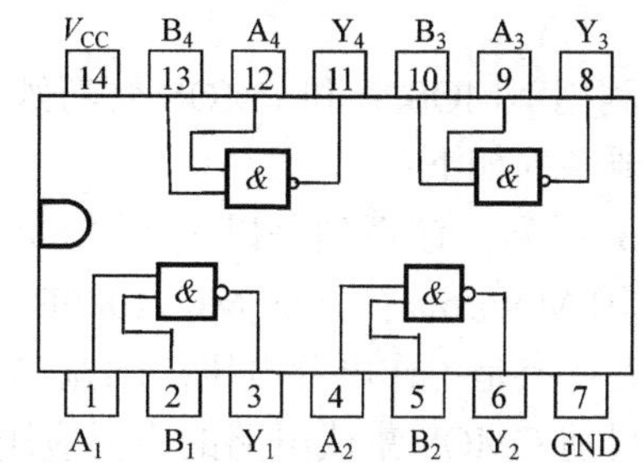

图 3.1.3 数字逻辑芯片引脚排列与功能图

（1）将四位输入器的逻辑开关连接到与非门的输入端，将四位输出器的逻辑电平指示器连接到与非门的输出端。

（2）按表 3.1.1 验证与非门（74LS00 或 74LS20）的逻辑功能是否正确。

表 3.1.1 74LS00 和 74LS20 的功能验证表

74LS20					74LS00		
输入				输出	输入		输出
A	B	C	D	Y	A	B	Y
0	1	1	1	1	0	0	1
1	0	1	1	1	0	1	1
1	1	0	1	1	1	0	1
1	1	1	0	1	1	1	0
1	1	1	1	0			

3.1.5 数字集成电路的分类

数字集成电路最常用的有 TTL 电路和 COMS 集成电路。

1）TTL 集成电路的分类

TTL 集成电路内部输入级和输出级都是晶体管结构，属于双极型数字集成电路。其特点是速度快、集成度低。其主要系列如下：

（1）74 系列是早期的产品，现仍在使用，但正逐渐被淘汰。

（2）74H 系列是 74 系列的改进型，属于高速 TTL 产品。其“与非门”的平均传输时间达 10ns 左右，但电路的静态功耗较大，目前该系列产品使用越来越少，逐渐被淘汰。

(3) 74S 系列是 TTL 的高速型肖特基系列。在该系列中，采用了抗饱和肖特基二极管，速度较快，但品种较少。

(4) 74LS 系列是当前 TTL 类型中的主要产品系列。品种和生产厂家都非常多，性价比较高，目前在中小规模电路中应用非常普遍。

(5) 74ALS 系列是“先进的低功耗肖特基”系列，属于 74LS 系列的后继产品，速度(典型值为 4ns)、功耗(典型值为 1mW)等方面都有较大的改进，但价格比较高。

(6) 74AS 系列是 74S 系列的后继产品，尤其速度(典型值为 1.5ns)有显著的提高，又称“先进超高速肖特基”系列。

2) CMOS 集成电路分类

CMOS 数字集成电路是利用 NMOS 管和 PMOS 管巧妙组合成的电路，属于一种微功耗的数字集成电路。其主要系列如下：

(1) 标准型 4000B/4500B 系列。该系列是以美国 RCA 公司的 CD400OB 系列和 CD4500B 系列制订的，与美国 Motorola 公司的 MC14000B 系列和 MC14500B 系列产品完全兼容。该系列产品的最大特点是工作电源电压范围宽(3～18V)、功耗最小、速度较低、品种多、价格低廉，是目前 CMOS 集成电路的主要应用产品。

(2) 74HC 系列。54/74HC 系列是高速 CMOS 标准逻辑电路系列，具有与 74LS 系列等同的工作速度和 CMOS 集成电路固有的低功耗及电源电压范围宽等特点。74HC××× 是 74LS×××同序号的翻版，型号最后几位数字相同，表示电路的逻辑功能、引脚排列完全兼容，为用 74HC 替代 74LS 提供了方便。

(3) 74AC 系列。该系列又称“先进的 CMOS 集成电路”，54/74AC 系列具有与 74AS 系列等同的工作速度和 CMOS 集成电路固有的低功耗及电源电压范围宽等特点。

国产 CMOS 集成电路主要为 CC(CH)4000 系列，其功能和外引线排列与国际 CD4000 系列相对应。高速 CMOS 系列中，74HC 和 74HCT 系列与 TTL74 系列相对应，74HCM 系列与 CC4000 系列相对应。

3.1.6　数字集成电路使用注意事项

1) TTL 集成电路使用注意事项

(1) 接插集成块时，要认清定位标记，不得插反。

(2) 电源电压应严格保持在 5V±10%的范围内，过高则易损坏器件，过低则不能正常工作。使用时，应特别注意电源与地线不能错接，否则会因过大电流而造成器件损坏。电源电压使用范围为+4.5～+5.5V，要求 V_{CC} = +5V。电源极性绝对不允许接错。

(3) 闲置输入端处理方法。

① 悬空，相当于正逻辑“1”，对于一般小规模集成电路的数据输入端，实验时允许悬空处理。但易受外界干扰，导致电路的逻辑功能不正常。因此，对于接有长线的输入端或中规模以上的集成电路和使用集成电路较多的复杂电路，所有控制输入端必须按逻辑要求接入电路，不允许悬空。

② 直接接电源电压 V_{CC}(也可以串入一只 1～10kΩ 的固定电阻)或接至某一固定电

压(+2.4V≤U≤+4.5V)的电源上，或与输入端为接地的多余与非门的输出端相接。

③ 若前级驱动能力允许，可以与使用的输入端并联。

④ 输入端通过电阻接地，电阻值的大小将直接影响电路所处的状态。当 R≤680Ω 时，输入端相当于逻辑“0”；当 R≥2.7kΩ 时，输入端相当于逻辑“1”。注意对于不同系列的器件，所要求的阻值也不同。

注意：与门、与非门多余输入端可直接接到 V_{CC} 上，或通过一个电阻(一般取几千欧姆)连到电源上。若前级驱动能力强，则可将多余输入端与使用端并接。

不用的或门、或非门输入端直接接地，与或非门不用的与门输入端至少有一个要直接接地，带有扩展端的门电路，其扩展端不允许直接接电源。

---

(4) 输出端不允许直接接电源或接地(但可通过电阻与电源相连)；不允许直接并联使用(集电极开路门和三态门除外)。

(5) 应考虑电路的负载能力(即扇出系数)。要留有余地，以免影响电路的正常工作，扇出系数可通过查阅器件手册或计算获得。在高频工作时，应通过缩短引线、屏蔽干扰源等措施抑制电流的尖峰干扰。

2) CMOS 集成电路使用注意事项

CMOS 集成电路由于输入电阻很高，因此极易接受静电电荷。为了防止产生静电击穿，生产 CMOS 时，在输入端都要加上标准保护电路，但这并不能保证绝对安全。因此，使用 CMOS 集成电路时，必须采取以下预防措施：

(1) 存放 CMOS 集成电路时要屏蔽，一般放在金属容器中，也可用金属箔将引脚短路。

(2) 电源连接和选择。V_{DD} 端接电源正极，V_{SS} 端接电源负极(地)。绝对不能接错，否则器件会因电流过大而损坏。对于电源电压范围为 3～18V 的系列器件，如 CC4000 系列，实验中 V_{DD} 通常接+5V 电源，V_{DD} 电压选在电源变化范围的中间值，如电源电压在 8～12V 变化，则选择 V_{DD}=10V 较恰当。CMOS 器件在不同的 V_{DD} 值下工作时，其输出阻抗、工作速度和功耗等参数都有所变化，设计中需考虑。

(3) 输入端处理。多余输入端不能悬空。应按逻辑要求接 V_{DD} 或接 V_{SS}，以免受干扰造成逻辑混乱，甚至还会损坏器件。对于工作速度要求不高，而要求增加带负载能力时，可把输入端并联使用。对于安装在印刷电路板上的 CMOS 器件，为了避免输入端悬空，在电路板的输入端应接入限流电阻和保护电阻，当 V_{DD}=+5V 时，限流电阻一般取 5.1kΩ，保护电阻一般取 100kΩ～1MΩ。

(4) 输出端处理。输出端不允许直接接 V_{DD} 或 V_{SS}，否则将导致器件损坏，除三态(TS)器件外，不允许两个不同芯片输出端并联使用，但有时为了增加驱动能力，同一芯片上的输出端可以并联。

(5) 对输入信号的要求。为了防止输入端保护二极管因正向偏置而引起损坏，输入电压必须处在 V_{DD} 和 V_{SS} 之间，即 $V_{SS}<U_i<V_{DD}$。没有接通电源的情况下，不允许有输入信号输入。

(6) 焊接 CMOS 集成电路时，一般用 20W 内热式电烙铁，而且烙铁要有良好的接地线。也可利用电烙铁断电后的余热快速焊接。禁止在电路通电的情况下焊接。

3.1.7 思考题

(1) TTL 电路和 CMOS 电路各有什么特点?
(2) 在使用 TTL 逻辑门电路的时候应注意些什么?

3.2 TTL 集成逻辑门的参数测试实验

3.2.1 实验目的

(1) 掌握 TTL 集成与非门的逻辑功能和主要参数的测试方法。
(2) 掌握 TTL 器件的使用规则。
(3) 进一步熟悉数字电路实验装置的结构、基本功能和使用方法。

3.2.2 实验仪器与器材

TTL 集成逻辑门的参数测试实验仪器与器材如表 3.2.1 所示。

表 3.2.1 TTL 集成逻辑门的参数测试实验仪器与器材

序号	设备	型号规格	数量
1	直流电源适配器	5V	1台
2	数字电子实验板	六孔板	1块
3	输入器	四位	1只
4	输出器	四位	1只
5	芯片底座	IC-14	2只
6	万用表	数字型	1台
7	直流数字电压表	0～100v	1台
8	直流毫安表、直流微安表	0～50mA	各1台
9	数字示波器	LDS20405	1台
10	电阻	1kΩ	1个
11	电位器	10kΩ、200Ω	各1个
12	四2输入与非门芯片	74LS00	1片
13	二4输入与非门芯片	74LS20	1片

3.2.3 实验原理

本实验对 TTL 逻辑门的逻辑功能和主要参数的测试采用的是集成与非门 74LS20 芯片。74LS20 芯片是四输入双与非门，即在一块集成块内含有两个互相独立的与非门，每个与非门有四个输入端。其逻辑原理图、符号及引脚排列如图 3.2.1 所示。

1. 与非门的逻辑功能

74LS20 与非门的逻辑功能是：当输入端中有一个或一个以上是低电平时，输出端为高电平；只有在输入端全部为高电平时，输出端才是低电平(即有“0”出“1”，全“1”

出“0”）。

其逻辑表达式为

$$Y = \overline{ABCD}$$

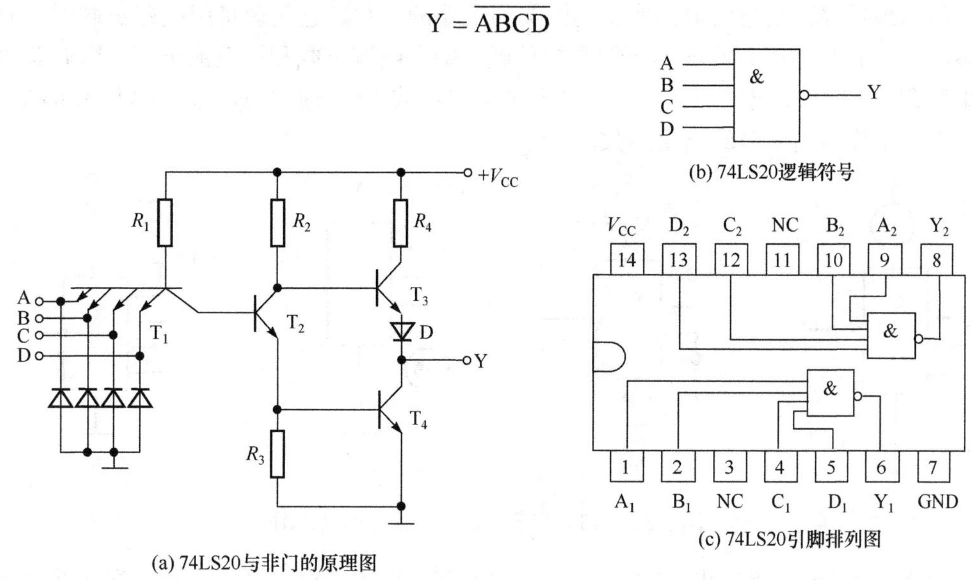

图 3.2.1　74LS20 逻辑原理图、符号及引脚排列

2. TTL 与非门的主要参数

1）低电平输出电源电流 I_{CCL} 和高电平输出电源电流 I_{CCH}

74LS20 与非门处于不同的工作状态，电源提供的电流是不同的。I_{CCL} 是指所有输入端悬空，输出端空载时，电源提供给器件的电流。I_{CCH} 是指输出端空载，与非门有一个以上的输入端接地，其余输入端悬空时，电源给器件提供的电流。通常 $I_{CCL} > I_{CCH}$，它们的大小标志着器件静态功耗的大小。器件的最大功率为 $p_{CCL} = V_{CC}I_{CCL}$。手册中提供的电源电流和功耗值是指整个器件总的电源电流和总的功耗。I_{CCL} 和 I_{CCH} 测试电路如图 3.2.2（a）和图 3.2.2（b）所示。

注意： TTL 电路对电源电压要求较严，电源电压 V_{CC} 只允许在+5V±10%的范围内工作，超过 5.5V 将损坏器件；低于 4.5V 器件的逻辑功能将不正常。

2）低电平输入电流 I_{iL} 和高电平输入电流 I_{iH}

I_{iL} 是指被测输入端接地，其余输入端悬空，输出端空载时，由被测输入端流出的电流值。在多级门电路中，I_{iL} 相当于前级门输出低电平时，后级向前级门灌入的电流。它关系到前级门的灌电流负载能力。因此，I_{iL} 直接影响前级门电路带负载的个数，希望 I_{iL} 小一些。

I_{iH} 是指被测输入端接高电平，其余输入端接地，输出端空载时，流入被测输入端的电流值。在多级门电路中，它相当于前级门输出高电平时的拉电流负载，其大小关系到前级门的拉电流负载能力，因此在实验中希望 I_{iH} 小一些。由于 I_{iH} 较小，难以测量，一般免于测试。

I_{iL}与I_{iH}的测试电路如图 3.2.2(c)和图 3.2.2(d)所示。

3)扇出系数N_O

扇出系数 N_O 是指门电路能驱动同类门电路的个数，它是衡量门电路负载能力的一个参数，TTL 与非门有两种不同性质的负载，即灌电流负载和拉电流负载，因此有两种扇出系数，即低电平扇出系数N_{OL}和高电平扇出系数N_{OH}。通常，$I_{iL}>I_{iH}$，所以，$N_{OH}>N_{OL}$，故常以N_{OL}作为门电路的扇出系数。

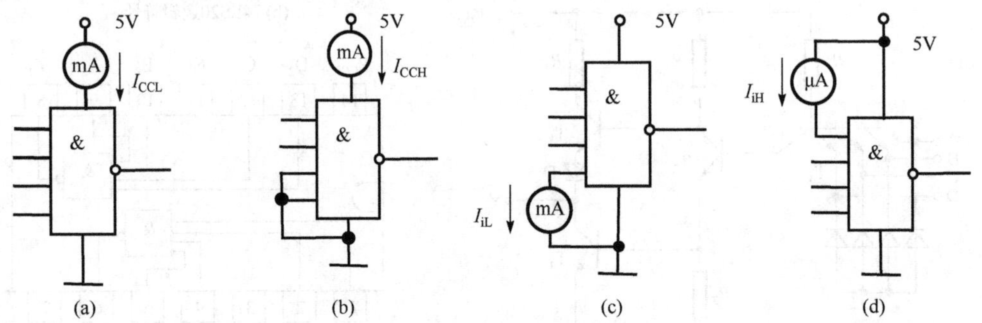

图 3.2.2　TTL 与非门静态参数测试电路图

扇出系数测试电路如图 3.2.3 所示，门电路的输入端全部悬空，输出端接灌电流负载R_L。调节R_L使I_{OL}增大，U_{OL}随之增高。当U_{OL}达到U_{OLm}(手册中低电平规范值 0.4V)时，I_{OL}就是允许灌入的最大负载电流，则

$$N_{OL}=\frac{I_{OL}}{I_{iL}}$$

通常$N_{OL}\geqslant 8$。

4)电压传输特性

电压传输特性是指输出电压u_O随输入电压u_I变化而变化的特性。典型的电压传输特性曲线如图 3.2.4 所示。由电压传输特性不仅能判断与非门的好坏，而且还可以从特性曲线上直接读出门电路的一些重要的静态参数，如输出高电平U_{OH}、输出低电平U_{OL}、关门电平U_{off}、开门电平U_{on}及抗干扰的高电平噪声容限U_{NH}、低电平噪声容限U_{NL}等值。

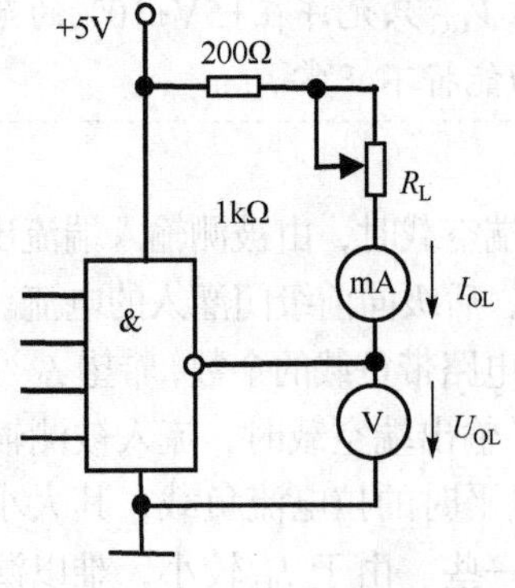

图 3.2.3　扇出系数测试电路

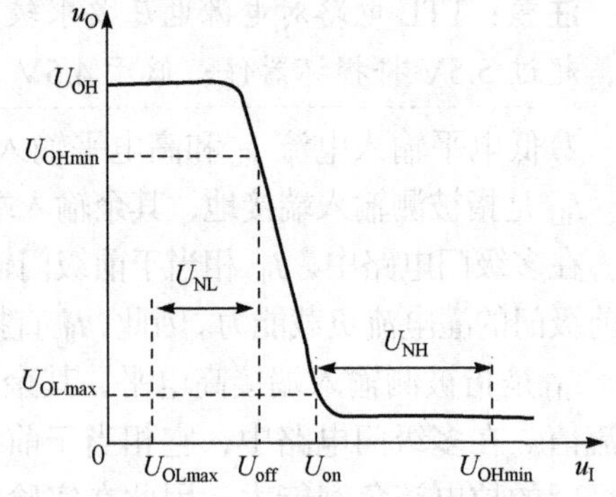

图 3.2.4　典型的电压传输特性曲线

输出高电平 U_{OH} 是指与非门有一个或几个输入端接地或接低电平时的输出电平。当电源电压为+5V 时，输出高电平的典型值是 3.6V，高电平的最小值是 2.4V。74LS20 与非门输出高电平的最小值 U_{OHmin}≈2.7V。

输出低电平 U_{OL} 是指与非门的所有输入端都接高电平时的输出电平。当电源电压为+5V 时，输出低电平的典型值是 0.3V，低电平的最大值是 0.8V。74LS20 与非门输出低电平的最大值 U_{OLmax}≈0.4V。

关门电平 U_{off} 是指与非门的输出电压下降到输出高电平的最小值 U_{OHmin} 时，所对应的输入电压，产品规定的最大值为 0.8V。

开门电平 U_{on} 是指与非门的输出电压为输出低电平的最大值 U_{OLmax} 时，所对应的最小输入电压，产品规定的最小值为 2.0V。

噪声容限是保证输出状态不变，在输入端可以允许的噪声电压幅度的界限。

高电平噪声容限 U_{NH} 表示输入高电平时，所允许的干扰电平的范围：

$$U_{NH} = U_{OHmin} - U_{on}$$

低电平噪声容限 U_{NL} 表示输入低电平时，所允许的干扰电平的范围：

$$U_{NL} = U_{off} - U_{OLmax}$$

5）平均传输延迟时间 t_{pd}

t_{pd} 是衡量门电路开关速度的参数，它是指输出波形边沿的 $0.5U_m$ 至输入波形对应边沿 $0.5U_m$ 点的时间间隔，如图 3.2.5 所示。

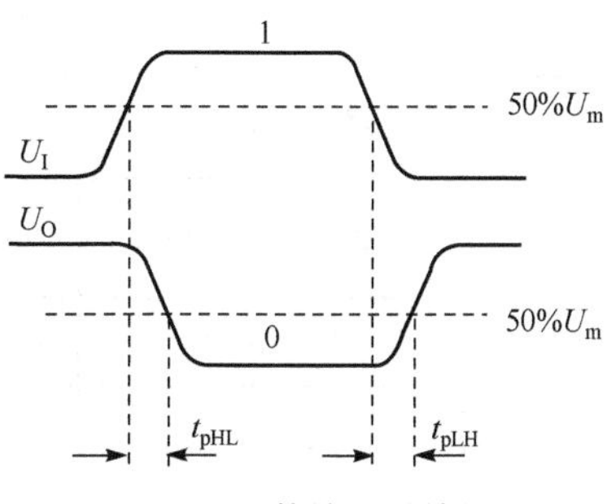

图 3.2.5　传输延时特性

图 3.2.5 中的 t_{pHL} 为导通延迟时间，t_{pLH} 为截止延迟时间，平均传输延迟时间为 $t_{pd} = \frac{1}{2}(t_{pHL} + t_{pLH})$。

TTL 电路的 t_{pd} 一般为 10～40ns。由于 TTL 门电路的延迟时间 t_{pd} 很小，为了便于测量，保证测量的精度，常用的方法有两种：其一是把几个与非门串联起来测量 t_{pd} 的方法；其二是把与非门组成环形振荡器测量 t_{pd} 的方法。

与非门串联测量 t_{pd} 方法：测试电路如图 3.2.6 所示。输入信号是函数发生器输出的方波脉冲，由于脉冲信号经过了 4 次倒相，输出波形与输入波形同相，如图 3.2.7 所示。每个门的平均延迟时间 t_{pd} 是总平均延迟时间的 1/4，即

$$t_{pd} = \frac{1}{8}(t_{pd1} + t_{pd2})$$

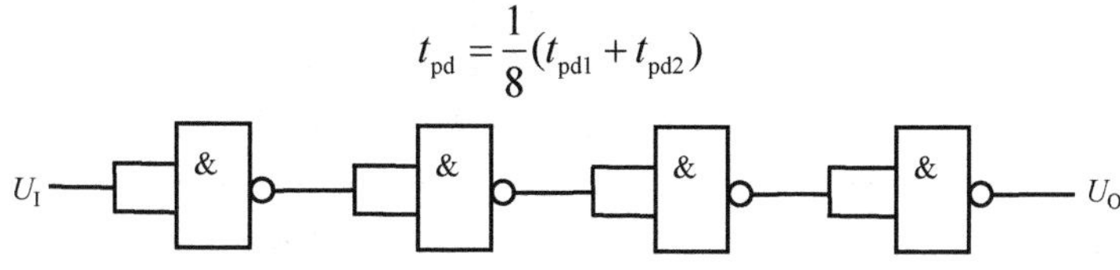

图 3.2.6　与非门串联测试 t_{pd} 电路图

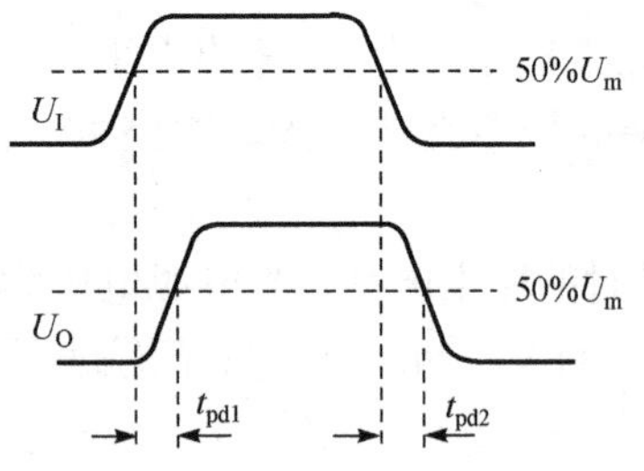

图 3.2.7　传输延时测试波形图

环形振荡器测量 t_{pd} 方法：测试电路如图 3.2.8 所示。实验采用测量由奇数个与非门组成的环形振荡器的振荡周期 T 来求得。其工作原理是假设电路在接通电源后某一瞬间，其中的 A 点为逻辑“1”，经过三级门电路的延迟后，使 A 点由原来的逻辑“1”变为逻辑“0”；再经过三级门电路的延迟后，A 点电平又重新回到逻辑“1”。电路中其他各点电平也随之变化。说明使 A 点发生一个周期的振荡，必须经过六级门电路的延迟时间。因此平均传输延迟时间为 $t_{pd} = \dfrac{T}{6}$。

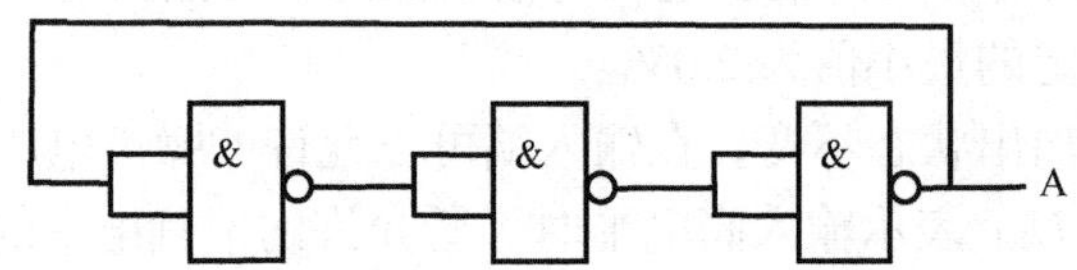

图 3.2.8　环形振荡器测试 t_{pd} 电路图

3. 74LS20 主要的参数规范

74LS20 主要的参数规范如表 3.2.2 所示。

表 3.2.2　74LS20 主要的参数规范

参数名称和符号			规范值	单位	测试条件
直流参数	低电平输出电源电流	I_{CCL}	<14	mA	V_{CC}=5V，输入端悬空，输出端空载
	高电平输出电源电流	I_{CCH}	<7	mA	V_{CC}=5V，输入端悬空，输出端空载
	低电平输入电流	I_{iL}	≤ 1.4	mA	V_{CC}=5V，被测输入端接地，其他输入端悬空，输出端空载
	高电平输入电流	I_{iH}	<50	μA	V_{CC}=5V，被测输入端 U_I=2.4V，其他输入端悬空，输出端空载
			<1	mA	V_{CC}=5V，被测输入端 U_I=5V，其他输入端悬空，输出端空载
	输出高电平	U_{OH}	>3.4	V	V_{CC}=5V，被测输入端 U_I=0.8V，其他输入端悬空，I_{OH}=400μA
	输出低电平	U_{OL}	<0.3	V	V_{CC}=5V，输入端 U_I=2.0V，I_{OL}=12.8mA
	扇出系数	N_O	4~8		V_{CC}=5V，输入端悬空，输出接灌电流负载
交流参数	平均传输延迟时间	t_{pd}	≤ 20	ns	V_{CC}=5V，被测输入端输入信号，U_I=0.8V，f=2MHz

3.2.4　实验内容与步骤

1. 基本型实验

1) 验证 TTL 集成与非门 74LS20 的逻辑功能

在合适的位置选取一个 14P 的插座，并按定位标记插好 74LS20 集成块。

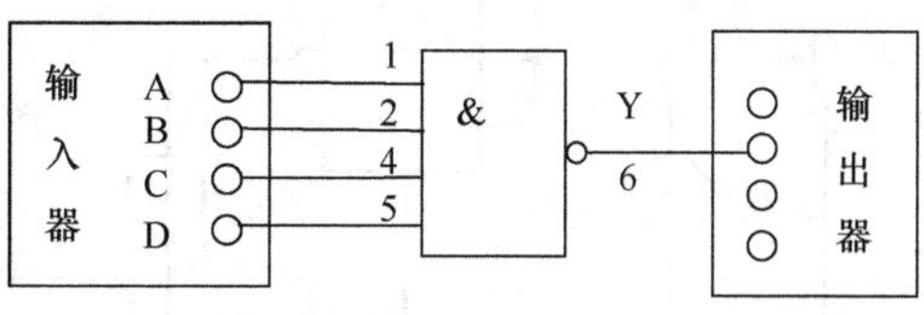

图 3.2.9　与非门逻辑功能测试电路

按图 3.2.9 所示接线，与非门的四个输入端分别接四位输入器的逻辑开关输出插口，以便提供“0”与“1”电平信号。输入器逻辑开关合上时输出逻辑“1”，反之输出逻辑“0”。与非门的输出端接由 LED 组成的四位逻辑电平显示输出器的插口，输出器 LED 亮为逻辑“1”，不亮为逻辑“0”。按表 3.2.3 的真值表逐个测试集成块中两个与非门的逻辑功能。其中 74LS20 芯片每个与非门都有 4 个输入端，共有 16 个最小项。在实际测试时，只要通过对输入 1111、0111、1011、1101、1110 五项进行检测就可判断其逻辑功能是否正常。

表 3.2.3　74LS20 与非门逻辑功能测试表

输入				输出	
A	B	C	D	Y_1	Y_2
1	1	1	1		
0	1	1	1		
1	0	1	1		
1	1	0	1		
1	1	1	0		

注意：

(1) 74LS20 与非门芯片的 14 脚 V_{CC} 必须接+5V 电源，7 脚 GAD 必须接地，芯片才能正常工作。

(2) 电源极性不能接反，否则会损坏芯片。

2) 74LS20 参数的测试

分别按图 3.2.2 和图 3.2.3 接线并进行测试，将测试结果记入表 3.2.4 中。

表 3.2.4　74LS20 主要参数的测试

I_{CCL}/mA	I_{CCH}/mA	I_{iL}/mA	I_{OL}/mA	$N_{OL}=\frac{I_{OL}}{I_{iL}}$

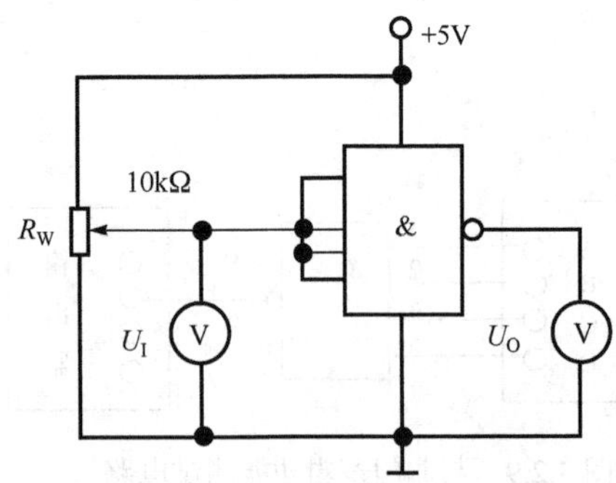

图 3.2.10 电压传输特性曲线测试电路

2. 提高型实验

1) TTL 与非门电压传输特性的测试

电压传输特性曲线测试电路如图 3.2.10 所示，按图 3.2.10 接好线路，调节电位器 R_W，使输入电压 U_I 和输出电压 U_O 分别按表 3.2.5 中给定的各值变化，测出对应的输出电压和输入电压的值填入表 3.2.5 中。最后根据测得的数据绘出相应的电压传输特性曲线图，并计算高电平噪声容限 U_{NH}、低电平噪声容限 U_{NL} 值。

表 3.2.5 与非门电压传输特性测试表

	测量值											计算值	
U_I/V	0	0.2	0.4	0.6	0.8			2.0	2.4	3.6	4.0	5.0	U_{NH}	U_{NL}
U_O/V						2.4	0.4							

2) 测试平均传输延迟时间 t_{pd}

按图 3.2.6 连接电路。调节函数信号发生器输出频率为 1MHz 的方波信号(低电平为 0V，高电平为 4V)，加到输入端 u_I。利用示波器同时观察输入电压信号 u_I 和输出电压信号 u_O 的波形，测量 TTL 与非门的平均传输延迟时间 t_{pd}。把测量的数据填入表 3.2.6 中。

表 3.2.6 与非门平均传输延迟时间 t_{pd} 测试表

t_{pd1}	t_{pd2}	t_{pd}

注意： 实验结束时，请整理、摆放好仪器设备，并填写实验设备使用登记本，最后请指导教师签字确认后方可离开实验室。

3.2.5 实验要求

(1) 记录、整理实验结果，并对结果进行分析。

(2) 画出实测的电压传输特性曲线，并从中读出各有关参数值。

3.2.6 思考题

(1) TTL 逻辑门电路的典型高电平值是多少伏，典型低电平值又是多少伏？

(2) 图 3.2.11 各门均为 TTL 门电路，求输出的逻辑表达式。

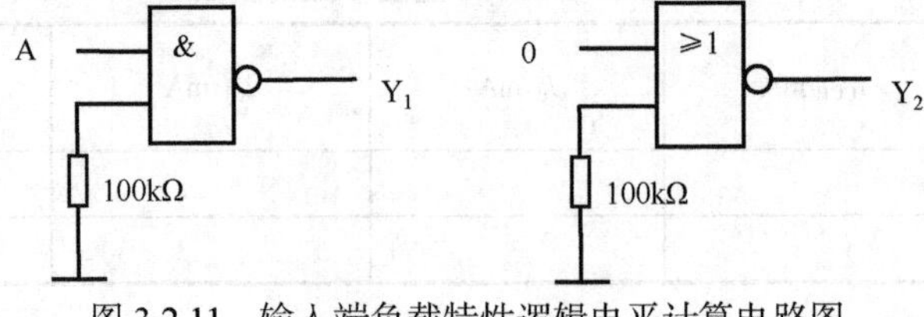

图 3.2.11 输入端负载特性逻辑电平计算电路图

3.3　门电路逻辑功能及测试实验

3.3.1　实验目的

(1)了解 74 系列门电路的引脚分布和使用注意事项。
(2)掌握门电路逻辑功能的测试方法。
(3)熟悉门电路逻辑功能及熟悉数字电路实验板的使用方法。
(4)进一步学习门电路工作原理及相应的逻辑表达式。
(5)熟悉常用集成芯片的引脚排列及其功能。
(6)进一步掌握双踪示波器的使用。

3.3.2　实验仪器与器材

门电路逻辑功能及测试实验仪器与器材如表 3.3.1 所示。

表 3.3.1　门电路逻辑功能及测试实验仪器与器材

序号	设备	型号规格	数量
1	直流电源适配器	5V	1 台
2	数字电子实验板	六孔板	1 块
3	输入器	四位	1 只
4	输出器	四位	1 只
5	芯片底座	IC-14	2 只
6	万用表	数字型	1 台
7	数字示波器	LDS20405	1 台
8	四 2 输入与门芯片	74LS08	1 片
9	四 2 输入与非门芯片	74LS00	1 片
10	二 4 输入与非门芯片	74LS20	1 片
11	四 2 输入或门芯片	74LS32	1 片
12	四 2 输入或非门芯片	74LS02	1 片
13	四 2 输入异或门芯片	74LS86	1 片

3.3.3　实验原理

1. 基本门电路的逻辑功能

1)与非门的逻辑功能：输入全 1 输出为 0；输入有 0 输出为 1

(1)二输入端与非门的逻辑函数式：$Y=\overline{AB}$。

74LS00 为二输入端四与非门，即在一块集成块内含有 4 个互相独立的与非门，每个与非门有两个输入端，外形如图 3.3.1 所示。

(2)四输入端与非门的逻辑函数式：$Y=\overline{ABCD}$。

74LS20 为四输入端双与非门，即在一块集成块内含有两个互相独立的与非门，每个与非门有 4 个输入端。

2) 异或门的逻辑功能：输入相同输出为 0；输入相异输出为 1

异或门的逻辑函数式：$Y = A \oplus B = \overline{A}B + A\overline{B}$。

74LS86 为二输入四异或门，即在一块集成块内含有 4 个互相独立的异或门，每个异或门有两个输入端。

3) 常见的基本门电路的芯片引脚图

数字电路实验中所用到的集成芯片都是双列直插式的，其引脚排列规则如图 3.3.1 所示。引脚识别方法是：正对集成电路型号(如 74LS00)或看标记(左边的缺口或小圆点标记)，从左下角开始按逆时针方向以 1，2，3，…，依次排列到最后一脚(在左上角)。在标准型 TTL 集成电路中，电源端 V_{CC} 一般排在左上端，接地端 GND 一般排在右下端。如图 3.3.2 所示，74LS00 为 14 脚芯片，14 脚为 V_{CC}，7 脚为 GND。若集成芯片引脚上的功能标号为 NC，则表示该引脚为空脚，与内部电路无连接。

(1) 74LS00 与非门。74LS00 为二输入端四与非门，即在一块集成块内含有 4 个互相独立的与非门，每个与非门有两个输入端，其引脚排列如图 3.3.2 所示。

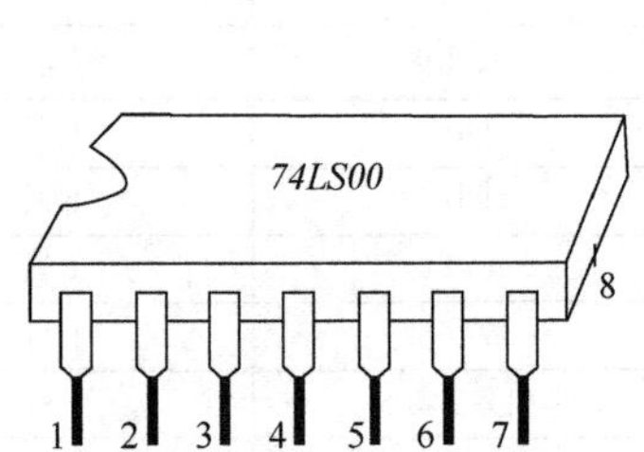

图 3.3.1　数字逻辑芯片引脚排列实物图

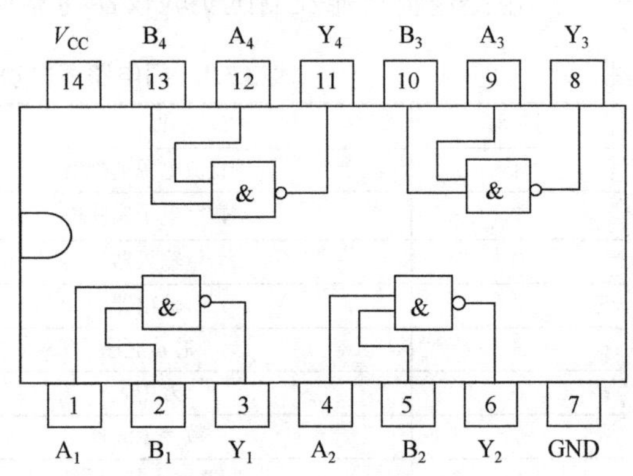

图 3.3.2　74LS00 与非门引脚图

(2) 74LS20 与非门。74LS20 为四输入端双与非门，即在一块集成块内含有两个互相独立的与非门，每个与非门有 4 个输入端，其引脚排列如图 3.3.3 所示。

(3) 其他常用的基本门电路的引脚功能图，如图 3.3.4～图 3.3.8 所示。

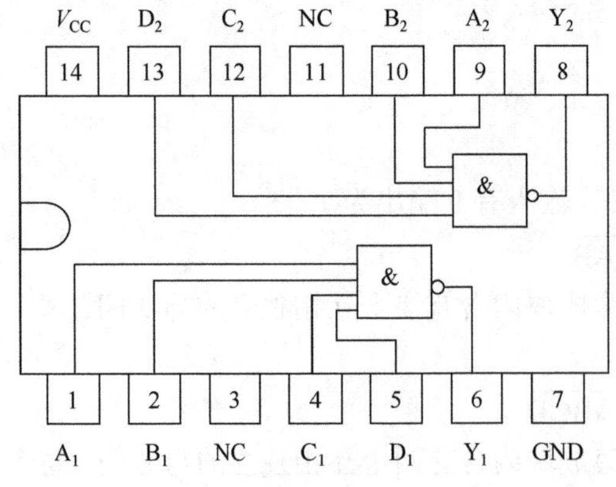

图 3.3.3　74LS20 与非门引脚图

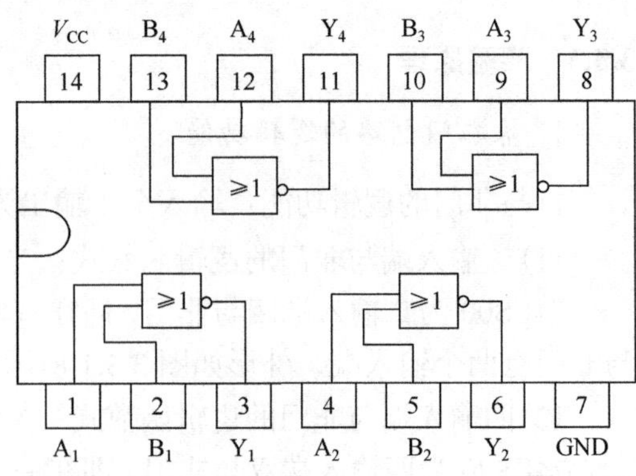

图 3.3.4　74LS02 或非门引脚图

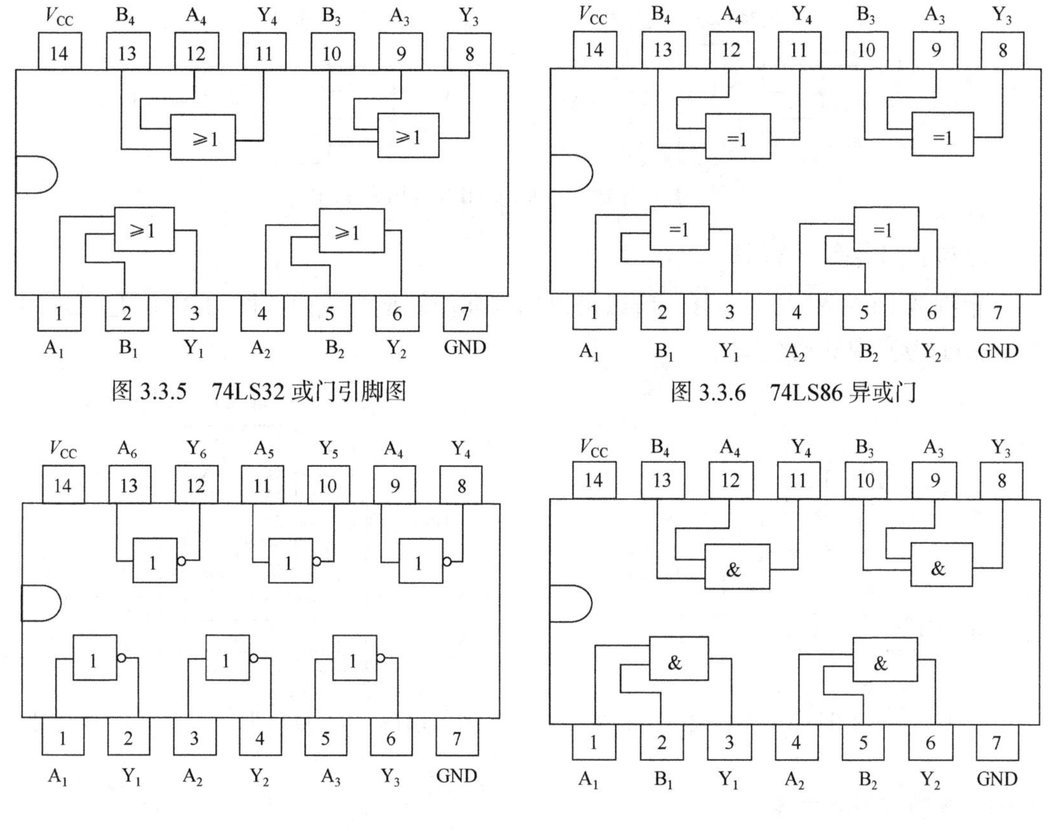

图 3.3.5　74LS32 或门引脚图

图 3.3.6　74LS86 异或门

图 3.3.7　74LS04 反相器引脚图

图 3.3.8　74LS08 与门引脚图

2.门电路逻辑功能的测试

门电路逻辑功能的测试主要采用静态测试法。具体方法就是给门电路的输入端加固定高、低电平，用万用表、发光二极管等测试输出电平。

3. 与非门转换成其他门电路

作为一种基本的逻辑门，与非门可以转换成其他形式的任意逻辑门。用与非门转换为其他形式的逻辑门最为常用的逻辑公式是摩根定律。与非门转换成其他门电路是通过摩根定律将逻辑表达式转换成与非-与非表达式的过程。

1）与非门转换为非门

与非门转换为非门通常有两种方法。

（1）将一个输入端作为非门的输入端，其余空输入端接 1 电平（对于 TTL 电路来讲，输入端悬空等效为“1”逻辑电平输入），即 $\overline{A\cdot 1\cdot 1\cdot 1}=\overline{A}$。

（2）将与非门的所有输入端连成一点作为非门的输入端，即 $\overline{A\cdot A\cdot A\cdot A}=\overline{A}$。

图 3.3.9 是用 4 输入与非门 74LS20 构成非门的两种电路形式。

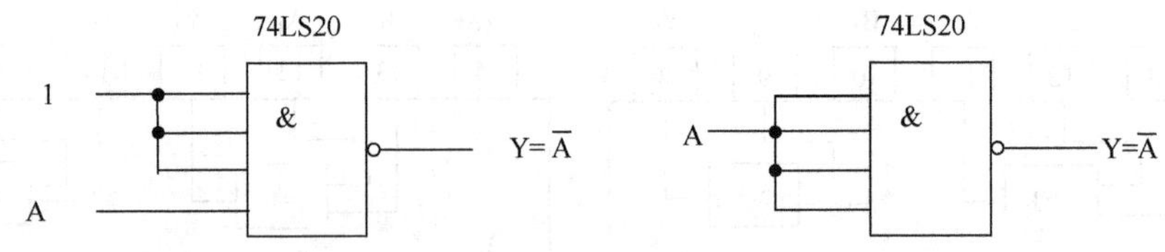

图 3.3.9　4 输入与非门 74LS20 构成非门

2) 与非门转换为或门

根据 $A+B=\overline{\overline{A+B}}=\overline{\bar{A}\cdot\bar{B}}$，所以可以用与非门转换为或门。图 3.3.10 是原理图，图 3.3.11 为实现的连线图。

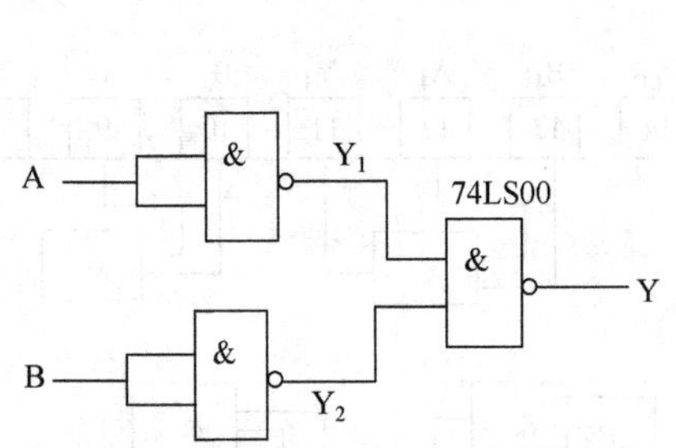

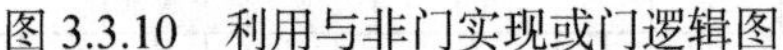

图 3.3.10　利用与非门实现或门逻辑图

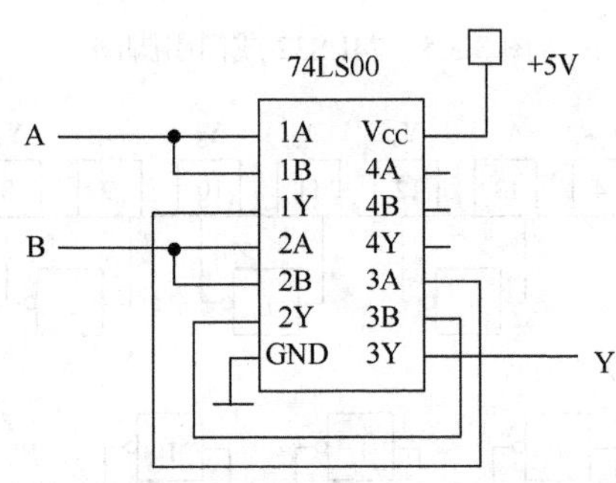

图 3.3.11　74LS00 与非门实现或门的连线图

3.3.4　实验内容与步骤

1. 基本型实验：测试门电路逻辑功能

1) 与非门逻辑功能测试

(1) 按图 3.3.12 连线。先接适配器，再把 IC-14 底座、四位输入器、四位输出器放置在数字实验板合适位置。

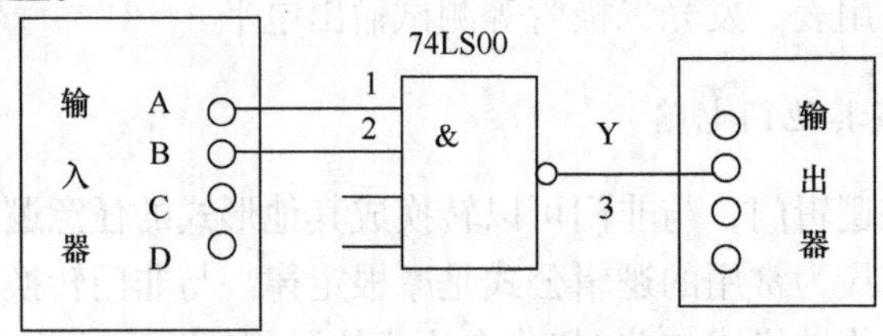

图 3.3.12　74LS00 功能测试连线图

(2) 找到 74LS00 芯片，根据定位标记把 74LS00 芯片插入 IC-14 芯片插座并固定。引脚 7 接 IC-14 芯片插座上标有“⊥”处（“0”或“GND”处），即接地，14 脚接 IC-14 芯片插座上标有“+5V”处。以便给芯片提供必需的工作电源。

(3) 与非门输入端 1、2 脚接四位输入器（输入器逻辑开关），输出端 3 脚接四位输出器其中一个接线端子。

(4) 先接通 5V 电源开关，按表 3.3.2 拨动四位输入器的逻辑开关，再用万用表测出相应的输出电压并观察输出器的高低电平，最后将结果用逻辑“0”或“1”来表示，写出逻辑表达式，填入表 3.3.2 中。

表 3.3.2　74LS00 功能测试记录表

输入引脚		输出(引脚 3)	
1	2	Y(0 或 1)	电压/V
0	0		
0	1		
1	0		
1	1		
与非门的逻辑表达式：Y=			

(5)先关断电源，把 74LS00 芯片换成 74LS20，按图 3.3.13 接线。与非门 74LS20 的输入端 1、2、4、5 脚接输入器的逻辑开关，输出端 6 脚接输出器逻辑电平。再接通 5V 电源开关。按表 3.3.3 拨动输入器逻辑开关，用万用表测出相应的输出电压并观察输出器的高低电平，并将结果用逻辑“0”或“1”来表示，写出逻辑表达式，填入表 3.3.3 中。

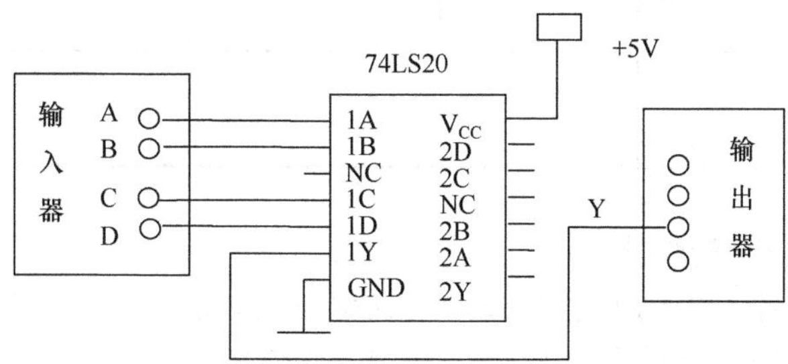

图 3.3.13　74LS20 功能测试连线图

表 3.3.3　74LS20 功能测试记录表

输入引脚				输出(引脚 6)	
1	2	4	5	Y(0 或 1)	电压/V
0	0	0	0		
0	0	0	1		
0	0	1	1		
0	1	1	1		
1	1	1	1		
表达式					

2)异或门逻辑功能测试

找到 74LS86，按图 3.3.14 接线，引脚 7 接地，14 脚接“+5V”处。异或门输入端 1、2、4、5 脚分别接输入器 A、B、C、D 四个逻辑开关，输出端 3、6、8 脚分别接输出器的逻辑电平。按表 3.3.4 输入 A、B、C、D 的状态，同时观察 X、Z、Y 的输出状态，并将结果用逻辑“0”或“1”来表示，将结果填入表 3.3.4 中，最后写出 X、Z、Y 的逻辑表达式。

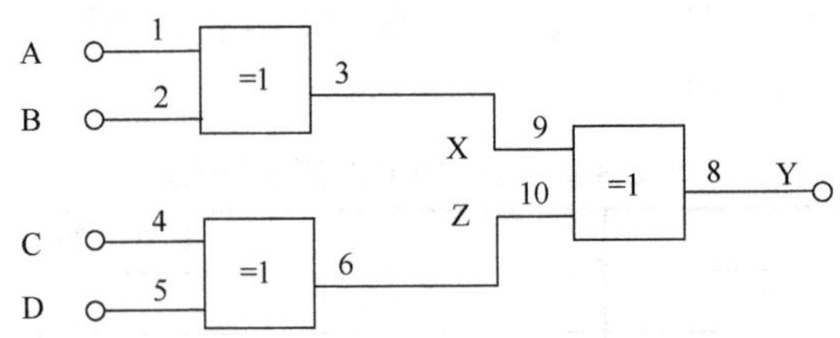

图 3.3.14　74LS86 功能测试逻辑图

表 3.3.4　74LS86 功能测试记录表

输入				输出			
A	B	C	D	X	Z	Y	Y 端的输出电压/V
0	0	0	0				
0	0	0	1				
0	0	1	1				
0	1	1	1				
1	1	1	1				
逻辑表达式:				X= Z= Y=			

3)其他逻辑门电路的功能测试

找到相应的芯片，采用上述方法，完成相应接线。按表 3.3.5 的输入状态，验证图 3.3.15 所示的各门电路的逻辑功能。其中 Y 接输出器的任意一个逻辑输出，A、B 接输入器的任意两个逻辑输出。最后将结果填到表 3.3.5 中。

表 3.3.5　基本门电路逻辑功能验证表

输　入		输　出		
A	B	Y_1	Y_2	Y_3
0	0			
0	1			
1	0			
1	1			

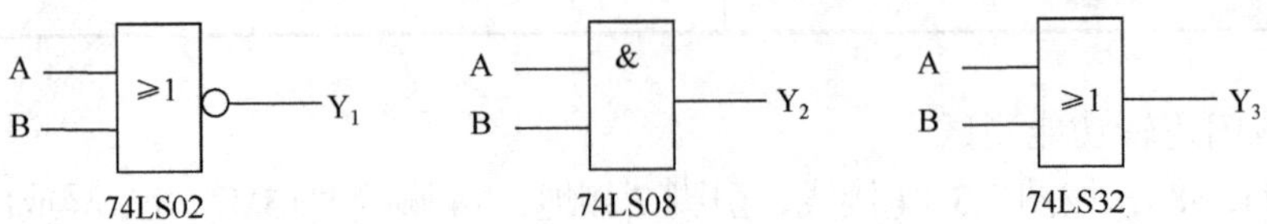

图 3.3.15　基本门电路功能测试电路图

2. 提高型实验：利用与非门控制输出信号

选用一片 74LS00，测试电路连线图如图 3.3.16 所示。先将 1Hz 的脉冲信号(方波)接到 A 端。将示波器 CHl 的红色夹子接 A 端，黑色夹子接地。示波器 CH2 的红色夹子接 Y 端，黑色夹子接地，分别观察输入端 A 及输出端 Y 的波形。

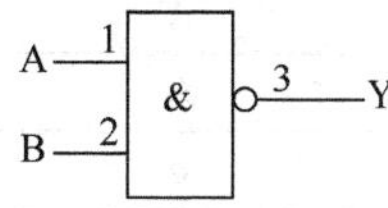

图 3.3.16　控制输出信号连线图

(1) 当输入端 B 接“1”时，在图 3.3.17 中画出输入端 A 及输出端 Y 的波形图。

(2) 当输入端 B 接“0”时，在图 3.3.18 中画出输入端 A 及输出端 Y 的波形图。

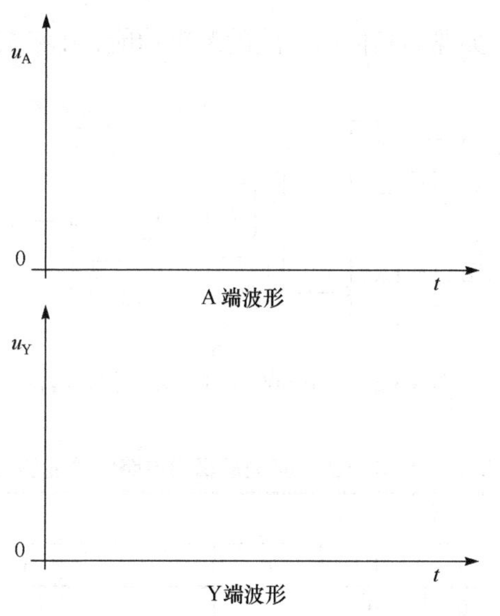

图 3.3.17　74LS00 波形图(B 接“1”时)

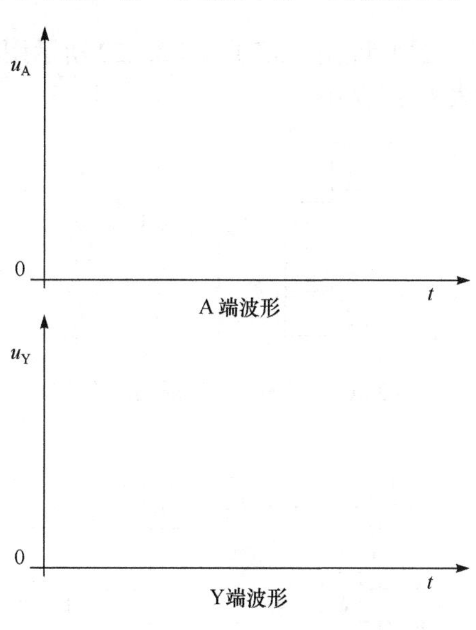

图 3.3.18　74LS00 波形图(B 接“0”时)

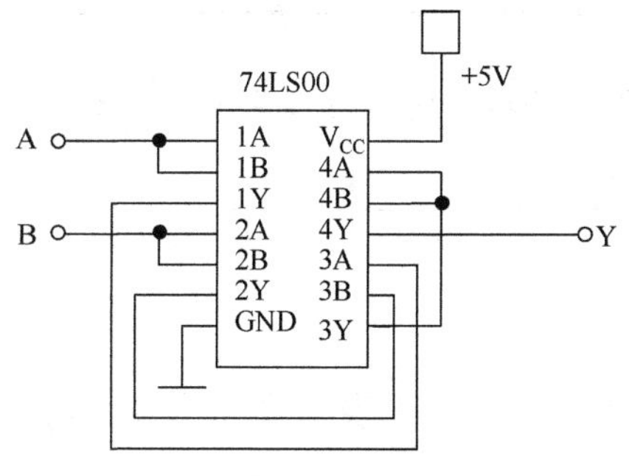

图 3.3.19　74LS00 与非门实现或非门的连线图

3. 开拓型实验

(1) 用与非门组成或非门。

用一片二输入端四与非门 74LS00 组成或非门 $Y=\overline{A+B}$，如图 3.3.19 所示。

① 根据如图 3.3.19 所示的接线写出相应的逻辑表达式。

② 测试，并将结果填入表 3.3.6。最后根据逻辑关系写出表达式。

表 3.3.6　用与非门实现或非门的逻辑功能测试

输　入		输　出
A	B	Y
0	0	
0	1	
1	0	
1	1	
表达式		

(2)验证图 3.3.20～图 3.3.22 所示用与非门实现的其他门电路的逻辑功能，并将结果填入表 3.3.7 中。

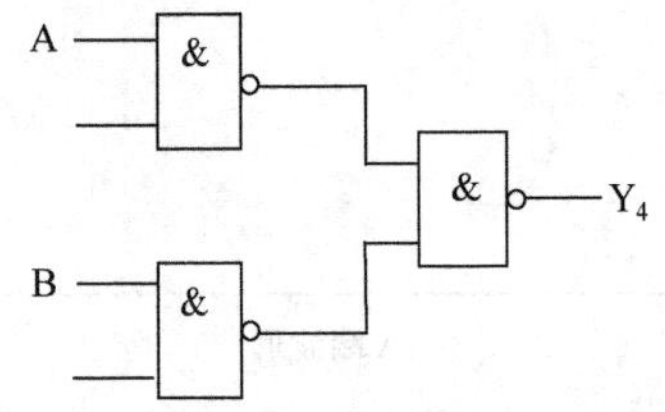

图 3.3.20　74LS00 实现或门的连线图

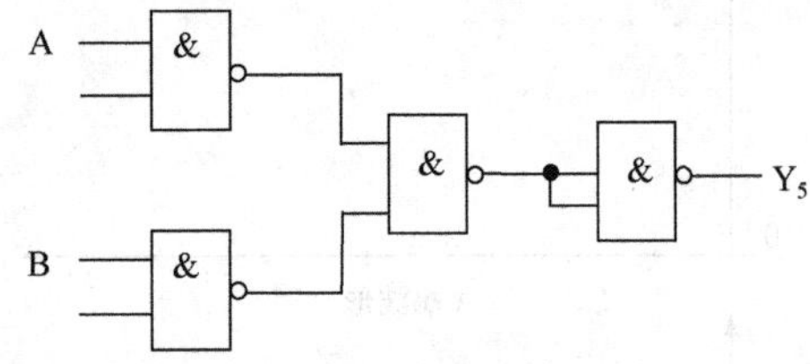

图 3.3.21　74LS00 实现或非门的连线图

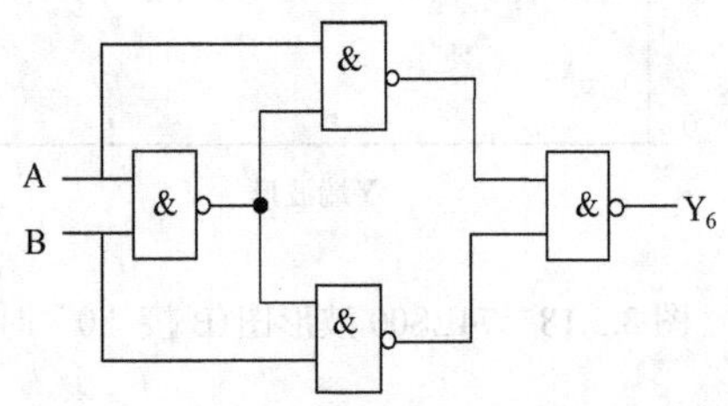

图 3.3.22　74LS00 实现异或门的连线图

表 3.3.7　与非门实现其他逻辑门电路的功能验证表

输　入		输　出		
A	B	Y_4	Y_5	Y_6
0	0			
0	1			
1	0			
1	1			

注意：实验结束时，请整理、摆放好仪器设备，并填写实验设备使用登记本，最后请指导教师签字确认后方可离开实验室。

3.3.5　实验要求

(1)记录、整理实验结果，并对结果进行分析。

(2)根据实验步骤画出相应的连线图，并写出相应的逻辑表达式、填表，画出波形图。

3.3.6　思考题

(1)请用与非门 74LS00 实现逻辑函数 F=ABC，并画出连线图。

(2)试把逻辑函数 $Y=\overline{\overline{AB}\cdot\overline{\overline{A}\,\overline{B}}}$ 化简为最简与或式。

3.4　组合逻辑电路分析与设计实验

3.4.1　实验目的

(1)掌握组合逻辑电路的分析方法与测试方法。
(2)掌握组合逻辑电路的设计方法。
(3)熟悉组合逻辑电路的分析与设计步骤。

3.4.2　实验仪器与器材

组合逻辑电路实验仪器与器材如表 3.4.1 所示。

表 3.4.1　组合逻辑电路实验仪器与器材

序号	设备	型号规格	数量
1	直流电源适配器	5V	1 台
2	数字电子实验板	六孔板	1 块
3	输入器	四位	1 只
4	输出器	四位	1 只
5	芯片底座	IC-14	3 只
6	四 2 输入与门芯片	74LS08	1 片
7	四 2 输入与非门芯片	74LS00	1 片
8	二 4 输入与非门芯片	74LS20	2 片
9	四 2 输入或门芯片	74LS32	1 片
10	四 2 输入或非门芯片	74LS02	1 片
11	四 2 输入异或门芯片	74LS86	1 片
12	全加器芯片	CC4008	1 片
13	译码器芯片	74LS138	1 片

3.4.3　实验原理

逻辑电路可分为组合逻辑电路和时序逻辑电路两大类。电路在任何时刻，输出状态只决定于同一时刻各输入状态的组合，而与先前的状态无关的逻辑电路称为组合逻辑电路。

1. 组合逻辑电路的分析

组合逻辑电路的分析是由组合逻辑电路出发，分析其逻辑功能所要遵循的基本方法。注意，一般情况下，在得到组合逻辑电路的真值表后，还需进行简单的文字说明，指出其功能特点。其分析过程如下：

(1)根据给定的逻辑图写出函数的逻辑表达式。

(2)进行化简，求出输出函数的最简与或表达式。

(3)列出输出函数的真值表。

(4)说明给定电路的基本功能。

如果是封闭的系统或是芯片标记模糊不清或是一些已经接好而逻辑关系复杂，不易理清楚的情况，同时输入、输出变量不是很多时，也可采用实验直接测试真值表的方法来判断。

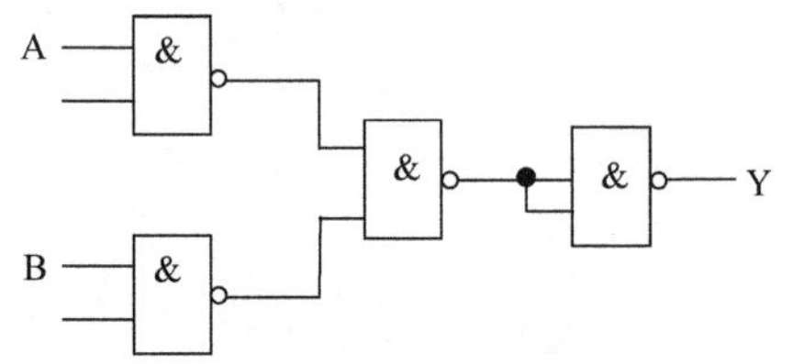

图 3.4.1　组合逻辑电路的分析图

2. 组合逻辑电路的分析举例

如图 3.4.1 所示的电路，分析其功能。

(1)该电路的逻辑表达式为

$$Y=\overline{\overline{\overline{A\cdot 1}\cdot\overline{B\cdot 1}}}=\overline{A}\cdot\overline{B}=\overline{A+B}$$

(2)列出真值表(见表 3.4. 2)。

(3)判断函数的逻辑功能。

该电路实现的是全 0 出 1，有 1 出 0，所以是或非运算。

表 3.4.2　逻辑函数真值表测试表

A	B	Y
0	0	1
0	1	0
1	0	0
1	1	0

3. 组合逻辑电路的设计

组合逻辑电路的设计就是给定逻辑功能，求解逻辑电路的过程。所设计的组合逻辑电路要求最简。“最简”是指电路所用器件最少，器件的种类也最少，而且器件之间的连线也最少。

组合逻辑电路的设计过程框图如图 3.4.2 所示。一般分为五步进行。

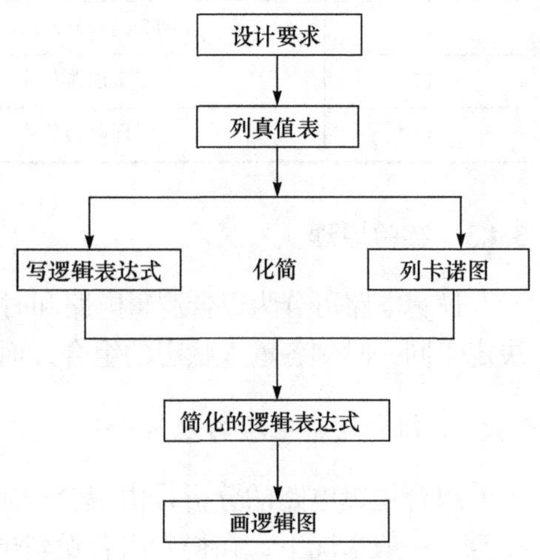

图 3.4.2　组合逻辑电路的设计过程图

(1)根据设计任务的要求建立输入、输出变量。

(2)列出真值表。

(3)用逻辑代数或卡诺图化简法求出简化的逻辑表达式，并按实际选用逻辑门的类型修改逻辑表达式。

(4)根据简化后的逻辑表达式，画出逻辑图，用标准器件构成逻辑电路。

(5) 最后通过实验来验证设计的正确性。

4. 组合逻辑电路设计举例

功能要求：用“与非”门设计一个表决电路。

当四个输入端中有三个或四个为“1”时，输出端才为“1”。

设计步骤如下：

(1) 根据题意列出真值表如表 3.4.3 所示，再填入卡诺图，即图 3.4.3 中。

(2) 化简逻辑表达式，并转换成“与非-与非”的形式，即

$$Z = ABC + BCD + ACD + ABD$$
$$= \overline{\overline{ABC} \cdot \overline{BCD} \cdot \overline{ACD} \cdot \overline{ABC}}$$

(3) 根据逻辑表达式画出用“与非门”构成的逻辑电路如图 3.4.4 所示。

表 3.4.3　四人表决电路真值表

A	0	0	0	0	0	0	0	0	1	1	1	1	1	1	1	1
B	0	0	0	0	1	1	1	1	0	0	0	0	1	1	1	1
C	0	0	1	1	0	0	1	1	0	0	1	1	0	0	1	1
D	0	1	0	1	0	1	0	1	0	1	0	1	0	1	0	1
Z	0	0	0	0	0	0	0	1	0	0	0	1	0	1	1	1

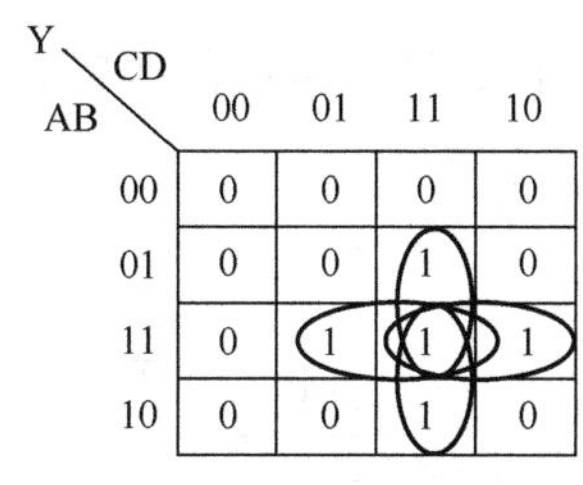

图 3.4.3　四人表决电路的卡诺图

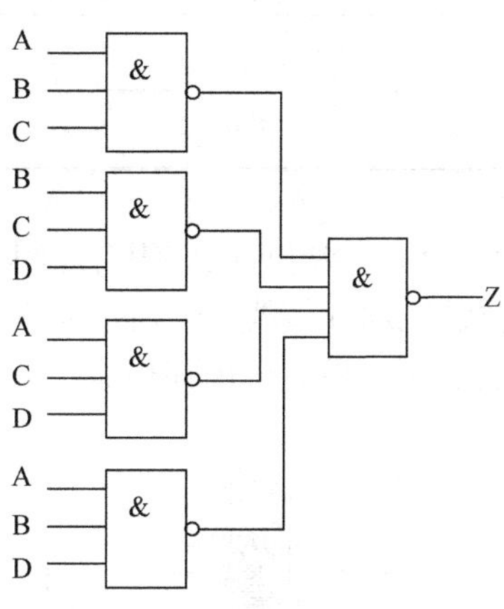

图 3.4.4　四人表决电路逻辑图

(4) 用实验验证逻辑功能。

在实验装置适当位置选定三个 14 脚插座，按照集成块定位标记插好集成块 74LS20。按图 3.4.4 接线，输入端 A、B、C、D 接至四位输入器逻辑开关输出插口，输出端 Z 接四位输出器逻辑电平显示输入插口，按真值表要求，逐次改变输入变量，测量相应的输出值，验证逻辑功能，与表 3.4.3 进行比较，验证所设计的逻辑电路是否符合要求。

3.4.4　实验内容与步骤

1. 基本型实验：简单组合逻辑电路的分析

(1)分析用与非门实现的如图 3.4.5 所示电路的逻辑功能，并将结果填入表 3.4.4 中。

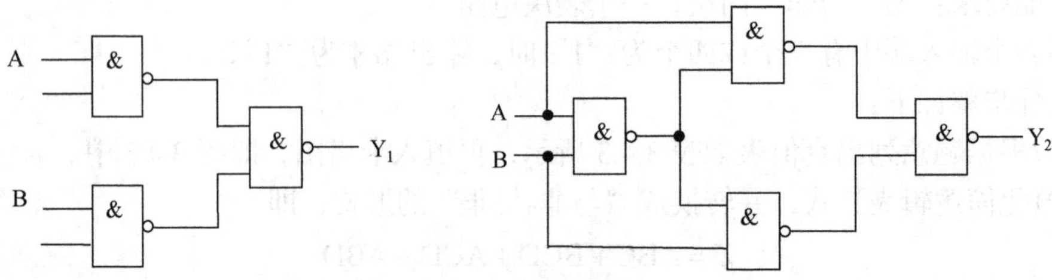

图 3.4.5　简单组合逻辑电路分析

表 3.4.4　与非门实现的门电路功能验测试表

输入		输出	
A	B	Y_1	Y_2
0	0		
0	1		
1	0		
1	1		
Y_1=	其功能是：		
Y_2=	其功能是：		

(2)分析已接好连线的组合逻辑电路的逻辑功能。

先按图 3.4.6 接线，然后按表 3.4.5 中所列输入相应值，读取输出的逻辑状态，并填入表 3.4.5 中，最后分析其功能。

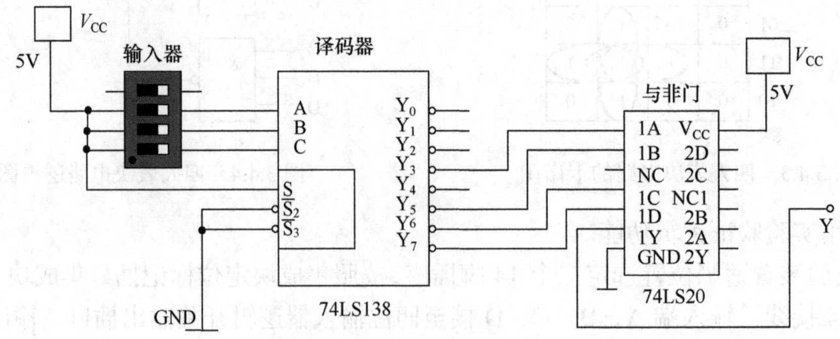

图 3.4.6　组合逻辑分析电路

表 3.4.5　逻辑门电路的功能测试表

输　入			输　出
A	B	C	Y
0	0	0	
0	0	1	
0	1	0	
0	1	1	
1	0	0	
1	0	1	
1	1	0	
1	1	1	
Y=			
逻辑功能：			

2. 提高型实验

(1)设计一个半加器电路。

① 要求按设计步骤进行，直到电路逻辑功能符合设计要求。

② 可以使用与非门及异或门、与门等门电路。

(2)设计一个 A、B、C 三地都能对同一盏灯进行通断控制的电路。

(3)设计一个两个一位二进制数全加器。

① 要求用异或门、与门、或门实现。

② 要求只能用非门实现。

(4)要求设计一个组合逻辑电路，将 8421BCD 码变换为余三码。

8421BCD 码变换为余三码的参考电路如图 3.4.7 所示，试说明工作过程。

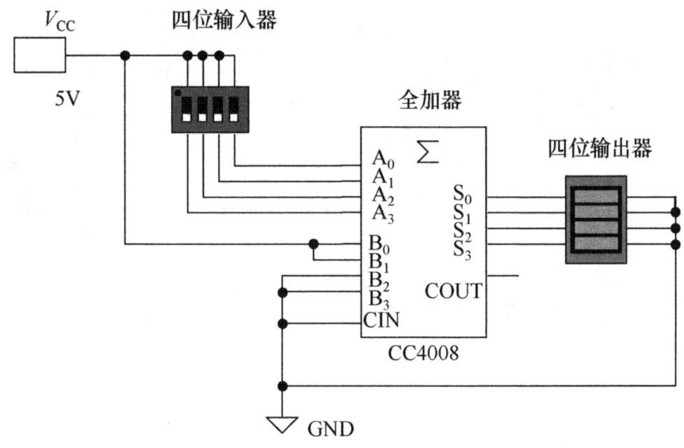

图 3.4.7　用全加器实现的 8421BCD 码转变为余三码原理图

3. 开拓型实验

1)全加器电路的分析

图3.4.8是用译码器74LS138和与非门74LS20实现的全加器电路，试分析其工作原理。

然后连接电路，并验证其功能。

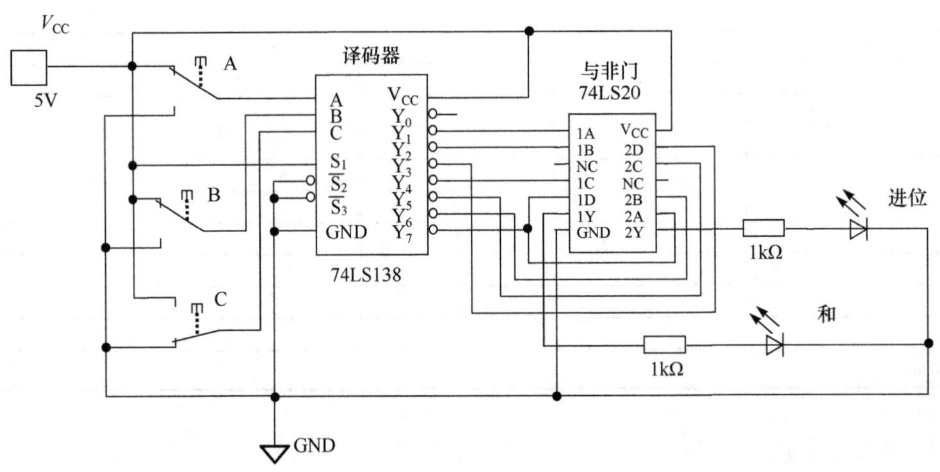

图 3.4.8 译码器 74LS138 和与非门 74LS20 实现的全加器电路

2)四人抢答器电路的分析

图 3.4.9 是一个基于与非门构成的四人抢答器电路。选手和主持人分别控制逻辑开关。当主持人开关接低电平时为复位，不管选手的开关在什么位置，所有的指示灯都亮；当主持人开关接高电平时，表示可以抢答。如果无人抢答，选手开关都均接地，处于 0 状态，对应的每个与非门(74LS20)输出都为 1，对于其他的三个与非门没有影响；当其中的任意一位选手将开关接高电平时，处于 1 状态，那么对应的与非门输出为低电平，处于 0 状态。将其余的 3 个与非门锁死，让其开关输入 1 时不起作用，实现锁存功能。

实验时先按图 3.4.9 接线，并验证其功能。

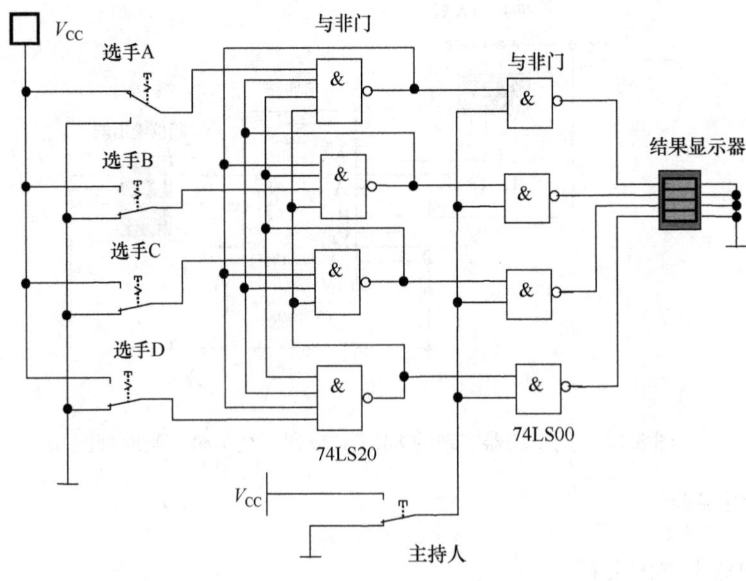

图 3.4.9 基于与非门构成的四人抢答器电路

注意：

(1) 基于与非门的四人抢答器电路中，把与非门 74LS20 的输出引回到输入端，这里已经具有反馈形式。此时的电路不再是组合逻辑电路，而转变成了时序逻辑电路。

(2) 实验结束时，请整理、摆放好仪器设备，并填写实验设备使用登记本，最后请指导教师签字确认后方可离开实验室。

3.4.5　实验要求

(1) 根据各实验任务，列出相应的真值表，画出卡诺图，写出最简的逻辑表达式，画出设计的逻辑电路图。

(2) 将设计的电路进行实验测试，并记录测试结果。

(3) 对实验中出现的问题进行分析。

(4) 实验体会和设计分析。

3.4.6　思考题

(1) 组合逻辑电路的设计和分析有什么区别?

(2) 简述组合逻辑电路设计的过程。

(3) 设计一个供两人使用的抢答器，画出相应连线图。

3.5　加法器电路实验

3.5.1　实验目的

(1) 进一步掌握组合逻辑电路的功能测试。

(2) 掌握用基本门电路实现加法器的方法。

(3) 验证半加器和全加器的逻辑功能。

(4) 进一步熟悉组合逻辑电路的设计方法。

3.5.2　实验仪器与器材

加法器电路实验仪器与器材如表 3.5.1 所示。

表 3.5.1　加法器电路实验仪器与器材

序号	设备	型号规格	数量
1	直流电源适配器	5V	1 台
2	数字电子实验板	六孔板	1 块
3	输入器	四位	1 只
4	输出器	四位	1 只
5	芯片底座	IC-14	2 个
6	万用表	数字	1 台

续表

序号	设备	型号规格	数量
7	四 2 输入与门芯片	74LS86	1 片
8	四 2 输入与非门芯片	74LS00	3 片
9	4 输入与或非门芯片	74LS54	1 片
10	全加器芯片	CC4008	1 片

3.5.3 实验原理

加法器是产生数的和的装置。常用作计算机算术逻辑部件，执行逻辑操作、移位与指令调用。加法器以二进制进行运算，可分为半加器和全加器。

半加器是实现两个一位二进制数相加的电路，它不需要考虑低位的进位。其逻辑表达式为

$$S_i = A_i \oplus B_i \text{，} \quad C_i = A_i B_i$$

式中，S_i 为半加和；C_i 为半加进位；A_i、B_i 为加数。

全加器是实现两个同位加数和来自低位的进位三者相加的电路。

其逻辑表达式为

$$S_i = A_i \oplus B_i \oplus C_{i-1}$$
$$C_i = A_i B_i + B_i C_{i-1} + A_i C_{i-1} = A_i B_i + (A_i \oplus B_i) C_{i-1}$$

3.5.4 实验内容与步骤

1. 基本型实验：用门电路实现并测试半加器的逻辑功能

1) 用与非门实现半加器

用两片二输入端四与非门 74LS00 组成半加器，原理图如图 3.5.1 所示。

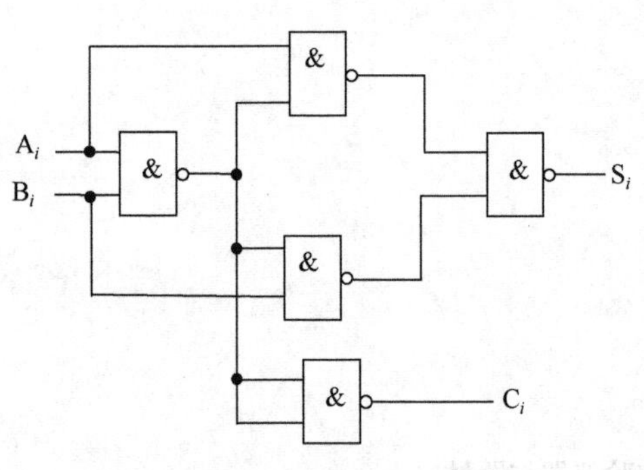

图 3.5.1 用与非门 74LS00 实现半加器的原理图

提示： 本实验采用以下转换来实现半加器。

$$S_i = A_i \oplus B_i = A_i \overline{B_i} + \overline{A_i} B_i = (\overline{A_i} + \overline{B_i})(A_i + B_i)$$
$$= \overline{A_i B_i}(A_i + B_i)$$
$$= A_i \overline{A_i B_i} + B_i \overline{A_i B_i} = \overline{\overline{A_i \overline{A_i B_i}} \cdot \overline{B_i \overline{A_i B_i}}}$$
$$C_i = A_i B_i = \overline{\overline{A_i B_i}}$$

实验中接线采用这种方式，当然也可以采用其他方法来得到。

注意：

(1) 74LS00 与非门芯片的 14 脚 V_{CC} 必须接+5V 电源，7 脚 GND 必须接地，芯片才能正常工作。

(2) 电源极性不能接反，否则会损坏芯片。

根据如图 3.5.1 所示的原理图和 74LS00 与非门的引脚图，在实验板上接成半加器电路。其中，A、B 接电平输入器逻辑开关，S_i、C_i 接输出器逻辑电平显示。并按表 3.5.2 的要求改变 A、B 状态，观察输出状态变化，最后把结果填入表 3.5.2 中。

表 3.5.2　用与非门 74LS00 组成的半加器功能测试表

输入	A	0	0	1	1
	B	0	1	0	1
输出	S_i				
	C_i				

2) 用异或门和与非门实现半加器

根据半加器的逻辑表达式可知：半加器的和 S_i 是 A、B 的异或，而进位 C_i 是 A、B 相与，故半加器可以用 1 个集成异或门和两个与门组成，如图 3.5.2 所示。

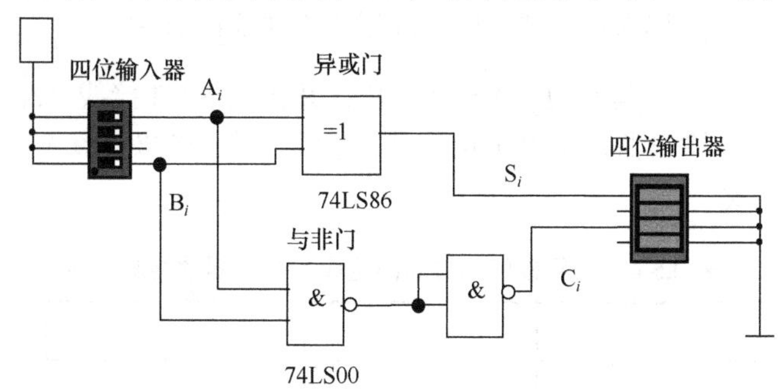

图 3.5.2　用异或门和与非门实现半加器电路

在实验板上用异或门和与非门接成以上电路。A、B 接电平输入器逻辑开关，S_i、C_i 接输出器电平显示。按表 3.5.3 的要求改变 A、B 状态，并将 S_i、C_i 的值填到表 3.5. 3 中。

表 3.5.3　用异或门和与非门组成的半加器功能测试

输入	A	0	0	1	1
	B	0	1	0	1
输出	S_i				
	C_i				

提示： 本实验采用以下方法来实现半加器。

$$S_i = A_i \oplus B_i\text{；}\quad C_i = A_iB_i = \overline{\overline{A_iB_i}}$$

2. 提高型实验：用异或门和与非门实现全加器

用异或门和与非门实现全加器的逻辑电路如图 3.5.3 所示，写出连线图的逻辑表达式。

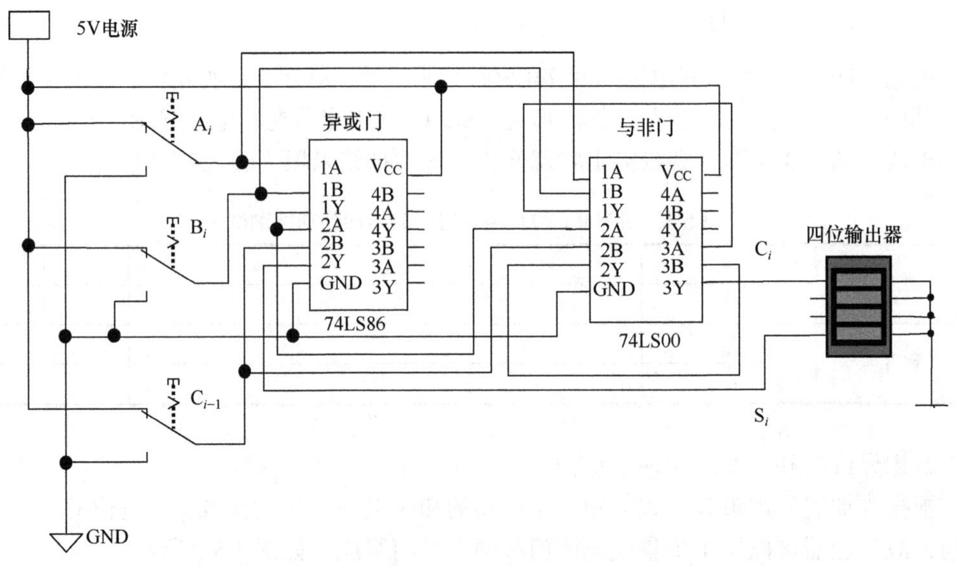

图 3.5.3　异或门和与非门实现全加器电路连线图

找到异或门 74LS86、与非门 74LS00 芯片，并按图 3.5.3 接线。A_i、B_i、C_{i-1} 接输入器逻辑开关，S_i、C_i 接输出器逻辑电平指示器，然后测试，将结果填入表 3.5.4 中。最后，写出 S_i、C_i 的表达式。

表 3.5.4　用异或门和与非门组成的全加器功能测试表

A_i	B_i	C_{i-1}	S_i	C_i
0	0	0		
0	0	1		
0	1	0		
0	1	1		
1	0	0		
1	0	1		
1	1	0		
1	1	1		
逻辑表达式：	S_i=			
	C_i=			

3. 开拓型实验：用与非门实现全加器

1）用与非门实现全加器方法一

用与非门实现全加器的逻辑原理图如图 3.5.4 所示，写出该电路的逻辑表达式。

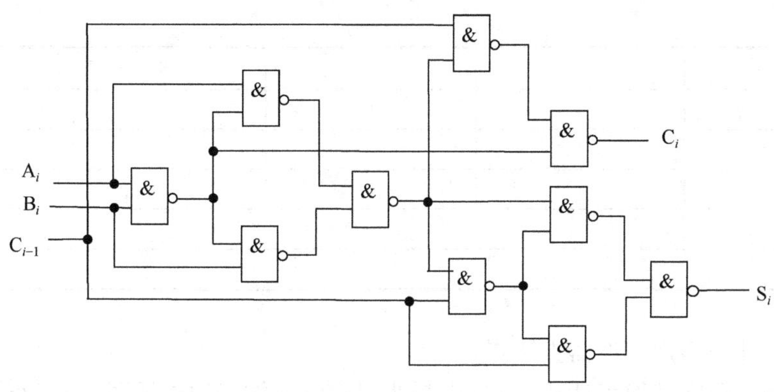

图 3.5.4 与非门 74LS00 实现全加器的原理图

图 3.5.5 所示是图 3.5.4 所示的原理图所对应的用与非门实现全加器的连线图。按图接线再进行测试，将测试结果记入表 3.5.5 中。

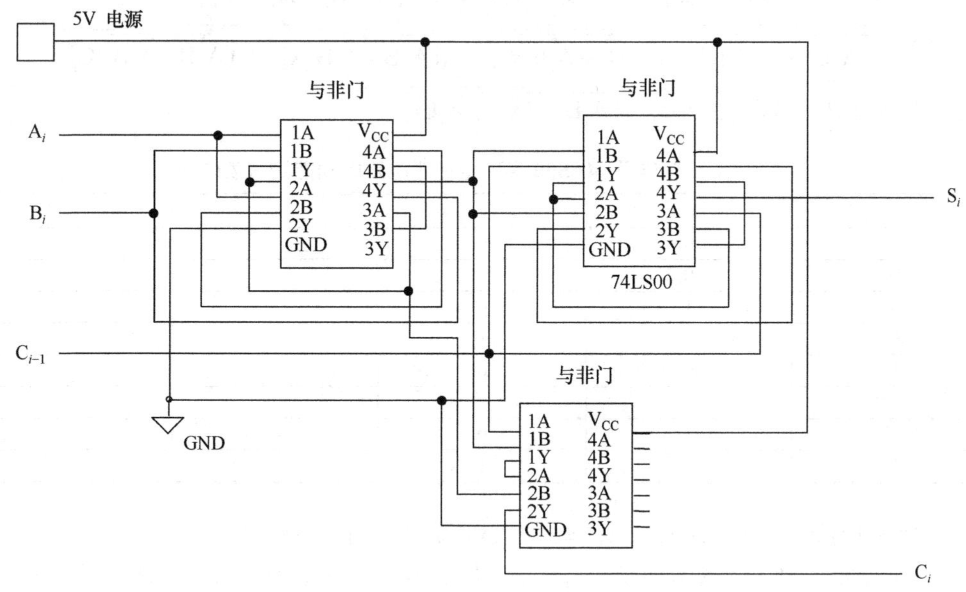

图 3.5.5 与非门 74LS00 实现全加器电路连线图

表 3.5.5 与非门 74LS00 实现全加器电路的功能测试表(一)

A_i	B_i	C_{i-1}	S_i	C_i
0	0	0		
0	0	1		
0	1	0		
0	1	1		
1	0	0		

续表

A_i	B_i	C_{i-1}	S_i	C_i
1	0	1		
1	1	0		
1	1	1		
逻辑表达式：	S_i=			
	C_i=			

2）用与非门实现全加器方法二

按下面的逻辑转换表达式，画出由与非门构成全加器的连线图，并进行测试、验证，最后将测试结果记入表 3.5.6 中。

$$S_i = A_i \oplus B_i \oplus C_{i-1}$$

$$= (A_i\overline{B_i} + \overline{A_i}B_i) \oplus C_{i-1} = (A_i\overline{B_i} + \overline{A_i}B_i)\overline{C_{i-1}} + (\overline{A_iAB_i + \overline{A_i}B_i})C_{i-1}$$

$$= \overline{\overline{(A_i\overline{B_i} + \overline{A_i}B_i)\overline{C_{i-1}}} \cdot \overline{(\overline{A_i\overline{B_i} + \overline{A_i}B_i})C_{i-1}}} = \overline{\overline{((\overline{A_i\overline{B_i}} \cdot \overline{\overline{A_i}B_i})\overline{C_{i-1}})} \cdot \overline{(\overline{A_i\overline{B_i}} \cdot \overline{\overline{A_i}B_i})C_{i-1}}}$$

$$C_i = A_iB_i + B_iC_{i-1} + A_iC_{i-1} = \overline{\overline{A_iB_i} \cdot \overline{B_iC_{i-1}} \cdot \overline{A_iC_{i-1}}}$$

表 3.5.6　与非门 74LS00 实现全加器电路的功能测试表(二)

A_i	B_i	C_{i-1}	S_i	C_i
0	0	0		
0	0	1		
0	1	0		
0	1	1		
1	0	0		
1	0	1		
1	1	0		
1	1	1		

3）用全加器 CC4008 芯片实现 8421BCD 码转变为余三码

若 BCD8421 用 $A_3A_2A_1A_0$ 表示，余三码用 $S_3S_2S_1S_0$ 表示。图 3.5.6 所示是用全加器实现

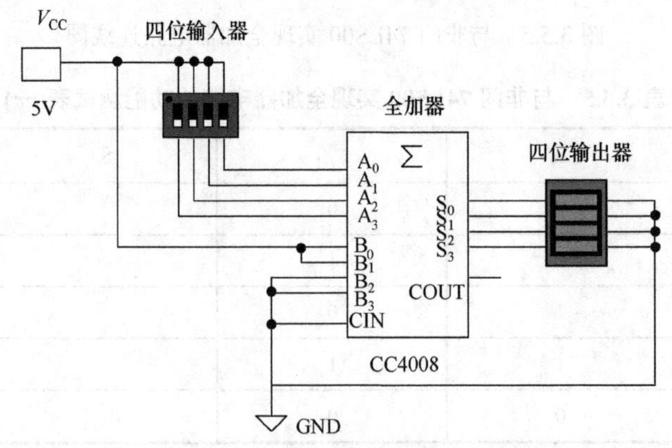

图 3.5.6　用全加器实现的 8421BCD 码转变为余三码连线图

的 8421BCD 码转变为余三码的连线图，按图进行接线，并测试，将测试结果记入表 3.5.7 中。其中应让 $B_3B_2B_1B_0$=0011。

表 3.5.7　用全加器 CC4008 芯片实现的 8421BCD 码转变为余三码功能验证

十进制	输入(8421BCD 码)				输出(余三码)			
	A_3	A_2	A_1	A_0	S_3	S_2	S_1	S_0
0	0	0	0	0				
1	0	0	0	1				
2	0	0	1	0				
3	0	0	1	1				
4	0	1	0	0				
5	0	1	0	1				
6	0	1	1	0				
7	0	1	1	1				
8	0	1	0	0				
9	1	0	0	1				
逻辑表达式			S_3=					
			S_2=					
			S_1=					
			S_0=					

注意： 实验结束时，请整理、摆放好仪器设备，并填写实验设备使用登记本，最后请指导教师签字确认后方可离开实验室。

3.5.5　实验要求

(1) 整理实验数据、图表并对实验结果进行分析讨论。

(2) 总结加法器的实现方法。

3.5.6　思考题

(1) 全加器和半加器有什么联系和区别？

(2) 简述超前进位加法器的原理。

3.6　编码器和显示译码器电路实验

3.6.1　实验目的

(1) 进一步掌握组合逻辑电路的功能测试。

(2) 验证编码器的逻辑功能。

(3) 掌握、熟悉编码器的工作原理及简单应用。

(4) 熟悉数码管的使用方法。

3.6.2　实验仪器与器材

编码器和显示驿码器电路实验仪器与器材如表 3.6.1 所示。

表 3.6.1　编码器和显示译码器电路实验仪器与器材

序号	设备	型号规格	数量
1	直流电源适配器	5V	1 台
2	数字电子实验板	六孔板	1 块
3	输入器	四位	2 只
4	输出器	四位	1 只
5	芯片底座	IC-14	1 只
6	芯片底座	IC-16	1 只
7	带译码电路的七段 LED 数码管	5163AS	1 只
8	8 线－3 线优先编码器	74LS148	1 片
9	四 2 输入与非门芯片	74LS00	2 片

3.6.3　实验原理

1. 编码器

把二进制码按一定规律编排，使每组代码具有一个特定的含义称为编码。具有编码功能的逻辑电路称为编码器。二进制编码器的功能如图 3.6.1 所示。它把输入的 2^n 个高低电平转化成 n 位二进制输出。

编码器的逻辑功能是将输入信号中的一个有效信号变换成相应的一组二进制代码输出。优先编码器定义了所有输入信号的优先级别，当多个输入信号同时有效时，优先编码器输出的是对应优先权最高的信号编码值。

图 3.6.2 给出了 8 线-3 线优先编码器 74LS148 的引脚排列图。$\overline{S}$ 为使能控制端或称选通输入端。选通输出端 Y_S 和扩展端 $\overline{Y_{EX}}$ 的功能是实现编码位数(输入信号数)的扩展。$\overline{IN_0}$ ～ $\overline{IN_7}$ 是 8 个输入信号(编码对象)，低电平有效。$\overline{IN_7}$ 的优先权最高，$\overline{IN_0}$ 的优先权最低。编码输出是 3 位二进制代码，用 $\overline{Y_2}$ $\overline{Y_1}$ $\overline{Y_0}$ 表示。输出也是低电平有效。表 3.6.2 为 8 线-3 线优先编码器的真值表(表中 Φ 表示可以取任意一个逻辑值)。

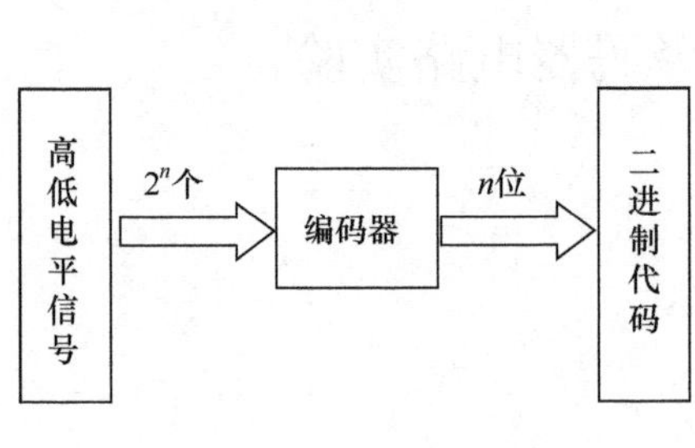

图 3.6.1　二进制编码器功能示意图

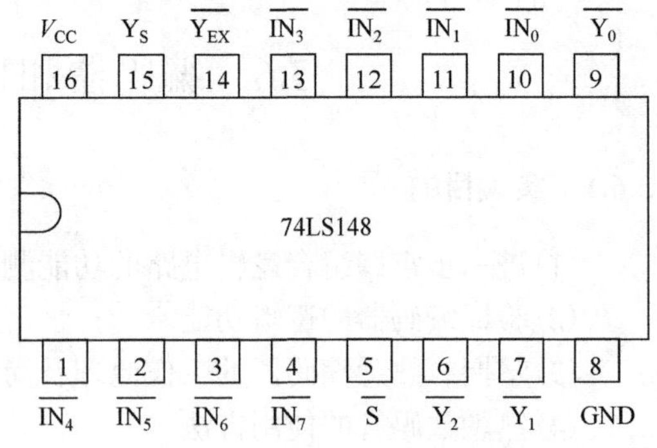

图 3.6.2　8 线-3 线优先编码器 74LS148 的引脚排列图

只有在$\bar{S}$=0 时，编码器才允许工作。当$\overline{IN_0}$～$\overline{IN_7}$ 8 个输入中有“0”时，输出一组优先权最高的有效输入所对应的二进制代码。例如，当$\bar{S}=0$，$\overline{IN_1}=\overline{IN_3}=\overline{IN_4}=\overline{IN_6}=0$时，$\overline{IN_6}$的优先权最高，输出$\overline{Y_2}\ \overline{Y_1}\ \overline{Y_0}$=001(见表 3.6.2 第 4 行)。

表 3.6.2　8 线-3 线优先编码器的真值表

输入									输出				
$\bar{S}$	$\overline{IN_0}$	$\overline{IN_1}$	$\overline{IN_2}$	$\overline{IN_3}$	$\overline{IN_4}$	$\overline{IN_5}$	$\overline{IN_6}$	$\overline{IN_7}$	$\overline{Y_2}$	$\overline{Y_1}$	$\overline{Y_0}$	$\overline{Y_{EX}}$	Y_s
1	Φ	Φ	Φ	Φ	Φ	Φ	Φ	Φ	1	1	1	1	1
0	1	1	1	1	1	1	1	1	1	1	1	1	0
0	Φ	Φ	Φ	Φ	Φ	Φ	Φ	0	0	0	0	0	1
0	Φ	Φ	Φ	Φ	Φ	Φ	0	1	0	0	1	0	1
0	Φ	Φ	Φ	Φ	Φ	0	1	1	0	1	0	0	1
0	Φ	Φ	Φ	Φ	0	1	1	1	0	1	1	0	1
0	Φ	Φ	Φ	0	1	1	1	1	1	0	0	0	1
0	Φ	Φ	0	1	1	1	1	1	1	0	1	0	1
0	Φ	0	1	1	1	1	1	1	1	1	0	0	1
0	0	1	1	1	1	1	1	1	1	1	1	0	1

2. 显示译码器

1)七段 LED 数码管

LED 数码管是目前最常用的数字显示器。图 3.6.3(a)和图 3.6.3(b)所示为共阴极数码管接法和共阳极数码管接法电路，图 3.6.3(c)为符号与引脚功能图。

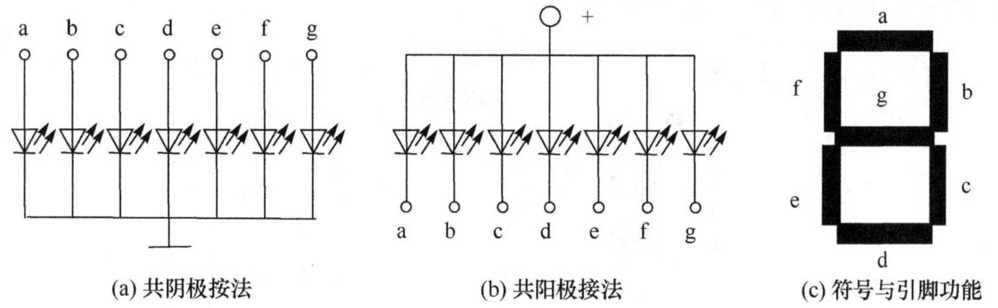

(a) 共阴极按法　(b) 共阳极接法　(c) 符号与引脚功能

图 3.6.3　七段 LED 数码管

一个 LED 数码管可用来显示一位 0～9 十进制数。小型数码管每段发光二极管的正向压降随显示光(通常为红、绿、黄、橙色)的颜色不同略有差别，通常为 2～2.5V，每个发光二极管的发光电流为 5～10mA。LED 数码管要显示 BCD 码所表示的十进制数字就需要有一个专门的译码器，该译码器不但要完成译码功能，还要有相当的驱动能力。

2)BCD 码七段译码驱动器

七段译码驱动器型号有 74LS47(共阳)、74LS48(共阴)、CC4511(共阴)等，图 3.6.4 是 74LS247 型译码器引脚排列图，图 3.6.5 是 74LS247 七段译码器和数码管的连接图。

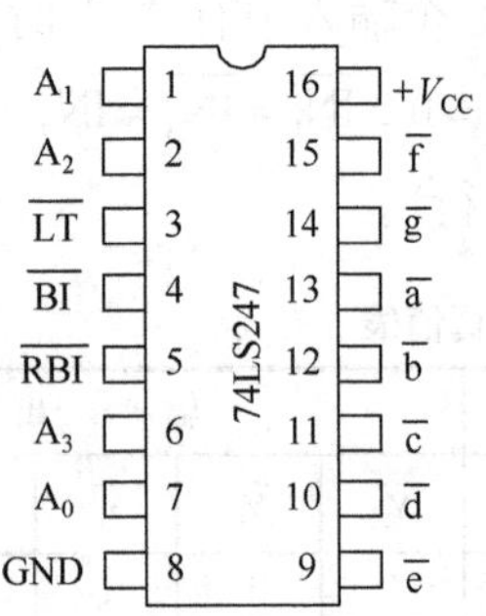

图 3.6.4　74LS247 型译码器引脚排列图

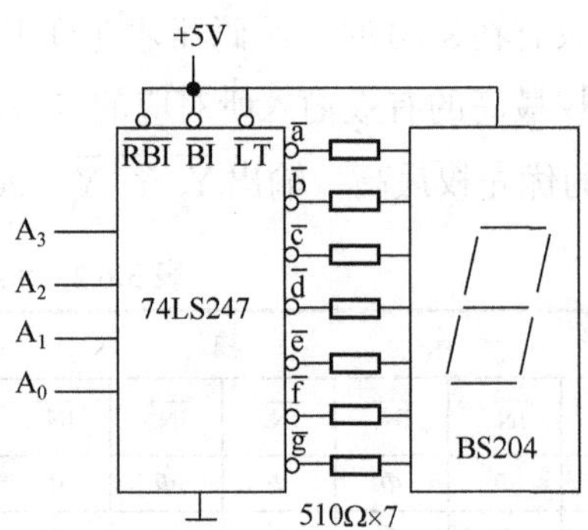

图 3.6.5　74LS247 七段译码器和数码管的连接图

其中，A_3、A_2、A_1、A_0 为 BCD 码输入端；$\overline{a}$、$\overline{b}$、$\overline{c}$、$\overline{d}$、$\overline{e}$、$\overline{f}$、$\overline{g}$ 为译码输出端，输出低电平有效，用来驱动共阳极 LED 数码管；$\overline{LT}$ 为测试输入端，$\overline{LT}=0$ 时，译码输出全为“1”；$\overline{BI}$ 为消隐输入端，$\overline{BI}=0$ 时，译码输出全为“0”；$\overline{RBI}$ 为灭 0 输入器。

3.6.4　实验内容与步骤

1. 基本型实验

1) 编码器的逻辑功能测试

按图 3.6.6 所示的 74LS148 编码器功能测试图接线。74LS148 编码器的 8 个输入端接两个四位输入器，74LS148 编码器的输出端 $\overline{Y}_2$、$\overline{Y}_1$、$\overline{Y}_0$ 和输出状态指示端 $\overline{Y_{EX}}$、Y_s 分别接两个四位输出器来显示输出电平。

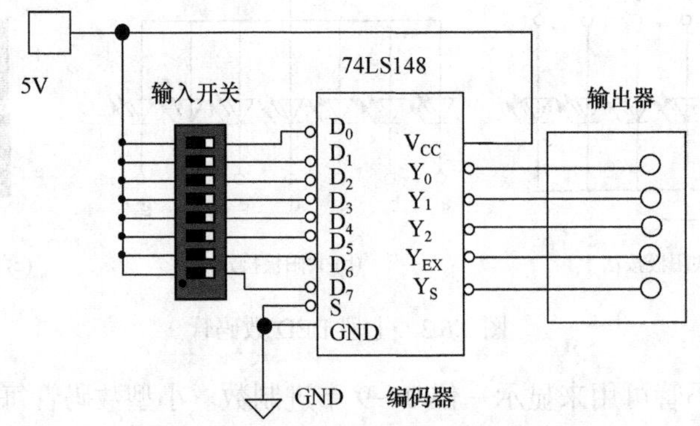

图 3.6.6　74LS148 编码器的逻辑功能测试图

按表 3.6.3 要求改变 $\overline{S}$ 和 D_0～D_7（$\overline{IN_0}$～$\overline{IN_7}$）的状态，观察输出的逻辑电平，并填入表 3.6.3 中。

表 3.6.3 74LS148 编码器功能测试表

序号	输入									输出				
	$\overline{S}$	$\overline{IN_0}$	$\overline{IN_1}$	$\overline{IN_2}$	$\overline{IN_3}$	$\overline{IN_4}$	$\overline{IN_5}$	$\overline{IN_6}$	$\overline{IN_7}$	$\overline{Y_2}$	$\overline{Y_1}$	$\overline{Y_0}$	$\overline{Y_{EX}}$	Y_S
1	0	1	1	1	1	1	1	1	1					
2	0	1	0	0	1	0	0	1	0					
3	0	0	1	0	1	1	0	0	1					
4	0	0	0	0	1	0	0	1	1					
5	0	0	1	0	1	0	1	1	1					
6	0	0	1	1	0	1	1	1	1					
7	0	1	1	0	1	1	1	1	1					
8	0	0	0	1	1	1	1	1	1					
9	0	0	1	1	1	1	1	1	1					
10	1	1	1	1	1	0	0	0	0					
11	1	0	0	0	0	1	1	1	1					
12	1	0	0	0	0	0	0	0	0					
13	1	1	1	1	1	1	1	1	1					

提示：通过 74LS148 的 Y_S 和 $\overline{Y_{EX}}$ 端的逻辑状态可以指示 74LS148 编码器的工作状态。工作状态分为封锁、无输入、编码三种，如表 3.6.4 所示。

表 3.6.4 74LS148 编码器的工作状态

Y_S	$\overline{Y_{EX}}$	状态说明
1	1	封锁
0	1	无输入
1	0	编码

2）集成数码管功能测试

按图 3.6.7 集成数码管功能测试连线图接线。将实验装置上的四位输入器的逻辑开关的输出 A、B、C、D 分别接至带驱动的集成七段数码管显示译码的对应输入口，接通电源。然后按表 3.6.5 输入的要求拨动 4 个逻辑开关，观测四位输入器上的逻辑状态与 LED 数码管显示的对应数字是否一致，以及译码显示是否正常。

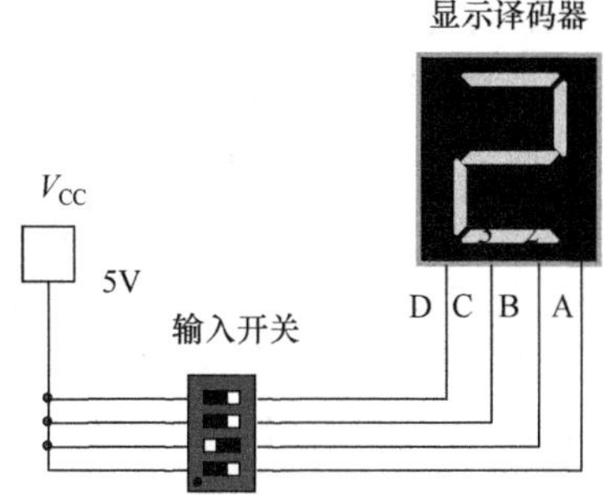

图 3.6.7 集成数码管功能测试连线图

注意：

(1) 实验中使用的带驱动的集成七段数码管是共阴极的。

(2) 输入高电平有效。

表 3.6.5 集成数码管功能测试表

输入				输出							显示数码
D	C	B	A	a	b	c	d	e	f	g	
0	0	0	0	1	1	1	1	1	1	0	0
0	0	0	1	0	1	1	0	0	0	0	1
0	0	1	0	1	1	0	1	1	0	1	2
0	0	1	1	1	1	1	1	0	0	1	3
0	1	0	0	0	1	1	0	0	1	1	4
0	1	0	1	1	0	1	1	0	1	1	5
0	1	1	0	1	0	1	1	1	1	1	6
0	1	1	1	1	1	1	0	0	0	0	7
1	0	0	0	1	1	1	1	1	1	1	8
1	0	0	1	1	1	1	1	0	1	1	9
1	0	1	0	1	1	1	0	1	1	1	A
1	0	1	1	0	0	1	1	1	1	1	b
1	1	0	0	1	0	0	1	1	1	0	C
1	1	0	1	0	1	1	1	1	0	1	d
1	1	1	0	1	0	0	1	1	1	1	E
1	1	1	1	1	0	0	0	1	1	1	F

2. 提高型实验

1) 编码器和显示译码器的优先显示“5”实验系统

图 3.6.8 所示是编码器和显示译码器实验系统原理图。系统由输入逻辑开关、74LS148 编码器、非门以及显示译码器组成。

系统的工作原理为：当 74LS148 编码器的 16 脚接 5V 电源，8 脚接地，即正常供电情况下，同时让 $\overline{S}=0$，即 5 脚接地时，保证编码器工作在编码状态。

此时，图 3.6.8 中 D_5 和 D_3 都接地（输入低电平），其他输入端接 5V（输入高电平），也就是 D_5 和 D_3 输入有效。由于 74LS148 编码器是优先编码器，所以只对 D_5 输入信号进行编码，忽略 D_3。通过查阅表 3.6.2，可知在编码器输出端应该输出 010，如果将此时的输出直接接到显示译码器上，那只会显示“2”。要正确显示“5”，只能取编码器输出信号的反码，即通过非门，让其输出变为 101，这样就能在显示译码器上显示“5”了。

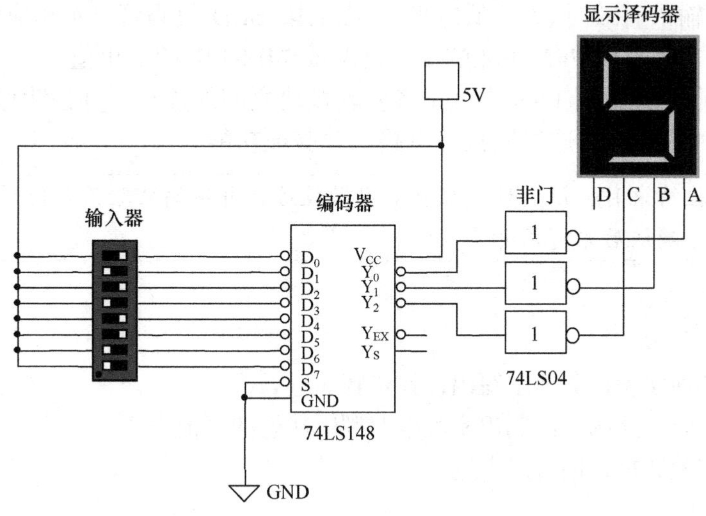

图 3.6.8　编码器和显示译码器显示“5”实验接线图

按图 3.6.8 接线，并验证系统功能。

2)编码器和显示译码器综合实验

要求根据图3.6.9提供的74LS148编码器和74LS00与非门芯片和必要的输入器、

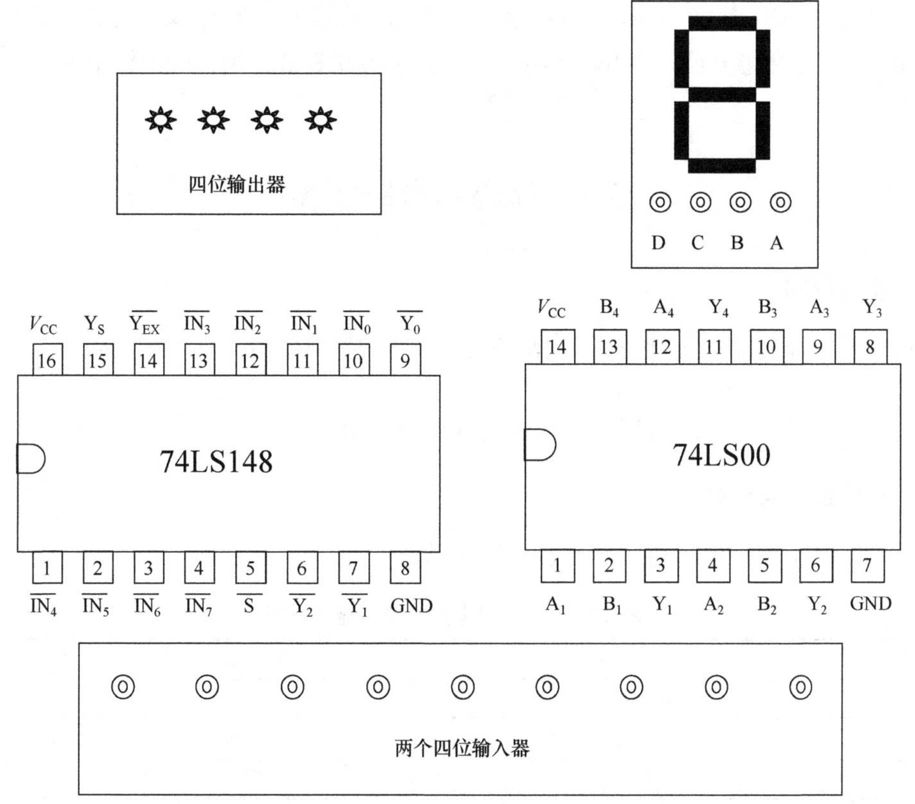

图 3.6.9　编码器和译码器实验连线图

输出器，实现输入有效时(处于低电平)，在七段 LED 数码管显示相应的数值。并要求在输出端可以观察到 74LS148 的工作情况或 74LS148 的输出值。

(1) 实验前，请在图 3.6.9 中画出各实验模块之间的连线，并说明原因。

(2) 实验时按设计的连线图接好电路，并验证功能。

注意：实验结束时，请整理、摆放好仪器设备，并填写实验设备使用登记本，最后请指导教师签字确认后方可离开实验室。

3.6.5 实验要求

(1) 根据各项实验任务要求写出设计步骤。

(2) 画出实验电路图，绘制出实验电路逻辑功能的真值表。

(3) 整理实验数据，回答思考题。

3.6.6 思考题

(1) 编码和显示译码系统实验中，说明与非门的作用，如果换成非门可以吗?

(2) 简述编码器的“优先”概念。

(3) 在 74LS148 编码器电路中已经正常供电，若$\overline{S}=0$，$\overline{IN_1}=\overline{IN_2}=\overline{IN_5}=\overline{IN_6}=0$，输出$\overline{Y_2}\,\overline{Y_1}\,\overline{Y_0}$为多少? 若将$\overline{S}$端错接成高电平，则此时的输出$\overline{Y_2}\,\overline{Y_1}\,\overline{Y_0}$又是什么? 若$\overline{S}=0$时，第二输入端$\overline{IN_1}$和第五输入端$\overline{IN_4}$同时有效，其余各端失效，则此时的输出$\overline{Y_2}\,\overline{Y_1}\,\overline{Y_0}$又是什么?

3.7 译码器电路实验

3.7.1 实验目的

(1) 验证译码器的逻辑功能，了解集成译码器的简单应用。

(2) 掌握、熟悉编码器的工作原理。

(3) 掌握中规模集成译码器的逻辑功能和使用方法。

3.7.2 实验仪器与器材

译码器电路实验仪器与器材如表 3.7.1 所示。

表 3.7.1 译码器电路实验仪器与器材

序号	设备	型号规格	数量
1	直流电源适配器	5V	1 台
2	数字电子实验板	六孔板	1 块
3	输入器	四位	2 个
4	输出器	四位	1 个

续表

序号	设备	型号规格	数量
5	芯片底座	IC-14	1 个
6	芯片底座	IC-16	1 个
7	函数发生器	YB1602	1 台
8	数字示波器	LDS20405	1 台
9	2 线-4 线译码器	74LS139	2 片
10	3 线-8 线译码器	74LS138	1 片
11	四 2 输入与非门芯片	74LS00	2 片
12	二 4 输入与非门芯片	74LS20	2 片

3.7.3　实验原理

1. 译码器的知识

赋予若干位二进制码以特定含义的过程称为编码，能实现编码功能的逻辑电路称为编码器。译码是编码的逆过程，译码器是一个多输入、多输出的组合逻辑电路，其作用是“翻译”给定的代码并变成相应的状态。因此，译码器的逻辑功能就是将每个二进制代码译成对应的高低电平信号。译码器在数字系统中有广泛的用途，不仅用于代码的转换、终端的数字显示，还用于数据分配、存储器寻址和组合控制信号等。不同的用途可选用不同种类的译码器。

n 个变量的译码器其输出与输入的关系可表示为 $Y_i=\overline{m_i}$ 。式中，m_i 是由 n 个变量构成的最小项。

译码器可分为通用译码器和显示译码器两大类。通用译码器又分为变量译码器和代码译码器。变量译码器的逻辑功能是将输入的 n 位二进制代码译成 2^n 个最小项输出。每个输出最小项与唯一的一组输入码相对应。当输入为某组码时，仅与其对应的输出信号为有效电平，其他输出均为无效电平。

变量译码器也称二进制译码器。n 位二进制译码器，就有 n 个输入变量，则有 2^n 个不同的组合状态，就有 2^n 个输出端可供使用。而每一个输出所代表的函数对应于 n 个输入变量的一个最小项。常用的有 2 线-4 线译码器 74LS139、3 线-8 线译码器 74LS138、4 线-16 线译码器 74LS154 等。

2. 芯片 74LS139 和 74LS138 介绍

译码器 74LS139 是个 2 线-4 线译码器。输入的 2 位二进制编码 B、A 共表示 4 种状态，译码器将每种输入编码使 4 根输出线 Y_0～Y_3 中的 1 个有效，而且输出低电平时有效。E 为使能端，低电平有效，它既可控制电路的工作，也可用于扩展逻辑功能。E=0 时，译码器工作；E=1 时，电路被禁止，输出全部为高电平，输出状态与输入数据无关。B、A 可视为二进制数据，B 为高位，A 为低位，与输出 Y_0～Y_3 对应。

典型的变量译码器为 3 线-8 线译码器 74LS138。图 3.7.1 所示为 3 线-8 线译码器 74LS138 的引脚排列图。其中 $A_2A_1A_0$ 为 3 线译码输入端，$\overline{Y_0}\sim\overline{Y_7}$ 为 8 线译码输出端，低电平有效。S_1、$\overline{S_2}$、$\overline{S_3}$ 为使能选通端。表 3.7.2 所示为 3 线-8 线译码器 74LS138 的真值表(表中 Φ 为取任意逻辑值)。

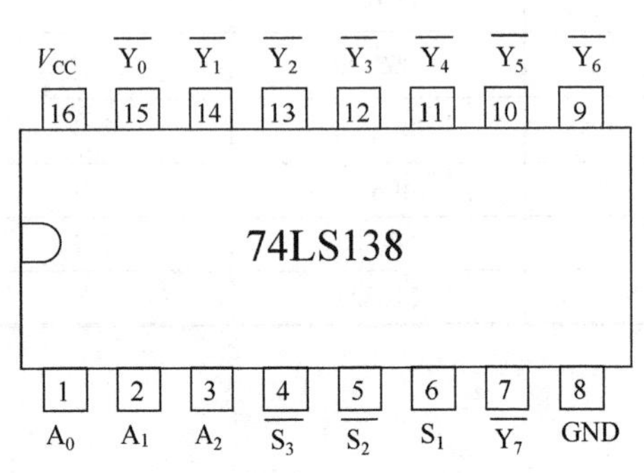

图 3.7.1　译码器 74LS138 的引脚排列图

由表 3.7.2 可见，当 $S_1=1$，$\overline{S_2}+\overline{S_3}=0$ 时，译码器使能。输入地址码所对应的输出端有信号(为逻辑 0，低电平有效)输出。不论地址输入 A_2、A_1、A_0 为何逻辑状态，输出中有且仅有一个为有效电平“0”，而且有效输出端的下标序号与输入二进制地址码所对应的十进制数相同。其他所有输出端均无信号(为逻辑 1，因为低电平有效)输出。当 $S_1=0$，$\overline{S_2}+\overline{S_3}=\phi$ 时，或 $\overline{S_2}+\overline{S_3}=1$，$S_1=\phi$ 时，译码器被禁止，所有输出同时为 1。

表 3.7.2　3 线－8 线译码器真值表

S_1	$\overline{S_2}+\overline{S_3}$	A_2	A_1	A_0	$\overline{Y_0}$	$\overline{Y_1}$	$\overline{Y_2}$	$\overline{Y_3}$	$\overline{Y_4}$	$\overline{Y_5}$	$\overline{Y_6}$	$\overline{Y_7}$
Φ	1	Φ	Φ	Φ	1	1	1	1	1	1	1	1
0	Φ	Φ	Φ	Φ	1	1	1	1	1	1	1	1
1	0	0	0	0	0	1	1	1	1	1	1	1
1	0	0	0	1	1	0	1	1	1	1	1	1
1	0	0	1	0	1	1	0	1	1	1	1	1
1	0	0	1	1	1	1	1	0	1	1	1	1
1	0	1	0	0	1	1	1	1	0	1	1	1
1	0	1	0	1	1	1	1	1	1	0	1	1
1	0	1	1	0	1	1	1	1	1	1	0	1
1	0	1	1	1	1	1	1	1	1	1	1	0

3. 译码器实现数据分配功能

二进制译码器实际上也是负脉冲输出的脉冲分配器。若利用使能端中的一个输入端输入数据信息，译码器就成为一个数据分配器(又称多路分配器)，如图 3.7.2 所示。若在 S_1 输入端输入数据信息，$\overline{S_2}+\overline{S_3}=0$，地址码所对应的输出是 S_1 数据信息的反码。若从 $\overline{S_2}$ 端输入数据信息，令 $S_1=1,\overline{S_3}=0$，地址码所对应的输出就是 $\overline{S_2}$ 端数据信息的原码。若数据信息是时钟脉冲，则数据分配器便成为时

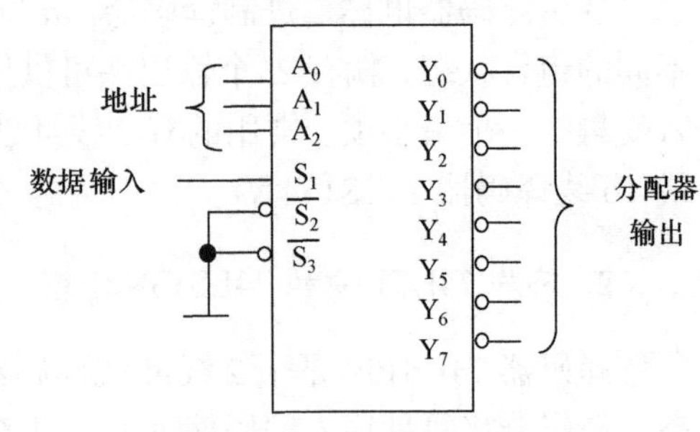

图 3.7.2　译码器的数据分配接法

钟脉冲分配器。

译码器可以根据输入地址的不同组合译出唯一地址，故可用作地址译码器。也可以接成多路分配器，可将一个信号源的数据信息传输到不同的地址。

4. 译码器实现逻辑函数功能

如果把译码器的输入看成逻辑变量，输出信号当成逻辑函数，那么每一个输出信号就是输入变量的一个最小项，所以二进制译码器在输出端提供了输入变量的全部最小项。因此，只要用译码器和必要的门电路就可以实现任意组合逻辑函数。

如图 3.7.3 所示的连线图实现的逻辑函数是 $F=\overline{A}\,\overline{B}\,\overline{C}+\overline{A}\,\overline{B}C+\overline{A}B\overline{C}+ABC$。

当然也可以在已知逻辑函数的情况下，用译码器和必要的门电路设计电路来实现逻辑函数。

例：用 74LS138 实现逻辑函数

$$F=\overline{A}\,\overline{C}+ABC$$

实现的一般方法和步骤如下：

(1)将函数换为最小项形式。

(2)将最小项表示成与非式。

$$\begin{aligned} F&=\overline{A}\,\overline{C}+ABC \\ &=\overline{A}\,\overline{B}\,\overline{C}+\overline{A}B\overline{C}+ABC \\ &=Y_0+Y_2+Y_7 \\ &=\overline{\overline{Y_0}\cdot\overline{Y_2}\cdot\overline{Y_7}} \end{aligned}$$

(3)根据与非表达式，画出相应的 74LS138 连线图如图 3.7.4 所示。

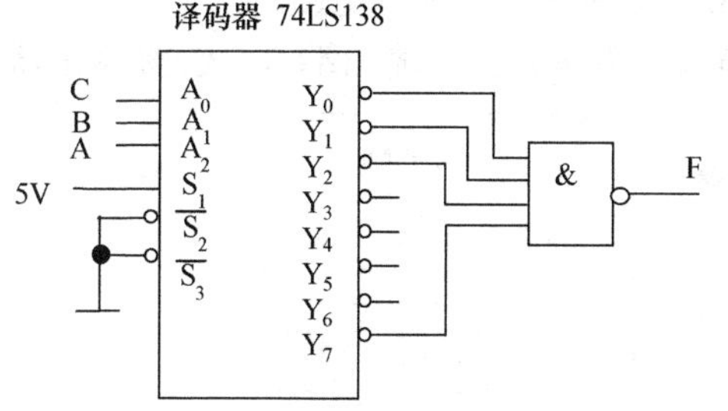

图 3.7.3　译码器实现逻辑函数功能

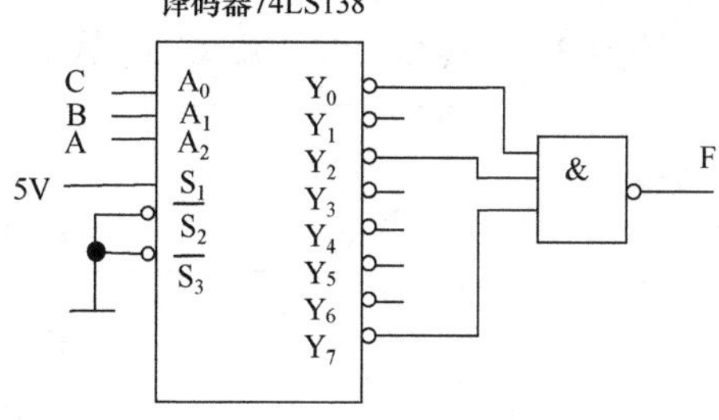

图 3.7.4　译码器实现逻辑函数功能图

3.7.4　实验内容与步骤

1. 基本型实验：校验集成译码器 74LS138 的逻辑功能

先让 S_1=1，$\overline{S_2}+\overline{S_3}=0$，输入端 A、B、C 接输入器逻辑开关，输出端 $\overline{Y_0}\sim\overline{Y_7}$ 接输出逻辑电平显示器。接通电源，按表 3.7.3 输入各逻辑电平，观察输出结果并填入表 3.7.3 中。

表 3.7.3　74LS138 译码器功能测试表

输入			输出							
A	B	C	$\overline{Y_0}$	$\overline{Y_1}$	$\overline{Y_2}$	$\overline{Y_3}$	$\overline{Y_4}$	$\overline{Y_5}$	$\overline{Y_6}$	$\overline{Y_7}$
0	0	0								
0	0	1								
0	1	0								
0	1	1								
1	0	0								
1	0	1								
1	1	0								
1	1	1								

注意：

(1) 实验前注意使用万用表对导线进行好坏判定，注意接入数字电路实验板的电源电压为+5V。

(2) 输入器逻辑开关为数字电路实验板上的拨动开关或按钮开关，通过它可给电路的输入端加固定的高、低电平。

(3) 输出显示为四位输出器上的发光二极管，通过它可观察逻辑状态结果“0”或“1”。

2. 提高型实验

(1)用 3 线-8 线译码器 74LS138 和门电路设计如下多输出逻辑函数：

$$Y_1 = \overline{B}\overline{C} + AB\overline{C}$$

$$Y_2 = AC$$

(2)用 74LS138 集成译码器和与非门 74LS20 实现一个全加器电路。

按图 3.7.5 接线。输入端 C_{i-1}、A_i、B_i 接输入器逻辑开关，输出端 S_i、C_i 接输出器电

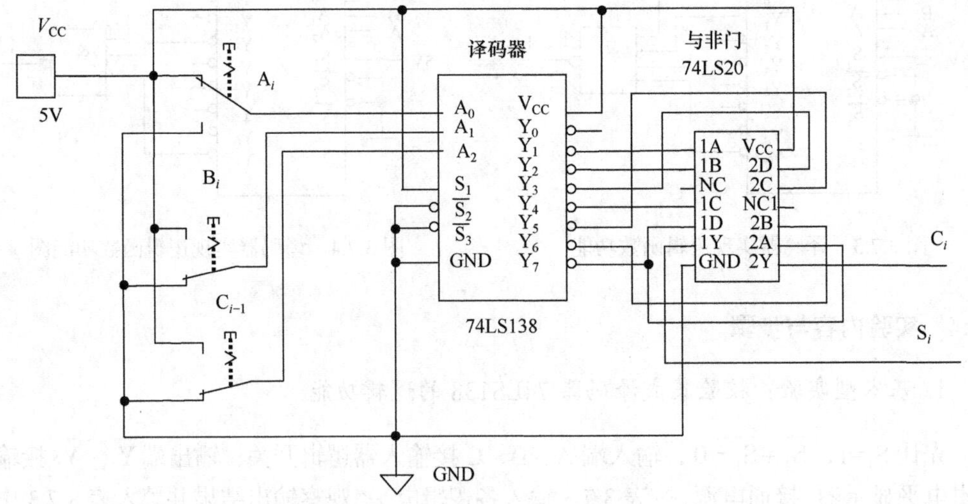

图 3.7.5　74LS138 译码器与 74LS20 实现的全加器电路图

平显示。接通电源，按表 3.7.4 输入各逻辑电平，观察输出结果并填入表 3.7.4 中，写出逻辑表达式。

表 3.7.4　74LS138 译码器与 74LS20 与非门实现的全加器功能测试表

A_i	B_i	C_{i-1}	C_i	S_i
0	0	0		
0	0	1		
0	1	0		
0	1	1		
1	0	0		
1	0	1		
1	1	0		
1	1	1		
逻辑表达式		C_i=		
		S_i=		

3. 开拓型实验

1)用 74LS138 和与非门实现三人表决器

按图 3.7.6 接线。输入端 A、B、C 接输入器的逻辑开关，输出端 F 接四位输出器的其中一个。接通电源，按表 3.7.5 输入各逻辑电平，观察输出结果并填入表 3.7.5 中，最后写出输出逻辑表达式。

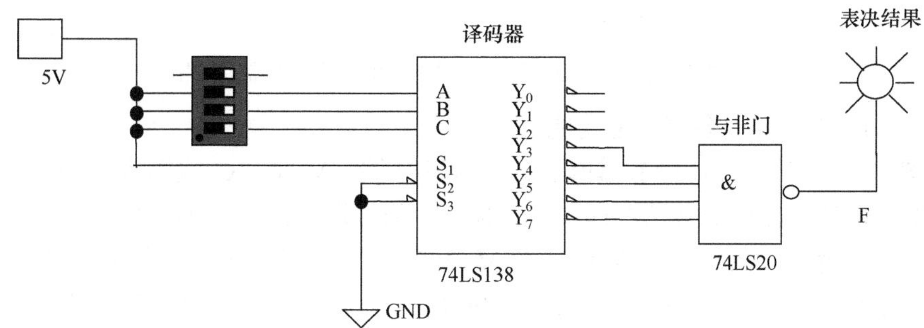

图 3.7.6　74LS138 译码器和 74LS20 与非门实现三人表决器电路图

表 3.7.5　三人表决器电路功能测试表

输　入			输　出
A	B	C	F
0	0	0	
0	0	1	
0	1	0	
0	1	1	
1	0	0	
1	0	1	
1	1	0	
1	1	1	
逻辑表达式		F=	

注意：

(1) 74LS138 译码器芯片的 16 脚 V_{cc} 接 5V 电源，8 脚 GND 接地。

(2) 74LS20 与非门芯片的 14 脚 V_{cc} 接 5V 电源，7 脚 GND 接地。

(3) 四位输出器也需要接地。

2) 用 74LS138 和与非门实现的四人表决器电路

按图 3.7.7 接线，输入端 A、B、C、D 接输入器的逻辑开关，输出端 F 接四位输出器的其中一个。自行设计表格，验证其逻辑功能，并写出逻辑表达式。

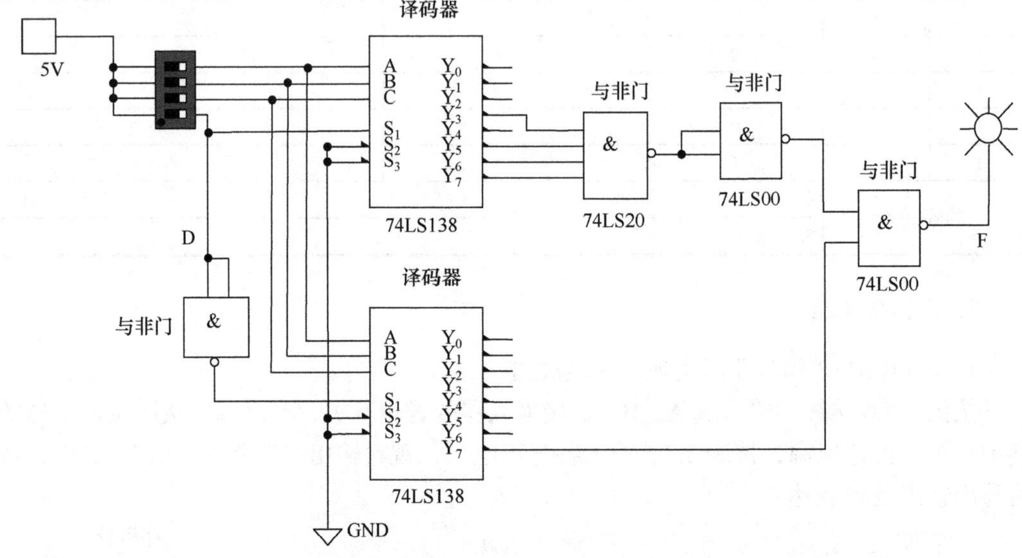

图 3.7.7　用 74LS138 和与非门实现的四人表决器原理图

3) 用 74LS138 实现数据分配功能

按图 3.7.8 接线，74LS138 译码器的地址选择端 A、B、C 接输入器的逻辑开关，74LS138 译码器的输出端接两个四位输出器。由信号发生器产生 1Hz 的方波信号，并连接至 74LS138 译码器的使能输入端 S_1。接通 5V 电源，拨动输入器的逻辑开关使 ABC=001，观察输出哪个端子有信号，并用示波器观察信号发生器产生的波形和 74LS138 译码器有信号输出端的波形，并记录波形图。

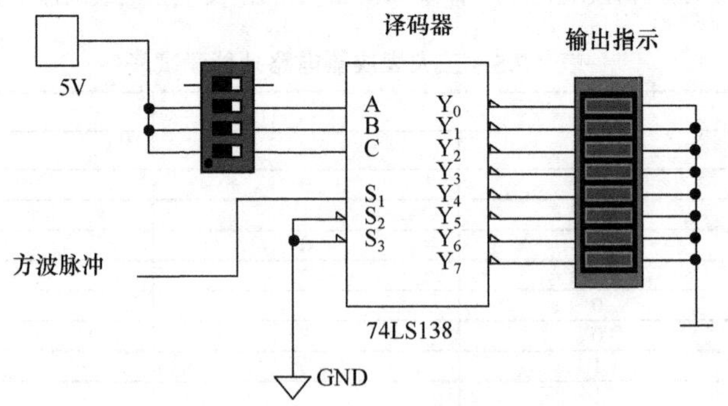

图 3.7.8　74LS138 实现数据分配功能连线图

如果拨动输入器的逻辑开关改变 ABC 的逻辑电平，如让 ABC=101，观察输出端发生什么变化，仔细观察，记录相应波形，并分析原因。

若把 S_1 接高电平，$\overline{S_2}$ 接信号发生器的输出信号，$\overline{S_3}$ 接地，也让 ABC=101。观察输入、输出波形的变化，记录波形，并分析原因。

注意 1：

(1) 74LS138 译码器芯片的 16 脚要接 5V 电源，8 脚接地。

(2) 四位输出器也需接地，才能正常工作。

注意 2： 实验结束时，请整理、摆放好仪器设备，并填写实验设备使用登记本，最后请指导教师签字确认后方可离开实验室。

3.7.5　实验要求

(1) 写出 74LS138 译码器实现逻辑函数的步骤。

(2) 画出实验电路图，绘制出实验电路逻辑功能的真值表。

(3) 整理实验数据，回答思考题。

3.7.6　思考题

(1) 一个 3 线-8 线译码器 74LS138，当输入端 A=0、B=0、C=1 时，其中 A 为高位，输出端 $\overline{Y_0}$ 和 $\overline{Y_7}$ 以及 $\overline{Y_1}$ 和 $\overline{Y_6}$ 的状态分别是什么？

(2) 在 74LS138 译码器电路中已经正常供电，若 $S_1=1, \overline{S_2}+\overline{S_3}=0$，输入 ABC=010，输出哪个端子有效？若将 S_1 端错接成低电平，则此时的输出又是什么？若 $S_1=1, \overline{S_2}+\overline{S_3}=0$，ABC=100，则此时的输出为低电平的有哪些端子？

3.8　数据选择器实验

3.8.1　实验目的

(1) 熟悉集成数据选择器的逻辑功能。

(2) 了解集成数据选择器的应用。

3.8.2　实验仪器与器材

数据选择器实验仪器与器材如表 3.8.1 所示。

表 3.8.1　数据选择器实验仪器与器材

序号	设备	型号规格	数量
1	直流电源适配器	5V	1 台
2	数字电子实验板	六孔板	1 块
3	输入器	四位	2 只
4	输出器	四位	1 只
5	芯片底座	IC-14	1 只
6	芯片底座	IC-16	1 只

续表

序号	设备	型号规格	数量
7	八选一数据选择器	74LS153	1片
8	四选一数据选择器	74LS151	1片
9	四2输入与非门芯片	74LS00	1片
10	二4输入与非门芯片	74LS20	1片

3.8.3 实验原理

1. 选择器

在多路数据传送过程中，能够根据需要将其中任意一路挑选出来的电路是数据选择器。数据选择器是一个多输入单输出的组合逻辑电路。它在地址码的控制下，从几个输入数据中选择一个并将其送到一个公共的输出端，以实现多通道数据传输。数据选择器的功能类似于一个多掷开关，图3.8.1所示为四选一数据选择器的原理图，图中有4路数据D_0～D_3，通过选择控制信号A_1、A_0地址码，从4路数据中选中某一路数据送至输出端Y。

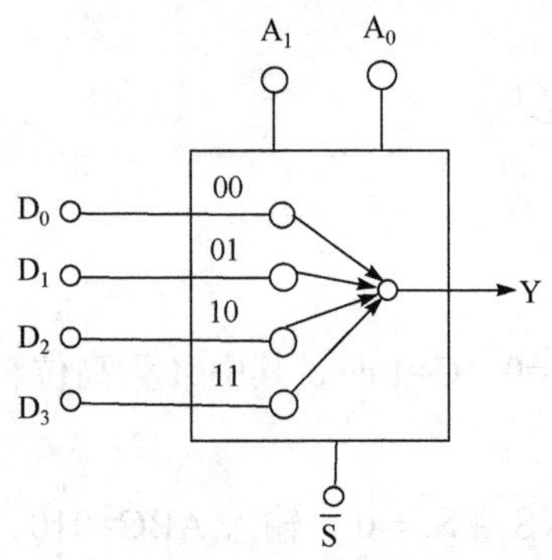

图3.8.1　数据选择器原理图

数据选择器和译码器是目前逻辑设计中应用十分广泛的逻辑部件。数据选择器的种类有74LS157(四个二选一)、74LS153(双四选一)、74LS151(八选一)、74LS150(十六选一)。

对于n位输入地址的数据选择器，其输出、输入关系可表示为

$$Y=\sum m_i D_i\text{，}\quad i=0,1,\cdots,2^n-1$$

可以产生任何形式输入变量数不大于 $n+1$ 的组合逻辑函数。

2. 74LS153芯片简介

数据选择器74LS153包含了两个4选1的数据选择器，A_1、A_0的状态起着从4路输入数据中选择哪一路输出的作用。$\bar{S}$为使能端，低电平有效，$\bar{S}=0$时，数据选择器工作；$\bar{S}=1$时，电路被禁止，输出为0。A_1、A_0地址在集成块中由两个4选1共用，高位为A_1，低位为A_0。其引脚排列如图3.8.2所示，逻辑功能如表3.8.2所示。

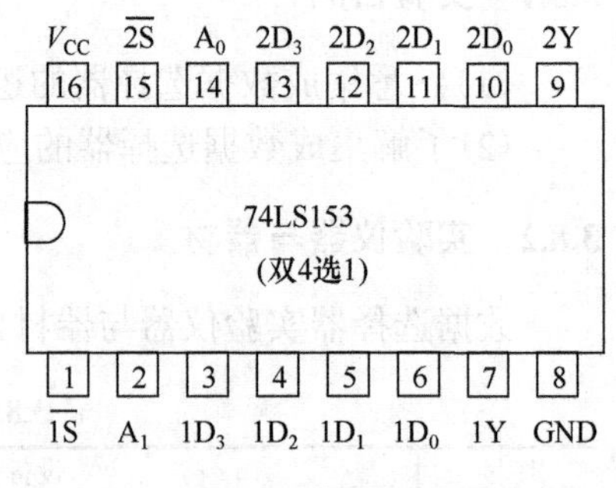

图3.8.2　74LS153数据选择器引脚图

表 3.8.2　74LS153 选择器功能表

地址输入		使能	输出
A_1	A_0	$\bar{S}$	Y
×	×	1	0
0	0	0	D_0
0	1	0	D_1
1	0	0	D_2
1	1	0	D_3

3. 数据选择器的应用

通过设计电路，可以用数据选择器和门电路实现任意组合逻辑函数的输出。

例如，用数据选择器实现逻辑函数 $Y = AB + \overline{A}\overline{B}$ 的过程如下：

(1)先确定函数输入逻辑变量和数据选择器地址输入端之间的关系。

让 $A=A_1$, $B=A_0$，即逻辑变量 A 接地址输入端 A_1，逻辑变量 B 接地址输入端 A_0。

(2)通过表格把要实现的逻辑函数真值表(表 3.8.3)与数据选择器的输出与数据端的关系(表 3.8.4)进行比较。

表 3.8.3　逻辑函数真值表

输　入		输　出
A	B	Y
0	0	1
0	1	0
1	0	0
1	1	1

表 3.8.4　数据选择器 74LS153 输出与数据端的关系

输入		输出	数据端
A_1	A_0	Y	D
0	0	1	$D_0=1$
0	1	0	$D_1=0$
1	0	0	$D_2=0$
1	1	1	$D_3=1$

通过比较，可以确定数据选择器的数据输入端的取值情况为

$$D_0=D_3=1，D_1=D_2=0$$

(3)根据以上分析，画出逻辑连线图如图 3.8.3 所示。

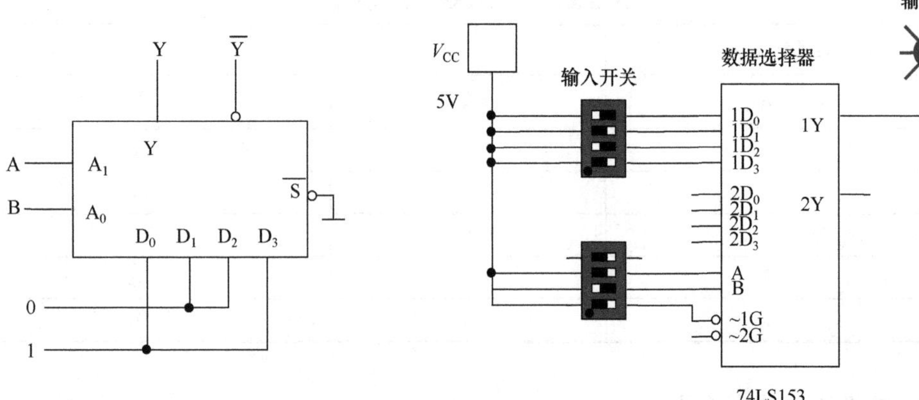

图 3.8.3　数据选择器实现逻辑函数连线图

图 3.8.4　74LS153 数据选择器功能测试连线图

3.8.4　实验内容与步骤

1. 基本型实验：校验中规模集成数据选择器 74LS153 的逻辑功能

按照图 3.8.4 所示的 74LS153 数据选择器功能测试连线图接线，并按照表 3.8.5 中的地址选择端和数据端的值测试数据选择器的功能，并将其结果填入表 3.8.5 中。其中表中的“×”可表示高电平“1”或低电平“0”。

表 3.8.5　数据选择器 74LS153 功能测试表

选择端		数据输入端				输出控制端	输出
A	B	D_0	D_1	D_2	D_3	$\overline{S}$	Y
×	×	×	×	×	×	1	
0	0	0	×	×	×	0	
0	0	1	×	×	×	0	
0	1	×	0	×	×	0	
0	1	×	1	×	×	0	
1	0	×	×	0	×	0	
1	0	×	×	1	×	0	
1	1	×	×	×	0	0	
1	1	×	×	×	1	0	

注意：

(1) 74LS153 数据选择器芯片的 16 脚要接 5V 电源，8 脚接地。

(2) 四位输出器需接地。

(3) 图 3.8.4 中 74LS153 的～1G、～2G 端就是使能选通端 $\overline{S_1}$、$\overline{S_2}$。

2. 提高型实验

(1)用数据选择器 74LS153 和必要的门电路设计如下多输出逻辑函数：

$$Y_1 = BC$$

$$Y_2 = \overline{A}\overline{B}C + AB\overline{C}$$

要求：写出分析过程，并画出相应的连线图。

(2)验证 74LS153 数据选择器对信号的选择处理功能。

数据选择器可以在地址码的控制下，将输入信号中的某一路作为输出，以实现多通道数据传输。

按图 3.8.5 接线，输入端 A、B 接输入器的逻辑开关，输出端 F 接四位输出器的其中一个。在信号输入端分别接入如表 3.8.6 所示的信号。

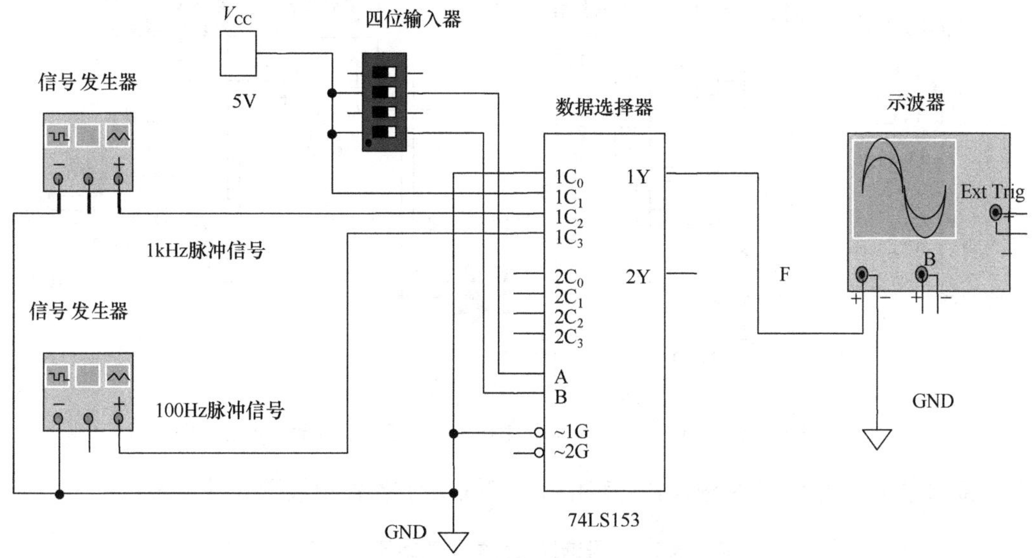

图 3.8.5　74LS153 数据选择器对信号的选择处理

表 3.8.6　74LS153 数据选择功能测试输入信号表

信号输入端	输入信号
C_0	低电平
C_1	高电平
C_2	1Hz 的脉冲信号
C_3	100Hz 的脉冲信号

再接通电源，观察输出波形，并在表 3.8.7 中填写所观察到的波形。

表 3.8.7　74LS153 数据选择器对信号的选择功能测试表

C	B	A	F 输出信号
C_0	0	0	
C_1	0	1	
C_2	1	0	
C_3	1	1	

3. 开拓型实验：用 74LS153 数据选择器和 74LS139 译码器实现对信号的选择和分配电路

按图 3.8.6 接线，把 74LS153 数据选择器的地址控制端 A、B 和 74LS139 译码器的地址控制端都接四位输入器。改变数据选择器的地址控制端 A、B 的开关状态，通过输入的逻辑状态，选择数据选择器输入端 C_0、C_1、C_2、C_3 中的一个信号作为数据选择器的输出。通过改变 74LS139 译码器的地址控制端，可以把信号分配到译码器的四位输出端的其中一个。

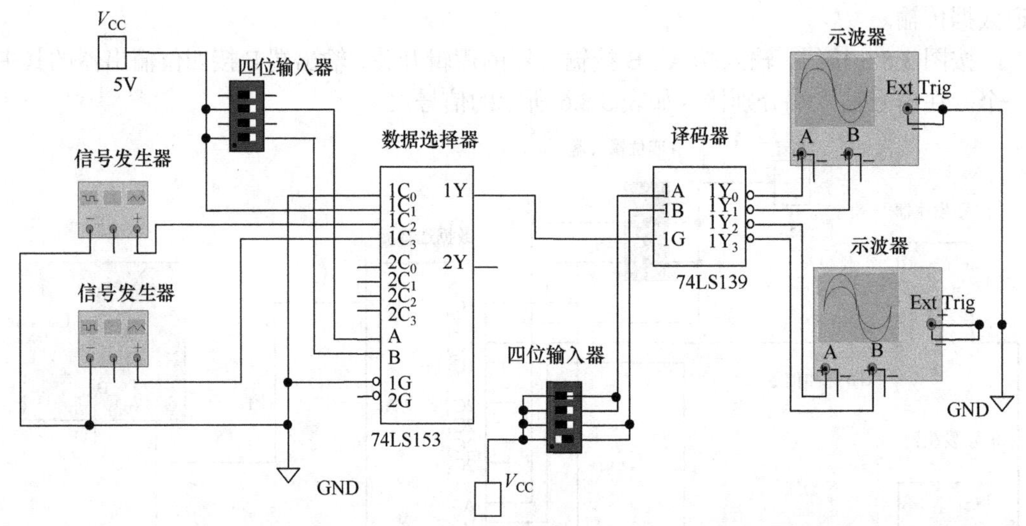

图 3.8.6　数据选择器和译码器组合对信号的选择、分配处理连线图

接通电源，按表 3.8.8 输入各逻辑电平，观察示波器输出波形，并记录。

表 3.8.8　信号选择与分配电路功能测试表

地址输入				输出	地址输入				输出
74LS153 数据选择器		74LS139 译码器		输出信号	74LS153 数据选择器		74LS139 译码器		输出信号
B	A	B	A		B	A	B	A	
1	1	0	0		0	1	0	0	
1	1	0	1		0	1	0	1	
1	1	1	0		0	1	1	0	
1	1	1	1		0	1	1	1	
1	0	0	0		0	0	0	0	
1	0	0	1		0	0	0	1	
1	0	1	0		0	0	1	0	
1	0	1	1		0	0	1	1	

注意： 实验结束时，请整理、摆放好仪器设备，并填写实验设备使用登记本，最后请指导教师签字确认后方可离开实验室。

3.8.5　实验要求

(1)根据各项实验任务要求，记录数据，并加以分析、总结。

(2)画出逻辑函数实现的连线图，画出真值表，并验证。

(3)整理实验数据，回答思考题。

(4)用数据选择器对实验内容进行设计，写出设计全过程，画出接线图，进行逻辑功能测试，总结实验收获，体会。

3.8.6　思考题

(1)一个数据选择器 74LS153，当地址输入端 A=1、B=0，信号输入端 $C = 4\sin(100t)$ V 时，输出端状态分别为什么?

(2)试用 74LS153 实现一个全加器。

(3)用 74LS153 设计一个电路，实现一个三人表决器。

3.9　RS、D、JK 触发器实验

3.9.1　实验目的

(1)掌握 RS、D、JK 和 T 触发器的基本结构及其逻辑功能。

(2)理解时钟对触发器的触发作用。

(3)熟悉触发器的使用方法以及触发器之间相互转换的方法。

(4)掌握用触发器设计基本时序逻辑电路的方法。

3.9.2　实验仪器与器材

触发器实验仪器与器材如表 3.9.1 所示。

表 3.9.1　触发器实验仪器与器材

序号	设备	型号规格	数量
1	直流电源适配器	5V	1 台
2	数字电子实验板	六孔板	1 块
3	输入器	四位	2 只
4	输出器	四位	1 只
5	芯片底座	IC-14	1 只
6	芯片底座	IC-16	1 只
7	双踪示波器	LDS20405	1 台
8	D 触发器	74LS74	1 片
9	JK 触发器	74LS112	1 片
10	四 2 输入与非门芯片	74LS00	2 片

3.9.3　实验原理

触发器是一个具有记忆功能的存储器件，是构成时序电路的基本单元。触发器不仅作为独立元件使用，而且还可以组成计数器、移位寄存器等时序电路。时序逻辑电路一定包含触发器。

触发器具有两个稳定状态，用以表示逻辑状态“1”和“0”。在一定的外界触发信号作用下，可以从一个稳定状态翻转到另一个稳定状态。触发信号到达之前触发器所处的状态称为现态或原态，记为 Q^n；触发信号到达之后触发器所处的状态称为次态，记为 Q^{n+1}。

1. RS 触发器

图 3.9.1 所示为由两个与非门交叉耦合构成的基本 RS 触发器，它是无时钟控制的低电平直接触发的触发器。

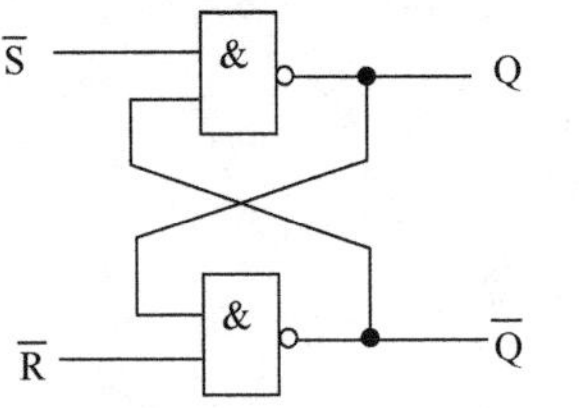

图 3.9.1　基本 RS 触发器结构图

基本 RS 触发器具有置“0”、置“1”和“保持”三种功能。表 3.9.2 是基本 RS 触发器的功能表。通常把 $\overline{S}$ 端称为置“1”端或置位端，因为 $\overline{S}=0, \overline{R}=1$ 时触发器被置“1”；把 $\overline{R}$ 端称为置“0”端或复位端，因为 $\overline{R}=0$，$\overline{S}=1$ 时触发器被置“0”；当 $\overline{S}=\overline{R}=1$ 时，状态保持；当 $\overline{S}=\overline{R}=0$ 时，触发器状态不定，应避免此种情况的发生。

表 3.9.2　基本 RS 触发器的功能表

输入		输出		功能说明
$\overline{S}$	$\overline{R}$	Q^{n+1}	$\overline{Q}^{n+1}$	
0	1	1	0	置 1
1	0	0	1	置 0
1	1	Q^n	$\overline{Q}^n$	保持
0	0	不定	不定	不允许

基本 RS 触发器也可以由两个“或非门”组成，此时为高电平触发有效。

RS 基本触发器的特性方程为

$$\begin{cases} Q^{n+1} = S + \overline{R}Q^n \\ RS = 0 \end{cases}$$

2. JK 触发器

在输入信号为双端的情况下，JK 触发器是功能完善、使用灵活和通用性较强的一种触发器。逻辑符号如图 3.9.2 所示。JK 触发器具有置 0、置 1、保持和翻转四种功能。逻辑功能如表 3.9.3 所示(表中“×”表示无关项，即可置于任意状态)。$\overline{R}_D$ 和 $\overline{S}_D$ 为直接置 0、置 1 端。

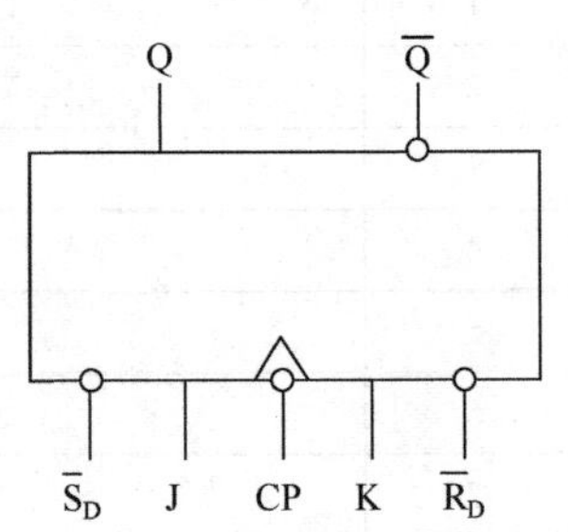

图 3.9.2　JK 触发器逻辑符号图

表 3.9.3　JK 触发器逻辑功能表

输入					输出		功能说明
$\overline{S}_D$	$\overline{R}_D$	CP	J	K	Q^{n+1}	$\overline{Q}^{n+1}$	
0	1	×	×	×	1	0	直接置 1
1	0	×	×	×	0	1	直接置 0
0	0	×	×	×	不定	不定	不允许
1	1	↓	0	0	Q^n	$\overline{Q}^n$	保持(记忆)
1	1	↓	1	0	1	0	置 1
1	1	↓	0	1	0	1	置 0
1	1	↓	1	1	$\overline{Q}^n$	Q^n	翻转(计数)

JK 触发器的状态方程为

$$Q^{n+1}=J\overline{Q^n}+\overline{K}Q^n$$

J 和 K 是数据输入端，是触发器状态更新的依据。若 J、K 输入端有两个或两个以上输入信号时组成“与”的关系。Q 与 $\overline{Q}$ 为两个互补输出端。通常把 $Q=0$，$\overline{Q}=1$ 的状态称为触发器“0”状态；而把 $Q=1$，$\overline{Q}=0$ 称为“1”状态。

3. D 触发器

在输入信号为单端的情况下，D 触发器最为方便。D 触发器可用作数字信号的寄存、移位寄存、分频和波形发生等。常用的 D 触发器有双 D74LS74、四 D74LS175、六 D74LS174 等。

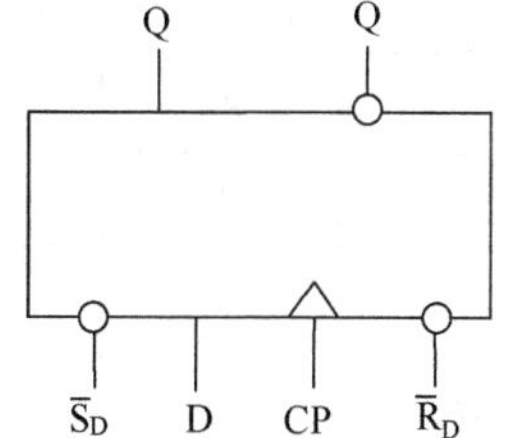

图 3.9.3　D 触发器的逻辑符号图

D触发器的逻辑符号如图3.9.3所示，其功能如表3.9.4所示(表中“×”表示可置于任意状态)。$\overline{R}_D$ 和 $\overline{S}_D$ 分别是触发器的直接置 0、置 1 端。

触发器的输出状态决定于 CP 脉冲的上升沿时刻 D 触发器的状态，即 Q^{n+1}=D。由于电路具有维持阻塞的作用，所以在 CP 脉冲处于高电平、低电平和下降沿时，D 端的状态不会影响触发器的输出状态。

简而言之，D触发器输出状态只有在CP脉冲的上升沿时刻才会发生变化，即 Q^{n+1}=D。其他时间，D 触发器的输出处于保持状态。

表 3.9.4　D 触发器的逻辑功能表

输入				输出		功能说明
$\overline{S}_D$	$\overline{R}_D$	CP	D	Q^{n+1}	$\overline{Q}^{n+1}$	
0	1	×	×	1	0	直接置 1
1	0	×	×	0	1	直接置 0

续表

输入				输出		功能说明
$\overline{S}_D$	$\overline{R}_D$	CP	D	Q^{n+1}	$\overline{Q}^{n+1}$	
0	0	×	×	不定	不定	不允许
1	1	↑	0	0	1	置 0
1	1	↑	1	1	0	置 1
1	1	↓	×	Q^n	$\overline{Q}^n$	保持(记忆)

4. T 触发器和 T′ 触发器

T 触发器的状态方程为：$Q^{n+1}=T\overline{Q}^n+\overline{T}Q^n$。

当 T=0 时，时钟脉冲 CP 作用后，其状态保持不变；当 T=1 时，时钟脉冲 CP 作用后，触发器状态翻转。T 触发器的功能如表 3.9.5 所示(表中“×”表示无关项，即可置于任意状态)。

表 3.9.5　T 触发器的功能表

输入				输出	功能说明
$\overline{S}_D$	$\overline{R}_D$	CP	T	Q^{n+1}	
0	1	×	×	1	初始值置 1
1	0	×	×	0	初始值置 0
1	1	↓	0	Q^n	保持
1	1	↓	1	$\overline{Q}^n$	翻转

对于 T′ 触发器而言，每来一个 CP 脉冲信号，触发器的状态就翻转一次，故称为翻转触发器。T′ 触发器广泛用于计数电路中。

5. 触发器之间的相互转换

在集成触发器中，每一种触发器都有自己固定的逻辑功能。但可以利用转换的方法获得具有其他功能的触发器。

若将 JK 触发器的 J、K 两端连在一起，并作为 T 端，就得到 T 触发器，如图 3.9.4 所示。

若将 T 触发器的 T 端置“1”，即可得 T′ 触发器(翻转触发器)。

若将 JK 触发器的 J、K 两端连在一起，并置“1”，即(J=K=1)，就得到的 T′ 触发器(翻转触发器)，如图 3.9.5 所示。

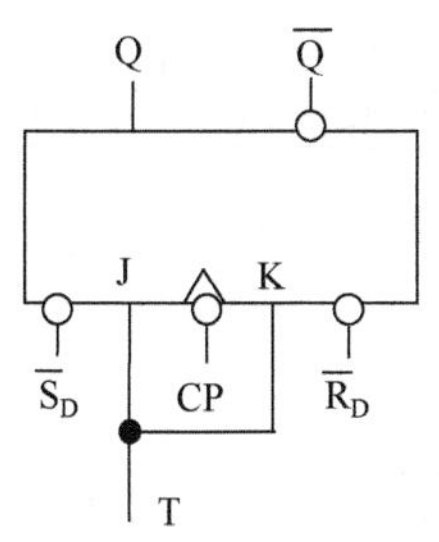

图 3.9.4　JK 触发器转换为 T 触发器

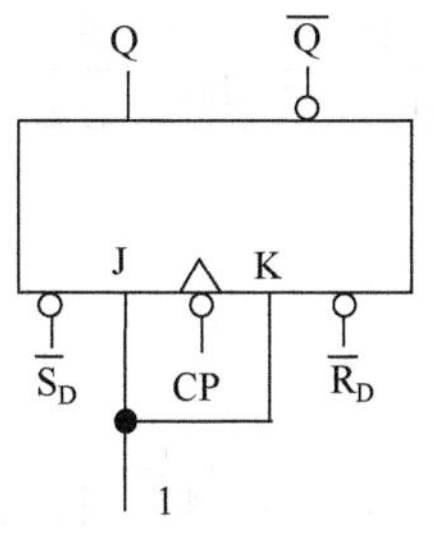

图 3.9.5　JK 触发器转换为 T′ 触发器

若将 D 触发器 $\overline{Q}$ 端与 D 端相连，便可转换成 T′ 触发器(翻转触发器)，如图 3.9.6 所示。同样，$J = D$，$K = \overline{D}$，JK 触发器也可转换为 D 触发器，如图 3.9.7 所示。

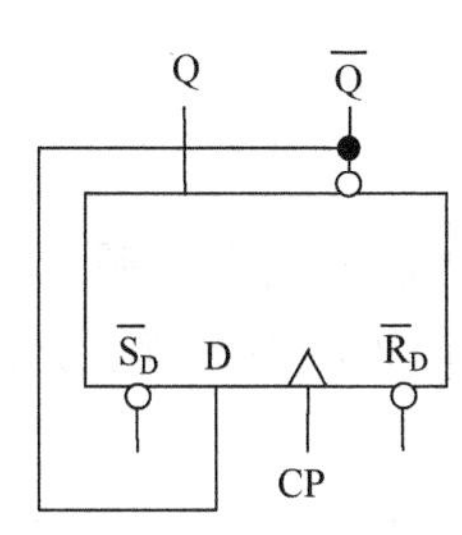

图 3.9.6　D 触发器转换为 T′ 触发器

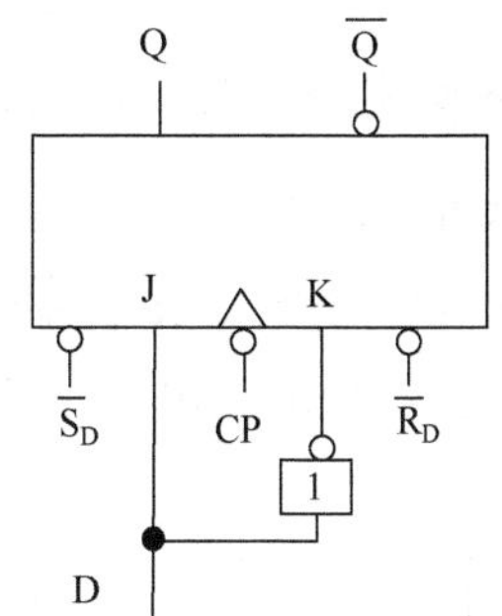

图 3.9.7　JK 触发器转换为 D 触发器

6. 芯片简介

1) 74LS74 双 D 触发器

74LS74 是双 D 触发器芯片，其引脚如图 3.9.8 所示。$\overline{R}_D$ (图中 $1\overline{R}$、$2\overline{R}$ 端)和 $\overline{S}_D$ (图中 $1\overline{S}$、$2\overline{S}$ 端)分别具有清零及置位功能，且低电平有效，它们的作用优先于输入端 D 端的作用。当不进行直接置 0、置 1(正常工作)时，$\overline{R}_D$ (图中 $1\overline{R}$、$2\overline{R}$ 端)和 $\overline{S}_D$ (图中 $1\overline{S}$、$2\overline{S}$ 端)端都应接高电平。74LS74 的触发方式为上升沿触发，只有在时钟上升沿到来时刻，触发器输出状态才会发生变化，即 Q^{n+1}=D。其他时间输出处于保持状态。

2) 74LS112 双 JK 触发器

74LS112 为双 JK 触发器芯片，其引脚如图 3.9.9 所示。$\overline{R}_D$ (图中 1R、2R 端)和 $\overline{S}_D$ (图中 1S、2S 端)分别具有清零及置位功能，且为低电平有效，它们的作用优先于输入端 JK 端的作用。当不进行直接置 0、置 1 时，$\overline{R}_D$ 和 $\overline{S}_D$ 端都应接高电平。74LS112 的触发方式为下降沿触发，只有在时钟下降沿到来时刻，触发器输出状态才会发生变化，并按特性方程变化，其他时间输出处于保持状态。

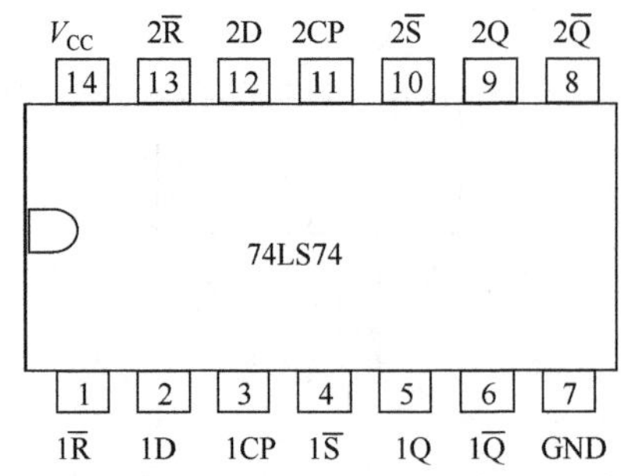

图 3.9.8　D 触发器 74LS74 引脚功能图

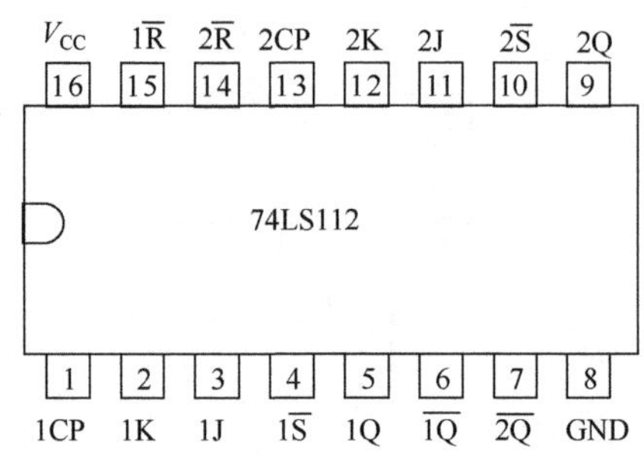

图 3.9.9　JK 触发器 74LS112 引脚功能图

3.9.4　实验内容与步骤

1. 基本型实验：RS、D、JK 触发器功能测试

1) 基本 RS 触发器

根据图 3.9.1 连线，$\overline{R}$ 和 $\overline{S}$ 端分别接在实验板上的输入器的逻辑电平开关上，输出 Q 和 $\overline{Q}$ 分别接实验板的输出器的电平指示。按表 3.9.6 选择输入状态，测试并记录结果。

表 3.9.6　基本 RS 触发器的功能表

$\overline{S}$	$\overline{R}$	Q	$\overline{Q}$	输出逻辑状态
0	1			
1	1			
1	0			
1	1			
0	0			

2) JK 触发器

(1) 测试置位端 $\overline{S}_D$ 和复位端 $\overline{R}_D$ 的功能。

先用连接线将 74LS112 芯片的 J、K、$\overline{R}_D$、$\overline{S}_D$ 端分别接输入器逻辑电平开关，CP 接适配器上单脉冲下降沿触发输出端，Q 和 $\overline{Q}$ 分别接实验板的输出器的电平指示。根据表 3.9.7 中的数据选择 J、K、$\overline{R}_D$、$\overline{S}_D$ 的端状态，按下单脉冲触发按钮，测试并记录结果(表中“×”表示无关项，即可置于任意状态)。

表 3.9.7　JK 触发器置位、复位功能测试表

$\overline{S}_D$	$\overline{R}_D$	CP	J	K	Q	$\overline{Q}$
0	1	×	×	×		
1	0	×	×	×		

(2) 测试 JK 触发器的逻辑功能。

利用 74LS112 芯片，按表 3.9.8 中的数据，测试 JK 触发器的逻辑功能。将 CP 接单脉冲触发输出端，J、K、$\overline{R}_D$、$\overline{S}_D$ 端分别接逻辑电平选择开关。Q 端接在实验板输出器的 LED 电平指示端。利用置位端 $\overline{S}_D$ 和复位端 $\overline{R}_D$ 的功能，根据表 3.9.7 的方法预置现态 Q^n 的值。然后再将 $\overline{R}_D$、$\overline{S}_D$ 端同时置 “1”。J、K 的状态按表 3.9.8 设定。按一下单脉冲触发按钮，观察并测试 Q^{n+1} 端输出情况，将结果填入表 3.9.8 中(注意：单脉冲触发按钮按下时为脉冲上升沿，放开时为脉冲下降沿)。

表 3.9.8 JK 触发器逻辑功能测试表

$\overline{S}_D$	$\overline{R}_D$	CP	J	K	Q^n	Q^{n+1}
1	1	↓	0	0	0	
					1	
1	1	↓	0	1	0	
					1	
1	1	↓	1	0	0	
					1	
1	1	↓	1	1	0	
					1	

注意：

(1) 74LS112 JK 触发器芯片的 16 脚要接 5V 电源，8 脚接地。

(2) 现态 Q^n 可利用直接置位端 $\overline{S}_D$ 和复位端 $\overline{R}_D$ 的功能来预置。

(3) 单脉冲触发按钮按下时为脉冲上升沿，放开时为脉冲下降沿。

3) D 触发器

(1) 测试置位端 $\overline{S}_D$ 和复位端 $\overline{R}_D$ 的功能。

将 74LS74 芯片的 D、$\overline{R}_D$、$\overline{S}_D$ 端分别接输入器的逻辑电平开关，CP 接单脉冲触发输出端，Q 和 $\overline{Q}$ 分别接实验板的输出器 LED 电平指示。按表 3.9.9，确定 D、$\overline{R}_D$、$\overline{S}_D$ 端状态，按下单脉冲触发按钮，观察并测试 Q 端输出情况，并记录结果(表中 “×” 表示无关项，即可置于任意状态)。

表 3.9.9 D 触发器置位、复位功能测试表

$\overline{S}_D$	$\overline{R}_D$	CP	D	Q	$\overline{Q}$
0	1	×	×		
1	0	×	×		

(2) 测试 D 触发器的逻辑功能。

按表 3.9.10，测试 D 触发器的逻辑功能。将 CP 接单脉冲上升沿触发输出端，D、$\overline{R}_D$、$\overline{S}_D$ 端分别接输入器逻辑电平开关，Q 端接在实验板的输出器的电平指示上，利用置位端 $\overline{S}_D$ 和复位端 $\overline{R}_D$ 的功能，根据表 3.9.9 预置现态 Q^n 的状态，然后再将 $\overline{R}_D$、$\overline{S}_D$ 端同时置 “1”，D 的状态按表 3.9.10 设定。按下单脉冲触发按钮，测试并记录 Q^{n+1} 结果。

注意：

(1) 74LS74 D 触发器芯片的 14 脚要接 5V 电源，7 脚接地。

(2) 现态 Q^n 可利用直接置位端 $\overline{S}_D$ 和复位端 $\overline{R}_D$ 的功能来预置。

(3) 单脉冲触发按钮按下时为脉冲上升沿，放开时为脉冲下降沿。

表 3.9.10　D 触发器逻辑功能测试表

$\overline{S}_D$	$\overline{R}_D$	CP	D	Q^n	Q^{n+1}
1	1	↑	0	0	
				1	
1	1	↑	1	0	
				1	

2. 提高型实验

1) 观察 JK 触发器计数状态的波形

将方波脉冲发生器产生的方波脉冲接到 JK 触发器的 CP 端，令 JK 触发器的 J 端和 K 端都为“1”。用双踪示波器的两个通道分别观察 CP 的波形和 JK 触发器 Q 端的波形。注意 Q 输出状态的翻转时刻。观察 CP 和 Q 的波形，并记录到图 3.9.10 中。

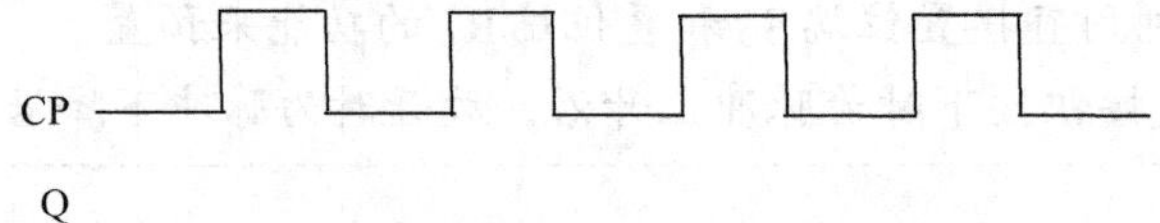

图 3.9.10　JK 触发器计数状态的波形图

2) 观察 D 触发器计数状态的波形

将方波脉冲发生器产生的方波脉冲接到 D 触发器的 CP 端，将 D 触发器的 D 端与 $\overline{Q}$ 端连在一起，即令 $D=\overline{Q}$。用双踪示波器的两个通道分别观察 CP 的波形和 D 触发器输出端 Q 的波形，注意 Q 输出状态的翻转时刻。观察 CP 和 Q 的波形，并记录到图 3.9.11 中。

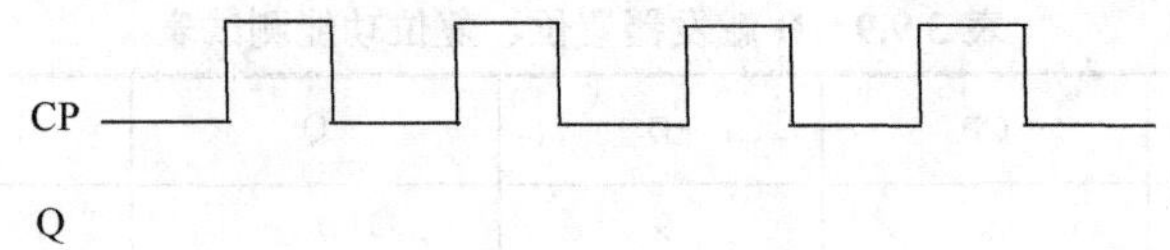

图 3.9.11　D 触发器计数状态的波形图

3. 开拓型实验：分频电路应用

1) 用 D 触发器实现四分频电路

由 D 触发器构成的四分频电路如图 3.9.12 所示，并在实验板上根据实验电路图搭建电路。其中待分频的时钟信号 CP 用实验板上的 100Hz 固定脉冲信号源，用示波器的两个通道同时观察输入信号 U_I 和输出信号 U_O 的波形，并记录到图 3.9.13 中。

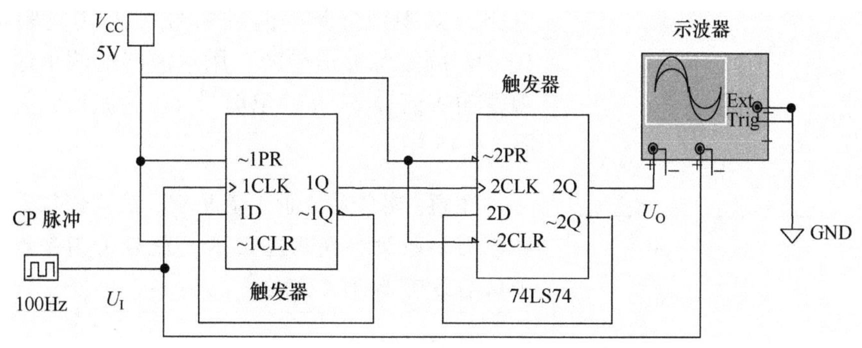

图 3.9.12　由 D 触发器构成的四分频电路

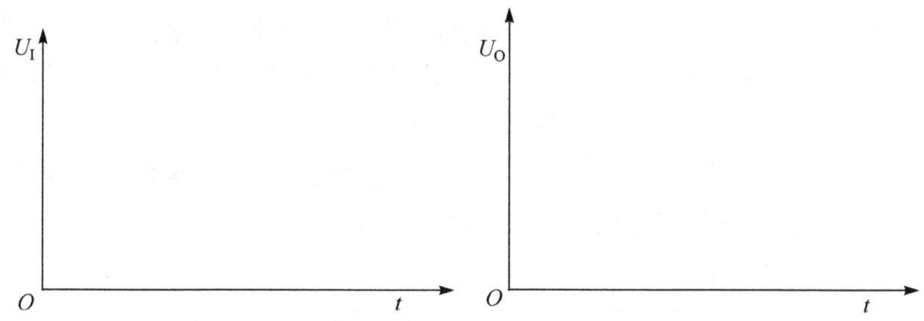

图 3.9.13　D 触发器分频电路波形图

2)用 JK 触发器实现四分频电路

由 JK 触发器构成的四分频电路如图 3.9.14 所示，并在实验板上根据图 3.9.14 搭建

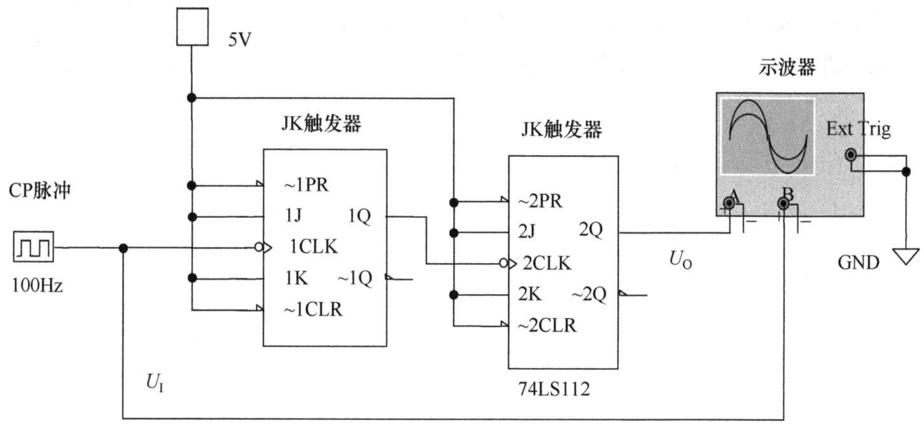

图 3.9.14　由 JK 触发器构成的四分频电路

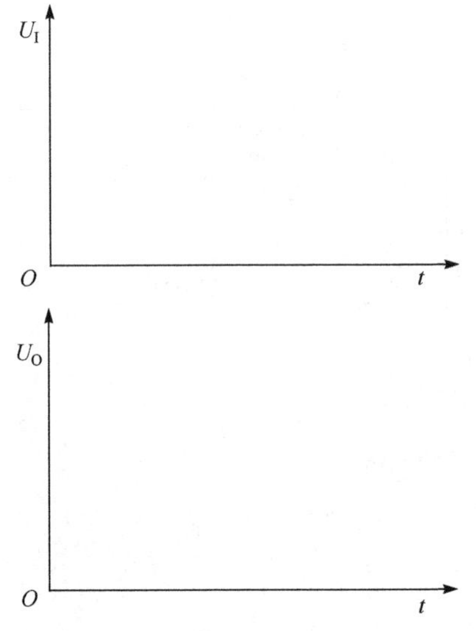

图 3.9.15　JK 触发器分频电路波形图

电路，其中待分频的时钟信号 CP 用实验板上的 100Hz 固定脉冲信号源。用示波器的两个通道同时观察输入信号 U_I 和输出信号 U_O 的波形，并记录到图 3.9.15 中。

注意： 实验结束时，请整理、摆放好仪器设备，并填写实验设备使用登记本，最后请指导教师签字确认后方可离开实验室。

3.9.5　实验要求

(1) 复习有关 JK 触发器和 D 触发器的工作原理以及了解所用集成电路的功能和外部引线排列。

(2) 根据各项实验任务要求，记录数据，并加以分析、总结。

(3) 列表整理各类触发器的逻辑功能。

(4) 总结观察到的波形，说明触发器的触发方式。

(5) 学习触发器的应用。

(6) 整理实验数据，回答思考题。完成实验内容中的记录要求，描绘实验波形图。

3.9.6　思考题

(1) 如图 3.9.16 所示的触发器电路实现什么功能？

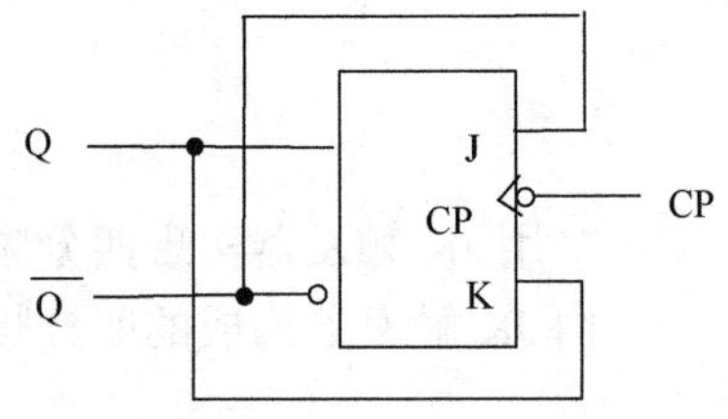

图 3.9.16　触发器电路图

(2) 如图 3.9.17 所示的电路中，触发器的原态为 Q_1Q_0=00，则在下一个 CP 作用后，Q_1Q_0 的状态变为多少？

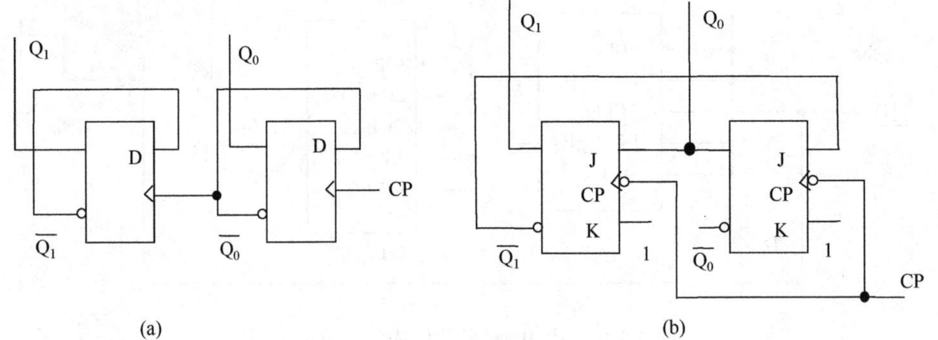

图 3.9.17　触发器电路分析图

(3) 利用逻辑开关所产生的信号是否可作为触发器的时钟脉冲信号？为什么？

3.10　十进制计数器及其应用实验

3.10.1　实验目的

(1)熟悉集成计数器的逻辑功能以及各控制端的作用。

(2)掌握十进制计数器的使用方法。

(3)掌握设计任意进制计数器的方法。

3.10.2　实验仪器与器材

十进制计数器实验仪器与器材如表 3.10.1 所示。

表 3.10.1　十进制计数器实验仪器与器材

序号	设备	型号规格	数量
1	直流电源适配器	5V	1 台
2	数字电子实验板	六孔板	1 块
3	输入器	四位	2 只
4	输出器	四位	1 只
5	芯片底座	IC-14	1 只
6	芯片底座	IC-16	1 只
7	双踪示波器	LDS20405	1 台
8	计数器	74LS290	2 片
9	四 2 输入与非门芯片	74LS00	2 片

3.10.3　实验原理

1. 计数器

计数器是数字电子技术的基本逻辑器件，它的基本功能是统计时钟脉冲的个数，即实现计数操作。计数器可用于分频、定时、产生节拍脉冲和脉冲序列等。例如，计算机中的时序发生器、分频器、指令计数器等都要使用到计数器。

集成计数器按不同的方法，有不同的分类。若按计数输出数值增减分类，可分为加法计数器、减法计数器和可逆计数器。若按输出数值进制，可分为二进制、十进制和 N 进制计数器等。若按触发器翻转的次序，计数器可分为同步计数器和异步计数器。

同步计数器中，所有触发器都以同一个输入计数脉冲为时钟脉冲，触发器的状态翻转同时发生；而异步计数器中，有的触发器以计数脉冲作为时钟脉冲，有的则以其他触发器的输出作为时钟脉冲，其状态有先有后不同步，即为异步。

2. BCD 码简介

用四位二进制编码一位十进制数的编码方法，简称 BCD 编码(Binary Coded

Decimal)。这种方法用 4 位二进制码的组合代表十进制数的 0，1，2，3，4，5，6，7，8，9 十个数码。4 位二进制数码有 16 种组合，原则上可任选其中的 10 种作为代码，分别代表十进制中的 0，1，2，3，4，5，6，7，8，9 这十个数码。最常用的 BCD 码有 8421BCD 码、5421BCD、余三码、格雷码等。8421BCD 码中 8，4，2，1 分别是 4 位二进数的位权值。表 3.10.2 和表 3.10.3 分别为十进制数和 8421BCD 编码及 5421BCD 编码对应关系表。

表 3.10.2　十进制和 8421BCD 编码对应表

十进制数	8421BCD 编码
0	0000
1	0001
2	0010
3	0011
4	0100
5	0101
6	0110
7	0111
8	1000
9	1001

表 3.10.3　十进制和 5421BCD 编码对应表

十进制数	5421BCD 编码
0	0000
1	0001
2	0010
3	0011
4	0100
5	1000
6	1001
7	1010
8	1011
9	1100

3. 任意进制计数器与级联的设计

在集成计数器基础上加上适当反馈电路就可以构成任意进制计数器。假设计数器的最大计数值为 M。如果要得到一个 N 进制的计数器，当 $N < M$ 时，则只要利用一个 M 进制计数器，使之跳过 $M–N$ 个状态，使有效循环只有 N 个状态，就可实现 N 进制计数器了。通常做法是利用清零、置数等有关的控制端来实现。当 $N > M$ 时，则先通过多片集成计数器进行级联来实现模大于 N 的计数器，然后再利用上述方法实现。

将多片集成计数器进行级联，可以扩大计数范围。两片模为 M 的计数器级联，可形成模为 M^2 的计数器。

4. 芯片简介

74LS290 是二-五-十进制异步计数器，它包含两个独立的下降沿触发的计数器，分别是模为 2(二进制)和模为 5(五进制)的计数器，结构如图 3.10.1 所示。74LS290 引脚图如图 3.10.2 所示。

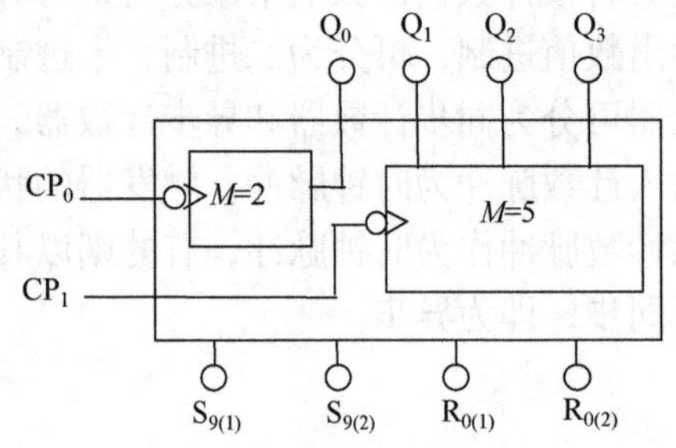

图 3.10.1　74LS290 结构图

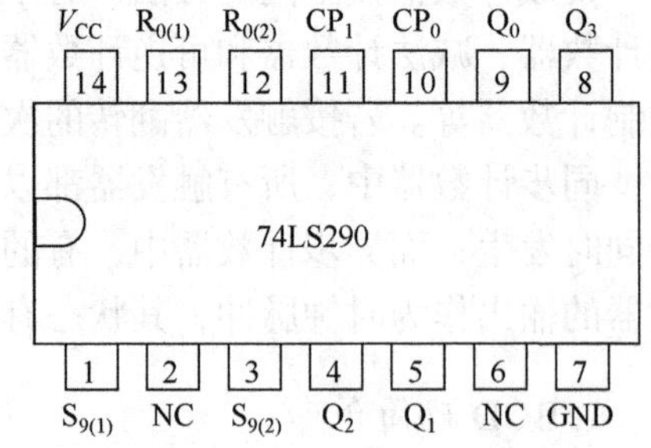

图 3.10.2　74LS290 引脚图

1) 74LS290 计数器的功能

74LS290 计数器异步清 0 端为 $R_{0(1)}$、$R_{0(2)}$，异步置 9 端为 $S_{9(0)}$、$S_{9(1)}$，它们均为高电平有效。

当 $S_{9(1)} \cdot S_{9(2)} = 1$ 时，不管时钟以及 $R_{0(1)}$，$R_{0(2)}$状态如何，74LS290 计数器输出为 9。所以 74LS290 计数器的置 9 功能是最优先的。

当 $R_{0(1)} \cdot R_{0(2)} = 1$ 且 $S_{9(1)} \cdot S_{9(2)} = 0$（不置 9）时，不管时钟如何，74LS290 计数器输出为 0。

当 $R_{0(1)} \cdot R_{0(2)} = 0$ 且 $S_{9(1)} \cdot S_{9(2)} = 0$ 时，电路才执行计数功能。

74LS290 计数器功能如表 3.10.4 所示（表中“×”表示无关项，即可置于任意状态）。

表 3.10.4　74LS290 计数器功能表

输　入						输　出				功　能
$R_{0(1)}$	$R_{0(2)}$	$S_{9(1)}$	$S_{9(2)}$	CP_0	CP_1	Q_3	Q_2	Q_1	Q_0	
1	1	0	×	×	×	0	0	0	0	异步清零
1	1	×	0	×	×	0	0	0	0	
×	×	1	1	×	×	1	0	0	1	异步置 9
$R_{0(1)} \cdot R_{0(2)} = 0$		$S_{9(1)} \cdot S_{9(2)} = 0$		↓	×	二进制				计数
				×	↓	五进制				
				↓	Q_0	8421BCD 码				
				Q_3	↓	5421BCD 码				

2) 74LS290 计数器不同计数功能的接法

由 CP_0、CP_1 的不同接法，可以实现不同的计数功能。当计数脉冲从 CP_0 输入，CP_0 不加信号时，Q_0 端输出，执行二进制计数功能。当计数脉冲从 CP_0 输入，CP_0 不加信号时，Q_3、Q_2、Q_1 端输出，执行五进制计数功能。

74LS290 实现十进制计数有两种接法。

(1) 图 3.10.3(a) 所示为 8421BCD 码接法。先模 2 计数，后模 5 计数，由 $Q_3Q_2Q_1Q_0$ 输出 8421BCD 码，最高位 Q_3 作进位输出。

(2) 图 3.10.3(b) 所示为 5421BCD 码接法。先模 5 计数，后模 2 计数，由 $Q_0Q_3Q_2Q_1$ 输出 5421BCD 码，最高位 Q_0 作进位输出。

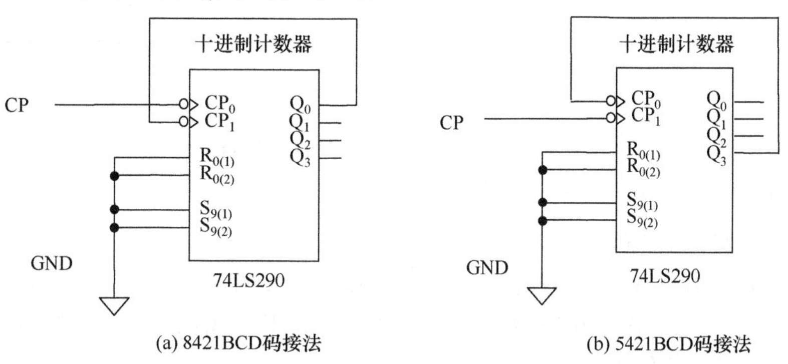

(a) 8421BCD码接法　　(b) 5421BCD码接法

图 3.10.3　74LS290 实现十进制计数器的两种接法

3.10.4 实验内容与步骤

1. 基本型实验：集成计数器 74LS290 功能测试

1)清 0、置 9 端功能测试

将 $R_{0(1)}$、$R_{0(2)}$、$S_{9(1)}$、$S_{9(2)}$分别接实验板的输入器逻辑电平开关，Q_3、Q_2、Q_1、Q_0分别接输出器 LED 电平指示。按表 3.10.5(表中“×”表示无关项，即可置于任意状态)确定 $R_{0(1)}$、$R_{0(2)}$、$S_{9(1)}$、$S_{9(2)}$的状态，测试并记录。

表 3.10.5 74LS290 功能表

$R_{0(1)}$	$R_{0(2)}$	$S_{9(1)}$	$S_{9(2)}$	Q_3	Q_2	Q_1	Q_0	功能
1	1	0	×					
1	1	×	0					
×	×	1	1					

2)74LS290 十进制计数功能测试

(1)输出 8421 BCD 码功能测试。

按图 3.10.3(a)连线，CP 接单脉冲下降沿输出触发端，Q_3、Q_2、Q_1、Q_0分别接输出器的 LED 电平指示，按下单脉冲按钮，测试并记录于表 3.10.6 中(记录数据时注意从 0 开始计数)。

表 3.10.6 74LS290 输出 8421BCD 码功能测试表

计数	CP	Q_3	Q_2	Q_1	Q_0
0	↓	0	0	0	0
1	↓				
2	↓				
3	↓				
4	↓				
5	↓				
6	↓				
7	↓				
8	↓				
9	↓				

注意：

① 74LS290 计数器芯片的 14 脚要接 5V 电源，7 脚接地。

② $R_{0(1)}$、$R_{0(2)}$、$S_{9(1)}$、$S_{9(2)}$都要接地。

(2)输出 5421BCD 码功能测试。

按图 3.10.3(b)连线，CP 接单脉冲下降沿输出触发端，Q_3、Q_2、Q_1、Q_0分别接输出器的 LED 电平指示，按下单脉冲按钮，测试并记录于表 3.10.7 中(记录数据时注意从 0 开始计数和输出高低位顺序)。

表 3.10.7　74LS290 输出 5421BCD 码功能测试表

计数	CP	Q_0	Q_3	Q_2	Q_1
0	↓	0	0	0	0
1	↓				
2	↓				
3	↓				
4	↓				
5	↓				
6	↓				
7	↓				
8	↓				
9	↓				

2. 提高型实验：十进制以内任意进制的实现

用 74LS290 计数器和 74LS08 与门实现 6 进制计数器，参考电路如图 3.10.4(a)、图 3.10.4(b)所示。

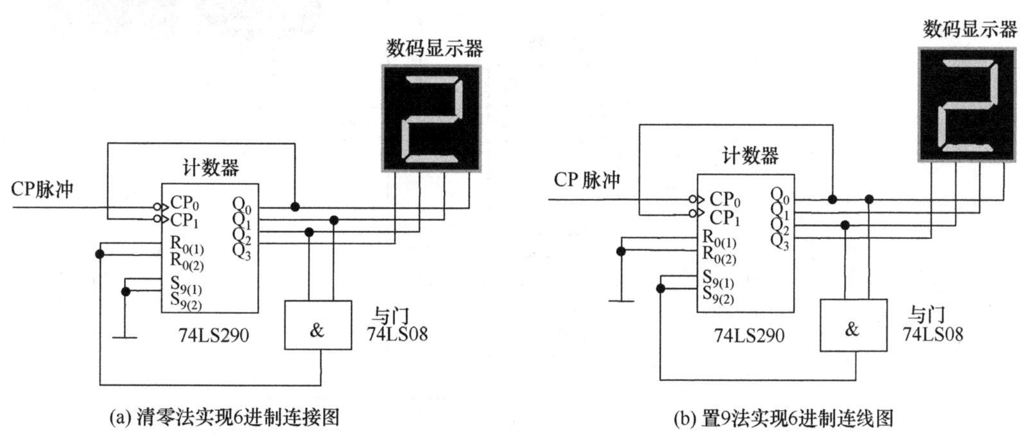

(a) 清零法实现6进制连接图　　(b) 置9法实现6进制连线图

图 3.10.4　74LS290 实现 6 进制计数器

注意：

(1) 74LS290 计数器和 74LS08 与门芯片的 14 脚都要接 5V 电源，7 脚接地。

(2) Q_3、Q_2、Q_1、Q_0 分别接译码器数码显示，CP 可接连续脉冲源。

如图 3.10.4(a)接线，CP 接入连续脉冲，通过数码管可以观察到数值从 0 到 5 不断循环变化，出现 6 个有效状态，所以实现了 6 进制。该电路是利用清零端来实现 N 进制的方法，其清零条件 $R_0 = Q_2Q_1$。

如图 3.10.4(b)接线，并将输出 $Q_3Q_2Q_1Q_0$ 分别接到输出器的逻辑电平上，在 CP 接入连续脉冲。可以从输出端观察到状态转换图如图 3.10.5 所示。

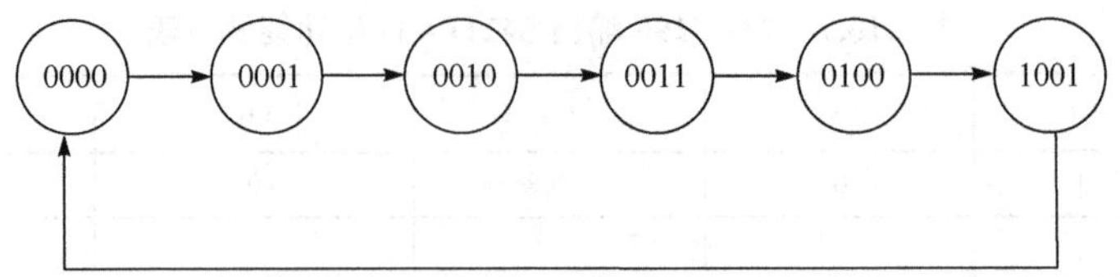

图 3.10.5　置 9 法 6 进制状态转换图

整个循环中出现 6 个有效状态，所以实现了 6 进制。该电路是利用置 9 端来实现 *N* 进制的方法，其置数条件 $S_9 = Q_2Q_0$。也就是当输出为 0101 时马上变为 1001。0101 的状态是转瞬即逝的。

3. 开拓型实验

百进制以内任意进制的实现：用两片 74LS290 及 1 片 74LS00 实现 45 进制计数器，参考电路如图 3.10.6 所示。

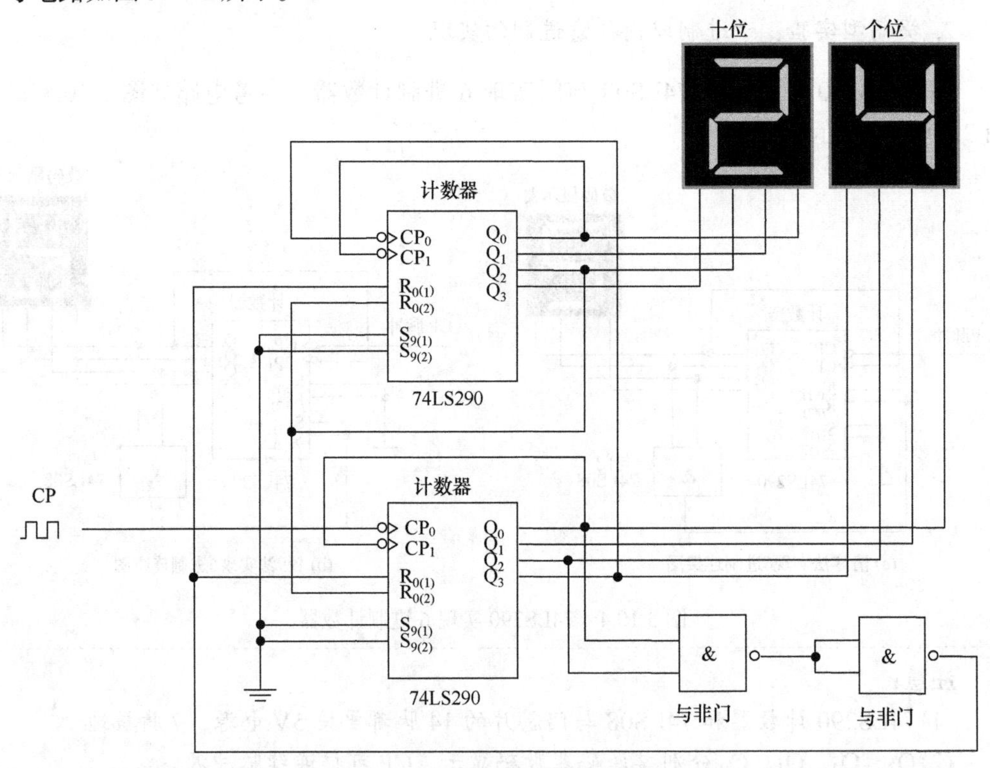

图 3.10.6　74LS290 和 74LS00 实现 45 进制计数器连线图

按图 3.10.6 接线，观察数码管输出情况，记录输出状态，然后分析其工作原理。

注意：

(1) 74LS290 计数器和 74LS00 与门芯片的 14 脚要接 5V 电源，7 脚接地。

(2) Q_3、Q_2、Q_1、Q_0 分别接译码器数码显示，CP 接可调连续脉冲源。

(3) 实验结束时，请整理、摆放好仪器设备，并填写实验设备使用登记本，最后请指导教师签字确认后方可离开实验室。

3.10.5　实验要求

(1) 复习有关 74LS290 的工作原理以及电路的功能和外部引线排列。
(2) 学习理解 8421BCD 码和 5421BCD 码的区别与联系。
(3) 理解利用集成计数器设计任意进制计数器的原理和方法。
(4) 根据各项实验任务要求，记录数据，并加以分析、总结。
(5) 整理实验数据，回答思考题，完成实验内容中的记录要求。

3.10.6　思考题

(1) 十进制 13 和 17 的 8421BCD 和 5421BCD 码分别是多少？
(2) 如图 3.10.7 所示，用 74LS290 计数器电路分别实现了几进制？并写出状态转化过程。

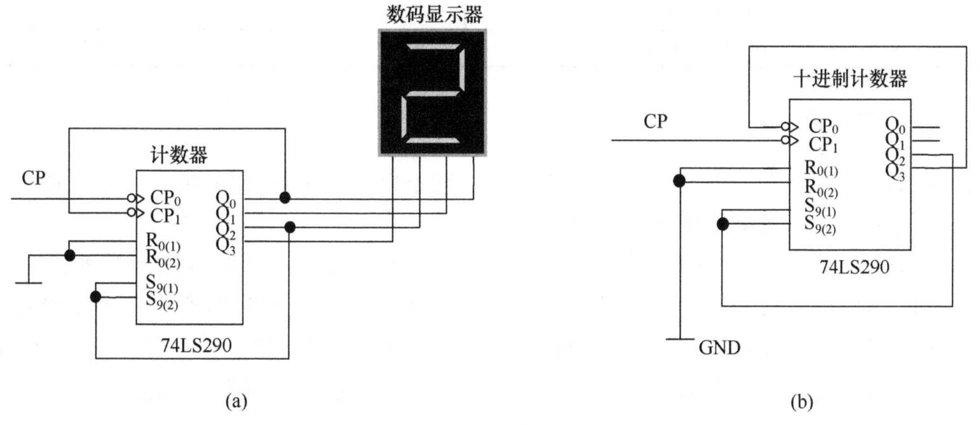

图 3.10.7　计数器电路图

3.11　二进制计数器及其应用实验

3.11.1　实验目的

(1) 学习用集成触发器构成计数器的方法。
(2) 掌握中规模集成计数器的使用及功能测试方法。
(3) 运用集成计数器构成 1/*N* 分频器。
(4) 熟悉用集成计数器实现 *N* 进制计数器的方法并学会设计简单的计数器电路。
(5) 掌握异步和同步计数器的工作原理。

3.11.2　实验仪器与器材

二进制计数器实验仪器与器材如表 3.11.1 所示。

表 3.11.1　二进制计数器实验仪器与器材

序号	名称	型号	数量
1	5V 直流电源适配器	5V	1 只
2	数字实验板	六孔板	1 块
3	输入器	四位	1 只
4	输出器	四位	1 只
5	16 脚底座	IC-16	1 只
6	14 脚底座	IC-14	1 只
7	带译码电路的七段 LED 数码管	5163AS	2 只
8	方波脉冲发生器	16005023	1 只
9	双下降沿 JK 触发器芯片	74LS112	2 片
10	D 触发器芯片	74LS74	2 片
11	四位二进制同步计数器	74LS161	2 片
12	四 2 输入与非门芯片	74LS00	1 片

3.11.3　实验原理

计数器是一个用以实现计数功能的器件，它不仅可用来计算脉冲数，还常用作数字系统的定时、分频以及其他特定的逻辑功能。

计数器种类很多，按构成计数器中的各触发器是否使用一个时钟脉冲源来分，有同步计数器和异步计数器。异步计数器是指计数时钟脉冲不是同时加到所有触发器的 CP 输入端，应翻转的触发器并不同时翻转的计数器。根据计数制的不同，分为二进制计数器、十进制计数器和任意进制计数器。根据计数的增减趋势，又分为加法、减法以及可逆计数器。还有可预置数和可编程序功能计数器等。

二进制计数器按二进制的规律累计脉冲个数。它是构成其他进制计数器的基础。要构成 n 位二进制计数器，需用 n 个具有计数功能的触发器。

1. 用 D 触发器构成异步二进制加/减计数器

图 3.11.1 所示是用 3 个 D 触发器构成的三位二进制异步加法计数器，它的连接特点是将每个 D 触发器先接成 T′ 触发器，再把低位触发器的 $\overline{Q}$ 端和高一位的 CP 端相连接。

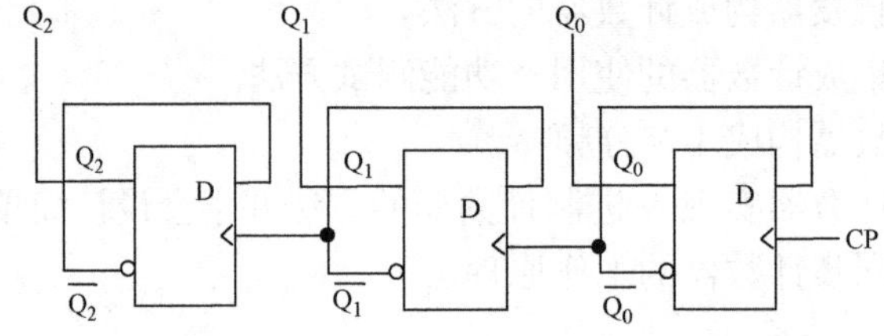

图 3.11.1　由 D 触发器组成的三位二进制异步加法计数器

若将图 3.11.1 稍作改动，将低位触发器的 Q 端与高一位的 CP 端相连接，即构成了一个三位二进制减法计数器，如图 3.11.2 所示。

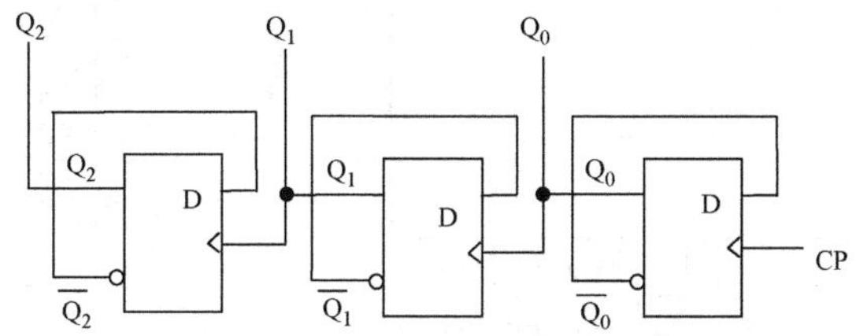

图 3.11.2　由 D 触发器组成的三位二进制异步减法计数器

2. 用 JK 触发器构成异步二进制加/减计数器

图 3.11.3 所示是用 3 个 JK 触发器构成的三位二进制异步加法计数器，它的连接特点是先让 J=K=1，即把每只 JK 触发器接成 T′ 触发器，再把低位触发器的 Q 端和高一位的 CP 端相连接(注意：TTL 芯片输入端悬空相当于接高电平)。

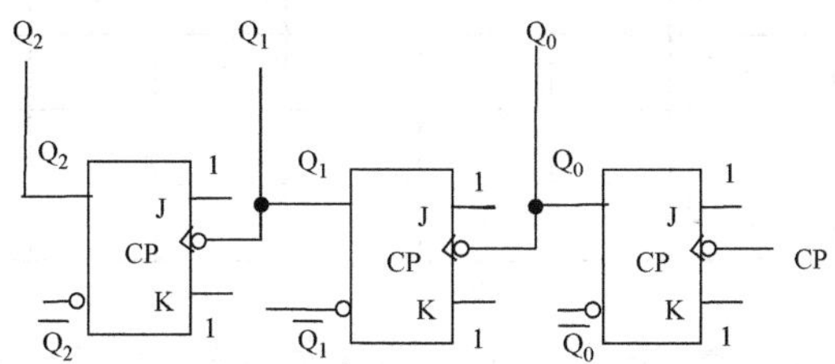

图 3.11.3　由 JK 触发器组成的三位二进制异步加法计数器

若将图 3.11.3 稍作改动，将低位触发器的 $\overline{Q}$ 端与高一位的 CP 端相连接，即构成了一个三位二进制减法计数器，如图 3.11.4 所示。

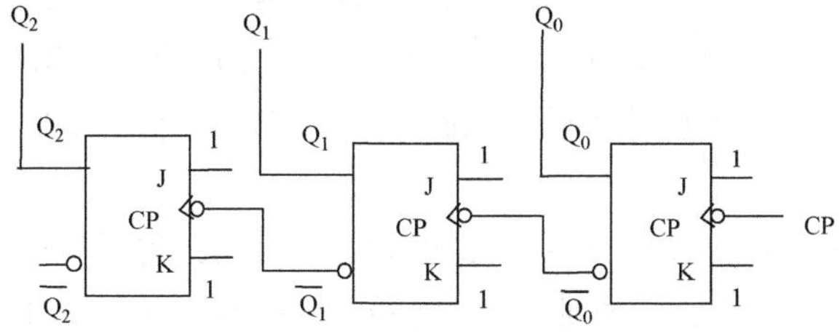

图 3.11.4　由 JK 触发器组成的三位二进制异步减法计数器

3. 74LS161 计数器

集成 4 位二进制同步加法计数器中比较典型的是 74LS161 计数器，其引脚排列及逻辑符号如图 3.11.5 所示，逻辑功能状态表如表 3.11.2 所示(表中“×”表示无关项，即可置于任意状态)。它具有异步清零、同步置数、计数、保持等功能。

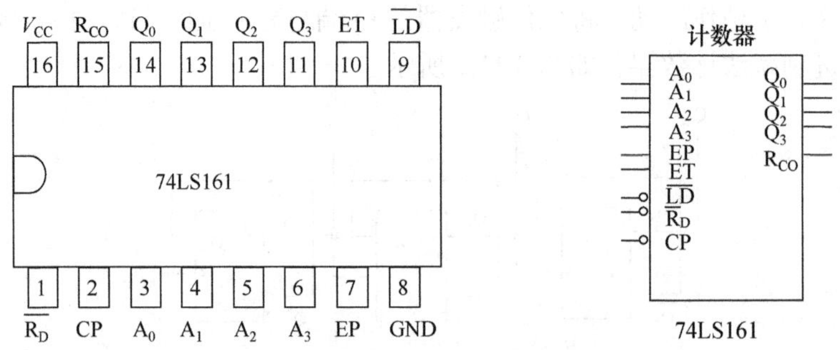

图 3.11.5　74LS161 计数器引脚排列及逻辑符号

表 3.11.2　74LS161 逻辑状态表

输　入									输　出			
CP	$\bar{R}_D$	$\overline{LD}$	EP	ET	A_3	A_2	A_1	A_0	Q_3	Q_2	Q_1	Q_0
×	0	×	×	×	×	×	×	×	0	0	0	0
↑	1	0	×	×	a	b	c	d	a	b	c	d
×	1	1	0	×	×	×	×	×	保持			
×	1	1	×	0	×	×	×	×	保持 (R_{CO}=0)			
↑	1	1	1	1	×	×	×	×	计数			

(1) 异步清零。当清零控制端 $\bar{R}_D=0$ 时，立即清零，其他端输入信号都不起作用。74LS161 异步清零端是最优先的，一旦 $\bar{R}_D=0$，计数器就会被复位，也就是完成清零功能，此时不需要时钟脉冲 CP 的配合。

(2) 同步预置。首先在置数输入端 $A_3A_2A_1A_0$ 预置某个数据。当置数端 $\bar{R}_D=1$，$\overline{LD}=0$ 时，在 CP 上升沿时刻，将 $A_3A_2A_1A_0$ 的数据并行送入计数器输出端，使 $Q_3Q_2Q_1Q_0=A_3A_2A_1A_0$。因此置数时必须在 CP 作用下才能进行，所以置数是同步的。

(3) 保持。当 $\overline{LD}=\bar{R}_D=1$ 时，只要控制端 EP、ET 中有一个低电平，计数器就处于保持状态。

(4) 计数。当 $\overline{LD}=\bar{R}_D=EP=ET=1$ 时，电路是模为 16 的同步加法计数器。在时钟信号 CP 作用下，电路按二进制数序列递增，由 0000→0001→…→1111。当 $Q_3Q_2Q_1Q_0=1111$ 时，进位输出端 R_{CO} 送出高电平的进位信号，即 $R_{CO}=Q_3Q_2Q_1Q_0\cdot T=1$。

4. 通过计数器的级联扩展计数容量

一个四位二进制计数器只能有 16 个状态，为了扩大计数器范围，常用多个计数器的级联来扩展计数容量。同步计数器往往设有进位输出端，故可选用其进位输出信号驱动下一级计数器。因此，n 个 74LS161 计数器级联就可以构成 16^n 进制计数器。

图 3.11.6 所示是由两片 74LS161 利用进位输出端 R_{CO} 控制高位芯片的 CP 端构成的级联图，形成 $16^2=256$ 进制计数器，它的最大计数范围是 256。

图 3.11.7 所示是由两片 74LS161 利用进位输出端 R_{CO} 控制高位芯片的 EP、ET 端构成的级联图，同样可以形成 256 进制计数器。

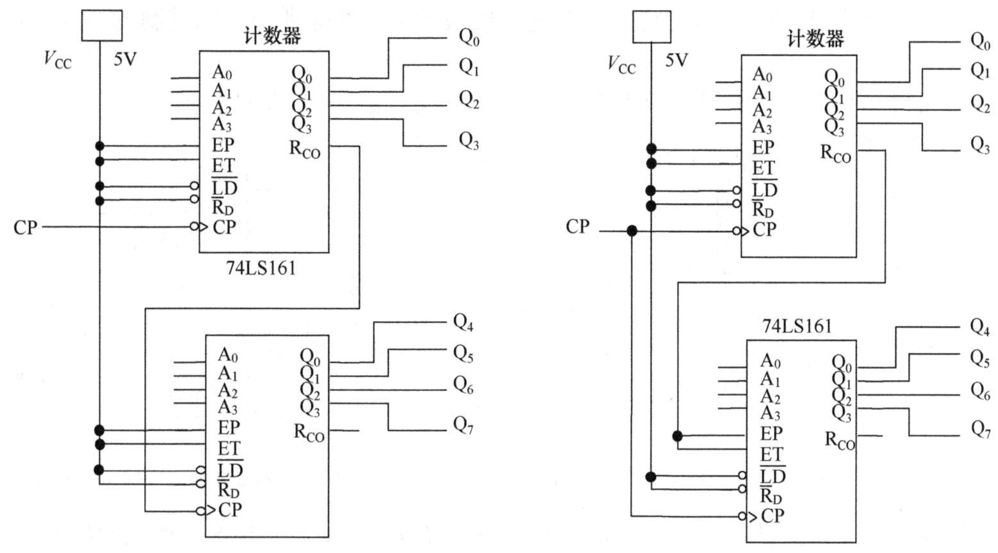

图 3.11.6 74LS161 计数器的级联扩展容量原理图　图 3.11.7 74LS161 计数器的级联扩展容量原理图

5. 任意进制计数（N 进制）

在集成计数器基础上加上适当反馈电路就可以构成任意进制计数器。假设计数器的最大计数值为 M。如果要得到一个 N 进制的计数器，当 $N<M$ 时，则只要利用一个 M 进制计数器，使之跳过 $M-N$ 个状态，有效循环只有 N 个状态，就可实现 N 进制计数器了。通常做法是利用清零、置数等有关的控制端来实现。当 $N>M$ 时，则先通过多片集成计数器进行级联来实现模大于 N 的计数器，然后再利用上述方法实现。将多片集成计数器进行级联，可以扩大计数范围。

1）用复位法（清零法）获得任意进制计数器的方法

假定已有 M 进制计数器，而需要得到一个 $N(N<M)$ 进制计数器。必须根据使用的芯片清零（或复位）是异步还是同步工作，而采用不同的方法。

(1) 若采用异步清零的计数器芯片（如 74LS161），那么使计数器计数到 N 时才执行清零。

(2) 若采用同步清零的计数器芯片（如 74LS163），那么使计数器计数到 $N-1$ 时就执行清零动作。

通过以上两种方法都可以获得 N 进制计数器。

图 3.11.8 所示为一个由 74LS161 计数器接成的 14 进制计数器。

其设计过程为：因为 74LS161 计数器是异步清零的，所以产生异步清零信号 $S_N=S_{14}=(1110)$。故连接的线路如图 3.11.8 所示。

其工作原理是：74LS161 是四位二进制计数器，有 16 个状态，同时 74LS161 是异步清零。当计数器计数到 14 时，清零端有效，此时强制执行清零动作，使 $Q_3Q_2Q_1Q_0=0000$，从而使计数器开始重新计数，这样计数器只出现 14 个状态，也就实现了 14 进制。

2) 利用置数端反馈置 0 获得 N 进制计数器的方法

将计数器适当改接，利用其置数端进行反馈置 0，可得到小于原进制的 N 进制计数器。

图 3.11.9 所示为 74LS161 用反馈置 0 的方法实现的 14 进制计数器。

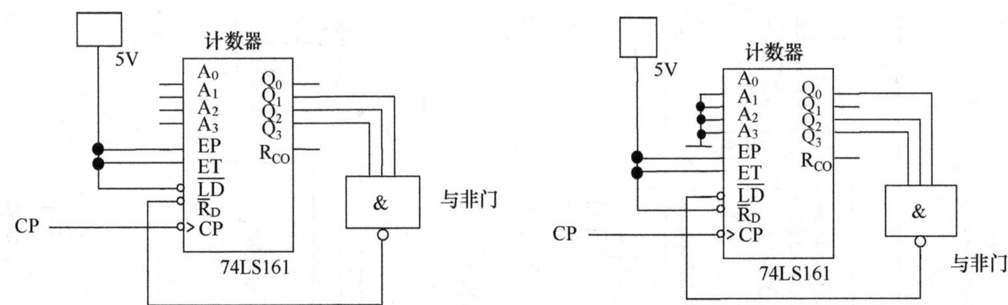

图 3.11.8　14 进制的异步清零法接线图　　图 3.11.9　14 进制的同步置数法接线图

其设计过程为：因为 74LS161 计数器是同步置数的，所以，用 S_{N-1}产生同步置 0 信号 $S_{N-1}= S_{13} =(1101)$。故连接的线路如图 3.11.9 所示。

其工作原理是 74LS161 是四位二进制计数器，有 16 个状态，同时 74LS161 是同步置数。当计数器计数到 13(即 $N-1$)时，使置数端有效，并等到时钟上升沿到来时刻，才执行置数功能把 $A_3A_2A_1A_0$ 中的数据 0000 赋值到 $Q_3Q_2Q_1Q_0$，使计数器从 0 开始重新计数。这样计数器出现 14 个状态，也就是 14 进制。

3) 利用置数功能预置其他数值获得 N 进制计数器的方法

除了用复位法和反馈置 0 法实现 N 进制计数器，当然，也可以通过置数功能预先给 $A_3A_2A_1A_0$ 赋其他值(不是 0，如 1001)，使计数器在计数运行时，跳过 $M-N$ 个状态，保留 N 状态，也就实现了 N 进制。

图 3.11.10 所示为 74LS161 用反馈预置数的方法实现的 7 进制计数器。

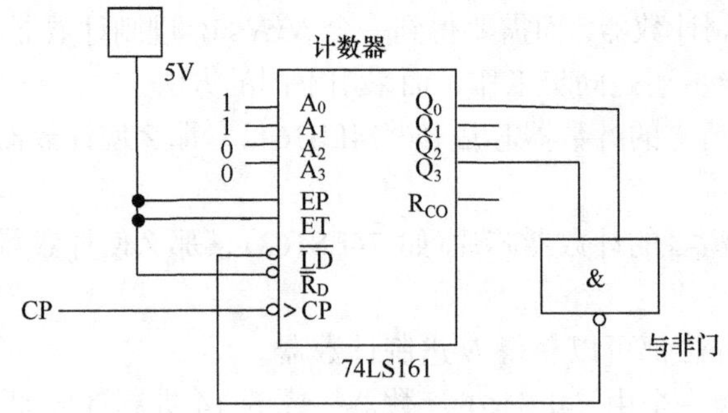

图 3.11.10　预置数法获得 7 进制

其工作原理是 74LS161 是四位二进制计数器，有 16 个状态，同时 74LS161 是同步置数。因为置数条件为 $\overline{LD}=\overline{Q_3Q_0}$。当计数器计数到 9(1001)时，使置数端有效，并等到时钟脉冲上升沿到来时刻，才强制运行置数，把 $A_3A_2A_1A_0$ 中的数据 0011 赋值到 $Q_3Q_2Q_1Q_0$，使计数器从 3(0011)开始重新计数。计数器的状态转换图如图 3.11.11 所示。

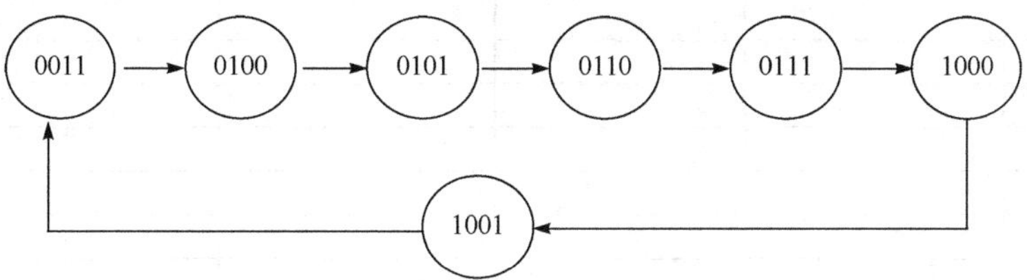

图 3.11.11　预置数法 7 进制状态转换图

这样计数器的有效循环中出现了 7 个状态，也就是实现了 7 进制计数器。

3.11.4　实验内容与步骤

1. 基本型实验：触发器组成计数器功能测试

1) D 触发器组成 8 进制计数器功能测试

由两只 74LS74 双上升沿 D 触发器芯片组成的三位异步二进制减法计数器如图 3.11.12 所示。

按图 3.11.12 接线，计数时钟脉冲由方波脉冲发生器的 1Hz 方波提供，加在 74LS74 芯片的 CP 输入端，芯片的输出端 Q_2、Q_1、Q_0 分别接带译码电路的七段 LED 数码管的输入端 C、B、A。为了方便观察，也可采用适配器上的手动脉冲输出功能，每按一次按键，七段 LED 数码管的显示值减小 1。观察七段 LED 数码管的显示情况，并用四位输出器观察 $Q_2Q_1Q_0$ 的 3 个输出端的变化并将实验结果记入表 3.11.3 中。

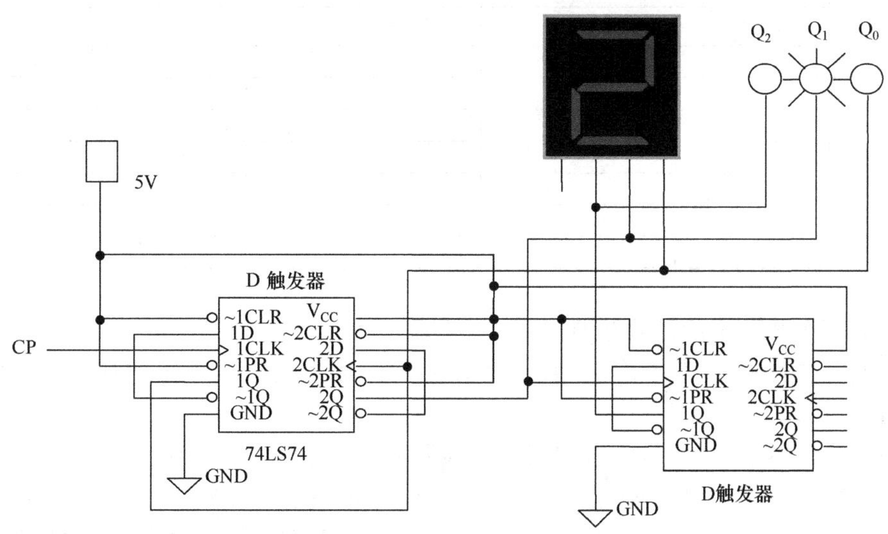

图 3.11.12　D 触发器实现的减法计数器连线图

表 3.11.3　D 触发器实现的减法计数器功能测试表

CP	Q_2	Q_1	Q_0	LED 示值
0				
1				
2				
3				
4				
5				
6				
7				
8				

注意：

(1) 74LS74 计数器芯片的 14 脚要接 5V 电源，7 脚接地。$\overline{R}_D$、$\overline{S}_D$ 端接高电平。

(2) 适配器或方波脉冲发生器的“R”端必须与“0”相连。

(3) CP 可接可调连续脉冲，也可接手动脉冲。

(4) D 触发器的 D 端必须接 $\overline{Q}$ 端，即令 $D=\overline{Q}$，才能实现计数功能。

按图3.11.1所示D触发器组成的三位二进制异步减法计数器的原理图，并参照图3.11.12接线，实现加法计数器。系统运行后，观察七段LED数码管的显示情况和四位输出器的 $Q_2Q_1Q_0$ 输出端的变化，最后将实验结果记入表3.11.4中。

表 3.11.4　D 触发器实现的加法计数器功能测试表

CP	Q_2	Q_1	Q_0	LED 示值
0				
1				
2				
3				
4				
5				
6				
7				
8				

2) JK 触发器组成的计数器测试

由两只 74LS112 双下降沿 JK 触发器芯片组成的三位异步二进制加法计数器如图 3.11.13 所示。

按图 3.11.13 接线，计数时钟脉冲由方波脉冲发生器的 1Hz 方波提供，加在 74LS112 芯片的 CP 输入端，芯片的输出端 Q_2、Q_1、Q_0 分别接在带译码电路的七段 LED 数码管的输入端 C、B、A 上。为了方便观察，也可采用适配器上的手动脉冲输出功能，每按一次按键，七段 LED 数码管的显示值增加 1。观察七段 LED 数码管的显示情况。并用四位输出器观察 $Q_2Q_1Q_0$ 输出端的变化，将实验结果记入表 3.11.5 中。

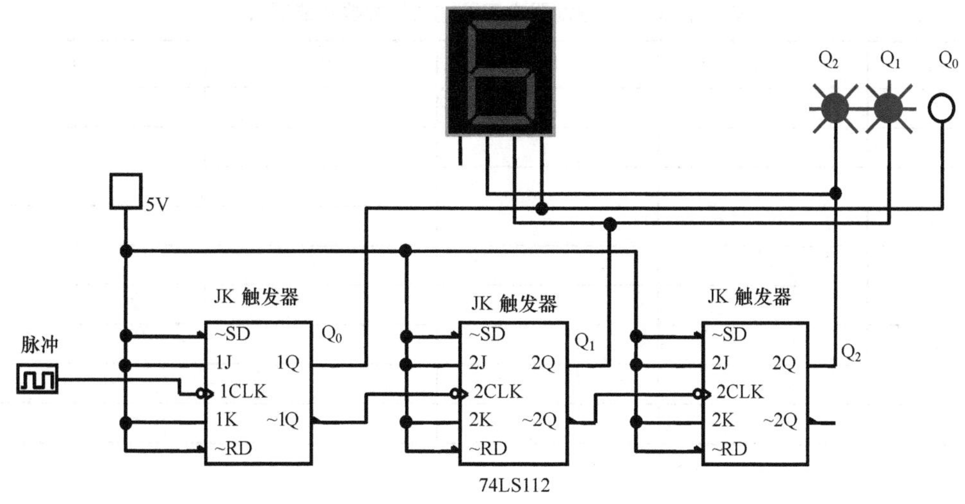

图 3.11.13　JK 触发器实现的加法计数器连线图

表 3.11.5　JK 触发器实现的加法计数器功能测试表

CP	Q_2	Q_1	Q_0	LED 示值
0				
1				
2				
3				
4				
5				
6				
7				
8				

注意：

(1) 74LS112 计数器芯片的 16 脚要接 5V 电源，8 脚接地。

(2) 74LS112 计数器芯片 $\overline{R}_D$、$\overline{S}_D$ 端接高电平。

(3) 适配器或方波脉冲发生器的“R”端必须与“0”相连。

(4) CP 可接可调连续脉冲，也可接手动脉冲。

(5) JK 触发器必须让 J=K=1，才能实现计数功能。

按图 3.11.4 由 JK 触发器组成的三位二进制异步加法计数器的原理图，并参照图 3.11.13 接线，实现减法计数器。系统运行后，观察七段 LED 数码管的显示情况和四位输出器的 $Q_0Q_1Q_2$ 输出端的变化，最后将实验结果记入表 3.11.6 中。

表 3.11.6　JK 触发器实现的减法计数器功能测试表

CP	Q_2	Q_1	Q_0	LED 示值
0				
1				
2				
3				
4				
5				
6				
7				
8				

2. 提高型实验

1)集成计数器 74LS161 功能测试

按图 3.11.14 接线，检查好线路后，运行系统，并观察七段 LED 数码管的显示情况和四位输出器的 $Q_3Q_2Q_1Q_0$ 输出端的变化，最后将实验结果记入表 3.11.7 中(表中“×”表示无关项，即可置于任意状态)。

然后，再将输入值设定为表 3.11.8 中的值，并输送连续脉冲。观察七段 LED 数码管的显示情况和四位输出器的 $Q_3Q_2Q_1Q_0$ 输出端的变化，最后将结果记录到表 3.11.8 中。

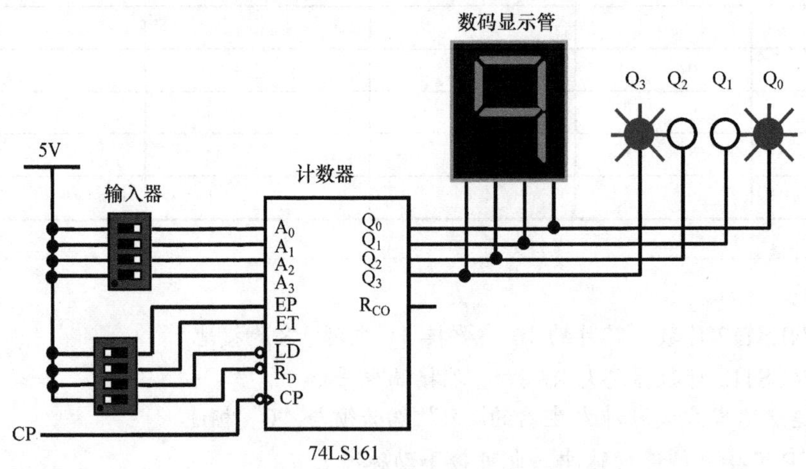

图 3.11.14　74LS161 计数器功能测试连线图

表 3.11.7　74LS161 逻辑状态测试表

CP	$\bar{R}_D$	$\overline{LD}$	EP	ET	A_0	A_1	A_2	A_3	功能
×	0	×	×	×	×	×	×	×	
↑	1	0	×	×	0	1	0	1	

续表

CP	$\bar{R}_D$	$\overline{LD}$	EP	ET	A_0	A_1	A_2	A_3	功能
×	1	1	0	×	×	×	×	×	
×	1	1	×	0	×	×	×	×	
↑	1	1	1	1	×	×	×	×	

表 3.11.8　74LS161 计数功能测试表

CP	$\bar{R}_D$	$\overline{LD}$	EP	ET	Q_3	Q_2	Q_1	Q_0	数码输出
0	1	1	1	1					
1	1	1	1	1					
2	1	1	1	1					
3	1	1	1	1					
4	1	1	1	1					
5	1	1	1	1					
6	1	1	1	1					
7	1	1	1	1					
8	1	1	1	1					
9	1	1	1	1					
10	1	1	1	1					
11	1	1	1	1					
12	1	1	1	1					
13	1	1	1	1					
14	1	1	1	1					
15	1	1	1	1					
16	1	1	1	1					

2）十六进制以内任意进制的实现

（1）用反馈清零法。

用 74LS161 计数器和 74LS20 与非门实现 14 进制计数器，参考电路如图 3.11.15 所示。

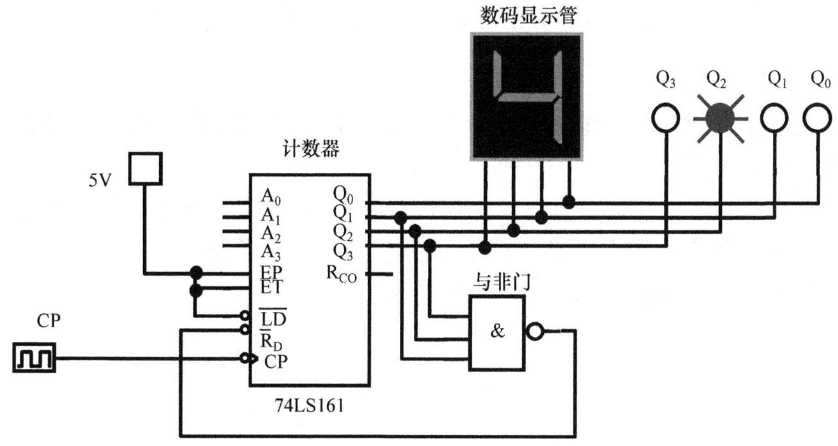

图 3.11.15　74LS161 反馈清零实现 14 进制连线图

按图 3.11.15 接线，验证功能，并说明该计数器的清零条件是什么，分析它的工作原理，最后画出它的状态转换图。

如果用反馈清零法实现 10 进制，应该如何修改电路？

注意：

① 74LS161 计数器和 74LS20 与门芯片的 V_{CC} 要接 5V 电源，GND 脚接地。

② Q_3、Q_2、Q_1、Q_0 分别接数码显示管 D、C、B、A，CP 接可调连续脉冲源。

③ EP、ET、$\overline{LD}$ 端接高电平。

(2)用置数法实现。

用 74LS161 计数器和 74LS20 与非门实现 14 进制计数器，参考电路如图 3.11.16 所示。

按图 3.11.16 接线，验证功能，并说明该计数器的置数条件是什么，分析它的工作原理，最后画出它的状态转换图。

如果用置数法实现 10 进制，应该如何修改电路？

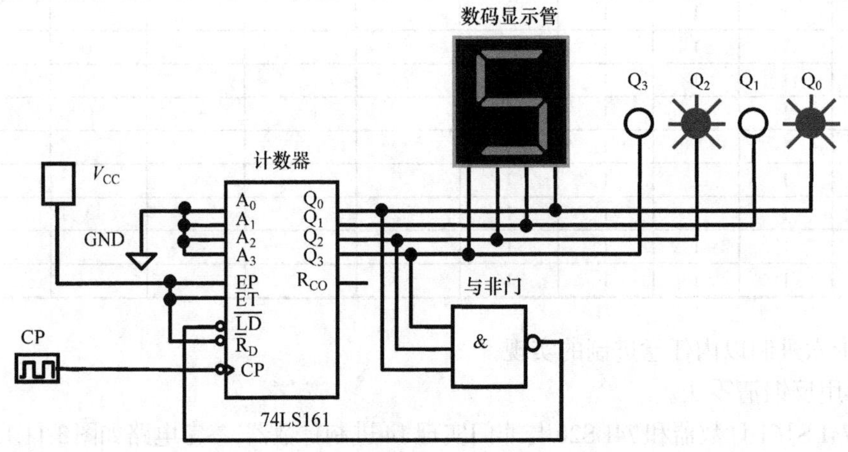

图 3.11.16　74LS161 反馈置 0 法实现 14 进制连线图

(3)其他特殊进制的实现。

用 74LS161 计数器及 74LS00 与非门实现的 14 进制计数器，参考电路如图 3.11.17 所示，试分析其工作原理。

按图 3.11.17 接线，验证功能，并说明该计数器的置数条件是什么？置数的数值是多少？分析该电路的工作原理，最后画出它的状态转换图。

如果要实现 10 进制，应该如何修改电路？

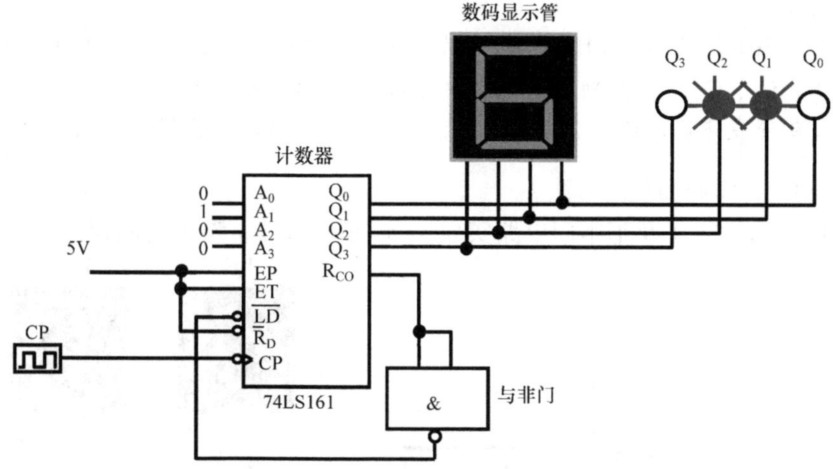

图 3.11.17　计数器 74LS161 实现 14 进制的连线图

3. 开拓型实验

百进制以内的任意进制的实现。

(1)用二进制编码实现方法。

用两片 74LS161 及基本门电路实现 45 进制计数器，参考电路如图 3.11.18 所示。

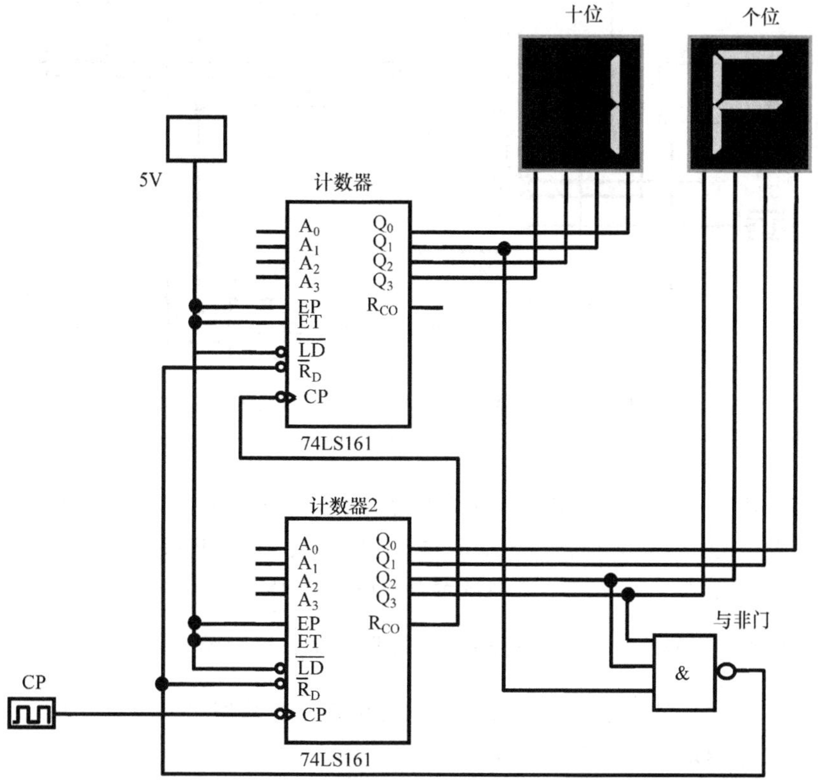

图 3.11.18　计数器 74LS161 实现 45 进制的连线图(一)

注意：

① 74LS161 计数器和 74LS20 与门芯片的 V_{CC} 要接 5V 电源，GND 脚接地。

② Q_3、Q_2、Q_1、Q_0 分别接数码显示管 D、C、B、A，CP 接连续脉冲源。

③ 数码管最终显示值为 2D，而不是 45，因为 45 的 16 进制数为 2D。

(2)用 BCD 编码实现的方法。

用两片 74LS2161 及基本门电路实现 45 进制计数器，参考电路如图 3.11.19 所示。

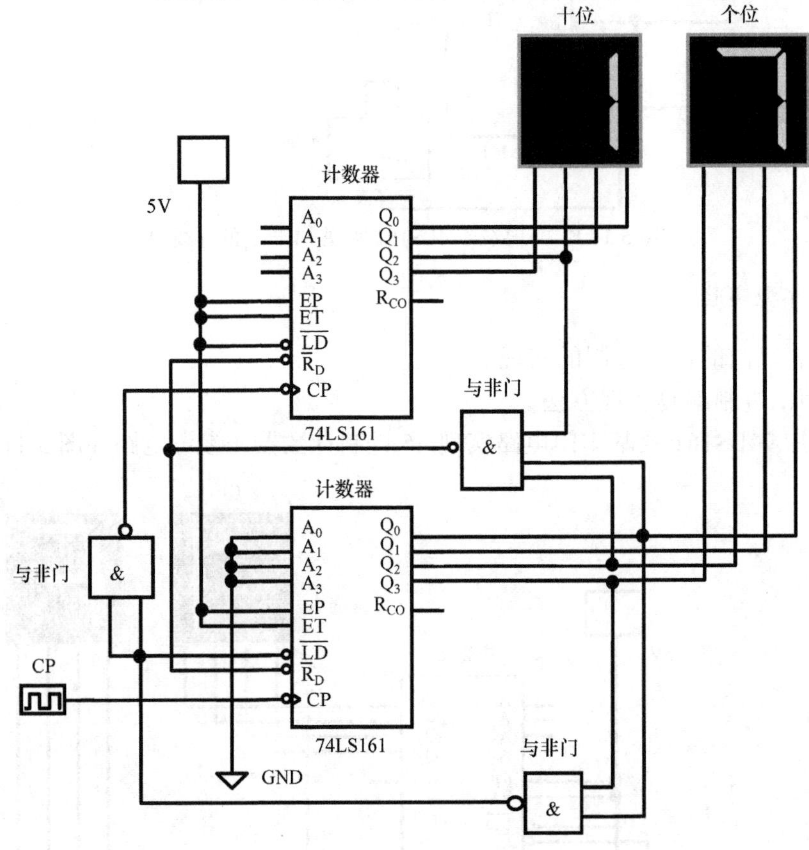

图 3.11.19　计数器 74LS161 实现 45 进制的连线图(二)

注意：

①74LS161 计数器和 74LS20 与门芯片的 V_{CC} 要接 5V 电源，GND 脚接地。

②Q_3、Q_2、Q_1、Q_0 分别接数码显示管 D、C、B、A，CP 接连续脉冲源。

③这种连接方式就可以按十进制显示 0～44，即 45 进制。

(3)观察以上两种连接电路的数码显示情况，并分析原因。

注意： 实验结束时，请整理、摆放好仪器设备，并填写实验设备使用登记本，最后请指导教师签字确认后方可离开实验室。

3.11.5　实验要求

(1) 复习有关 D 触发器、JK 触发器的工作原理以及电路的功能和引脚排列。
(2) 复习 74LS161 的功能。
(3) 了解利用集成计数器设计任意进制计数器的原理和方法。
(4) 根据各项实验任务要求，记录数据，并加以分析、总结。
(5) 整理实验数据，回答思考题，完成实验内容中的记录要求。

3.11.6　思考题

(1) 用 74LS161 集成计数器芯片实现一个十进制计数器。
(2) 试述异步计数器与同步计数器的区别。
(3) 如图 3.11.20 所示的 74LS161 计数器电路实现几进制?

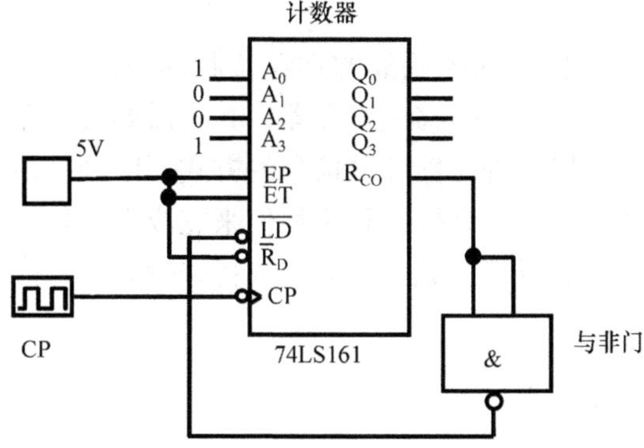

图 3.11.20　计数器电路图

3.12　移位寄存器及其应用实验

3.12.1　实验目的

(1) 掌握 4 位双向移位寄存器的逻辑功能及使用方法。
(2) 掌握移位寄存器的基本应用。
(3) 熟悉实现数据的串行、并行转换和构成环形计数器的方法。

3.12.2　实验仪器与器材

移位寄存器实验仪器与器材如表 3.12.1 所示。

表 3.12.1　移位寄存器实验仪器与器材

序号	名称	型号	数量
1	直流电源适配器	5V	1 只
2	数字实验板	六孔板	1 块

续表

序号	名称	型号	数量
3	输入器	四位	1只
4	输出器	四位	1只
5	16脚底座	IC-16	1只
6	14脚底座	IC-14	1只
7	函数发生器	YB1602	1台
8	示波器	LDS20405	1台
9	移位寄存器	74LS194	2片
10	非门	74LS04	1片

3.12.3 实验原理

移位寄存器是指寄存器中的代码能够在移位脉冲的作用下依次左移或右移的寄存器。既能左移又能右移的称为双向移位寄存器，其只需要改变左、右移的控制信号便可实现双向移位要求。根据移位寄存器存取信息的方式不同分为串入串出、串入并出、并入串出、并入并出4种形式。计算机可利用移位来完成乘、除运算，在主机和外部设备之间传送数据时可将串行数码转换成并行数码或将并行数码转换成串行数码，还可以构成许多特殊编码的计数器。

1. 74LS194移位寄存器简介

74LS194是4位双向移位寄存器，它具有4位保持、右移、左移、并行输入、并行输出逻辑功能，其特性见表3.12.2(表中“×”表示无关项，即可置于任意状态)。

(1)清零功能。

当$\bar{R}_D=0$时，S_1、S_0任意取值，双向移位寄存器异步清零。

(2)保持功能。

当$\bar{R}_D=1$时，CP=0或$S_1=S_0=0$，双向移位寄存器保持状态不变。

(3)并行送数功能。

当$\bar{R}_D=1$，$S_1=S_0=1$，在CP上升沿到来时，可将并行输入端的$D_0D_1D_2D_3$中的数码$d_0\,d_1\,d_2\,d_3$送到寄存器的$Q_0Q_1Q_2Q_3$中。

(4)右移送数功能。

当$\bar{R}_D=1$，$S_1=0$，$S_0=1$时，在CP上升沿的操作下，可依次将D_{SR}中的数据串行输入到寄存器中。

表3.12.2 四位双向移位寄存器74LS194逻辑功能表

$\bar{R}_D$	CP	S_1 S_0	D_{SR} D_{SL}	$D_0D_1D_2D_3$	$Q_0Q_1Q_2Q_3$	功 能
0	×	××	× ×	××××	0000	异步清零
1	0	××	× ×	××××	$Q_0Q_1Q_2Q_3$	保持

续表

R_D	CP	S_1　S_0	D_{SR}　D_{SL}	$D_0D_1D_2D_3$	$Q_0Q_1Q_2Q_3$	功　能
1	↑	1　1	×　×	$d_0\,d_1\,d_2\,d_3$	$d_0\,d_1\,d_2\,d_3$	并行输入
1	↑	0　1	1　×	××××	$1\ d_0\,d_1\,d_2$	右移输入 1
1	↑	0　1	0　×	××××	$0\ d_0\,d_1\,d_2$	右移输入 0
1	↑	1　0	×　1	××××	$d_1\,d_2\,d_3\ 1$	左移输入 1
1	↑	1　0	×　0	××××	$d_1\,d_2\,d_3\ 0$	左移输入 0
1	×	0　0	×　×	××××	$Q_0Q_1Q_2Q_3$	保持

(5)左移送数功能。

当 $\overline{R}_D=1$，S_1=0，S_0=1 时，在 CP 上升沿的操作下，可依次将 D_{SL} 中的数据串行输入到寄存器中。

4 位双向移位寄存器 74LS194 引脚排列图如图 3.12.1 所示。

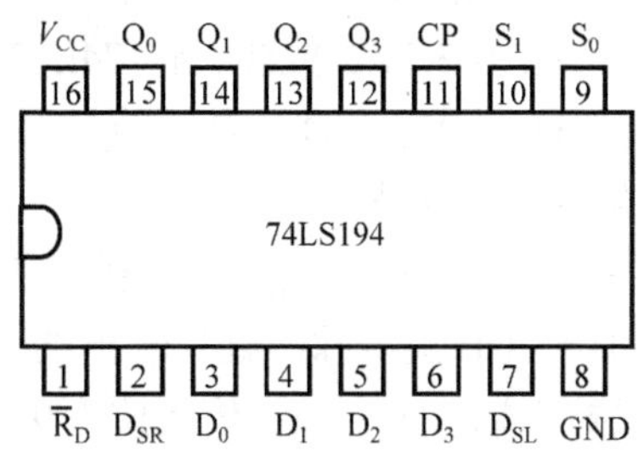

图 3.12.1　74LS194 引脚排列图

2. 移位寄存器型计数器

移位寄存器应用很广，可构成移位寄存器型计数器；顺序脉冲发生器；串行累加器；可用作数据转换，即把串行数据转换为并行数据，或把并行数据转换为串行数据等。

利用移位寄存器构成环形和扭环形计数器时，先使 S_1=S_0=1，实现并行输入预置数值，再改变 S_1 和 S_0 的电平，实现左移或右移状态。若把移位寄存器的输出以一定方式反馈到串行输入 D_{SR} 端或 D_{SL} 端，就可以构成移位寄存器型计数器。

3.12.4　实验内容与步骤

1. 基本型实验

1) 74LS194 逻辑功能的测试

将 $\overline{R}_D$、S_1、S_0、D_{SR}、D_{SL}、D_0、D_1、D_2、D_3 分别接输入器逻辑电平开关；Q_0、Q_1、Q_2、Q_3 接输出器 LED 电平显示。CP 接实验板上的单次脉冲源。按表 3.12.3 进行逐项对比测试(表中“×”表示无关项，即可置于任意状态)。

表 3.12.3　四位双向移位寄存器 74LS194 逻辑功能测试表

$\overline{R}_D$	CP	S_1　S_0	D_{SR}　D_{SL}	$D_0D_1D_2D_3$	$Q_0Q_1Q_2Q_3$	功能
0	×	×　×	×　×	××××		
1	↑	0　0	×　×	××××		
1	↑	1　1	×　×	1011		

续表

$\overline{R}_D$	CP	S_1　S_0	D_{SR}　D_{SL}	$D_0D_1D_2D_3$	$Q_0Q_1Q_2Q_3$	功能
1	↑	0　1	1　×	××××		
1	↑	0　1	0　×	××××		
1	↑	1　0	×　1	××××		
1	↑	1　0	×　0	××××		

2) 环型和扭环型计数器

(1) 用 74LS194 构成简单的右移环型计数器(不可自启动)。

按图 3.12.2 接线，将 74LS194 芯片的输出端 Q_3 直接接回到 D_{SR} 端口，将 $\overline{R}_D$、S_1、S_0、D_{SR}、D_{SL}、D_0、D_1、D_2、D_3 分别接输入器逻辑电平开关，Q_0、Q_1、Q_2、Q_3 用输出器 LED 电平显示。

先让清零端 $\overline{R}_D$=1，再利用送数功能设定初始状态，方式控制端 S_1S_0 = 11，$D_0D_1D_2D_3$= 0010，CP 接单脉冲触发输出端，按下单脉冲触发按钮，使 $Q_0Q_1Q_2Q_3$ = 0010，然后将方式控制端 S_1S_0 = 01，依次按下单脉冲触发按钮，用 LED 指示灯观察输出状态的变化，将实验结果记入表 3.12.4 中。

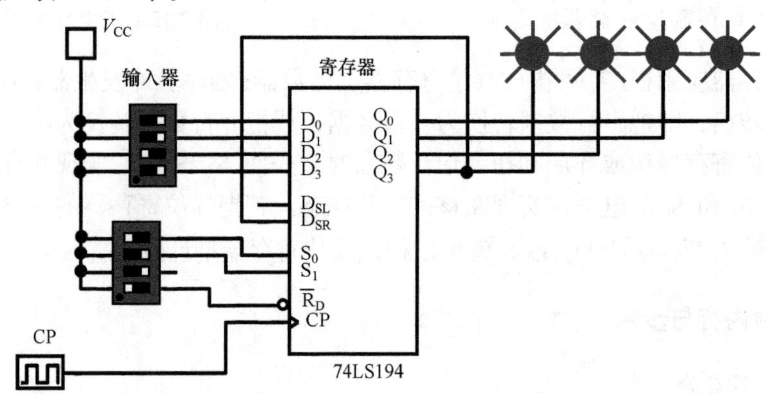

图 3.12.2　寄存器 74LS194 实现环形计数器连线图

表 3.12.4　环形计数器功能测试表

CP	Q_0	Q_1	Q_2	Q_3
0	0	0	1	0
1				
2				
3				
4				

(2) 用 74LS194 构成简单的右移扭环型计数器(可自启动)。

按图 3.12.3 接线，将 74LS194 芯片的输出端 Q_3 经过非门芯片 74LS04(引脚图见

图 3.12.4)后接回到 D_{SR} 端口。再将 $\overline{R}_D$、S_1、S_0、D_{SR}、D_{SL}、D_0、D_1、D_2、D_3 分别接输入器逻辑电平开关，Q_0、Q_1、Q_2、Q_3 用输出器 LED 电平显示。然后将清零端接高电平(即 $\overline{R}_D=1$)，再将方式控制端 S_1S_0=01，依次按下单脉冲触发按钮，用 LED 指示灯观察输出状态的变化，将实验结果记入表 3.12.5 中。

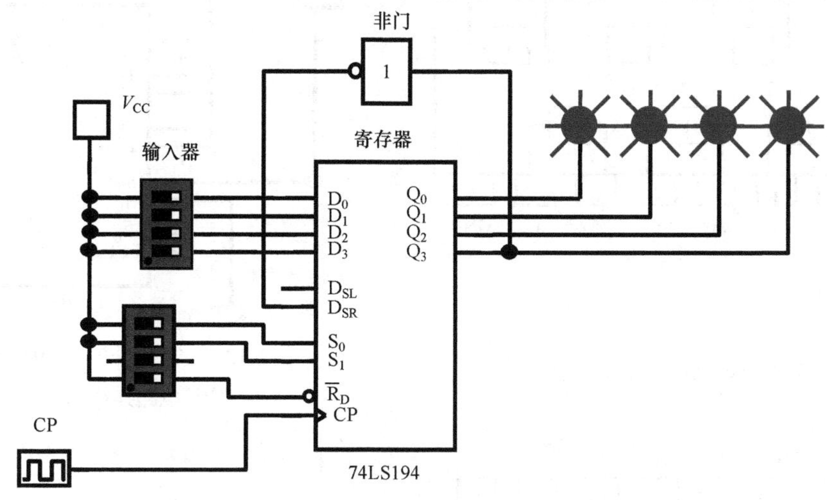

图 3.12.3　寄存器 74LS194 实现扭环形计数器连线图

表 3.12.5　可自启动环形计数器功能测试表

CP	Q_0	Q_1	Q_2	Q_3
0				
1				
2				
3				
4				

2. 提高型实验：由移位寄存器 74LS194 及与非门 74LS00 构成一个可实现七分频的分频器

由 74LS194 构成的七分频电路如图 3.12.5 所示。在实验板上根据实验电路图搭建电路。七分频器的分频信号由 Q_2 输出，同时将 Q_2、Q_3 输出通过与非门 74LS00(引脚图见图 3.12.6)后接入 D_{SR} 端，让 S_1S_0 = 01。其中待分频的时钟信号 CP 用实验板上的 1kHz 固定脉冲信号源，用示波器的两个通道同时观察输入信号 U_I 和输出信号 U_O 的波形，并记录到图 3.12.7 中。

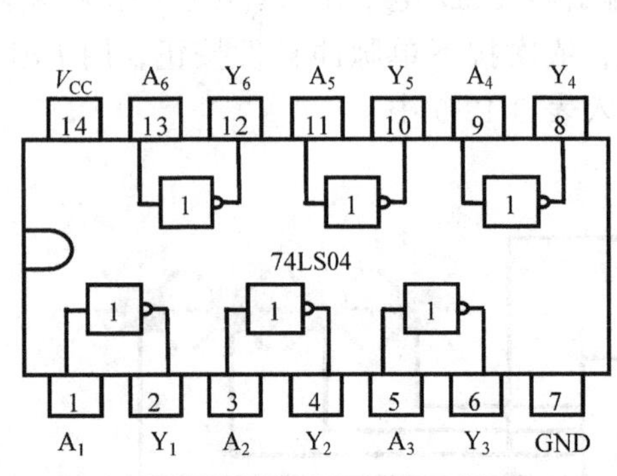

图 3.12.4　74LS04 非门引脚图

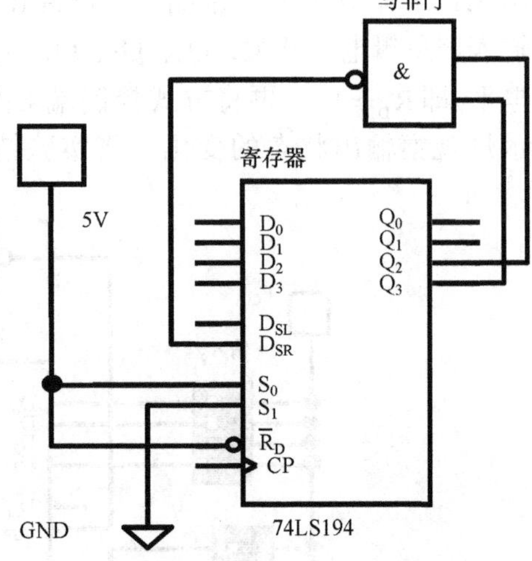

图 3.12.5　寄存器 74LS194 构成 7 分频电路连线图

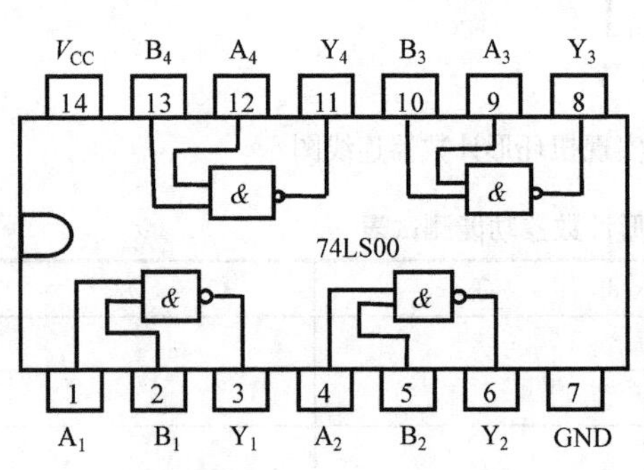

图 3.12.6　74LS00 引脚图

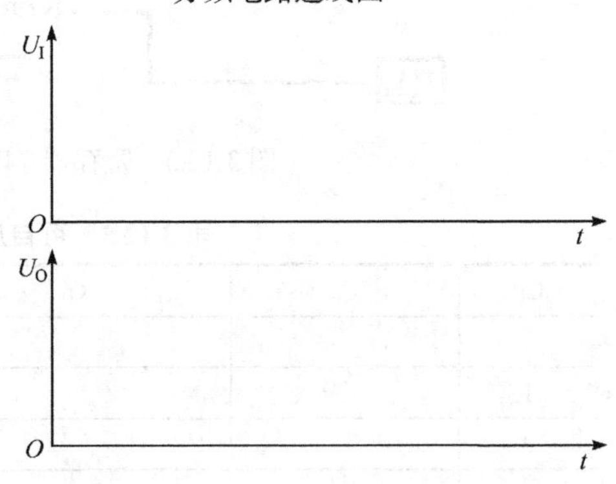

图 3.12.7　七分频电路输入输出波形图

3. 开拓型实验：彩灯循环电路的设计

要求用寄存器 74LS194、与门 74LS08(引脚图见图 3.12.8)和非门 74LS04(引脚图见图 3.12.4)设计四路彩灯左移循环电路，使彩灯的状态变化规律为 0001、0010、0100、1000，然后再返回 0001 循环。

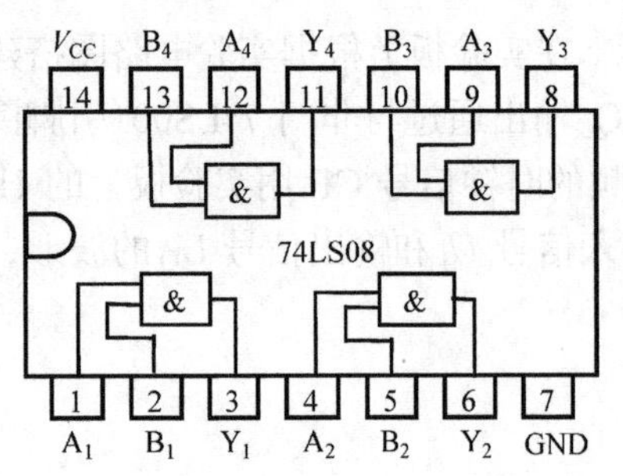

图 3.12.8　74LS08 与门引脚图

图 3.12.9 是由 74LS194 构成的四路彩灯循环电路。图中将 Q_1、Q_2、Q_3 输出取反后相与，再接入 D_{SL} 端，令 S_1S_0=10。其中时钟信号 CP 用实验板上的 1kHz 固定脉冲信号源，输出信号 Q_0、Q_1、Q_2、Q_3 用输出器 LED 电平显示，观察彩灯工作情况。

在实验板上根据实验图搭建电路，并验证功能。

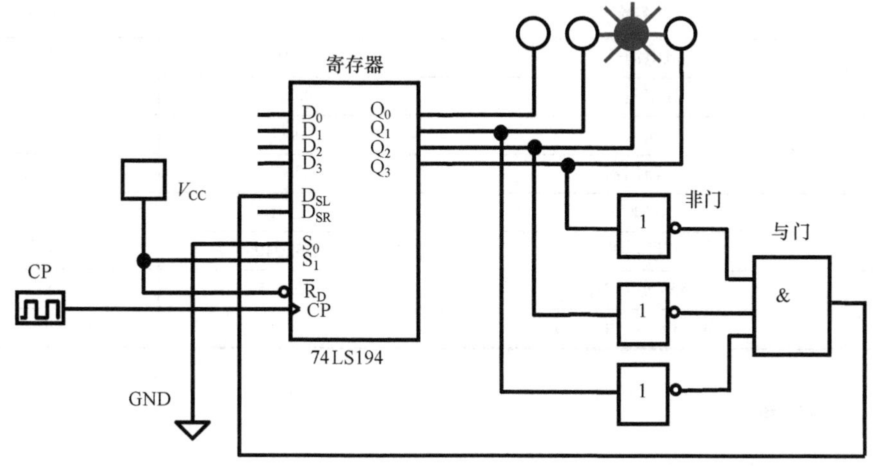

图 3.12.9　74LS194 寄存器构成彩灯循环电路连线图

注意： 实验结束时，请整理、摆放好仪器设备，并填写实验设备使用登记本，最后请指导教师签字确认后方可离开实验室。

3.12.5　实验要求

(1) 复习移位寄存器 74LS194 的功能和外部引线排列以及使用方法。

(2) 复习利用移位寄存器构成环形计数器的工作原理及方法。

(3) 根据各项实验任务要求，记录数据，并加以分析、总结。

(4) 完成实验内容中的记录要求，描绘实验波形图。

(5) 回答思考题。

3.12.6　思考题

(1) 用 74LS194 集成计数器芯片实现一个七进制。

(2) 什么是时序电路的自启动?

3.13　555 定时器电路及其应用实验

3.13.1　实验目的

(1) 掌握 555 定时器电路的结构和工作原理，正确使用相应的集成电路。

(2) 掌握 555 定时器的基本应用。

(3) 学会分析、设计用 555 定时器电路构成的几种常用的脉冲波形发生电路。

3.13.2　实验仪器与器材

555 定时器实验仪器与器材如表 3.13.1 所示。

表 3.13.1　555 定时器实验仪器与器材

序号	名称	型号	数量
1	直流电源适配器	5V	1 只
2	数字实验板	六孔板	1 块
3	输入器	四位	1 只
4	输出器	四位	1 只
5	16 脚底座	IC-16	1 只
6	双踪示波器	LDS20405	1 台
7	555 定时器器	NE55/5	1 片
8	电位器、电阻、电容		若干

3.13.3　实验原理

1. 555 定时器电路原理功能

555 定时器是一种应用广泛的模拟-数字混合集成电路。在 555 定时器基础上外加少量元件即可组成性能稳定的多谐振荡器、单稳触发器、施密特触发器等多种功能电路。555 定时器在工业控制、定时、仿声、电子乐器及防盗报警方面应用很广。

经常使用的 555 定时器集成芯片有单定时器和双定时器两种。单定时器是在一个芯片上集成一个 555 定时器电路，型号为 NE555。双定时器是在一个芯片上集成两个相同的 555 定时器，型号为 NE556。

555 定时器内部电路与引脚图如图 3.13.1 所示。555 定时器电路由分压器、两个电

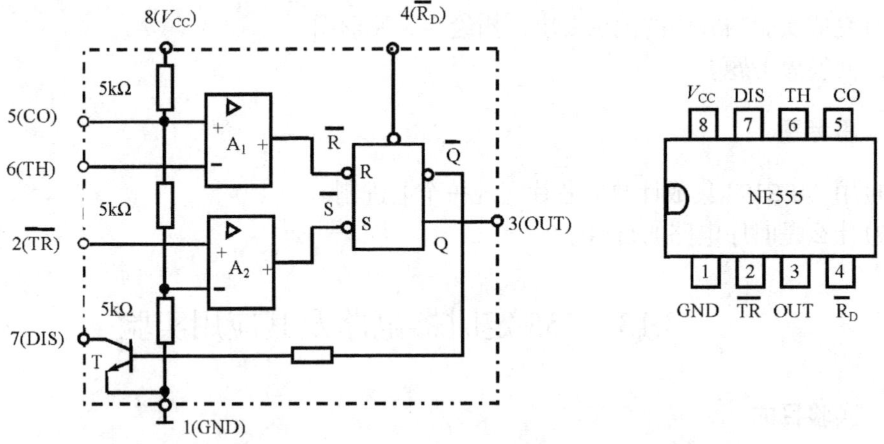

图 3.13.1　555 定时器内部结构图及引脚排列图

压比较器、一个基本 RS 触发器、一个放电开关管 T 和缓冲输出五部分组成。比较器的参考电压由三只 5kΩ 的电阻器构成的分压器提供，故取名 555 电路。它们使高电平比较器 A_1 的同相输入端的参考电平为 $U_{REF1}=\frac{2}{3}V_{CC}$，使低电平比较器 A_2 的反相输入端为

$U_{REF2}=\frac{1}{3}V_{CC}$。由比较器 A_1 与 A_2 的输出端控制 RS 触发器状态和放电管开关状态。当输入信号从控制输入端(6 脚)输入，数值超过参考电平($\frac{2}{3}V_{CC}$)时，触发器复位，555 定时器的输出端(3 脚)输出低电平，同时放电开关管导通；当输入信号从阈值输入端(2 脚)输入，数值低于$\frac{1}{3}V_{CC}$时，触发器被置位，555 定时器的输出端(3 脚)输出高电平，同时放电开关管截止。三极管 T 称为泄放三极管，为外接电容提供充放电回路。

555 定时器的引脚功能如下：

(1) $\overline{R}_D$ 端(清零端，4 脚)：当 $\overline{R}_D=0$ 时，输出端 U_O 为低电平，555 内部放电管 T 导通。平时 $\overline{R}_D$ 端开路或接 V_{CC}。

(2) TH 端(阈值端，6 脚)：高电平触发，当 TH 端电压大于 U_{REF1} 时，输出端 U_O 为低电平，555 内部放电管 T 导通。

(3) $\overline{TR}$ 端(触发端，2 脚)：低电平触发，当 $\overline{TR}$ 端电压小于 U_{REF2} 时，输出端 U_O 为高电平，555 内部放电管 T 截止。

(4) DIS 端(放电端，7 脚)：当 555 内部放电管 T 导通或关断时，为外接 RC 回路提供放电或充电通路。

(5) OUT 端(输出端，3 脚)。

(6) CO 端(控制电压端，5 脚)：平时输出$\frac{2}{3}V_{CC}$作为比较器 A_1 的参考电平，当 5 脚外接一个输入电压时，即改变了比较器的参考电平。在不接外加电压时，通常接一个 0.01 μF 的电容器到地起滤波作用，以消除外来的干扰，确保参考电平的稳定。

由图 3.13.1 所示的 555 定时器的内部电路可推导出如表 3.13.2 所示 555 定时器的功能。

表 3.13.2　555 集成定时器的功能表

$\overline{R}_D$ 复位	TH 阈值输入	$\overline{TR}$ 触发输入	Q	U_O 输出	DIS(T 放电端)
0	×	×	×	低电平	导通
1	$>\frac{2}{3}V_{CC}$	$>\frac{1}{3}V_{CC}$	0	低电平	导通
1	$<\frac{2}{3}V_{CC}$	$>\frac{1}{3}V_{CC}$	保持	保持原状态	保持原状态
1	$<\frac{2}{3}V_{CC}$	$<\frac{1}{3}V_{CC}$	1	高电平	截止
1	$>\frac{2}{3}V_{CC}$	$<\frac{1}{3}V_{CC}$	1	高电平	截止

2. 555 定时器的应用

1) 555 定时器组成施密特触发器

将 555 定时器的阈值输入端 TH 和触发输入端 $\overline{TR}$ 连在一起，便构成了施密特触发器。施密特触发器具有如图 3.13.2 所示的滞回特性。电路的回差电压为$\frac{1}{3}V_{CC}$。如果要改变回差电压，只要在 CO 端外接可变电压 u 并改变 u 的大小，就可以调节电路回差电压的范围。

施密特触发器工作时，u_I 增大时与上限阈值比较，即当 $u_I > u_{T+}$ 时，输出 u_O 由高电平变为低电平。u_I 减小时与下限阈值比较，当 $u_I < u_{T-}$ 时，输出 u_O 由低电平变为高电平。施密特触发器电路的输入输出关系(电压传输特性)如图 3.13.3 所示。施密特触发器的电压传输特性是滞回特性形象而直观的反映。当 u_I 由 0V 上升到 $\frac{2}{3}V_{CC}$ 时，输出 u_O 由 U_{OH} 跳变为 U_{OL}。但是当 u_I 由 V_{CC} 降到 $\frac{2}{3}V_{CC}$ 时，$U_O = U_{OL}$ 却不改变，只有当 u_I 下降到 $\frac{1}{3}V_{CC}$ 时，u_O 由 U_{OL} 跳变为 U_{OH}。

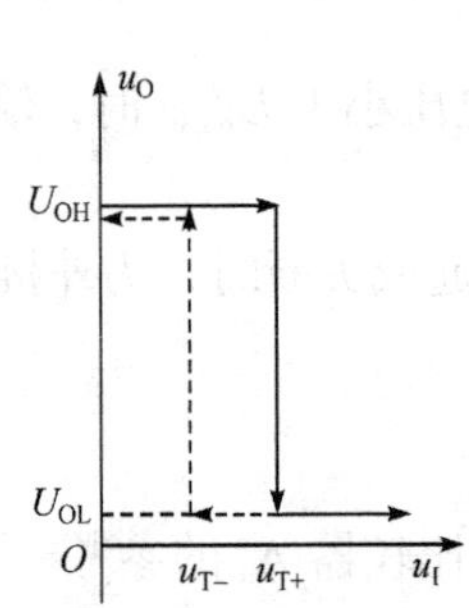

图 3.13.2　施密特触发器的滞回特性

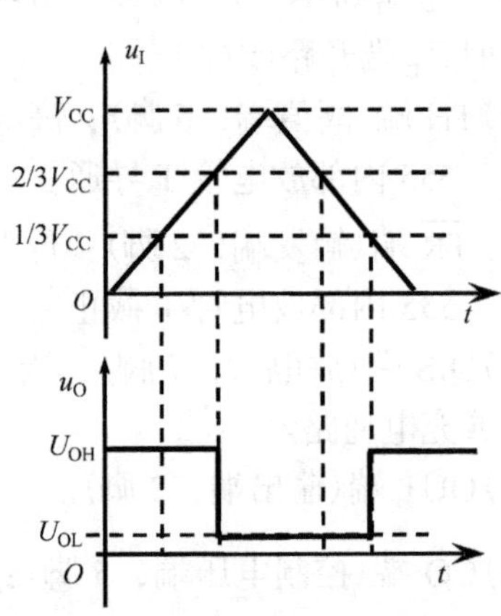

图 3.13.3　施密特触发器的电压传输特性图

2) 555 定时器构成多谐振荡器

多谐振荡器是一种自激振荡电路，电路连接好后，只要接通电源，不需要外加输入信号，就能在输出端输出一定频率的矩形脉冲。因矩形脉冲波含有丰富的谐波，故称为多谐振荡器。因为多谐振荡器只有两个暂稳态，没有稳态，故又称无稳态触发器。

多谐振荡器是一种常用的脉冲波形发生器。触发器和时序电路中的时钟脉冲一般由多谐振荡器产生。

图 3.13.4 所示是由 555 定时器组成的多谐振荡器。其中 R_1、R_2、C、C_0 是外接元件。多谐振荡器的工作过程及工作波形如图 3.13.5 所示。电源 V_{CC} 接通后，经过 R_1 和 R_2 对 C 充电，u_C 上升。当 $0<u_C<\frac{1}{3}V_{CC}$ 时，$\overline{S}_D=0$，$\overline{R}_D=1$，触发器置 1，u_O 为高电平电压。当 $\frac{1}{3}V_{CC}<u_C<\frac{2}{3}V_{CC}$ 时，$\overline{S}_D=1$，$\overline{R}_D=1$，触发器保持不变，u_O 仍为高电平电压。当 $u_C>\frac{2}{3}V_{CC}$ 时，$\overline{R}_D=0$，触发器置 0，u_O 为低电平电压。这时放电管 T 导通，C 通过 R_2 和 T 放电，u_C 下降。当 u_C 下降到 $\frac{1}{3}V_{CC}$ 时，$\overline{S}_D$ 为 0，触发器置 1，u_O 由低电平变为高电平电压。如此重复上述过程，建立振荡，得到 u_O 为持续的矩形波。

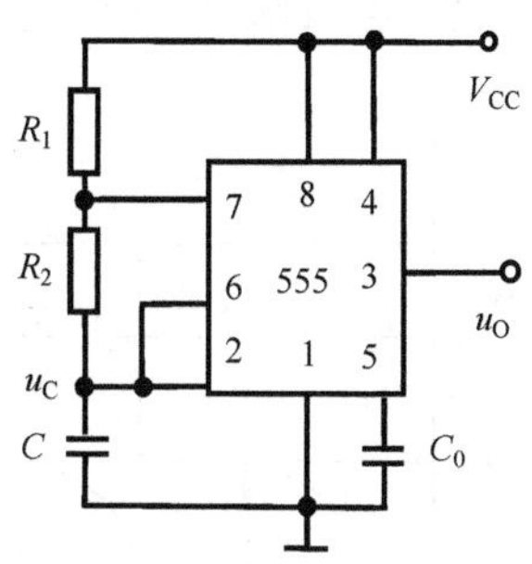

图 3.13.4　555 组成的多谐振荡器

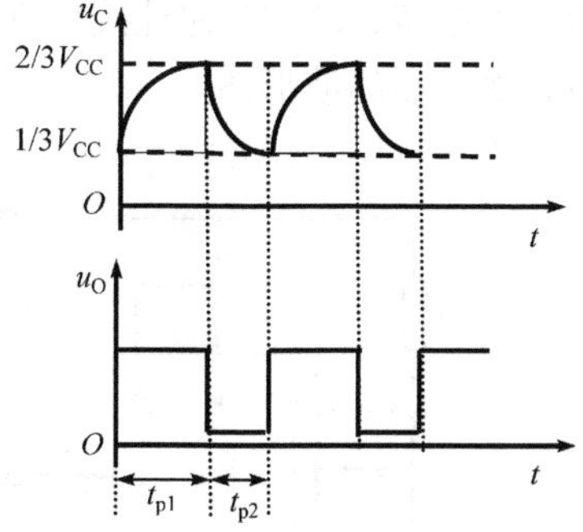

图 3.13.5　多谐振荡器的工作波形

第一个暂稳状态的脉冲宽度 t_{p1}，电源通过 R_1、R_2 向 C 充电，充电时间为

$$t_{p1} \approx (R_1+R_2)\ C\ \ln2=0.7(R_1+R_2)\ C$$

第二个暂稳状态的脉冲宽度 t_{p2}，C 通过 R_2 经放电端放电，放电时间为

$$t_{p2} \approx R_2\ C\ \ln2 = 0.7R_2C$$

振荡周期为

$$T= t_{p1}+ t_{p2} = 0.7(R_1+2R_2)C$$

振荡频率为

$$f=\frac{1}{T}=\frac{1.43}{(R_1+2R_2)C}$$

占空比为

$$q=\frac{t_{p1}}{T}=\frac{0.7(R_1+R_2)C}{0.7(R_1+2R_2)C}=\frac{R_1+R_2}{R_1+2R_2}$$

在图 3.13.5 所示电路中，由于电容 C 的充电时间常数 $\tau_1=0.7(R_1+R_2)C$，放电时间常数 $\tau_1=0.7R_2C$，所以 $t_{p1}>t_{p2}$，u_O 的波形不仅不可能对称，而且占空比 q 不易调节。如果利用半导体二极管的单向导电性，把电容的充放电回路隔开，再加上一个电位器，便可以得到占空比可调的多谐振荡器。图 3.13.6 所示是由 555 定时器构成的占空比可调的多谐振荡器。

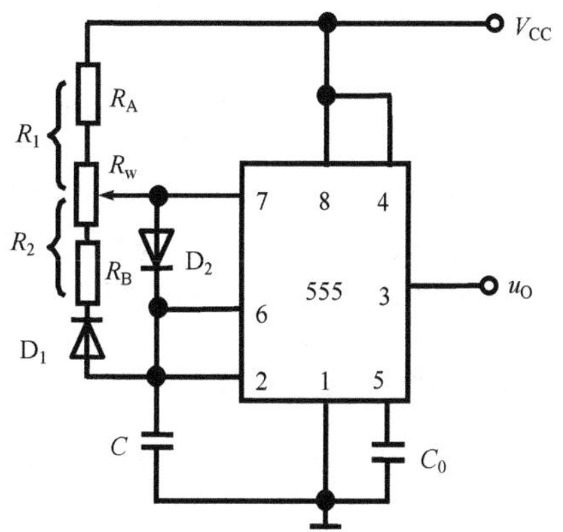

图 3.13.6　占空比可调的多谐振荡器

此时的占空比为

$$q=\frac{t_{p1}}{T}=\frac{R_1}{R_1+R_2}$$

只要改变电位器活动端的位置，就可以方便地调节占空比 q，当 $R_1=R_2$ 时，q=50%，输出 u_O 将成为对称的矩形脉冲。

3) 单稳态触发器

图 3.13.7 所示是 555 定时器组成的单稳态

触发器。图中 R、C、C_0 为外接元件，触发信号 u_I 由低电平触发端 2 脚输入。图 3.13.8 是单稳态触发器的波形图。

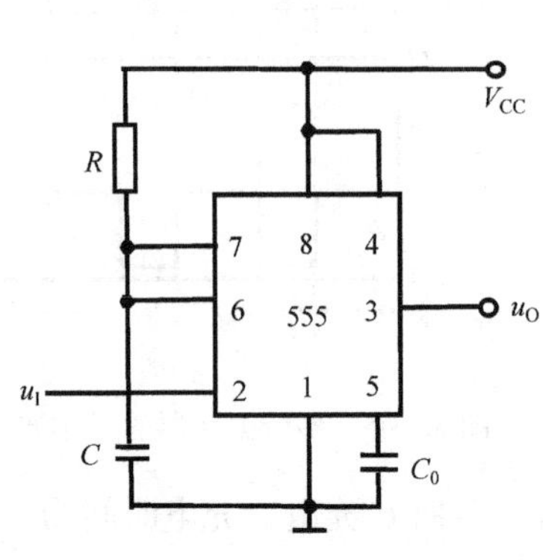

图 3.13.7　555 定时器组成单稳态触发器

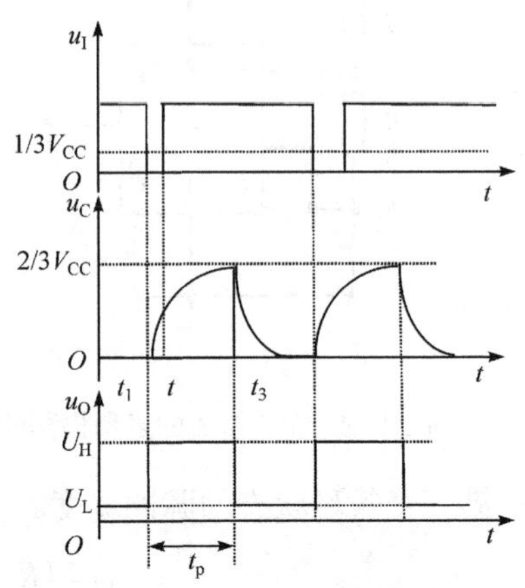

图 3.13.8　555 定时器组成单稳态触发器波形图

（1）稳态分析（0～t_1）。

稳态时，u_I 为高电平电压，其值大于 $\frac{1}{3}V_{CC}$，A_2 输出 $\overline{S}$ 为 1。若触发器原态 Q=0，$\overline{Q}=1$，晶体管 T 导通放电，u_C≈0.3V，故 A_1 输出 $\overline{R}$ 为 1，u_O 保持不变；若触发器原态 Q=1，$\overline{Q}$ =0，T 截止，电源对电容 C 充电，u_C 升高。当 u_C 大于 $\frac{2}{3}V_{CC}$ 时，A_1 输出 $\overline{R}$ 为 0，触发器翻转为 Q=0，$\overline{Q}$=1，使 u_O 置 0。所以，输出电压的稳态为低电平电压。

（2）暂稳态分析（t_1～t_2）。

t_1 时刻，输入触发负脉冲，其值小于 $\frac{1}{3}V_{CC}$，A_2 输出 $\overline{S}$ 为 0，u_O 被置 1。电路进入暂稳态，放电管 T 截止，电源又对电容 C 充电。t_2 时刻，输入负脉冲消失，但 u_C 尚未达到 $\frac{2}{3}V_{CC}$，故仍为 1。t_3 时刻，u_C 达到 $\frac{2}{3}V_{CC}$，A_1 输出 $\overline{R}$ 为 0，恢复为稳态，C 迅速放电，使 u_C 小于 $\frac{2}{3}V_{CC}$，而 u_I 大于 $\frac{1}{3}V_{CC}$，则 $\overline{R}=\overline{S}=1$，输出电压 u_O 也为低电平电压。

输出的矩形脉冲的宽度为 $t_p=RC\ln 3=1.1RC$。

即暂稳态的持续时间 t_p 决定于 R、C 的大小。通过改变 R、C 的大小，可使延时时间在几微秒到几十分钟之间变化。

3.13.4　实验内容与步骤

1. 基本型实验：555 定时器构成的施密特触发器

按图 3.13.9 接线。使信号源输出频率为 1kHz，$V_{p\text{-}p}$ 为 5V 的三角波信号，作为输入信号 U_I，并用双踪示波器同时观察输入信号 U_I 和输出信号 U_O 的波形。最后记录波形到图 3.13.10 中。

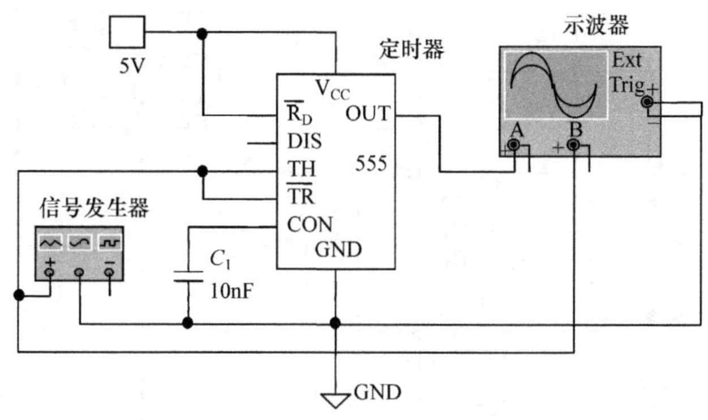

图 3.13.9　555 定时器构成的施密特触发器电路图

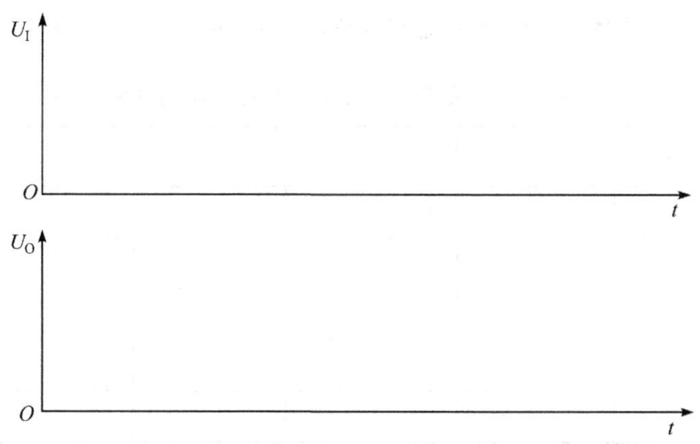

图 3.13.10　施密特触发器输出波形图

2. 提高型实验

1) 555 定时器构成的多谐振荡器

图 3.13.11 所示是 555 定时器构成的多谐振荡器。

按图 3.13.11 接线，用示波器同时观察 U_C 和 U_O 波形，并描绘波形，相应数据记录于表 3.13.3 中。再将电阻 R_1、R_2 和电容 C 的参数按表 3.13.3 中的值设置，再次进行测量，并把结果填入表 3.13.3 中。

2) 555 定时器构成的单稳态触发器

(1) 按图 3.13.7 连接线路，V_{CC}=5V，R 由 100kΩ 电位器 R_W 和 10kΩ 的电阻串联构成，C 为 10μF 的电解电容。

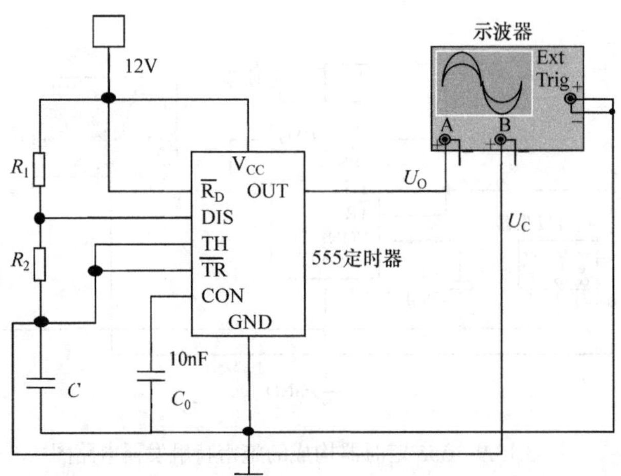

图 3.13.11　555 定时器构成的多谐振荡器测试电路连线图

表 3.13.3　多谐振荡器周期与占空比测试表

参数			测量值		理论值	
R_1	R_2	C	T	q	T	q
10kΩ	5.1kΩ	0.1μF				
10kΩ	3kΩ	0.1μF				
10kΩ	15kΩ	0.1μF				
10kΩ	3kΩ	0.033μF				

(2)在不外加输入信号的情况下，用万用表测量输出端电压 u_O 值，控制端 CO 的电压 u_{CO} 的值及电容 C 两端电压值 u_C。

(3)输入信号 u_I 由单次脉冲源提供，电路的输出 u_O 接 LED 电平指示器，调节电位器 R_W 的阻值，观察电路输出有何现象发生。

(4)将电路中的电容 C 取值由 10μF 换为 0.1μF，输入端 u_I 施加由函数信号发生器产生的 1kHz 脉冲信号，用示波器观察 u_I、u_C、u_O 波形，改变电位器 R_W 的阻值，测量输出脉冲宽度 t_W 的变化范围，并与理论值相比较。

3. 开拓型实验

(1)用 555 定时器设计一个频率为 1kHz 的多谐振荡器，给定 C=0.1μF。把确定的参数填入表 3.13.4 中。

表 3.13.4　1kHz 多谐振荡器的参数表

R_1	R_2

(2) 占空比可调脉冲信号发生器实验。

按图 3.13.6 连接电路，其中，$R_A= R_B$=10kΩ，R_W=100kΩ。改变电位器 R_W 值，组成一个占空比为 50%的脉冲信号发生器。

用示波器记录输出端 u_O 波形。切断电源后用万用表测电阻的阻值，并填入表 3.13.5 中。

表 3.13.5　占空比为 50%的脉冲数据表

R_1	R_2

注意：实验结束时，请整理、摆放好仪器设备，并填写实验设备使用登记本，最后请指导教师签字确认后方可离开实验室。

3.13.5　实验要求

(1) 复习定时器 555 的功能和外部引线排列以及使用方法。
(2) 复习利用定时器 555 构成单稳态、多谐振荡器的工作原理及方法。
(3) 根据各项实验任务要求，记录数据，并加以分析、总结。
(4) 完成实验内容中的记录要求，描绘实验波形图。
(5) 回答思考题。

3.13.6　思考题

(1) 555 定时器构成的单稳态触发器的脉冲宽度和周期由什么决定?
(2) 555 定时器构成的多谐振荡器，其振荡周期和占空比的改变与哪些因素有关?

3.14　D/A、A/D 转换器实验

3.14.1　实验目的

(1) 熟悉集成芯片 D/A 转换器和 A/D 转换器的工作原理。
(2) 了解 D/A 集成芯片的结构、功能测试及使用方法以及大规模集成电路的连接。

3.14.2　实验仪器与器材

D/A、A/D 转换器实验仪器与器材如表 3.14.1 所示。

表 3.14.1　D/A、A/D 转换器实验仪器与器材

序号	名称	型号	数量
1	直流电源适配器	5V	1 只
2	数字实验板	六孔板	1 块
3	函数发生器	YB1602	1 台
4	双踪示波器	LDS20405	1 台
5	万用表	数字	1 台
6	D/A 转换实验板	DAC0832	1 台
7	A/D 转换实验板	ADC0809	1 台

3.14.3　实验原理

在电子技术应用中，经常需要把数字信号转换为模拟信号，或者把模拟信号转换为数字信号。数字信号到模拟信号的转换称为数模转换(简称 D/A 转换)，能实现 D/A 转换的电路称为 D/A 转换器或 DAC。模拟信号到数字信号的转换称为模数转换(简称 A/D 转换)，能实现 A/D 转换的电路称为 A/D 转换器或 ADC。本实验采用 DAC0832 和 ADC0809 芯片。

1. D/A 转换器——DAC0832

DAC0832 是 CMOS 型 8 位数字-模拟转换器，采用倒 T 型电阻网络进行转换，DAC0832 属于电流输出型，工作时需外加运算放大器。数据输入分为直通数字输入、双缓冲输入、单缓冲输入三种工作方式。芯片的引脚排列如图 3.14.1 所示。

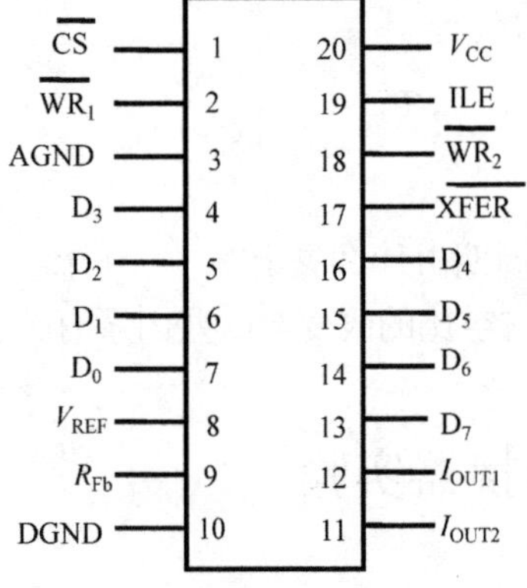

图 3.14.1　DAC0832 引脚图

引脚功能如下：

D_0～D_7：8 位数字信号输入端，其中 D_0 为最低位(LSB)，D_7 为最高位(MSB)。

$\overline{CS}$：片选信号输入端(低电平有效)，与 ILE 共同作用，对 $\overline{WR_1}$ 信号进行控制。

ILE：输入寄存器锁存允许信号(高电平有效)。当 ILE=1，且 $\overline{CS}=0$，$\overline{WR_1}=0$ 时，8 位输入寄存器允许输入数据。

$\overline{WR_1}$：输入寄存器写信号(低电平有效)。只有当 ILE=1，且 $\overline{CS}=0$，$\overline{WR_1}=0$ 时，才能对 8 位输入寄存器的数据进行更新；$\overline{WR_1}=1$ 时，8 位输入寄存器的数据被锁定。

$\overline{WR_2}$：DAC 寄存器写信号(低电平有效)，与 $\overline{XFRR}$ 一起控制将输入寄存器的数据写入 DAC 寄存器；当 $\overline{WR_2}=0$ 和 $\overline{XFRR}=0$ 时，输入寄存器中的数据传送到 DAC 寄存器中。

$\overline{\text{XFRR}}$：数据传送控制信号(低电平有效)，用来控制 $\overline{\text{WR}_2}$ 选通 DAC 寄存器。

I_{OUT1}：DAC 电流输出 1 端。当输入数字量全都为 1 时，I_{OUT1} 为最大值；当输入数字量全都为 0 时，I_{OUT1} 为最小值(近似为 0)。

I_{OUT2}：DAC 电流输出 2 端。外接运放时，I_{OUT1} 接运放的反相输入端，I_{OUT2} 接运放的同相输入端或模拟地。

R_{Fb}：反馈信号输入端，为外部运放提供一个反馈电压。R_{Fb} 可由芯片内部提供(即可将此端直接接运放输出端)或通过外部电阻再接输出端。

V_{REF}：基准电压输入端，要求是一个精密电源，电压范围为−10～+10V。

V_{CC}：电源电压，一般为+5～+15V。

AGND 和 DGND：模拟地和数字地，一般情况下将它们连在一起，以提高抗干扰能力。

2. A/D 转换器——ADC0809

ADC0809 是 CMOS 逐次比较型 8 位模拟-数字转换器，内含 8 通道多路开关以及相应的通道地址锁存及译码电路。具有三态锁存缓冲器，输出电平与 TTL、CMOS 兼容。芯片的引脚排列如图 3.14.2 所示。

引脚功能如下：

IN_0～IN_7：8 路模拟信号输入端。

D_1～D_7：信号输出端。

A～C：3 位通道地址输入端。

ALE：地址锁存允许输入端，上升沿锁存地址。在 ALE 的上升沿 A～C 上的地址信号锁存到地址锁存器，并译码后选通多路开关。

START：启动信号输入端，应在此脚施加正脉冲，当上升沿到达时，内部寄存器清零；在下降沿到达后，开始进行 A/D 转换。

EOU：转换结束输出信号(转换结束标志)，高电平有效。

OE：输出允许信号，高电平有效。

CK：时钟信号输入端，外接时钟频率一般为几百 kHz。

$V_{R(+)}$、$V_{R(-)}$：正、负基准电压。一般 $V_{R(+)}$ 接+5V 电源，$V_{R(-)}$ 接地。

V_{CC}：接+5V 电源。

GND：接地端。

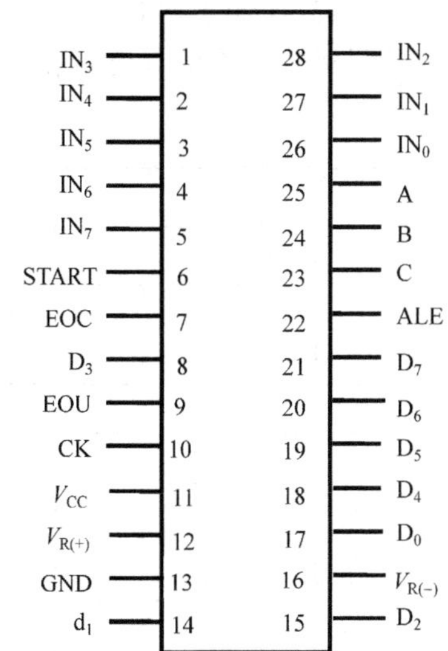

图 3.14.2　ADC0809 引脚图

3.14.4 实验内容与步骤

1. 基本型实验：D/A 转换器——0832 静态功能测试

(1)按图 3.14.3 所示电路接线，电路接成单极性直通工作方式。$\overline{CS}$、$\overline{WR_1}$、$\overline{WR_2}$、$\overline{XFRR}$ 接地，ILE、V_{CC}、V_{REF} 接+5V 电源，I_{OUT1} 接运放的反相输入端，I_{OUT2} 接运放的同相输入端；运放电源接±12V；D_0～D_7 接输入器逻辑开关。

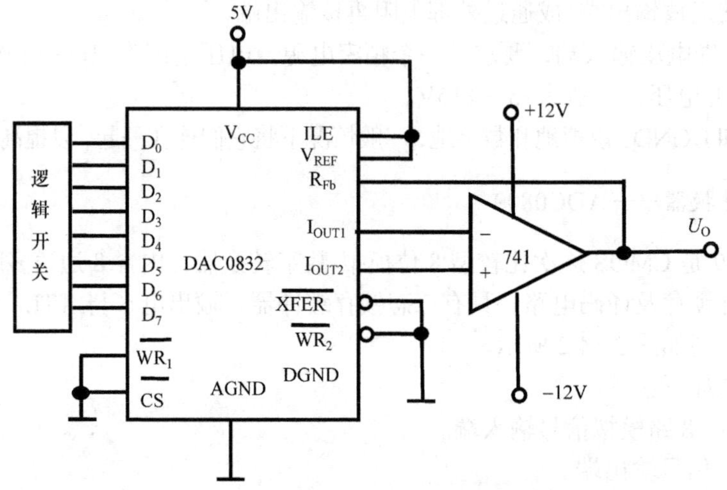

图 3.14.3 DAC0832 静态功能测试实验线路

(2)系统调零：将 D_0～D_7 输入端全部置零(即将输入器的逻辑开关全部拨到低电平，调节 741 运放的 10kΩ位器，使 741 运放输出电压 $U_O = 0$。

(3)在输入端 D_0～D_7 按表 3.14.2 的要求加入数字信号，用数字万用表的直流电压挡测量运放的输出电压 U_O，并填入表 3.14.2 中，且与理论值进行比较。

表 3.14.2 DAC0832 静态功能测试表

数字输入量								输出模拟电压/V	
D_7	D_6	D_5	D_4	D_3	D_2	D_1	D_0	实测值	理论值
0	0	0	0	0	0	0	0		
0	0	0	0	0	0	0	1		
0	0	0	0	0	0	1	1		
0	0	0	0	0	1	1	1		
0	0	0	0	1	1	1	1		
0	0	0	1	1	1	1	1		
0	0	1	1	1	1	1	1		
0	1	1	1	1	1	1	1		
1	1	1	1	1	1	1	1		

2. 提高型实验：A/D 转换器——ADC0809 静态测试

(1)将 A/D 转换器 ADC0809 按图 3.14.4 所示电路接线。A、B、C 接输入器逻辑开关，D_0～D_7 接输出器电平显示，把模拟输入电压接 IN_0，并通过 1kΩ电位器改变模拟电压 U_i。CLK 接频率为 5kHz，V_{CC} 为 5V 的时钟脉冲信号。

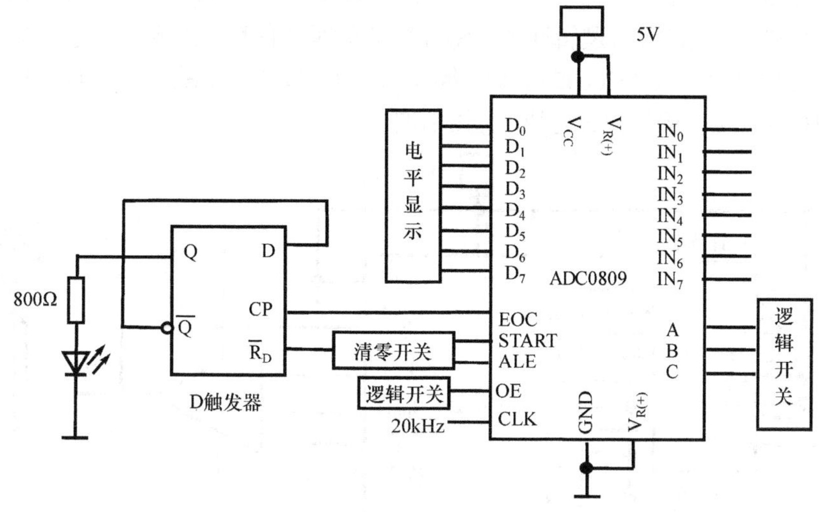

图 3.14.4　ADC0809 静态测试实验线路

(2)由 A、B、C 选定地址输入端状态，确定 8 路模拟输入中的哪一路输入。A、B、C 选 000(即选通 IN_0 通道)。

(3)将 START 和 ALE 接单脉冲(正)，作为启动信号。

(4)观察 D 触发器输出状态，若状态改变，则转换完成。

(5)OE 端接输入器逻辑开关，当输入高电平时，转换结果就出现在 D_0～D_7 端。按表 3.14.3 中的电压值逐点改变输入模拟量 U_i，测出输出数字量(二进制)D_0～D_7，并将数据填入表 3.14.3 中。

表 3.14.3　ADC0809 静态测试表

输入模拟电压/V	输出数字量测量值	理论值
0.5		
1.0		
1.5		
2.0		
2.5		
3.0		
3.5		
4.0		
4.5		
5.0		

理论值计算公式：$D=\dfrac{2^n U_i}{V_{REF}}$。其中，输出数字量位数 2^n=255，V_{REF} 为参考电压+5V，

U_i 为模拟输入量。

3. 开拓型实验：D/A 转换器——DAC0832 动态功能测试

(1)按图 3.14.5 所示电路接线。将计数器 74LS160 的 $Q_3Q_2Q_1Q_0$ 接至 DAC0832 D/A 转换器数据输入端 $D_3D_2D_1D_0$(注意计数器输出端 Q 与 D/A 输入端 D 的高低位需对应)；计数器复位端 $\bar{R}_D$ 接输入器逻辑开关；将计数器的时钟信号 CP 接频率为 f=5kHz，V_{CC} 为 5V 的时钟脉冲信号。DAC0832 D/A 转换器 D_4～D_7 接地；ILE、V_{CC}、V_{REF} 接+5V 电源；运放电源接 ± 12V，运放输出电压 U_O 接示波器。

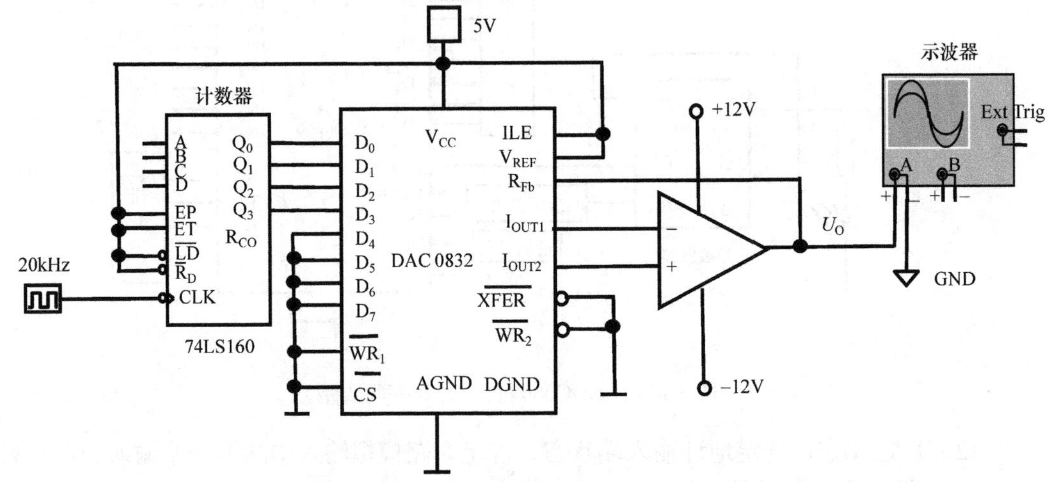

图 3.14.5　DAC0832 动态功能测试实验线路

(2)接通电源，首先将计数器清零(即复位端 $\bar{R}_D$ 对应输入器逻辑开关拨到低电平)，再置位(即复位端 $\bar{R}_D$ 对应输入器逻辑开关拨到高电平)，用示波器观察 D/A 转换的 U_O 输出波形，测量并绘出波形幅度和周期以及波形中每个阶段的幅度和时间。

3.14.5　实验要求

(1)复习 A/D、D/A 的指标和芯片引线排列。

(2)根据各项实验任务要求，记录数据，并加以分析、总结。

(3)完成实验内容中的记录要求，描绘实验波形图。

(4)回答思考题。

3.14.6　思考题

(1)D/A 转换器的主要技术指标有哪些，10 位 D/A 的分辨率是多少?

(2)主要的 A/D 转换器有哪些类型?

(3)已知 8 位 A/D 转换器的参考电压 U_R= −5V，输入电压 U_I=3.91V，则输出的数字量是多少?

第 4 章　数字电子技术设计实验

数字电子技术设计实验是对基础实验和课程理论学习的强化和综合训练，是学生通过课程设计、系统模拟仿真等教学内容对数字电子技术进一步的学习。目的是培养学生利用所学数字电子技术的理论、知识解决实际问题的能力，树立工程观念，培养职业素养。

4.1　组合逻辑电路的设计训练实验

4.1.1　实验目的

(1)进一步掌握组合逻辑电路的功能与测试方法。

(2)掌握组合逻辑电路的设计方法。

(3)熟悉组合逻辑电路的设计步骤。

4.1.2　实验仪器与器材

组合逻辑电路设计训练实验仪器与器材如表 4.1.1 所示。

表 4.1.1　组合逻辑电路设计训练实验仪器与器材

序号	设备	型号规格	数量
1	直流电源适配器	5V	1 台
2	数字电子实验板	六孔板	1 块
3	输入器	四位	1 只
4	输出器	四位	1 只
5	芯片底座	IC-14	2 只
6	四 2 输入与门芯片	74LS08	1 片
7	四 2 输入与非门芯片	74LS00	2 片
8	二 4 输入与非门芯片	74LS20	1 片
9	四 2 输入或门芯片	74LS32	1 片
10	四 2 输入异或门芯片	74LS86	1 片

4.1.3　实验原理

逻辑电路可分为组合逻辑电路和时序逻辑电路两大类。电路在任何时刻，输出状态只决定于同一时刻各输入状态的组合，而与先前输出的状态无关的逻辑电路称为组合逻辑电路。组合逻辑电路设计是根据给定的实际逻辑问题，设计出能实现给定逻辑功能的逻辑电路的过程。

1. 组合逻辑电路的设计过程

根据要求，设计适合需要的组合逻辑电路应该遵循的基本步骤，可以大致归纳如下。

1)进行逻辑抽象

(1)分析设计要求，确定输入、输出信号及它们之间的因果关系。

(2)设定变量，即用英文字母表示有关输入、输出信号。表示输入信号者称为输入变量，有时也简称为变量。表示输出信号者称为输出变量，有时也称为输出函数或简称函数。

(3)状态赋值，即用 0 和 1 表示信号的有关状态。

(4)列真值表。根据因果关系，把变量的各种取值和相应的函数值，以表格形式一一列出，而变量取值顺序则常按二进制数递增排列，也可按循环码排列。

2)化简

(1)输入变量比较少时，可以用卡诺图化简。

(2)输入变量比较多用卡诺图化简不方便时，可以用公式法化简。

3)画逻辑电路图

(1)变换最简与或表达式，求出所需要的最简式。

(2)根据最简式画出逻辑电路连线图。

组合逻辑电路设计方框图如图 4.1.1 所示。

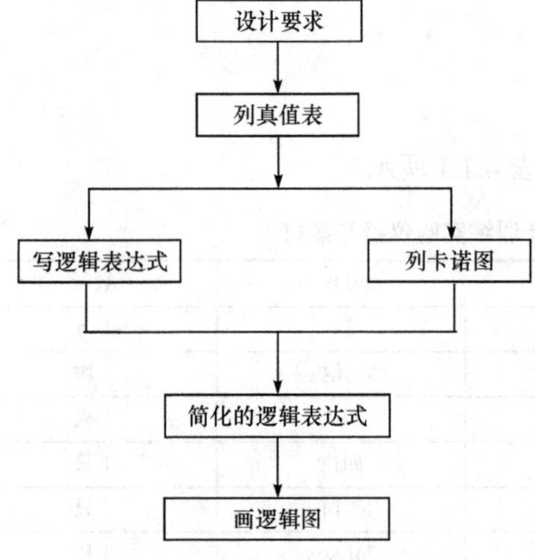

图 4.1.1　组合逻辑电路设计方框图

设计过程中，“最简”是指电路所用器件最少，器件的种类最少，而且器件之间的连线也最少。

2. 组合逻辑电路设计举例

功能要求：用与非门设计一个表决电路。当 3 个输入端中有两个或 3 个为“1”时，输出端才为“1”。

设计步骤如下。

(1)逻辑抽象及分析。

表决电路是按照少数服从多数的原则对某项决议进行表决，确定是否通过。

令逻辑变量 A、B、C 分别为参加表决的 3 个成员，并约定逻辑变量取值为 0 表示反对，取值为 1 表示赞成；逻辑函数 Y 表示表决结果。Y 取值为 0 表示决议被否定，Y 取值为 1 表示决议通过。

按照少数服从多数的原则可知，函数和变量的关系是：当 3 个变量 A、B、C 中有两个或两个以上取值为 1 时，函数 Y 的值为 1，其他情况下函数 Y 的值为 0。

根据题意列出三人表决器真值表如表 4.1.2 所示。

表 4.1.2　三人表决器的真值表

A	0	0	0	0	1	1	1	1
B	0	0	1	1	0	0	1	1
C	0	1	0	1	0	1	0	1
Y	0	0	0	1	0	1	1	1

由真值表可写出：$Y(A,B,C)=\sum m(3,5,6,7)$。

(2)化简。把真值表的值填入卡诺图，即图 4.1.2 中，可得出逻辑表达式为

$$Y=AB+BC+AC$$

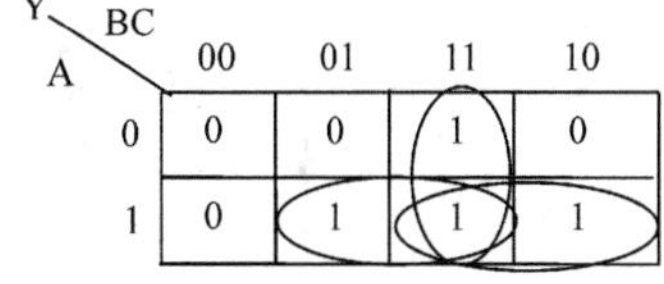

图 4.1.2　三人表决电路的卡诺图

(3)用与门、或门实现的三人表决器设计电路如图 4.1.3 所示。

(4)限定用与非门设计的三人表决器。

根据逻辑函数变换，可得

$$Y=AB+BC+AC=\overline{\overline{AB}\cdot\overline{BC}\cdot\overline{AC}}$$

画出用“与非门”构成的逻辑电路如图 4.1.4 所示。

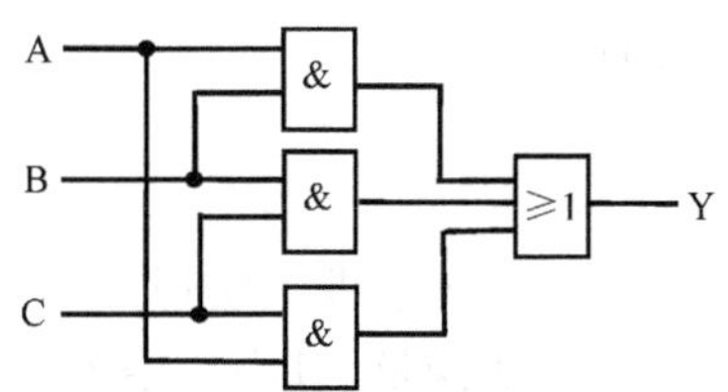

图 4.1.3　三人表决器设计电路图

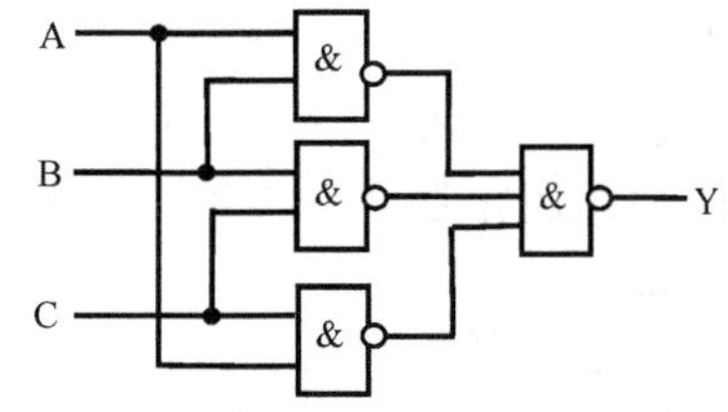

图 4.1.4　与非门实现的三人表决器图

3. 用实验验证逻辑功能

在实验板适当位置选定两个 14P 插座，按照集成芯片定位标记插好与非门 74LS20。按图 4.1.4 接线，输入端 A、B、C 接至四位输入器逻辑开关，输出端 Y 接四位输出器逻辑电平显示。按真值表要求，逐次改变输入变量，观察相应的输出值，验证逻辑功能，并与表 4.1.2 进行比较，验证所设计的逻辑电路是否符合要求。

4.1.4　实验内容与步骤

1. 基本型设计实验

1)使用 74LS138 译码器和与非门实现三人表决器

图 4.1.5 所示是用 74LS138 译码器和与非门实现的三人表决器。按图 4.1.5 接线，并进行验证，最后分析其工作原理。

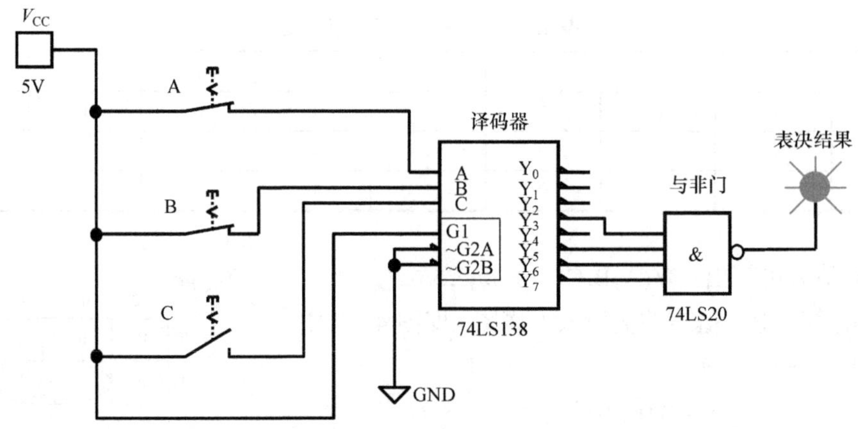

图 4.1.5　译码器和与非门实现的三人表决器电路

2)限定只能使用与非门 74LS00 芯片实现三人表决器

提示： 将函数式化为 $Y = AB + BC + AC = \overline{\overline{(\overline{AB} \cdot \overline{BC})} \cdot \overline{AC}}$ 的形式，再画逻辑电路图。

2. 提高型设计实验

(1)设计一个将 8421BCD 码变换为余三码的逻辑电路。

(2)设计一个两个一位二进制数全减器。

① 要求用异或门、与门、或门实现。

② 要求只能用与、或、非门实现。

(3)设计一个三人表决器,其中 A 具有否决权。

提示：

$$Y = AB + AC = \overline{\overline{AB} \cdot \overline{AC}}$$

设计的逻辑电路图如图 4.1.6 所示。

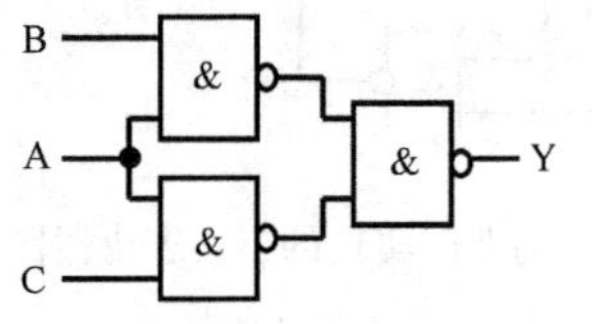

图 4.1.6　A 具有否决权的表决器电路图

3. 开拓型设计实验

图 4.1.7 所示是一个基于与非门的四人抢答器电路。

电路中选手和主持人分别控制逻辑开关。当主持人开关接低电平时为复位，不管选手的开关在什么位置，所有的指示灯都亮；当主持人开关接高电平时，表示可以抢答。如果无人抢答，选手开关都均接地，处于“0”状态，对应的每个与非门(74LS20)输出都为 1，抢答指示灯不会亮，同时对于其他的 74LS20 与非门没有影响；当其中的任意一位选手将开关接高电平时，处于“1”状态，那么抢答指示灯亮，表明抢答成功。同时对应的 74LS20 与非门输出为低电平，处于“0”状态。将其余的 3 个 74LS20 与非门锁死，令其他选手的开关输入高电平时也不起作用，从而实现抢答结果锁存功能。

实验时先按图 4.1.7 接线，并验证其功能。

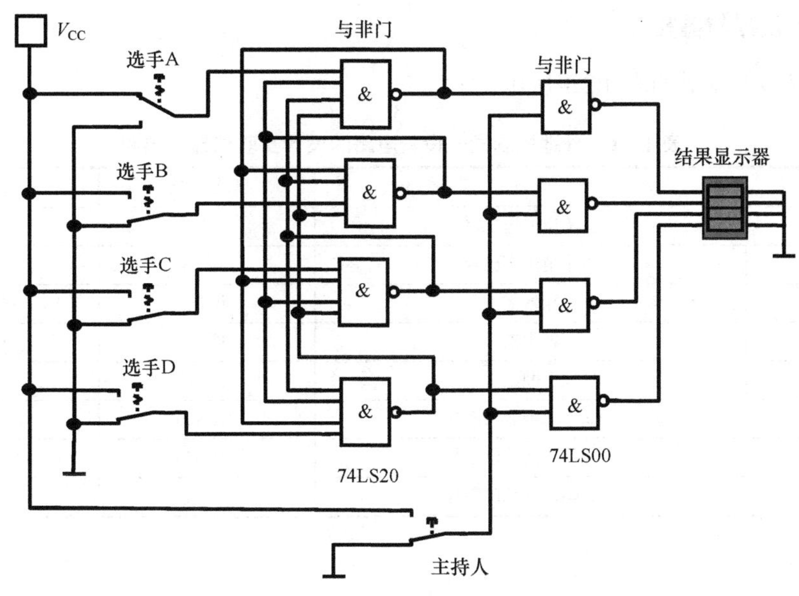

图 4.1.7　基于与非门的四人抢答器电路

注意：

(1) 基于与非门的四人抢答器电路中，把与非门 74LS20 的输出引回到输入端，这里已经具有反馈形式。此时的电路不再是组合逻辑电路，而转变成了时序逻辑电路。

(2) 实验结束时，请整理、摆放好仪器设备，并填写实验设备使用登记本，最后请指导教师签字确认后方可离开实验室。

4.1.5　实验要求

(1) 根据各实验任务，列出相应的真值表、画出卡诺图，写出最简的逻辑表达式，画出设计的逻辑电路图。

(2) 将设计的电路进行实验测试，并记录测试结果。

(3) 对实验中出现的问题进行分析。

(4) 实验体会和设计分析。

4.2　异地控制同一设备电路的设计实验

4.2.1　实验目的

(1) 进一步掌握组合逻辑电路的功能与测试方法。

(2) 掌握组合逻辑电路的设计方法。

(3) 熟悉数字电路装调技术。

(4) 异或逻辑功能以及扩展电路的设计。

4.2.2　实验仪器与器材

实验仪器与器材如表 4.2.1 所示。

表 4.2.1　异地控制同一设备电路的设计实验仪器与器材

序号	设备	型号规格	数量
1	直流电源适配器	5V	1 台
2	数字电子实验板	六孔板	1 块
3	输入器	四位	1 只
4	输出器	四位	1 只
5	芯片底座	IC-14	2 只
6	四 2 输入与非门芯片	74LS00	2 片
7	二 4 输入与非门芯片	74LS20	1 片
8	四 2 输入异或门芯片	74LS86	1 片

4.2.3　实验原理

在自动控制中常常用到异地控制同一设备的情况。例如。两地、三地控制同一台电动机、电灯等。在数字电子技术中可以利用异或门来实现。

两地控制同一盏灯是不管人在 A 地或者 B 地，都能对灯 Y 进行通断控制的电路。其逻辑表达式是：$Y = A \oplus B$。

三地控制同一设备的逻辑表达式是：$Y = A \oplus B \oplus C$。其中，Y 为输出的控制信号，A、B、C 是输入的控制信号。

4.2.4　实验内容与步骤

1. 基本型实验：两地控制同一盏灯的逻辑电路

设计一个安装在楼上、楼下的开关都能控制楼梯上路灯的控制逻辑电路。使之在上楼前用楼下开关打开电灯；上楼后用楼上开关关闭电灯。或者在下楼前用楼上开关打开电灯，下楼后用楼下开关关闭电灯。

并设楼上开关为 A，楼下开关为 B，控制灯为 Y。并设 A、B 闭合时为 1，断开时为 0；灯亮时 Y 为 1，灯灭时 Y 为 0。

1) 用异或门实现的电路

根据控制功能，可以列出两地控制同一盏灯的逻辑状态表如表 4.2.2 所示。

表 4.2.2　两地控制同一盏灯的逻辑状态表

开关		输出	照明灯
A	B	Y	
0	0	0	灭
0	1	1	亮
1	0	1	亮
1	1	0	灭

由状态表可以写出逻辑式为

$$Y = \overline{A}B + A\overline{B} = A \oplus B$$

用异或门(芯片 74LS86 引脚排列如图 4.2.1 所示)实现的两地控制同一盏电灯电路的逻辑原理图如图 4.2.2 所示，实际连线图如图 4.2.3 所示。

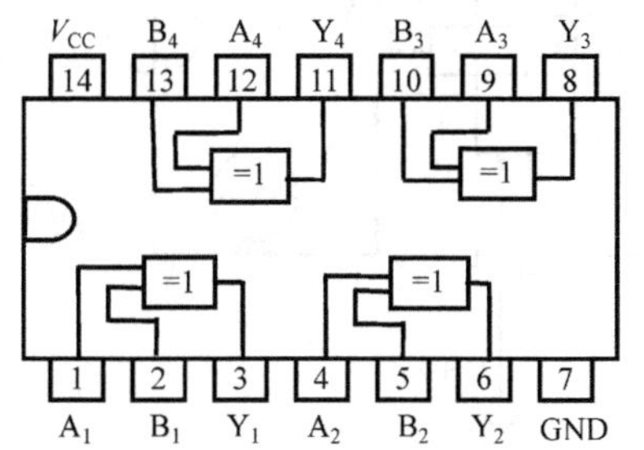

图 4.2.1　74LS86 异或门引脚排列图

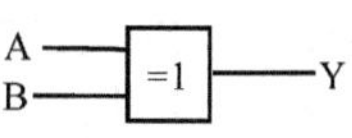

图 4.2.2　逻辑原理图

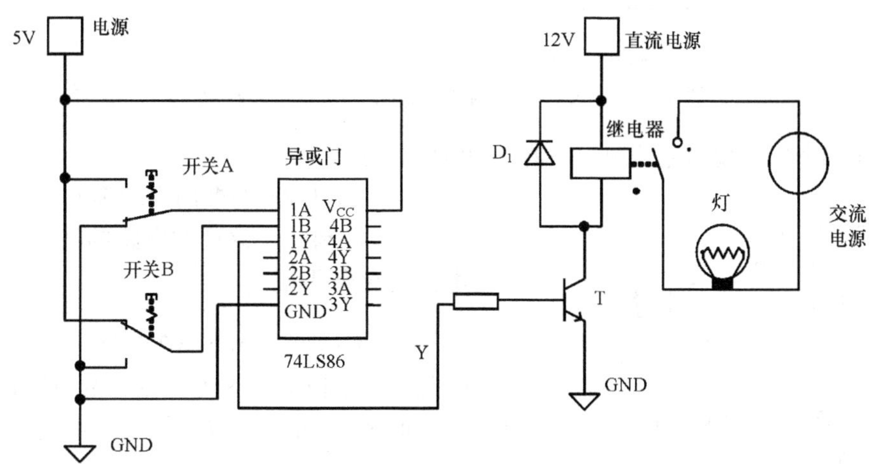

图 4.2.3　异或门实现两地控制同一盏灯的连线图

2)用与非门实现两地控制同一盏灯的电路(方法一)

如果要用与非门(74LS00 与非门引脚排列如图 4.2.4 所示)实现两地控制同一盏灯的电路，则可根据逻辑式变换得

$$Y = \overline{A}B + A\overline{B} = \overline{\overline{\overline{A}B} \cdot \overline{A\overline{B}}}$$

所以，单独用与非门 74LS00 实现的两地控制同一盏灯电路的原理图如图 4.2.5 所示，

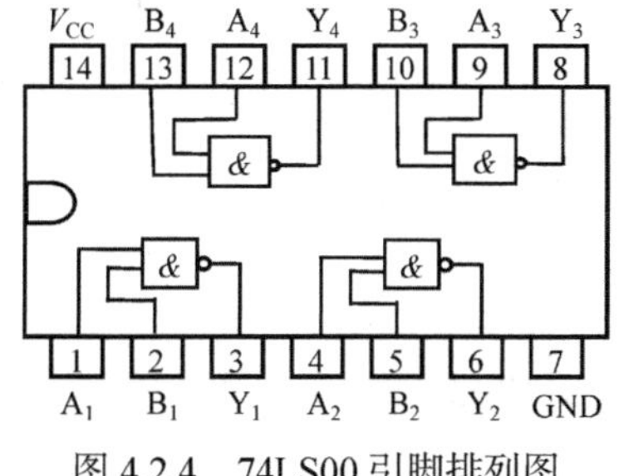

图 4.2.4　74LS00 引脚排列图

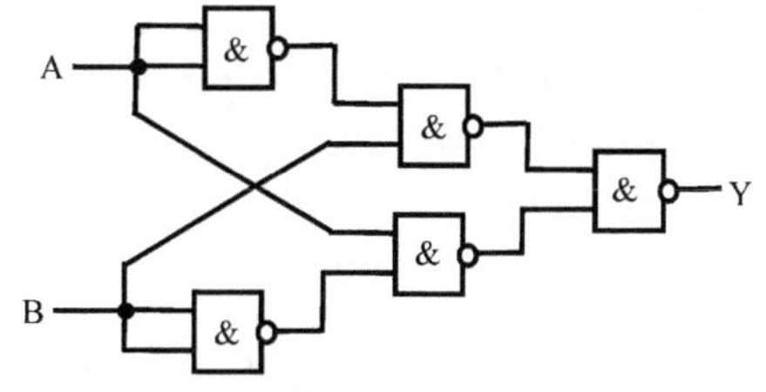

图 4.2.5　与非门实现控制原理图

实际连线图如图 4.2.6 所示。

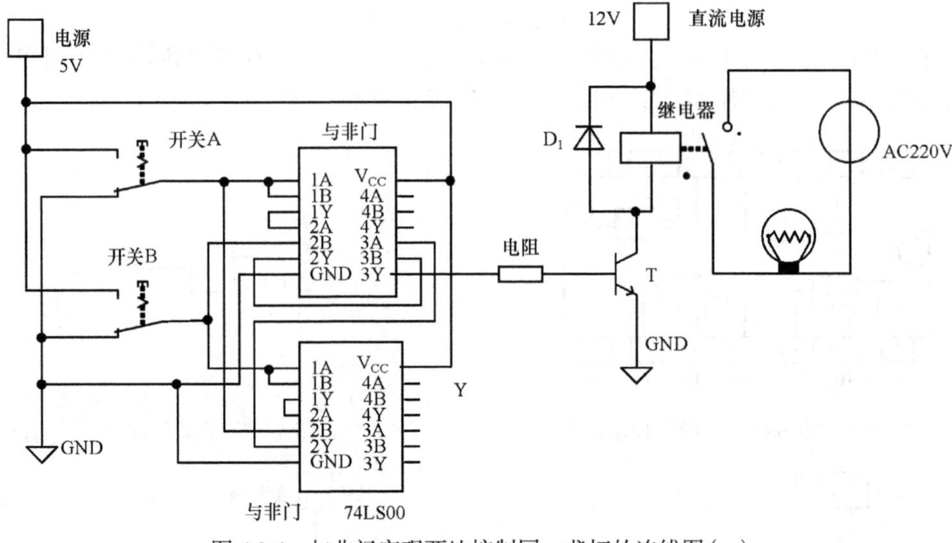

图 4.2.6　与非门实现两地控制同一盏灯的连线图(一)

3)用与非门实现两地控制同一盏灯的电路(方法二)

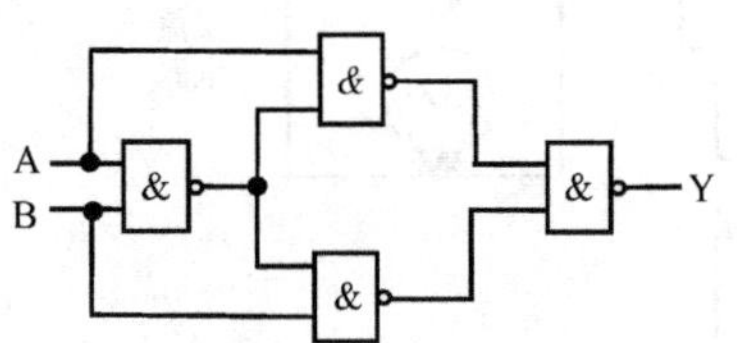

图 4.2.7　与非门实现两地控制同一盏灯的原理图

用与非门(74LS00 与非门引脚排列如图 4.2.4 所示)实现两地控制同一盏灯的电路的另一种方法是根据逻辑式变换可得

$$Y=\overline{A}B+A\overline{B}=B(\overline{A}+\overline{B})+A(\overline{A}+\overline{B})=\overline{\overline{\overline{AB}\cdot B}\cdot\overline{A\cdot\overline{AB}}}$$

因此,用与非门 74LS00 实现的两地控制同一盏灯电路的原理图如图 4.2.7 所示,实际连线图如图 4.2.8 所示。

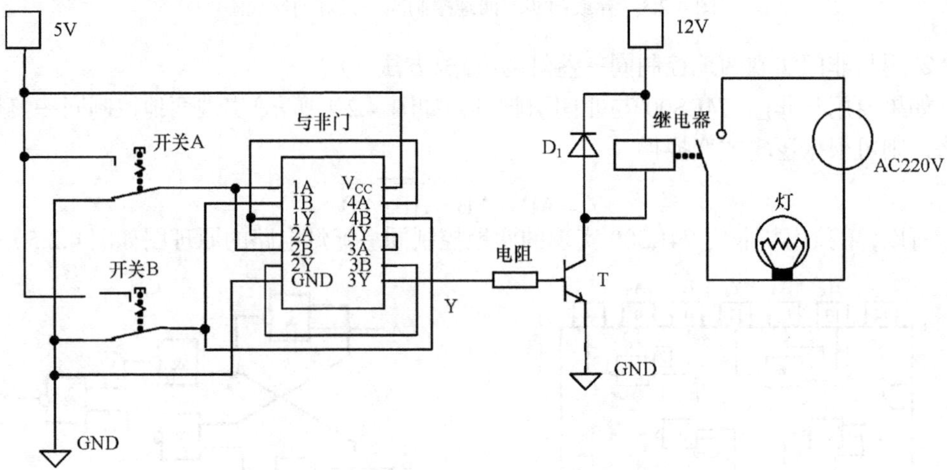

图 4.2.8　与非门实现两地控制同一盏灯的连线图(二)

2. 提高型设计实验：三地控制同一盏灯的控制电路

设计一个在三叉路口都能控制路灯的逻辑电路。使之在任何一个入口都能打开路灯，在任何一个出口都能关闭路灯。并设路口的开关分别为 A、B、C，路灯为 Y。A、B、C 闭合时为 1，断开时为 0；灯亮时 Y 为 1，灯灭时 Y 为 0。

1)用异或门实现的三地控制同一盏灯的控制电路

根据控制功能，可以列出三地控制同一盏灯的控制电路的状态表，如表 4.2.3 所示。

表 4.2.3　三地控制同一盏灯的逻辑转态表

开关			输出	控制灯
A	B	C	Y	
0	0	0	0	灭
0	0	1	1	亮
0	1	0	1	亮
0	1	1	0	灭
1	0	0	1	亮
1	0	1	0	灭
1	1	0	0	灭
1	1	1	1	亮

由状态表可以写出输出函数的逻辑式：

$$Y=\overline{A}\,\overline{B}C+\overline{A}B\overline{C}+A\overline{B}\,\overline{C}+A\overline{B}C+ABC=A\oplus B\oplus C$$

控制电路的逻辑原理图如图 4.2.9 所示，实际连线图如图 4.2.10 所示。

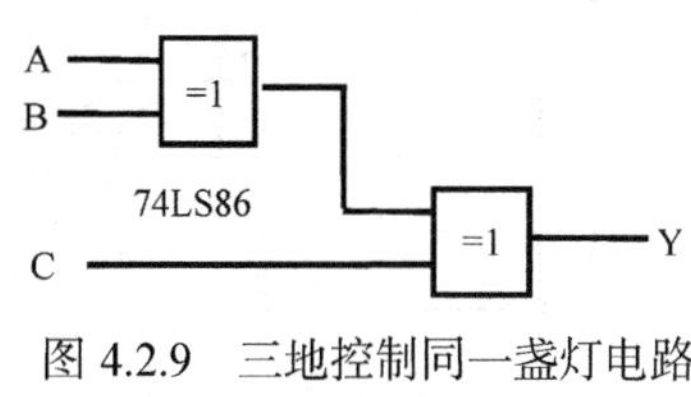

图 4.2.9　三地控制同一盏灯电路的逻辑原理图

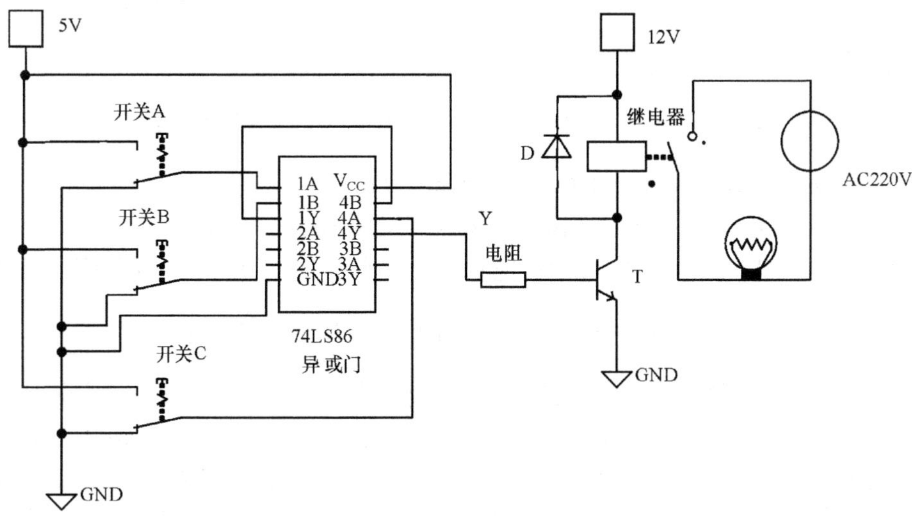

图 4.2.10　异或门实现三地控制同一盏灯的连线图

2)用与非门实现三地控制同一盏灯的控制电路

如果要用与非门实现，则可根据逻辑式变换得

$$A\oplus B=\overline{A}B+A\overline{B}=B(\overline{A}+\overline{B})+A(\overline{A}+\overline{B})=\overline{\overline{\overline{AB}\cdot B}\cdot\overline{A\cdot\overline{AB}}}$$

$$A\oplus B\oplus C=\overline{\overline{\overline{(A\oplus B)C}\cdot(A\oplus B)}\cdot\overline{C\cdot\overline{(A\oplus B)C}}}$$

因此,单独用与非门74LS00实现的三地控制同一盏灯电路的原理图如图4.2.11所示，实际连线图如图4.2.12所示。

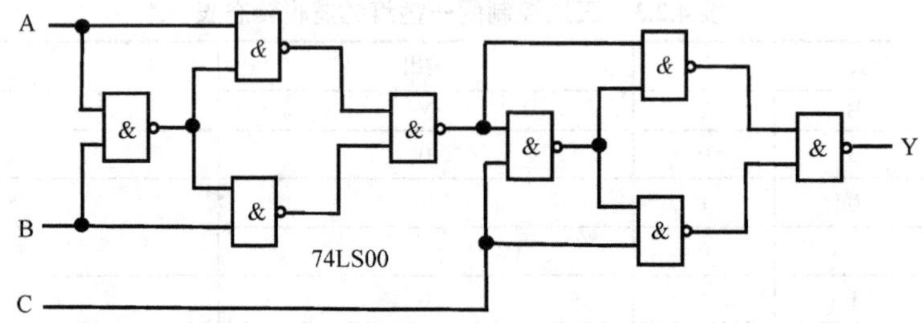

图 4.2.11　与非门 74LS00 实现的三地控制同一盏灯电路的原理图

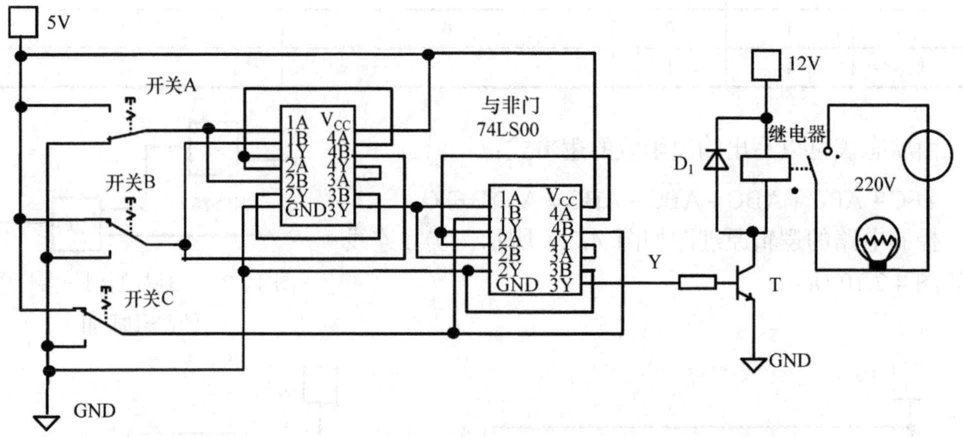

图 4.2.12　与非门 74LS00 实现的三地控制同一盏灯电路的实际连线图

3)用译码器实现的三地控制同一盏灯的控制电路

由于 $Y=A\otimes B\otimes C=ABC+A\overline{B}\overline{C}+\overline{A}B\overline{C}+\overline{A}\overline{B}C=\Sigma m(1,2,4,7)$ 。

因此,用译码器74LS138和与非门实现的三地控制同一盏灯的控制电路如图4.2.13所示。

3. 开拓型设计实验：带总开关的三地控制同一盏灯的控制电路

设计一个路灯控制电路，要求实现的功能是：当总电源开关闭合时，安装在三个不同地方的三个开关都能独立地将灯打开或熄灭；当总电源开关断开时，路灯不亮。

若设定用变量 S 表示总电源开关，用 A、B、C 表示安装在三个不同地方的分开关，用 Y 表示路灯。用 0 表示开关断开和灯灭，用 1 表示开关闭合和灯亮。那么输出函数逻辑表达式为

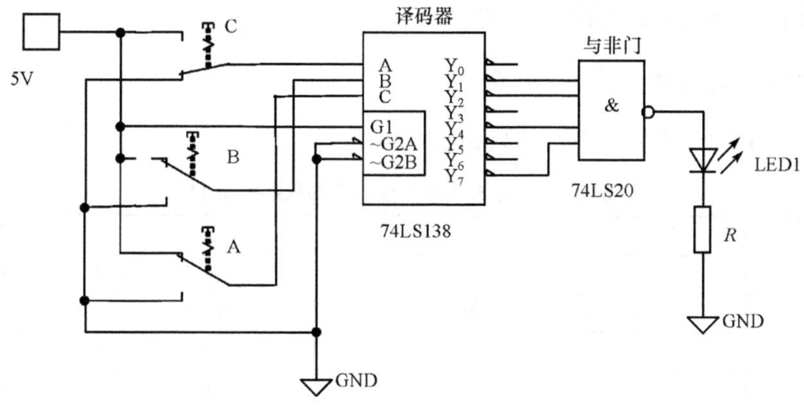

图 4.2.13　译码器 74LS138 实现的三地控制同一盏灯电路图

$$Y = SA\overline{B}\cdot\overline{C} + SABC + S\overline{A}B\overline{C} + S\overline{A}\,\overline{B}C$$

并通过逻辑变换可以得到

$$\begin{aligned} Y &= S(A\overline{B}\,\overline{C} + ABC + \overline{A}B\overline{C} + \overline{A}\,\overline{B}C) \\ &= S[A(\overline{B}\cdot\overline{C} + BC) + \overline{A}(B\overline{C} + \overline{B}C)] \\ &= S[A(\overline{B \oplus C}) + \overline{A}(B \oplus C)] = S(A \oplus B \oplus C) \end{aligned}$$

因此，用异或门和与门实现的路灯控制电路的原理图如图 4.2.14 所示。

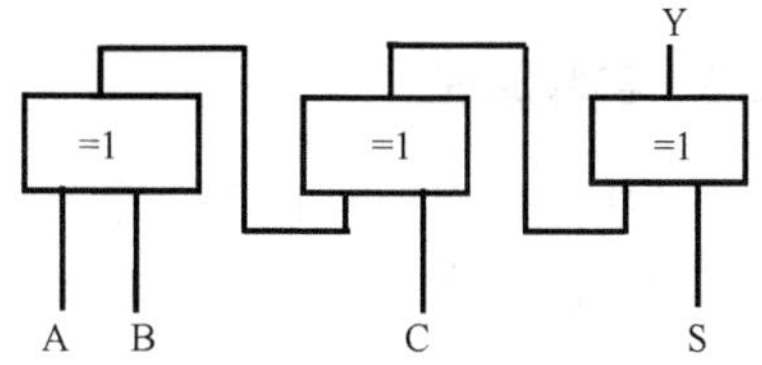

图 4.2.14　带总开关的三地控制同一盏灯的控制电路

按图 4.2.14 接线，并自行设计表格验证其功能。

4.2.5　实验要求

(1)根据各实验任务，列出相应的真值表、画出卡诺图，写出最简的逻辑表达式，画出设计的逻辑电路图。

(2)将设计的电路进行实验测试，并记录测试结果。

(3)对实验中出现的问题进行分析。

(4)实验体会和设计分析。

4.3　减法器电路设计实验

4.3.1　实验目的

(1)进一步熟悉组合逻辑电路的设计步骤。

(2)掌握数字电路系统的设计方法。

(3)熟悉数字电路装调技术。

(4)减法器电路的设计。

(5)用不同门电路来实现减法器电路。

4.3.2　实验仪器与器材

减法器电路设计实验仪器与器材如表 4.3.1 所示。

表 4.3.1　减法器电路设计实验仪器与器材

序号	设备	型号规格	数量
1	直流电源适配器	5V	1 台
2	数字电子实验板	六孔板	1 块
3	输入器	四位	1 只
4	输出器	四位	1 只
5	芯片底座	IC-14	2 只
6	四 2 输入与门芯片	74LS86	1 片
7	四 2 输入与非门芯片	74LS00	3 片

4.3.3　实验原理

减法器是产生数的差的装置，它可分为半减器和全减器。

半减器是实现两个同位二进制数相减的电路，它不需要考虑低位的借位。其真值表如表 4.3.2 所示。其中，S_i 为半减器的差，C_i 为半减器向高位的借位，A_i 为被减数，B_i 为减数。

表 4.3.2　半减器真值表

输入		输出	
A_i	B_i	S_i	C_i
0	0	0	0
0	1	1	1
1	0	1	0
1	1	0	0

那么，逻辑表达式是：$S_i = A_i \oplus B_i$；$C_i = \overline{A_i} B_i$。

全减器是实现两个同位减数和来自低位的借位三者相减的电路，其真值表如表 4.3.3 所示。全减器的输出逻辑表达式为

表 4.3.3　全减器真值表

输入			输出	
A_i	B_i	C_{i-1}	S_i	C_i
0	0	0	0	0
0	0	1	1	1
0	1	0	1	1
0	1	1	0	1
1	0	0	1	0

续表

输入			输出	
A_i	B_i	C_{i-1}	S_i	C_i
1	0	1	0	0
1	1	0	0	0
1	1	1	1	1

$$S_i = A_i \oplus B_i \oplus C_{i-1}$$
$$C_i = \overline{A_i}B_i + B_iC_{i-1} + \overline{A_i}C_{i-1} = \overline{A_i}B_i + (\overline{A_i \oplus B_i})C_{i-1}$$

4.3.4　实验内容与步骤

1. 基本型实验：用门电路实现半减器，并测试其逻辑功能

1)用异或门和与非门实现半减器的设计

根据半减器的逻辑表达式可知：半减器的差 S_i 是 A_i、B_i 的异或；而借位 $C_i=\overline{A_i}B_i$。因此半减器可以用 1 个异或门和 3 个与非门组成，实现电路如图 4.3.1 所示。

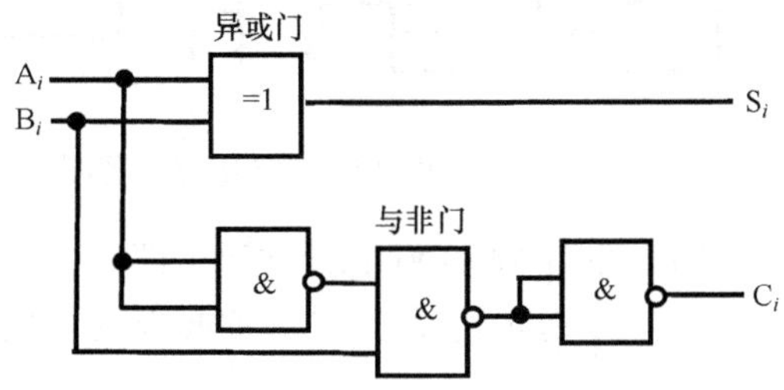

图 4.3.1　用异或门和与非门实现的半减器电路原理图

在实验板上用异或门 74LS86 和与非门 74LS00 按图 4.3.1 连接电路。输入 A_i、B_i 接电平输入器逻辑开关，输出 S_i、C_i 接输出器电平显示。按表 4.3.4 逻辑取值改变 A_i、B_i 的状态，观察输出情况，并将 S_i、C_i 的结果填入表 4.3.4 中。

表 4.3.4　用异或门和与非门组成的半减器功能测试

输入	A_i	0	0	1	1
	B_i	0	1	0	1
输出	S_i				
	C_i				

提示： 本实验采用以下方法来实现半减器。$S_i = A_i \oplus B_i$；　$C_i = \overline{A_i}B_i = \overline{\overline{\overline{A_i}B_i}}$。

注意：

(1)74LS00 与非门芯片的 14 脚 V_{CC} 必须接+5V 电源，7 脚 GND 必须接地。芯片才能正常工作。

(2) 电源极性不能接反，否则会损坏芯片。

2) 用与非门实现半减器的设计电路

由于

$$S_i = A_i \oplus B_i = A_i\overline{B_i} + \overline{A_i}B_i = (\overline{A_i} + \overline{B_i})(A_i + B_i) = \overline{A_iB_i}(A_i + B_i)$$
$$= A_i\overline{A_iB_i} + B_i\overline{A_iB_i} = \overline{\overline{A_i\overline{A_iB_i}} \cdot \overline{B_i\overline{A_iB_i}}}$$
$$C_i = \overline{A_i}B_i = \overline{\overline{\overline{A_i}B_i}}$$

因此，可以用两片二输入端四与非门 74LS00 组成半减器，如图 4.3.2 所示。

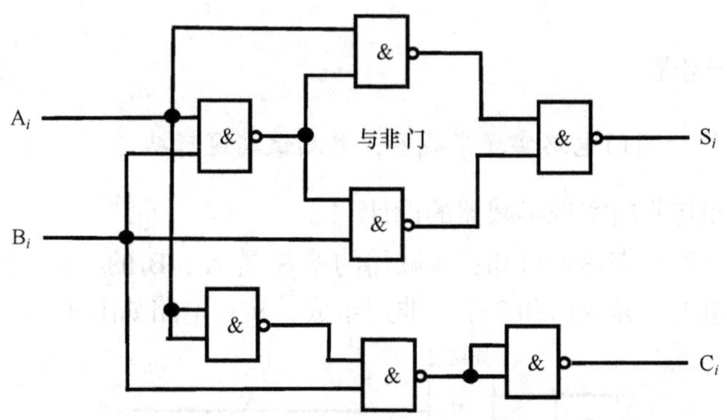

图 4.3.2　用与非门实现半减器电路原理图

按图 4.3.2 在实验板上用与非门 74LS00 芯片连接电路。A_i、B_i 接电平输入器逻辑开关，S_i、C_i 接输出器电平显示。按表 4.3.5 的要求数据改变 A_i、B_i 的状态，并填写 S_i、C_i 的值到表 4.3.5 中。

表 4.3.5　用与非门 74LS00 组成的半减器功能测试表

输入	A_i	0	0	1	1
	B_i	0	1	0	1
输出	S_i				
	C_i				

2. 提高型实验

1) 用异或门和与非门实现全减器

用异或门 74LS86 和与非门 74LS00 实现全减器的逻辑电路接线图如图 4.3.3 所示。按图接线，并按表 4.3.6 中的数值验证其功能，最后写出逻辑表达式，并画出其逻辑原理图。

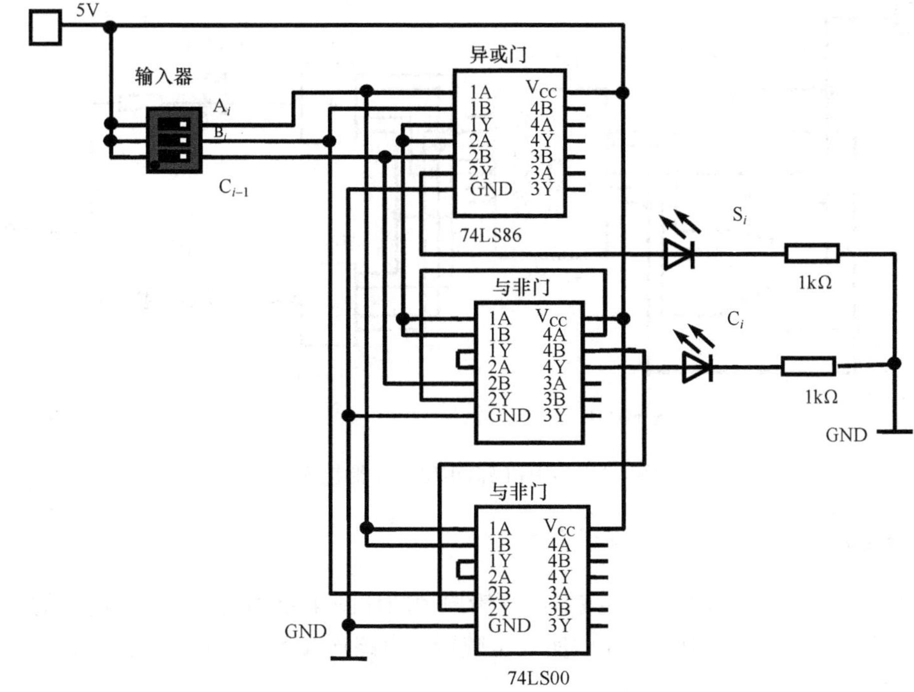

图 4.3.3　异或门和与非门实现全减器电路连线图

表 4.3.6　用异或门和与非门组成的全减器功能测试表

A_i	B_i	C_{i-1}	S_i	C_i
0	0	0		
0	0	1		
0	1	0		
0	1	1		
1	0	0		
1	0	1		
1	1	0		
1	1	1		
逻辑表达式:	S_i=			
	C_i=			

2) 用译码器和与非门实现的全减器

根据全减器的真值表，可以得到

$$S_i = A_i \oplus B_i \oplus C_{i-1} = A_i\overline{B_i}\,\overline{C_{i-1}} + \overline{A_i}B_i\overline{C_{i-1}} + \overline{A_i}\,\overline{B_i}C_{i-1} + A_iB_iC_{i-1} = \Sigma m(1,2,4,7)$$

$$C_i = \overline{A_i}B_iC_{i-1} + \overline{A_i}\,\overline{B_i}C_{i-1} + \overline{A_i}B_i\overline{C_{i-1}} + A_iB_iC_{i-1} = \Sigma m(1,2,3,7)$$

因此，根据以上的逻辑表达式可以画出如图 4.3.4 所示用译码器实现的全减器连线电路图。并按图接线，再进行测试，验证其功能。

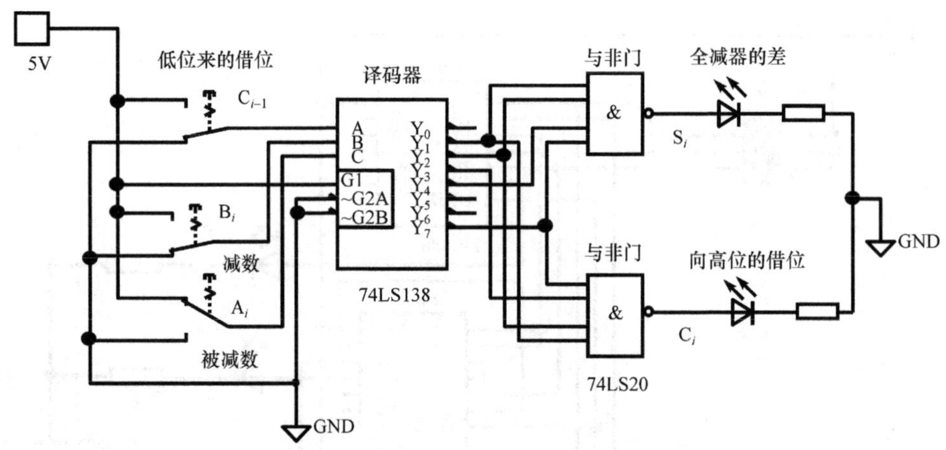

图 4.3.4　用译码器实现全减器电路图

3. 开拓型实验：用与非门实现全减器

(1)用与非门 74LS00 实现全减器的逻辑原理图如图 4.3.5 所示。先写出电路的逻辑表达式。然后在图 4.3.6 中画出与非门实现全减器的电路连线图。最后按图接线，再进行测试，将测试结果记入表 4.3.7 中。

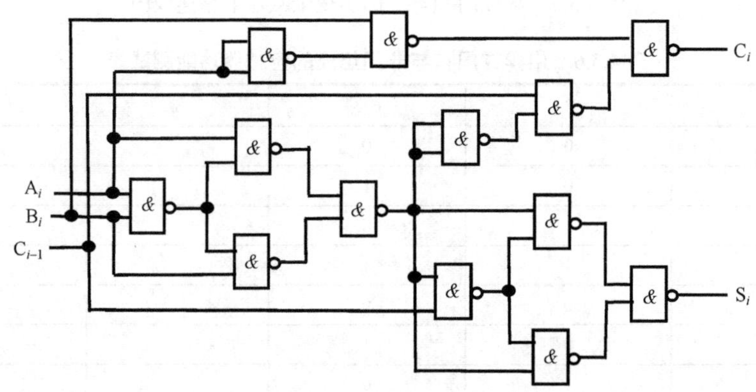

图 4.3.5　与非门 74LS00 实现全减器的逻辑原理图

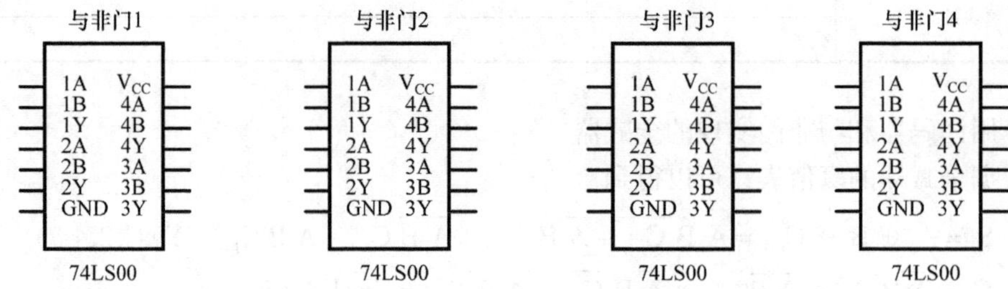

图 4.3.6　与非门 74LS00 实现全减器的连线图

表 4.3.7　与非门 74LS00 实现全减器电路的功能测试

A_i	B_i	C_{i-1}	S_i	C_i
0	0	0		
0	0	1		
0	1	0		
0	1	1		
1	0	0		
1	0	1		
1	1	0		
1	1	1		
逻辑表达式:	S_i=			
	C_i=			

(2)按下面的逻辑转换表达式，画出由与非门构成全减器的连线图，并进行测试、验证，将测试结果记入表 4.3.8 中。

$$
\begin{aligned}
S_i &= A_i \oplus B_i \oplus C_{i-1} \\
&= (A_i\overline{B_i} + \overline{A_i}B_i) \oplus C_{i-1} = (A_i\overline{B_i} + \overline{A_i}B_i)\overline{C_{i-1}} + \overline{(A_iA\overline{B_i} + \overline{A_i}B_i)}C_{i-1} \\
&= \overline{\overline{(A_i\overline{B_i} + \overline{A_i}B_i)\overline{C_{i-1}}} \cdot \overline{\overline{(A_i\overline{B_i} + \overline{A_i}B_i)}C_{i-1}}} = \overline{\overline{((\overline{A_i\overline{B_i}} \cdot \overline{\overline{A_i}B_i})\overline{C_{i-1}})} \cdot \overline{(\overline{A_i\overline{B_i}} \cdot \overline{\overline{A_i}B_i})C_{i-1}}}
\end{aligned}
$$

$$
C_i = \overline{A_i}B_i + B_iC_{i-1} + \overline{A_i}C_{i-1} = \overline{\overline{\overline{A_i}B_i} \cdot \overline{B_iC_{i-1}} \cdot \overline{\overline{A_i}C_{i-1}}}
$$

表 4.3.8　与非门 74LS00 实现全减器电路的功能测试表

A_i	B_i	C_{i-1}	S_i	C_i
0	0	0		
0	0	1		
0	1	0		
0	1	1		
1	0	0		
1	0	1		
1	1	0		
1	1	1		

4.3.5　实验要求

(1)整理实验数据、图表并对实验结果进行分析讨论。

(2)总结减法器的实现方法。

4.4　抢答器电路设计实验

4.4.1　实验目的

(1)进一步熟悉触发器电路的基础知识并掌握其应用。
(2)学习简易抢答器的工作原理以及实现方法。
(3)进一步熟悉数字电路装调技术。
(4)熟悉抢答器电路的设计。
(5)熟悉用不同电路来实现抢答器电路的方法。

4.4.2　实验仪器与器材

抢答器电路设计实验仪器与器材如表 4.4.1 所示。

表 4.4.1　抢答器电路设计实验仪器与器材

序号	设备	型号规格	数量
1	直流电源适配器	5V	1 台
2	数字电子实验板	六孔板	1 块
3	输入器	四位	1 只
4	输出器	四位	1 只
5	芯片底座	IC-14	2 只
6	RS 触发器	74LS279	1 片
7	编码器	74LS148	1 片
8	D 触发器	74LS74	1 片
9	计数器	74LS160	1 片
10	四 2 输入与非门芯片	74LS00/74LS10	3 片
11	或门芯片	74LS32	1 片

4.4.3　实验原理

在日常生活中，各种知识竞赛、辩论赛等活动都要用到抢答器。本实验项目是设计一个简易的抢答器。该抢答器能够实现4路抢答的功能，并能通过数码管显示抢答结果。

1. 功能要求

(1)抢答器同时供4名选手或4个代表队比赛，分别用4个按钮A、B、C、D表示。
(2)设置一个系统清除和抢答控制开关S，该开关由主持人控制。
(3)抢答器具有锁存与显示功能。即选手按动按钮，能锁存相应的编号，能用发光二极管指示或在LED数码管上显示。选手抢答实行优先锁存，优先抢答选手的编号一直保持到主持人将系统清除。

2. 功能分析

根据抢答器的功能要求，抢答器应具有输入单元、数据锁存、系统显示以及系统清除等四个环节，如图4.4.1所示是抢答器电路结构图。

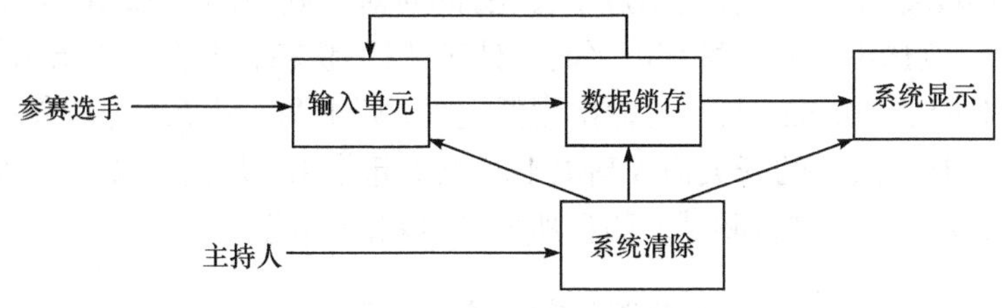

图 4.4.1　抢答器电路结构图

为了让抢答器可以扩充，输入单元应采用编码形式。如果想要有8路输入，只需要一个74LS148编码器芯片即可。数据锁存属于时序逻辑电路范畴，一般采用触发器来实现，同时使输入编码器每次只能进行一次编码。数据显示一般可采用数码管显示；如果要报警可以简单地使用蜂鸣器即可。输入由选手或代表队控制按钮开关来输入，主持人控制系统清零和下达开始抢答指令。

4.4.4　实验内容与步骤

1. 基本型实验：用与非门实现的四人抢答器电路

图 4.4.2 所示是用与非门实现的四人抢答器电路。

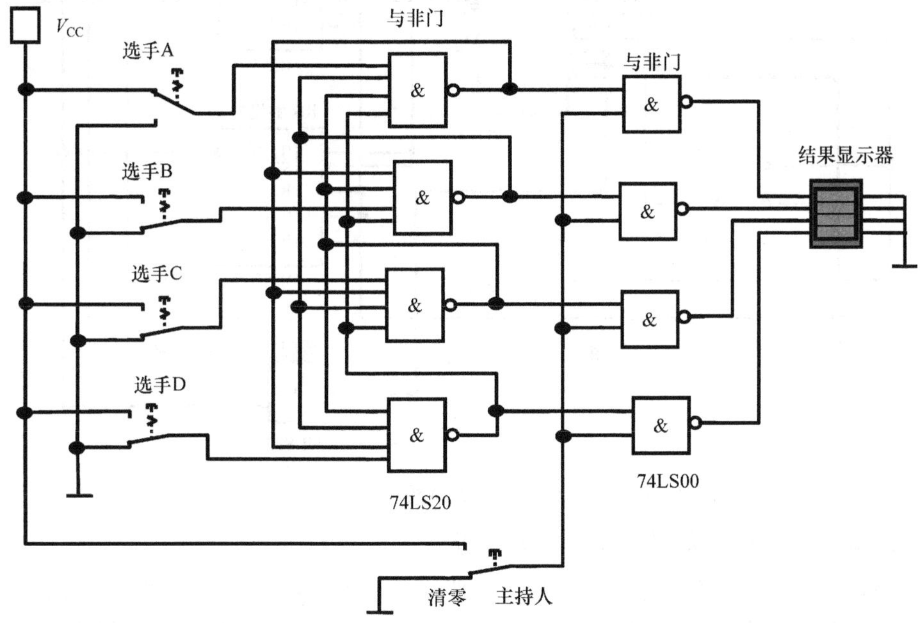

图 4.4.2　用与非门实现的四人抢答器电路

电路中选手和主持人分别控制逻辑开关。当主持人开关接低电平时为复位，实现系统清零。此时不管选手的开关在什么位置，所有的指示灯都亮；当主持人开关接高电平时，表示可以抢答。如果无人抢答，选手开关都均接地，处于“0”状态，对应的每个与非门(74LS20)输出都为1，抢答指示灯不会亮，同时对于其他的74LS20与非门没有影响；当其中的任意一位选手将开关接高电平时，处于“1”状态，那么抢答指示灯亮，表明抢答成功。同时对应的74LS20与非门输出为低电平，处于“0”状态。将其余的3个74LS20与非门锁死，令其他选手的开关输入高电平时也不起作用，从而实现抢答结果锁存功能。

按图4.4.2接线，并进行测试，验证所设计电路的功能。

2. 提高型实验：用编码器和触发器实现的抢答器

1)用编码器和RS触发器实现抢答器

用编码器和RS触发器实现抢答器的逻辑电路如图4.4.3所示。按图接线，再进行测试，判断是否实现了要求的功能，最后分析其工作原理。

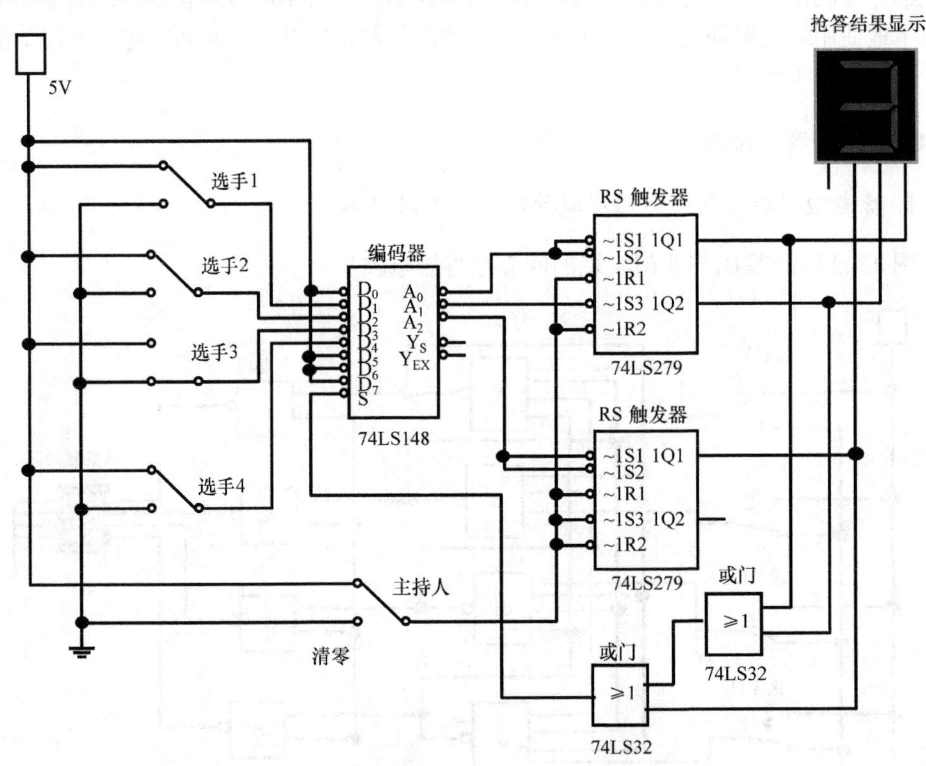

图 4.4.3　用编码器和RS触发器实现的四人抢答器电路图

2)用编码器和D触发器实现抢答器(方法一)

D触发器具有清零和置数功能，当置位端$\overline{S}_D=0$时，Q=1；当清零端$\overline{R}_D=0$时，Q=0。因此，可以利用D触发器的清零和置数功能，完成对数据锁存的功能，从而使编码器和D触发器实现抢答器功能。其逻辑原理图如图4.4.4所示。

先按图4.4.4接线，并进行功能测试，然后判断是否实现了要求的功能，并完善设计。

最后分析其工作原理。

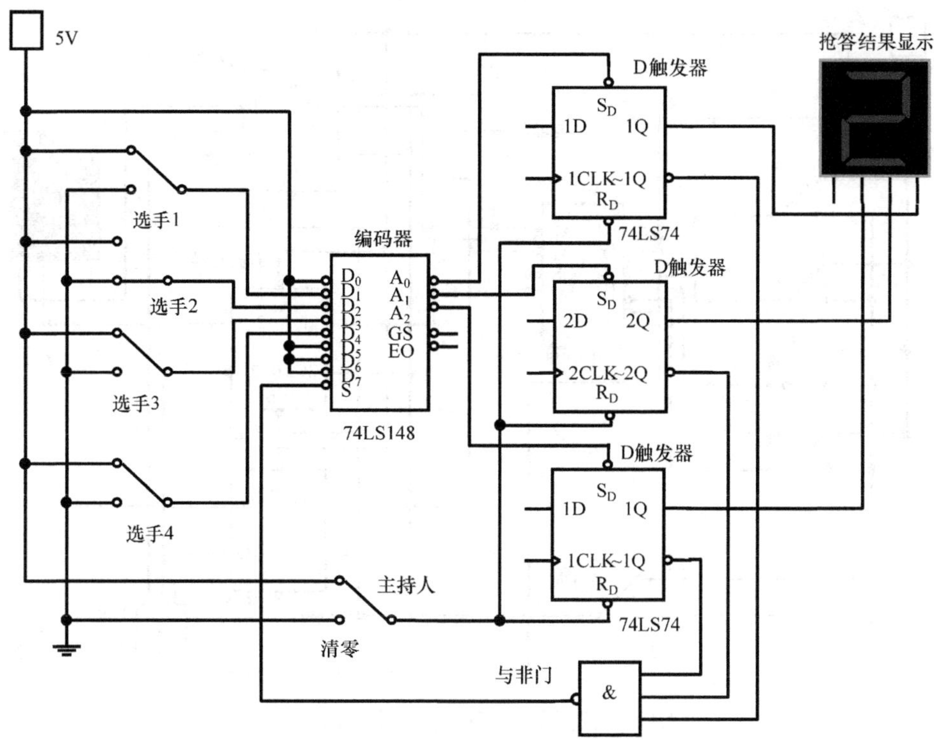

图 4.4.4　用编码器和 D 触发器实现抢答器之一

3）用编码器和 D 触发器实现抢答器（方法二）

D 触发器除了置位、清零，还具有数据传输并保持的功能。当输入端 D=1，同时 CP 上升沿到来时，Q=1；当输入端 D=0，同时 CP 上升沿到来时，Q=0。因此，可以利用 D 触发器的这个数据传输并保持功能，完成对数据锁存的功能。从而可以用编码器和 D 触发器实现抢答器，其逻辑原理图如图 4.4.5 所示。

先按图 4.4.5 接线，并进行功能测试，然后判断是否实现了要求的功能。最后分析其工作原理。

3. 开拓型实验：用计数器实现抢答器电路

计数器具有置数的功能，当置数端 $\overline{LD}=0$ 时并且在时钟脉冲的配合下（同步置数的计数器），$Q_0Q_1Q_2Q_3$=ABCD。因此。可以利用计数器的这个功能，完成数据锁存的功能。从而使编码器和计数器实现抢答器，其逻辑原理图如图 4.4.6 所示。

先按图 4.4.6 接线，并进行功能测试，然后判断是否实现了要求的功能。最后说明其工作原理。

4.4.5　实验要求

（1）整理实验数据、图表并对实验结果进行分析讨论。

(2)总结抢答器的实现方法。

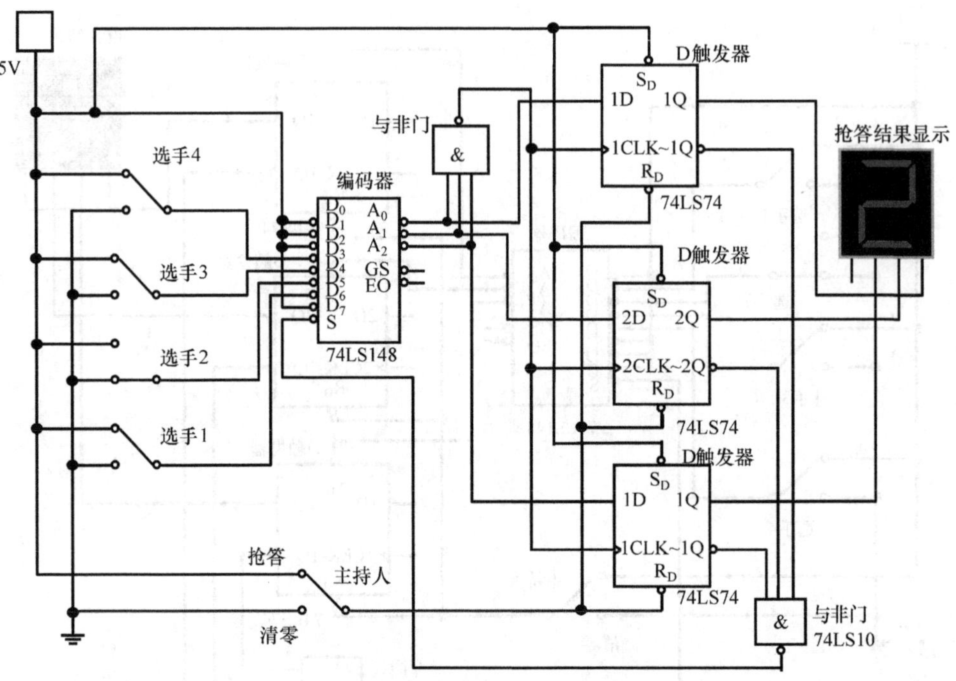

图 4.4.5　用编码器和 D 触发器实现抢答器之二

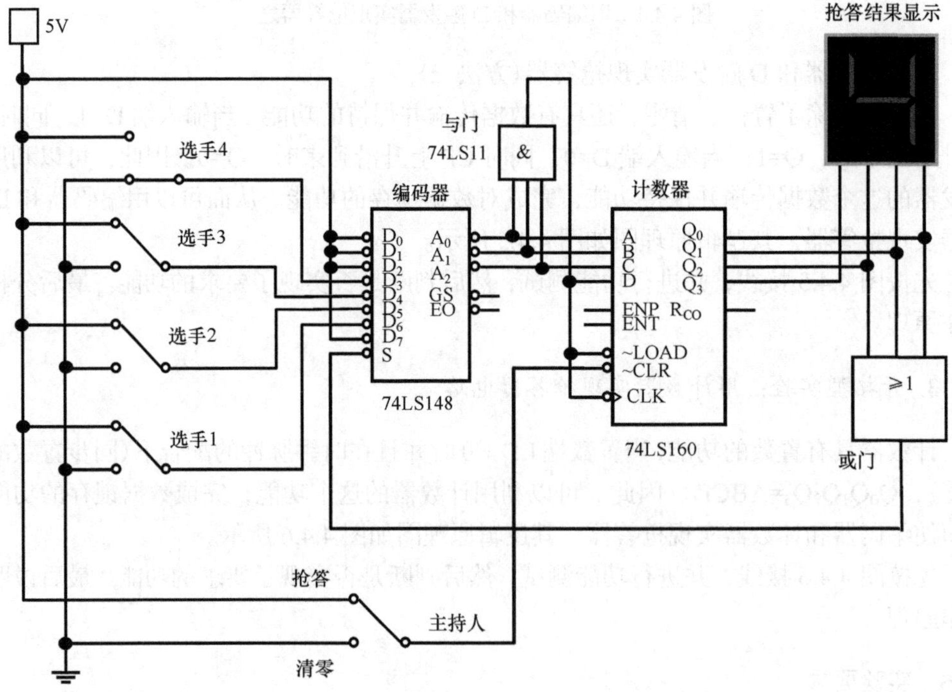

图 4.4.6　用编码器和计数器实现抢答器电路

4.5　花样彩灯控制电路设计实验

4.5.1　实验目的

(1)进一步熟悉触发器、移位寄存器、集成计数器的基础知识并掌握其应用。
(2)学习花样彩灯控制电路的工作原理。
(3)熟悉花样彩灯电路的设计以及制作方法。

4.5.2　实验仪器与器材

花样彩灯控制电路设计实验仪器与器材如表 4.5.1 所示。

表 4.5.1　花样彩灯控制电路设计实验仪器与器材

序号	设备	型号规格	数量
1	直流电源适配器	5V	1 台
2	数字电子实验板	六孔板	1 块
3	输入器	四位	1 只
4	输出器	四位	1 只
5	芯片底座	IC-14、IC-16	2 只
6	D 触发器	74LS74	1 片
7	移位寄存器	74LS194	1 片
8	计数器	74LS163、74LS160	各 1 片
9	555 定时器	NE555	1 片
10	电阻、电容		若干

4.5.3　实验原理

1. 四路输出花样彩灯控制电路设计

设四路彩灯记为 $L_3L_2L_1L_0$。
功能要求：该电路实现如下显示花型。
花型 1：彩灯依次点亮，按 L_3，L_3L_2，$L_3L_2L_1$，$L_3L_2L_1L_0$ 顺序工作。
花型 2：彩灯依次熄灭，按 L_0，L_1L_0，$L_2L_1L_0$，$L_3L_2L_1L_0$ 顺序熄灭。
花型 3：彩灯先全亮再全灭，两次。
四路输出花样彩灯按花型 1、花型 2 、花型 3 依次循环显示。
根据四路输出花样彩灯控制的花型变化，可以得出彩灯的状态变化表(1 表示彩灯亮，0 表示彩灯灭)，如表 4.5.2 所示。

表 4.5.2　四路花样彩灯花型状态变化表

时钟	花型	状态值
1	花型 1	1000
2		1100
3		1110
4		1111
5	花型 2	1110
6		1100
7		1000
8		0000
9	花型 3	1111
10		0000
11		1111
12		0000

通过功能要求分析以及对移位寄存器的理论知识学习，不难得出四路花样彩灯控制电路可以由移位寄存器为核心，并配以其他元件实现。设计电路由分频单元电路、花型控制单元电路、移位寄存器单元电路、彩灯显示输出单元电路等组成。电路结构框图如图 4.5.1 所示。其中，时钟信号由实验板提供，分频单元电路、花型控制单元电路和彩灯显示输出单元电路则需自己连线。

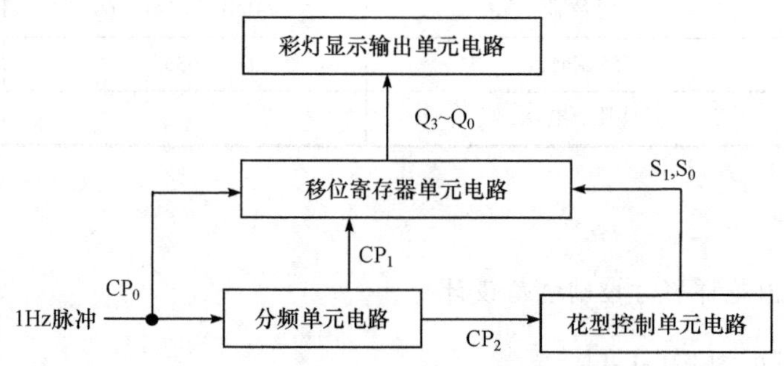

图 4.5.1　四路输出循环彩灯控制电路框图

1) 移位寄存器单元电路

如果将彩灯接到移位寄存器的输出端，那么花样彩灯显示输出的状态完全由移位寄存器的输出状态决定。只要控制移位寄存器电路的输出状态就能实现相应功能了。

常用的移位寄存器是四输出的 74LS194 集成芯片。74LS194 是 4 位双向移位寄存器。它具有保持、右移、左移、并行输入、并行输出逻辑功能，其特性如表 4.5.3 所示(表中“×”表示无关项，即可置于任意状态)。

表 4.5.3　四位双向移位寄存器 74LS194 逻辑功能表

$\overline{R}_D$	CP	S_1　S_0	S_R　S_L	ABCD	$Q_0Q_1Q_2Q_3$	功能
0	×	×　×	×　×	××××	0 0 0 0	异步清零
1	0	×　×	×　×	××××	$Q_0Q_1Q_2Q_3$	保持
1	↑	1　1	×　×	a b c d	a b c d	并行输入
1	↑	0　1	1　×	××××	1 a b c	右移输入 1
1	↑	0　1	0　×	××××	0 a b c	右移输入 0
1	↑	1　0	×　1	××××	a b c 1	左移输入 1
1	↑	1　0	×　0	××××	a b c0	左移输入 0
1	×	0　0	×　×	××××	$Q_0Q_1Q_2Q_3$	保持

(1) 清零功能。当 $\overline{R}_D=0$ 时，S_1，S_0 任意取值，双向移位寄存器异步清零。

(2) 保持功能。当 $\overline{R}_D=1$ 时，CP=0 或 S_1=S_0=0，双向移位寄存器保持状态不变。

(3) 并行送数功能。当 $\overline{R}_D=1$，S_1=S_0=1 时，在 CP 上升沿到来时刻可将并行输入端的 ABCD 的数码 a b c d 送到寄存器的 $Q_0Q_1Q_2Q_3$ 中。

(4) 右移送数功能。当 $\overline{R}_D=1$，S_1=0，S_0=1 时，在 CP 上升沿的配合下，可依次将 D_{SR} 中的数据串行输入到寄存器中。

(5) 左移送数功能。当 $\overline{R}_D=1$，S_1=0，S_0=1 时，在 CP 上升沿的配合下，可依次将 D_{SL} 中的数据串行输入到寄存器中。

所以，可用一片四位移位寄存器 74LS194 来实现四路花样彩灯输出。图 4.5.2 所示是移位寄存器输出的彩灯显示电路。

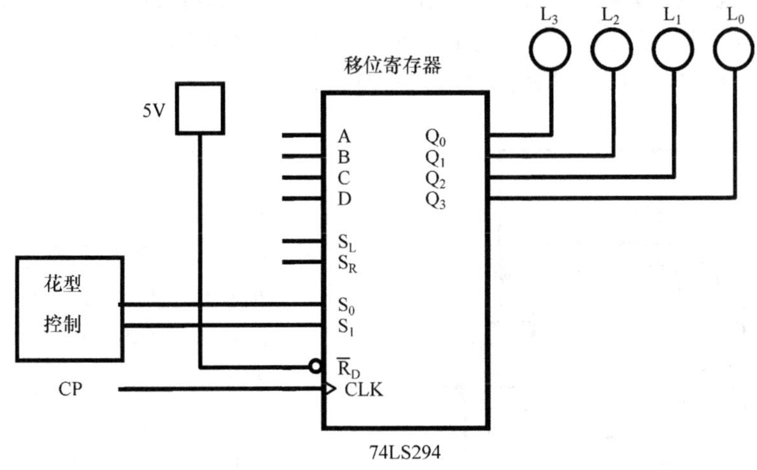

图 4.5.2　移位寄存器输出的彩灯显示电路

2)花型控制单元电路

按照花样四路彩灯控制电路设计要求，按花型 1、花型 2、花型 3 依次循环显示，每个花型都需要 4 个时钟脉冲。通过观察电路在实现花型 1 时，彩灯为右移运行状态，在左边移入“1”。此时，移位寄存器 74LS194 的 S_1S_0=01。当电路在实现花型 2 时，彩灯为左移运行状态，在右边移入“0”，此时，移位寄存器 74LS194 的 S_1S_0=10。电路在完成花型 3 时，74LS194 为输入置数状态，此时，S_1S_0=11。因此，移位寄存器 74LS194 的花型控制 S_1, S_0 的时序如图 4.5.3 所示。即在花型变化时，花型控制信号按 01—10—11 顺序变化，也就构成了 3 进制。所以，可以用计数器 74LS160 构成花型控制单元电路，如图 4.5.4 所示。

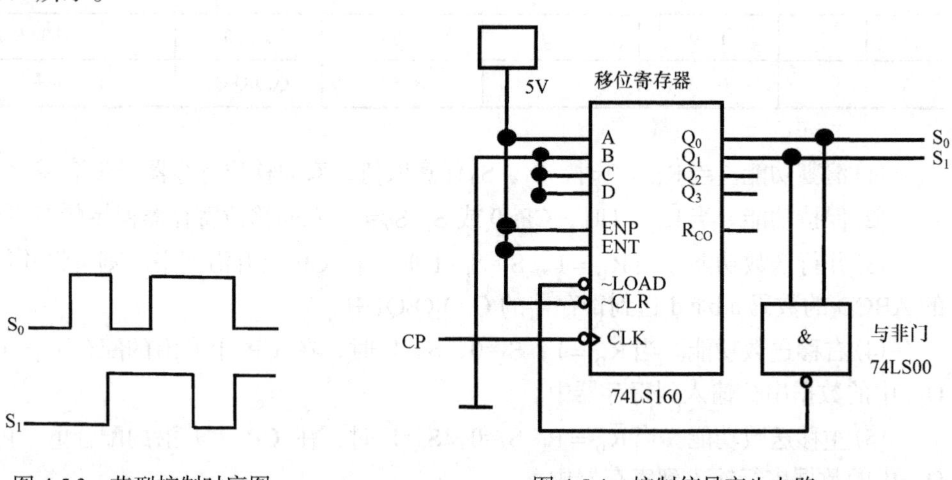

图 4.5.3　花型控制时序图　　图 4.5.4　控制信号产生电路

3)分频单元电路

因为每个花型都有 4 个状态，所以花型变化需要在系统输入 4 个脉冲后才得到一个花型变化脉冲。因此需要 4 分频电路来实现。分频单元电路如图 4.5.5 所示。它是由 D 触发器 74LS74 构成的，实现对时钟信号的四分频。

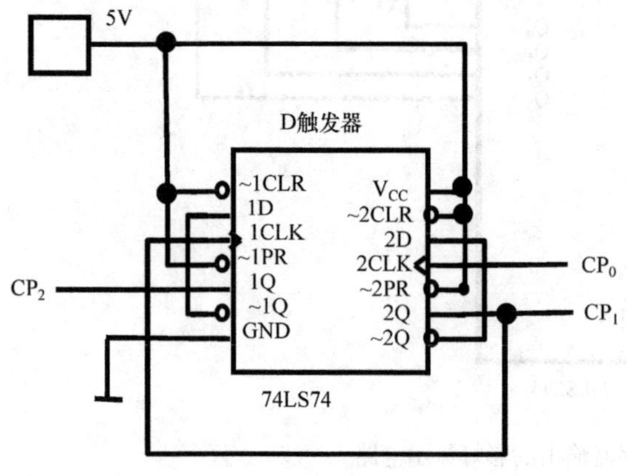

图 4.5.5　分频单元电路

2. 八路输出花样彩灯控制电路设计

功能要求：八路输出花样彩灯电路实现两种花型交替循环显示。

花型 1：由两边向中间对称依次点亮，全部点亮后，再由中间往外依次熄灭。

花型 2：前四路彩灯与后四路彩灯分别从左到右顺次点亮，再顺次熄灭。

根据八路输出花样彩灯控制电路的功能要求，八路输出花样彩灯控制电路应由分频单元电路、移位寄存器单元电路、花型控制单元电路、彩灯显示输出单元电路等组成，电路结构框图如图 4.5.6 所示。

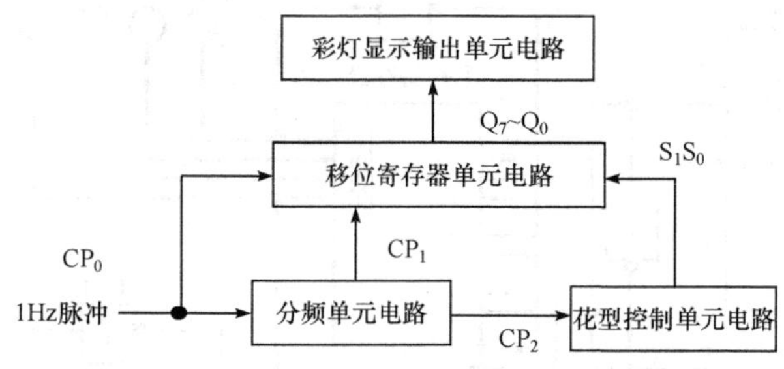

图 4.5.6　八路输出花样彩灯控制电路结构框图

1)输出单元电路

移位寄存器单元电路和彩灯显示输出单元电路可以由两片四位移位寄存器 74LS194 实现，一个移位寄存器控制四个彩灯，最终形成八路循环彩灯控制。

根据八路输出花样彩灯控制电路的功能，彩灯输出状态如表 4.5.4 所示。由表 4.5.4 可知，花型 1 为 8 个时钟周期一个循环，两个移位寄存器的每个状态均是左右镜像对称的。因此，可以将一片移位寄存器 74LS194 接成 4 位右移扭环计数器(即 $D_{SR}=\overline{Q_3}$)，另一片 74LS194 接成 4 位左移扭环计数器(即 $D_{SL}=\overline{Q_0}$)；就可以实现花型 1 了。

表 4.5.4　八路输出花样彩灯花型状态变化表

时钟	彩灯 $L_0L_1L_2L_3\ L_4L_5L_6L_7$		时钟	彩灯 $L_0L_1L_2L_3\ L_4L_5L_6L_7$	
	花型 1	花型 2		花型 1	花型 2
0	0000 0000	0000 0000	5	1110 0111	0111 0111
1	1000 0001	1000 1000	6	1100 0011	0011 0011
2	1100 0011	1100 1100	7	1000 0001	0001 0001
3	1110 0111	1110 1110	8	0000 0000	0000 0000
4	1111 1111	1111 1111			

八路花样彩灯花型 1 输出电路原理如图 4.5.7 所示。

而由表 4.5.4 可知，花型 2 也为 8 个时钟周期一个循环，前四位与后四位均为右移。图 4.5.8 所示是八路花样彩灯花型 2 输出电路原理图。

2)花型控制单元电路与分频单元电路

从整个花样彩灯电路看，每个花型都为 8 个时钟周期，而实现一个大循环需要 16 个时钟周期，可以用四位二进制计数器 74LS163 进行大循环控制。其输出端 Q_2 输出为 4 进制，输出端 Q_3 输出为 8 进制。对于移位寄存器来说，无论左移还是右移都是 4 个个时钟周期。所以，把花样控制的基本脉冲定为 4 个脉冲，花样控制要采用四分频电路。因此整个花样彩灯的花样控制状态如表 4.5.5 所示(表中“×”表示无关项，即可置于任意状态)。

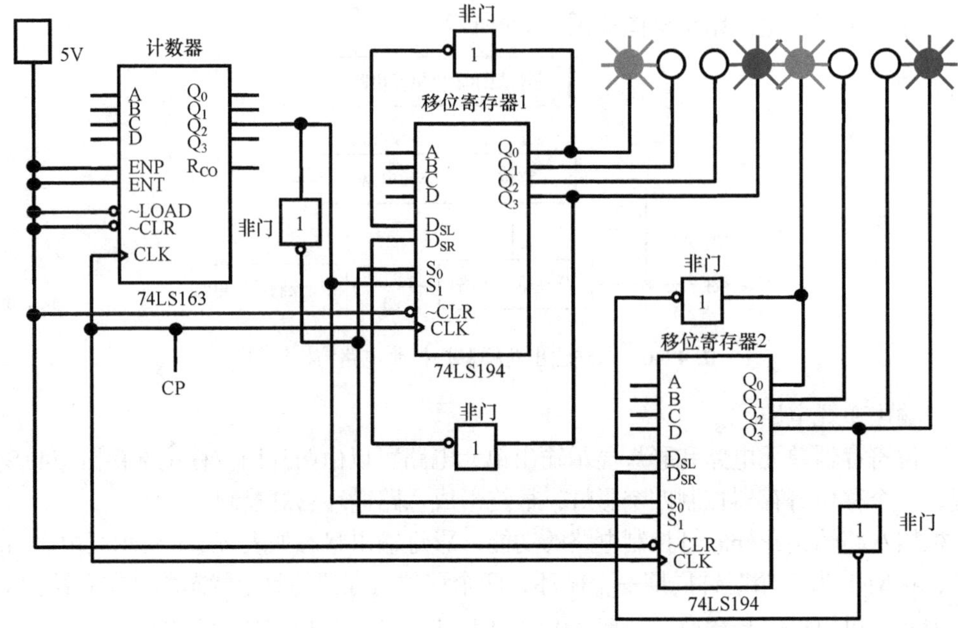

图 4.5.7　八路花样彩灯花型 1 输出电路原理图

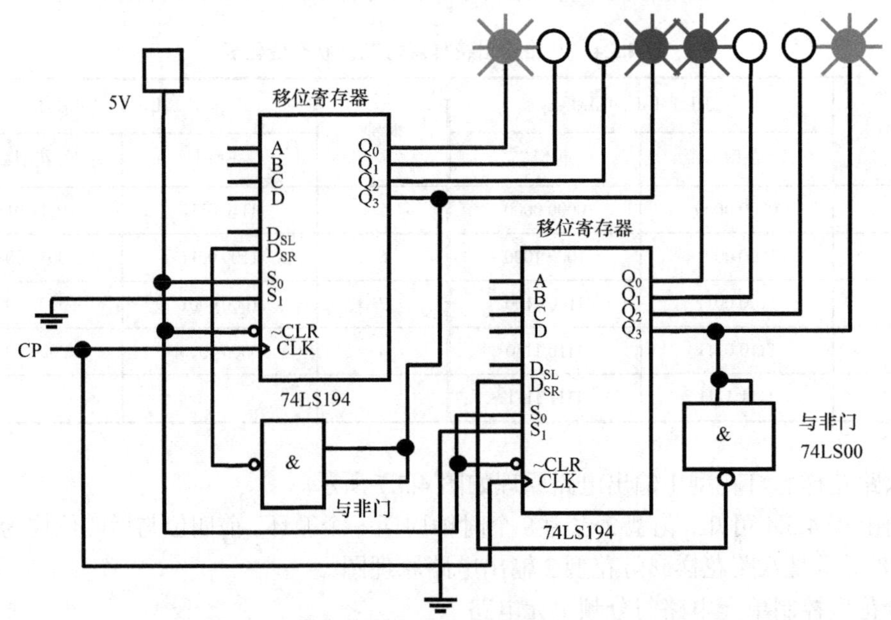

图 4.5.8　八路花样彩灯花型 2 输出电路原理图

所以，对于移位寄存器 1 有：$D_{SR}=\overline{Q_3Q_2}$，$D_{SL}=0$，$S_1=\overline{Q_3}Q_2$，$S_0=\overline{S_1}$。

对于移位寄存器 2 有：$D_{SR}=\overline{Q_2}$，$D_{SL}=1$，$S_1=\overline{Q_3}\cdot\overline{Q_2}$，$S_0=\overline{S_1}$。

表 4.5.5　八路输出花样彩灯的花样控制状态表

花型样式		时钟	计数器输出		状态描述	移入数据		花型控制	
		CP	Q_3	Q_2		D_{SR}	D_{SL}	S_1	S_0
寄存器 1	花型 1	1~4	0	0	右移送 1	1	×	0	1
		5~8	0	1	左移送 0	×	0	1	0
	花型 2	9~12	1	0	右移送 1	1	×	0	1
		13~16	1	1	右移送 0	0	×	0	1
寄存器 2	花型 1	1~4	0	0	左移送 1	×	1	1	0
		5~8	0	1	右移送 0	0	×	0	1
	花型 2	9~12	1	0	右移送 1	1	×	0	1
		13~16	1	1	右移送 0	0	×	0	1

4.5.4　实验内容与步骤

1. 基本型实验：四路输出循环彩灯控制电路

(1) 根据实验原理图，将相关的单元电路综合起来就可以构成四路输出循环彩灯控制电路，如图 4.5.9 所示。

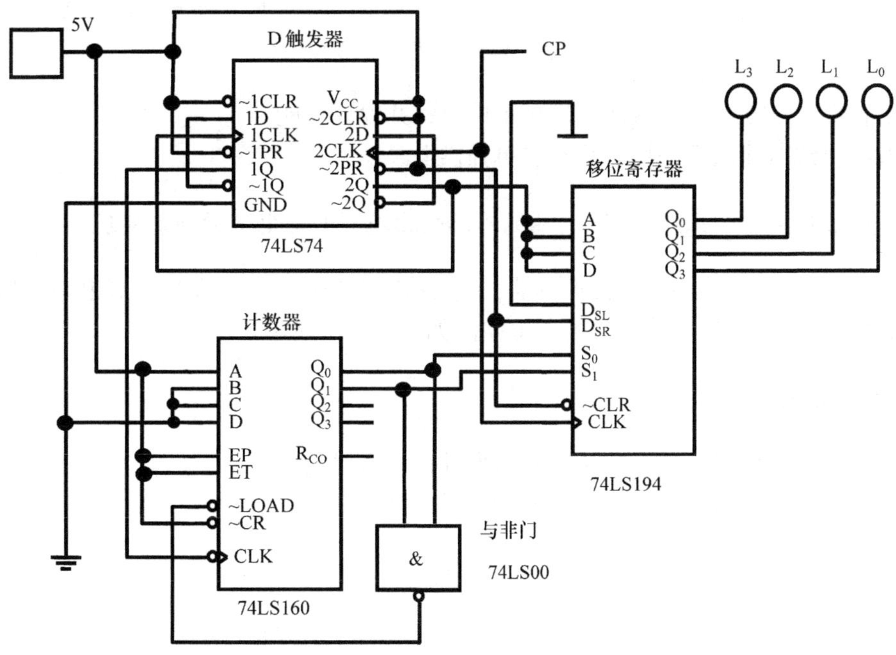

图 4.5.9　四路彩灯循环控制电路图

(2) 按图 4.5.9 接线，观测彩灯显示情况，并验证功能。

(3) 在接线时注意每一块芯片都要单独供电。

2. 提高型实验：八路输出花样彩灯电路

(1) 根据实验原理图，将相关的单元电路综合起来就可以构成八路输出循环彩灯控制电路，如图 4.5.10 所示。

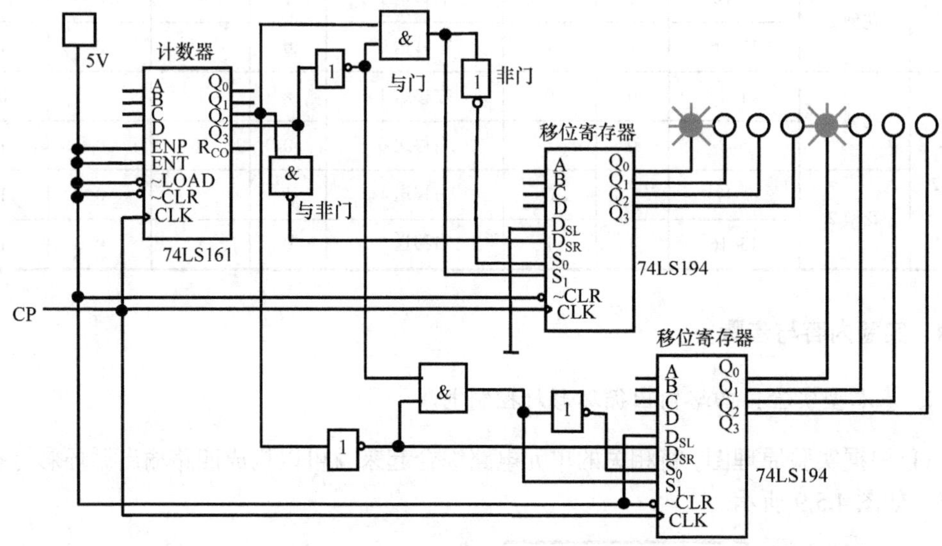

图 4.5.10　八路输出花样彩灯电路图

(2) 按图 4.5.10 接线，观测彩灯显示情况，并验证功能。

(3) 在接线时注意每一块芯片都要单独供电。

3. 开拓型实验：基于 555 定时器的八路输出花样彩灯电路的功能实现

用 555 定时器电路构成多谐振荡器，用该脉冲作为八路输出花样彩灯电路的脉冲源，实现八路输出花样彩灯电路的功能。电路图如图 4.5.11 所示。

4.5.5 实验要求

(1) 整理实验数据、图表并对实验结果进行分析讨论。

(2) 总结四路/八路花样彩灯控制电路的实现方法。

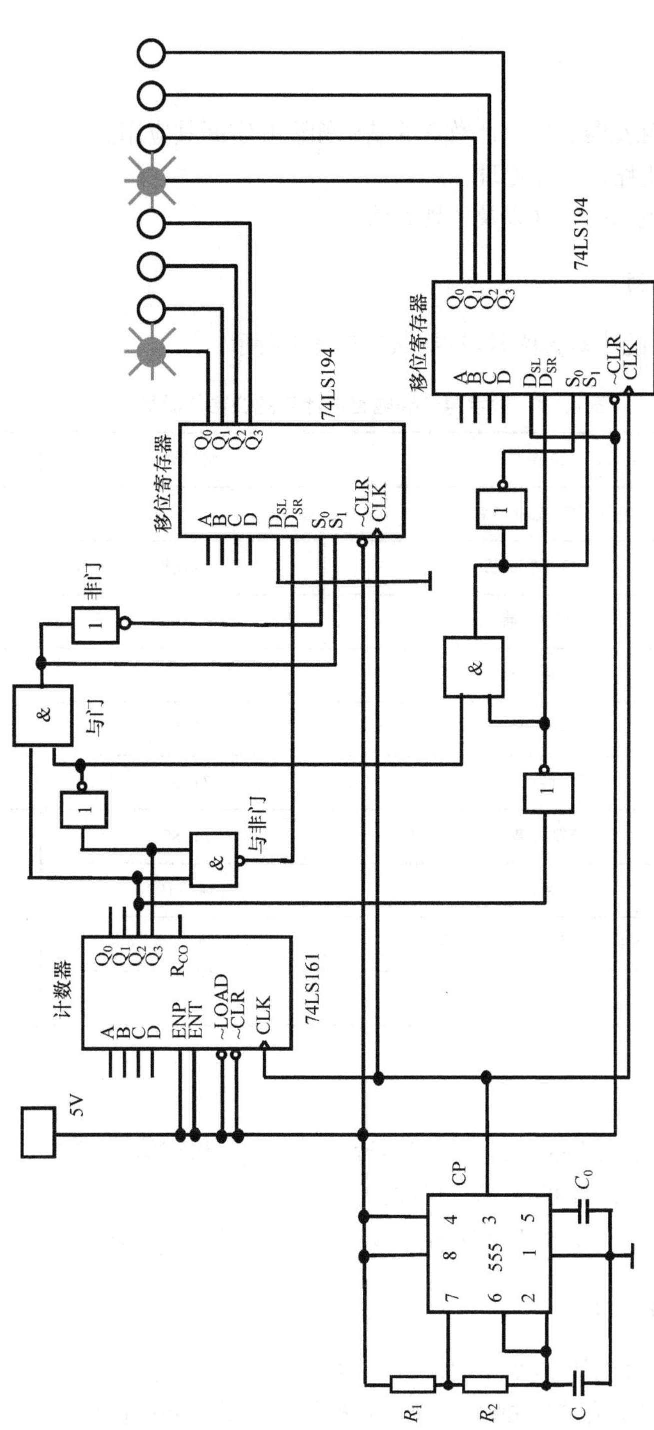

图4.5.11　基于555定时器的八路输出花样彩灯电路图

4.6 数字电子钟电路设计实验

4.6.1 实验目的

(1)进一步熟悉触发器、集成计数器的基础知识并掌握其应用。
(2)理解数字钟电路的工作原理。
(3)熟悉数字钟电路的设计以及实现方法。

4.6.2 实验仪器与器材

数字电子钟电路设计实验仪器与器材如表 4.6.1 所示。

表 4.6.1 数字电子钟电路设计实验仪器与器材

序号	设备	型号规格	数量
1	直流电源适配器		1 台
2	数字电子实验板	六孔板	1 块
3	四位输入器		1 只
4	四位输出器		1 只
5	芯片底座	IC-14	2 只
6	D 触发器	74LS74	1 片
7	十进制计数器	74LS90	4 片
8	计数器	74LS190	1 片
9	与非门、或门等基本门电路	74LS00、74LS08	若干
10	电阻、电容		若干

4.6.3 实验原理

钟表是人们日常生活中的必需品，目前钟表的类型有机械表、石英钟、数字钟等。数字钟具有显示直观、计时准确、整点报时等优点，应用很广泛。

本实验就是设计一个数字电子钟电路，能实现数字显示，具有校时、闹钟等功能。

1. 数字钟的功能要求

(1)准确计时，以数字形式显示时、分、秒的时间。
(2)小时的计时要求为“12 翻 1”，分和秒的计时要求为 60 进位。
(3)具有校时功能，能够对“分”和“小时”进行调整。

2. 功能分析

数字钟一般由振荡器、分频器、计时器、译码器、显示器和校时电路等组成。设计时，数字钟电路系统可以分为主体功能电路和扩展功能电路两大部分。扩展功能电路在主体功能电路正常运行的情况下再进行功能扩展。数字钟电路框图如图4.6.1所示，各模块功能如下。

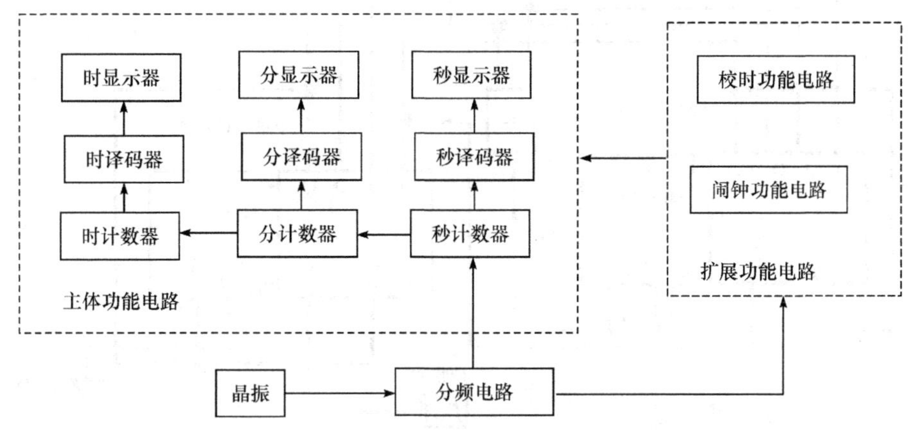

图 4.6.1　数字钟电路框图

1) 晶振

晶振是数字钟的核心。振荡器的稳定度和频率的精确度决定了数字钟计时的准确程度，通常采用石英晶体构成振荡器电路。振荡器的频率越高，计时的精度也就越高。在实验中，采用的是信号源单元提供的 1Hz 秒脉冲。

2) 分频器

因为石英晶体的频率很高，要得到秒信号需要用到分频电路。由晶振得到的频率经过分频器分频后，得到 1Hz 的秒脉冲信号。

3) 秒计数器电路

由分频器得到的秒脉冲信号，首先送到“秒”计数器进行累加计数，秒计数器应完成一分钟之内秒的计数，并达到 60 秒时产生一个进位信号。所以，可以选用两片 74LS290 芯片组成六十进制计数器，采用反馈归零的方法来实现六十进制计数。其中，“秒”十位是六进制，“秒”个位是十进制。电路原理图如图 4.6.2 所示。

4) 分计时电路

“分”计数器电路也是六十进制，可采用与“秒”计数器完全相同的结构，用两片 74LS290或74LS160构成。

5) 时计时电路

“12 翻 1”小时计数器是按照“01—02—03…11—12—01—02…”规律计数的，这与日常生活中的计时规律相同。在实验中，小时的个位计数器由 4 位十进制同步可逆计数器 74LS190 构成，十位计数器由 D 触发器 74LS74 构成，将它们级联组成“12 翻 1”的小时计数器。

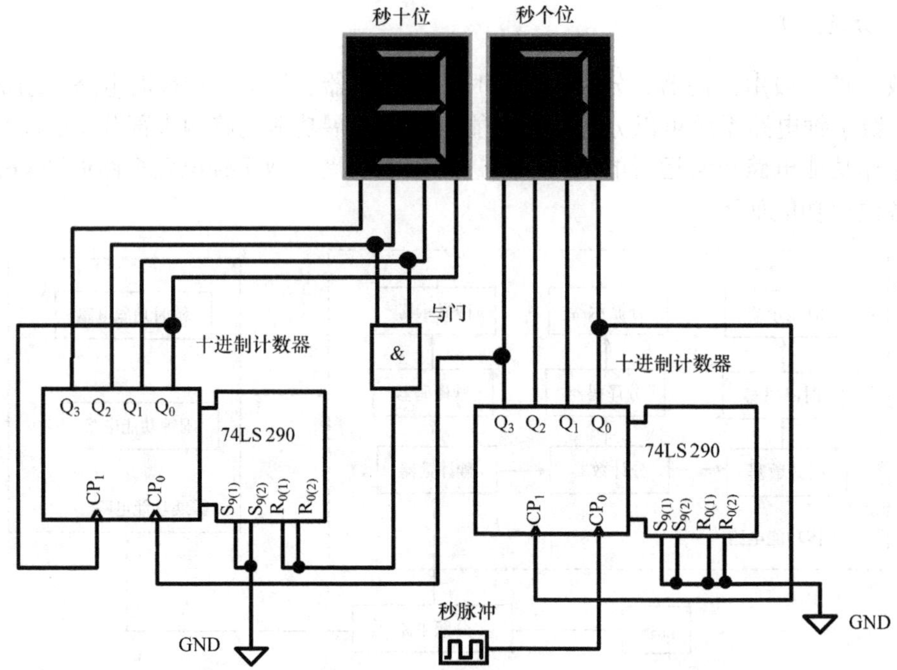

图 4.6.2　由两片 74LS90 构成的秒计数器电路原理图

"时"计数器的状态在一个周期要发生两次跳跃。第一次是计数器计到 9，要向十位计数器进位使D触发器的Q = 1；第二次是"时"计数器计到12后，在第13个脉冲作用下个位计数器的状态应为0001，十位计数器的D触发器Q = 0。电路原理图如图4.6.3所示。

6) 译码显示电路

译码显示电路的功能是将"秒""分""时"计数器中每个计数器的输出状态(8421BCD码)翻译成七段数码管能显示的十进制数并显示出来。本实验显示器采用带驱动的七段共阴极数码管。

7) 校时电路

当数字钟出现误差时，需要校正时间。校时控制电路实现对"分""时"进行校准。

8) 闹钟电路

当时钟运行到相应设定的时间点时，发出声音提醒。

4.6.4　实验内容与步骤

1. 基本型实验：数字钟基本功能实验

1) 产生秒信号

在实验中秒脉冲信号直接由数电实验板上的固定脉冲信号源1Hz输出端口提供。

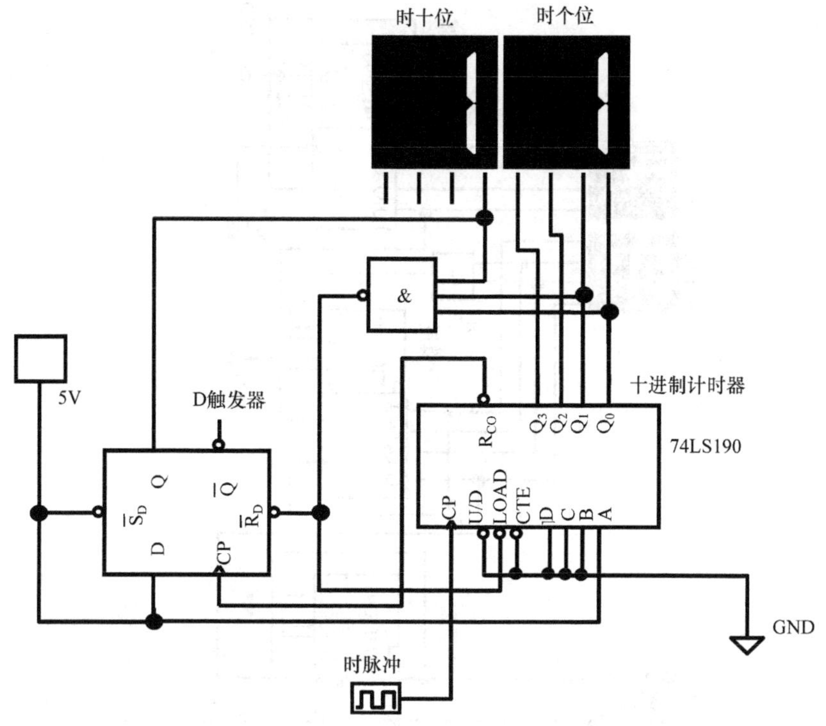

图 4.6.3　时计数器电路原理图

2)秒计数模块测试

在数字实验板上按图4.6.2接线，完成计数模块功能。该模块的计数部分由两个74LS290构成模为60的计数器，显示部分由共阴极的两个七段LED数码管构成。并使信号发生器输出1Hz的脉冲信号或直接用固定脉冲1Hz信号源代替。观察和验证秒计数功能。

3)分计数摸块测试

在验证秒计数功能正确后，同样采用如图4.6.2所示的电路图来连接分计数模块。最后在分个位时钟脉冲输入端口CP接入1Hz脉冲信号源，观察和验证分计数功能。

4)时计数模块测试

时计数器是一个“12翻1”的计数器，由74LS190十进制计数器和D触发器构成的模12计数器。按图4.6.3所示接线，并验证其功能。

5)数字钟的整体功能测试

在验证时、分、秒计数功能都正确后，先将秒计数器(M60)进位输出端接到分计数器个位的时钟脉冲输入端口CP上，然后再将分计数的60进位输出端接到时计数器个位的时钟脉冲输入端口CP上，最后在秒个位时钟脉冲输入端口CP接入数电实验板中的可调脉冲信号源，并调节到一个合适的频率来观察和计数脉冲输入验证数字钟的整体功能。数字钟功能连线图如图4.6.4所示。

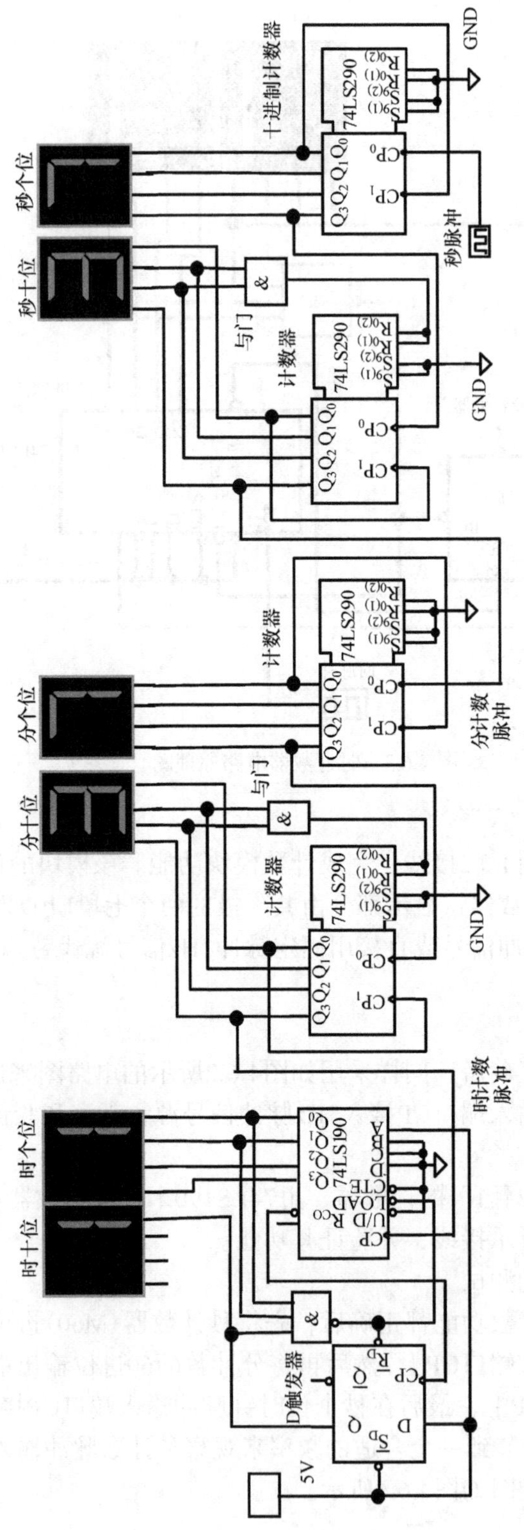

图4.6.4　数字钟功能连线图

2. 提高型实验：校时功能电路

在数字钟计时功能的基础上加上校时功能，能够对“分”和“时”进行调整。对校时电路的要求为在小时校正时不影响分、秒的正常计时，在分校正时不影响秒和小时的正常计时。

图4.6.5给出一种“时”“分”校时电路，其中S_1为“时”校时开关，S_2为“分”校时开关，其控制功能如表4.6.2所示。校时脉冲采用秒脉冲(1Hz)。

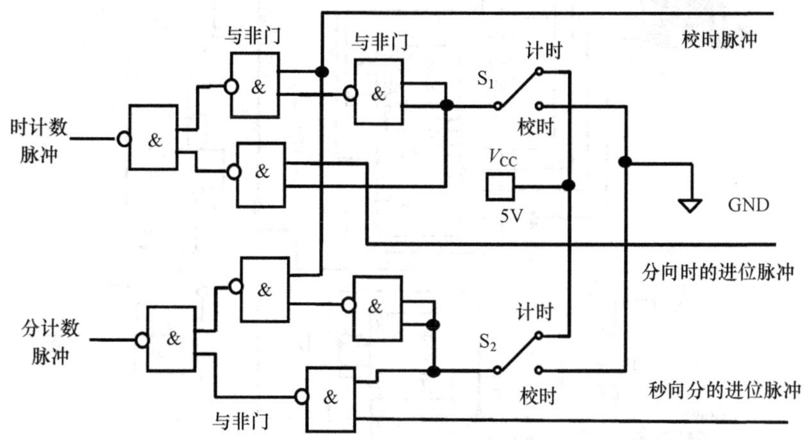

图 4.6.5　校时控制电路图

表 4.6.2　校时开关功能设置表

S_1	S_2	功能
1	1	计时
1	0	校分
0	1	校时

3. 开拓型实验：闹钟功能电路

闹钟功能也是数字钟的重要功能。例如，要求8时18分发出闹钟信号，并持续1分钟。8时18分对应的数字钟时个位计数器的状态为1000，分十位计数器的状态为0001，分个位计数器的状态为1000，将上述计数器输出为1的所有输出端相与后去控制音响电路，可以使音响电路在8时18分奏响，持续1分钟后(即8时19分)停响。

带闹钟和校时功能的数字钟电路连线图如图4.6.6所示。

4.6.5　实验要求

(1) 整理实验数据、图表并对实验结果进行分析讨论。

(2) 总结数字钟电路的实现方法。

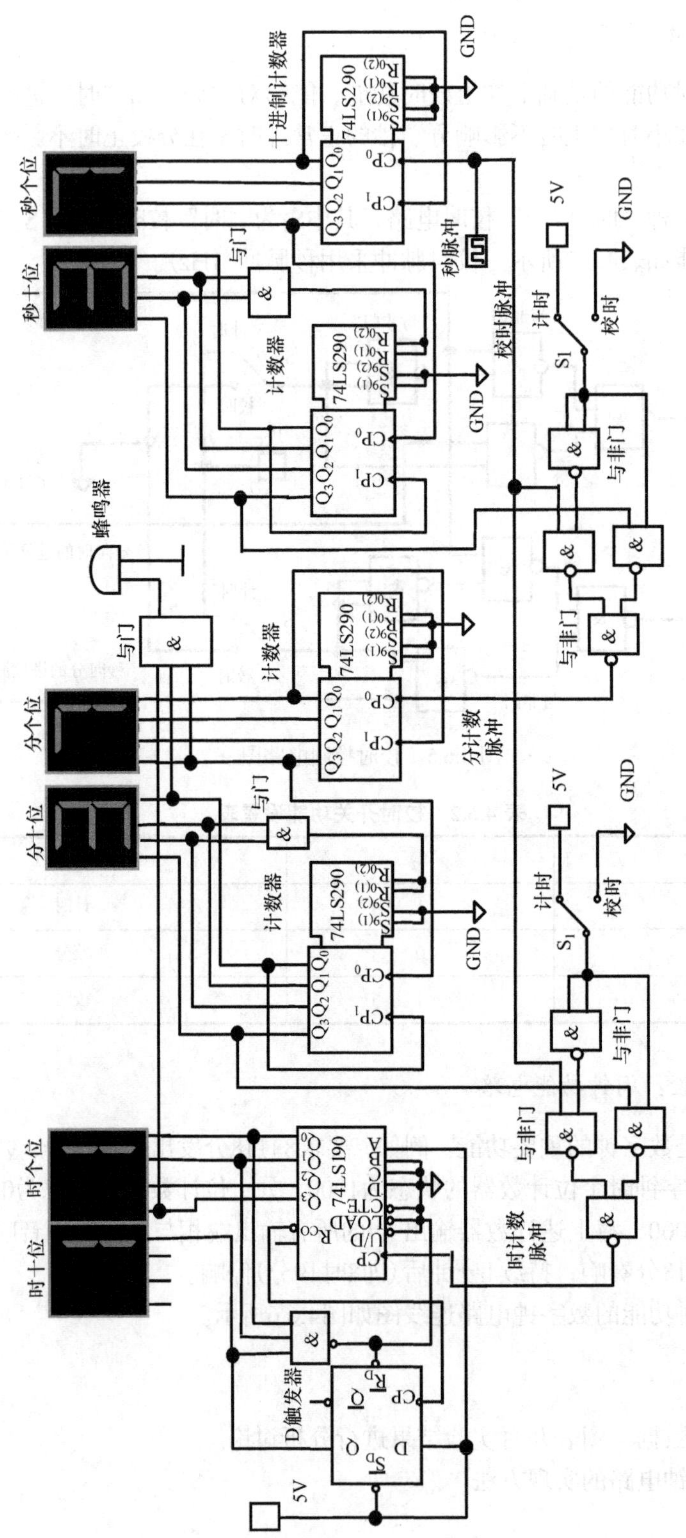

图4.6.6　带闹钟和校时功能的数字钟连线图

4.7　交通灯控制电路设计实验

4.7.1　实验目的

(1) 进一步熟悉组合逻辑和触发器、集成计数器的基础知识并掌握其应用。
(2) 理解交通灯控制电路的工作原理。
(3) 熟悉交通灯控制电路的设计以及实现方法。

4.7.2　实验仪器与器材

交通灯控制电路设计实验仪器与器材如表 4.7.1 所示。

表 4.7.1　交通灯控制电路设计实验仪器与器材

序号	设备	型号规格	数量
1	直流电源适配器	5V	1 台
2	数字电子实验板	六孔板	1 块
3	输入器	四位	1 只
4	输出器	四位	1 只
5	芯片底座	IC-14、IC-16	各 2 只
6	触发器	74LS74	若干
7	计数器	74LS192	1 个
8	移位寄存器	74LS194	若干
9	基本逻辑门电路	74LS00、74LS08	若干
10	电阻、电容		若干
11	555 定时器	NE555	1 片

4.7.3　实验原理

交通信号灯用于交叉路口，通过控制通行时间和通行方向，提高交叉口车辆的通行能力，减少交通事故。图4.7.1所示是位于主干道和支干道的十字路口交通灯系统。每条道路设一组信号灯，每组信号灯由红、黄、绿3个灯组成。绿灯表示允许车辆通行，红灯表示禁止通行，黄灯为过渡灯。黄灯表示该车道上已过停车线的车辆继续通行，未过停车线的车辆禁止通行。

本实验是设计一个十字路口交通灯控制电路。

1. 功能要求

(1) 固定周期控制：主干道(南北向)绿灯 35 秒，支干道(东西向)绿灯 25 秒。
(2) 每次由绿灯变为红灯时，应有 5 秒黄灯亮作为过渡。
(3) 分别用红、黄、绿表示信号灯。
(4) 计时采用倒计时方式，并能以数字形式显示。

2. 功能分析

交通灯控制电路应由秒脉冲信号发生器、状态控制电路、时间预置电路、倒计时电路、译码显示器、输出控制电路、交通灯显示器七大部分组成。交通灯控制电路框图如图4.7.2所示。

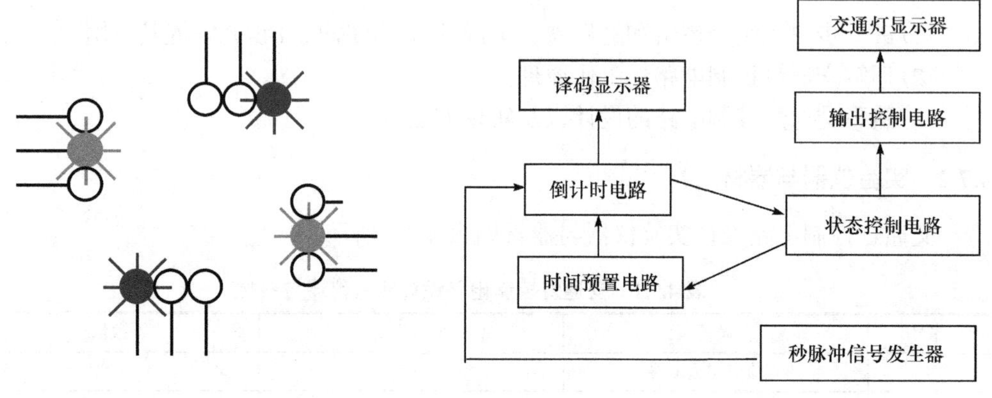

图 4.7.1　交通灯控制示意图　　图 4.7.2　交通灯控制电路框图

1)状态控制电路

根据交通灯运行过程，南北、东西方向道路交通信号灯的工作是同时进行，而且是循环运行的。按控制要求可以分成四个状态，状态描述如表4.7.2所示。四个状态往复循环运行。

表 4.7.2　交通灯运行过程状态表

状态	交通信号灯运行情况
状态一	南北方向绿灯亮，东西方向红灯亮
状态二	南北方向黄灯亮，东西方向红灯亮
状态三	南北方向红灯亮，东西方向绿灯亮
状态四	南北方向红灯亮，东西方向黄灯亮

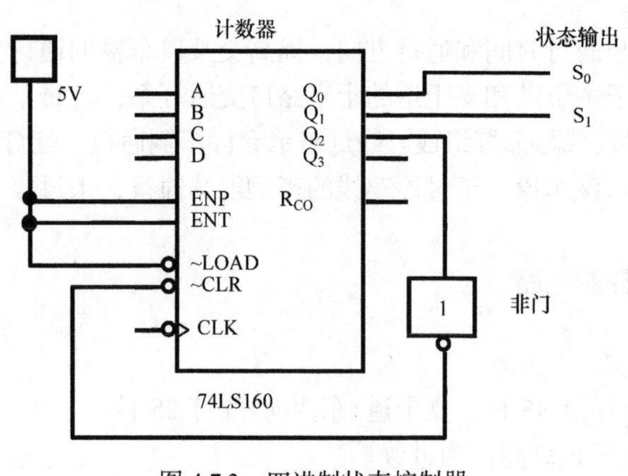

图 4.7.3　四进制状态控制器

由此可以看出：状态控制电路是一个四进制的计数器。因此，本实验用74LS160计时器构成四进制计数器来实现，电路图如图4.7.3所示。

2)输出控制电路和交通灯显示器

输出控制电路接受状态控制电路的输出状态信号分别对12个信号灯进行控制。实验中用指示灯代替实际的交通灯，作为指示输出。若令交通灯亮为“1”，灯灭为“0”。设南北主干道红、绿、黄等分别为$X_{红}$、$X_{绿}$、$X_{黄}$，东西干道红、绿、黄等分别为$Y_{红}$、$Y_{绿}$、$Y_{黄}$。状态控制电路输出状态用S_1S_0表示。那么交通灯运行状态的真值表如表4.7.3所示。

表 4.7.3　交通灯控制状态的真值表

状态			南北向信号灯			东西向信号灯		
	S_1	S_0	$X_{红}$	$X_{绿}$	$X_{黄}$	$Y_{红}$	$Y_{绿}$	$Y_{黄}$
状态一	0	0	0	1	0	1	0	0
状态二	0	1	0	0	1	1	0	0
状态三	1	0	1	0	0	0	1	0
状态四	1	1	1	0	0	0	0	1

由真值表可得

$$X_{红}=S_1,\quad X_{绿}=\overline{S_1}\cdot\overline{S_0},\quad X_{黄}=\overline{S_1}\cdot S_0$$

$$Y_{红}=\overline{S_1},\quad Y_{绿}=S_1\cdot\overline{S_0},\quad X_{黄}=S_1\cdot S_0$$

所以，根据信号灯的逻辑表达式画出的输出控制器和信号灯显示的连线图如图4.7.4所示。

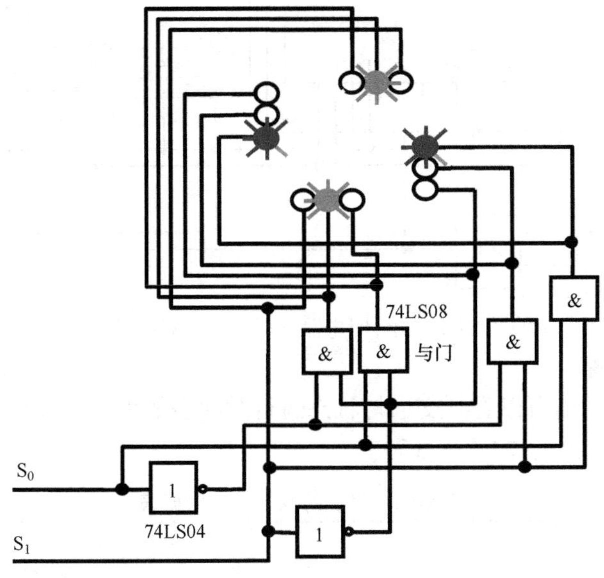

图 4.7.4　输出控制器和信号灯显示的连线图

3) 倒计时电路和译码显示器

倒计时电路本质上是一个减法计数器。它在预置数值的基础上依次递减，直到为 0，并输出借位信号，同时又开始新的循环。

实验中所使用的译码显示器是带驱动的共阴极七段数码管，它可以直接与计数器相连使用。

用十进制计数器 74LS192 实现 35 秒倒计时电路和译码显示器电路如图 4.7.5 所示。十进制计数器的置数端按 8421BCD 编码。十位计数器置数端 DCBA=0011，个位计数器的置数端 DCBA=0101，即为 35 进制。只要输入的脉冲信号为 1Hz，那就是 35 秒。其中个位计数器的借位端作为十位计数器的 CP 输入，而个位计数器的借位输出端和十位计数器借位输出端都为 0 时，执行置数功能，重新开始新一轮的计数。

因此，只要改变置数端的输入信号，就可以实现不同的倒计时器了，如 25 秒、5 秒等倒计时器。

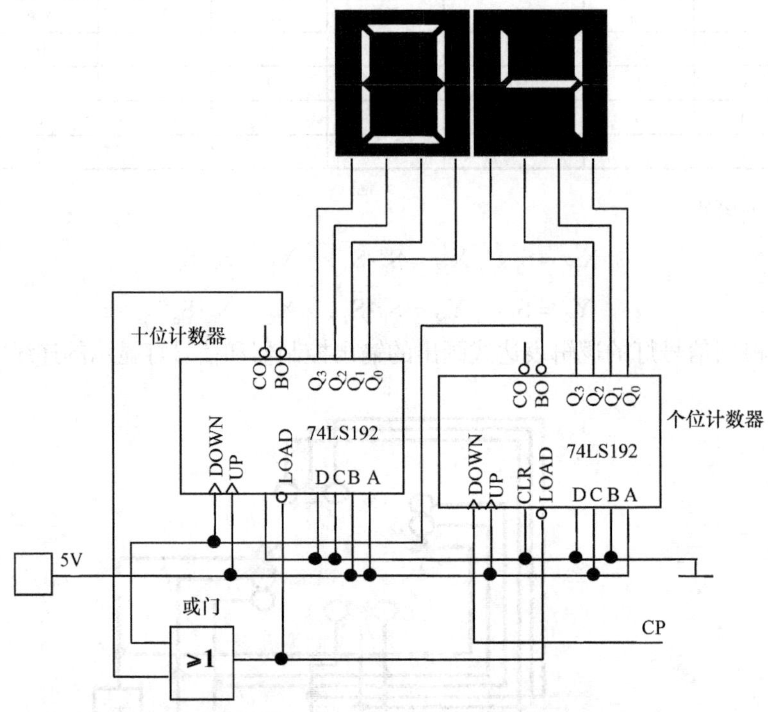

图 4.7.5　倒计时电路和译码显示器连线图

4）时间预置电路

由交通灯控制功能可以看到交通灯状态运行时间表如表 4.7.4 所示。所以，状态运行时间分别为 35 秒、5 秒、25 秒、5 秒。

表 4.7.4　交通灯状态运行时间表

状态	交通信号灯运行时间
状态一	南北方向绿灯亮 35 秒，东西方向红灯亮
状态二	南北方向黄灯亮 5 秒，东西方向红灯亮
状态三	南北方向红灯亮，东西方向绿灯亮 25 秒
状态四	南北方向红灯亮，东西方向黄灯亮 5 秒

状态控制器是交通灯控制系统的核心部分。它决定交通灯处于哪一个运行状态，从而使相应的交通灯点亮，同时还要确定每个状态持续的时间。时间预置电路是确定下一个状态的预置时间值的电路，它一般由组合逻辑电路构成。该组合电路以状态控制器的输出状态 S_1S_0 作为输入，输出直接连接倒计时器的置数端，因此该组合电路对应的真值表如表 4.7.5 所示。

注意在这里状态运行时要设置的是下一个状态的预置时间，而不是本状态的运行时间，即状态一运行时要预置状态二的运行时间。运行到状态四时要设置的是下一个状态

(状态一)的预置时间。

根据表 4.7.5 所示的真值表输入、输出关系，其对应的逻辑函数可以用门电路实现，也可以用 74LS138 译码器和门电路来组合实现。实验中采用后者实现。

表 4.7.5　状态与时间预置值之间的关系表

输入		输出							
状态		十位计数器置数端设定值				个位计数器置数端设定值			
S_1	S_0	D	C	B	A	D	C	B	A
0	0	0	0	0	0	0	1	0	1
0	1	0	0	1	1	0	1	0	1
1	0	0	0	0	0	0	1	0	1
1	1	0	0	1	0	0	1	0	1

74LS138 译码器的真值表如表 4.7.6 所示(表中ϕ表示可以取任意一个逻辑值)。

表 4.7.6　3 线－8 线译码器真值表

S_1	$\overline{S_2}+\overline{S_3}$	A_2	A_1	A_0	$\overline{Y_0}$	$\overline{Y_1}$	$\overline{Y_2}$	$\overline{Y_3}$	$\overline{Y_4}$	$\overline{Y_5}$	$\overline{Y_6}$	$\overline{Y_7}$
Φ	1	Φ	Φ	Φ	1	1	1	1	1	1	1	1
0	Φ	Φ	Φ	Φ	1	1	1	1	1	1	1	1
1	0	0	0	0	0	1	1	1	1	1	1	1
1	0	0	0	1	1	0	1	1	1	1	1	1
1	0	0	1	0	1	1	0	1	1	1	1	1
1	0	0	1	1	1	1	1	0	1	1	1	1
1	0	1	0	0	1	1	1	1	0	1	1	1
1	0	1	0	1	1	1	1	1	1	0	1	1
1	0	1	1	0	1	1	1	1	1	1	0	1
1	0	1	1	1	1	1	1	1	1	1	1	0

由于个位计数器置数端始终为 DCBA=0101，只要让 D、B 端接地；A、C 端接高电平即可。

对于十位计数器置数端 D、C 端接地，其余两端要结合译码器的输入、输出来确定。如果把状态控制器的输出状态 S_1S_0 接 74LS138 译码器的 A_1A_0，那么十位计数器置数端：

$$B = S_0 = \overline{\overline{Y_1} \cdot \overline{Y_3}}, \quad A = \overline{\overline{Y_1}}$$

对于整个电路而言，状态控制器是交通灯控制系统的核心部分。它决定交通灯处于哪一个运行状态，从而使相应的交通灯点亮，同时还要确定每个状态持续的时间。时间预置电路是确定下一个状态的预置时间值的电路。时间预置电路通过译码器 74LS138 将状态值转变成倒计数器的置数端的输入值。倒计时器采用置数值使相应 N 进制减法计数器不断运行。最后，当倒计时器的计数值为 0(即借位端有输出时)，倒计时器又执行置数，同时给状态控制器一个脉冲使其进行状态转换。

4.7.4　实验内容与步骤

1. 基本型实验：可设定时间的倒计时器电路功能测试实验

图 4.7.6 所示是一个通过状态设定预置时间的倒计时器电路。

先按图4.7.6接线，脉冲信号直接由数电实验板上的固定脉冲信号源1Hz输出端口提供。显示部分由两个共阴极七段LED数码管构成，并按表4.7.7中的数据进行验证。

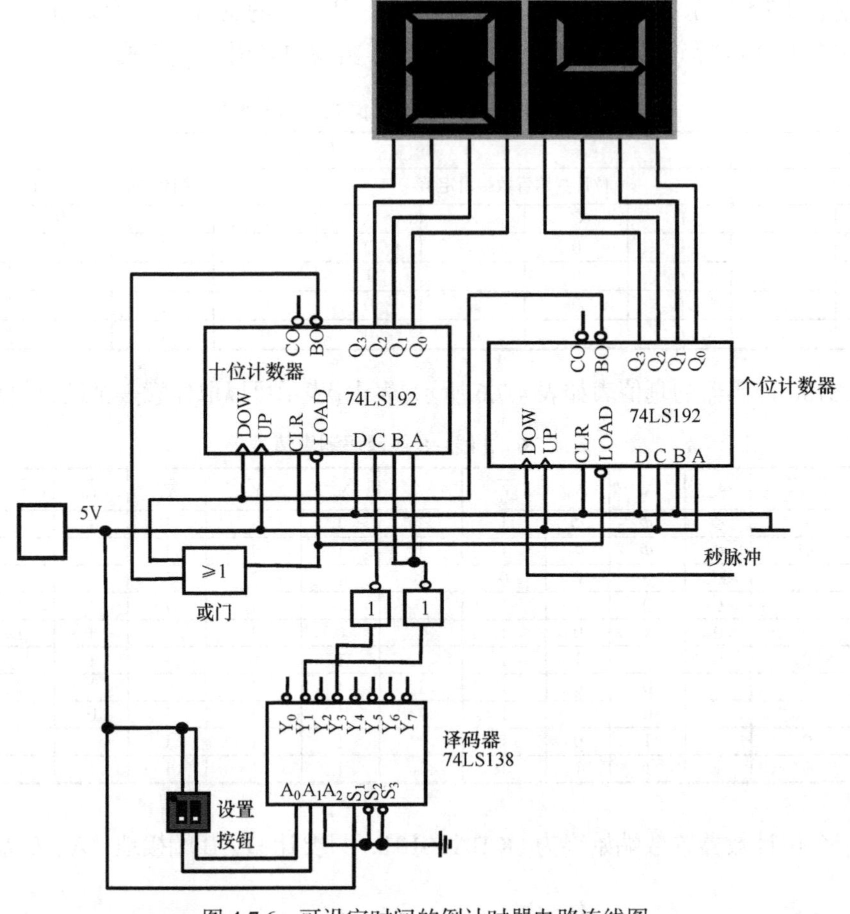

图 4.7.6　可设定时间的倒计时器电路连线图

2. 提高型实验：交通灯输出控制器和信号灯显示功能

按图4.7.4接线，信号灯显示部分由12个数码指示灯构成，并按表4.7.8中的数据进行验证。

表 4.7.7　可设定时间的倒计时器电路功能测试表

状态输入		数码管输出的 N 进制
0	0	
0	1	
1	0	
1	1	

表 4.7.8　交通灯控制状态功能测试表

状态		南北向信号灯			东西向信号灯		
S_1	S_0	红	绿	黄	红	绿	黄
0	0						
0	1						
1	0						
1	1						

3. 开拓型实验：交通灯控制电路的功能测试

交通灯控制的系统连接图如图4.7.7所示，按图接线，自行验证其功能。

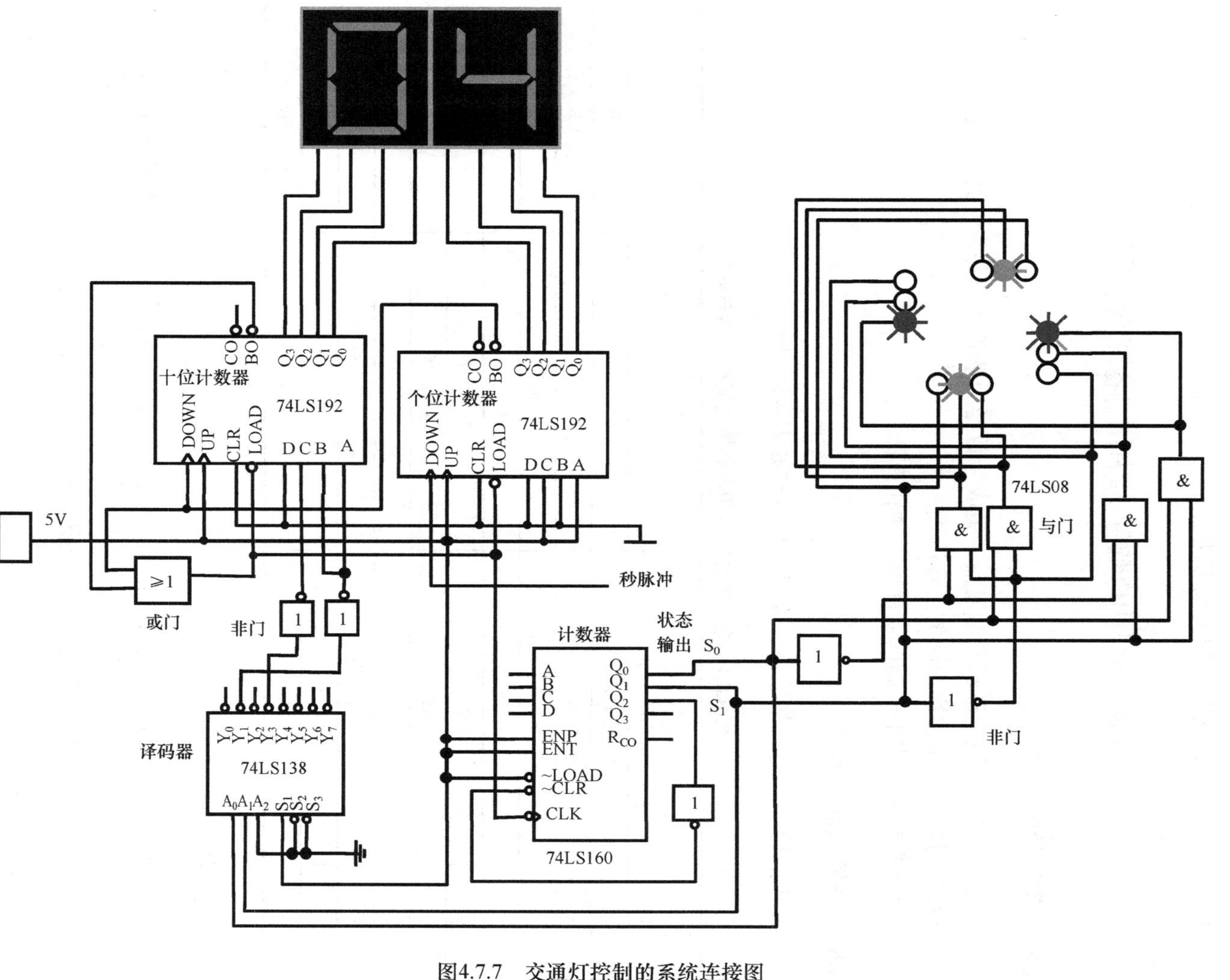

图4.7.7　交通灯控制的系统连接图

4.7.5 实验要求

(1)整理实验数据、图表并对实验结果进行分析讨论。
(2)总结交通灯控制电路的实现方法。

4.8 常用的数字应用电路综合实验

4.8.1 实验目的

(1)进一步熟悉组合逻辑和触发器、集成计数器的基础知识并掌握其应用。
(2)学习数字电子常用电路的工作原理。
(3)熟悉数字常用小电路的设计以及制作方法。

4.8.2 实验仪器与器材

常用的数字应用电路综合实验仪器与器材如表 4.8.1 所示。

表 4.8.1 常用的数字应用电路综合实验仪器与器材

序号	设备	型号规格	数量
1	直流电源适配器	5V	1 台
2	数字电子实验板	六孔板	1 块
3	输入器	四位	1 只
4	输出器	四位	1 只
5	芯片底座	IC-14、IC-16	各 2 只
6	触发器	如 74LS74	若干
7	计数器	如 74LS90	若干
8	移位寄存器	如 74LS194	若干
9	基本逻辑门电路	如 74LS00、74LS08	若干
10	电阻、电容		若干
11	555 定时器	NE555	1 片

4.8.3 实验原理

数字电子技术分为组合逻辑电路和时序逻辑电路。不管是组合逻辑电路还是时序逻辑电路，都可以形成一些结构简单，功能实用的应用电路。

本实验在前面实验的基础上，再介绍几个常用数字电路。

4.8.4 实验内容与步骤

1. 密码锁控制电路

简单的密码锁控制电路如图 4.8.1 所示。

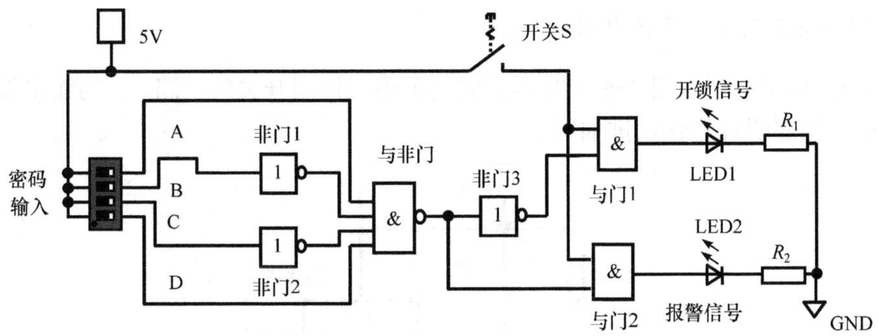

图 4.8.1　密码锁控制电路

开锁条件为拨对密码的同时钥匙插入锁眼将开关 S 闭合。当两个条件同时满足时，开锁信号为 1，将锁打开。否则，报警信号为 1，接通警铃。

该电路的工作原理为：初始密码设定为 1001，当拨码 ABCD 为 1001 时，与非门输出为 0，再经非门 3 反相输出为 1；如果同时打开钥匙，使开关 S 闭合，即为 1(高电平)。那么，与门 1 输出开锁信号为 1，即开锁。如果密码不对，那么开锁信号输出为 0，而与门 2 输出为 1(高电平)，打开报警信号。

2. 优先裁判电路

图 4.8.2 所示是一个优先裁判电路。常用于游泳等比赛中，用来自动裁判优先到达者。

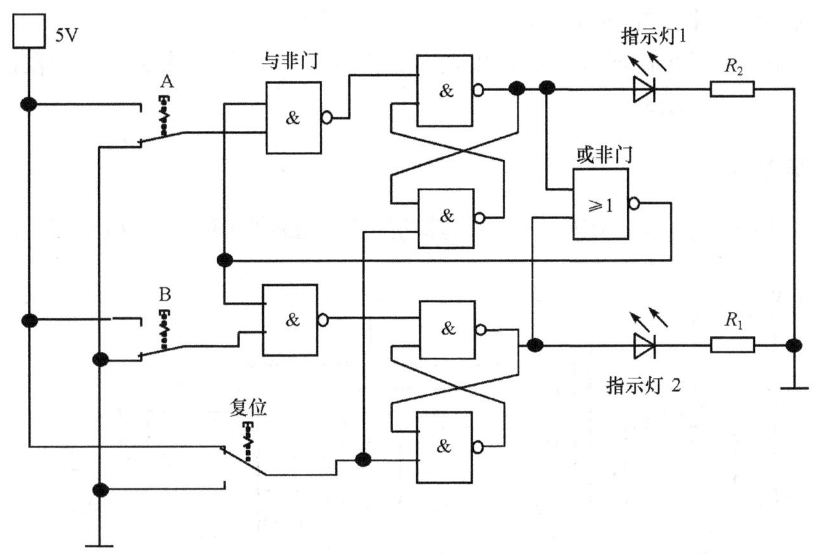

图 4.8.2　优先裁判电路

电路的工作原理为：输入变量 A、B 是设在终点线上的光电检测管。平时，A、B 为 0，复位按钮断开。比赛开始前，按下复位按钮使 LED(指示灯)全部熄灭。当游泳者到达终点线时，通过光电管的作用，使相应的 A、B 由 0 变为 1，同时使相应的 LED 发光，以指示出哪位选手最先到达终点。

3. 门铃电路及触摸开关电路

图 4.8.3 所示电路是用 555 定时器组成的触摸式控制开关的电路。它的输出端可以接门铃、短时用照明灯、触发排烟风扇等。

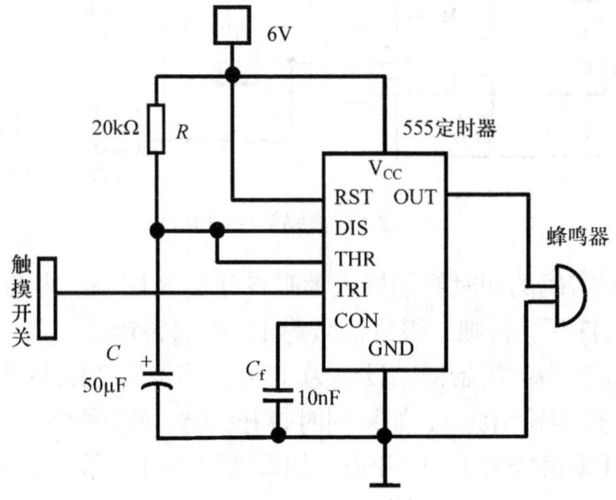

图 4.8.3　触摸开关电路

其工作原理为：首先，将 555 定时器接成单稳态电路。当用手触摸金属片时，相当于向触发器输入一个负脉冲。输出端会出现一定时长的高电平，蜂鸣器会响。经过一段时间，延时时间结束，蜂鸣器停响。

单稳态触发器输出的脉冲宽度仅由定时元件 R、C 的取值决定，与触发信号和电源无关，$t_w = RC\ln 3 = 1.1RC$ 。

4. 闪烁电路

图 4.8.4 所示电路为一个闪烁电路，其功能为 LED 亮 3 秒，暗 2 秒，进行循环。

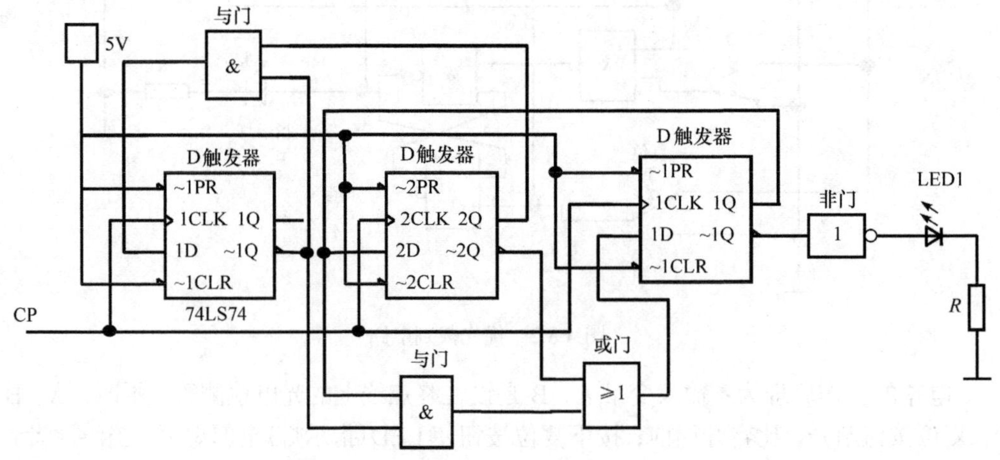

图 4.8.4　闪烁电路

电路的工作原理为：该电路是由 D 触发器组成的一个时序逻辑电路。其特性方程为

$$Q_0^{n+1}=\overline{Q_0^n}Q_1^n\ ,\ Q_1^{n+1}=Q_2^n\ ,\ Q_2^{n+1}=Q_2^n\overline{Q_0^n}+\overline{Q_1^n}$$

其状态转换表如表 4.8.2 所示。

表 4.8.2　闪烁电路状态转换表

时钟	Q_0	Q_1	Q_2	非门输出	LED 灯
0	0	0	0	0	灭
1	0	0	1	1	亮
2	0	1	1	1	亮
3	1	1	1	1	亮
4	0	1	0	0	灭
5	1	0	0	0	灭
6	0	0	1	1	亮

根据状态转换表可知，该电路组成了五进制的计数器。输出刚好是 3 个状态的高电平，两个状态的低电平。同时输入的脉冲信号为 1 秒。所以，在输出端形成了亮 3 秒，暗 2 秒的闪烁电路。

5. 水位监测电路

图 4.8.5 所示是用与非门组成的水位监测电路。

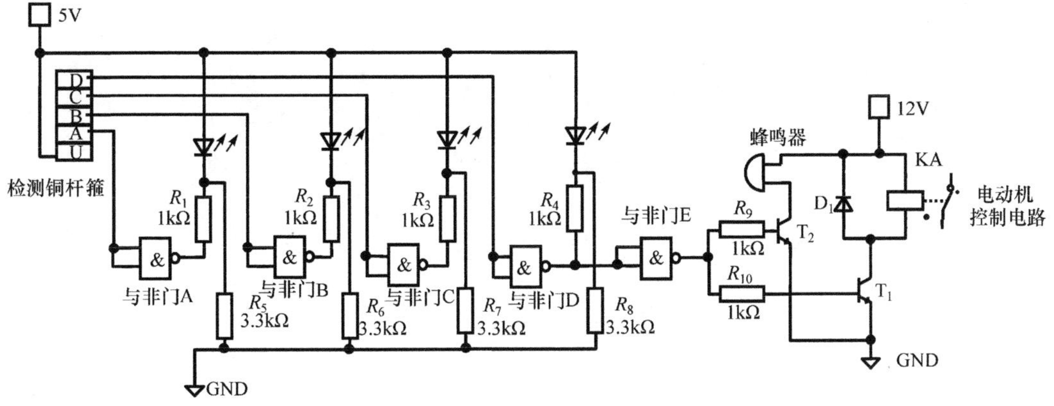

图 4.8.5　水位监测电路

电路的工作原理为：当水箱无水时，监测杠上的铜箍 A~D 与 U 端（电源正极）之间断开，与非门 A~D 的输入端均为低电平，输出端均为高电平。调整 3.3kΩ 电阻的阻值，使发光二极管处于微导通状态，亮度适中。

当水箱注水时，先注到 A，U 与 A 之间通过水接触，这时与非门 A 的输入为高电平，输出为低电平，将相应的二极管点亮。随着水位的升高，发光二极管依次点亮。当最后一个点亮时，说明水已经注满。这时与非门 E 输入为低电平，输出为高电平，晶体管 T_1

和 T_2 因而导通。T_1 导通，断开电动机的控制电路，电动机停止注水；T_2 导通，使蜂鸣器发出报警声响。

4.8.5　思考题

试分析如图 4.8.6 所示电路是几进制的计数器。

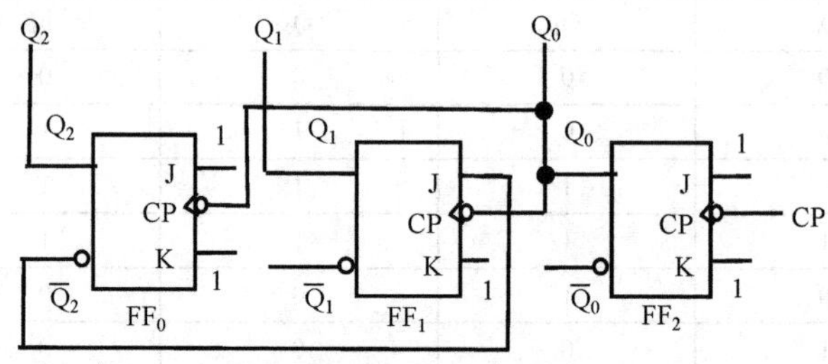

图 4.8.6　计数器电路

第 5 章　电子技术课程设计

电子技术课程设计是集中实践性教学环节，属专业实训课，应用性实践必修骨干课程，是核心教学与训练项目课程之一。该课程是在学生通过电子技术理论学习的基础上进一步强化学习，旨在使学生掌握电子技术的仿真方法、设计方法和调试方法，提高学生运用相关专业知识、专业方法和专业技能解决工程中的实际问题的能力。

通过本章的学习，使学习者熟悉计算机辅助设计软件 Multisim 的使用方法，能掌握项目设计的方法流程，并在市场调研实际情况的基础上，调整设计思路，修改设计，并顺利完成规定项目。

5.1　Multisim 12 的基本操作

5.1.1　Multisim 12 系统简介

Multisim 12 是基于 PC 平台的电子设计软件，支持模拟和数字混合电路的分析和设计，它创造了集成的一体化设计环境，把电路的输入、仿真和分析紧密地结合起来，实现了交互式的设计和仿真，是美国国家仪器公司(National Instruments，NI)公司早期 EWB 5.0、Multisim 2001、Multisim 7、Multisim 8.x、Multisim 9、Multisim 10 等版本的升级换代产品。

美国 NI 公司的 EWB 包含电路仿真设计的模块 Multisim、印制电路板(PCB)设计软件 Ultiboard、布线引擎 Ultiroute 及通信电路分析与设计模块 Commsim 等 4 个部分，能完成从电路的仿真设计到电路板图生成的全过程。Multisim、Ultiboard、Ultiroute 及 Commsim 4 个部分相互独立，可以分别使用。NI 公司的 EWB 有增强专业版(Power Professional)、专业版(Professional)、个人版(Personal)、教育版(Education)、学生版(Student)和演示版(Demo)等多个版本。

NI Multisim 12 用软件的方法虚拟电子与电工元器件，虚拟电子与电工仪器和仪表，实现了“NI 软件即元器件”“软件即仪器”。NI Multisim 12 是一个原理电路设计、电路功能测试的虚拟仿真软件。NI Multisim 12 的元器件库提供数千种电路元器件供实验选用，同时也可以新建或扩充已有的元器件库，而且建库所需的元器件参数可以从生产厂商的产品使用手册中查到，因此也很方便在工程设计中使用。

NI Multisim 12 可以设计、测试和演示各种电子电路，包括电工学、模拟电路、数字电路、射频电路及微控制器和接口电路等。可以对被仿真的电路中的元器件设置各种故障，如开路、短路和不同程度的漏电等，从而观察不同故障情况下的电路工作状况。在进行仿真的同时，软件还可以存储测试点的所有数据，列出被仿真电路的所有元器件清单，以及存储测试仪器的工作状态、显示波形和具体数据等。

NI Multisim 12 具有较为详细的电路分析功能，可以完成电路的瞬态分析和稳态分析、时域和频域分析、器件的线性和非线性分析、电路的噪声分析和失真分析、离散傅里叶分析、电路零极点分析、交直流灵敏度分析等电路分析方法，以帮助设计人员分析电路的性能。

NI Multisim 12 的虚拟测试仪器仪表种类齐全，有一般实验用的通用仪器，如万用表、函数信号发生器、双踪示波器、直流电源；而且还有一般实验室少有或没有的仪器，如波特图仪、数字信号发生器、逻辑分析仪、逻辑转换器、失真仪、频谱分析仪和网络分析仪等。

NI Multisim 12 有丰富的帮助功能，其帮助系统不仅包括软件本身的操作指南，更重要的是包含有元器件的功能说明，帮助中这种元器件功能说明有利于使用 Multisim 进行计算机辅助教学(Computer Aided Instruction，CAI)。另外，NI Multisim 12 还提供了与国内外流行的 PCB 设计自动化软件 Protel 及电路仿真软件 PSpice 之间的文件接口，也能通过 Windows 的剪贴板把电路图送往文字处理系统中进行编辑排版。支持 VHDL 和 Verilog HDL 语言的电路仿真与设计。

利用 NI Multisim 12 可以实现计算机仿真设计与虚拟实验，与传统的电子电路设计和实验方法相比，具有如下特点：设计与实验可以同步进行，可以边设计边实验，修改调试方便；设计和实验用的元器件及测试仪器仪表齐全，可以完成各种类型的电路设计与实验；可方便地对电路参数进行测试和分析；可直接打印输出实验数据、测试参数、曲线和电路原理图；实验中不消耗实际的元器件，实验所需元器件的种类和数量不受限制，实验成本低，实验速度快，效率高；设计和实验成功的电路可以直接在产品中使用。

NI Multisim 12 易学易用，便于电子信息、通信工程、自动化、电气控制类专业学生开展综合性的设计和实验，有利于培养综合分析能力、开发和创新的能力。

简而言之，Multisim 12 具有如下特点：

(1)操作界面方便友好，原理图的设计输入快捷。

(2)元器件丰富，有数千个器件模型。

(3)虚拟电子设备种类齐全，如同操作真实设备一样。

(4)分析工具广泛，帮助设计者全面了解电路的性能。

(5)能对实验电路进行全面的仿真分析和设计。

(6)可直接打印输出实验数据、曲线、原理图和元件清单等。

5.1.2 Multisim 12 的基本界面

进入 Multisim 12 的主窗口的方法：确认已安装好 Multisim 12 后，执行“开始”→“程序”→National Instruments→Circuit Design Suite 12.0→Multisim 命令，启动 Multisim 12。图 5.1.1 所示为 Multisim 12 启动窗口，图 5.1.2 为 Multisim 12 的主窗口。

图 5.1.1　Multisim12 启动窗口

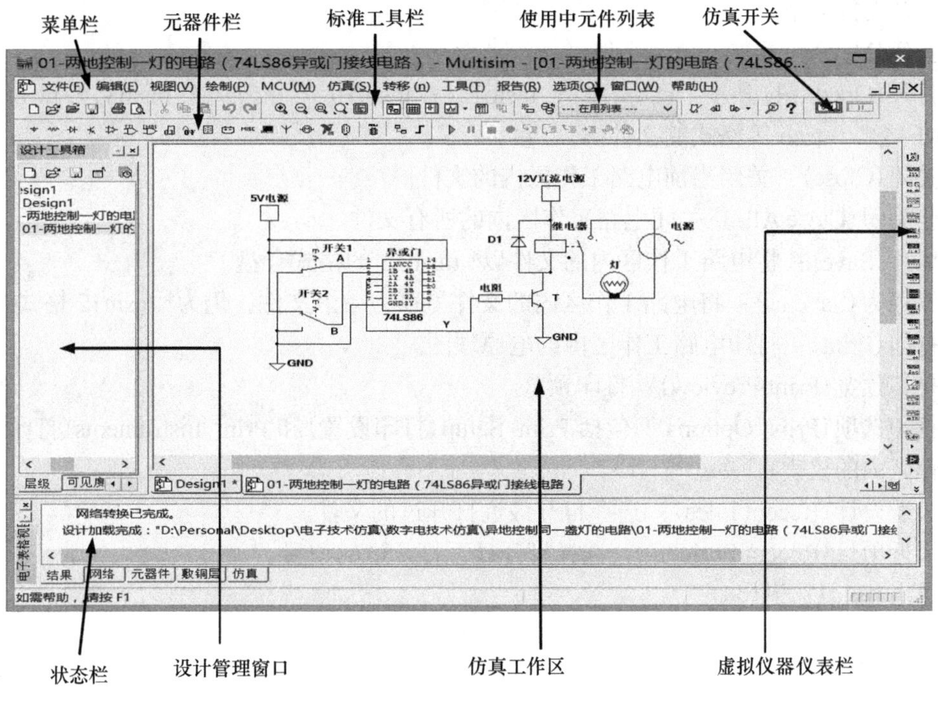

图 5.1.2　Multisim 12 的主窗口

Multisim 12 的主窗口就如同一个实际的电子实验台。屏幕中央区域最大的窗口就是电路仿真工作区。在电路仿真工作区上把各种电子元器件和测试仪器仪表连接成实验电路，并进行仿真。电路工作窗口上方是菜单栏、工具栏、元器件栏。从菜单栏可以选择电路连接、实验所需的各种命令、选择元件。工具栏包含常用的基本操作命令按钮，通过鼠标操作即可方便地使用各种命令和各种元件。元器件栏存放着各种电子元器件电路。工作窗口右边是虚拟仪器仪表栏。仪器仪表栏存放着各种测试仪器仪表，用鼠标操作可以很方便地从元器件和仪器库中提取实验所需的各种元器件及仪器、仪表到电路工作窗口并连接成实验电路。单击电路工作窗口的上方的仿真“启动/停止”开关或“暂停/恢复”按钮可以方便地控制实验的进程。

5.1.3 Multisim 12 菜单栏

Multisim 12 有 12 个主菜单，如图 5.1.3 所示，菜单中提供了本软件几乎所有的功能命令。

文件(F) 编辑(E) 视图(V) 绘制(P) MCU(M) 仿真(S) 转移(n) 工具(T) 报告(R) 选项(O) 窗口(W) 帮助(H)

图 5.1.3 Multisim 12 的菜单栏

1. 文件(F)菜单

文件(F)菜单提供 17 个文件操作命令，如打开、保存和打印等，文件菜单中的主要命令及功能如下。

新建(New)：建立一个新文件。

打开(Open)：打开一个已存在的*. msm12、*. msm10、*. msm9、*. msm8、*. msm7、*. ewb 或*. utsch 等格式的文件。

关闭(Close)：关闭当前电路工作区内的文件。

全关闭(Close All)：关闭电路工作区内的所有文件。

保存(Save)：将电路工作区内的文件以*.msm12 的格式存盘。

保存为(Save as)：将电路工作区内的文件另存为一个文件，仍为*.msm12 格式。

打印(Print)：打印电路工作区内的电原理图。

打印预览(Print Preview)：打印预览。

打印选项(Print Options)：包括 Print Setup(打印设置)和 Print Instruments(打印电路工作区内的仪表)命令。

最近设计(Recent Files)：选择打开最近打开过的文件。

最近项目(Recent Projects)：选择打开最近打开过的项目。

退出(Exit)：退出。

2. 编辑(E)菜单

编辑(E)菜单在电路绘制过程中，提供对电路和元件进行剪切、粘贴、旋转等操作命令，共 21 个命令，编辑菜单中的命令及功能如下。

撤销(Undo)：取消前一次操作。

重复(Redo)：恢复前一次操作。

剪切(Cut)：剪切所选择的元器件，放在剪贴板中。

复制(Copy)：将所选择的元器件复制到剪贴板中。

粘贴(Paste)：将剪贴板中的元器件粘贴到指定的位置。

删除(Delete)：删除所选择的元器件。

全部选择(Select All)：选择电路中所有的元器件、导线和仪器仪表。

删除多页(Delete Multi-Page)：删除多页面。

查找(Find)：查找电原理图中的元件。

图形注解(Graphic Annotation)：图形注释。

次序(Order)：顺序选择。

图层赋值(Assign to Layer)：图层赋值。

图层设置(Layer Settings)：图层设置。

方向(Orientation)：旋转方向选择。包括：Flip Horizontal(将所选择的元器件左右旋转)，Flip Vertical(将所选择的元器件上下旋转)，90 Clockwise(将所选择的元器件顺时针旋转 90°)，90 CounterCW(将所选择的元器件逆时针旋转 90°)。

标题块位置(Title Block Position)：工程图明细表位置。

编辑符号/标题块(Edit Symbol/Title Block)：编辑符号/工程明细表。

字体(Font)：字体设置。

注释(Comment)：注释。

表单/问题(Forms/Questions)：格式/问题。

属性(Properties)：属性编辑。

3. 视图(V)菜单

视图(V)菜单提供 19 个用于控制仿真界面上显示的内容的操作命令，视图菜单中的命令及功能如下。

全屏(Full Screen)：全屏。

母电路图(Parent Sheet)：层次。

放大(Zoom In)：放大电原理图。

缩小(Zoom Out)：缩小电原理图。

缩放区域(Zoom Area)：放大面积。

缩放页面(Zoom Fit to Page)：放大到适合的页面。

缩放到大小(Zoom to Magnification)：按比例放大到适合的页面。

缩放选择(Zoom Selection)：放大选择。

网格(Show Grid)：显示或者关闭栅格。

边界(Show Border)：显示或者关闭边界。

打印页边界(Show Page Border)：打印页边界。

标尺(Ruler Bars)：显示或者关闭标尺栏。

状态栏(Statusbar)：显示或者关闭状态栏。

设计工具箱(Design Toolbox)：显示或者关闭设计工具箱。

电子表格视图(Spreadsheet View)：显示或者关闭电子数据表。

描述框(Circuit Description Box)：显示或者关闭电路描述工具栏。

工具栏(Toolbar)：显示或者关闭工具栏。

显示注释/标注(Show Comment/Probe)：显示或者关闭注释/标注。

图示仪(Grapher)：显示或者关闭图形编辑器。

4. 绘制(P)菜单

绘制(P)菜单提供在电路工作窗口内放置元件、连接点、总线和文字等 17 个命令，绘制菜单中的命令及功能如下。

元器件(Component)：放置元件。

结(Junction)：放置节点。

导线(Wire)：放置导线。

总线(Bus)：放置总线。

连接线(Connectors)：放置输入／输出端口连接器。

新建层次块(New Hierarchical Block)：放置层次模块。

用层次块替换(Replace Hierarchical Block)：替换层次模块。

层次块来自文件(Hierarchical Block form File)：来自文件的层次模块。

新建支电路(New Subcircuit)：创建子电路。

用支电路替换(Replace by Subcircuit)：子电路替换。

多页(Multi-Page)：设置多页。

合并总线(Merge Bus)：合并总线。

总线向量连接(Bus Vector Connect)：总线矢量连接。

注释(Comment)：注释。

文本(Text)：放置文字。

图形(Grapher)：放置图形。

标题块(Title Block)：放置工程标题栏。

5. MCU(M)菜单

MCU(M)微控制器菜单提供在电路工作窗口内 MCU 的调试操作命令，MCU 菜单中的命令及功能如下。

未找到 MCU 元器件(No MCU Component Found)：没有创建 MCU 器件。

调试视图格式(Debug View Format)：调试格式。

行号(Show Line Numbers)：显示行号。

暂停(Pause)：暂停。

步入(Step into)：进入。

步过(Step over)：跨过。

步出(Step out)：离开。

运行到光标(Run to cursor)：运行到指针。

切换新点(Toggle breakpoint)：设置断点。

移出所有断点(Remove all breakpoint)：移出所有的断点。

6. 仿真(S)菜单

仿真(S)菜单提供 18 个电路仿真设置与操作命令，仿真菜单中的命令及功能如下。

运行(Run)：开始仿真。

暂停(Pause)：暂停仿真。

停止(Stop)：停止仿真。

仪表(Instruments)：选择仪器仪表。

交互仿真设置(Interactive Simulation Settings...)：交互式仿真设置。

数字仿真设置(Digital Simulation Settings...)：数字仿真设置。

分析(Analyses)：选择仿真分析法。

后处理器(Postprocess)：启动后处理器。

仿真错误记录窗口(Simulation Error Log/Audit Trail)：仿真误差记录/查询索引。

XSpice 命令界面(XSpiceCommand Line Interface)：XSpice 命令界面。

加载仿真设置(Load Simulation Setting)：导入仿真设置。

保存仿真设置(Save Simulation Setting)：保存仿真设置。

自动故障选项(Auto Fault Option)：自动故障选项。

动态探针属性(Dynamic Probe Properties)：动态探针属性。

反转探针方向(Reverse Probe Direction)：反转探针方向。

清除仪器数据(Clear Instrument Data)：清除仪器数据。

使用容差(Use Tolerances)：使用容差。

7. 转移(n)菜单

转移(n)文件输出菜单提供 6 个传输命令，转移菜单中的命令及功能如下。

转移到 Ultiboard (Transfer to Ultiboard)：将电路图传送给 Ultiboard12。

导出到其他 PCB 布局文件(Export to PCB Layout)：输出 PCB 设计图。

正向注释到 Ultiboard (Forward Annotate to Ultiboard)：创建 Ultiboard12 注释文件。

从文件反向注释(Backannotatefrom Ultiboard)：修改 Ultiboard 注释文件。

高亮显示 Ultiboard 中选择(Highlight Selection in Ultiboard)：加亮所选择的 Ultiboard。

输出网表(Export Netlist)：输出网表。

8. 工具(T)菜单

工具(T)菜单提供 17 个元件和电路编辑或管理命令，工具菜单中的命令及功能如下。

元器件向导(Component Wizard)：元件编辑器。

数据库(Database)：数据库。

变量管理器(Variant Manager)：变量管理器。

设置有效变量(Set Active Variant)：设置动态变量。

电路向导(Circuit Wizards)：电路编辑器。

元器件重命名/重新编号(Rename/Renumber Components)：元件重新命名/编号。
替换元器件(Replace Components...)：元件替换。
更新电路图上的元器件(Update Circuit Components...)：更新电路元件。
更新 HB/SC 符号(Update HB/SC Symbols)：更新 HB/SC 符号。
电器法则查验(Electrical Rules Check)：电器规则检验。
清除 ERC 标记(Clear ERC Markers)：清除 ERC 标志。
切换 NC 标记(Toggle NC Marker)：设置 NC 标志。
符号编辑器(Symbol Editor...)：符号编辑器。
标题编辑器(Title Block Editor...)：工程图明细表比较器。
描述框编辑器(Description Box Editor...)：描述框编辑器。
编辑标签(Edit Labels...)：编辑标签。
捕图区域(Capture Screen Area)：抓图范围。

9. 报告(R)菜单

报告(R)菜单提供材料清单等 6 个报告命令，报表菜单中的命令及功能如下。
材料单(Bill of Report)：材料清单。
元器件详情报告(Component Detail Report)：元件详细报表。
网表报告(NetlistReport)：网络表报告。
交叉引用报表(Cross Reference Report)：参照表报告。
原理图统计数据(Schematic Statistics)：统计报告。
多余门电路报告(Spare Gates Report)：多余门电路报告。

10. 选项(O)菜单

选项(O)菜单提供 5 个电路界面和电路某些功能的设定命令，选项菜单中的命令及功能如下。
全局偏好(Global Preferences...)：全局参数设置。
电路图属性(Sheet Properties)：工作台界面设置。
自定义界面(Customize User Interface...)：用户界面设置。

11. 窗口(W)菜单

窗口(W)菜单提供 9 个窗口操作命令，窗口菜单中的命令及功能如下。
新建窗口(New Window)：建立新窗口。
关闭(Close)：关闭窗口。
全部关闭(Close All)：关闭所有窗口。
层叠(Cascade)：窗口层叠。
横向平铺(Tile Horizontal)：窗口水平平铺。
纵向平铺(Tile Vertical)：窗口垂直平铺。
窗口(Windows...)：窗口选择。

12. 帮助(H)菜单

帮助(H)菜单为用户提供在线技术帮助和使用指导，帮助菜单中的命令及功能如下。
目录(MultisimHelp)：主题目录。
索引(Components Reference)：元件索引。
版本发布信息(Release Notes)：版本注释。
专利(Patents...)：专利权。
关于 Multisim(About Multisim)：有关 Multisim 的说明。

5.1.4　Multisim 工具栏

Multisim 常用工具栏如图 5.1.4 所示，其功能从左到右依次说明如下。

---使用的元件---　?

图 5.1.4　Multisim 工具栏

新建：清除电路工作区，准备生成新电路。
打开：打开电路文件。
打开：打开设计范例。
存盘：保存电路文件。
打印：打印电路文件。
打印预览：预览要打印的文件。
剪切：剪切至剪贴板。
复制：复制至剪贴板。
粘贴：从剪贴板粘贴。
撤销：撤销动作。
重做：恢复原动作。
全屏：电路工作区全屏。
放大：将电路图放大一定比例。
缩小：将电路图缩小一定比例。
放大面积：放大电路工作区面积。
适当放大：放大到适合的页面。
文件列表：显示电路文件列表。
电子表：显示电子数据表。
数据库管理：元器件数据库管理。
创建原件：元件编辑器。
记录仪/分析列表：图形编辑器和电路分析方法选择。
后处理器：对仿真结果进一步操作。
电气规则校验：校验电气规则。
区域选择：选择电路工作区区域。

5.1.5 Multisim 12 的元器件库

Multisim 12 提供了丰富的元器件库，元器件库栏图标和名称如图 5.1.5 所示。使用时单击元器件库栏的某一个图标即可打开该类元件库。

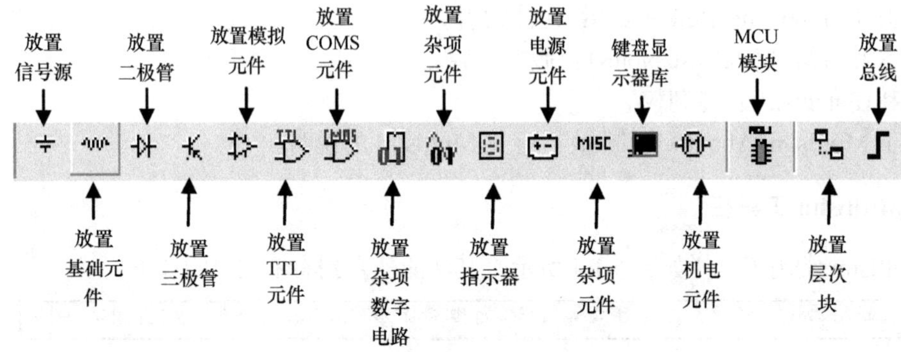

图 5.1.5　Multisim 12 的元器件库图

1. 电源/信号源库

电源/信号源库选择窗口如图 5.1.6 所示。电源/信号源库包含接地端、直流电压源(电池)、正弦交流电压源、方波(时钟)电压源、压控方波电压源等多种电源与信号源。

2. 基本器件库

基本器件库选择窗口如图 5.1.7 所示。基本器件库包含电阻、电容等多种元件。基本器件库中的虚拟元器件的参数是可以任意设置的，非虚拟元器件的参数是固定的，但是可以选择。

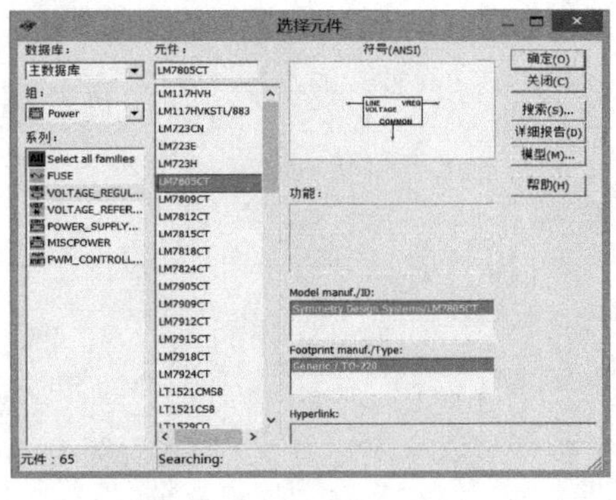

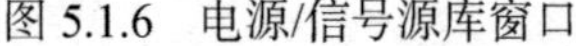

图 5.1.6　电源/信号源库窗口

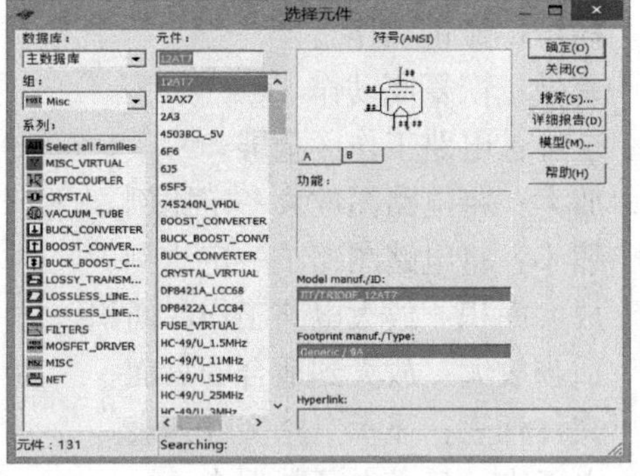

图 5.1.7　基本器件库选择窗口

3. 二极管库

二极管库如图 5.1.8 所示。二极管库包含二极管、LED、稳压二极管、可控硅等多种器件。二极管库中的虚拟器件的参数是可以任意设置的。

4. 晶体管库

晶体管库如图 5.1.9 所示。晶体管库包含晶体管、FET 等多种器件。晶体管库中的虚拟器件的参数是可以任意设置的，非虚拟元器件的参数是固定的，但是是可以选择的。

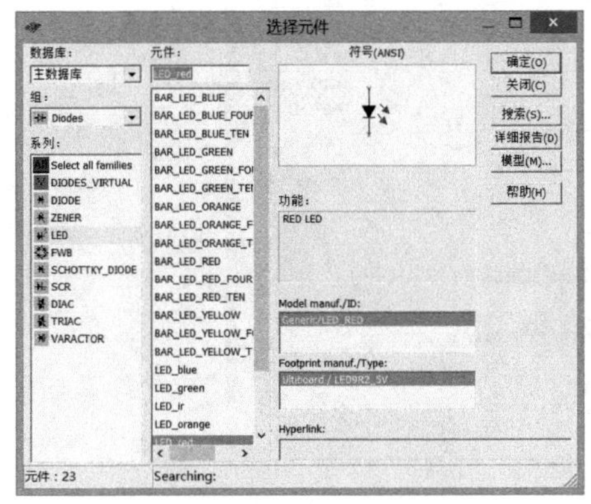

图 5.1.8　二极管库

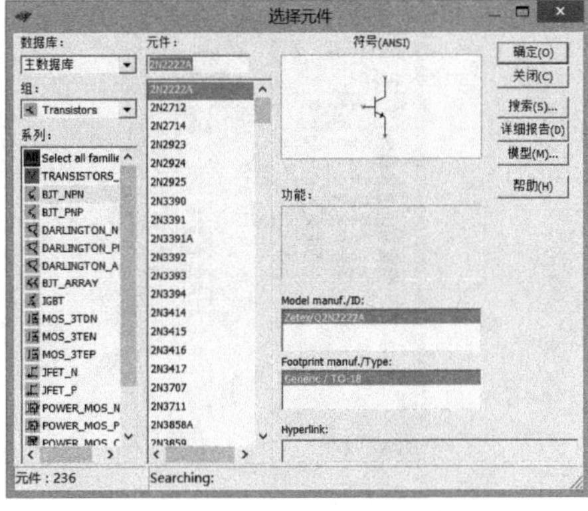

图 5.1.9　晶体管库

5. 模拟集成电路库

模拟集成电路库如图 5.1.10 所示。模拟集成电路库包含多种运算放大器。模拟集成电路库中的虚拟器件的参数是可以任意设置的。

6. TTL 数字集成电路库

TTL 数字集成电路库如图 5.1.11 所示。TTL 数字集成电路库包含 74××系列和 74LS××系列等 74 系列数字电路器件。

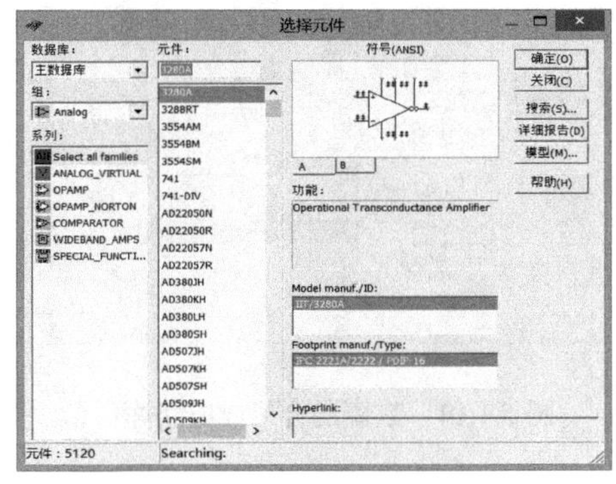

图 5.1.10　模拟集成电路库

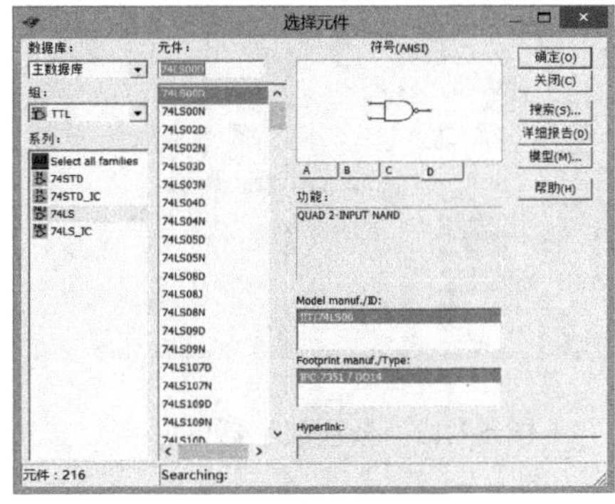

图 5.1.11　TTL 数字集成电路库

7. CMOS 数字集成电路库

CMOS 数字集成电路库如图 5.1.12 所示。CMOS 数字集成电路库包含 40××系列和 74HC××系列多种 CMOS 数字集成电路系列器件。

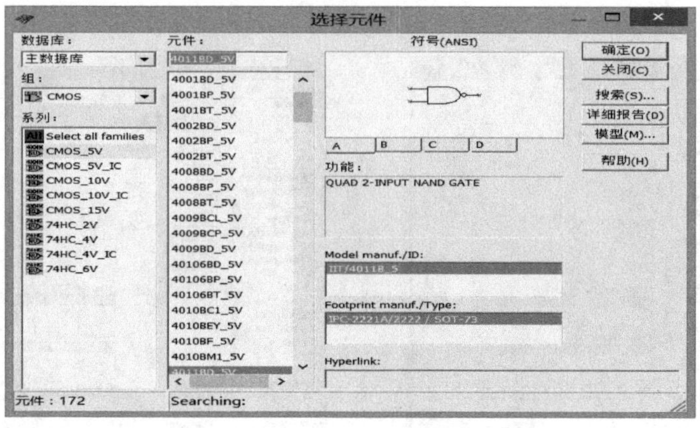

图 5.1.12　COMS 数字集成电路库

8. 杂项数字器件库

杂项数字器件库如图 5.1.13 所示。杂项数字器件库包含 DSP、FPGA、CPLD、VHDL 等多种器件。

9. 数模混合集成电路库

数模混合集成电路库如图 5.1.14 所示。数模混合集成电路库包含 ADC/DAC、555 定时器等多种数模混合集成电路器件。

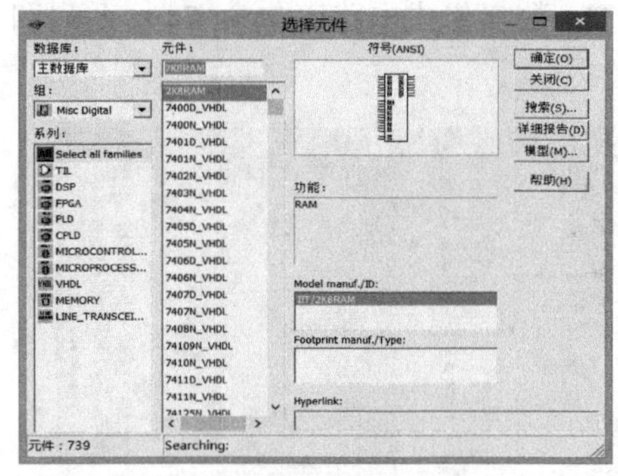

图 5.1.13　杂项数字器件库

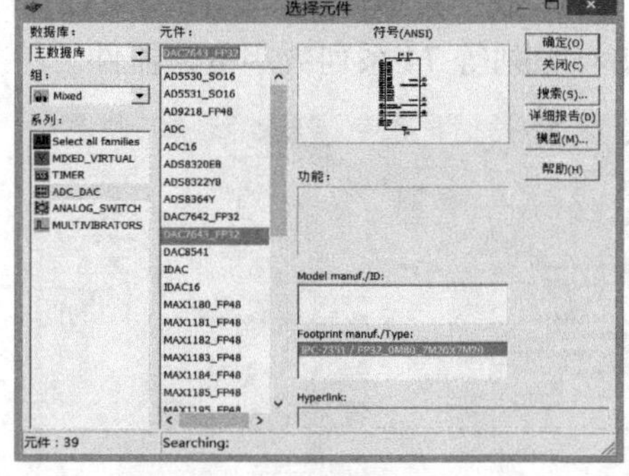

图 5.1.14　数模混合集成电路库

10. 指示器件库

指示器件库如图 5.1.15 所示。指示器件库包含电压表、电流表、七段数码管等多种器件。

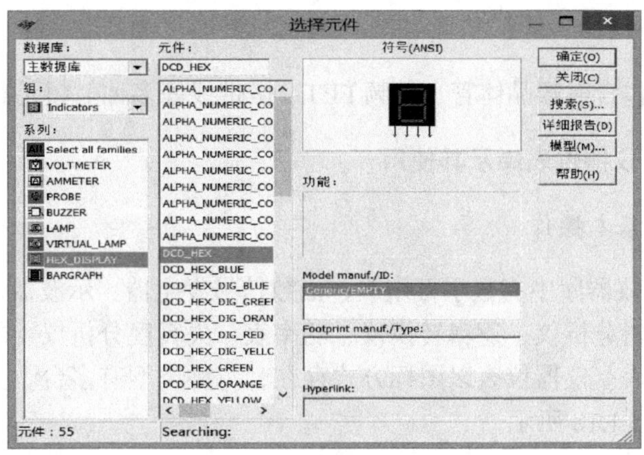

图 5.1.15　指示器件库

11. 电源器件库

电源器件库如图 5.1.16 所示。电源器件库包含三端稳压器、PWM 控制器等多种电源器件。

12. 其他器件库

其他器件库如图 5.1.17 所示。其他器件库包含晶振、滤波器等多种器件。

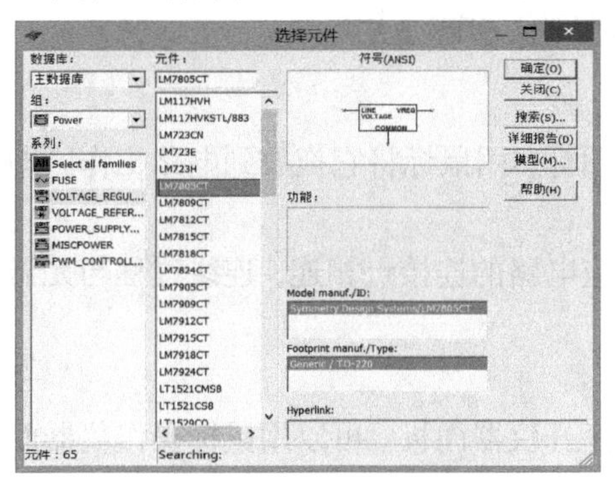

图 5.1.16　电源器件库

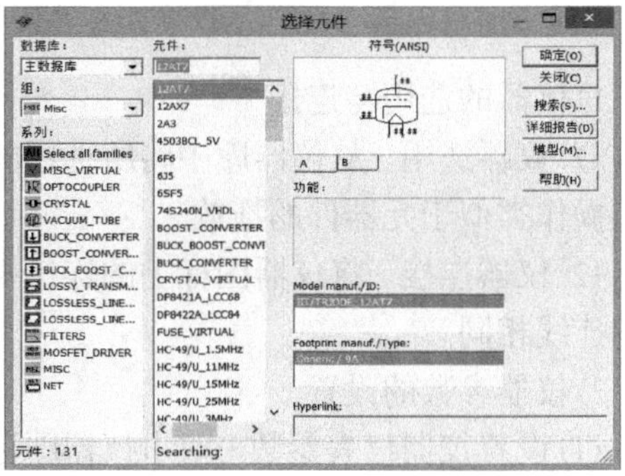

图 5.1.17　其他器件库

13. 键盘显示器库

键盘显示器库包含键盘、LCD 等多种器件。

14. 机电类器件库

机电类器件库包含开关、继电器等多种机电类器件。

15. 微控制器库

微控制器件库包含 8051、PIC 等多种微控制器。

16. 射频元器件库

射频元器件库包含射频晶体管、射频 FET、微带线等多种射频元器件。

5.1.6　Multisim 12 仪器仪表库及其使用

1. 仪器仪表的基本操作

Multisim 12 的仪器库中有数字万用表、函数信号发生器、示波器、波特图示仪、字信号发生器、逻辑分析仪、逻辑转换仪、功率表、失真度分析仪、网络分析仪、频谱分析仪等仪器仪表。仪器仪表以图标方式存在，每种类型有多台。主要仪器仪表库的图标及功能如图 5.1.18 所示。

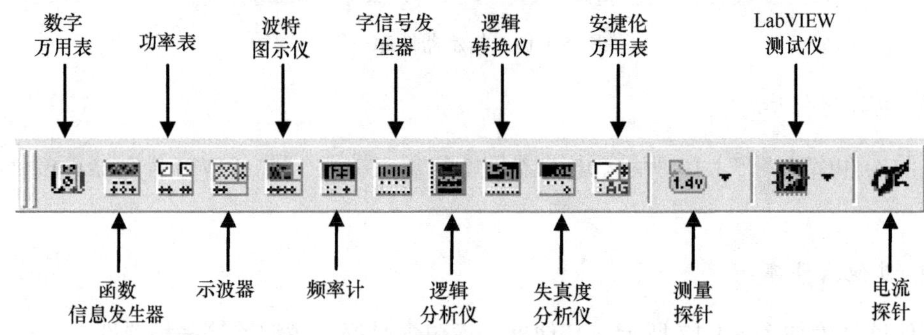

图 5.1.18　Multisim 12 仪器仪表库

1) 仪器的选用与连接

(1) 仪器选用。从仪器库中将所选用的仪器图标，用鼠标将它拖放到电路工作区即可，操作类似于元器件的拖放。

(2) 仪器连接。将仪器图标上的连接端与相应电路的连接点相连，连线过程与元器件的连线相同。

2) 仪器参数的设置

(1) 设置仪器仪表参数。双击仪器图标即可打开仪器面板。可以用鼠标操作仪器面板上的相应按钮及参数设置对话窗口来设置数据。

(2) 改变仪器仪表参数。在测量或观察过程中，可以根据测量或观察结果来改变仪器仪表参数的设置，如示波器、逻辑分析仪等。

2. 数字万用表(Multimeter)

数字万用表是一种可以用来测量交直流电压、交直流电流、电阻及电路中两点之间的分贝损耗，自动调整量程的数字显示的万用表。万用表有正极和负极两个引线端。

把仪器仪表栏的数字万用表拖拽到适当位置，用鼠标双击数字万用表图标，可以弹出如图 5.1.19 所示的数字万用表面板。单击数字万用表面板上的设置按钮，则弹出参数设置对话框如图 5.1.20 所示，在对话框中可以设置数字多用表的电流表内阻、电压表内阻、欧姆表电流及测量范围等参数。

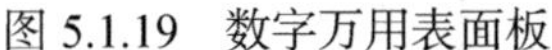
图 5.1.19　数字万用表面板

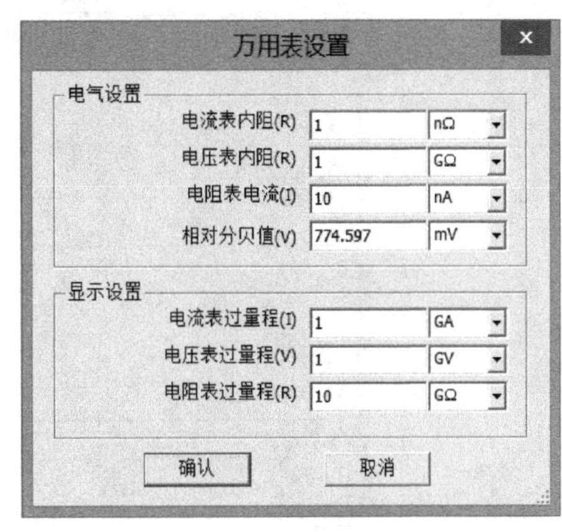

图 5.1.20　数字万用表参数设置对话框

3. 函数信号发生器(Function Generator)

函数信号发生器是可提供正弦波、三角波、方波三种不同波形的信号的电压信号源。双击函数信号发生器图标，可以弹出如图 5.1.21 所示函数信号发生器的面板。通过面板可以根据需要来设置函数信号发生器的输出波形、工作频率、占空比、幅度和直流偏移等。

信号发生器有负极、正极和公共端三个引线端口。当信号为单极性信号时，正极接输出信号，负极接地，公共端悬空；当信号为双极性信号时，正极、负极分别接输出信号，公共端接地。

在选择波形输出时单击波形选择按钮即可。在信号选项中可以设置相应的参数。频率设置为 1Hz～999THz；占空比调整值可从 1%～99%；幅度设置为 1μV～999kV；偏移设置为−999～999kV。

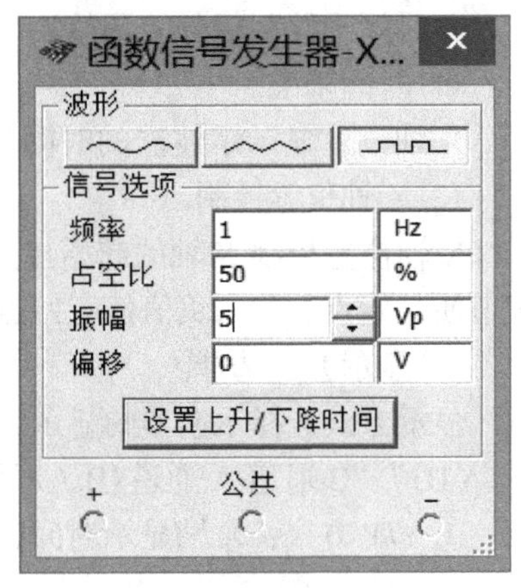

图 5.1.21　函数信号发生器的面板

4. 示波器(Oscilloscope)

示波器是用来显示电信号波形的形状、大小、频率等参数的仪器。Multisim 12 提供的双通道示波器与实际的示波器外观和基本操作基本相同，该示波器可以观察一路或两路信号波形的形状，分析被测周期信号的幅值和频率，时间基准可在秒至纳秒范围内调节。示波器图标有六个连接点：A 通道输入、B 通道输入、外触发端 T 和三个接地端。

在连接好示波器的基础上，双击示波器图标，示波器的面板图如图 5.1.22 所示。

示波器的控制面板分为四个部分：时间轴、通道 A、通道 B、触发。示波器的作用、面板功能调整及参数的设置与实际的示波器类似。

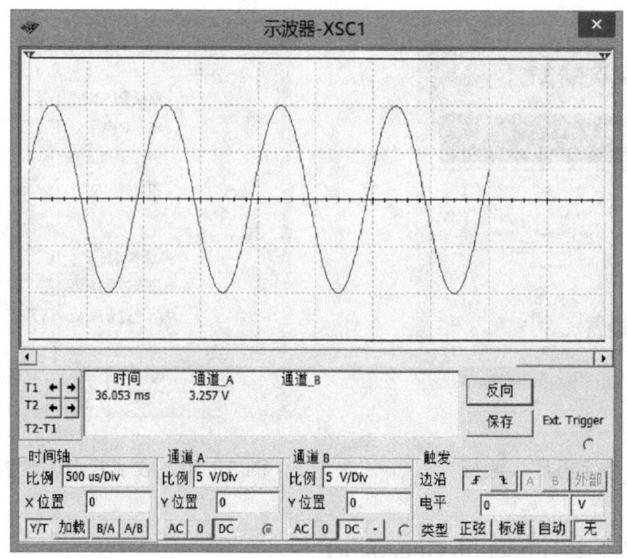

图 5.1.22　示波器的面板图

1)时间轴控制部分的调整

(1)时间基准。

X 轴刻度显示示波器的时间基准，其基准为 0.1fs/Div～1000Ts/Div 可供选择。

(2)X 轴位置控制。

X 轴位置控制 X 轴的起始点。当 X 的位置调到 0 时，信号从显示器的左边缘开始，正值使起始点右移，负值使起始点左移。X 位置的调节为–5.00～＋5.00。

(3)显示方式选择。

显示方式选择示波器的显示，可以从“幅度/时间(Y/T)”切换到“A 通道/B 通道中(A/B)”“B 通道/A 通道(B/A)”或“加载”方式。

① Y/T 方式：X 轴显示时间，Y 轴显示电压值。

② A/B、B/A 方式：X 轴与 Y 轴都显示电压值。

③ 加载方式：X 轴显示时间，Y 轴显示 A 通道、B 通道的输入电压之和。

2)示波器输入通道(Channel A/B)的设置

(1)Y 轴刻度。

Y 轴电压刻度为 1fV/Div～1000TV/Div，可以根据输入信号大小来选择 Y 轴刻度值的大小，使信号波形在示波器显示屏上显示出合适的幅度。

(2)Y 轴位置(Y position)。

Y 轴位置控制 Y 轴的起始点。当 Y 的位置调到 0 时，Y 轴的起始点与 X 轴重合，如果将 Y 轴位置增加到 1.00，Y 轴原点位置从 X 轴向上移一大格，若将 Y 轴位置减小到–1.00，Y 轴原点位置从 X 轴向下移一大格。Y 轴位置的调节为–3.00～＋3.00。改变 A、B 通道的 Y 轴位置有助于比较或分辨两通道的波形。

(3)Y 轴输入方式。

Y 轴输入方式即信号输入的耦合方式。

当用 AC 耦合时，示波器显示信号的交流分量。

当用 DC 耦合时，显示的是信号的 AC 和 DC 分量之和。

当用 0 耦合时，在 Y 轴设置的原点位置显示一条水平直线。

3）触发方式（Trigger）调整

(1) 触发信号选择。

触发信号选择一般选择自动触发（Auto）。选择 A 或 B，则用相应通道的信号作为触发信号。选择 EXT，则由外触发输入信号触发。选择 Sing 为单脉冲触发。选择 Nor 为一般脉冲触发。

(2) 触发沿（Edge）选择。

触发沿可选择上升沿或下降沿触发。

(3) 触发电平（Level）选择。

触发电平选择触发电平范围。

4）示波器显示波形读数

要显示波形读数的精确值时，可将垂直光标拖到需要读取数据的位置。显示屏幕下方的方框内，显示光标与波形垂直相交点处的时间和电压值，以及两光标位置之间的时间、电压的差值。

单击“反向”按钮可改变示波器屏幕的背景颜色。单击“保存”按钮可按 ASCII 码格式存储波形读数。

5. 字信号发生器（Word Generator）

字信号发生器是能产生 16 路（位）同步逻辑信号的一个多路逻辑信号源，用于对数字逻辑电路进行测试。

双击字信号发生器图标，字信号发生器属性如图 5.1.23 所示。

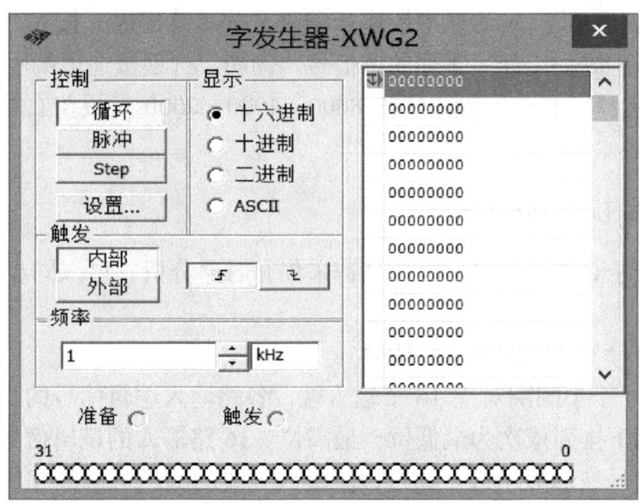

图 5.1.23　字信号发生器属性

1)字信号的输入

在字信号编辑区，32bit 的字信号以 8 位 16 进制数编辑和存放，可以存放 1024 条字信号，地址编号为 0000～03FF。

字信号输入操作：将光标指针移至字信号编辑区的某一位，单击后，由键盘输入如二进制数码的字信号，光标自左至右，自上至下移位，可连续地输入字信号。

在字信号显示编辑区可以编辑或显示字信号格式有关的信息。字信号发生器被激活后，字信号按照一定的规律逐行从底部的输出端送出，同时在面板的底部对应于各输出端的小圆圈内，实时显示输出字信号各个位的值。

2)字信号的输出方式

字信号的输出方式分为单步、脉冲、循环三种方式。单击一次单步按钮，字信号输出一条。这种方式可用于对电路进行单步调试。

单击“脉冲”按钮，则从首地址开始至本地址连续逐条地输出字信号。

单击“循环”按钮，则循环不断地进行脉冲方式的输出。

脉冲和循环情况下的输出节奏由输出频率的设置决定。

脉冲输出方式时，当运行至该地址时输出暂停。再单击“暂停”按钮则恢复输出。

3)字信号的触发方式

字信号的触发分为内部和外部两种触发方式。当选择内部触发方式时，字信号的输出直接由“输出方式”按钮启动。当选择外部触发方式时，则需接入外触发脉冲，并定义“上升沿触发”或“下降沿触发”。然后单击“输出方式”按钮，待触发脉冲到来时才启动输出。此外在数据准备好输出端还可以得到与输出字信号同步的时钟脉冲输出。

4)字信号的存盘、重用、清除等操作

单击“设置”按钮，弹出设置模式对话框，在对话框中清字信号编辑区、打开字信号文件、保存字信号文件三个选项用于对编辑区的字信号进行相应的操作。字信号存盘文件的后缀为“DP”。对话框中按递增编码、按递减编码、按右移编码、按左移编码四个选项用于生成一定规律排列的字信号。例如，选项按递增编码，则按 0000～03FF 排列；如果选择按右移编码，则按 8000，4000，2000 等逐步右移一位的规律排列。其余类推。

6. 逻辑分析仪(Logic Analyzer)

逻辑分析仪用于对数字逻辑信号的高速采集和时序分析，可以同步记录和显示 16 路数字信号。

1)数字逻辑信号与波形的显示、读数

面板左边的 16 个小圆圈对应 16 个输入端，各路输入逻辑信号的当前值在小圆圈内显示，按从上到下排列依次为最低位至最高位。16 路输入的逻辑信号的波形以方波形式显示在逻辑信号波形显示区。通过设置输入导线的颜色可修改相应波形的显示颜色。波形显示的时间轴刻度可通过面板下边的每格对应的时钟数(Clocks per division)

设置。读取波形的数据可以通过拖放读数指针完成。在面板下部的两个方框内显示指针所处位置的时间读数和逻辑读数(4 位 16 进制数)。

2)触发方式设置

单击触发区的设置按钮，可以弹出触发方式对话框。触发方式有多种选择。对话框中可以输入 A、B、C 三个触发字。逻辑分析仪在读到一个指定字或几个字的组合后触发。触发字的输入可单击标为 A、B 或 C 的编辑框，然后输入二进制的字(0 或 1)或者 x, x 代表该位为“任意”(0、1 均可)。单击对话框中触发组合(Trigger combinations)方框右边的按钮，弹出由 A、B、C 组合的八组触发字，选择八种组合之一，并单击“确认”按钮后，在 Trigger combinations 方框中就被设置为该种组合触发字。

三个触发字的默认设置均为 xxxxxxxxxxxxxxxx，表示只要第一个输入逻辑信号到达，无论是什么逻辑值，逻辑分析仪均被触发开始波形的采集，否则必须满足触发字条件才被触发。此外，触发限定字对触发有控制作用。若该位设为 x，触发控制不起作用，触发完全由触发字决定；若该位设置为“1”(或“0”)，则仅当触发控制输入信号为“1”(或“0”)时，触发字才起作用；否则即使触发字组合条件满足也不能引起触发。

3)采样时钟设置

单击对话框面板下部“时钟”区的“设置”按钮弹出时钟控制对话框。在对话框中，波形采集的控制时钟可以选择内时钟或者外时钟；上升沿有效或者下降沿有效。如果选择内时钟，内时钟频率可以设置。此外对时钟限定的设置决定时钟控制输入对时钟的控制方式。若该位设置为“1”，表示时钟控制输入为“1”时开放时钟，逻辑分析仪可以进行波形采集；若该位设置为“0”，表示时钟控制输入为“0”时开放时钟；若该位设置为“x”，表示时钟总是开放，不受时钟控制输入的限制。

7. 逻辑转换仪(Logic Converter)

逻辑转换仪是 Multisim 特有的仪器，能够完成真值表、逻辑表达式和逻辑电路三者之间的相互转换，实际中不存在与此对应的设备。逻辑转换仪的面板和表达式的输入情况如图 5.1.24 示。

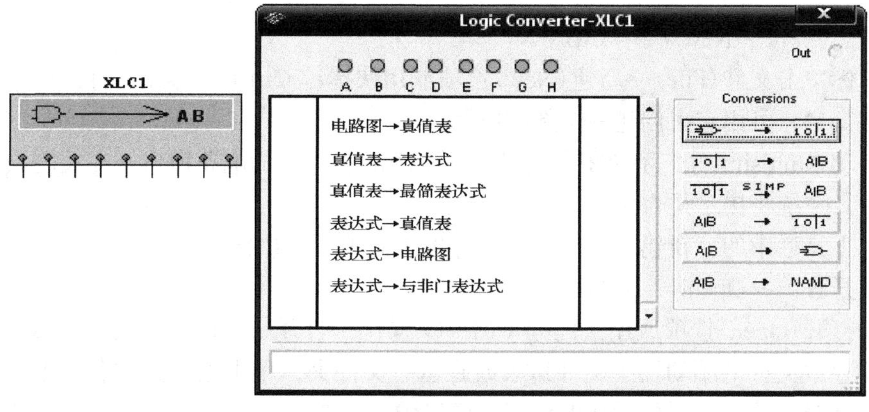

图 5.1.24　逻辑转换仪的面板图

1) 逻辑电路→真值表

逻辑转换仪可以导出多路(最多八路)输入一路输出的逻辑电路的真值表。首先画出逻辑电路，并将其输入端接至逻辑转换仪的输入端，输出端连至逻辑转换仪的输出端。按下“电路图→真值表”按钮，在逻辑转换仪的显示窗口，真值表区就会出现该电路的真值表。

2) 真值表→表达式

真值表的建立有两种方法：一种方法是根据输入端数值，单击逻辑转换仪面板顶部代表输入端的小圆圈，选定输入信号(由 A 至 H)。此时其真值表区自动出现输入信号的所有组合，而输出列的初始值全部为零。可根据所需要的逻辑关系修改真值表的输出值而建立真值表；另一种方法是由电路图通过逻辑转换仪转换过来的真值表。

如果已在真值表区建立真值表，单击“真值表→表达式”按钮。在面板的底部逻辑表达式栏出现相应的逻辑表达式。如果要简化该表达式或直接由真值表得到简化的逻辑表达式，单击“真值表→最简表达式”按钮后，在逻辑表达式栏中出现相应的该真值表的简化逻辑表达式。

3) 表达式→真值表、逻辑电路或逻辑与非门电路

可以直接在逻辑表达式栏中输入逻辑表达式，“与-或”式及“或-与”式均可，然后单击“表达式→真值表”按钮得到相应的真值表。单击“表达式→电路图”按钮可得相应的逻辑电路。单击“表达式→与非门电路”按钮，可得到由与非门构成的逻辑电路。

5.1.7 Multisim 12 的基本操作

1. 文件(File)基本操作

与 Windows 一样，用户可以用鼠标或快捷键(Ctrl+F)打开 Multisim 的 File 菜单。使用鼠标可按以下步骤打开 File 菜单：①将鼠标指向主菜单 File 项；②单击，此时屏幕上出现 File 子菜单。Multisim 大部分功能菜单也可以采用相应的快捷键进行快速操作。

1) 新建 (File→New)—— Ctrl + N

用鼠标单击文件(File)→新建(New)选项或用快捷键 Ctrl + N 操作，打开一个无标题的电路窗口，可用它来创建一个新的电路。

当启动 Multisim 时，系统将自动打开一个新的无标题的电路窗口。在关闭当前电路窗口时，系统将提示是否保存。

单击工具栏中的“新建”图标，效果等价于此项菜单操作。

2) 打开 (File→Open)——Ctrl + O

单击打开(Open)选项或用快捷键 Ctrl + O 操作，打开一个标准的文件对话框，选择所需要存放文件的驱动器 / 文件目录或磁盘 / 文件夹，单击电路文件名，则该文件被打开，其对应的电路便显示在电路工作窗口中。

单击工具栏中的“打开”图标，效果等价于此项菜单操作。

3) 关闭 (File→Close)

用鼠标单击文件 (File)→关闭 (Close) 选项，关闭电路工作区内的文件。

4) 保存 (File→Save)——Ctrl + S

单击文件 (File)→保存 (Save) 选项或用快捷键 Ctrl + S 操作，以电路文件形式保存当前电路工作窗口中的电路。对新电路文件执行保存操作，会显示一个标准的保存文件对话框，选择保存当前电路文件的目录 / 驱动器或文件夹 / 磁盘，键入文件名，单击“保存”按钮即可将该电路文件保存。

单击工具栏中的“保存”图标，效果等价于此项菜单操作。

5) 文件换名保存 (File→Save As)

单击文件 (File)→另存为 (Save As) 选项，可将当前电路文件换名保存，新文件名及保存目录 / 驱动器均可选择。原存放的电路文件仍保持不变。

6) 打印 (File→Print)——Ctrl + P

单击文件 (File)→打印 (Print) 选项命令或用快捷键 Ctrl + P 操作，将当前电路工作窗口中的电路及测试仪器进行打印操作。必要时，在进行打印操作之前应完成打印设置工作。

7) 退出 (File→Exit)

单击文件 (File)→退出 (Exit) 选项，关闭当前的电路退出 Multisim。如果在上次保存之后进行了电路修改，在关闭窗口之前，将会提示是否再保存电路。

2. 编辑 (Edit) 的基本操作

编辑 (Edit) 菜单是 Multisim 用来控制电路及元器件的菜单。

1) 顺时针旋转 90° (Edit→Orientation→90 Clockwise)——Ctrl + R

单击编辑 (Edit)→顺时针旋转 90° (90 Clockwise) 选项或进行快捷键 Ctrl + R 操作，将所选择的元器件顺时针旋转 90°，与元器件相关的标号、数值和模型信息等文本可能被重置，但不会旋转。

2) 逆时针旋转 90° (Edit→Orientation→90 Counter Clockwise)——Shift + Ctrl + R

单击编辑 (Edit)→逆时针旋转 90° (90 Counter Clockwise) 选项或进行快捷键 Shift + Ctrl + R 操作，将所选择的元器件逆时针旋转 90°。

3) 水平翻转 (Edit→Orientation→ Flip Horizontal)

单击编辑 (Edit)→水平翻转 (Flip Horizontal) 选项，将所选元器件以纵轴为轴翻转 180°，与元器件相关的标号、数值和模型信息等文本可能被重置，翻转。

4) 垂直翻转 (Edit→Orientation →Flip Vertical)

单击编辑 (Edit)→垂直翻转 (Flip Vertical) 选项，将所选元器件以横轴为轴翻转 180°，与元器件相关的标号、数值和模型信息等文本可能被重置，翻转。

3. 在电路工作区内输入文字 (Place→Text)

为提高电路图的可阅读性，在电路图中的某些部分添加适当的文字注释有时是必要的。在 Multisim 的电路工作区内可以输入中英文文字，其基本步骤如下。

1)启动文本命令(Place→Text)

启动绘制(place)菜单中的文本(Fext)命令或采用 Ctrl+Alt+A 快捷操作，然后单击需要放置文字的位置，可以在该处放置一个文字块(注意：如果电路窗口背景为白色，则文字输入框的黑边框是不可见的)。

2)输入文字

在文字输入框中输入所需要的文字，文字输入框会随文字的多少自动缩放。文字输入完毕后，单击文字输入框以外的地方，文字输入框会自动消失。

3)改变文字的颜色

如果需要改变文字的颜色，可以用鼠标指向该文字块，右击弹出快捷菜单。选取画笔颜色(Pen Color)命令，在“颜色”对话框中选择文字颜色。注意：选择字体(Font)可改动文字的字体和大小。

4)移动文字

如果需要移动文字，用鼠标指针指向文字，按住鼠标左键，移动到目的地后释放左键即可完成文字移动。

5)删除文字

如果需要删除文字，则先选取该文字块，右击打开快捷菜单，执行删除(Delete)命令即可删除文字。

5.1.8 电路创建基础

1. 元器件的选用

选用元器件时，首先在元器件库栏中单击包含该元器件库的图标，打开该元器件库。然后从弹出的元器件库对话框中，选择所需要的元件以及参数，单击该元器件，然后单击“确定”按钮即可。最后，再用鼠标拖拽该元器件到电路工作区的适当地方即可。

2. 选中元器件

在连接电路时，常常要对元器件进行移动、旋转、删除、设置参数等操作，这就需要先选中该元器件。要选中某个元器件时，可单击该元器件。被选中的元器件的四周出现 4 个黑色小方块，便于识别。可以对选中的元器件进行移动、旋转、删除、设置参数等操作。用鼠标拖拽形成一个矩形区域，可以同时选中在该矩形区域内包围的一组元器件。

要取消某一个元器件的选中状态，只需单击电路工作区的空白部分即可。

3. 元器 3 件的移动

单击该元器件(左键不松手)，拖拽该元器件到其他位置即可移动该元器件。

如果要移动一组元器件，必须先用鼠标拖拽形成一个矩形区域选中这些元器件，然后用鼠标左键拖拽其中的任意一个元器件，则所有选中的部分就会一起移动。元器件移动后，与其相连接的导线就会自动重新排列。

选中元器件后，也可使用箭头键使之进行微小的移动。

4. 元器件的旋转与反转

对元器件进行旋转或反转操作，需要先选中该元器件，然后右击或者选择菜单编辑(Edit)→方向，选择菜单中的 Flip Horizontal(将所选择的元器件左右旋转)、Flip Vertical(将所选择的元器件上下旋转)、90 Clockwise(将所选择的元器件顺时针旋转 90°)、90 Counter Clockwise(将所选择的元器件逆时针旋转 90°)等菜单栏中的命令。也可使用快捷键实现旋转操作。

5. 元器件的复制、删除

对选中的元器件，进行元器件的复制、移动、删除等操作，可以右击或者使用菜单 Edit→Cut(剪切)、Edit→Copy(复制)和 Edit→Paste(粘贴)、Edit→Delete(删除)等菜单命令实现元器件的复制、移动、删除等操作。

6. 元件的属性设置

在选中元器件后，双击该元器件，或者执行菜单命令 Edit→Properties(元器件特性)会弹出相关的对话框，可输入数据，修改元件的属性。电容器件属性设置对话框如图 5.1.25 所示。

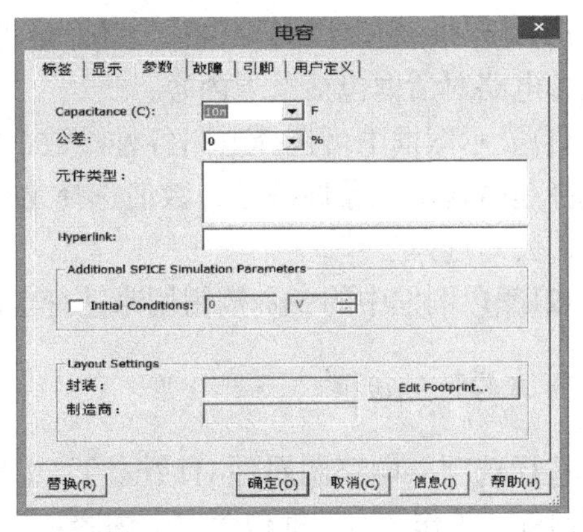

图 5.1.25　电容器件属性设置对话框

器件特性对话框具有多种选项可供设置，包括标签(Label)、显示(Display)、参数(Value)、故障(Fault)、引脚(Pins)、变量(Variant)等内容。

1)标签

标签选项的对话框用于设置元器件的标签和编号(RefDes)。

编号由系统自动分配，必要时可以修改，但必须保证编号的唯一性。注意连接点、接地等元器件没有编号。在电路图上是否显示标识和编号可由选项菜单中的电路图属性(Global Preferences)的对话框设置。

2)显示

显示选项用于设置标签、编号、参考标识等的显示方式。该对话框的设置与选项菜单中的电路图属性的对话框的设置有关。如果遵循电路图选项的设置，则标签、编号、参考标识的显示方式由电路图选项的设置决定。

3)参数

单击参数选项，出现参数选项对话框。

4)故障

故障选项可供人为设置元器件的隐含故障。例如，在三极管的故障设置对话框中，E、B、C 为与故障设置有关的引脚号，对话框提供漏电、短路、开路、无故障等设置。

如果选择了开路设置。图中设置引脚 E 和引脚 B 为开路状态，尽管该三极管仍连接在电路中，但实际上隐含了开路的故障。这样可以为电路的故障分析提供方便。

7. 改变元器件的颜色

在复杂的电路中，可以将元器件设置为不同的颜色。要改变元器件的颜色，用鼠标指向该元器件，右击可以出现菜单，选择“改变颜色”选项，出现颜色选择框，然后选择合适的颜色即可。

5.1.9 电路图选项的设置

在菜单栏选择选项下的电路图属性(即选项→电路图属性)。可以打开属性对话框来设置与电路图显示方式有关的一些选项。

1. 电路(Circuit)对话框

选择选项→电路图属性对话框的“电路”选项卡可弹出如图 5.1.26 所示的电路对话框，电路对话框包括以下内容：

(1)显示图框中可选择电路各种参数，如标签选择是否显示元器件的标志，参考标识选择是否显示元器件编号，数值选择是否显示元器件数值，初始化条件选择初始化条件，公差选择公差。

(2)颜色图框中的 5 个按钮用来选择电路工作区的背景、元器件、导线等的颜色。

2. 工作区对话框

选择选项→电路图属性对话框的“工作区”选项卡可弹出如图 5.1.27 所示的工作区对话框，工作区对话框包含以下内容：

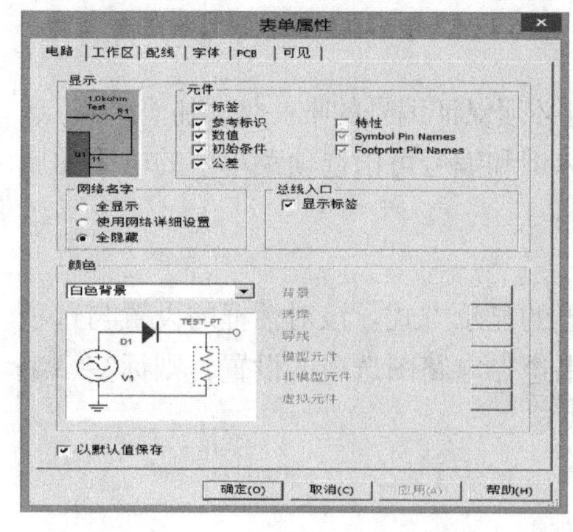

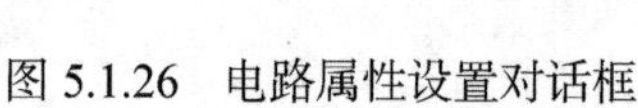
图 5.1.26　电路属性设置对话框

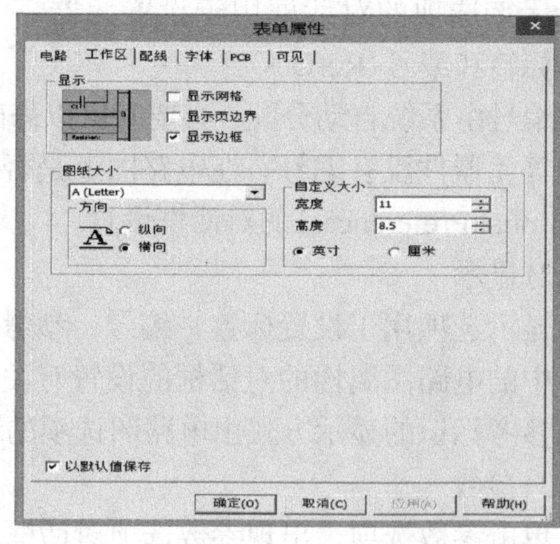

图 5.1.27　工作区对话框

显示网格：选择电路工作区里是否显示格点。

显示页边界：选择电路工作区里是否显示页面分隔线(边界)。

显示边框：选择电路工作区里是否显示边界。

图纸尺寸区域的功能是设定图纸大小(A－E、A0－A4 以及用户自定义选项)，并可选择尺寸单位为英寸或厘米，以及设定图纸方向是纵向或横向。

3. 配线对话框

选择选项→电路图属性对话框的“配线”选项卡可弹出配线对话框，配线对话框包含以下内容：

线宽：选择线宽。

总线线宽：选择总线线宽。

总线模式：选择总线模式。

4. 字体对话框

选择选项→电路图属性对话框的“字体”选项卡可弹出字体对话框，如图 5.1.28 所示。字体对话框包含以下内容。

1)选择字型

字体区域：可以直接在栏位里选取所要采用的字型。

选择字型区域：选择字型，字型可以为粗体字、粗斜体字、斜体字、正常字。

字号区域：选择字型大小，可以直接在栏位里选取。

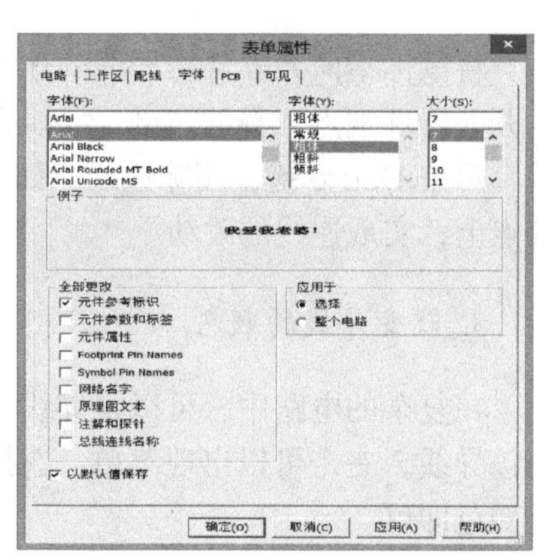

图 5.1.28　字体设置对话框

例子区域：显示的是所设定的字型。

2)选择字型的应用项目

全部更改区域：选择本对话框所设定的字型应用项目。

元器件的参数与标签：选择元器件标注文字和数值采用所设定的字型。

元件标号：选择元器件编号采用所设定的字型。

元件属性：选择元器件属性文字采用所设定的字型。

封装引脚：选择引脚名称采用所设定的字型。

符号引脚：选择符号引脚采用所设定的字型。

网络名字：选择网络表名称采用所设定的字型。

原理图文本：选择电路图里的文字采用所设定的字型。

3)选择字型的应用范围

应用于：选择本对话框所设定的字型的应用范围。

整个电路：将应用于整个电路图。

选择：应用在选取的项目。

还有其他标签如 PCB、可见等选项，请读者自行学习。

5.1.10 导线的操作

1. 导线的连接

在两个元器件之间，首先将鼠标指向一个元器件的端点使其出现一个小圆点，按下鼠标左键并拖拽出一根导线，拉住导线并指向另一个元器件的端点使其出现小圆点，释放鼠标左键，则导线连接完成。

连接完成后，导线将自动选择合适的走向，不会与其他元器件或仪器发生交叉。

2. 连线的删除与改动

将鼠标指向元器件与导线的连接点使出现一个圆点，按下左键拖拽该圆点使导线离开元器件端点，释放左键，导线自动消失，完成连线的删除。也可先用鼠标选中导线，再按 Delete 键，删除连线。如果要改动连线，可以将拖拽移开的导线连至另一个接点上，实现连线的改动。

3. 改变导线的颜色

在复杂的电路中，可以将导线设置为不同的颜色。要改变导线的颜色，用鼠标指向该导线，右击可以出现菜单，选择改变颜色选项，出现颜色选择框，然后选择合适的颜色即可。

4. 在导线中插入元器件

将元器件直接拖拽放置在导线上，然后释放即可将元器件插入电路中。

5. 从电路删除元器件

选中该元器件，执行“编辑”→“删除”命令即可，或者右击可以出现菜单，选择“删除”选项也可。

6. “连接点”的使用

“连接点”是一个小圆点，单击“放置节点”按钮可以放置节点。一个“连接点”最多可以连接来自四个方向的导线。可以直接将“连接点”插入连线中。

7. 节点编号

在连接电路时，Multisim 自动为每个节点分配一个编号。是否显示节点编号可由选项→电路图属性对话框的“电路”选项卡设置。选择“元件标号”选项，可以选择是否显示连接线的节点编号。

5.1.11　基于 Multisim 12 的电阻分压电路的仿真

1. 打开 Multisim 12 设计环境

执行“文件”→“新建”→“原理图”命令，即弹出一个新的电路图编辑窗口，工程栏同时出现一个新的名称。单击“保存”按钮，将该文件命名，保存到指定文件夹下。

这里需要说明以下几点：

(1) 文件的名字要能体现电路的功能，要让自己一年后看到该文件名就能一下子想起该文件实现了什么功能。

(2) 在电路图的编辑和仿真过程中，要养成随时保存文件的习惯。以免由于没有及时保存而导致文件的丢失或损坏。

(3) 文件最好用一个专门的文件夹来保存，这样便于管理。

2. 了解元件栏和仪器栏的内容

在绘制电路图之前，需要先熟悉一下元件栏和仪器栏的内容，看看 Multisim 12 都提供了哪些电路元件和仪器。如果安装的是汉化版的，直接把鼠标放到元件栏和仪器栏相应的位置，系统会自动弹出元件或仪表的类型。

3. 放置元件

首先放置电源。单击元件栏的放置信号源选项，出现如图 5.1.29 所示的对话框。

(1) “数据库”栏中选择“主数据库”选项。

(2) “组”栏中选择 Sources 选项。

(3) “系列”栏中选择 POWER_SOURCES 选项。

(4) “元件”栏中，选择 DC_POWER 选项。

(5) 右边的“符号”“功能”等框里，会根据所选项目，列出相应的说明。

4. 选择合适位置，完成元件放置

选择好电源符号后，单击“确定”按钮，移动鼠标到电路编辑窗口，选择放置位置后，单击即可将电源符号放置于电路编辑窗口中。放置完成后，还会弹出元件选择对话框，可以继续放置，单击“关闭”按钮就可以取消放置元件。

5. 元件属性修改

此时放置的电源符号显示的是 12V。实际电路要求可能不是 12V，那怎么来修改呢？双击该电源符号，出现如图 5.1.30 所示的属性对话框。在该对话框里，可以更改该元件的许多属性。在这里，将电压改为 3V。当然也可以更改元件的序号引脚等其他属性。

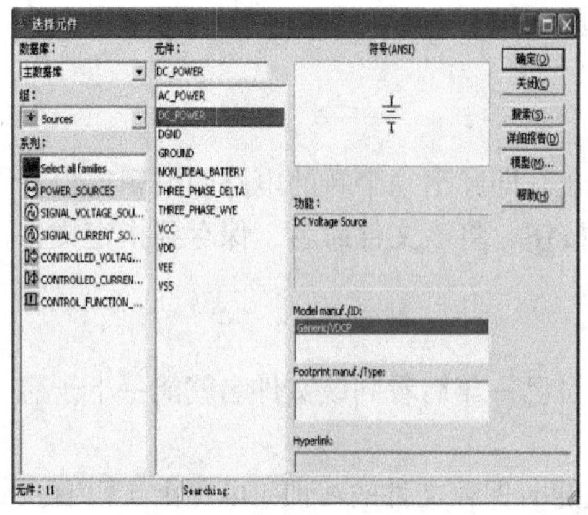

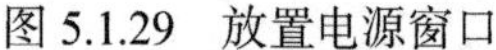
图 5.1.29　放置电源窗口

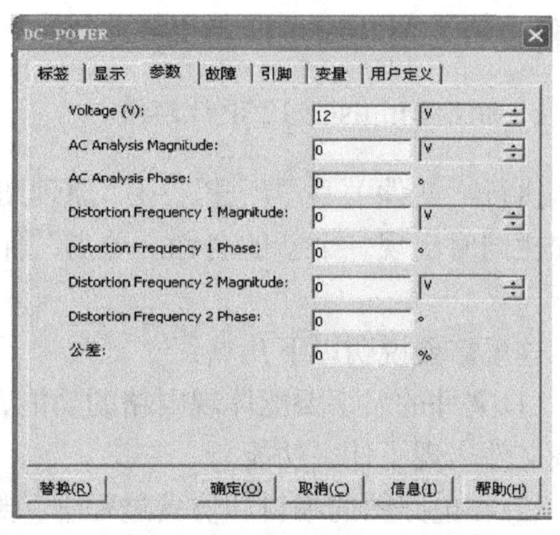

图 5.1.30　电源参数设置对话框

6. 放置其他电阻元件

接下来放置电阻。单击“放置基础元件”按钮，弹出如图 5.1.31 所示对话框。

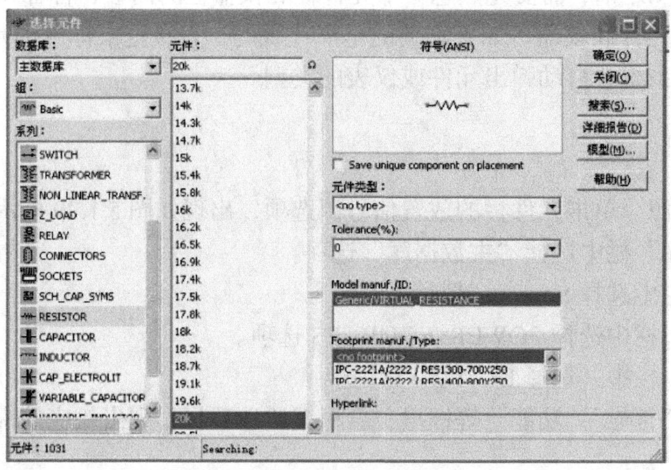

图 5.1.31　电阻元件选择属性对话框

(1)“数据库”栏中，选择“主数据库”选项。
(2)“组”栏中选择 Basic 选项。
(3)“系列”栏中选择 RESISTOR 选项。
(4)“元件”栏中，选择 20k 选项。
(5) 右边的“符号”“功能”等框中，会根据所选项目，列出相应的元件属性描述。

7. 放置可调电阻

按上述方法，再放置一个 10kΩ 的电阻和一个 100kΩ 的可调电阻(可调电阻的“系列”栏中选择 ROTENTIOM ETER 选项)。放置完毕后，如图 5.1.32 所示。

8. 合理布局

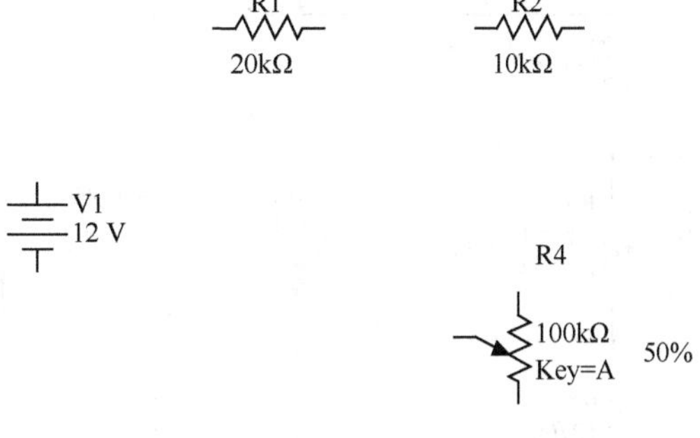

图 5.1.32　电路放置元件示意图

我们可以看到，放置后的元件都按照默认的摆放情况放置在编辑窗口中。例如，电阻是默认横着摆放的，但实际在绘制电路的过程中，各种元件的摆放情况是不一样的，例如，我们想把电阻 R_1 变成竖直摆放，那该怎样操作呢？可以通过这样的步骤来操作，将鼠标放在电阻 R_1 上，然后右击，这时会弹出一个对话框，在对话框中可以选择让元件顺时针或者逆时针旋转 90°。

如果元件摆放的位置不合适，想移动一下元件的摆放位置，则将鼠标放在元件上，按住鼠标左键，即可拖动元件到合适位置。

9. 放置电压表

在仪器栏选择“电压表”，将鼠标移动到电路编辑窗口内，这时可以看到，鼠标上跟随着一个电压表的简易图形符号。单击，将电压表放置在合适位置。电压表的属性同样可以双击进行查看和修改。

10. 连线

将鼠标移动到电源的正极，当鼠标指针变成“十字”时，表示导线已经和正极连接起来了。单击将该连接点固定，然后移动鼠标到电阻 R_1 的一端，出现小红点后，表示正确连接到 R_1 了，单击固定，这样一根导线就连接好了。如果想要删除这根导线，将鼠标移动到该导线的任意位置，右击，选择“删除”选项即可将该导线删除。或者选中导线直接按 Delete 键删除。

11. 放置公共地线

按照前面的方法，放置一个公共地线。然后如图 5.1.33 所示，将各连线连接好。注意：在电路图的绘制中，公共地线是必需的。

12. 系统仿真

电路连接完毕，检查无误后，就可以进行仿真了。单击仿真栏中的绿色开始仿真按钮 ▷。电路进入仿真状态。双击图中的万用表符号，即可弹出如图 5.1.34 所示的对话框，在这里显示了电阻 R_2 上的电压。

改变可调电阻 R_3 的阻值，再次观察 R_2 上的电压值，会发现 R_2 电压值也随之变化。

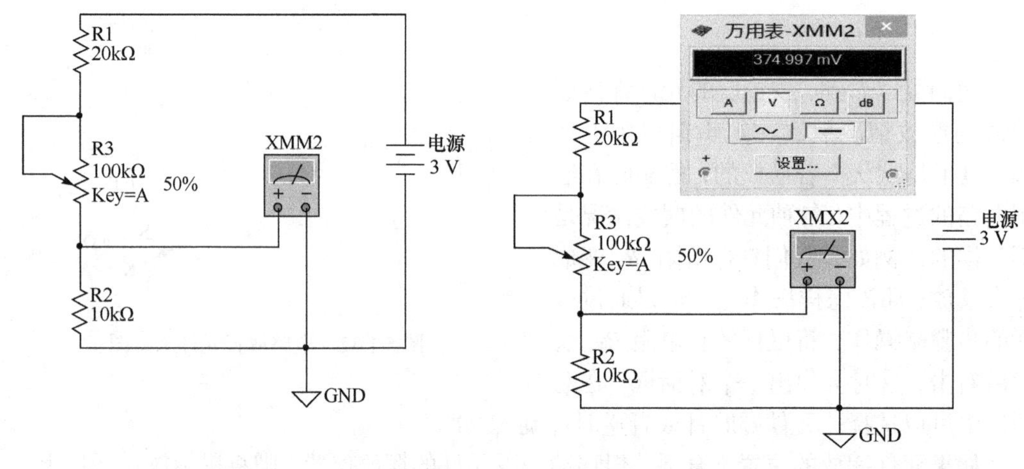

图 5.1.33　完整的电路图　　　图 5.1.34　电阻 R_2 的电压仿真值

13. 保存文件

将设计好的文件保存到相应位置。注意：一定要及时保存文件。

至此，大致熟悉了如何利用 Multisim 12 来进行电路仿真。以后就可以利用电路仿真来学习模拟电路和数字电路了。

5.2　模拟电子技术课程设计

模拟电子技术课程设计是结合"模拟电子技术"课程而开设的一个实践性教学环节。通过课程设计，学生得到综合分析问题、查阅运用资料、构思总体方案、合理确定电路的具体结构和元器件参数等方面的学习与训练，掌握一些基本的分析和计算方法以及利用计算机进行辅助设计的基本技能，培养学生综合、灵活地利用课堂所学的理论指导解决实际问题的能力。

5.2.1　课程设计的基本要求

(1) 了解简单电子电路设计的步骤和方法。

(2) 学会查阅、使用设计手册及相关资料。

(3) 学会对设计的对象进行总体的系统分析，所确定的电路总体方案要正确合理。

(4) 了解常用电子元器件的特性及价格，合理地选用元器件，所确定的电路结构要正确合理。

(5) 掌握模拟电路基本的分析计算方法或实验、仿真方法，电路中各元器件的参数或规格的确定要有正确合理的根据。

(6) 掌握工程图的绘制技能，设计图要符合工程图的标准或规范。

(7) 掌握计算机辅助设计的基本技能或简单电路的制作、调试技能，设计结果要经过仿真或实验验证。

5.2.2　课程设计选题原则

(1)根据学生已学过的课程内容，结合科研、实验、生产、生活等实际应用。

(2)有某种具体的功能或性能指标。

(3)所需元器件都是通用和常用的且数量在 15～50 个。

5.2.3　参考题目

1. 简易双极型三极管放大性能测试电路

设计任务：设计一个简易双极型三极管的类型和放大倍数 β 判断电路，该电路能够检测出三极管的类型并根据放大倍数 β 值的大小分级指示。

指标要求：

(1)能够检测出双极型三极管是 NPN 型，还是 PNP 型。

(2)电路能够将三极管放大倍数 β 分为大于 250、200～250、150～200 和小于 150 四个挡位，并进行判断，同时也能手动调节四个挡位值的具体大小范围。

(3)用发光二极管来指示被测三极管的放大倍数 β 值属于哪一个挡位，当 β 超出 250 时二极管能够闪烁报警(频率为 100Hz)。

(4)使用通用元器件进行设计。电源为 DC±12V。

2. 简易场效应管低频放大性能测试电路

设计任务：设计一个简易场效应管低频跨导 g_m 检测电路，该电路能够检测出低频跨导 g_m 的数值在多大的范围并进行分级显示。

设计要求：

(1)能够检测出场效应管是 N 沟道还是 P 沟道型。

(2)测出的 g_m 值从 0～∞至少分为 8 个挡次，并能手动调节 8 个挡次 g_m 值的具体范围。

(3)使用通用元器件进行设计。

3. 逻辑信号电平测试器

设计任务：设计一个逻辑信号电平测试器，逻辑信号电平测试结果用声音和指示灯来表示被测信号的逻辑状态，高电平和低电平用不同的声调和指示灯表示。

设计要求：

(1)测量电平范围，低电平 $0V< U_L <0.8V$，高电平 $2.4V<U_H<5V$。

(2)被测信号为高电平时用 1kHz 的音响表示，同时绿色指示灯点亮。

(3)被测信号为低电平时用 500Hz 的音响表示，同时红色指示灯点亮。

(4)当被测信号为 0.8～2.4V 时，不发出声响，指示灯也不亮。

(5)输入电阻大于 20kΩ。

(6)使用通用元器件进行设计，电源为 DC±12V。

4. 过道灯声光控自熄开关电路

设计任务：设计一个过道灯声光控自熄开关电路，白天不论声音有多大，灯泡都不亮；夜晚没有声音或声音轻微，灯也不亮，而有较大的声音时则灯亮，延时数十秒后自动熄灭。

设计要求：

(1) 电路与所控制的灯泡串联接 220V 交流电源，允许电压有±10%的波动。

(2) 灯不亮时，电路的电流消耗不大于 5mA；灯亮时电路的电压降不大于 3V。

(3) 照明灯点亮延时自熄的时间在 40s 左右。

(4) 白天使灯不亮的光照度为大于 100lx，夜晚使声控起作用的光照度为小于 10lx，声强为大于 60dB。

(5) 使用通用元器件进行设计。

5. 简易电加热水温控制电路

设计任务：设计一个简易电加热水温控制电路，该电路能够将水温控制在一个合适的范围内，同时可以通过手动设定所需的水温范围。

设计要求：

(1) 电路通过两根电阻丝对水加热。假定水温范围是 t_1～t_2($t_1 < t_2$)，t 为实际温度。当 $t < t_1$ 时，两根电阻丝都通电加热；当 $t_1 < t < t_2$ 时，仅一根电阻丝通电加热；当 $t > t_2$ 时，两根电阻丝都不通电。

(2) 要求电路在 t_1、t_2 温度点不能出现跳动现象，即电阻丝不能短时间内反复在通电和不通电的状态之间转换。

(3) 要求电路能够显示电阻丝的通电与否。

(4) 要求电路能够手动调节水温控制的范围。

(5) 使用通用元器件进行设计。

6. 简易函数信号发生器电路设计

设计任务：设计一个能产生方波、三角波、正弦波的多种波形信号输出的简单波形发生器。

设计要求：

(1) 所有输出波形频率为 0.2～20kHz，并且能连续可调。

(2) 正弦波幅值 10mV～10V 连续可调。

(3) 方波最大幅值±10V，占空比能连续可调。

(4) 三角波最大峰-峰值 20V，输出波形幅值连续可调。

(5) 使用通用元器件进行设计。

7. 蓄电池简易自动恒流充电电路

设计任务：设计一个蓄电池简易自动恒流充电电路，充电能指示充电状态，充电完成后能自动停止充电。

功能指标：

(1)电路以恒定的电流进行充电，电流的大小在 100～200mA 内可调。

(2)可以对镍氢蓄电池充电，电池的充电额定电压 1～6V 可调。

(3)充电时绿色指示灯亮，充满电后红色指示灯亮。

(4)充电完成后能自动停止充电。

(5)使用通用元器件进行设计。

8. 简易瓦斯报警电路

设计任务：设计一个简易瓦斯报警电路，当空气中有天然气、煤气和液化石油气，且浓度达到一定值时能够自动报警。

设计要求：

(1)报警的灵敏度在一定范围内可调，即能调整设定报警时所对应的危险气体浓度。

(2)能够通过声光形式自动进行报警，具体的声光形式要容易引起人的注意。

(3)使用通用元器件进行设计。

9. 简易防盗报警电路

设计任务：设计一个简易防盗报警电路，该电路能够检测到被保护物体是否被触动，并在被触动时通过声光形式进行报警。

设计要求：

(1)报警的灵敏度在一定范围内可调，即能调整设定报警时所对应的被保护物体被触动幅度的大小。

(2)报警的声光形式要容易引起人的注意。

(3)使用通用元器件进行设计。

10. 简易万用表电路

设计任务：设计一个简易万用表电路，能对交、直流电压，交、直流电流以及电阻进行测量。

功能要求：

(1)万用表能对 0～100V 的交、直流电压进行测量。

(2)万用表能对 0～50mA 的交、直流电流进行测量。

(3)万用表能对 100Ω～10kΩ 的电阻进行测量。

(4)使用通用元器件进行设计。

11. 简易直流稳压电源电路

设计任务：设计一个简易直流稳压电源电路，能提供三种不同的电压输出。

功能要求：

(1)提供一个固定输出的 5V±5%的直流电源。

(2)提供一个固定输出的±12V 直流电源。

(3)提供一个 5～24V 连续可调输出的直流电源。

(4)使用通用元器件进行设计。

5.2.4 报告要求

1. 设计题目的名称、内容及要求

根据设计任务书，认真填写!

2. 题目分析

这部分主要阐述对设计任务的理解和认识以及对相关问题的调查研究，要分析、弄清完成任务的关键是什么，实现设计目标的技术要点是什么，有哪些途径和方法，有无可以借鉴参考的成熟电路或技术等。

3. 电路方案设计

这部分主要阐述如何设计确定电路的总体构成方案，即设计确定总体电路由哪些功能单元构成，它们之间是什么关系，画出系统框图。重点要表达清楚方案是怎么产生、确定的，考虑了哪些因素、条件，根据、理由又是什么，有什么优点或特点等。要求要有充分、详实的论证。

4. 单元电路设计

按照所设计的系统框图，每个框作为一个单元，对各单元电路进行具体的设计，要表达清楚以下内容：

(1)单元电路的结构，即电路是用哪些元器件以什么样的连接方式组成。

(2)确定该单元电路结构的根据、理由是什么，有什么优点或特点等。

(3)该单元电路的工作原理。

(4)单元电路中各元器件主要参数或型号规格的确定方法与过程，要求要具体，每个参数的确定都要有具体的根据或理由。

5. 总体电路的功能和性能验证

这部分主要介绍对所设计电路的功能和性能的验证情况，包括验证的方法、过程和结果。若验证结果不能满足设计任务的要求，要分析查找原因，看问题出在哪里(元器件参数、电路结构或设计方案)，找准问题后进行相应的调试、修改，然后再验证，直至满足题目要求。

6. 设计成果

这部分主要是以下内容：

(1) 系统框图。

(2) 完整的电路原理图。

(3) 电路所用元器件明细表。

(4) 电路的实物照片或仿真结果截图。

(5) 电路的工作条件、性能检测及调试方法等相关说明。

设计图中的符号、代号、标注、文字等要符合国家的相关技术标准或规范；元器件明细表用于完整、清晰地反映元器件的各项特征及要求，一般设置这样一些栏目：元器件代号、名称、型号、规格、备注。有些元器件可以用其型号表示其全部特征，则给出完整的型号即可；有些元件其型号不能把它的特征表示清楚，或不知道型号，则要标明其规格或主要的参数；若元器件的特征无法用型号和规格来表示，或表示不清楚，则在备注栏中用文字描述。备注栏也可用于标注其他需要说明的情况，例如，数量、品牌、加工制作方法、条件等。

7. 心得体会

主要写通过本次设计得到的收获或感悟，也可以写获得的经验教训。

8. 参考文献及资料

列出设计时所参考的文献、资料的名称及出处(若是通过互联网查阅，要给出具体的网址)，要求实事求是，不得胡乱罗列一堆书名。

5.2.5　考核评价

总成绩=上课表现与考勤(20%)+上机仿真和实物设计调试(50%)+报告(20%)+答辩(10%)。

1. 上课表现与考勤(20%)

(1) 无迟到，违反者每次扣 2 分。

(2) 无早退，违反者每次扣 2 分。

(3) 无旷课，违反者每次扣 5 分。

(4) 认真遵守实验室管理规定，违反者每次扣 3 分。

(5) 爱护实验设备、文明操作，违反者每次扣 2 分。

(6) 能保持环境整洁并认真做值日，违反者每次扣 2 分。

2. 上机仿真和实物设计调试(50%)

(1) 设计步骤正确，不能做到者扣 5 分。

(2) 设计方案合理，不能做到者扣 10 分。

(3) 仿真结果正确，不能做到者扣 10 分。
(4) 遇到困难，能自行解决，不能做到者扣 5 分。
(5) 实物调试成功符合设计要求，不能做到者扣 10 分。
(6) 每一步骤，能按时完成，不能做到者扣 5 分。

3. 报告(20%)

(1) 文字通顺、条理清楚，不能做到者扣 2 分。
(2) 报告要求的八个部分完整，不能做到者每缺一项扣 2 分。
(3) 总体设计思路、单元电路文字描述清楚、图表完备，不能做到者扣 5 分。
(4) 报告与他人雷同，雷同者总成绩按不及格计。

4. 答辩(10%)

可集中进行，也可分散进行。由指导教师根据实际情况自行确定。

5.3　数字电子技术课程设计

通过数字电子技术课程设计的学习，学生得到综合分析问题、查阅运用资料、构思总体方案、合理确定电路的具体结构和元器件选择等方面的学习与训练，掌握一些基本的数字电路的分析和设计方法以及利用计算机进行辅助设计的基本技能，培养学生综合、灵活地利用课堂所学的理论指导解决实际问题的能力。

5.3.1　课程目标

通过本课程的学习，学习者掌握项目设计的方法流程，熟悉计算机辅助设计软件 Multisim 的使用方法，并通过实际的市场调研，具有调整设计思路重新设计的能力，并顺利完成本项目。

学习科学研究方法，发展自主学习能力，养成良好的思维习惯，能运用相关的专业知识、专业方法和专业技能解决工程中的实际问题。在项目的实施过程中培养学生的团队合作精神，激发学生的创新潜能，提高学生的实践能力。

1. 知识与技能

(1) 了解设计的步骤和方法，条理、步骤清楚，有严密的逻辑和正确的因果关系。
(2) 学会查阅、使用设计手册及相关资料。
(3) 学会对设计的对象进行总体的系统分析，所确定的电路总体方案要正确合理。
(4) 了解常用电子元器件的特性及价格，合理地选用元器件，所确定的电路结构要正确合理。
(5) 掌握模拟电路基本的分析计算方法或实验、仿真方法，电路中各元器件的参数或规格的确定要有正确合理的根据。

(6)掌握工程图的绘制技能，设计图要符合工程图的标准或规范。

(7)掌握计算机辅助设计的基本技能或简单电路的制作、调试技能，设计结果要经过仿真或实验验证。

2. 过程与方法

(1)在学习过程中，学会运用观察、测量、实验、查阅资料等多种手段获取信息，并运用比较、分类、归纳、概括等方法对信息进行加工。

(2)能对自己的学习过程进行计划、反思、评价和调控，提高自主学习的能力。

(3)通过理论知识和实践活动相结合的一体化学习过程，深入了解实践和理论之间的相互关系。

(4)通过各种实践活动，尝试经过思考发表自己的见解，尝试运用技术知识和研究方法解决一些工程实践问题。

(5)具有一定的质疑能力，分析、解决问题能力，交流、合作能力。

5.3.2　参考题目

1. 简易三人表决器的制作

设计任务：设计一个简易的三人表决器。

功能要求：

(1)具备的功能是，当有两人或两人以上按下按钮时，表决通过；当只有一人按下按钮时，表决不通过。

(2)表决结果要有指示灯显示和声音提示。

(3)使用通用元器件进行设计，制作简单、经济易行，功能可靠。

2. 简易抢答器的制作

设计任务：设计一个简易的抢答器，抢答器能够实现八路抢答的功能，并能通过数码管显示抢答结果。

功能要求：

(1)抢答器同时供 8 名选手或 8 个代表队比赛，分别用 8 个按钮 S_0～S_7表示。

(2)设置一个系统清除和抢答控制开关 S，该开关由主持人控制。

(3)抢答器具有锁存与显示功能。即选手按动按钮，锁存相应的编号，并在 LED 数码管上显示，同时扬声器发出报警声响提示。选手抢答实行优先锁存，优先抢答选手的编号一直保持到主持人将系统清除。

(4)使用通用元器件进行设计，制作简单、经济易行，功能可靠。

3. 简易数字钟的制作

设计任务：设计一个简易的数字钟，该数字钟采用 LED 数码管直观显示“时”“分”“秒”，并具有整点报时和校时等功能。

功能要求：

(1)准确计时，以数字形式显示时、分、秒的时间。

(2)小时计时的要求为“12 翻 1”，分与秒的计时要求为“六十进制”。

(3)具有校时功能。

(4)模仿广播电台整点报时(前四响为低音，最后一响为高音)。

(5)使用通用元器件进行设计，制作简单、经济易行，功能可靠。

4. 简易气体烟雾报警器的制作

设计任务：设计一个简易气体烟雾报警器。

功能要求：

(1)气体烟雾报警器电路主要由直流电源、气体传感器及报警电路三部分构成。

(2)用 555 定时器实现报警电路。

(3)报警信号要有声光指示。

5. 简易电加热热水器控制电路

设计任务：设计一个简易电加热热水器控制电路，该电路能够将水温控制在一个合适的范围内，同时可以通过手动设定所需的水温范围。

设计要求：

(1)要求电路在高、低温度点不能出现跳动现象，即电阻丝不能短时间内反复在通电和不通电的状态之间转换。

(2)要求电路能够显示电阻丝的通电与否。

(3)要求电路能够手动调节水温控制的范围。

(4)使用通用元器件进行设计。

6. 简易防盗报警器电路

设计任务：设计一个简易防盗报警器电路，该电路能够检测到被保护物体是否被移动，并在被移动时通过声光形式进行报警。

设计要求：

(1)报警的灵敏度在一定范围内可调，即能调整设定报警时所对应的被保护物体被移动幅度的大小。

(2)报警的声光形式要容易引起人的注意。

(3)使用通用元器件进行设计。

7. 简易点货电路

设计任务：设计一个简易的点货电路。

设计要求：

(1)能统计货物数量并在数码管上显示货数，最大计货数为 99。

(2)当计货数为整十数(如 10、20)时，发出时长为 1 秒、频率为 796Hz 的音频信号。
(3)设置手动清零方式将数码管显示清零。
(4)设计电路所需的稳压电源。

8. 简易人行道交通灯控制电路

设计任务：设计一个简易的交通灯控制电路。
设计要求：
(1)东西方向车道和南北方向车道两条交叉道路上的车辆交替运行，南北向每次通行时间为 36 秒，东西向每次通行时间为 26 秒。
(2)在绿灯转为红灯时，要求黄灯亮 6 秒钟作为过渡。
(3)东西方向、南北方向车道除了有红、黄、绿灯指示，每一种灯亮的时间都用显示器进行显示(采用倒计时的方法)。

5.3.3 报告要求

1. 设计题目的名称、内容及要求

根据教师下达的任务书认真填写设计题目、内容及要求。

2. 题目分析

这部分主要写对设计任务的理解和认识以及对相关问题的调查研究，要分析、弄清完成任务的关键是什么，实现设计目标的技术要点是什么，有哪些途径和方法，有无可以借鉴参考的成熟电路或技术等。

3. 电路方案设计

这部分主要写如何设计确定电路的总体构成方案，即设计确定总体电路由哪些功能单元构成，它们之间是什么关系，画出系统框图。重点要表达清楚方案是怎么产生、确定的，考虑了哪些因素、条件，根据、理由是什么，有什么优点或特点等。要求要有充分、详实的论证。

4. 单元电路设计

按照所设计的系统框图，每个框作为一个单元，对各单元电路进行具体的设计，要表达清楚以下内容：
(1)单元电路的结构，即电路是用哪些元器件以什么样的连接方式组成的。
(2)确定该单元电路结构的根据、理由是什么，有什么优点或特点等。
(3)该单元电路的工作原理。
(4)单元电路中各元器件主要参数或型号规格的确定方法与过程，要求要具体，每个参数的确定都要有具体的根据或理由。

5. 总体电路的功能和性能验证

这部分主要介绍对所设计电路的功能和性能的验证情况，包括验证的方法、过程和结果。若验证结果不能满足设计任务的要求，要分析查找原因，看问题出在哪里(元器件参数、电路结构或设计方案)，找准问题后进行相应的调试、修改，然后再验证，直至满足题目要求。

6. 设计成果

(1)系统框图。
(2)完整的电路原理图。
(3)电路所用元器件明细表。
(4)电路的实物照片或仿真结果截图。
(5)电路的工作条件、性能检测及调试方法等相关说明。

设计图中的符号、代号、标注、文字等要符合国家的相关技术标准或规范；元器件明细表用于完整、清晰地反映元器件的各项特征及要求，一般设置这样一些栏目：元器件代号、名称、型号、规格、备注。有些元器件可以用其型号表示其全部特征，则给出完整的型号即可；有些元件其型号不能把它的特征表示清楚，或不知道型号，则要标明其规格或主要的参数；若元器件的特征无法用型号和规格来表示，或表示不清楚，则在备注栏中用文字描述。备注栏也可用于标注其他需要说明的情况，例如，数量、品牌、加工制作方法、条件等。

7. 心得体会

主要写通过本次设计得到的收获或感悟，也可以写获得的经验教训。

8. 参考文献及资料

列出设计时所参考的文献、资料的名称及出处(若是通过互联网查阅，要给出具体的网址)，要求实事求是，不得胡乱罗列一堆书名。

5.3.4 考核评价

总成绩=上课表现与考勤(20%)+上机仿真和实物设计调试(50%)+报告(20%)+答辩(10%)。

1. 上课表现与考勤(20%)

(1)无迟到，违反者每次扣 2 分。
(2)无早退，违反者每次扣 2 分。
(3)无旷课，违反者每次扣 5 分。
(4)认真遵守实验室管理规定，违反者每次扣 3 分。
(5)爱护实验设备、文明操作，违反者每次扣 2 分。

(6) 能保持环境整洁并认真做值日，违反者每次扣 2 分。

2. 上机仿真和实物设计调试(50%)

(1) 设计步骤正确，不能做到者扣 5 分。
(2) 设计方案合理，不能做到者扣 10 分。
(3) 仿真结果正确，不能做到者扣 10 分。
(4) 遇到困难，能自行解决，不能做到者扣 5 分。
(5) 实物调试成功，符合设计要求，不能做到者扣 10 分。
(6) 每一步骤能按时完成，不能做到者扣 5 分。

3. 报告(20%)

(1) 文字通顺、条理清楚，不能做到者扣 2 分。
(2) 报告要求的八个部分完整，不能做到者每缺一项扣 2 分。
(3) 总体设计思路、单元电路文字描述清楚、图表完备，不能做到者扣 5 分。
(4) 报告与他人雷同，雷同者总成绩按不及格计。

4. 答辩(10%)

可集中进行，也可分散进行。由指导教师根据实际情况自行确定。

第6章　电 子 实 习

电子实习是集中实践性教学环节，属于专业实训课、应用性实践必修骨干课程，是核心教学与训练项目课程之一。该实践内容是在学生具备基本理论知识的基础上进行的强化学习，其目标是使学生掌握电工电子操作技能及工艺知识，培养学生动手能力。

通过电子实习的锻炼和实践，能够帮助学生巩固并加深理解所学过的电路理论、模拟电子技术、数字电子技术等知识。电子实习培养学生掌握日常生活中的安全用电知识，常用电子元器件的识别与检测、PCB 制作基础、焊接工艺操作、电子套件制作等电工电子技能，注重学生“工程技术人员”综合素质的培养。

6.1　电子实习基本要求

6.1.1　学生电子实习守则

为顺利开展电子实习工作，圆满完成电子实习任务，在实习期间，所有学生必须认真遵守以下规则。

⑴实习室是开展实习、实验、科学研究、科技开发等的重要基地。与实习无关的人员未经许可不得擅自进入实习室。

⑵学生进入实习室进行电子实习，必须严格遵守实习室的各项规章制度。

⑶电子实习期间，应严格遵守电子实习的考勤规定。有事必须请假，假条必须由班主任签字，否则一律按缺勤处理。

⑷进入实习室实习时，不得随意打闹、嬉戏、喧哗，禁止一切与实习无关的活动；不准搬弄和移动与实习无关的仪器、设备和器件；不准吸烟、吃零食、随地吐痰、乱扔纸屑杂物，保持室内整洁卫生。

⑸实习期间，要严格遵守操作规程，服从指导教师的安排，认真完成指导教师布置的实习任务。

⑹实习期间，注意人身和仪器设备的安全，每次离开实习室，一定要断开电烙铁和实习台的电源。发生事故时，应立即切断电源、水源，及时报告指导教师，并保护好现场。

⑺实习期间，应注意节约使用水、电及各种器件、材料等；爱护实习设备和工具，若违反操作规程或不听从指导而造成仪器设备、工具损坏或丢失者，按照学校相关规定进行处理。

⑻实习期间，凡违反操作规程或不听从教师指导而酿成事故者，按照学校有关规定进行处理。

(9)实习期间，凡损坏或丢失仪器设备等，按照“仪器设备损坏赔偿具体规定”进行赔偿。

(10)实习开始时，首先按工具清单清点领到的工具箱，如有问题，应及时报告指导教师；实习完毕后，将工具箱的工具清点、整理后，按要求归还；实习中使用的仪器、仪表、设备、器件等，均按要求归还，如有问题，应及时报告。

(11)实习完成后，学生必须在规定的时间、用规定的报告纸、按要求独立完成实习报告的书写，并在规定的时间准时上交。

(12)实习结束时，必须整理好实习场地，做好清洁卫生和安全防范(关闭电源、水源、门、窗等)工作，经指导教师同意后方可离开实习室。

6.1.2 电子实习工具清单

实习提供的工具清单如表6.1.1所示。实习前请认真清点，实习完如数归还。

表6.1.1 实习工具清单(两人)

名称	图例	数量	单位	备注
工具箱		1	个	
电烙铁		2	把	工具箱外
烙铁架		2	个	工具箱外
剥线钳		2	把	工具箱内
尖嘴钳		2	把	工具箱内
斜口钳		2	把	工具箱内
十字螺丝刀		2	把	工具箱内
一字螺丝刀		2	把	工具箱内
镊子		2	把	工具箱内

6.1.3 电子实习报告书写要求

实习报告是电子实习实训过程全面、完整的总结，报告书写的好坏，直接体现学生在实习实训过程中受到的训练是否合理，完成的项目是否合格，是否能够应用学过的知识解决实际问题，是否具备书写专业技术文章的基础知识，是否具备查找技术资料的能力等。因此，对实习报告的书写要求规定如下：

(1)报告内容应包括的内容。

① 项目名称。

② 项目目的。

③ 项目电路图(必须手绘)及工作原理(非套件项目，必须说明电路工作原理的资料来源)。

④ 项目焊接安装工艺总结(按个人的实际操作步骤与过程如实书写)。

⑤ 项目功能调试总结(按个人的实际操作步骤与过程如实书写)。

⑥ 项目注意事项(按个人的实际情况如实书写)。

⑦ 收获体会及建议意见。

(2)报告必须使用统一的封面装订。

(3)报告统一用“信签纸”手写，不需要打印。

6.2 常用电子元器件的识别和检测

6.2.1 电阻元件

当电流流经导体时，导体对电流的阻碍作用称为电阻。在电路中具有电阻作用的元件称为电阻器。加在电阻两端的电压与通过电阻器的电流之比称为电阻器的阻值。元件的电阻常用字母“R”表示，基本单位是“欧姆”，记作“Ω”。常用的单位有千欧姆(kΩ)、兆欧姆(MΩ)。1kΩ=1000Ω，1MΩ=1000000Ω。

1. 电阻器的命名方法

目前，电阻的品种很多，为了统一和方便起见，常给每种规格的电阻都编上型号，以便书写。以主称-材料-结构-大小的次序，并用简化名称的汉语拼音第一个字母代表。电阻的名称简化及代表符号如表 6.2.1 所示。

表 6.2.1 电阻的名称简化及代表符号表

项目	名称	简化名称	代表符号	项目	名称	简化名称	代表符号
主称	电阻	阻	R	结构	密封	密	M
	电位器	位	W		玻釉	釉	Y
材料	绕线	线	X	大小	小型		X
	碳膜	碳	T		超小型		C
	实芯碳膜	实	S		微型		W
	金属膜	金	J		精密		J
	金属氧化膜	氧	Y				

例如，RJJ71——精密金属膜电阻器。

2. 电阻器的分类

电阻器可分为固定电阻器、可变电阻器和敏感电阻器三大类。固定电阻器是指阻值固定不变的电阻器，通常简称电阻。主要用于阻值固定而不需要调节变动的电路中。可变电阻器又称变阻器或电位器，主要用在阻值需要经常变动的电路中，用来调节音量、音调、电流、电压等。敏感电阻器是指其阻值对某些物理量表现敏感的电阻元件。

电阻器按其材料结构，可分为合成型、薄膜型和合金型三类。合成型电阻包括合成碳膜、合成实芯、金属玻璃釉电阻等。薄膜型电阻包括碳膜、金属膜、金属氧化膜、化学沉积膜等。合金型电阻包括线绕电阻和精密合金箔电阻。电阻分类实物示意如图 6.2.1 所示。

(a) 碳膜电阻器　(b) 金属膜电阻器　(c) 金属玻璃釉电阻器

图 6.2.1　电阻分类实物示意图

1)合成型电阻

合成实芯碳质电阻(RS)是将碳墨(或石墨)粉、填料(滑石粉或云母粉)、黏合剂(树脂等材料)按照一定比例配料后，并加入引线，经压制、烧固、涂漆而制成。它成本低、工艺简单，但精度和稳定度较差、噪声较大。这类电阻的额定功耗一般有 0.25W、0.5W、1W 和 2W 等规格。

2)薄膜电阻

(1)碳膜电阻(RT)。碳膜电阻是在圆筒形瓷棒(或以瓷管)表面上，通过一定工艺，沉积一层碳膜，为了获得确定的阻值，沿瓷管外围刻螺槽，最后涂绿色保护漆制成。它的阻值范围为 0.75～10MΩ。额定功率有 0.1W、0.125W、0.25W、0.5W、1W、2.5W、10W 等。少数可做到 25～50W。它的阻值和误差标记一般直接用数字标出。这类电阻器的性能稳定，除一般应用，也适合在高级精密电子设备中使用。

(2)金属膜电阻(RJ)。它是通过真空蒸发工艺，将金属(或金属氧化物)沉积在陶瓷(或玻璃、塑料)管上制成的。改变薄膜厚度，就能控制电气性能，外表涂红色保护漆。其阻值范围为 1～600MΩ。这类电阻具有耐热、防潮、耐磨等优点，温度稳定性也优于碳膜电阻，噪声小，受到电压、频率的影响小，只是价格略高。

(3)精密级金属膜电阻(RJJ)。精密级金属膜电阻的精度高，误差仅为±1%。主要用于精密测量仪器，如用作示波器垂直衰减器和校准信号的分压器等。

3)合金型电阻

合金线绕电阻(RX)外形如图 6.2.2 所示，它是用镍铬丝(或锰铜丝、康铜丝)绕在

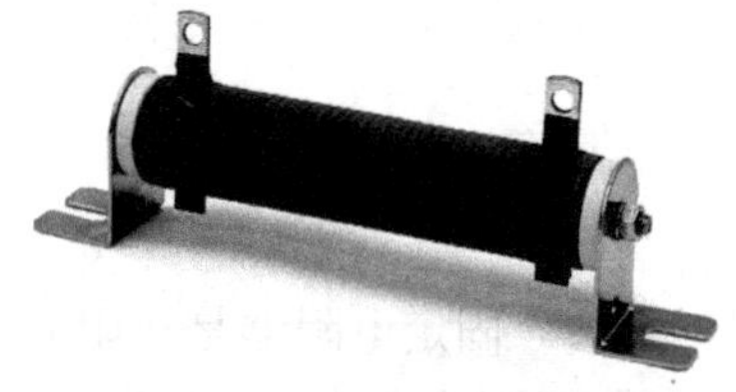
图 6.2.2 绕线电阻外形

瓷管上，外面涂以陶土(绝缘漆或釉质)保护层而制成。这类电阻器阻值稳定、误差小(约 5%以下)、耐高温，额定功率大(最高可达 1000W)。但是阻值较小(0.1～56kΩ)。

3. 电阻器的主要参数

1)标称值、容许误差及其标注方法

电阻器的标称值是指在电阻体上标注的电阻值。电阻的标称值范围很广，从零点几欧姆到几十兆欧姆。表 6.2.2 为电阻的标称值系列。所列数值应乘以 10^n(n 为正整数、零或负整数)。

表 6.2.2 电阻的标称值系列

系 列	允许误差	电阻的标称值
E24	±5%	1.0,1.1,1.2,1.3,1.5,1.6,1.8,2.0,2.2,2.4,2.7,3.0,3.3,3.6,3.9,4.3,5.1,5.6,6.2,6.8,7.5,8.2,9.1
E12	±10%	1.0,1.2,1.5,1.8,2.2,2.7,3.3,3.9,4.7,5.6,6.8,8.2
E6	±20%	1.0,1.5,2.2,3.3,4.7,6.8

电阻器的标称值与实测值不可能相同，总是存在一定差别。电阻器的标称值和实测值之间允许的最大偏差范围叫作电阻器的容许误差。电阻器的容许误差一般都标注在电阻的外表面上，如表 6.2.3 所示。通常普通电阻器的允许偏差分为三级：Ⅰ级(±5%)、Ⅱ级(±10%)、Ⅲ级(±20%)。精密电阻器允许偏差要求高，如±1%、±2%等。

表 6.2.3 固定电阻的容许误差

级别	0.05	0.1	0.2	Ⅰ	Ⅱ	Ⅲ
容许误差/%	±0.5	±1	±2	±5	±10	±20
标志符号	D	F	G	J	K	M

例如，4K7J——表示阻值为 4.7kΩ，误差为±5%；5M1K——表示阻值为 5.1MΩ，误差为±10%。

2)标准额定功率

标准额定功率是指电阻长时间所能耐受额定功率所产生的热量，而其阻值不会过多变化的能力。电阻器额定功率的标示法如图 6.2.3 所示。

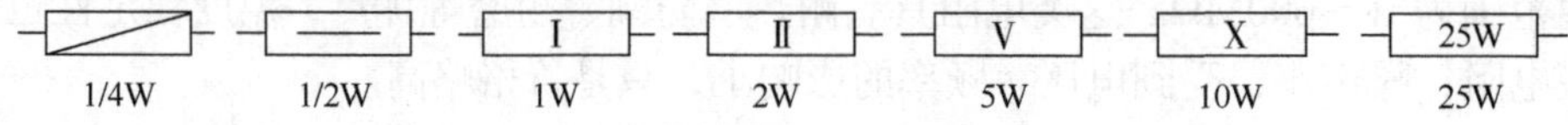

图 6.2.3 电阻器额定功率的标示法

但是这种标准会随着环境温度而改变，为使电阻能经久耐用，应采用比实际消耗功率大 1～2 倍的电阻。

4. 电阻器的识别

电阻器可根据电阻的标识进行识别。常用的电阻标识方法有四种：直标法、文字符号法、色环法和数码表示法。

1) 直标法

用阿拉伯数字和单位符号(Ω、kΩ、MΩ)在电阻体表面直接标出阻值，用百分数标出允许偏差的方法称为直标法。例如，24kΩ±10%。

2) 文字符号法

用阿拉伯数字和文字符号有规律的组合表示标称值和容许误差的方法称为文字符号法。其标注方法是阻值单位用文字符号，即R表示欧姆，k表示千欧，M表示兆欧。阻值的整数部分写在阻值单位符号的前面，阻值的小数部分写在阻值单位符号的后面。允许误差一般用Ⅰ，Ⅱ，Ⅲ表示。

例如，0.51Ω、5.1Ω、51Ω、5.1kΩ、51kΩ 等文字符号法分别表示为 R51、5R1、51R、5kl、51k。

3) 色环法

用不同颜色的色环标注在电阻体上，表示电阻器的标称值和容许误差的方法称为色环法。

常见的色环法有四环和五环两种，四环一般用于普通电阻的标注，五环一般用于精密电阻的标注。其颜色环的构成及意义如表6.2.4、表6.2.5所示。

表 6.2.4 四色环电阻的标称值和容许误差速查表 (单位：Ω)

色环位置	黑	棕	红	橙	黄	绿	蓝	紫	灰	白	金	银	无色
第一环数字	0	1	2	3	4	5	6	7	8	9	—	—	—
第二环数字	0	1	2	3	4	5	6	7	8	9	—	—	—
第三环倍率	$\times10^0$	$\times10^1$	$\times10^2$	$\times10^3$	$\times10^4$	$\times10^5$	$\times10^6$	$\times10^7$	$\times10^8$	$\times10^9$	$\times10^{-1}$	—	—
第四环误差/%	—	±1	±2	—	—	±0.5	±0.2	±0.1	±0.05	+5～−20	±5	±10	±20

表 6.2.5 五色环电阻的标称值和容许误差速查表 (单位：Ω)

色环位置	黑	棕	红	橙	黄	绿	蓝	紫	灰	白	金	银	无色
第一环数字	0	1	2	3	4	5	6	7	8	9	—	—	—
第二环数字	0	1	2	3	4	5	6	7	8	9	—	—	—
第三环数字	0	1	2	3	4	5	6	7	8	9	—	—	—
第四环倍率	$\times10^0$	$\times10^1$	$\times10^2$	$\times10^3$	$\times10^4$	$\times10^5$	$\times10^6$	$\times10^7$	$\times10^8$	$\times10^9$	$\times10^{-1}$	$\times10^{-2}$	—
第五环误差/%	—	±1	±2	—	—	±0.5	±0.2	±0.1	±0.05	+5～−20	±5	±10	±20

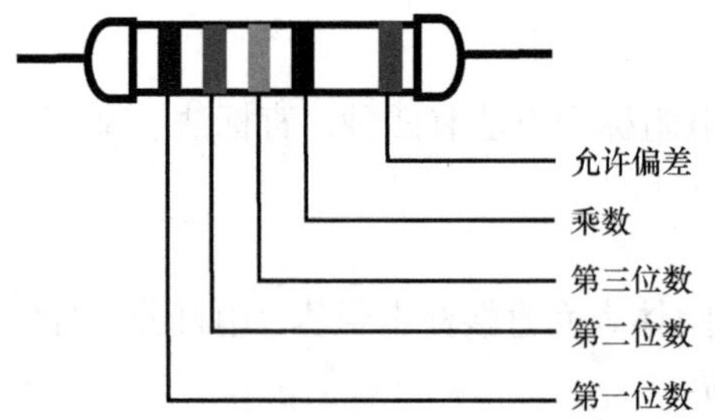

图 6.2.4　电阻首环的判断方法

通常四环、五环色环标识法中，尾环表示误差，倒数第二环表示倍率，前面的数值环表示电阻值。在识别和检验中判断第一条色环是很重要的，第一条色环的识别方法如图 6.2.4 所示。

电阻器首环的一般判别方法如下：

(1) 紧靠端面。

(2) 末尾环与其他环间距要稍大一些。

(3) 金色、银色不为首环，橙、黄及黑色不为末尾环。

(4) 实测比较。

例：一金属膜电阻，其五个色环依次为黄色、紫色、红色、红色、棕色，求其对应的电阻？

根据电阻五色环标识法，该电阻的色环标识如图 6.2.5 所示。所以该电阻的阻值为 $472\times10^2\pm1\%=47200\Omega\pm1\%=47.2\text{k}\Omega\pm1\%$。注意误差为±1%。

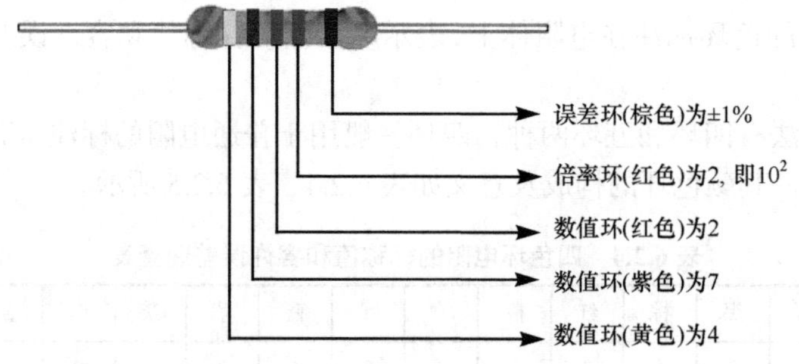

图 6.2.5　色环电阻阻值标识法

4) 数码表示法

数码表示法是在产品上用三位数码表示元件的标称值的方法。数码是从左向右的。第一、二位数字为有效数，第三位是乘数(或为零的个数)，单位为欧姆。

例如，473J=$47\times10^3\Omega$，误差为±5%；512K=$51\times10^2\Omega$，误差为±10%。

5. 电阻器的质量判别

1) 外观检查

从外观检查电阻体表面是否有烧焦、断裂，引线有无折断现象。

对于已经接在电路上的电阻器，可能出现松动、虚焊、假焊等现象，可用手轻轻地摇动引线进行检查。也可用万用表“Ω 挡”测量，如发现指针指示不稳定那么说明该电阻器有问题。

2) 阻值检查

电阻内部损坏或阻值变化较大，可通过用万用表 Ω 挡测量来核对。合格的电阻值应该稳定在允许的误差范围内，若超出误差范围或阻值不稳定，则说明电阻不正常，不能选用。

对电阻的其他参数则应采用仪表或专用测试设备进行判别。

3) 电阻器测量时的注意事项

(1) 严禁带电测量。

(2) 万用表应先选择合适的量程并校零，使指针落在表盘的中间区域，减少读数误差。

(3) 用手捏住电阻的一端引脚进行测量，不能用手捏住电阻体，防止人体电阻短路影响测量结果。

6. 电阻器的选用

选用电阻器应根据电子产品整机的使用条件和电路中的具体要求，从电气性能到经济价值等方面综合考虑。不要片面地采用高精度和非标准系列的电阻产品。

1) 电阻器选用基本原则

(1) 在选用电阻器时必须首先了解电子产品整机工作环境条件，然后与电阻器性能中所列的工作环境条件相对照，从中选用条件相一致的电阻。

(2) 要了解整机的工作状态。

(3) 既要从技术性能考虑满足电路技术以保证整机的正常工作，又要从经济上考虑其价格、成本，还要考虑其货源和供应情况。

(4) 根据不同的用途选用不同的电阻。

(5) 阻值应选取最靠近计算值的一个标称值。

(6) 电阻器的额定功率选取一个比计算的耗散功率大一些 (1.5～2 倍) 的标称值。

(7) 电阻器的耐压也应充分考虑，选取比额定值大一些的，否则会引起电阻器击穿、烧坏。

(8) 选用时，不仅要求其各项参数符合电路的使用条件，还要考虑外形尺寸、散热等因素。

2) 电阻器的代换

(1) 选取阻值相等或最相近的。

(2) 功率选取是能大勿小，最好相同。

(3) 电阻精度宁高勿低。

(4) 外形大小应相符。

7. 可变电阻器

滑线变阻器和电位器都是常见的可变电阻器，它们既有相同的地方，也有不同之处。相同的是都有三个端子，都是靠改变滑片位置来改变可变输出端对某一端的电阻值；不同的是滑动变阻器一般是电阻丝绕制而成，功率较大、体积也大，可以直接当负载或者串接在负载回路中用于限制电流。电位器一般是薄膜 (碳膜) 电阻，功率都很小、体积也小，主要用于信号电路的电压取样调节。

1) 滑线变阻器

滑线变阻器是用电阻率高、温度特性好的锰铜、康铜或其他合金丝等材料，在瓷管(或绝缘管)上绕制而成的。它有两个固定接线端子和一个可滑动的接线端子供使用，可作为固定电阻、可变电阻和分压器用。其电路符号和连接方法如图 6.2.6 所示。图 6.2.6(a)为符号，图 6.2.6(b)为可变电阻器的两种接法，图 6.2.6(c)为分压器接法。

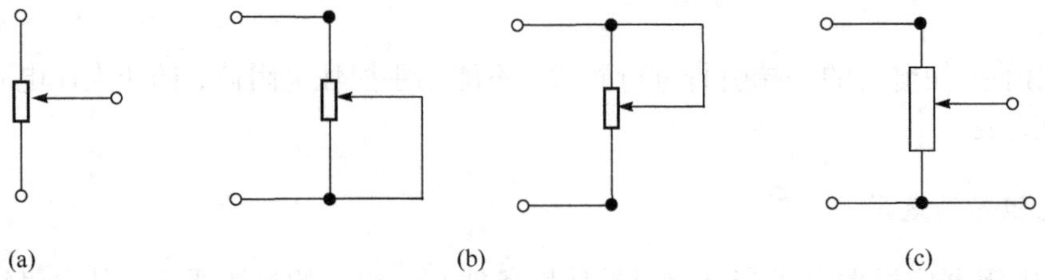

图 6.2.6　滑线变阻器的符号和连接方法

滑线变阻器上都有一个标牌，一般标有最大阻值、最大电流(或功率)及表明其结构形式和材料等参数。例如，500Ω/1.5A，表示电阻值在 0～500Ω 内可调，电阻丝允许长时间通过的电流为 1.5A。滑线变阻器不论用在何处，通过电阻丝的电流不得超过允许值。

2) 电位器

电位器实际上是一个可调电阻器，又称三端电阻器。通过调节其滑动端的位置来达到调节电阻值大小或分压值大小的目的。电位器的外形如图 6.2.7 所示。

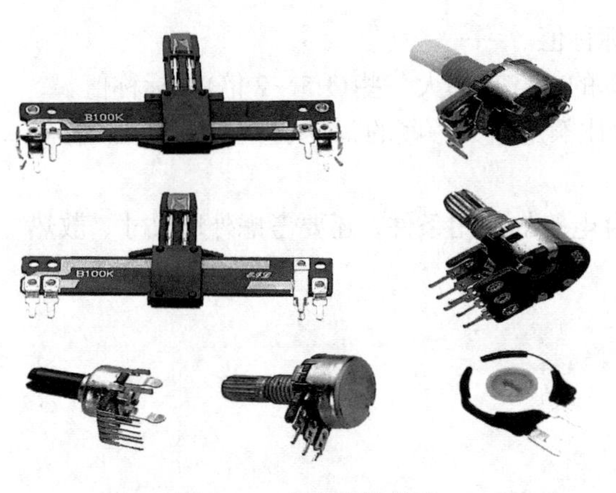

图 6.2.7　电位器的外形

电位器与变阻器结构形式和用途其本相同。但一般电位器的体积和功率都较小，有直滑型和旋转型两种。所用材料有碳膜、合成膜和绕线(电阻丝)等。在绕线型中，又有单层密绕和螺旋多圈之分。电位器一般均标有型号(结构、标料)、电阻值、功率值、精度等级和线性度等。例如，WTH-1-10 为合成膜、功率 1W、阻值为 0～10kΩ 的电位器；WXD-5-11A-470±5%为线绕多圈电位器，功率为 5W，最大电流 11A，阻值为 0～470Ω，误差±5%。

3) 电位器的质量判定

(1) 用万用表欧姆挡测量电位器的两个固定(A、C)端，其阻值应为电位器的标称值或接近其标称值。

(2) 测量某一固定端与可调端(A、B 或 B、C)之间的电阻，反复慢慢旋转电位器转轴，观察指针是否连续、均匀变化。如果指针不动或跳动则说明电位器有问题或损坏。

(3) 测量各端子与外壳是否绝缘。

4)电位器选用基本原则

(1)在选用电位器时，首先了解整机工作环境，然后与电位器的工作环境相对照，从中选用环境相一致的电位器。

(2)阻值应选取最靠近计算值的一个标称值。

(3)额定功率选取应比计算的耗散功率大一些(1.5～2倍)的标称值。

(4)应根据不同用途来选用不同阻值变化特性的电位器。

(5)应根据不同设备的有效空间选用不同体积和形状的电位器。

8. 敏感电阻器

敏感电阻器是指其阻值对某些物理量表现敏感的电阻元件。常用的敏感电阻器有热敏、光敏、压敏、湿敏电阻器等。

光敏电阻是利用半导体的光电效应制成的一种电阻值随入射光的强弱而改变的电阻器，常见的光敏电阻如图6.2.8所示。入射光强，电阻减小；入射光弱，电阻增大。光敏电阻器一般用于光的测量、光的控制和光电转换(将光的变化转换为电的变化)。

图6.2.8 光敏电阻外形图

常用的光敏电阻是硫化镉光敏电阻器，它由半导体材料制成。光敏电阻器的阻值随入射光线(可见光)的强弱变化而变化。在黑暗条件下，它的阻值(暗阻)可达1～10MΩ；在强光条件下，它的阻值(亮阻)仅有几百至数千欧姆。

1)光敏电阻的检测

检测光敏电阻时，将万用表置于R×1kΩ挡，两表笔分别接光敏电阻的一个引脚，然后分别进行暗阻、亮阻和灵敏性测试。具体做法为将万用表置于适当的电阻挡，用表笔接光敏电阻两端，同时改变光照的强弱，并观察指针的摆动。正常指针会随光照的变化而摆动，若指针没有摆动或摆动很小，则说明光敏电阻已损坏。光敏电阻是利用半导体光电效应制成的一种特殊电阻，光敏电阻的特点是对光强非常敏感。无光线照射时，光敏电阻呈高阻状态；当有光线照射时，电阻值迅速减小。没有光照时的暗阻越大越好，有光照时的亮阻则越小越好。

2)检测灵敏性

将光敏电阻透光窗口对准入射光线，用小黑纸片在光敏电阻的透光窗上部晃动，使其间断受光，此时万用表指针应随黑纸片的晃动而左右摆动。如果万用表指针始终停在某一位置不随纸片晃动而摆动，说明光敏电阻已损坏。

6.2.2 电容器

电容器是一种储能元件，可在介质两边储存一定量的电荷。电容器的基本结构是在两个相互靠近的导体之间夹一层不导电的绝缘材料(电介质)。常见的电容的外形图如图 6.2.9 所示。

图 6.2.9　电容器外形图

1. 符号和单位

电容用符号 C 表示，其基本单位是法拉，以 F 表示。其他单位还有微法拉(μF)、纳法拉(nF)和皮法拉(pF)，它们的关系为 $1F=10^6\mu F=10^9 nF=10^{12}pF$。对于交流电，电容器的容抗为

$$X_C=\frac{1}{\omega C}=\frac{1}{2\pi fC}$$

2. 电容器的分类

电容器可分为固定电容器、可变电容器两大类。按照电容器的介质材料，又可分为固体有机介质电容器、固体无机介质电容器、电解电容器和气体电容器等。

(1)电解电容器(CD)。此电容是以电解液作为介质的电容器，这种电容器容量大、耐压高、体积大，常用于交流旁路和滤波。电解电容有正、负极之分，一般外壳为负端，另一接头为正端，安装时，不能接错。

(2)钽电容器(CA)。特点是容量大(0.1～470μF)、体积小、漏电也较小，但耐压不高(小于 100V)。

(3)云母电容器(CY)。此电容是一种以云母片作为介质的电容器。特点是高频性能稳定、损耗小、漏电小、耐压高(几百伏到几千伏)，但容量小(几十皮法到几万皮法)。

(4)瓷片电容器(CCX)。特点是体积小、损耗小、温度系数小，但耐压较低(一般为 60～70V)。

(5)涤纶电容器(CLX)。特点是体积小、耐压低(60V 左右)，但电感比较大，不宜在高频时使用。

(6)矩形混合介质电容器(CH)。此电容器耐压高于 2kV，体积较小，容量也比较大，还有 CT-3 玻璃轴电容器、CIJX 金属膜纸质电容等。

(7)微调电容(CM、CCWX)。

空气微调——以空气为介质，性能好，温度系数小，但体积大，容量不大。

瓷微调——可调范围不大，损耗大，易碎，体积小。

各种电容器的性能比较和代表符号如表 6.2.6 所示。

表 6.2.6　各种电容器的性能比较表

电介质	结构	容量	耐压	绝缘电阻	稳定性	体积	其他
空气	可变	小	高	高	好	大	
瓷介	固定、微调	小	中、高	高	好	小	温度系数可控制
云母	固定、微调	小、中	高	高	好	小	
纸介	固定	小、中	中	中	差	中	
金属化纸介	固定	小、中	中	中	差	下、中	
有机薄膜	可变、固定	小、中	高	高	好	下	
玻璃釉	固定	小、中	高	高	好	更下	
电解	固定	大	低、中	低	差	大、中	有正、负极性

3. 电容器的主要参数

普通固定电容器的主要参数通常为标称容量、允许误差、耐压值、绝缘电阻等。

(1)电容器标称容量、允许误差及标注方法。不同类型的电容器有不同的标称系列，其允许误差分为八级。

(2)耐压。当电容器两端电压升高至某一数值时，绝缘的介质材料就会被破坏，造成击穿。电容器的外壳上通常注有耐压指标，如“400 $\underline{V}$”“800VTV”，其中“_”代表直流工作电压，“～”代表交流工作电压，“TV”代表试验电压。即“400 $\underline{V}$”表示电容器能长时间可靠工作于 400V 直流电压下；半导体线路中常用 6V、9V、12V、24V 的低压，可选用耐压 6V、10V、15V、30V 系列的电容器。

(3)绝缘电阻。绝缘电阻是指电容器两端所加的直流电压与漏电电流之比，它取决于介质材料、厚度和面积。绝缘电阻越大越好。

4. 电容器的识别

常用电容器标称容量和允许误差标注在电容器上，其标注方法如下。

(1)直标法。它是将标称容量及容许误差值直接标注在电容器上。用直标法标注的容量，有时不标注单位。

电容器直标法的参数的标注规则和识别方法是：凡容量大于 1 的无极电容，其容量单位为 pF；容量小于 1 的电容，其容量单位为 μF；有极性的电容，其容量单位为 μF。

例如，4700 表示容量为 4700pF；0.01 表示容量为 0.01μF；电解电容器 10 表示容量为 10μF。

(2)文字符号法。它是将容量的整数部分标注在容量单位符号前面，容量的小数部分标注在单位标志符号的后面，容量单位符号所占的位置就是小数点的位置。例如，3n3 表示容量为 3.3nF(3300pF)。若在数字前面标注 R，则容量为零点几微法。例如，R47 表示容量为 0.47μF。

(3)数码表示法。它是用三位数字表示电容容量的大小。其中，前两位数字是电容器的标称容量的有效数字，第三位数字表示有效值数字后面零的个数，单位为 pF。例如，102 表示容量为 10×10^2pF。若第三位数字为 9，有效数字应乘上 10^{-1}。例如，229 表示容量为 22×10^{-1}pF。

直标法与数码表示法的区别是：直标法第三位一般是 0，而数码表示法第三位则不是 0。

(4) 色标法。电容器色标法原则与电阻相同，颜色意义也与电阻基本相同，其容量单位为 pF。当电容器的引线同向时，色环电容的识别顺序是从上到下。

5. 电容的质量检测与使用

1) 电解电容器的极性与识别

电解电容器是有极性的电容器，在接入电路时，必须按极性接入且不能接反。否则，轻则影响电路正常工作，重则造成电解电容发热爆炸。

电解电容器的引脚极性通常标示在外壳上，印有“–”符号所对应的引脚为负极，且在两根引出线中为较短的一根；“+”极通常不标识，而在两根引出线中为较长的一根。电解电容的外形如图 6.2.10 所示。

图 6.2.10 电解电容器的外形

2) 电容器的容量和质量简易判断方法

可利用电解电容的充放电现象进行判别。

(1) 用指针式万用表判断方法。

① 用指针式万用表的欧姆挡进行测量：对 10μF 以下的电容器，万用表置 R×10kΩ挡；对 10μF 以上的电容器，万用表置 R×1kΩ挡。

② 将万用表的两支表笔直接与电容器的两根引出线相接，此时，万用表的指针将向右偏转(电容器的容量越大，偏转角度越大)，偏转到最大的角度后再返回表盘的左边并逐渐回到初始位置。调换电容器的两根引出线再接入万用表的表笔，指针再度向右偏转更大的角度，然后又返回初始位置。在测试时，如果电容器符合这种情况，说明电容器的质量是好的。

③ 如果万用表的指针回不到“∞”，而停在某一数值上，指针稳定后的阻值就是电容器的绝缘电阻(也称漏电电阻)。一般的电容器绝缘电阻在几十兆欧姆以上。若所测电容器的绝缘电阻小于上述值，则表示电容漏电。绝缘电阻越小，漏电越严重。若绝缘电阻为零，则表明电容器已击穿短路；若表针不动，则表明电容器内部开路。

(2) 用数字万用表测试电容好坏的方法。

① 判断极性：先把数字万用表调到 200Ω或 2kΩ欧姆挡。然后先假定电容器的一极为正极，让黑表笔与它连接，红表笔与另一极连接，测试并记下阻值。接着把电容放电(即让两极接触)，然后换表笔测电阻，阻值大的一次黑表笔连接的就是电容的正极。

② 把数字万用表调到欧姆挡适当挡位，挡位选择的原则是：小于 1μF 的电容用 20kΩ挡，1～100μF 电容用 2kΩ挡，大于 100μF 的用 200Ω挡。

③ 然后用数字万用表的红笔接电容的正极，黑笔接电容的负极，如果显示从 0 慢

慢增加，最后显示溢出符号“1”则电容正常；如果始终显示为“0”，则电容内部短路；如果始终显示“1”，则电容内部断路。

3）小容量电容的测试

对于容量小于10nF的电容，由于充电时间很快，充电电流很小，即使用万用表的高阻值挡也看不出表针摆动。所以，可以借助一个NPN型的三极管的放大作用来测量。选用R×20kΩ挡，将万用表红表笔接三极管发射极，黑表笔接集电极，电容器接到集电极和基极两端，由于晶体管的放大作用就可以看到表针摆动。

也可利用交流信号来进行测量，即使万用表或试电笔通过串接电容器去测量交流信号。

6. 电容器的选用

电容器种类很多，性能指标各异，选用时应考虑如下各因素：

(1)电容器额定电压。

(2)标称容量及精度等级。

(3)体积。

6.2.3　电感器

凡能产生电感作用的器件统称电感器。电感器是根据电磁感应原理制作的电子元件，可分为两大类：一类是利用自感作用的电感线圈，如图6.2.11所示；另一类是利用互感作用的变压器和互感器。电感器的单位是亨利(H)，常用的有毫亨(mH)、微亨(μH)。

图6.2.11　常见的电感器

1. 电感线圈的质量判别

(1)外观检查。电感线圈选用时要检查其外观，不允许有线匝松动、引线接点活动等现象。

(2)线圈通、断检测。检查线圈通、断时，应使用精度较高的万用表或欧姆表，因为电感线圈的阻值均比较小，必须仔细区别正常阻值与匝间短路。

(3)带调节芯电感线圈的检查。带调节芯的电感线圈，在成品出厂时，其电感量均已调好并在调节芯封上蜡或点油漆加以固定，一般情况不允许随意调整。

(4)电感线圈的电感量可用专门的仪器测量，也可用万用表粗略测量，观察万用表指针的偏转，读电感器对应的刻度。

2. 变压器

1) 常用变压器的分类

(1) 音频变压器。音频变压器可分为输入和输出变压器两种，主要用在收音机末级功放上起阻抗变换作用。

(2) 中频变压器。中频变压器适用于频率范围从几千赫兹到几十兆赫兹。它是超外差式接收机的重要元件，又叫中周。起选频、耦合、阻抗变换等作用。

(3) 高频变压器。一般又分为耦合线圈和调谐线圈。调谐线圈与电容可组成串、并联谐振回路，用来起选频等作用。天线线圈、振荡线圈都是高频线圈。

(4) 电源变压器。电源变压器大都是交流 220V 降压变压器，用于电子产品低压供电，如图 6.2.12 所示。

2) 电源变压器的质量判别

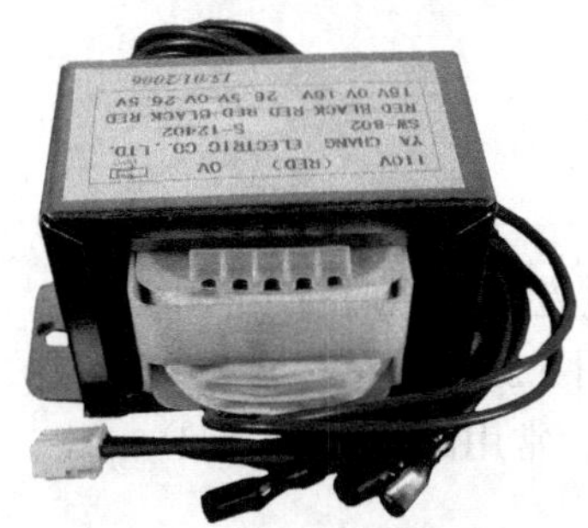

图 6.2.12　变压器外形图

整流变压器一次侧接交流电网，二次侧接硅整流器。

一般变压器的质量判别包括两个。一是原边或副边绕组的线圈必须是通的，这只要用万用表的欧姆挡直接测量即可。通常，3W 变压器的原绕组的阻值约为几百欧姆，而副绕组的阻值约为十几到几十欧姆。二是发热程度，判别方法如下：将变压器原绕组接入 220V 电源中，在其副绕组中接入对应满功率的假负载(可用大电阻或电炉丝或对应功率的小灯泡代替)，连续运行半小时，如变压器的温升不超过 60℃，则该变压器为合格品。

6.2.4　二极管

PN 结正向偏置时处于导通状态，反向偏置时处于截止状态，即 PN 结有单向导电性。PN 结加上相应的电极和管壳，就成为二极管。

1. 常用的二极管

常用的二极管有普通二极管、稳压二极管、发光二极管、光电二极管等。常见的普通二极管和发光二极管外形如图 6.2.13 和图 6.2.14 所示。二极管的应用很广泛，主要都是利用它的单向导电性。二极管可用于整流、检波、限幅、元件保护以及开关元件等。当发光二极管加上正向电压并有足够大的驱动电流时，就能发出清晰的光，其工作电压为 1.5～2.5V。稳压二极管工作于反向击穿状态，在电路中能起稳压作用。

二极管为有极性元件，其“+”极又称为阳极，“−”极又称为阴极，在接入电路中时不允许反接，否则电路不能正常工作，甚至将造成电路故障！

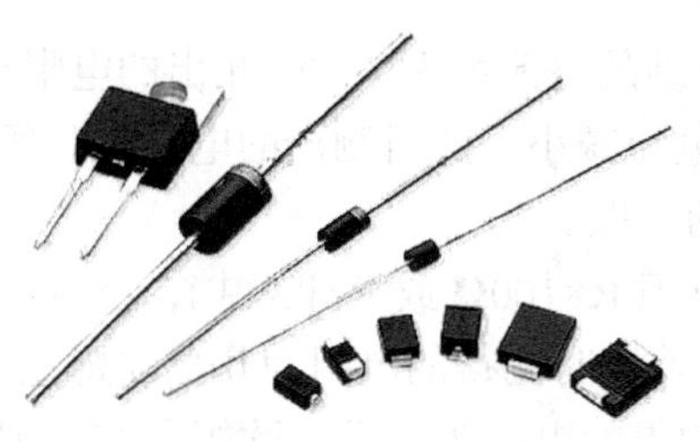

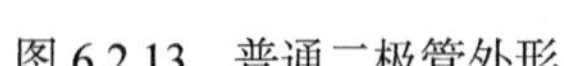
图 6.2.13 普通二极管外形

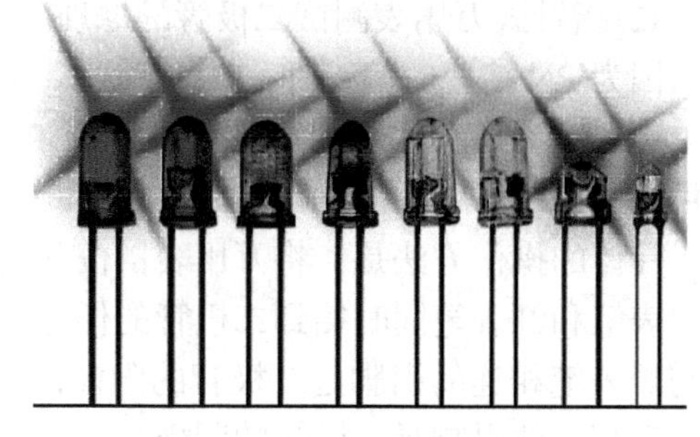
图 6.2.14 发光二极管

2. 二极管的判别方法

1）二极管极性判断方法

(1)直观法：普通二极管外表面印有白色或黑色环的那一根引出线为阴极。发光二极管引脚短的电极为阴极。

(2)万用表判定法：用指针式万用表的 R×10kΩ挡(测试发光二极管)或 R×1kΩ挡(测试普通二极管)，将红、黑表笔分别与二极管的两条引出线(又称引脚)相连；然后交换红、黑表笔后仍与二极管的两个引脚相连。如果两次阻值相差较大，那么二极管是好的。阻值较小的那次，与黑表笔相连的引脚为阳极。

2)用指针式万用表测试二极管的方法

(1)指针式万用表电阻挡使用时的模型。

当指针式万用表的转换开关拨到电阻挡用作欧姆表使用时，要用到内部的电源即干电池。这时的万用表等效电路如图 6.2.15 所示。此时红表笔是内部电源的负极，黑表笔是内部电源的正极。R_0为表内等效电阻，E_0为表内电源电压。

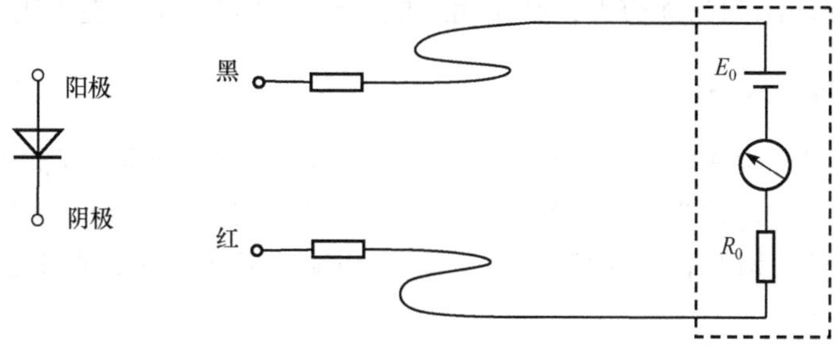

图 6.2.15 万用表欧姆挡的等效电路图

用指针式万用表测试小功率二极管和三极管时，要用电阻挡的 R×100Ω 或 R×1kΩ 挡为宜。因为在 R×lΩ 和 R×10Ω 挡时，虽然 E_0=1.5V，但是其等效内阻小，测量电流大，容易烧坏 PN 结；而采用 R×10kΩ 挡时，所用的电源是层叠电池，电池电压有 9V、12V 不等(因万用表的型号而异)，测量电压较高，容易击穿 PN 结。同时，必须注意，指针式万用表电阻挡不同，其等效内阻也各不相同。

测量发光二极管时，可以使用 R×10kΩ 挡。

⑵指针式万用表测试二极管的原理。

因为 PN 结正向偏置时，PN 结变薄，流过 PN 结的电流增大，此时测出的电阻小；而 PN 结反向偏置时，PN 结变厚，流过 PN 结的电流减小，此时测出的电阻大。所以可用测量二极管正反向电阻的方法来判断二极管的极性。

具体的操作方法是：将万用表挡位开关拨到电阻 R×100Ω 或 R×lkΩ 挡，将万用表的黑表笔和红表笔同时接到二极管的任意两极上，若此时测得的电阻为几百欧姆左右，则与黑表笔相连的引脚是二极管的阳极；若此时测得的电阻为几百千欧姆左右，则与黑表笔相连的引脚是二极管的阴极。

3)用数字式万用表测试二极管的方法

将数字式万用表的红表笔插在 V、Ω 孔中，黑表笔插在 COM 孔中，将量程转换开关置于测量二极管的挡位。并将数字万用表的红、黑表笔分别与二极管的两个电极相接。

⑴如果显示数字“500.0～700.0”，说明此时二极管正向导通。万用表所显示为二极管正向导通时管压降的毫伏值。

⑵如果显示“1”，表示超量程，说明二极管不导通，二极管处于反向截止。

⑶如果显示数字“500.0～700.0”，与红表笔相连的引脚是阳极。

3. 二极管质量的判断

二极管质量的判断使用的工具主要是万用表。检验二极管质量时，先用万用表测量二极管电阻，并根据以下规则判断：

⑴若正向电阻很小、反向电阻很大，则说明二极管单向特性好。

⑵若反向电阻比正向电阻大很多倍，那么证明二极管是好的。

⑶若正反向电阻都为零，则说明二极管被击穿，不能再用。

⑷若正反向电阻都为无穷大，则说明二极管已经断路，也不能再用。

4. 二极管材料的判别

二极管的材料判别通常也可根据电阻大小来判断，如锗管的正反向电阻均比硅管小。一般硅管的正向电阻为几千欧姆左右，反向电阻为几百千欧姆至无穷大。而锗管的正向电阻为一千欧姆左右，甚至更小些，反向电阻为几十千至几百千欧姆。

6.2.5 三极管

双极型晶体管又称三极管，简称晶体管，它是最主要的一种半导体器件。它的放大作用和开关作用的应用促使电子技术得到飞跃发展。就类型而言三极管分为 NPN 和 PNP 两种，就材料而言分为硅管和锗管。不管是 NPN 和 PNP 都有两个结(发射结和集电结)，三个引出极(基极 B、发射极 E 和集电极 C)。常见的三极管外形如图 6.2.16 所示。

三极管在接入电路时，需看清型号，不允许接错。否则将造成电源短路而形成重大故障。在使用三极管之前，一般都应进行性能测试和质量鉴别。常用的简单鉴别工具是万用表。

图 6.2.16 常见的三极管外形

1. 三极管的识别与测试

1)三极管的引脚判别(直观法)

将三极管的有字面朝向自己，并将三个引脚朝下，在这种情况下，从左到右的三个引脚分别为发射极 E、基极 B、集电极 C。

2)三极管引脚的判别(万用表测试法)

(1)指针式万用表识别与测试三极管的方法。

① 三极管的基极与类型的判断。

由于三极管可以看成两个 PN 结反向串联而成的(实际的三极管不是由两个二极管简单地反向串联而成的)，其内部等效结构如图 6.2.17 所示，所以可用内部结构来判断晶体管的基极和极性。如果基极是阳极，则晶体管是 NPN 型；如果基极为阴极，那么晶体管为 PNP 型。

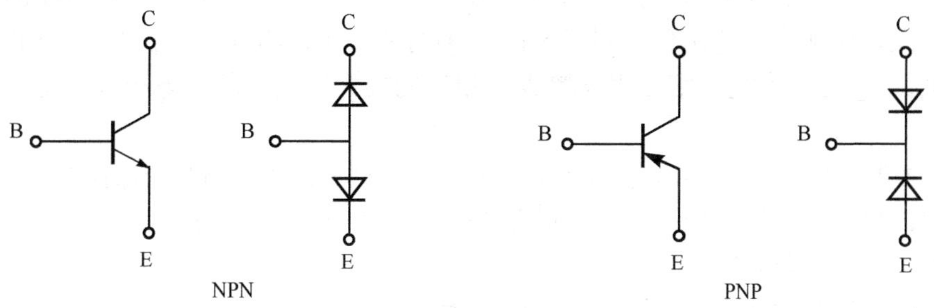

图 6.2.17 三极管内部等效结构图

具体操作如下：用黑表笔接某一引脚(最好先选当中的一个)，红表笔分别与其他两引脚相连，若此时测得的电阻值都很大(几百千欧姆)且相同，或都很小(几百欧姆)则与黑表笔相连的那一极为基极。其中，对于所测的电阻都很小且阻值相同的三极管是 NPN 型的；对于所测的电阻都很大且阻值相近的三极管是 PNP 型的；测不出基极的三极管，则可能已坏。

② 发射极和集电极的判断。

将三极管的集电结反偏，发射结正偏，此时如果基极偏置电阻选择得合适，三极管处于放大状态。只有三个电极满足 $V_C>V_B>V_E$(NPN 型)或 $V_C<V_B<V_E$(PNP 型)时，三

极管才能正常放大，集电极与发射极间流过的电流较大，测得集电极与发射极间的电阻小。将三极管的集电结正偏，发射结反偏，三极管处于倒置状态，此时电流放大倍数 $\beta\approx0.01$，集电极与发射极间仅有微小的电流 I_{CEO} 流过，测得集电极与发射极间的电阻较大。

由于万用表的挡位开关拨到电阻挡时，万用表本身相当于一个等效电源，输出电源电压小于 1.5V（R×10kΩ挡除外）。通过万用表内部电源和 BC 间的偏置电阻构成基本共射放大器，如图 6.2.18 所示接线。

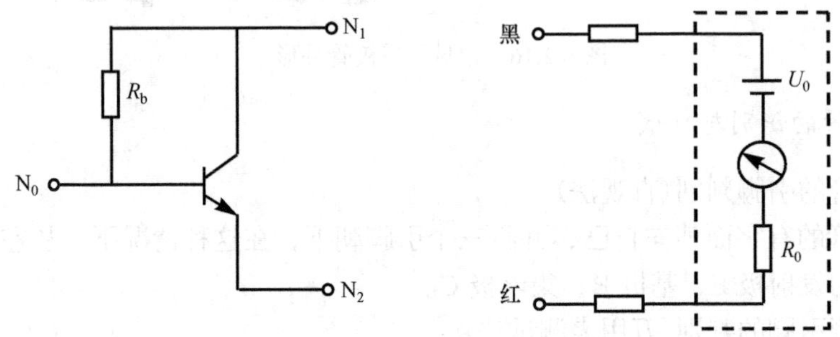

图 6.2.18　晶体管发射极 E 和集电极 C 的判别示意图

判断三极管集电极 C 和发射极 E 的具体操作方法如下：对于一只已预先判断出基极 B 的 NPN 型三极管，将万用表黑表笔和红表笔分别与三极管基极以外的两个极任意相连，然后在黑表笔和基极间加一个 100kΩ 电阻（在操作过程中，用手指代替，如果表针摆动不明显，也可用舌头代替）。观察万用表所测出的电阻值，再将万用表红黑表笔对调，仍在万用表黑表笔和三极管基极间加一个 100kΩ 电阻，观察所测出的电阻值。比较两次操作所测出的电阻值，对于电阻值小的那一次，CE 间电流大的那一次，N_1 接黑表笔，N_2 接红表笔，则万用表黑表笔相连的极为三极管的集电极 C。余者为发射极。

倘若要判断的是一只已预先判断出基极的 PNP 型三极管，判断的操作过程与上述过程相同，只是判定结果相反。即选择万用表所测电阻值大的那次操作与万用表黑表笔相连的极为三极管的集电极 C。

③ 共射极直流电流放大系数 β 与噪声的性能测试。

静态电流放大系数 h_{FE} 可用万用表进行测量。具体方法为将挡位旋钮拨到电阻挡的 R×10Ω挡（h_{FE} 挡），短接两表笔，旋转调零电位器调零，完成后断开表笔，再将三极管按照已测出的管型将引脚顺序插入万用表左上角的对应插孔，此时读取 h_{FE} 值，即静态电流放大系数，其值近似等于动态电流放大系数 β。

(2)数字式万用表识别与测试三极管的方法。

① 调整数字万用表的挡位。

将数字式万用表的红表笔插在 V、Ω 孔中，黑表笔插在 COM 孔中，将量程转换开关置于测量二极管的挡位。

② 三极管的基极与类型的判断。

将红表笔固定接在三极管的某一极上，黑表笔分别与另外两极相接，若两次都导通，则与红表笔相接的极为基极，且此三极管的类型为 NPN 型；若将黑表笔固定接在三极管的某一极上，红表笔分别与另外两极相接，若两次都导通，则与黑表笔相接的极为基极，且此三极管的类型为 PNP 型。

③ 发射极和集电极的判断。

将数字式万用表的量程转换开关置于测量三极管的 h_{FE} 挡，然后将已经判断出类型和基极的三极管插入测量三极管的孔中(按照类型和基极对应插好)。记录万用表的读数，将三极管的 C、E 两引脚对换位置后再插好，记录万用表的读数，两次读数中数值大的一次，说明三极管处于放大状态，该次插接时孔上所标注的极性即为三极管的引脚极性。

在掌握上述一些测试方法后，即可判断三极管的 PN 结是否损坏。这是在实际设计和维护中判断三极管是否良好经常采用的简便方法。

2. 三极管的选用

1) 选用原则

(1) 选用的三极管，切勿使工作时的电压、电流、功率超过手册中规定的极限值，并根据设计原则留有一定的余量，以免烧坏三极管。

(2) 对于大功率管，特别是外延型高频功率管，在使用中的二次击穿往往使功率管损坏。为了防止第二次击穿，就必须大大降低三极管的使用功率和电压。

(3) 选择晶体管的频率，应符合设计电路中的工作频率范围。

(4) 根据设计电路的特殊要求，如稳定性、穿透电流、放大倍数等，均应进行合理选择。

2) 三极管使用注意事项

(1) 焊接时应选用 20～75W 的电烙铁，每个引脚焊接时间应小于 4s。

(2) 三极管引出线弯曲处离管壳的距离不得小于 2mm。

(3) 大功率管的散热器和三极管底部接触应平整光滑，固定的螺钉松紧一致，结合紧密。

(4) 三极管应安装牢固，避免靠近电路中的发热元件。

6.2.6 集成电路

1. 集成电路的特点与结构

(1) 集成电路的特点。集成电路的体积小、耗电低、稳定性好，从某种意义上讲，集成电路是衡量一个电子产品是否先进的主要标志。

(2) 集成电路的结构。集成电路的基本结构是把一个单元电路或某一功能、一些功能，甚至某一整机电路集中制作在一个晶片或陶瓷片上，然后封装在一个便于安装焊接的外壳中。

2. 集成电路引脚识别

(1) 圆形封装集成电路。将引脚对准自己，从管键(标记)开始顺时针读引脚序号，如图 6.2.19(a)所示。

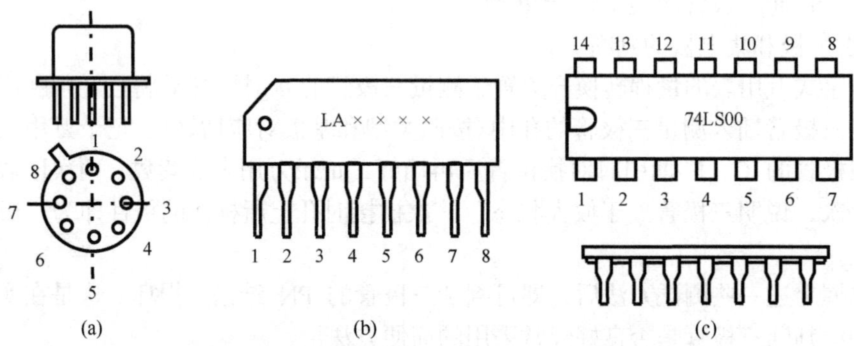

图 6.2.19　集成芯片引脚的识别

(2) 单列直插式封装集成电路。以正面(标志面)朝向自己，引脚向下，以缺口、凹槽或色点作为引脚参考标记，引脚序号从左到右排列，如图 6.2.19(b)所示。

(3) 双列或四列封装集成电路。正面(标志面)朝向自己，以缺口、凹槽或色点作为引脚参考标记，引脚序号按逆时针顺序排列，如图 6.2.19(c)所示。

(4) 三脚封装集成电路。以正面(标志面)朝向自己，引脚向下，引脚序号从左到右排列，如图 6.2.20 所示。

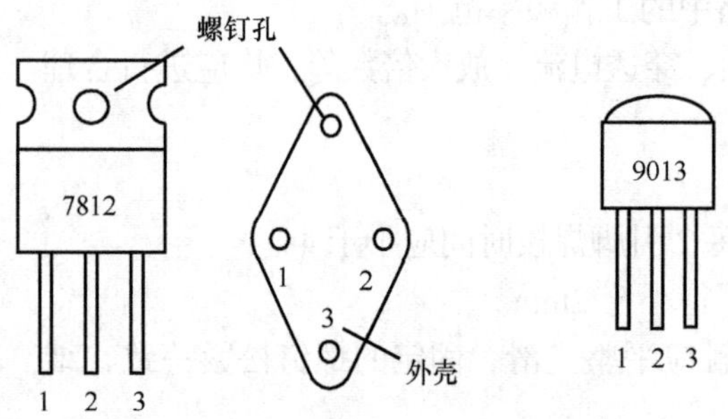

图 6.2.20　三脚封装集成电路的引脚识别

3. 集成电路质量判别

(1) 把集成电路安装在电路板上测量各引脚对地的直流电压，并与参考值或工作正常的产品上测量所得电压值进行比较。

(2) 测量各引脚对地的正反向电阻，与参考值或参考测量值进行比较。

(3) 焊开或取下集成电路，测量各引脚对地端的正反向电阻，与参考值进行比较。

4. 集成电路的使用与注意事项

(1) 集成电路在使用时不允许超过极限值，在电源电压变化不超过额定值的±10%时，电路参数应符合规范值。

(2) 集成电路使用温度一般在−30～85℃，在系统安装时应尽量远离热源。

(3) 集成电路如用手工焊接时，不得使用大于 45W 的电烙铁，焊接时间应不超过 10s。

(4) 安装集成电路时要注意方向。

(5)要处理好空脚。

(6)对于 CMOS 集成电路，为了防止栅极静电感应击穿，所使用一切测试仪器、电烙铁、线路本身均需良好接地。此外在存放时，必须将其放置于屏蔽盒内或用金属纸包装。

6.2.7　石英晶体元件

石英晶体元件又称为石英晶体振荡器，通常简称晶振或晶振元件。它是利用具有压电效应的石英晶体，按特殊的轴向进行切割，然后加以封装制成的谐振元件。通过不同的切割方法以及所切晶片的薄厚，可以制成不同谐振频率的石英晶体振荡器。

石英晶体元件的检测方法如下：

(1)电阻法。用万用表 R×10kΩ挡测量石英晶体元件两引脚间电阻值，应为无穷大。

(2)在路电压测量法。在路电压测量法是通过测量石英晶体元件的在路电压与参考值(产品正常工作时测量所得到的正常电压值)进行比较。

(3)电笔测试法。用一只试电笔，将试电笔头插入交流试电的火线孔内，再用手捏住石英晶体的任一只引脚，让另一只引脚去触及试电笔的顶端的金属部分，若试电笔氖管发光说明石英晶体元件是好的。

(4)替换法。

6.2.8　整流桥

整流桥外形图如图 6.2.21 所示。整流桥是内部按全波整流电路要求连接的四个二极管，因此可用万用表的 R×1kΩ挡按前面所述的二极管质量判断方法，单独对每个桥臂上的二极管进行正反向电阻的测量，即可判断其质量的好坏。必须保证四个二极管均为正常时该整流桥才为合格品。

6.2.9　驻极体话筒

驻极体话筒是将声音信号转换成电信号的器件，其外形如图 6.2.22 所示。驻极体话筒具有体积小、结构简单、电声性能好、价格低的特点，广泛用于盒式录音机、无线话筒及声控等电路中。

图 6.2.21　整流桥外形

图 6.2.22　驻极体话筒外形

1. 驻极体话筒结构

驻极体话筒由声电转换电路和阻抗变换电路两部分组成。

1)声电转换电路

声电转换的关键元件是驻极体振动膜。驻极体极头的基本结构由一片单面涂有金属的驻极体薄膜与一个上面有若干小孔的金属电极(称为背电极)以及它们中间的几十微米厚的尼龙隔离垫组成。驻极体面与背电极相对，中间有一个极小的空气隙，形成一个以空气隙和驻极体作为绝缘介质，以背电极和驻极体上的金属层作为两个电极构成的一个平板电容器。电容的两极之间有输出电极。由于驻极体薄膜上分布有极化电荷，当声波引起驻极体薄膜振动而产生位移时，改变了电容两极板之间的距离，从而引起电容变化，由于驻极体上的电荷量恒定，根据 $Q=CU$ 可知，当 C 变化时必然引起电容器两端电压 U 的变化，从而输出电信号，实现声音向电压的变换。

2)阻抗变换电路

驻极体膜片与金属极板之间的电容量比较小，一般为几十皮法。因而它的输出阻抗值很高，约几十兆欧以上。因此，它不能直接与放大电路相连接，必须连接阻抗变换器。通常用一个专用的场效应管和一个二极管复合组成阻抗变换器。内部电气原理如图 6.2.23 所示。

2. 驻极体话筒的接法

驻极体话筒的接法如图 6.2.24 所示。话筒有两根引出线，漏极 D 与电源正极之间接一漏极电阻 R，信号由漏极经隔直电容输出，这种接法有一定的电压增益，话筒的灵敏度比较高，但动态范围比较小。目前市场上售卖的驻极体话筒大多以这种方式连接。

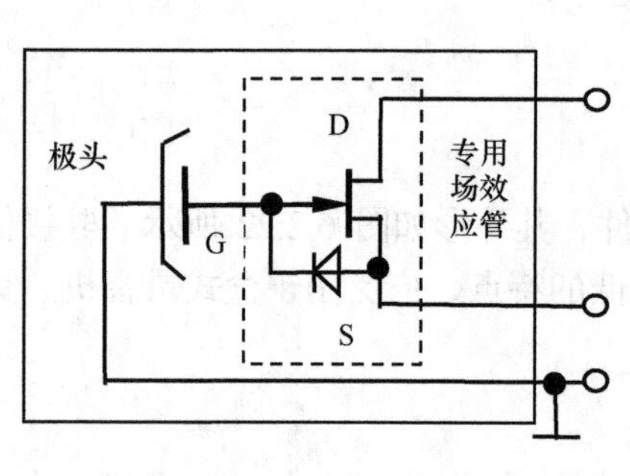

图 6.2.23　驻极体话筒阻抗变换电路

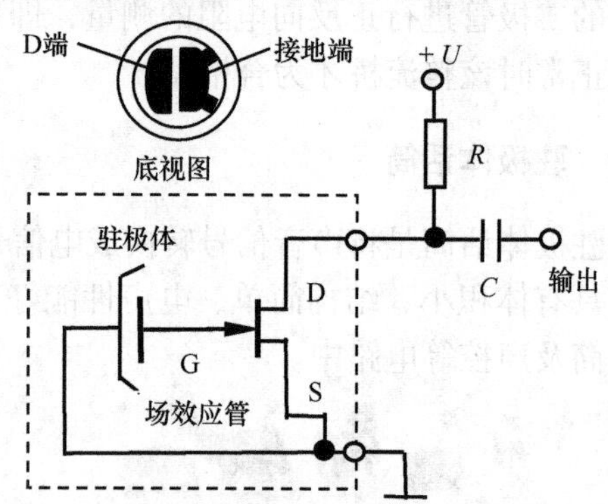

图 6.2.24　驻极体话筒的接法

3. 驻极体话筒的特性参数

(1)工作电压是指话筒正常工作时，所加在话筒两端的最小电压。视型号不同而不同，即使同一种型号也有较大的离散性，通常为 1.5～12V。

(2)工作电流是指话筒静态时流过话筒的电流，它就等于场效应管的 I_{DS}，通常为 0.1～1mA。

(3)输出阻抗是指话筒输出的交流负载阻抗。由于驻极体话筒经过场效应管的变换，输出阻抗较小，一般小于 2kΩ。

(4)灵敏度是指话筒在自由场中、在外界的声压作用下，输出端开路时所输出的电动势，单位是伏/帕，可用毫伏/帕表示。国产的驻极体话筒根据灵敏度不同分为四挡，分别以红、黄、蓝、白四种不同色点标记，红点灵敏度最高，白点最低。

4. 驻极体话筒的使用注意事项

驻极体话筒性能的好坏很大程度上取决于话筒在电路中的状态。话筒的状态又决定于内置场效应管的工作状态。因此场效应管在电路中的状态不仅决定了话筒能否正常工作，而且决定了话筒工作性能的好坏。场效应管的电路状态取决于负载电阻 R 和电源电压 U 的大小。R 的大小可由下式算得

$$R = \frac{U - U_{DS}}{I_{DS}}$$

U_{DS} 必须大于话筒的工作电压，小于最大工作电压。U_{DS} 太小时将影响话筒的动态范围，一般应取电源电压的 1/2 较为合适。同时应保证 R 的阻值要始终大于话筒输出阻抗的 3～5 倍才能使话筒处于良好的匹配状态。由于话筒的输出阻抗在 2kΩ左右，因此 R 至少要在 10kΩ以上才能满足要求。

灵敏度的选择是使用中一个比较关键的问题，究竟选择灵敏度高好还是低好应根据实际情况而定。

5. 驻极体话筒质量检测

使用前，应对驻极体话筒进行质量检测，检测内容包括电阻测量和灵敏度测量。

1)电阻测量

将万用表置于 R×100Ω或 R×lkΩ挡，红表笔接驻极体话筒的芯线或信号输出点，黑表笔接引线的金属外皮或话筒的金属外壳。一般所测阻值应在 500Ω～3kΩ 范围内。若所测阻值为无穷大，则说明话筒开路；若测得阻值接近 0，则表明话筒有短路性故障。如果阻值比正常值小得多或大得多，都说明被测话筒性能变差或已经损坏。

2)灵敏度检测

将万用表置于 R×100Ω挡，将红表笔接话筒的负极(一般为话筒引出线的芯线)，黑表笔接话筒的正极(一般为话筒引出线的屏蔽层)，此时，万用表应指示出某一阻值(如 lkΩ)，接着正对着话筒吹一口气，并仔细观察指针，应有较大幅度的摆动。万用表指针摆动的幅度越大，话筒的灵敏度越高。若指针摆动幅度很小，说明话筒灵敏度很低，使用效果不佳。若吹气时发现指针不动，可交换表笔位置再次吹气试验，若指针仍然不摆动，则说明话筒已经损坏。另外，如果在未吹气时，指针指示的阻值便出现漂移不定的现象，则说明话筒稳定性很差，这样的话筒是不宜使用的。

6.2.10　晶闸管

晶闸管又称可控硅，是一种大功率半导体可控元件。它主要用于整流、逆变、调压、开关四个方面，应用最多的是晶闸管整流。晶闸管还能在高电压、大电流条件下工作，且其工作过程可以控制，广泛应用于可控整流、交流调压、无触点电子开关、逆变及变频等电子电路中。晶闸管的种类很多，有普通单向和双向晶闸管、可关断晶闸管、光控晶闸管等。

晶闸管的基本结构是由 P_1—N_1—P_2—N_2 三个 PN 结四层半导体构成的，其符号、外型引脚及结构如图 6.2.25 所示。其中 P_1 层引出电极 A 为阳极；N_2 层引出电极 K 为阴极；P_2 层引出电极 G 为控制极。

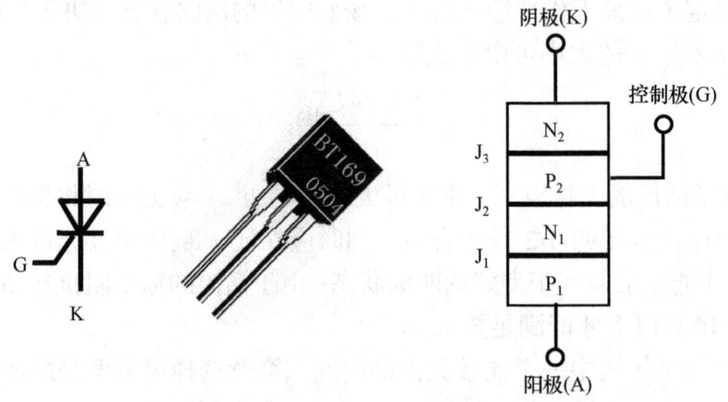

图 6.2.25　晶闸管的符号、引脚以及结构图

1. 晶闸管的工作原理

晶闸管内部等效原理图如图 6.2.26 所示。可以把晶闸管的内部结构看成由 PNP 和 NPN 型两个晶体管连接而成。当在 A、K 两极间加上正向电压 U_{AK} 时，晶闸管不会导通，只有同时在控制极上加一个正向控制电压 U_{GK} 后，产生控制电流 I_G 流入 J_2 管的基极，并经 V_2 管电流放大得 $I_{C2}=\beta_2 I_G$；又因为 $I_{C2}=I_{B1}$，所以 $I_{C1}=\beta_1\beta_2 I_G$，$I_{C1}$ 又流入 V_2 管的基极再经放大形成正反馈，使 V_1 和 V_2 管迅速饱和导通。饱和压降约为 1V，使阳极有一个很大的电流 I_A，电源电压 U_{AK} 几乎全部加在负载电阻 R_L 上。这就是晶闸管导通的原理。当晶闸管导通后，若去掉 U_{GK}，晶闸管仍维持导通。

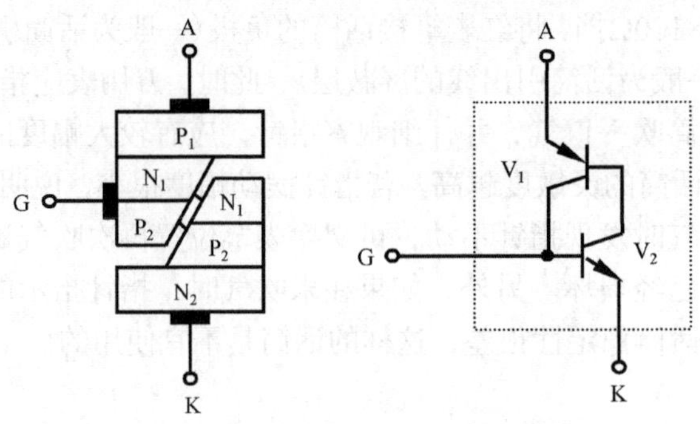

图 6.2.26　晶闸管内部等效原理图

要使晶闸管重新关断，只有使阳极电流小于维持值，V_1、V_2管都截止，晶闸管才能重新关断。当可控硅阳极和阴极之间加反向电压时，无论是否加 U_{GK}，晶闸管都不会导通。

综上所述，晶闸管是一个可控制的单向开关元件，它的导通条件如下：

(1) 阳极和阴极之间要加上一个阳极比阴极高的正偏电压。

(2) 晶闸管控制极要加门极比阴极电位高的触发电压。

关断条件为晶闸管阳极接电源负极，阴极接电源正极，即 U_{AK} 为负，或者使晶闸管中电流小于维持电流。

2. 晶闸管的应用

晶闸管的典型应用是可控的整流电路。图 6.2.27 所示是晶闸管组成的半波电路；图 6.2.28 所示是单相半控桥式整流电路。

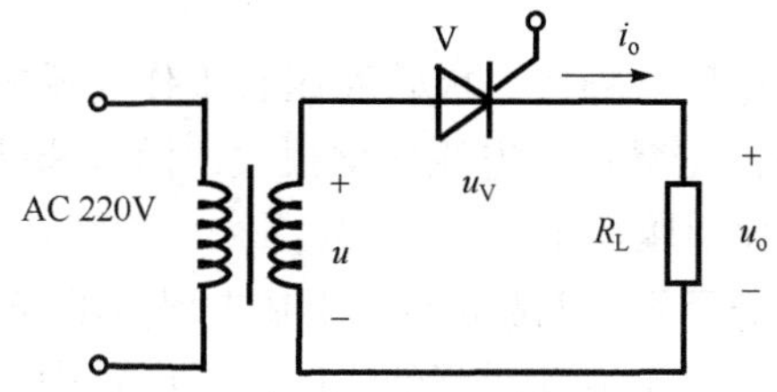

图 6.2.27　晶闸管组成的半波电路

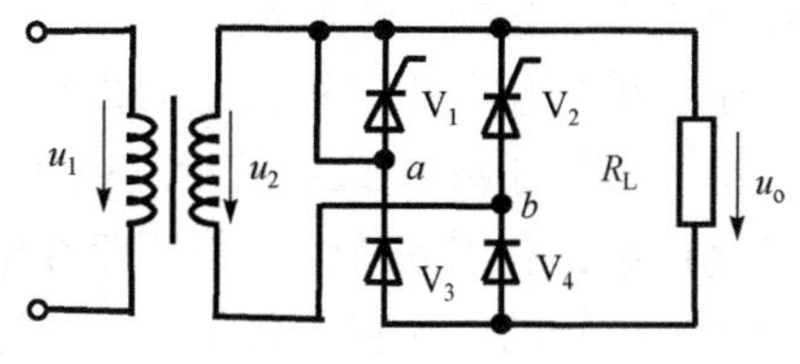

图 6.2.28　单相半控桥式整流电路

3. 晶闸管的应用注意事项

1) 判别各电极

根据晶闸管的结构可知，其门极(控制极)G 与阴极 K 之间为一个 PN 结，具有单向导电特性，而阳极 A 与门极 G 之间有两个反极性串联的 PN 结。因此通过用万用表的 R×100Ω或 R×1kΩ挡测量普通晶闸管各引脚之间的电阻值，即能确定三个电极。具体方法如下，将指针式万用表黑表笔任接晶闸管某一极，红表笔依次去触碰另外两个电极，若测量结果有一次阻值为几千欧姆，而另一次阻值为几百欧姆，则可判定黑表笔接的是门极 G。在阻值为几百欧姆的测量中，红表笔接的是阴极 K，而在阻值为几千欧姆的那次测量中，红表笔接的是阳极 A，若两次测出的阻值均很大，则说明黑表笔接的不是门极 G，应用同样方法改测其他电极，直到找出三个电极。也可以测任两脚之间的正、反向电阻，若正、反向电阻均接近无穷大，则两极为阳极 A 和阴极 K，而另一脚即为门极 G。普通晶闸管也可以根据其封装形式来判断出各电极。螺栓形普通晶闸管的螺栓一端为阳极 A，较细的引线端为门极 G，较粗的引线端为阴极 K。平板形普通晶闸管的引出线端为门极 G，平面端为阳极 A，另一端为阴极 K。金属壳封装(TO-3)的普通晶闸管，其外壳为阳极 A。塑封(TO-220)的普通晶闸管的中间引脚为阳极 A，且多与自带散热片相连。

2) 晶闸管的导通条件

晶闸管的导通条件是阳极 A 加正向电压，同时门极 G 加正向触发电压。晶闸管导通后，即使门极 G 的触发电压消失，晶闸管仍然能够维持导通状态，这是由于触发信号只起触发作用，没有关断功能。

3) 晶闸管的触发能力检测

对于小功率(工作电流为 5A 以下)的普通晶闸管，可用万用表 R×1Ω挡测量。测量时黑表笔接阳极 A，红表笔接阴极 K，此时表针不动，显示阻值为无穷大。如万用表指针发生偏转，说明该晶闸管已击穿损坏。然后用镊子或导线将晶闸管的阳极 A 与门极 G 短路，相当于给门极 G 加上正向触发电压，此时若电阻值为几欧姆至几十欧姆(具体阻值根据晶闸管的型号不同会有所差异)，则表明晶闸管因正向触发而导通。

6.2.11 稳压二极管和三端集成稳压器

1. 稳压二极管

1) 稳压二极管的工作原理

稳压二极管是利用二极管反向击穿特性实现稳压。稳压二极管稳压时工作在反向击穿状态，符号如图 6.2.29 所示。稳压二极管反向击穿后，电流变化很大，但其两端电压变化很小，利用此特性，稳压管在电路中可起稳压作用。

稳压二极管的工作特点就是反向击穿尚未热击穿前，其两端的电压基本保持不变。这样，当把稳压管接入电路以后，若由于电源电压发生波动或其他原因造成电路中各点电压变动，负载两端的电压将基本保持不变。图 6.2.30 所示为稳压二极管的常见接法。R 为限流电阻，R_L 为负载电阻。如果稳压二极管的反向电流超过运行范围，稳压二极管将会发生热击穿而损坏。所以，在电路中稳压二极管要与适当数值的电阻配合使用才能起稳压作用。在图 6.2.30 中限流电阻 R 是必不可少的。

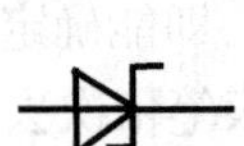

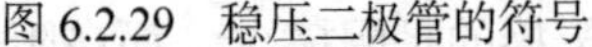

图 6.2.29 稳压二极管的符号

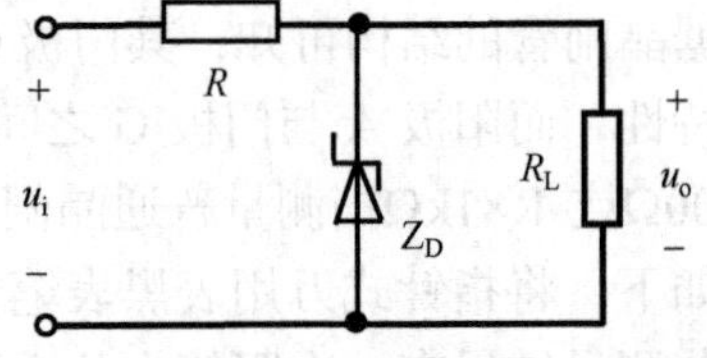

图 6.2.30 稳压二极管的使用连接图

2) 稳压二极管的识别判断

(1) 在电路中稳压二极管的识别。稳压二极管在电路中常用“Z_D”加数字表示。如 Z_{D1} 表示编号为 1 的稳压管。

(2) 稳压二极管的正负极识别。从外形上看，金属封装稳压二极管管体的正极一端为平面型，负极一端为半圆面形。塑封稳压二极管管体上印有彩色标记的一端为负极，另一端为正极。对标志不清楚的稳压二极管也可以用万用表判别其极性，测量的方法与普通二极管相同。即用指针式万用表 R×1kΩ挡，将两表笔分别接稳压二极管的两个电极，测出一个结果后，再对调两表笔进行测量。在两次测量结果中，阻值较小那一次，黑表笔接的是稳压二极管的负极，红表笔接的是稳压二极管的正极。

2. 三端集成稳压器

三端稳压器具有体积小、可靠性高、使用灵活、价格低廉等优点，经常使用到直流稳压电源电路中。最简单的集成稳压器只有输入、输出和公共引出端，故称为三端集成稳压器。

三端集成稳压器有金属封装和塑料封装两种。图 6.2.31 所示为三端集成稳压器的外形封装和引脚功能图。三端集成稳压器按输出电压的极性不同分为 W78××(输出正电压)系列和 W79××(输出负电压)系列。××表示集成稳压器的输出电压的数值，以 V 为单位。输出电压有 5V、6V、9V、12V、15V、18V、24V 等七个等级。例如，W7805 输出正 5V，W7905 输出负 5V。输出电流有三个等级。例如，78L××/79L××输出电流 100mA；78M××/79M××输出电流 500mA；78××/79××输出电流 1.5A。

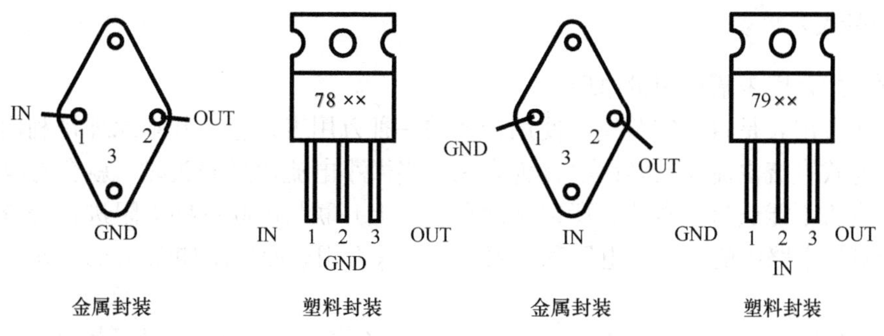

图 6.2.31 外形封装和引脚功能图

三端集成稳压器有输入端、输出端和调整端，使用时必须注意引脚功能，不能接错，否则电路将不能正常工作，甚至损坏集成电路。图 6.2.32 是常见的三端集成稳压器的连线图。

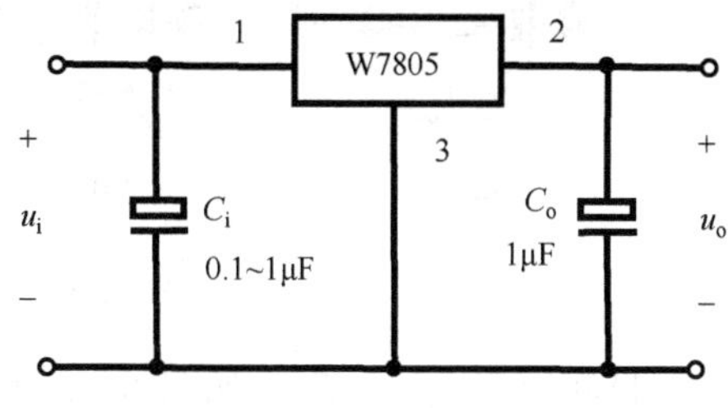

图 6.2.32 三端集成稳压器的连线图

三端集成稳压器要求输入电压不得低于输出电压，一般高 2～5V。C_i用来抵消输入端接线较长时的电感效应，防止产生自激振荡，即用以改善波形。C_o 为了瞬时增减负载电流时，不致引起输出电压有较大的波动。C_o用来改善负载的瞬态响应。

6.2.12 万用表

"万用表" 是万用电表的简称，它是电子实习中一个必不可少的工具。万用表能够测量电流、电压、电阻以及测量三极管的放大倍数、频率、电容值、逻辑电位、分贝值等。万用表有很多种，现在最流行的有机械指针式(如图 6.2.33 所示)和数字式的万用表(如图 6.2.24 所示)。

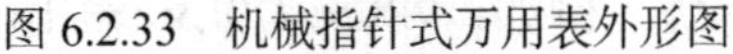

图 6.2.33　机械指针式万用表外形图

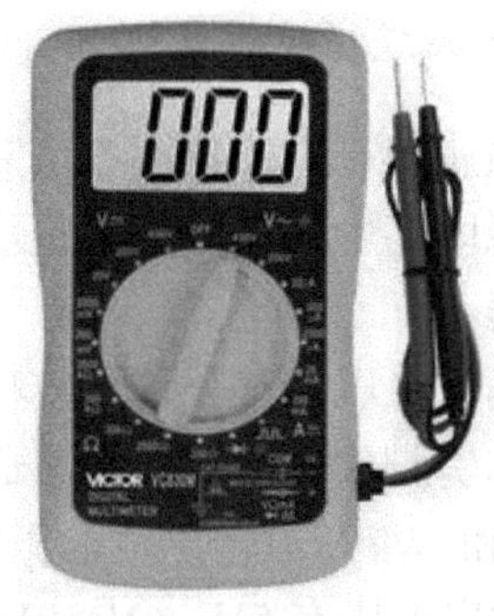

图 6.2.34　数字式万用表外形图

1. 指针式万用表

1)指针式万用表基本测量原理

指针式万用表是目前实验室中使用较多的一种万用表，它的基本原理是利用一只灵敏的磁电式直流电流表(微安表)作为表头。当微小电流通过表头时，就会有电流指示。因为表头不能通过大电流，所以必须在表头上并联与串联一些电阻进行分流或分压，从而测出电路中的电流、电压和电阻。指针式万用表原理图如图 6.2.35 所示。

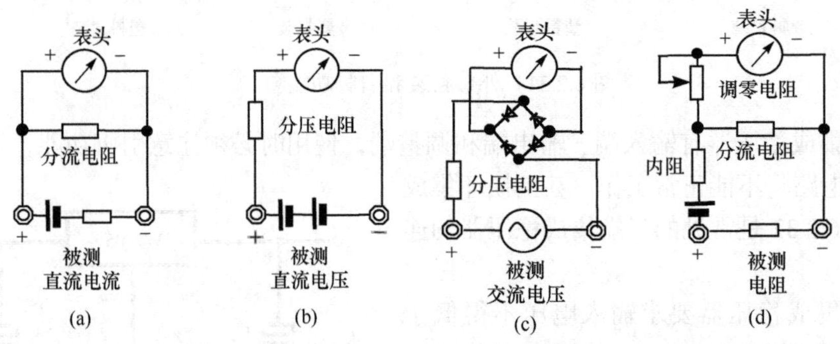

图 6.2.35　指针式万用表原理图

(1)测直流电流原理。如图 6.2.35(a)所示，在表头上并联一个适当的电阻(叫分流电阻)进行分流，就可以扩展电流量程。改变分流电阻的阻值，就能改变电流测量范围(即量程)。

(2)测直流电压原理。如图 6.2.35(b)所示，在表头上串联一个适当的电阻(倍增电阻)进行分压，就可以扩展电压量程。改变倍增电阻的阻值，就能改变电压的测量范围(即量程)。

(3)测交流电压原理。如图 6.2.35(c)所示，因为表头是直流表，所以测量交流时，需加装一个整流电路，将交流进行整流变成直流后再通过表头，这样就可以根据直流电的大小来测量交流电压。扩展交流电压量程的方法与直流电压量程相似。

(4)测电阻原理。如图 6.2.35(d)所示，在表头上并联和串联适当的电阻，同时串接一节电池，使电流通过被测电阻，根据电流的大小，就可测量出电阻值。改变分流电阻的阻值，就能改变电阻的测量范围(量程)，即改变测量电阻的倍率挡。

2)指针式万用表的使用方法

指针式万用表的表盘如图 6.2.36 所示。通过转换开关的旋钮来改变测量项目和测量量程。机械调零旋钮用来保持指针在静止时处在表尺左端零位。

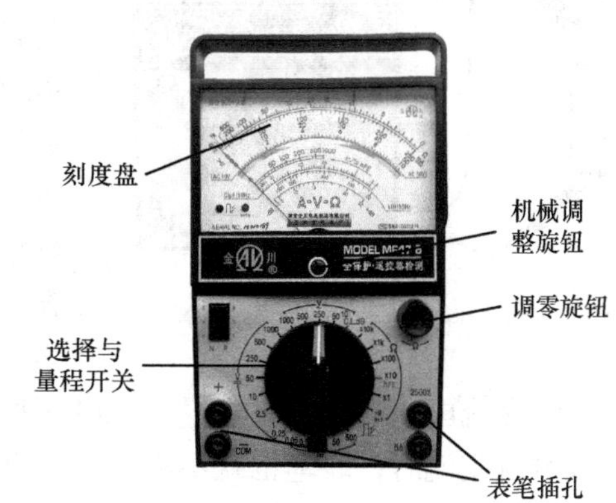

图 6.2.36　指针式万用表的表盘

(1)指针式万用表的测量范围(不同万用表可能分挡不一样)。

直流电压：分 5 挡，分别为 0～6V、0～30V、0～150V、0～300V、0～600V。

交流电压：分 5 挡，分别为 0～6V、0～30V、0～150V、0～300V、0～600V。

直流电流：分 3 挡，分别为 0～3mA、0～30mA、0～300mA。

电阻：分 5 挡，分别为 R×1Ω、R×10Ω、R×100Ω、R×1kΩ、R×10kΩ。

(2)指针式万用表测量电阻的操作。

先确定万用表测量项目为“Ω”和测量量程，再将红、黑表笔搭在一起(短路)，使指针向右偏转，随即调整“Ω”调零旋钮，使指针恰好指到表尺右端零位(欧姆表尺的“0”)。然后将两根表笔分别接触被测电阻(或电路)两端，读出指针在欧姆刻度线(第一条线)上的读数，再乘以该挡标的倍率数字，就是所测电阻的阻值。

例如，用 R×100Ω 挡测量电阻，指针指在 80，则所测得的电阻值为 80×100=8kΩ。由于“Ω”刻度线左部读数较密，难以看准，所以测量时应选择适当的欧姆倍率挡，使指针在刻度线的中部或右部，这样读数比较清楚准确。

每次换挡测量，都应将两根表笔短接，重新调整指针到零位，才能测准电阻值。

测量电路的电阻时，被测电路不能通电进行。

(3)指针式万用表测量直流电压。

首先估计一下被测电压的大小，然后将转换开关拨至适当的电压量程，将红表笔接被测电压“+”端，黑表笔接被测电压“–”端。然后根据该挡量程数字与标有直流符号“DC”刻度线(第二条线)上的指针所指数字，来读出被测电压的大小。注意满刻度为所选的电压量程，并由此计算倍率。所测电压不能超过量程。

如用 V300 伏挡测量，可以直接读 0～300 的指示数值。如用 V30 伏挡测量，满刻度为 300，那么倍率为 0.1，只需将刻度线上 300 这个数字去掉一个“0”，看成 30，再依次把 200、100 等数字看成是 20、10，即可直接读出指针指示数值。

例如，用 V6 伏挡测量直流电压，满刻度为 6，倍率为 1。那么指针指在 1.5，则所测得电压为 1.5 伏，测量结果如图 6.2.37 所示。

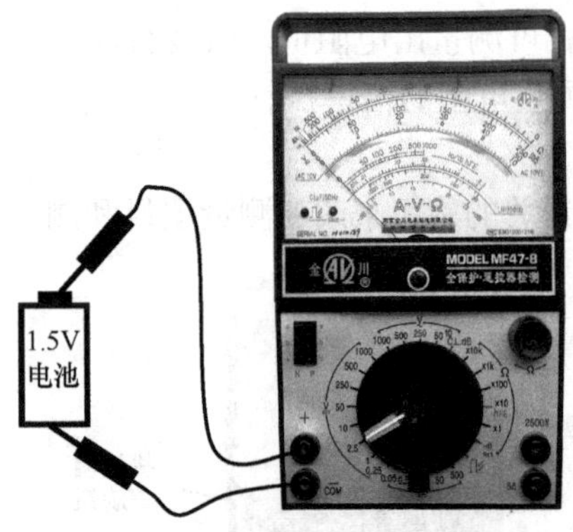

图 6.2.37　直流电压的测量操作方法

(4)指针式万用表测量直流电流。

先估计一下被测电流的大小，然后将转换开关拨至合适的 mA 量程，再把万用表串接在电路中。同时观察标有直流符号“DC”的刻度线，如电流量程选在 3mA 挡，这时应把表满刻度线选为 300 的数字，此时倍率为 0.01，即去掉两个“0”，实际电流就是 3mA。如果指针分别在 200、100，那么对应的电流是 2mA、1mA，这样就可以读出被测电流数值。例如，用直流 3mA 挡测量直流电流，指针在 150，则电流为 1.5mA。

(5)指针式万用表测量交流电压。

测交流电压的方法与测量直流电压相似，所不同的是因交流电没有正、负之分，所以测量交流时，表笔也就不需分正、负。读数方法与上述的测量直流电压的读法一样，只是数字应看交流符号“AC”的刻度线上的指针位置。

3) 使用指针式万用表的注意事项

指针式万用表的使用方法和注意事项如下：

(1)使用前，注意指针是否指零，若不指在零位，可用螺丝刀微微转动表盖上的机械零位调节器，使指针恢复指零。

(2)使用万用表时，首先要根据被测对象(电流、电压、电阻等)，将转换开关拨到需要量程挡的位置。注意，如果误将电阻挡或电流挡去测电压，此时极易烧坏电表。检查表笔所插位置是否正确，一般红色表笔接“+”插孔，黑色表笔接“−”插孔。测量直流电压和直流电流时，注意正负极性，不要接错。如发现指针反转，应立即调换表笔，以免损坏指针及表头。

(3)如果不知道被测对象的大小，应当拨到最大量程挡试测，以保护表头不致损坏。然后再拨到合适的量程上测量，以减小测量中的误差。测量电压时，要防止误将转换开关拨在电流或电阻挡，这样会损坏表头或损坏电流、电阻测量电路。测量电阻时，一般所选量程应使指针指在全刻度的 20%～80%的弧度范围内，这样读数较准确。

(4)测量直流电压或直流电流时，要注意正、负极性，红色表笔应接电路中的高电位端，黑色表笔应接电路中的低电位端。

(5)测量电阻时，不要用手触及元件的裸露的两端(或两支表笔的金属部分)，以免人体电阻与被测电阻并联，使测量结果不准确。测量线路间电阻时，必须将被测电路的电源切断后，才能进行测量。而且测量前，应先将两表笔短接，调节调零电位器，使指针指在“0”处(即调零)。若指针调不到“0”处，一般是表内电池电压不足造成的，应更换新电池后再测，否则测量阻值将会产生误差(欧姆挡 R×lΩ～R×lkΩ 挡用 1.5V 的 5 号电池，R×10kΩ 挡用 9V 叠层电池)。

(6)每次测量完毕后，应将万用表转换开关拨到交流电压的最高挡，以免他人误用，造成损坏。

(7)万用表不用时，不要旋在电阻挡，因为内有电池，如不小心易使两根表笔相碰短路，不仅耗费电池，严重时甚至会损坏表头。万用表不用时，最好将挡位旋至交流电压最高挡，避免因使用不当而损坏电表。

2. 数字万用表

数字万用表由大规模集成电路、A/D转换器组成，并配有全功能的过载保护电路，可用来测量直流电压和电流、交流电压和电流、电阻、电容、二极管正向压降、晶体管h_{FE}参数及电路通断(有的数字万用表还可以测量电感、温度、频率参数)等。它具有高准确度和分辨率、测量速度快、过载能力强、整机功耗低等特点，适用于工程设计、实验测试、野外作业及家电维修等方面。

1)安全规则及注意事项

(1)后盖没有盖好前，严禁使用，否则有电击危险。使用前，应检查表笔绝缘是否完好，有无破损、断线，红、黑表笔是否插在符合测量要求的插孔内。

(2)量程开关应置于正确量程位置。输入信号不允许超过规定的极限值，以防电击和损坏仪表。

(3)严禁量程开关在测量时任意改变挡位，以防损坏仪表。

(4)为了防止电击，测量公共端“COM”和大地之间电位差不得超过1000V；且被测电压为直流60V或交流30V以上的场合，应该小心谨慎，避免被电击。

(5)液晶显示电池符号时，应及时更换电池，以确保测量精度。

(6)测量完毕，应及时关闭电源。长期不用时，应取出电池。

(7)更换仪表内的保险丝时，必须采用类型、规格相同的保险丝。

(8)不要在高温、高湿环境中使用，尤其不要在潮湿环境中存放，受潮后，仪表性能可能变劣。

(9)请勿随意改变仪表线路，以免损坏仪表和危及安全。

(10)请使用湿布及温和的清洁剂清洗外壳，不要使用研磨剂或溶剂。

2)数字万用表的性能

数字万用表采用LCD显示，被测量超过所设定的量程时，最高位显示“1”；被测量为负值时，自动显示“–”号；电池电压不足时，LCD 屏会显示电池符号；最大显示位数为1999(即$3\frac{1}{2}$位)。

3)数字万用表的使用方法

在使用前，应注意先将量程开关置于要测量的挡位上，然后将POWER开关按下。

(1)数字万用表的直流电压测量方法。

将黑表笔插入COM插孔，红表笔插入V/Ω/Hz插孔。将量程开关置于DCV量程范围，并将两个表笔并联接到待测电源或负载上，同时显示红表笔所接端子的极性，表面显示的数值就是待测电压。测量时应注意以下几点：

① 若不知道被测电压范围，则应将量程开关置于最大量程，并逐渐下调。

② 若显示屏只显示“1”则说明被测电压已超过量程，应将开关调高一挡。

③ 特别注意在测量高压时，避免触电。

(2)数字万用表交流电压测量方法。

将黑表笔插入 COM 插孔，红表笔插入 V/Ω/Hz 插孔；将量程开关置于 ACV 量程范围，将两个表笔并联接到待测电源或负载上，表面显示的数值就是待测电压。测量时参看直流电压注意项。

(3)数字万用表的直流电流测量方法。

将黑表笔插入 COM 插孔，当被测电流在 2A 以下时，将红表笔插入 A 插孔；若被测电流为 2～10A，则将红表笔插入 10A 插孔；将量程开关置于 DCA 量程范围，两个表笔串联接入被测电路中，仪表在显示电流读数时，红表笔所接的极性也将同时显示。测量时应注意以下几点：

① 在测量前，若不知道被测电流范围，则应将开关置于最高量程挡，并逐挡调低量程。

② 若显示屏只显示“1”，则说明被测电流已超过该量程最大值，要将开关调高一挡。

③ A 插孔最大输入电流为 2A，若输入过载，则会将内装的保险丝熔断，应立即更换保险丝。

④ 10A 插孔无保险丝，测量时间应小于 10 秒，以免线路发热，影响准确度。

(4)数字万用表的交流电流测量方法。

将量程开关置于交流电流 ACA 量程范围，其他与直流电流测量方法相同。

(5)数字万用表的电阻测量方法。

将黑表笔插入 COM 插孔，红表笔插入 V/Ω/Hz 插孔；将量程开关置于 Ω 量程范围，将表笔跨接到待测电阻上，读取仪表的示值，即为待测电阻的阻值。测量电阻时的注意事项如下：

① 当输入端开路时，仪表显示过量程状态，即显示“1”。

② 当被测电阻大于 1MΩ 时，仪表需数秒后才能稳定读数，对于高电阻的测量，这是正常的。

③ 测量高电阻时，尽可能将电阻直接插入 V/Ω 和 COM 插孔，以避免干扰。

④ 检测在线电阻时，必须确认被测电路已关断电源，同时电源已放完电后，方可进行测量。

⑤ 200MΩ 量程在表笔短路时，显示为 1。所以在此挡测量时应从读数中减去 1MΩ。如测 10MΩ 时，显示 11，则结果应为 11−1=10MΩ。

(6)数字万用表的二极管测量方法。

将黑表笔插入 COM 插孔，红表笔插入 V/Ω/Hz 插孔(红表笔为正极)。将量程开关置于二极管挡，测试表笔跨接到被测二极管两端。

注意：当二极管正接时，仪表显示值为正向压降伏特值，为 500.00～700.00；当二极管反接时，则显示过量程状态，显示为“1”。

(7)数字万用表的晶体三极管 h_{FE} 参数测量方法。

将量程开关置于 Ω 挡，利用鉴别二极管的方法判别出三极管的类型及基极。然后

将量程开关置于 h_{FE} 挡，将三极管的三个引脚分别插入面板上对应的 E、B、C 测试插孔内，此时仪表显示的是 h_{FE} 近似值。仪表测试条件为 I_B=10μA，U_{CE}≈3V。

注意：如仪表显示的 h_{FE} 值很小，则说明 C、E 引脚插反了，应调换 C、E 的引脚。

(8)数字万用表蜂鸣连续性通断测试方法。

将黑表笔插入 COM 插孔，红表笔插入 V/Ω/Hz 插孔，将量程开关置于蜂鸣器挡(与二极管测试同一挡)。将表笔跨接在要检查电路的两端；若被检查两点之间的电阻值小于 50Ω，蜂鸣器便会发出声响。

注意：被测电路必须在切断电源状态下检查通断，因为任何负载信号都将会使蜂鸣器发声，导致错误判断。

4)数字万用表仪表保养

(1)不要接到高于 1000V 直流或有效值 700V 以上的交流电压上，以防电击或损坏仪表。

(2)切勿选错量程，以免内部电路被损坏。

(3)不要在量程开关置于电流、电阻、二极管、蜂鸣器挡位时，将电压接入，否则将损坏仪表。

6.2.13　兆欧表

兆欧表又称摇表，它是一种简便、常用的测量高电阻的直读式电工仪表。一般用来测量电动机绕组、电缆等绝缘电阻。兆欧表外形如图 6.2.38 所示。

1. 兆欧表的构造

兆欧表主要由高压直流电源和磁电式流比计两部分组成。兆欧表的高压直流电源由手摇交流发电机、整流二极管和电容等元件组成。磁电式流比计是一种特殊形式的磁电测量机构，它由永久磁铁的极掌，纯铁制成的“C”形铁心，极靴与“C”形铁心之间的空隙中放有两个大小不一、彼此相差一个角度的线圈等元件组成。

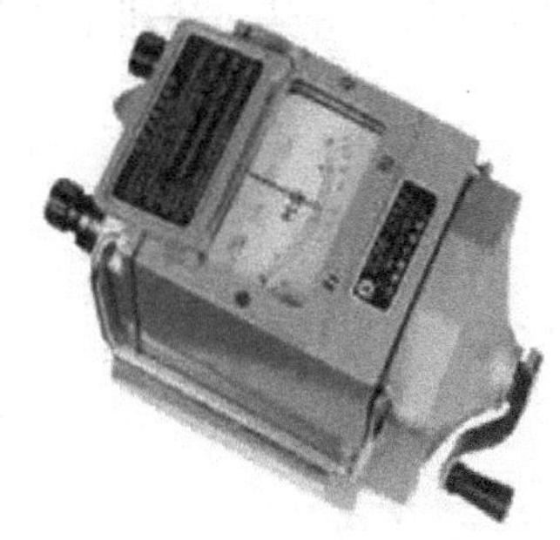

图 6.2.38　兆欧表外形图

2. 兆欧表的使用方法和注意事项

(1)由于电器的工作电压和对它的绝缘电阻要求不同，因此测量不同电器的绝缘性能时，要采用相应规格的兆欧表。一般情况下，测量一般电器的绝缘性能时，可采用工作电压为 500V、测量范围为 0～200MΩ 的兆欧表。若需要测量高压电器的绝缘性能，要采用工作电压 1000V 以上、测量范围为 0～2000MΩ 或测量范围更大的兆欧表。

(2)兆欧表上一般设有三个接线柱，在接线柱的附近分别标有 E(接地)、L(电路)、G(保护环记号)。E、L 接线柱上分别接上测试棒。使用兆欧表时，要对兆欧表进行一次开路和短路试验，检查兆欧表是否良好。两根测试棒开路时，摇动手柄，指针应指向表面刻度的无穷大处。两根测试棒短接时，摇动手柄，指针应指向零欧姆处，否则兆欧表有故障。

(3) 测量电器电路对大地的绝缘电阻时，被测电路接 L 测试棒，大地接 E 测试棒。测量电动机、变压器等电气设备的绝缘电阻时，将 L 测试棒接电动机、变压器线圈绕组的导线上，E 测试棒接电动机、变压器的金属外壳上。

(4) 测量电缆缆芯对缆壳的绝缘电阻时，除将 L、E 测试棒分别接到缆芯、缆壳上，还需要将电缆壳芯之间的绝缘物接到兆欧表的保护环 G 接线柱上，以消除测量中引起的误差。测量电缆各芯线间的绝缘电阻时，将 L、E 测试棒分别接到两根芯线上，保护环接线柱 G 接到任何一根被测芯线的绝缘物上。

(5) 使用兆欧表测量电气设备的绝缘电阻时，要先切断电气设备的电源，以保证设备及人身安全。

(6) 转动兆欧表的摇柄，要保持一定转速，要求 120r/min，最少不低于 90r/min，最多不超过 150r/min。

(7) 测量电器的绝缘电阻时，若兆欧表的指针已指向零欧姆，这时就不能再继续摇动手柄，以免损坏表内线圈。

6.2.14　钳形电流表

钳形电流表简称钳形表，它是测量交流电流的专用电工仪表。钳形表测量交流电流只需将被测导线置于钳形表的钳形窗口内，不需将钳形表接入电路，就能测出导线中电流的数值。早期生产的钳形表只有单一测量交流电流的功能，现在生产的钳形表已与万用表组合在一起，组成多用钳形表。钳形表外形如图 6.2.39 所示。

图 6.2.39　钳形表外形图

1. 钳形表的结构及原理

钳形表是根据电流互感器的原理制成的，钳形互感器上的线圈为互感器的次级线圈。当导线夹入钳形铁心的窗口时，通电导线即为互感器的初级线圈。当导线中有交流电通过时，次级线圈中产生感应电流。次级线圈与万用表的电极相连，这样就可以从万用表的刻度板上直接读出导线中交流电流的数值。

2. 多用钳形表的使用和注意事项

(1) 使用钳形表应先估计被测电流的大小，选择合适量程。一般首先选择较大量程，然后视被测电流的大小，调整到合适量程。

(2) 为使钳形表的读数正确，导线夹入钳口中后，钳口铁心的两个面应很好地吻合。

(3) 一般钳形表的最小量程为 5A，测量较小电流时，指针读数会有较大误差，为了得到正确读数，可将通电导线在钳形铁心上多绕几圈后，再测量，实际读数应该是指针读数除以放入钳口内的导线圈数。

(4) 钳形表的钳口内只能夹同一根导线，若将两根导线夹入，将测不出导线中的电流。

(5) 每次测量完毕后，应将钳形表量程转换开关放在最大量程位置，以免他人未经选择量程使用，损坏仪表。

6.3 PCB 基础与工艺

6.3.1 PCB 的概念

随着电子技术的发展，集成度越来越高，元器件相互连接需要一个载体，这就是印制板的由来。PCB 也叫印刷电路板或印刷线路板，简称印制板。它由绝缘底板、连接导线和装配焊接电子元器件的焊盘组成，如图 6.3.1 所示。

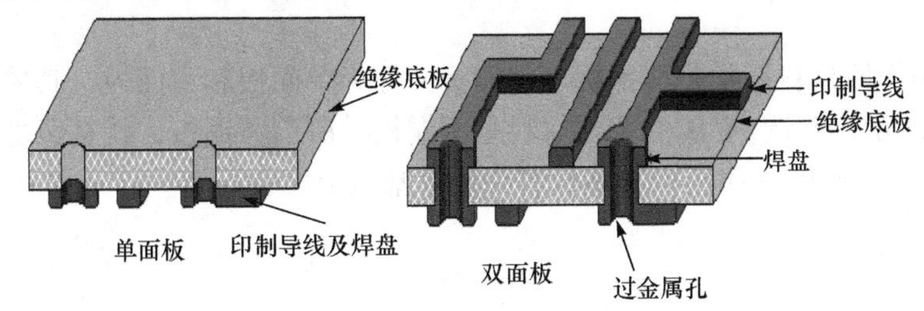

图 6.3.1 PCB 的结构图

PCB 具有导电线路和绝缘底板的双重功能。通过印制板可以实现电路中各个元器件的电气连接，代替复杂的布线，减少接线的工作量，简化了电子产品的装配、焊接及调试工作；减小了整机的体积，降低了产品的成本，提高了电子产品的质量；有利于在生产中实现机械化和自动化。PCB 作为整机的一个独立功能部件，便于更换和维修。

PCB 随着电子元器件的发展而发展。表 6.3.1 是 PCB 与电子元件的发展阶段对比表。在最初的电子管时代，电子管体积大、重量重、耗电高，使用导线连接。相对于电子管，半导体器件体积小、重量轻、耗电小、排列密集，适用于单面 PCB。集成电路的出现使布线更加复杂，此时单面板已经不能满足布线的要求，由此出现了双面板(双面布线)，如图 6.3.2 所示。

表 6.3.1 PCB 与电子元件的发展阶段对比表

电子元器件的发展阶段	PCB 的发展阶段
电子管分立器件	导线连接
半导体分立器件	单面印刷板
集成电路	双面印刷板
超大规模集成电路	多层印刷板

随着超大规模集成电路、BGA 等元器件的出现，双面板也不能适应布线的要求，出现了多层板，多层 PCB 的结构，如图 6.3.3 所示。目前技术上可以做出 50 层以上的电路板，当前产品大规模使用的是 4～8 层板。

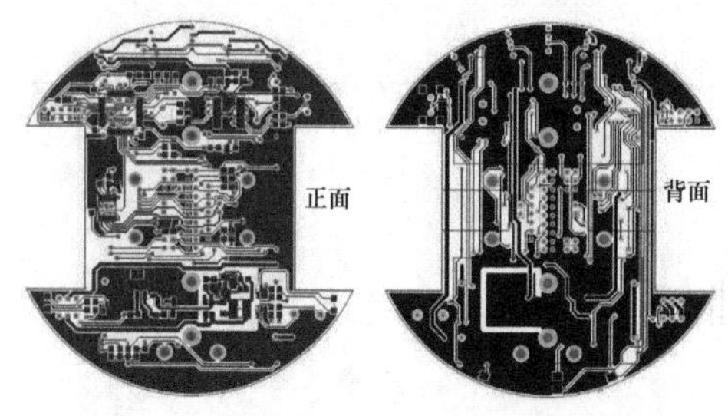

图 6.3.2　双面 PCB 实物图

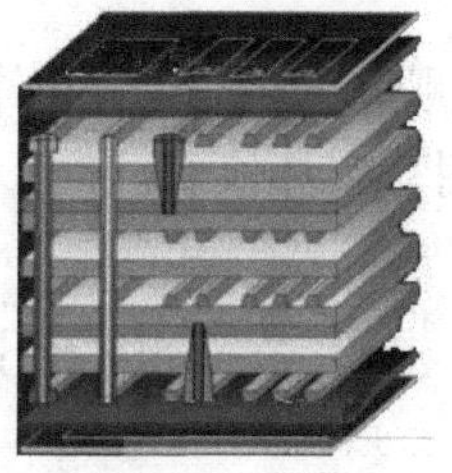

图 6.3.3　多层 PCB 结构示意图

6.3.2　PCB 基础知识

1. 覆铜板

PCB 的制作原材料通常是覆铜板。覆铜板又分为单面板和双面板，其单面板的结构如图 6.3.4 所示。制造 PCB 的主要材料是覆铜板。所谓覆铜板，就是经过黏接、热挤压工艺，使一定厚度的铜箔牢固地覆着在绝缘基板上。

2. 印制焊盘

焊盘也叫连接盘，是指印制导线在焊接孔周围的金属部分，供元件引线或跨接线焊接使用，焊盘如图 6.3.5 所示。

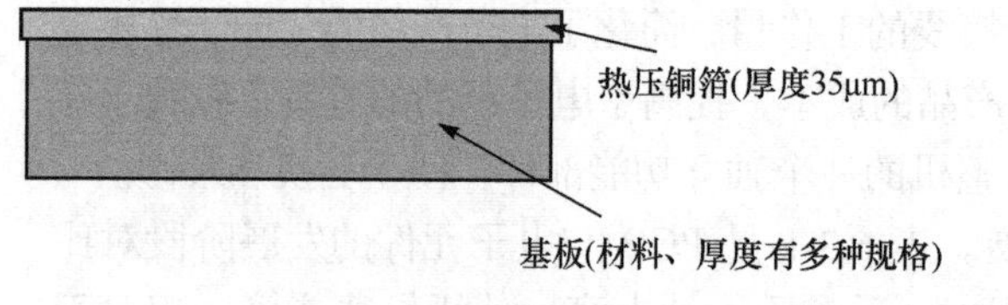

图 6.3.4　单面板结构图

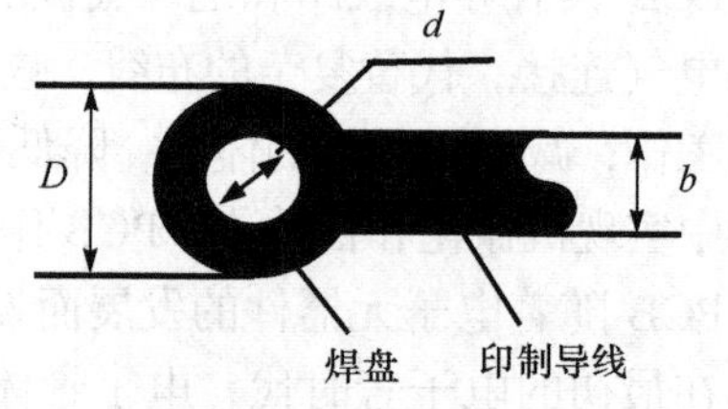

图 6.3.5　焊盘结构示意图

1) 焊盘的尺寸

焊盘的尺寸取决于焊接孔的尺寸，焊接孔是指固定元件引线或跨接线而贯穿基板的孔。显然，焊接孔的直径应该稍大于焊接元件的引线直径。焊接孔径的大小与工艺有关，当焊接孔径大于或等于印制板厚度时，可用冲孔；当焊接孔径小于印制板厚度时，可用钻孔。

一般焊接孔的规格不宜过大，焊盘外径 D 应大于焊接孔内径 d，一般取 $D=(2\sim3)d$。有时外径也按：

$$\begin{cases} D > (d+1.3)\text{mm}, & \text{对于一般电路} \\ D \geqslant (d+1.0)\text{mm}, & \text{对于高密度数字电路} \end{cases}$$

2）焊盘的形状

设计中根据不同的要求选择不同形状的焊盘，但是圆形连接盘用得最多。因为圆焊盘在焊接时，焊锡将自然堆焊成光滑的圆锥形，结合牢固、美观。但有的时候，为了增加连接盘的黏附强度，也采用正方形、长方形、椭圆形和长圆形焊盘，如图6.3.6所示。

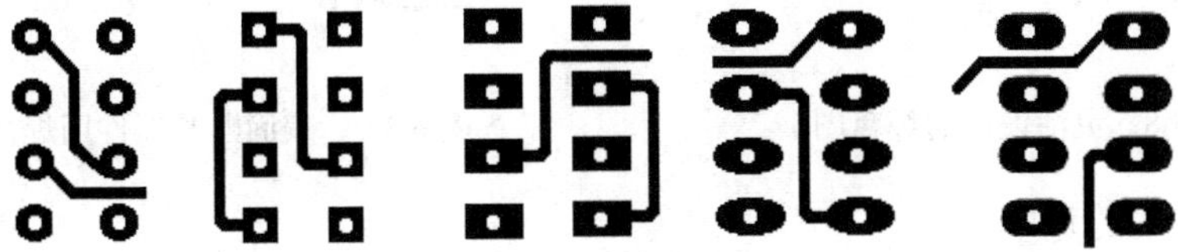

图6.3.6 焊盘的形状图

3）岛形焊盘

焊盘与焊盘间的连线合为一体，如同水上小岛，故称为岛形焊盘，如图6.3.7所示。岛形焊盘常用于元器件的不规则排列中，其优点是有利于元器件密集固定，并可大量减少印制导线的长度与数量；焊盘与印制线合为一体后，铜箔面积加大，使焊盘和印制导线的抗剥强度增加。

图6.3.7 岛形焊盘图

4）灵活设计的焊盘

在印制电路的设计中，由于线条过于密集，焊盘与焊盘、焊盘与邻近导线有短路的危险。因此焊盘的形状需要根据实际情况灵活变化，可以切掉一部分，以确保安全，如图6.3.8所示。

5）表面贴装器件用焊盘

表面贴装器件用焊盘目前已成标准形式，其示例如图6.3.9所示。在布线密度很高的PCB上，焊盘之间可通过一条甚至多条信号线。

3. 印制导线

在PCB中，电气连接是通过印制板上的印制导线来实现的，印制导线的布设是PCB设计的主要问题。

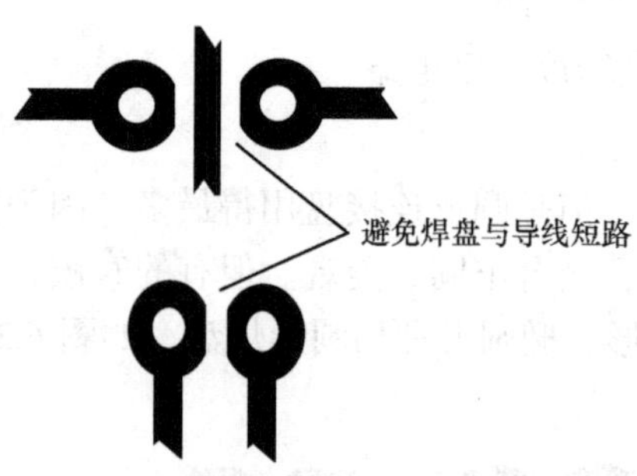

图 6.3.8　灵活设计的焊盘图

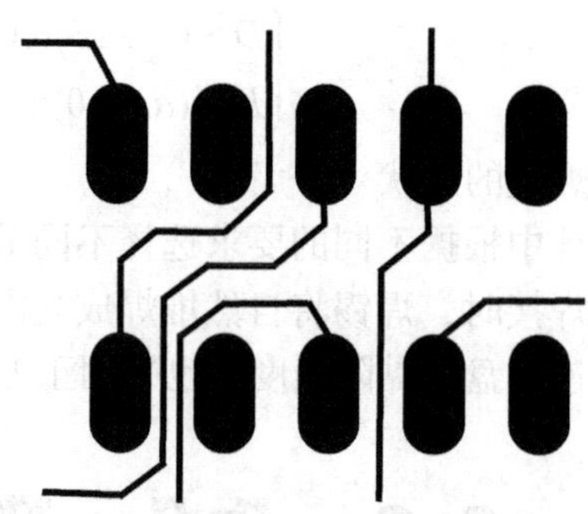

图 6.3.9　表面贴装器件用焊盘图

1) 印制导线的宽度

一般情况下，印制导线应尽可能宽一些，这有利于承受电流和制造方便。在确定印制导线宽度时，除需要考虑载流量，还应注意它在板上的剥离强度，以及与连接盘的协调，线宽 $b=(1/3\sim2/3)D$。

2) 印制导线间的间距

一般情况下，建议导线与导线之间的距离等于导线宽度，但不小于 1mm，否则浸焊就有困难。对微型化设备，导线的最小间距就不能小于 0.4mm。导线间距与焊接工艺有关，采用浸焊或波峰焊时，间距要大一些，手工焊接时的间距可小一些。在高压电路中，相邻导线间存在着高电位梯度，必须考虑其影响。印制导线间的击穿将导致基板表面炭化、腐蚀和破裂。在高频电路中，导线之间的距离将影响分布电容的大小，从而影响电路的损耗和稳定性。因此导线间距的选择要根据基板材料、工作环境、分布电容的大小等因素来确定。最小导线间距还与印制板的加工方法有关，选用时要综合考虑。

3) 印制导线形状

图 6.3.10　印制导线的形状图

印制导线的形状可分为平直均匀形、斜线均匀形、曲线均匀形以及曲线非均匀形四类。印制导线的形状如图 6.3.10 所示。

印制导线的图形除要考虑机械因素、电气因素，还要考虑美观大方。

4) 在设计印制导线的图形时应遵循的原则

(1) 除地线，同一 PCB 的导线宽度最好一样。

(2) 印制导线应走向平直，不应有急剧的弯曲和出现尖角，所有弯曲与过渡部分均必须用圆弧连接，如图 6.3.11 所示。

(3) 印制导线应尽可能避免出现分支，如图 6.3.12(a) 所示。建议采用如图 6.3.12(b) 所示的图形。

(a) 尖角和过渡图形　　(b) 圆弧连接

图 6.3.11 印制导线尖角及处理图

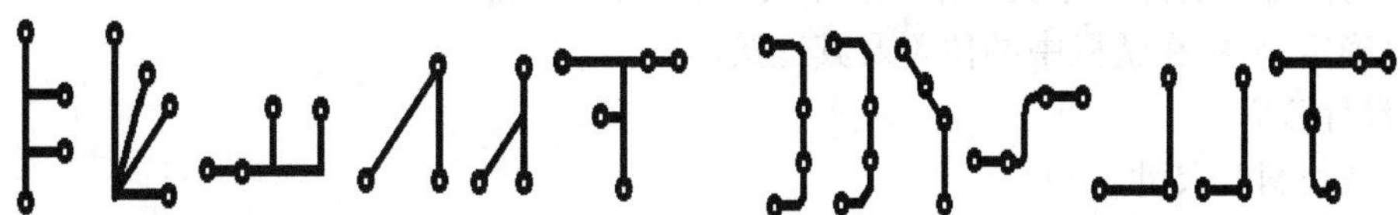

(a) 分支图形　　(b) 分支处理图

图 6.3.12 印制导线的分支及处理图

(4) 当导线宽度较大(一般超过 3mm)时，最好在导线中间开槽成两根并行的连接线，如图 6.3.13 所示。

图 6.3.13 印制导线宽度太大的处理图

(5) 如果印制板面需要有大面积的铜箔，如电路中的接地部分，则整个区域应镂空成栅状或网格状，如图 6.3.14 所示。这样在浸焊时既能迅速加热保证涂锡均匀，又能防止 PCB 因受热而变形，防止铜箔翘起和剥脱。

(a) 栅状

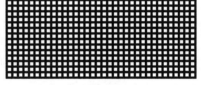

(b) 网格状

图 6.3.14 大面积铜箔的处理图

4. PCB 对外连接方式

PCB 对外连接方式有直接焊接和接插式连接两种。直接焊接，简单、廉价、可靠，但不易维修。接插式连接如图 6.3.15 所示，它维修、调试、组装方便，但产品成本提高，对 PCB 制造精度及工艺要求高。

图 6.3.15 PCB 接插式对外连接方式示意图

5. 元器件安装方式

元器件安装方式分表面贴装和通孔插装

两种方式。

6. PCB 设计步骤和方法

1)设计条件

(1)已知电路元器件的型号、规格和主要尺寸。

(2)明确各元器件和导线在布局、布线时的特殊要求。

(3)确定 PCB 在整机中的位置及其连接形式。

2)设计步骤

(1)选材料和尺寸。

(2)设计坐标尺寸图。用典型元器件作为布局基本单元。

(3)绘制排版连线图。

(4)根据排版连线，绘出排版设计草图，并画出印制导线的照相底图。

7. 初学者在设计时需掌握的基本原则

初学者在设计时需掌握的基本原则有以下几方面：

(1)板面允许的情况下，导线尽量粗一些。

(2)导线与导线之间的间距不要过近。

(3)导线与焊盘的间距不得过近。

(4)板面允许的情况下，焊盘尽量大一些。

6.3.3 PCB 的布局

1. 整体布局内容

PCB 的整体布局包括规则布局和不规则布局两种，如图 6.3.16 所示。

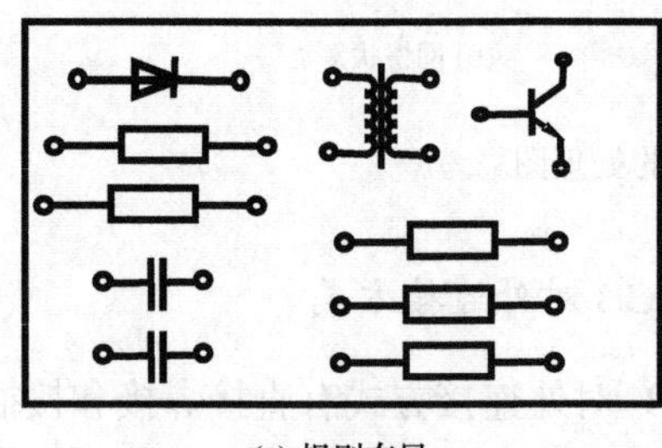

(a) 规则布局

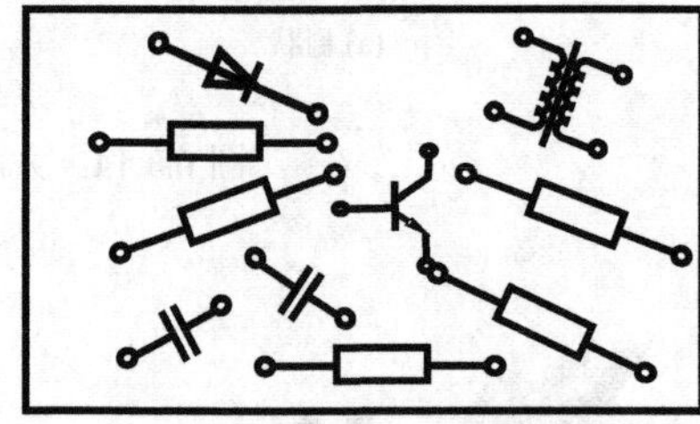

(b) 不规则布局

图 6.3.16 印制板布局图

整体布局内容如下：

(1)分析电路原理。

(2)避免各级及元件间的相互干扰。

(3)满足生产、使用要求。

(4)熟悉所用元器件。
(5)美观原则。

2. 元器件布局的内容

(1)单面布局原则。
(2)元器件的布局方向。
(3)元器件的布局顺序。
(4)核心器件的布局。
(5)发热元器件与热敏元器件的布局。

3. 印制导线的布设的内容

(1)印制导线的宽度要满足电流的要求且布设应尽可能短。

(2)印制导线的拐弯应成圆角。直角或尖角在高频电路和布线密度高的情况下会影响电气性能。

(3)高频电路应多采用岛形焊盘，并采用大面积接地(就近接地)布线。

(4)当双面板布线时，两面的导线宜相互垂直、斜交或弯曲走线，避免相互平行，以减小寄生耦合，如图 6.3.17 所示。

(5)电路中的输入、输出印制导线应尽可能远离，输入与输出之间用地线隔开，避免相邻平行，以免发生干扰。

(6)充分考虑可能产生的干扰，并采取相应的抑制措施。如图 6.3.18 所示的一点接地措施。

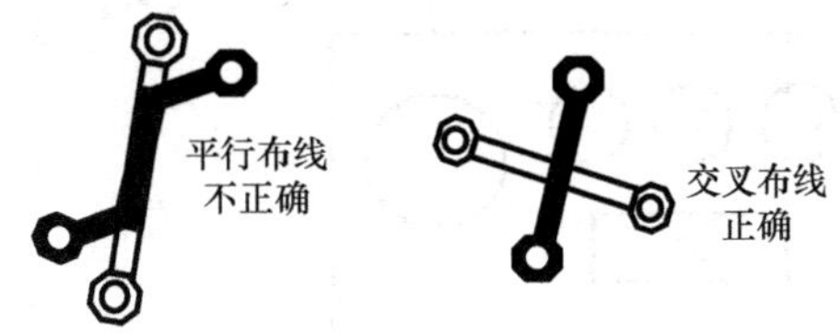

图 6.3.17 双面布线的方法图

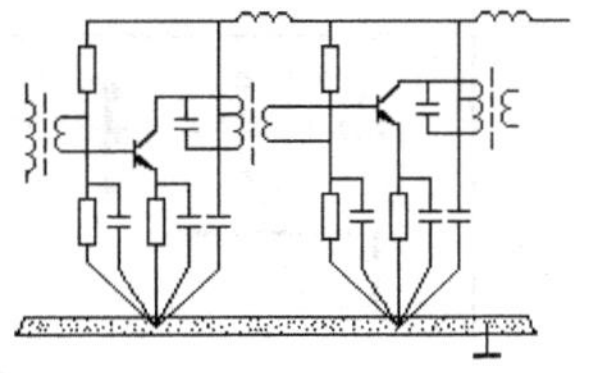

图 6.3.18 一点接地示意图

6.3.4 印制电路的设计

印制电路的设计，是根据设计人员的意图，将电路原理图转换成印制图并确定其加工技术要求的过程。设计的 PCB 既要满足电路原理图的电气连接要求，又要满足电子产品的电气性能和机械性能要求，同时还要符合 PCB 加工工艺和电子产品装配工艺的要求。

1. PCB 的设计内容和要求

(1)确定元器件的安放位置、是否需要安装散热片、散热面积的大小；哪些元器件需要独立的支架，元件是否需要加固等。

(2)找到可能产生电磁干扰的干扰源以及容易受外界干扰的元器件，确定排除干扰的方案。

(3)根据电气性能和机械性能，布设导线和组件，确定安装方式、位置和尺寸，确定印制导线的宽度、间距，焊盘的形状及尺寸等。

(4)确定 PCB 的尺寸、形状、材料、种类以及对外连接方式。

(5)印制电路设计，一般分为以下三个阶段：

① 决定 PCB 的尺寸、形状、材料、外部连接和安装方法。

② 布设元器件，确定印制导线的宽度、间距和焊盘形状、尺寸。

③ 制作照相底图。

2. 印制电路图的设计的步骤

1)选定 PCB 的板面尺寸、材料和厚度

(1)形状和尺寸。

(2)材料的选择。

(3)厚度的确定。

2)绘制印制元件布局图

元件布局可以用元器件的符号布局，也可以用元器件图形布局，如图 6.3.19 所示。绘制印制元件布局图的步骤包括以下几方面：

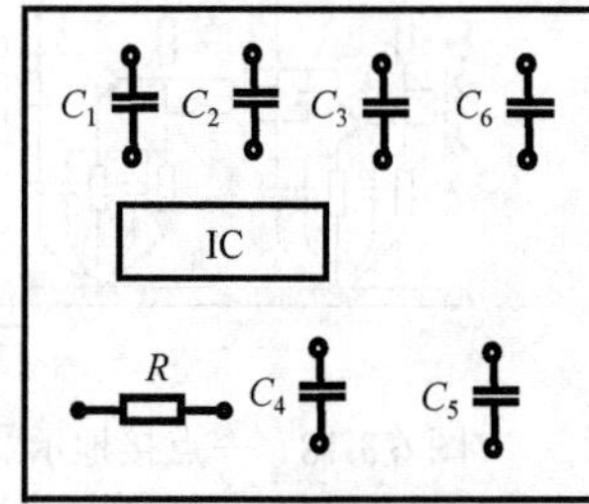

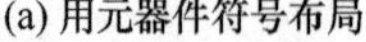

(a) 用元器件符号布局

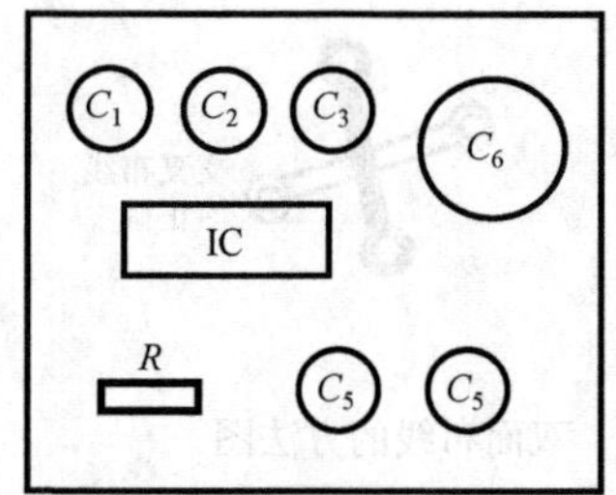

(b) 用元器件图形布局

图 6.3.19　元器件布局图

(1)印制板外接线图。

(2)画元器件布局。

(3)定位与定向，如图 6.3.20 所示。

3)根据电路原理绘制印制草图

(1)绘制单线不交叉连通图，如图 6.3.21 所示。

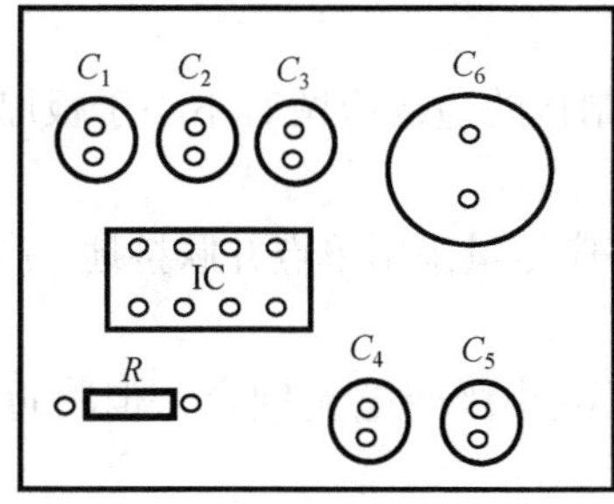

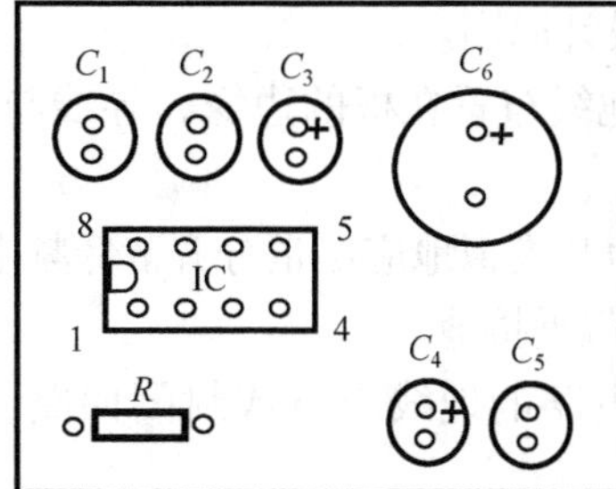

图 6.3.20　元器件定位定向图

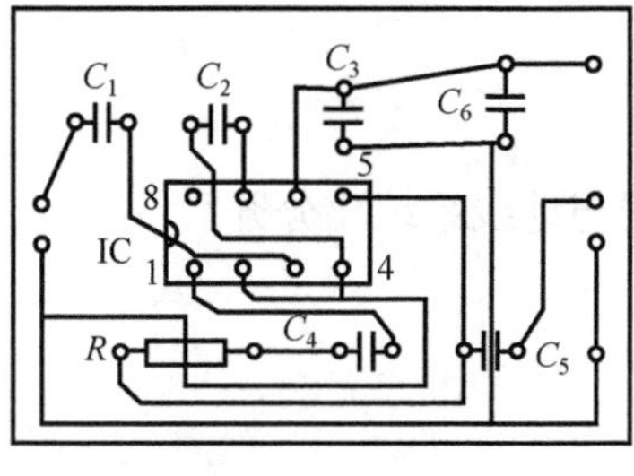

(a) 勾画单线不交叉图

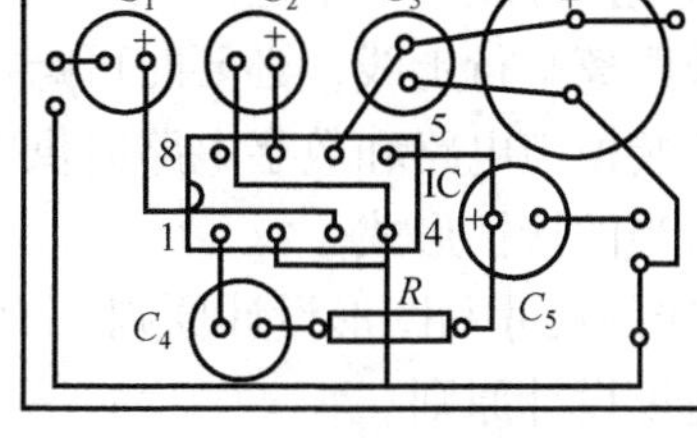

(b) 调整后的单线不交叉图

图 6.3.21　单线不交叉草图

(2) 整理。整理是把经过调整合理的单线不交叉图，保持元器件的位置和方向不变，根据导线布设的原则来整理导线，使之更为合理、美观，如图 6.3.22 所示。

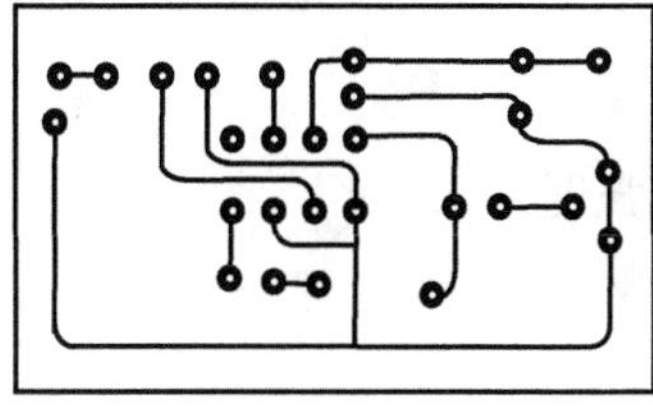

(a) 正面图(元件面)

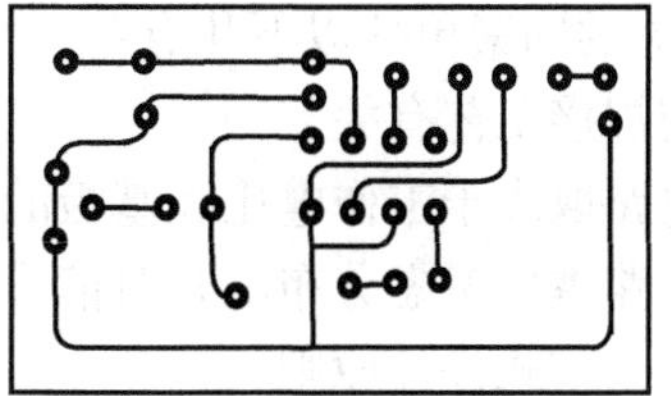

(b) 背面图(印制面)

图 6.3.22　单线印制图

4) 根据印制电路草图绘制印制电路图

印制电路图是根据印制电路草图造型加工而成的，应满足印制焊盘和导线的形状与尺寸要求，如图 6.3.23 所示。

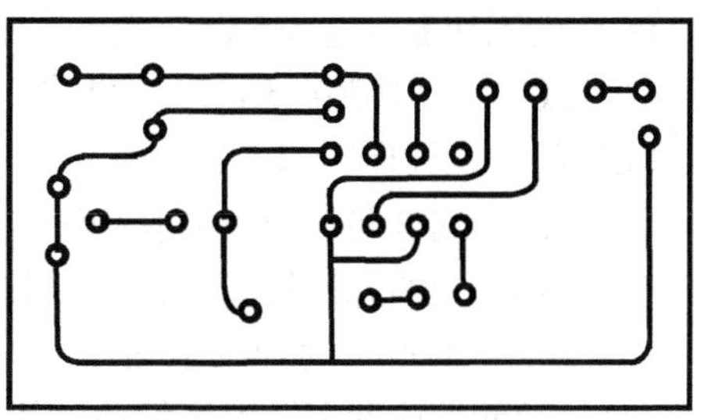

图 6.3.23　印制电路图

3. PCB 结构设计的一般原则

1) 元器件布线的一般原则

(1) 电源线设计原则。

加粗电源线宽度，以减少环路电阻，走向应和数据传递的方向一致。

(2) 地线设计原则。

① 公共地线布置在板的边缘，导线与印制板的边缘应留有不小于板厚的距离以绝缘。

② 数字地与模拟地应尽量分开。低频电路应尽量采用单点并联接地。高频电路宜采用多点串联就近接地。

③ 每级电路的地线应自成封闭回路，以减小级间电流耦合，但附近有强磁场除外。

(3) 信号线设计。

① 低频导线靠近 PCB 边布置。

② 高、低电位导线应尽量远离。

③ 避免长距离平行走线，必要时可跨接。

④ 同时安装模拟电路和数字电路时供电线与地线系统要分开。

⑤ 采用恰当的接插形式。

2) 印制导线的尺寸和图形设计原则

(1) 导线宽度设计原则。

导线的宽度取决于导线的载流量和允许温升。集成电路线宽为 0.02～0.03mm，SMT 线宽为 0.12～0.15mm。

(2) 线距设计原则。

线距由导线间绝缘电阻和击穿电压决定。微型设备线距≥0.4mm，SMT 线距为 0.08～0.2mm。

同时应考虑的因素包括以下几点：

① 间距与焊接工艺有关。

② 高压电路取决于工作电压和基板的抗电强度。

③ 高频电路主要考虑分布电容对信号的影响。

(3) 导线排列方式设计原则。

① 不规则排列：适于高频电路，但不利于自动插装。

② 规则排列：排列整齐，自动插装效率高，但引线较长。

3) PCB 的热设计原则

PCB 的工作温度应<85℃，过高的温度会导致 PCB 损坏。常用的散热方法有均匀分布热负载、元器件装散热器、设置带状导热条、局部或全局强迫风冷。

PCB 的热设计原则如下：

(1) 元件排列方向和疏密要有利于空气对流。

(2) 发热量大的元器件应放在便于散热的位置。

(3) 温度高于 40℃时应加散热器。

(4) 热敏元件应远离调温区域或采用热屏蔽结构。

4) PCB 的抗电磁干扰设计原则

高、低频，高、低电位电路的元器件不能靠得太近。输入和输出应尽量远离，缩短高频元器件之间的连接。电感器件、有磁芯的元件要注意磁场方向。线圈的轴线应垂直于印制板面。接触器、继电器等需采用 *RC* 电路来吸收放电电流。导线之间的耦合和干扰作用会带来串扰或噪声。消除电磁干扰的设计方法主要有以下几种：

(1)隔离。信号线与地线交错排列或地线(层)包围信号线。

(2)斜交。相邻的两层信号线垂直、斜交，应以圆角走弧线与斜线。

(3)减少信号线的长度。高密度走线缩短信号传输线的最有效的方法是采用多层板。

(4)靠边。把最调频信号尽量接近输入输出处，使传输最短。

(5)选件。对调频组件的引脚，应用 BGA 结构，不采用 QFP 结构。

(6)CSP。裸芯片封装(CSP)比 SMT 的 BGA 互联传输线长度更短。

6.3.5　PCB 设计的要求

1. 阅读分析原理图的要求

(1)线路中是否有高压、大电流、高频电路，对于元器件之间、线与线之间通常耐压 200V/mm；PCB 上的铜箔线载流量，一般可按 1A/mm 估算；高频电路需注意电磁兼容性设计以避免产生干扰。

(2)找出干扰源。主要找出容易产生热干扰、电磁干扰、磁电干扰的元器件，元器件布局时需要注意这些干扰源，以免对电路整体功能产生影响。

(3)了解电路中所有元器件的形状、尺寸、引线的不同型号，规格元器件尺寸差异很大，需要了解其体积大小，设计电路板时要注意留有足够的安装空间。对于 IC 要注意引脚的排列顺序及各引脚的功能。

(4)了解所有附加材料。原理图中没有体现而设计时必备的器材，如散热器、连接器、紧固装置等。

2. 布线设计(插装)的要求

PCB 的布线设计要求包括元件面布设要求、元件面要求、印制导线设计要求、焊盘设计要求四个方面。

1)元件面布设要求

(1)整齐、均匀、疏密一致。

(2)整个 PCB 要留有边框，通常 5～10mm。

(3)元器件不得交叉重叠，如图 6.3.24 所示的布线方式是不推荐的，必须禁止。

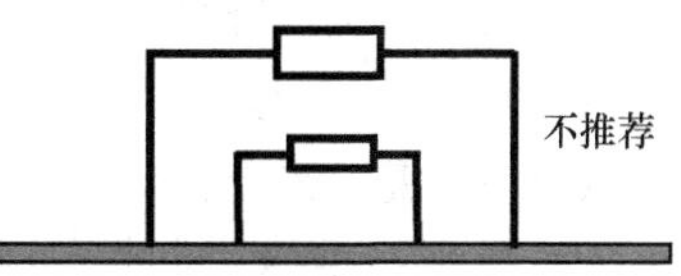

图 6.3.24　元件交叉布线示意图

(4)单脚单焊盘。每个引脚有一个焊盘对应，不允许共用焊盘。

2)元件面要求

(1)干扰器件放置应尽量减小干扰。例如，发热元件放置于下风处，怕热元件放置于上风处，并远离发热元件。

(2)布局时要通过改变元器件的位置、方向以实现合理布局。

3) 印制导线设计要求

(1) 导线应尽可能少、短、不交叉。

(2) 导线宽度通常由载流量和可制造性决定，一般要求 PCB 设计的导线宽度 ≥ 0.2mm，由于制作工艺的限制，设计时导线不宜过细。

(3) 布线时，遇到折线不能走 90°，要走 45°，如图 6.3.25 所示。

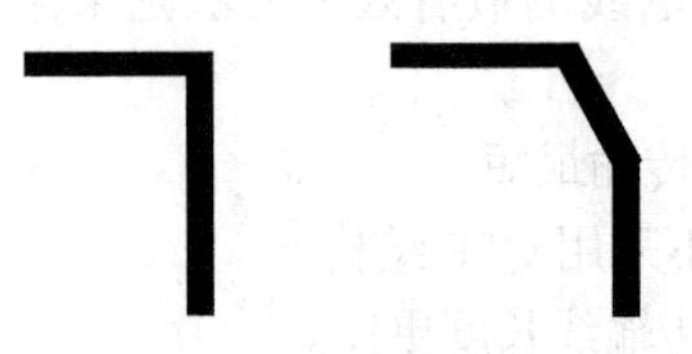

图 6.3.25　布线折线时的走线图

(4) 导线间距，一般 ≥ 0.2mm。

(5) 电源线和地线尽量粗一些。与其他布线要有明显区别。

(6) 对于双面板，正反面的走线不要平行，应垂直布设。

4) 焊盘设计要求

(1) 形状通常为圆形，焊盘一般直径为

$$\phi_{内} = 0.8 \sim 1.0\text{mm}$$

$$\phi_{外} = (2 \sim 3)\phi_{内}$$

(2) 灵活掌握焊盘形状，对于 IC 器件，可以将圆形焊盘改为长圆形，以增大焊盘间的距离，便于走线。

(3) 可靠性，焊盘间距要足够大，通常 ≥ 0.2mm，如间距过小，可以改变焊盘的形状以得到足够的焊盘间距。

3. 组装结构总体布局的要求

(1) 按整机方框图的顺序排列。

(2) 重量分布均衡，总体尺寸合理、协调。

(3) 注意机电协调。

(4) 控制系统与相连电路需在同一组装单元，显示部分与相应的机电部件就近布置，与面板协调。

(5) 有利于抑制和减少干扰。

(6) 有利于散热。

(7) 应考虑减振缓冲。

(8) 有利于维修、调整、测试和装配。

6.3.6　PCB 制板

1. PCB 的制板方式

PCB 的制板方式包括物理制板（雕刻机制板）和化学制板两种方式。其中化学制板又分为热转印制板、感光板制板、小工业制板。

1) 物理制板（雕刻机制板）

常用的雕刻机制板分单面板和双面板两种，它们的工艺过程如下：

单面PCB雕刻制板工艺为裁板—钻孔—雕刻—板面处理—检修—成品。

双面PCB雕刻制板工艺过程如图6.3.26所示，其工艺过程为裁板—钻孔—孔金属化—雕刻—板面处理—检修—成品。

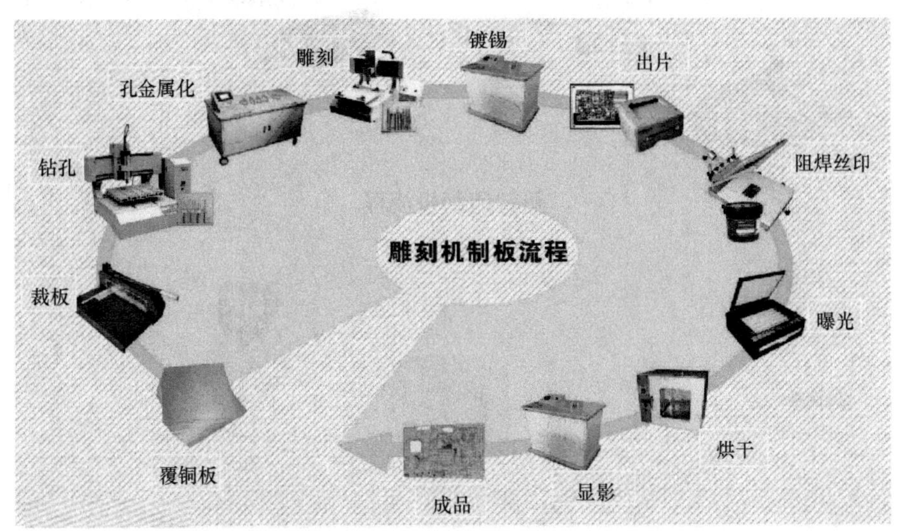

图6.3.26 雕刻机制板工艺流程示意图

工艺目的与任务如下：

裁板：将覆铜板通过精密裁板机裁成所需尺寸，一般比所需要尺寸多出来1cm边框。

钻孔：根据软件提示，将PCB上所有的孔通过雕刻机钻出。

孔金属化：用过孔电镀系统对PCB上的孔进行金属化处理。

雕刻：用PCB雕刻机对覆铜板进行雕刻，雕刻出所需的线路。

板面处理：将雕刻好的线路板进行表面处理，便于焊接，包括镀锡、阻焊处理等。

检修：通过放大设备处理表面细微金属碎屑，以便于达到最佳效果。

2)热转印制板

热转印制板是化学制板的一种方式。热转印就是将花纹图案印刷到耐热性胶纸上，通过加热、加压，将油墨层的花纹图案印到成品材料上的一种技术。其生产流程如图6.3.27所示。热转印制板步骤包括裁板—出片—热转印—腐蚀—钻孔—成品。

热转印制板工艺目的与任务如下：

裁板：为了节省蚀刻时间，应把板子裁成合适大小。

出片：将设计好的PCB线路打印到专用的热转印纸上。

热转印：将热转印纸上的线路转印到覆铜板上(温度一般在130℃左右)。

腐蚀：将覆铜板上没有油墨覆盖的铜腐蚀掉。腐蚀液可以是三氯化铁配水，可以是工业用的酸性腐蚀液。

钻孔：在对应的焊盘的中心打上合适大小的孔。

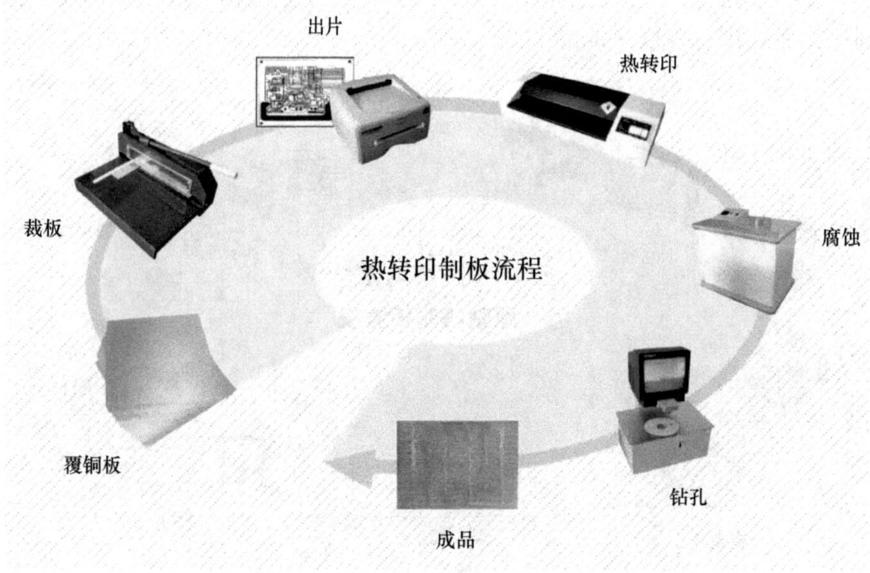

图 6.3.27　热转印制板生产工艺流程图

3）感光板制板

感光板制板也是化学制板的一种方式。感光板制板是利用感光油墨的光化学变化，即感光油墨受光照射部分交联硬化并与覆铜本底牢固结合在一起形成板膜，未曝光部分经显影形成通孔，便于蚀刻。感光板制板法质量高、效果好、经济实用。感光板制板的生产工艺及生产过程如图 6.3.28 所示。

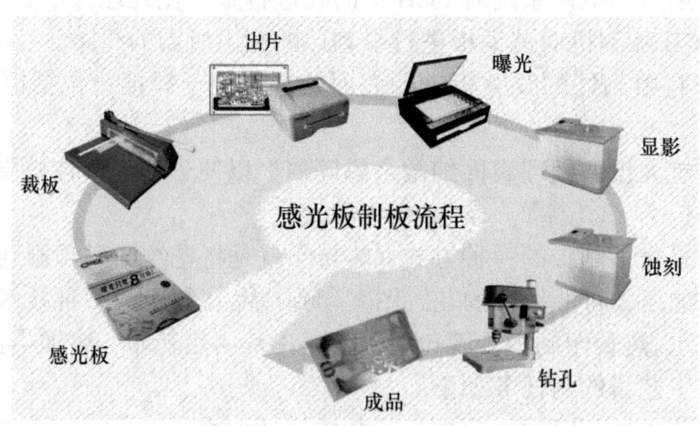

图 6.3.28　感光板制板工艺流程图

感光板制板生产步骤如下：

裁板：为了节省材料，先把板子裁成合适大小。

出片：通过打印机把所需的图片打印到菲林纸或硫酸纸上。

曝光：把打印的图片和感光板放在一起通过曝光机进行曝光(曝光时间根据紫外线强度设定)。

显影：将曝光后感光板上的图形保留在板子上其他部分露出铜箔。

蚀刻：用化学或电化学的方法去铜的过程，即将涂有抗蚀剂并经感光显影后的 PCB 上未感光部分的铜箔腐蚀掉，在 PCB 上留下所需的电路图形的过程。蚀刻是将露出的铜箔蚀刻掉，保留线路。

钻孔：在对应的焊盘上打上对应的孔。

4) 小工业制板

小工业制板有单面板工艺和双面板工艺，单面板工艺流程如图 6.3.29 所示。

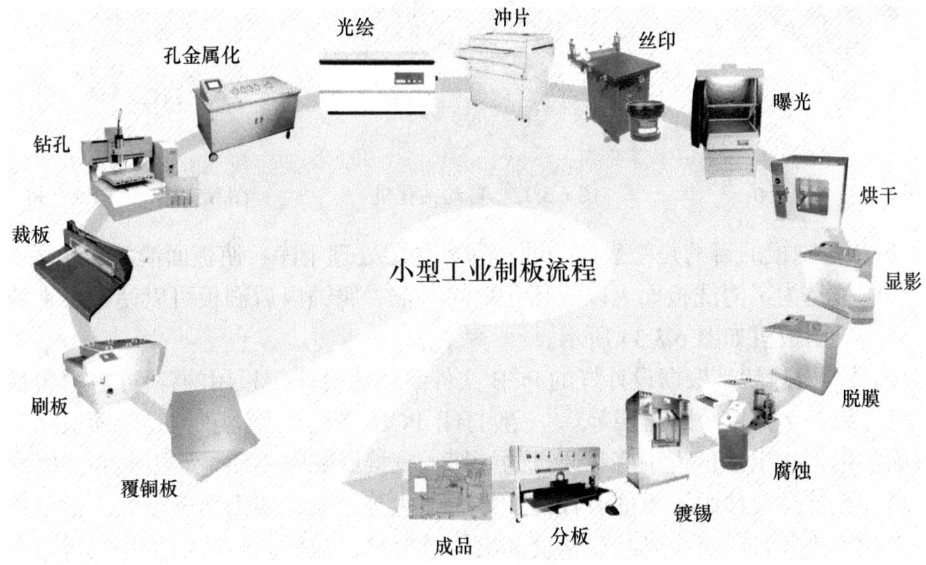

图 6.3.29　小工业制板单面板工艺流程图

小工业制板生产过程与步骤如图 6.3.30 所示。

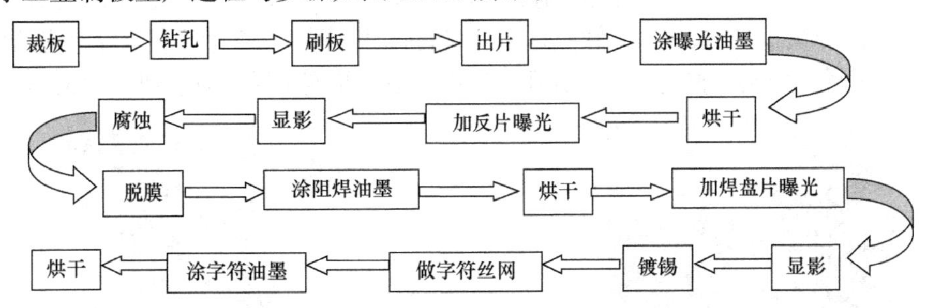

图 6.3.30　单面板工艺流程示意图

2. 小工业制板生产工艺步骤与任务

(1) 裁板。购买的覆铜板，一般不是所需要的尺寸大小就是板子的边缘不整齐，往往需要用裁板机(如图 6.3.31 所示)对板子进行简单的处理。根据所需尺寸在裁板机上裁出符合要求的覆铜板，尺寸应比胶片稍大，以便粘贴固定。板材预留边一般四边各留 1cm 为宜。

(2) 钻孔。在对应的焊盘的中心打上合适大小的孔，以便成品插通孔式元器件。自动钻孔机如图 6.3.32 所示。手动钻孔机如图 6.3.33 所示。

图 6.3.31　裁板机

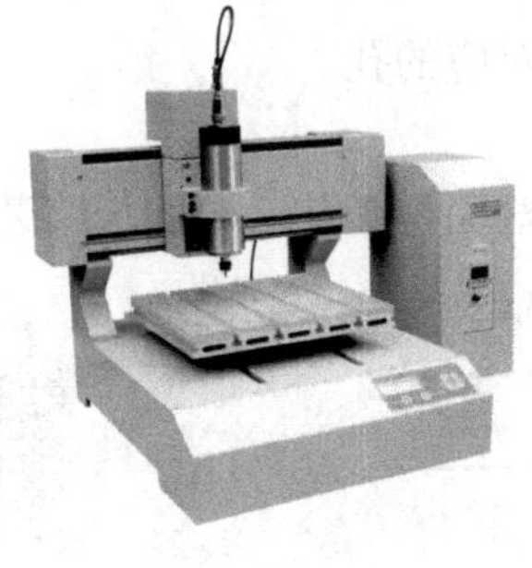

图 6.3.32　自动钻孔机

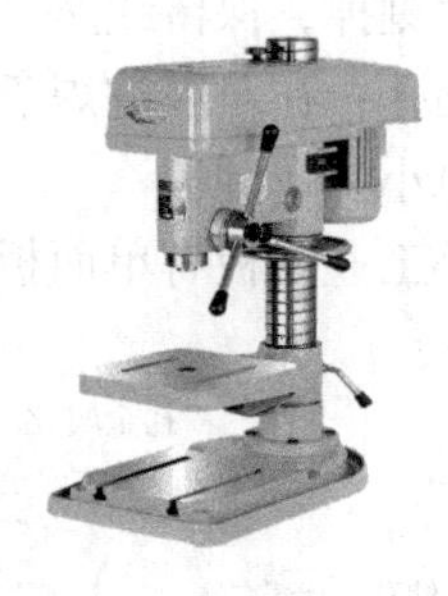

图 6.3.33　手动钻孔机

(3) 刷板。刷板的目的是把表面的油污和氧化层处理干净，使板面清洁、光亮。在打完孔后刷板是为了清洗板面上以及钻孔里的粉末。腐蚀以后刷板可以使做出来的板子更有光泽。刷板机如图 6.3.34 所示。

(4) 出片。出片就是根据设计好的 PCB 文件绘制或打印制板用的各种胶片(包括线路层、阻焊层、字符层、焊盘层等)。一般打印 PCB 图的反片。正片是双面板用，反片是单面板用。在出片过程中底片质量的好坏，直接影响曝光质量。因此底片图形线路要清晰，无针孔、沙眼，不能有任何发晕、虚边等现象，要黑白反差大。常用的出片设备有光绘机和打印机。光绘机精度和出片效果都比较好。打印的胶片相对于光绘来说，主要有分辨率不高、胶片受热易产生形变、炭粉浓度不够造成底片对比度不够、易产生后期曝光过度等问题。

(5) 涂曝光油墨。一般采用丝网印刷设备(如图 6.3.35 所示)来涂曝光油墨。其优点是设备要求低、操作简单、成本低。缺点是不易双面同时涂覆、生产效率低。涂曝光油墨要求丝印后的油墨一定要平整均匀、无针孔、气泡，皮膜厚度干燥后应达到 8～15μm。

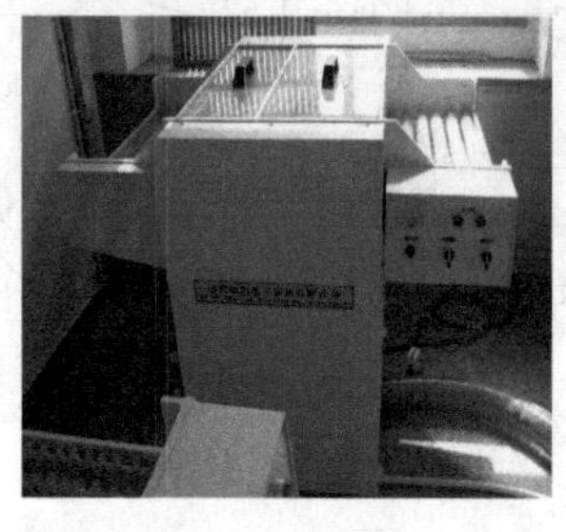

图 6.3.34　刷板机

图 6.3.35　丝网印刷设备

(6) 烘干。使用烘干机(图 6.3.36)通过加温使液态曝光油墨膜面达到干燥，以方便底片接触，完成曝光显影。进行这个工序操作时应注意：干燥必须完全，否则易粘底片而致曝光不良。烘干后，板子应经风冷或自然冷却后再进行曝光；涂膜到显影搁置时间最多不超过 12 小时。

(7) 曝光。曝光的原理是曝光油墨经紫外线照射后会发生交联聚合反应，受光照部分形成膜硬化而不受显影液所影响。曝光时将出片打印好的菲林底片(反片)膜面朝下，紧贴感光板，并用少量胶带纸固定。然后，置于曝光箱(图 6.3.37)内，在紫外线下曝光，紫外线照射过的部分失去水溶性。根据感光胶，曝光时间不同。实习时取曝光时间为 150s 左右。如果曝光过度，易形成散光折射，线宽减小，显影困难。如果曝光不足，显影易出现针孔、发毛、脱落等缺陷。

图 6.3.36 烘干机

图 6.3.37 曝光箱

(8) 显影。显影机(图 6.3.38)是在曝光后对没有曝光的区域进行显影，留下已感光硬化的图形部分。主要用于显影线路、焊盘及字符线路。

将曝光后的板子插入显影机槽，盖好盖子开始显影，显影结束后要清洗。

图 6.3.38 显影机

(9) 腐蚀。腐蚀的目的是去掉不需要的铜。腐蚀机里的溶液分为碱性和酸性。由于碱性液不和铅发生反应，常用来做双面板。酸性液常用来做单面板。

(10) 脱膜。脱模的目的是露出需要的铜导线和焊盘。

(11) 涂(印)阻焊剂、印字符。阻焊剂的作用是防止电路腐蚀，防止焊锡黏附在不需要的部分。涂覆时，先将油墨和配套的固化剂按 3∶1 的比例混合后搅拌均匀。然后，采用类似线路制作的方法，油墨丝印、曝光、显影后得到涂覆有阻焊层的线路板。不同的地方是曝光时线路使用的是胶片，而阻焊剂使用的只有焊盘的底片。

印文字、符号主要为装配和维修提供方便。

(12) 表面涂(镀)覆。表面涂(镀)覆的作用是涂(镀)可焊性涂镀层。

3. 质量检验

PCB 的质量检验包括目视检验、电性能测试、绝缘电阻、可焊性、镀层的附着力等项目。

1) 目视检验

(1) 表面缺陷。表面缺陷包括凹痕、麻坑、划痕、表面粗糙、空洞、针孔。

(2) 其他缺陷。其他缺陷主要包括以下三点：

① 焊盘的重合性。

② 导线图形的完整性。

③ 外形尺寸。

2) 电性能测试

(1) 作用：检验多层印制电路图形是否是连通的。

(2) 方法：接触式、夹具针床、非接触、电子束、激光。

4. 单面 PCB 的制作实习

任务：制作一块实用的“单片机最小系统板”。主要的操作步骤如下：

(1) 出片。根据设计好的 PCB 文件绘制或打印制板用的各种胶片(包括线路层、阻焊层、字符层、焊盘层等)，此步骤由指导教师统一制作。

(2) 裁板。根据所需尺寸在裁板机上裁出符合要求的覆铜板，尺寸应比胶片稍大，以便粘贴固定。

(3) 刷板。清除板面的油渍和锈迹等，使板面清洁、光亮。

(4) 刷感光油墨和烘干。刷感光油墨并烘干，如果使用的是感光板则这一步可省去。

(5) 曝光。在弱光照的环境下将胶片覆盖在覆铜板上并用少量胶带纸固定(注意胶片的方向不要搞错)，放入已启动的曝光机，先设置抽真空及曝光的时间，然后曝光。

(6) 显影。将曝光后的板子插入显影机槽，盖好盖子开始显影，显影结束后清洗。

(7) 蚀刻。将显影结束后的板子插入蚀刻机槽，盖好盖子开始蚀刻，蚀刻结束，所制作的 PCB 就基本成形了，清洗并擦干后备用。

(8) 打孔。打孔分自动和手工两种，这里采用手工方式。按照设计图纸的要求孔径在钻床上钻孔，注意钻头要对准中心孔，用力不能太大。

(9) 涂阻焊油墨并烘干。按 3 : 1(阻焊油墨主剂 3，固化剂 1)的比例调制阻焊油墨，在丝网印刷机上将阻焊油墨印在打好孔的 PCB 上并烘干。

(10) 焊盘曝光及显影。将焊盘胶片覆盖在烘干后涂有阻焊油墨的 PCB 上，对齐焊盘并用胶带固定，放进曝光机进行曝光，将曝光后的板子插入显影机槽，盖好盖子开始显影，显影结束后清洗。

(11) 化学镀锡。批量生产时使用热风整平工艺镀锡，实习中采用化学镀锡工艺。将 PCB 放入耐腐蚀容器内，倒入少量镀锡液在 PCB 上，就可以在焊盘上镀上锡。最后清洗 PCB 板。

至此一块精美的 PCB 就完成了。

6.4 装配与焊接工艺

6.4.1 装配

装配的作用是把元件插入到PCB加以焊接。装配的方法有手工的方法或利用专用的机械进行。元器件的安装方法有贴板安装(图 6.4.1)、悬空安装(图 6.4.2)、垂直安装(图 6.4.3)、埋头安装(图 6.4.4)、有高度限制的安装(图 6.4.5)、支架固定安装(图 6.4.6)等。

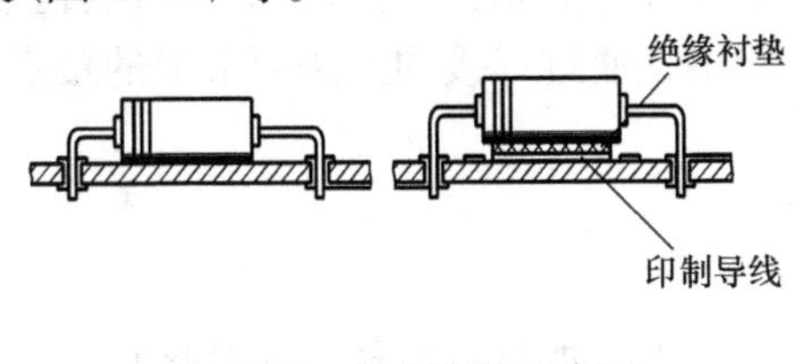

图 6.4.1 贴板安装示意图

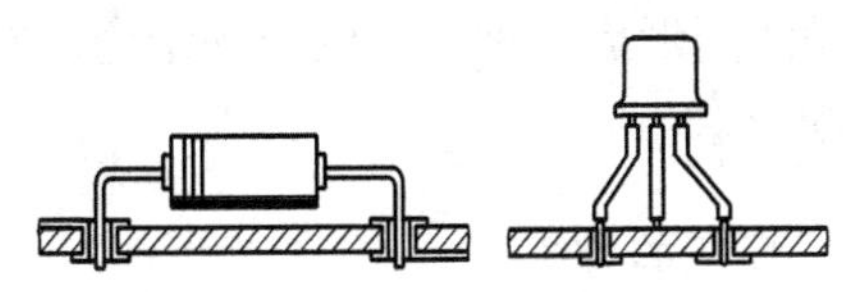

图 6.4.2 悬空安装示意图

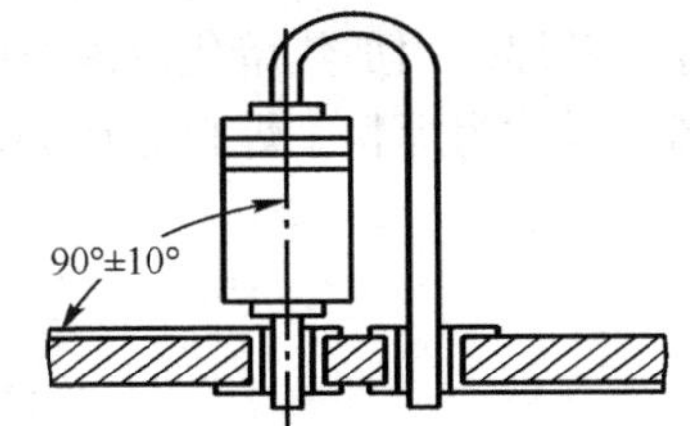

图 6.4.3 垂直安装示意图

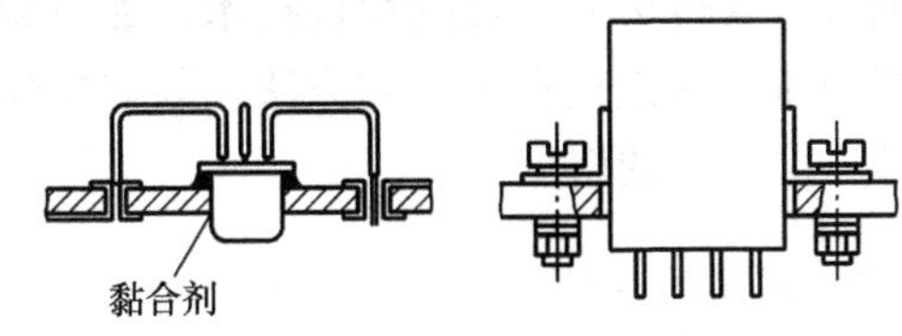

图 6.4.4 埋头安装示意图

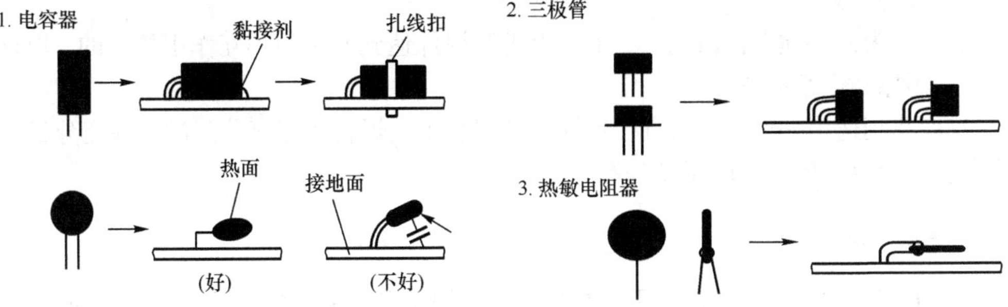

图 6.4.5 有高度限制的安装示意图

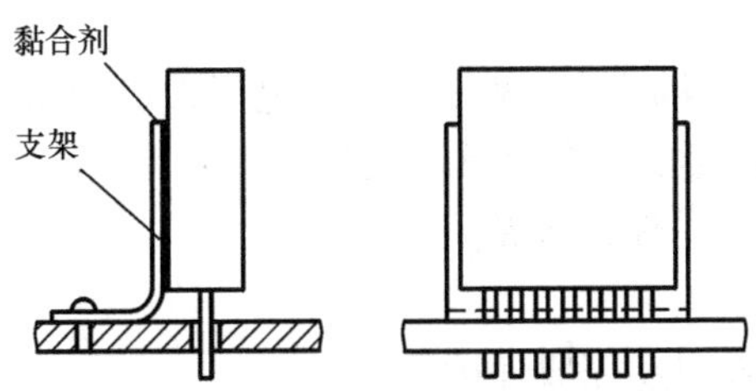

图 6.4.6 支架固定安装示意图

手工组装工艺流程如图 6.4.7 所示。包括引线成形、插件、调整位置、剪切引线、焊接、检验等环节。

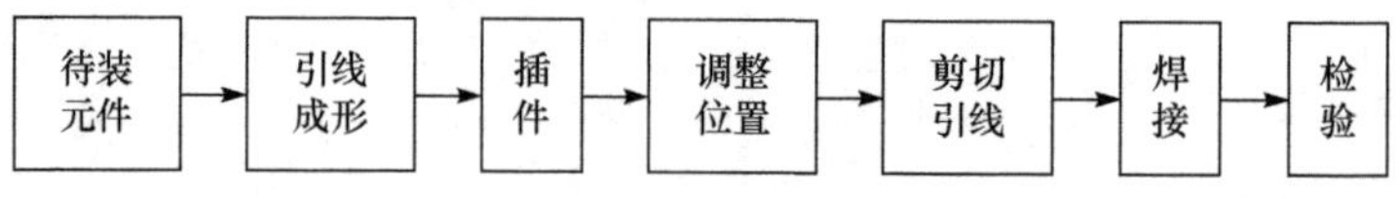

图 6.4.7　手工组装工艺流程图

6.4.2　焊接

焊接是在加热的条件下，利用焊接材料的原子或分子的相互扩散作用，使两种金属接触面间形成一种永久的牢固结合。在电子装配中，通过焊接的方法而形成的接点叫焊点。

1. 焊接的种类

常见的焊接的种类有熔焊、接触焊、钎焊等。熔焊是加热被焊件，使其熔化产生合金而焊接在一起的焊接技术，如气焊、电弧焊、超声波焊等；接触焊是不用焊料与焊剂就可获得可靠连接的焊接技术，如点焊、碰焊等；钎焊是用加热熔化成液态的金属把固体金属连接在一起的方法。起连接作用的金属材料称为焊料。焊料熔点必须低于被焊接金属的熔点。

2. 焊接的条件

(1)焊件必须具有充分的可焊性。金属表面被熔融焊料润湿的特性称为可焊性，只有能被焊锡浸润的金属才具有可焊性。铜及其合金、金、银、铁可焊性好，铝、不锈钢、铸铁可焊性差。

(2)焊件表面必须保持清洁。为了使焊锡和焊件达到原子间相互作用的目的，焊件表面任何污垢杂质都应清除。

(3)加热到适当的温度。只有在足够高的温度下，焊料才能充分浸润，并充分扩散形成合金结合层，但过高的温度是有害的。

3. 焊接方法

在电子装配中的焊接方法有手工焊接、机器焊接等。手工焊接是焊接技术的基础，是电子产品装配中的一项基本操作技能。

1)手工焊接

手工焊接适用于小批量生产的小型化产品、电子整机产品，具有特殊要求的高可靠产品、某些不便于机器焊接的场合以及调试和维修过程中修复焊点和更换元器件等。手工焊接分为绕焊、钩焊、搭焊、插焊。

2)机器焊接

机器焊接就是采用机器自动完成焊接任务。

主流的机器焊接有浸焊、波峰焊、回流焊三种。

(1) 浸焊：图 6.4.8 所示是浸焊工艺示意图。它将装好元器件的 PCB 在熔化的锡锅内浸锡，一次完成印制板上全部焊接点的焊接。浸焊主要用于小型 PCB 电路的焊接。

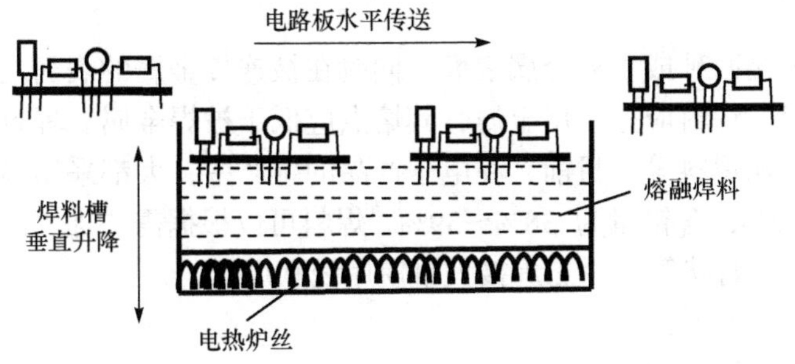

图 6.4.8 浸焊工艺示意图

(2) 波峰焊：采用波峰焊机一次完成 PCB 上全部焊点的焊接，如图 6.4.9 所示。目前波峰焊是 PCB 焊接的主要方法。

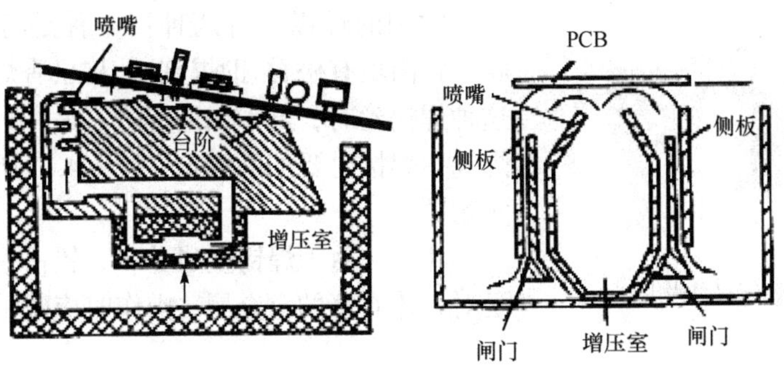

图 6.4.9 波峰焊工艺示意图

(3) 回流焊：利用锡膏将元器件粘在 PCB 上，加热 PCB 后使得焊膏中的焊料熔化，一次完成全部焊接点的焊接，如图 6.4.10 所示。目前回流焊主要应用于表面安装片状元器件的焊接。

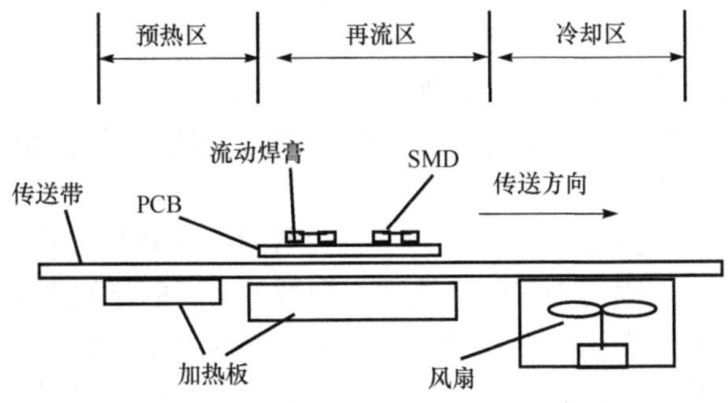

图 6.4.10 回流焊示意图

6.4.3 焊接材料

焊接是金属与金属建立一种牢固的电气连接形式。电子产品的焊接材料包括焊料、焊剂和阻焊剂。

1. 焊料

焊料是用来连接两种或多种金属表面，同时在被连接金属的表面之间起冶金学桥梁作用的金属材料。焊料应是易熔金属，其熔点应低于被焊金属。焊料按成分分为锡铅焊料、银焊料、铜焊料等。目前，在电子产品的生产中，大都采用锡铅焊料，其中含锡量为 61%～62%，含铅量为 38%～39%。焊料可以根据需要加工成各种形状，如棒状、带状、线状、膏状等。手工焊接大量使用线状焊料。

锡铅焊料的特点如下：

(1)熔点较低，只有 183℃。

(2)机械强度最高。

(3)流动性好，有最大的漫流面积。

(4)凝固温度区间最小，有较好的工艺性。

图 6.4.11　焊锡丝实物图

常用的焊锡丝有两种：一种是将焊锡做成管状，管内填有松香(助焊剂)，称松香焊锡丝，使用这种焊锡丝时，可不加助焊剂；另一种是无松香的焊锡，焊接时要加助焊剂。图 6.4.11 所示为焊锡丝实物图。

注意：由于焊锡丝成分中，铅占一定比例，铅是对人体有害的重金属，操作时应戴手套或操作后洗手，避免食入。

2. 焊剂

焊剂与焊料不同，它用来增加润湿以帮助和加速焊接的进程，故焊剂又称助焊剂。焊剂的助焊能力依靠焊剂的活性。焊剂的活性是指从金属表面迅速去除氧化膜的能力。了解焊剂的作用及性能，将有助于提高焊接质量。

1)焊剂的作用原理

焊剂的作用原理分为化学作用和物理作用两个方面。

(1)化学作用主要表现在达到焊接温度前，能充分地使金属表面的氧化物还原或置换，形成新的金属盐类化合物。

(2)物理作用主要表现在两个方面。一是改善焊接时的热传导作用，促使热量从热源向焊接区域扩散传送。因为焊接时，烙铁头和被焊金属的接触不可能是平整的，其间隙中的空气就起到隔热作用。加入焊剂后，熔融焊剂填充空隙，可使焊料和被焊金属迅速加热，从而提高了热传导性。二是施加焊剂能减少熔融焊剂的表面张力，提高焊料的流动性。

2)对焊剂的要求

良好的焊剂，既能满足焊接工艺的要求，有良好的助焊性能，又要具有使用的安全性。

3)焊剂的分类

根据焊剂的特性分为三大类，即无机焊剂、有机焊剂、树脂焊剂。

4)常用的焊剂

常用的有松香助焊剂和焊油膏。在常温下，松香呈中性且很稳定。加温至70℃以上，松香就表现出能消除金属表面氧化物的化学活性。在焊接温度下，焊剂可增强焊料的流动性，并具有良好的去表面氧化层的特性。松香酒精溶液是用松香粉末和酒精按1∶3配制而成的，焊接效果较好。松香实物如图6.4.12所示。

焊油膏是酸性焊剂，实物如图6.4.13所示。在电子电路的焊接中，一般不使用，如果确实需要使用，焊接后立即使用溶剂将焊点附近清洗干净，以免对金属产生腐蚀。

图6.4.12 松香实物图

图6.4.13 焊油膏实物图

焊剂加热挥发出的化学物质对人体是有害的，如果操作时鼻子距离烙铁头太近，则很容易将有害气体吸入。一般焊接时烙铁离开鼻子的距离应不少于30cm，通常以40cm时为宜。

3. 阻焊剂

为了提高PCB的焊接质量，特别是浸焊和波峰焊的质量，常在印制基板上，焊盘以外的印制线条上全部涂上防焊材料，这种防焊材料称为阻焊剂。

1)采用阻焊剂的优点

(1)可以减少或基本消除在浸焊或波峰焊时，桥接、拉头、虚焊和连条等毛病。使PCB的返修率大为降低，提高焊接质量，保证产品的可靠性。

(2)除了焊接盘，其他印制连线避免上锡，这样可节省大量的焊料。同时，由于只有焊盘部位上锡，受热少，冷却快，降低了PCB的温度，起保护塑料封装元器件及集成电路的作用。

(3)阻焊剂本身具有防护性能和一定的硬度，形成PCB表面一层很好的保护膜，还可防止碰撞等引起机械损伤。

(4)使用阻焊剂特别是带有色彩的阻焊剂，使印制板的板面显得整洁美观。

2)阻焊剂的种类

一般分为干膜型阻焊剂和印料型阻焊剂。目前广泛使用的是印料型阻焊剂，这种阻焊剂又分为热固化和光固化两种。

(1)热固化阻焊剂的特点是附着力强，能耐300℃高温。

(2)光固化阻焊剂(光敏阻焊剂)的特点是在高压灯照射下，只要 2～3min 就能固化。

6.4.4 手工焊接常用工具

1. 电烙铁

常用的电烙铁有内热式与外热式两类，如图 6.4.14 所示。各类电烙铁中，又有普通电热丝式、感应式、恒温式、吸锡式、储能式等各种形式和规格。焊接温度和保温时间直接与电烙铁的额定功率有关，电烙铁的额定功率越大，焊料和工件达到焊接温度所需时间越短，保温时间也可以相应减少。一般手工焊接通常选用 25～35W 内热式电烙铁。熔点较高的焊料和较大尺寸工件引脚情况下，可使用 75W 或 100W 以上额定功率的电烙铁。

电烙铁的结构如图 6.4.15 所示。电烙铁的工作部位是烙铁头。烙铁头通常采用热容量较大、导热性能好、便于加工成形的紫铜材料。为适应焊接点工件形状、大小等的需要，常将烙铁头加工成凿式、尖锥式、圆斜式等多种形状。

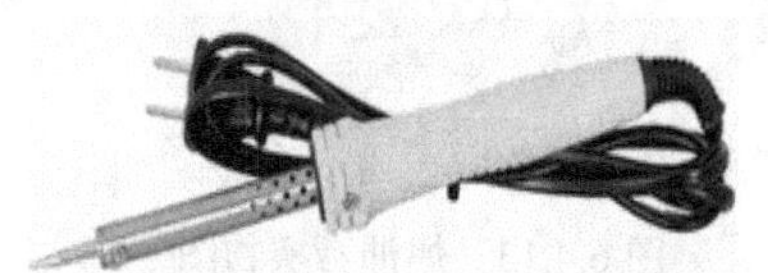

图 6.4.14　电烙铁实物图

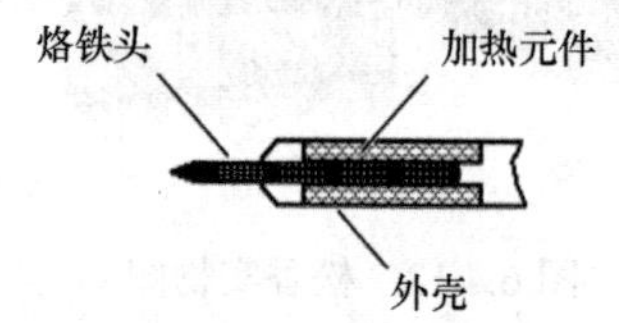

图 6.4.15　电烙铁结构示意图

选择合适的烙铁头形状，掌握好烙铁头的尖棱面与工件的相互接触关系是提高焊接速度和质量的关键。如果长时间不进行焊接操作，最好切断电烙铁的电源，以防烙铁头“烧死”。“烧死”后的电烙铁吃锡面应进行适当清理，才能再上锡。

新烙铁在使用前应进行适当处理。接上电源，当烙铁头的温度升至能熔化焊锡时，先将松香涂在烙铁头上，然后在烙铁头上均匀地涂上一层焊锡。

烙铁头经使用一段时间后，会发生表面凹凸不平，而且氧化严重现象，这种情况下需要修整。一般将烙铁头拿下来，夹到台钳上粗锉，修整为自己要求的形状，然后再用细锉修平，最后用细砂纸打磨光。修整后的烙铁应立即镀锡，方法是将烙铁头装好通电，在木板上放些松香并放一段焊锡，烙铁沾上锡后在松香中来回摩擦，直到整个烙铁修整面均匀镀上一层锡。

2. 吸锡器

吸锡器是一种修理电器用的工具，收集拆卸焊盘电子元件时融化的焊锡。有手动、电动两种。维修拆卸零件需要使用吸锡器，尤其是大规模集成电路，更为难拆，拆不好容易破坏 PCB，造成不必要的损失。简单的吸锡器是手动式的，且大部分是塑料制品，它的头部由于常常接触高温，因此通常都采用耐高温塑料制成。图 6.4.16 为吸锡器实物图。

吸锡器的正确使用方法：胶柄手动吸锡器的里面有一个弹簧，使用时，先把吸锡器末端的滑杆压入，直至听到“咔”声，则表明吸锡器已被固定。再用烙铁对接点加热，使接点上的焊锡熔化，同时将吸锡器靠近接点，按下吸锡器上面的按钮即可将焊锡吸上。若一次未吸干净，可重复操作步骤，直至电路板接点焊锡清理完毕。

图 6.4.16　吸锡器实物图

3. 常用辅助工具

进行手工焊接，除了烙铁、吸锡器，还需要一些常用的辅助工具，如图 6.4.17 所示。

图 6.4.17　手工焊接常用辅助工具

(1) 尖咀钳：主要用来剪切线径较细的单股与多股线以及给单股导线接头弯圈、剥塑料绝缘层等。

(2) 斜口钳：主要用于剪切导线、元器件多余的引线，还常用来代替一般剪刀剪切绝缘套管、尼龙扎线卡等。

(3) 剥线钳：用于剥开有绝缘层的导线。

(4) 镊子：用于夹持导线和元器件，在焊接时夹持器件兼有散热作用。

(5) 螺丝刀：有“一”字和“十”字两种，用于拧紧螺钉。

6.4.5　手工焊接规范

1. 烙铁握法

目前较为常见的拿握烙铁方法有三种，如图 6.4.18 所示。其中，握笔法操作灵活方便，被广泛采用。

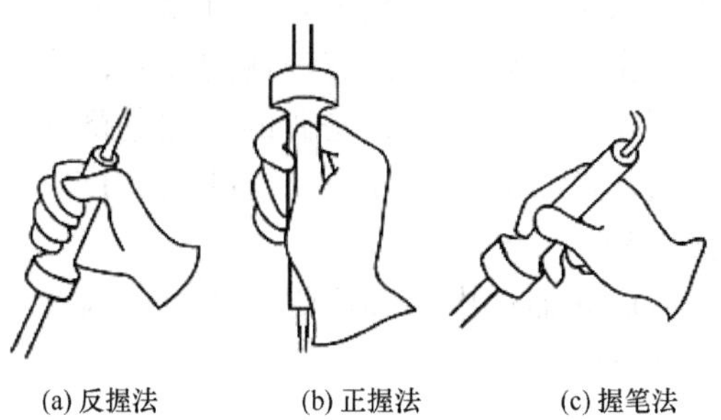

图 6.4.18　烙铁握法示意图

(1) 握笔法：适合在操作台上进行 PCB 的焊接。

(2) 反握法：适于大功率烙铁的操作。

(3) 正握法：适于中等功率烙铁的操作。

2. 焊接温度与保温时间

同样的烙铁加热不同热容量的焊件时，要想达到同样的焊接温度，可以用控制加热时间来实现，焊接保温时间过短或过长都不合适。

用小容量烙铁焊接大容量焊件时，无论停留时间多长，焊接温度也上不去，因为烙铁和焊件在空气中要散热；若加热时间不足，将造成焊料不能充分浸润焊件，导致夹渣焊、虚焊等；若过量加热，除可能造成元器件损坏，还会导致焊点外观变差、助焊剂被炭化、PCB 上铜箔脱落等现象。

焊料的锡、铅比例以及焊剂的质量都与焊接温度和保温时间密切相关。不同规格的焊料与焊剂，所需焊接温度与保温时间存在明显差异。在焊接实践中，必须区别对待，确保焊接质量。高质量的焊点、焊料与工质(元器件引脚和 PCB 焊盘等)之间浸润良好，表面光亮；如果焊点形同荷叶上的水珠，焊料与工件引脚浸润不良，则焊接质量就很差。

3. 焊点质量要求

焊点是电子产品中元件连接的基础，焊点质量出现问题可导致设备故障。一个似接非接的虚焊点会给设备造成故障隐患。高质量的焊点是保证设备可靠工作的基础。

焊点质量检验主要包括电气接触良好、机械结合牢固、光洁整齐的外观等三个方面。合格焊点的标准如下：

(1)焊点要有足够的机械强度。一般可采用把被焊元器件的引线端子打弯后再焊接的方法。

(2)焊接可靠，保证导电性能。

(3)焊点表面整齐、美观。焊点的外观应光滑、清洁、均匀、对称、整齐、美观、充满整个焊盘并与焊盘大小比例合适。

焊接失败的原因有许多方面，图 6.4.19 所示为就焊点的外形来分析焊点质量与成因。

保证焊点质量最关键的一点就是避免虚焊。虚焊是由于焊接前没有将引线上锡而造成的。虚焊看起来好像是有锡在引线和焊盘上，但焊锡与引线没有焊好，接触不良，电子产品振荡后，容易出现信号时有时无的情况。

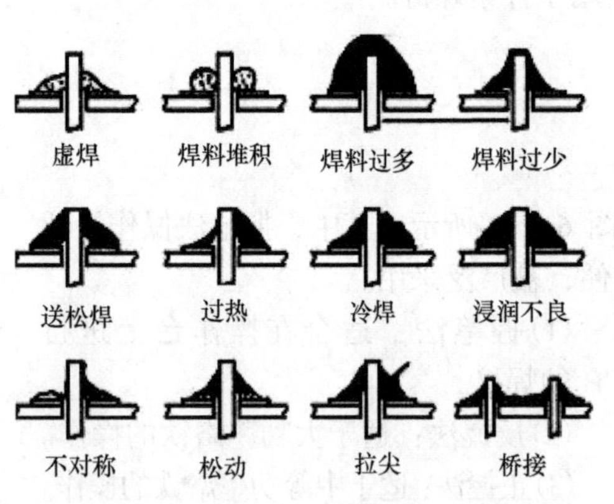

图 6.4.19　焊点质量与成因的分析图

假焊是由于被焊接的焊盘氧化而没有处理造成的。假焊看起来好像有锡在引线和焊盘上，但焊盘上没有焊锡的浸润，此焊点根本就没焊上去，是假的。此电路没有接通，严重时元器件的引线可以从 PCB 上拨下来。

造成元器件虚焊和假焊的主要原因有以下几方面：

(1)焊接的金属引线没有上锡或没有上好锡。

(2)没有清除焊盘的氧化层和污垢或者清除不彻底。

(3)焊接时间过短，焊锡没有达到足够高的温度。

(4) 焊锡还未完全凝固就晃动了元件。

6.4.6　手工焊接工艺流程

1. 电路板与元器件的检查与预处理

首先检查电路板的线、焊盘、焊孔是否与图纸相符，有无断线、缺孔等，表面是否清洁，有无氧化、锈蚀。其次检查元器件的品种、规格及封装是否与图纸吻合，元器件引线有无氧化、锈蚀。用小刀或刀片清除表面氧化膜、并在元器件引脚上镀锡，如图 6.4.20 所示。

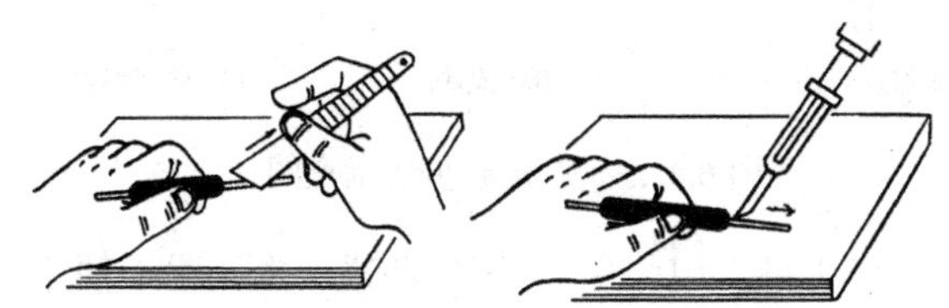

图 6.4.20　元器件的焊接预处理示意图

2. 元器件的成型

元器件成型大部分需在插装前弯曲成型。弯曲成型的要求取决于元器件本身的封装外形和在 PCB 上的安装位置。图 6.4.21 为常用元器件引脚成型范例。

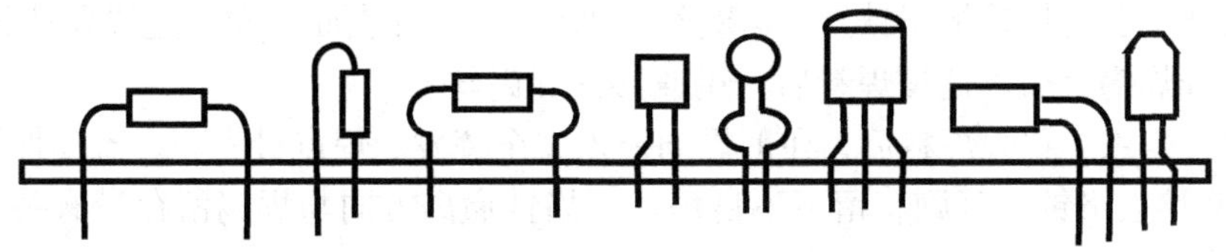

图 6.4.21　常用元器件引脚成型范例

元器件引线成型时均不得从根部弯曲，因为根部受力容易折断。一般应离元件根部 1.5mm 以上，弯曲一般不要成死角，圆弧半径应大于引线直径的 1～2 倍，引线成型时应尽量将元器件有字符的面向上，置于容易观察的位置。

3. 元器件的插装

元器件的插装方式有贴板插装和悬空插装两种，如图 6.4.22 所示。贴板插装的优点是稳定性好、插装简单。但存在不利于散热，且对某些安装位置不适应的缺点。悬空安装具有适应范围广、有利散热等优点，缺点是插装时需控制一定高度以保持一致。

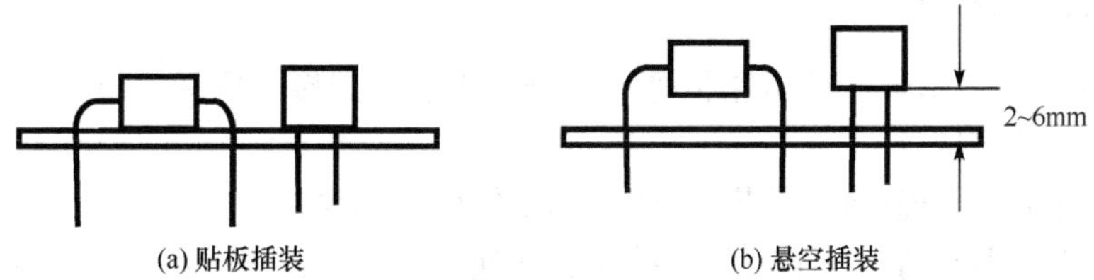

图 6.4.22　元器件的插装图

4. 元器件的焊接

元器件的焊接应遵循“焊接五步法”的固定操作流程，如图 6.4.23 所示。

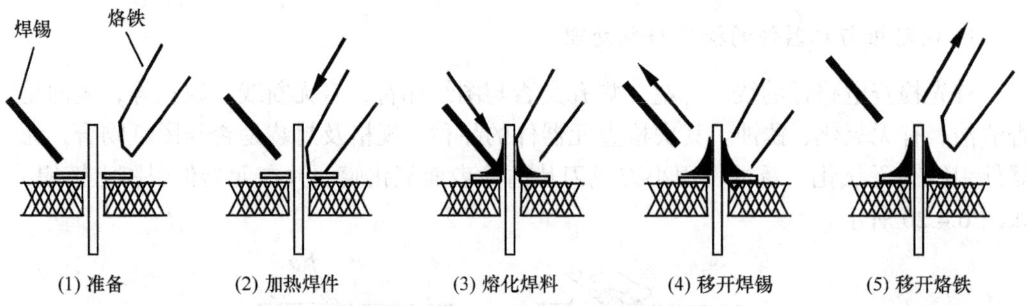

图 6.4.23　焊接五步法示意图

(1)准备：准备好被焊工件、电烙铁、烙铁架等，并放置于便于操作的地方，烙铁加温到工作温度并吃好锡。一手握好烙铁，一手抓好焊料(通常是焊锡丝)，烙铁与焊料分居于被焊工件两侧。

(2)加热焊件：烙铁头均匀接触被焊工件，包括工件引脚和焊盘。不要施加压力或随意拖动烙铁。

(3)熔化焊料：当工件被焊部位升温到焊接温度时，送上焊锡丝并与工件焊点部位接触(焊锡丝不要直接接触烙铁)，焊锡丝熔融并在被焊件表面浸润，送锡要适量。

(4)移开焊锡：熔入适量焊料后，迅速移去焊锡丝。

(5)移开烙铁：移去焊料后，在助焊剂还未完全挥发、焊点最光亮、流动性最强的时候，迅速移去烙铁，否则将留下不良焊点。烙铁撤离方向与焊锡留存量有关，一般情况下，将烙铁朝 45°方向撤离。

6.4.7　导线的焊接

导线焊接在电子装配中占有一定的比例，实践表明其焊点失效率高于 PCB。因此，导线的焊接必须引起充分的注意。常见的导线如单股导线、多股导线、屏蔽线等。一般导线连接采用绕焊、钩焊、搭焊等基本方法。

焊接中需要注意的是：导线剥线长度要合适，上锡要均匀；线端连接要牢固；芯线稍长于外屏蔽层，以免因芯线受外力而断开；导线的连接点可以用热缩管进行绝缘处理，既美观又耐用。

6.4.8　焊接质量的检查

焊接完毕后，要对焊接的电路板进行检查，以确保焊接的质量。质量检查主要包含以下五个方面的内容：

(1)元器件不得出现错装、漏装、错连和歪斜松动等现象。

(2)焊点应吃锡饱满，杜绝毛刺、针孔、气泡、裂纹、挂锡、拉点、漏焊、碰焊、虚焊等缺陷。

(3)焊接后电路板上的金属件表面应无锈蚀和其他杂质。

(4)焊接完成的电路板不得有斑点、裂纹、气泡、发白等现象，铜箔及敷形涂覆层不得脱落、不起翘、不分层。

(5)元器件的引脚或引线表面应渗锡均匀。

6.4.9 元器件的拆换

拆换普通元件一般用吸焊器，将元件引脚上的焊锡全部吸掉。或者直接使用电烙铁熔掉焊锡，但这样就存在不小的危险性，既要小心焊点没完全被熔掉，又怕接触得太久烧坏元件。

常用的方法是在加温的时候就用镊子夹住元件外拉，当温度达到时，元件就会被拉出，但切记不要太用力了，否则引脚断在焊锡中就麻烦了。但是保险起见，两种方法结合起来使用是再好不过了，因为有时由于元件插孔太小，焊锡很难被吸干净，此时撤走吸焊器就会粘住，这是虚焊，可以用电烙铁加热取掉。

现在的电路板大多做工精细，焊锡使用很少，很难熔掉，那么可以加点焊锡在引脚上再利用吸焊器就容易多了。

6.5 电子产品套件的制作

6.5.1 四路无线遥控开关制作

无线数据传输广泛地运用在车辆监控、遥控、遥测、小型无线网络、无线抄表、门禁系统、小区传呼、工业数据采集系统、无线标签、身份识别、非接触RF智能卡、小型无线数据终端、安全防火系统、无线遥控系统、生物信号采集、水文气象监控、机器人控制、无线232数据通信、无线485/422数据通信、数字音频、数字图像传输等领域中。无线遥控开关是无线数据传输中的一种，具有较强的实际应用价值。

1. 套件成品实物图

无线电遥控器是利用无线射频信号对远方的各种机构进行控制的遥控设备。常用的无线电遥控器一般分发射器和接收器两个部分。实习中的四路无线遥控开关套件成品如图6.5.1所示。

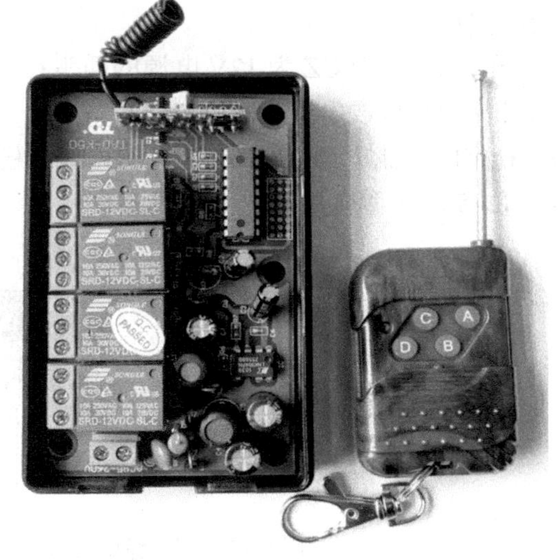

图6.5.1 四路无线遥控开关套件成品实物图

2. 电路结构及工作原理

四路无线遥控开关电路原理图如图 6.5.2 所示，它由电源部分、无线接收部分、数据解码部分和继电器控制四部分组成。

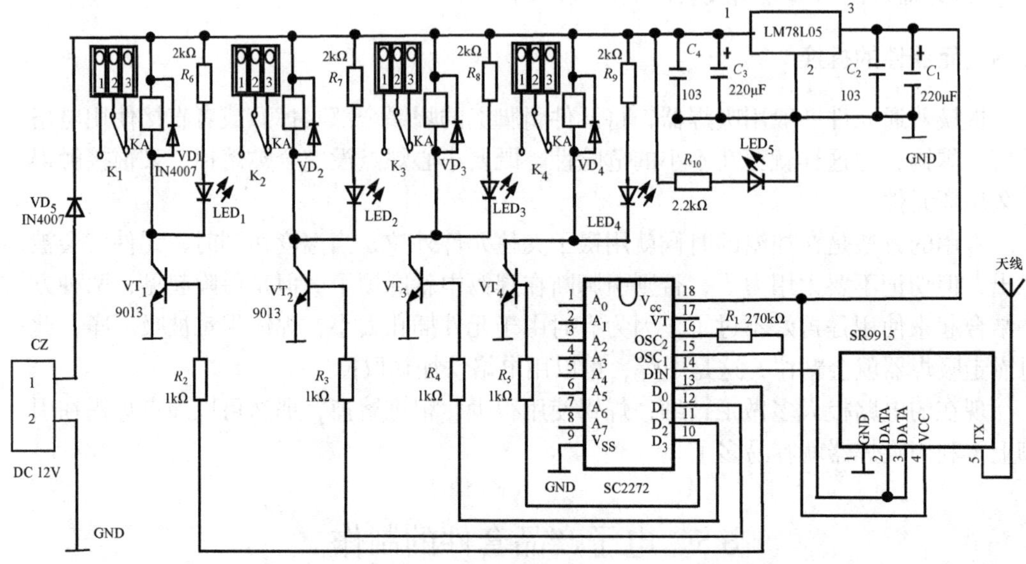

图 6.5.2 四路无线遥控开关电路原理图

1) 电源部分

电源需要直流 12V，主要给继电器线圈和稳压器件 78L05 供电。12V 直流电压送入三端稳压器件 78L05 稳压，其输出稳定的 5V 电压作为无线接收部分和解码部分的工作电源。

在图 6.5.2 中 CZ 为 12V 电源的插头；二极管 VD_5 用于防止电源接反而烧坏电路；R_{10} 和 LED_5 构成电源指示功能；C_1、C_2、C_3、C_4 有不同的功能，主要是为了获得纯净、稳定的直流电源。78L05 是低功耗三端稳压集成块，输出稳定的 5V 电压。图 6.5.3 是 78L05 的典型应用和引脚功能图。

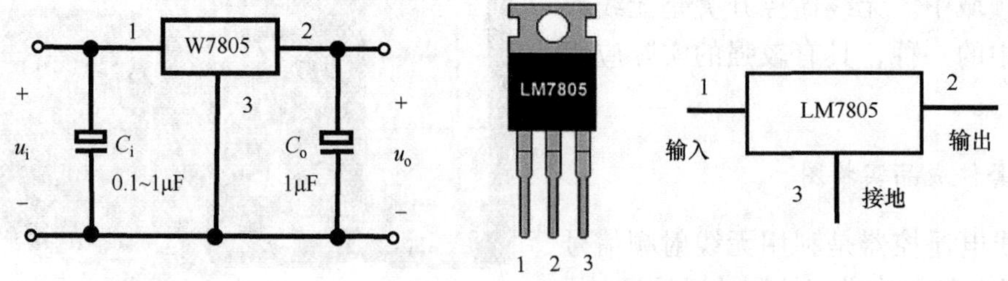

图 6.5.3 三端稳压器 78L05 典型应用和引脚功能图

2) 无线接收部分

无线接收部分采用 315MHz 超再生接收模块 SR9915 来实现。图 6.5.4 为无线接收模块 SR9915 的引脚图。当 SR9915 收到遥控发射器的无线电编码信号后，会在其输出端输出一串控制数据码，这些编码信息经专用解码集成电路 PT2272 解码后，在数据输出端输出相应的控制数据。

3)数据解码部分

数据解码电路的主要功能是接收从无线接收器输出的串行信号进行解码，并输出相应的控制信号。无线遥控开关的数据编码采用 PT2262 芯片，数据解码部分采用遥控解码 PT2272 芯片。

PT2262/PT2272 是由 CMOS 工艺制造的低功耗低价位通用配套的编码/解码电路。同时也是一对带地址、数据编码功能的无线遥控发射/接收配套芯片。

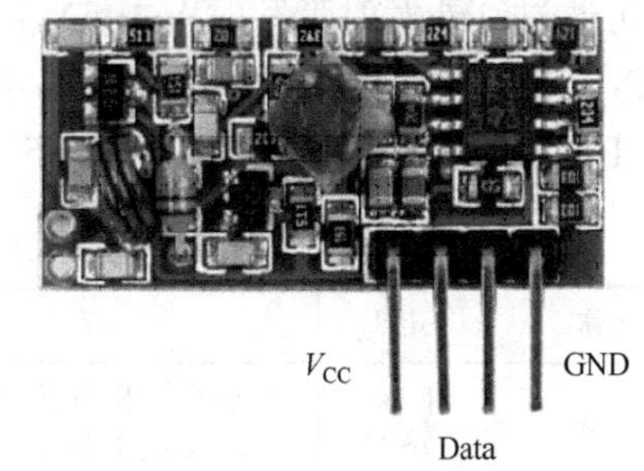

图 6.5.4 无线接收模块 SR9915 的引脚图

编码芯片 PT2262 的编码信号是由地址码、数据码、同步码组成的一个完整的码字，从 D_{OUT} 端(第 17 脚)输出到射频发射模块的数据输入端并发射出去。射频接收模块接收后送到解码芯片 PT2272，其地址码经过三次比较核对后，PT2272 的 VT 端(第 17 脚)才输出高电平，与此同时与 PT2262 相应的数据脚也输出高电平，如果 PT2262 连续发送编码信号，解码芯片 PT2272 的 VT 端(第 17 脚)与相应的数据引脚便连续输出高电平。PT2262 停止发送编码信号，PT2272 的 VT 端便恢复为低电平状态。

PT2262/2272 最多可有 12 位(A_0～A_{11})三态地址端引脚(悬空、接高电平、接低电平)，任意组合可提供 531441 种不同的地址码，大大减少了编码冲突。

PT2262 的 V_{DD} 通过按键接通后向芯片供电；如果没有按键按下，它是不通电的。所以，静态时 PT2262 并不耗电，特别适合电池供电的场合。

(1)PT2262 芯片简介。

PT2262 将载波振荡器、编码器和发射单元集成于一身，使发射电路变得非常简洁。图 6.5.5 所示是 PT2262 的工作原理图。

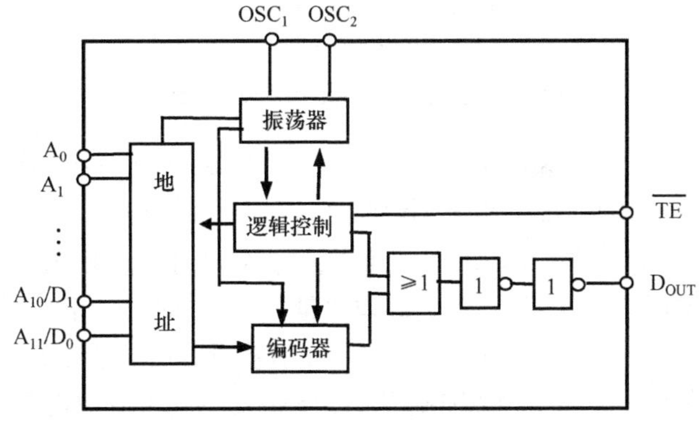

图 6.5.5 PT2262 的工作原理图

PT2262-IR 发射芯片地址编码输入有“1”“0”和“悬空”三种状态，数据输入有“1”和“0”两种状态。由各地址、数据的不同引脚状态决定，编码从输出端 D_{OUT} 输出，可通过红外发射管发射出去。D_{OUT} 输出的编码信号是调制在 38kHz 载波上的，OSC_1、OSC_2 外接的电阻决定载频频率，一般电阻在 430～470kΩ 选择即可。

PT2262 编码电路的功能如表 6.5.1 所示。图 6.5.6 所示为 PT2262 芯片的引脚功能图。

表 6.5.1　PT2262 引脚功能表

名称	引脚	功能
A_0～A_{11}	1～8 10～13	地址引脚，用于进行地址编码。可置为“0”“1”“f”（悬空）； 8 (A_0～A_7) 地址输入时引脚为 1～8，12 地址输入时再加上引脚 10～13
D_0～D_5	10～13 7～8	数据输入端。有一个为“1”即有编码发出； 四位输出时引脚为 10～13，六位输出时引脚为 10～13 四个再加上 7～8 两个
$\overline{TE}$	14	编码启动端，用于多数据的编码发射，低电平有效
OSC_2	15	振荡电阻输入端
OSC_1	16	振荡电阻输入端，与 OSC_2 所接电阻决定振荡频率
D_{OUT}	17	编码输出端（正常时为低电平）
V_{DD}	18	电源正端 (+)
V_{ss}	9	电源负端 (−)

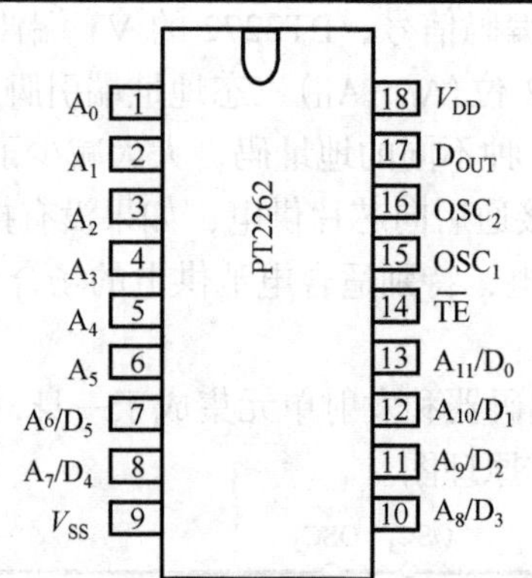

图 6.5.6　PT2262 芯片的引脚功能图

编码芯片 PT2262 发出的编码信号是由地址码、数据码、同步码组成的一个完整的码字。PT2262 编码电路的地址码和数据码是从 17 脚串行输出的。当发射器有按键按下时，PT2262 芯片得电工作，14 脚 $\overline{TE}$ 为低电平，启动 17 脚编码输出。输出信号是经调制的串行数据编码信号。当 17 脚为高电平期间，315MHz 的高频发射电路起振并发射等幅高频信号；当 17 脚为低电平期间，但发射器没有按键按下时，PT2262 芯片不接通电源，17 脚为低电平，不启动编码输出，315MHz 的高频发射电路停止振荡。这样静态时，PT2262 并不耗电，特别适合电池供电的场合。PT2262 的高频发射电路完全受控于 17 脚输出的数字信号。如果发射端一直按住按键，编码器也会连续发射输出。

(2)PT2272芯片简介。

PT2272是与PT2262配对使用的一款通用遥控解码集成电路。解码芯片PT2272的主要功能是对从输入端送入的串行信号进行解码，输出相应的控制信号。PT2272在接收到编码芯片PT2262发出的编码信号后，地址码先经过三次比较核对，VT端(17脚)才输出高电平；同时数据控制端(D_0～D_3)也输出相应的高、低电平。

PT2272芯片的外形与引脚功能如图6.5.7所示，PT2272引脚功能如表6.5.2所示。

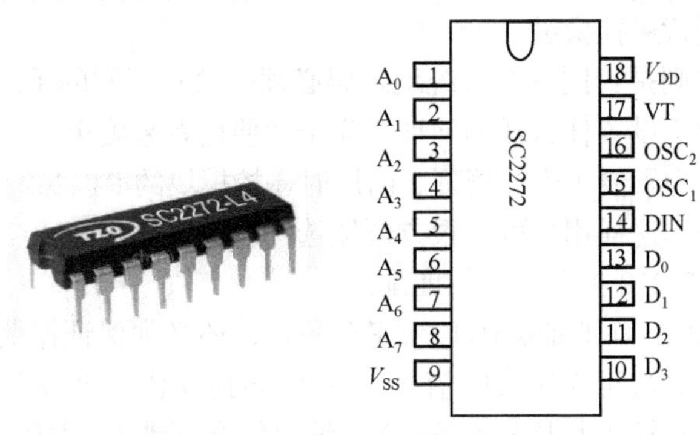

图6.5.7 PT2272芯片的外形与引脚功能图

表6.5.2 PT2262引脚功能表

名称	引脚	功能
A_0～A_5	1～6	地址输入端，可编成“1”“0”和“悬空”三种状态。要求与PT2262设定的状态一致
D_0～D_5	10～13 7～8	数据输出端，分非锁存和锁存两种状态
DIN	14	脉冲编码信号输入端
OSC_1、OSC_2	15、16	外接振荡电阻，决定振荡的时钟频率
VT	17	输出端，接收有效信号时，VT端由低电平变为高电平
V_{DD}	18	电源正端(+)
V_{SS}	9	电源负端(–)

接收芯片PT2272解码芯片有不同的后缀，表示不同的功能。输出具有“互锁输出型”“非锁存输出”“自锁输出型”三种方式，方便用户使用。后缀“L”表示互锁输出，数据一经接收就能一直保持对应的电平状态，直到接收到其他任意路的数据则该路恢复到原始状态；“M”表示非锁存输出，又称点动输出，数据输出的电平是瞬时的而且和发射端是否发射相对应，可以用于类似点动的控制；“T”表示自锁输出，数据只要成功接收就能一直保持对应的电平状态，直到下次遥控数据发生变化时才改变。

(3)PT2262与PT2272的配合使用。

① PT2262/2272地址码的设定。

在通常使用中，一般采用8位地址码和4位数据码，这时编码电路PT2262和解码电路PT2272的引脚第1～8脚应为地址设定输入端。地址设置有三种状态可供选择：

悬空、接电源、接地。3 的 8 次方为 6561，所以地址编码不重复度为 6561 种。注意在使用时必须保证发射端 PT2262 和接收端 PT2272 的地址编码完全相同，才能实现配对使用。例如，将发射机的 PT2262 的第 2 脚接地，第 5 脚接电源，其他引脚悬空，那么接收机 PT2272 也要第 2 脚接地，第 5 脚接电源，其他脚悬空，才能实现配对发射、接收。当两者地址编码完全一致时，接收机对应的 D_2～D_5 端输出约 4V 互锁高电平控制信号，同时 VT 端也输出解码有效高电平信号。用户可将这些信号加到三极管放大后，驱动继电器等负载进行遥控操纵。

设置地址码的原则是：同一个系统地址码必须一致；不同的系统可以设置不同的地址码加以区分。至于设置什么样的地址码完全随使用者来确定。

注意：生产厂家为了便于生产管理，出厂时遥控模块的 PT2262 和 PT2272 的 8 位地址编码端全部悬空，这样用户可以很方便地选择各种编码状态。

② PT2262 和 PT2272 振荡电阻的匹配。

PT2262 和 PT2272 除地址编码必须完全一致，还必须保证振荡电阻相互匹配，否则接收距离会变近，甚至无法接收信号。在具体的应用中，外接振荡电阻可根据需要进行适当的调节，阻值越大振荡频率越慢，编码的宽度越大，发码一帧的时间越长。表 6.5.3 是 PT2262/2272 的数据发射器与接收器外接振荡电阻推荐值。

表 6.5.3　PT2262/2272 的数据发射器与接收器外接振荡电阻推荐值

PT2262（发射器）端	PT2272（接收器）端
4.7MΩ	820kΩ
3.3MΩ	680kΩ
2.2MΩ	390kΩ
1.5MΩ	270kΩ
1.2MΩ	200kΩ

4）继电器控制部分

继电器是一种电子控制器，主要功能是实现用低电压、小电流对高电压、大电流的控制。图 6.5.8 是实习中使用的继电器实物与引脚功能图。

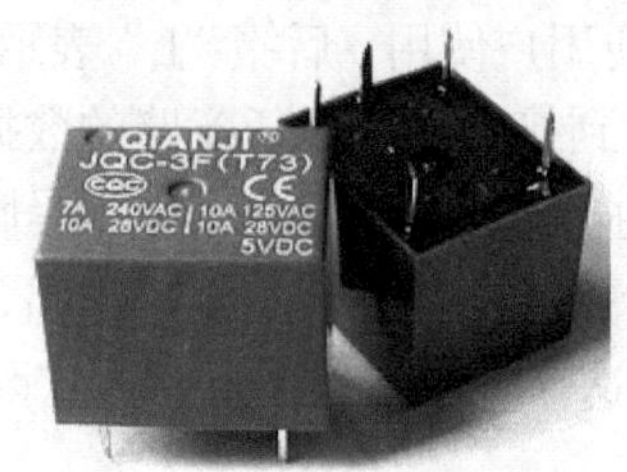

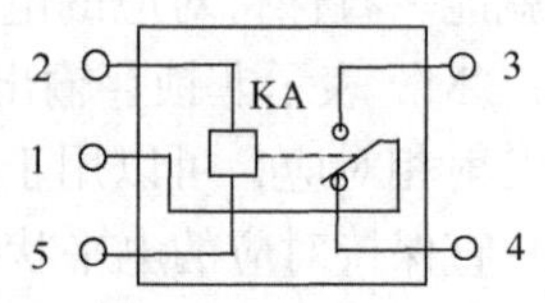

图 6.5.8　继电器实物与引脚功能图

其中 2 脚和 5 脚为继电器电压线圈；1 脚作为常开与常闭的公共端；3 脚与公共端

构成常开触点；4 脚与公共端构成常闭触点。

继电器电压线圈采用直流 12V 供电。在图 6.5.2 中继电器采用 NPN 型三极管 9013 进行驱动。VD_1～VD_4 为续流二极管，用于保护三极管不被反电压击穿。三极管基极的电阻为限流电阻。

5) 电路工作过程简述

当无线接收模块没有接收到信号时，PT2272 芯片的 10～13 脚输出低电平，所控制的 4 路继电器处于初始状态。以 D_0 所接继电器为例，当发射的数据信号为 0001 时，PT2272 输出的数据也为 0001，换言之就是解码芯片的 10、11、12 脚输出低电平，13 脚输出高电平，这个高电平经 R_2 向 VT_1 提供基极电流，VT_1 饱和导通，继电器 K_1 线圈得电(继电器 2 脚和 5 脚通电)，KA 动作(继电器 1 脚和 4 脚断开，1 脚和 3 脚闭合)，即公共端与常开端闭合，公共端与常闭端断开，从而使所控制的电气设备开启或停止工作。当遥控信号消失后，即发射的数据信号为 0000 时，接收芯片 PT2272 所有数据位全部输出为低电平，对应的晶体管都截止，四路继电器线圈全部失电，KA 断开，此时公共端与常闭端闭合，公共端与常开端断开。

3. 制作要求与步骤

(1) 读懂四路无线遥控开关的电路图，了解并掌握遥控开关的电路结构、工作原理、基本的安装调试方法。

(2) 通过查阅资料，学习掌握继电器的工作原理、接线方法等知识。所查纸质资料写入实习报告中，同时注明资料来源。

(3) 先进行电子元件识别和检测，保证所用元器件外形完好、功能完备后，再确定元器件在 PCB 上的位置，最后进行装配、焊接。

(4) 在完成元件检测、焊接安装后，才能进行通电调试。

(5) 设置相应地址码，以区别其他控制器。

(6) 验证遥控器的控制功能，实现继电器的通、断的开关功能。

至此，一个完整的四路无线遥控开关实套件成品就完成。

4. 电路安装注意事项与调试方法

(1) 焊接顺序。在制作中，先焊接个头小的，紧贴 PCB 的元件，如电阻、发光二极管、二极管等。然后焊接个头大的，如集成电路、插座、继电器。最后再焊接其他重要、易损元件，如无线接收模块 SR9915。

(2) 地址编码的焊接。对于有地址编码的遥控开关，焊接时编码部分先不要焊接，待开关的其他部分全部焊接完，并通电调试功能正常(可以正常工作)后，再进行地址码的编制与焊接。地址编码的焊接工作分别在电路板和遥控器上完成，地址码要一一对应。

(3) 电源部分的调试。在接上 12V 直流电源后，电源指示灯应发光。若不亮，应检查发光二极管 LED_1、二极管 VD_5 是否焊反。用万用表测量发光二极管两端电压，正常应为 0.6V 左右。若测出的电压为 0V，同时发光二极管不亮，应仔细检查极性保护二

极管 VD_5，查看是否反焊或虚焊。

(4) 78L05 的引脚调试。用万用表测量 78L05 的输出电压，正常应为 5.0V 左右。若不正常，查看 78L05 是否焊反；同时在线路板上查看 5V 电压供电的无线接收电路和解码电路是否有搭锡短路等问题。

(5) 无线解调部分调试。测量解码芯片第 14 脚对地电压，在没有按遥控器时，这个电压是变化的，且没有规律，当按下遥控器时，可以看到这个脚的电压变为一个较为稳定的直流电压(具体的数值，由于发送数据的不同，实际从万用表上得到的电压数据也是不同的)，只要所测电压符合以上规律，就说明无线解调部分工作基本正常。

(6) 地址编码的调试。测量解码芯片第 17 脚对地电压，在没有按遥控器时，这个电压为 0，当按下遥控器后，若解码正确，这个脚就会输出一个高电平，表示解码成功。若所测结果不符合上述规律，应仔细查看解码芯片的 8 位地址编码是否与遥控器端 PT2262 的地址编码一致，查看解码芯片第 15、16 脚间的振荡电阻是否与发射端相匹配等。

(7) 继电器注意事项。由于控制开关采用 10A 容量的继电器，而线路板上的铜皮较薄，无法长时间通过 10A 的电流，当控制的负载功率大于 100W 时，请在相应的开关线铜板上加上焊锡，以增加导流性。

6.5.2 光电巡线车制作

智能小车生动有趣，还涉及机械结构、电子基础、传感器原理、自动控制等诸多学科知识，学生通过动手实践能大大提高解决实际问题的能力，而且智能小车还是一个很好的硬件平台，只要增加一些控制电路就能完成循迹小车、救火机器人、足球机器人、避障机器人、遥控小车等课题。

1. 套件成品实物图

巡线小车能沿着黑色轨道自动行驶，不管轨道如何弯曲小车都能自动行驶。实习中的光电巡线小车套件成品实物如图 6.5.9 所示。

图 6.5.9　光电巡线小车套件成品实物图

2. 电路结构及工作原理

大家都知道当光线射到白色物体和黑色物体上时的反光率是不同的。如果能让光线通过地面反射到光敏电阻上，再检测光敏电阻阻值变化，以此来判断小车是否行驶在白色区域上，这就是光电巡线小车的工作原理。具体来说，如果小车一边行驶在黑色跑道上，那么其反光率就变小，这一侧的光敏电阻阻值就变大，说明小车已经跑偏。此时就应该让这一侧的马达减速甚至停转，并让相应的LED指示灯也熄灭。然而另一侧的反光强，光敏电阻阻值小，马达继续运行，小车会向相反方向行驶，使小车偏离黑色跑道，回到白色区域，这样小车就能始终沿着黑色跑道行驶了。光电巡线车电路原理如图6.5.10所示，电路由传感器检测部分、电压比较器部分、电机驱动部分和电源部分四个部分组成。

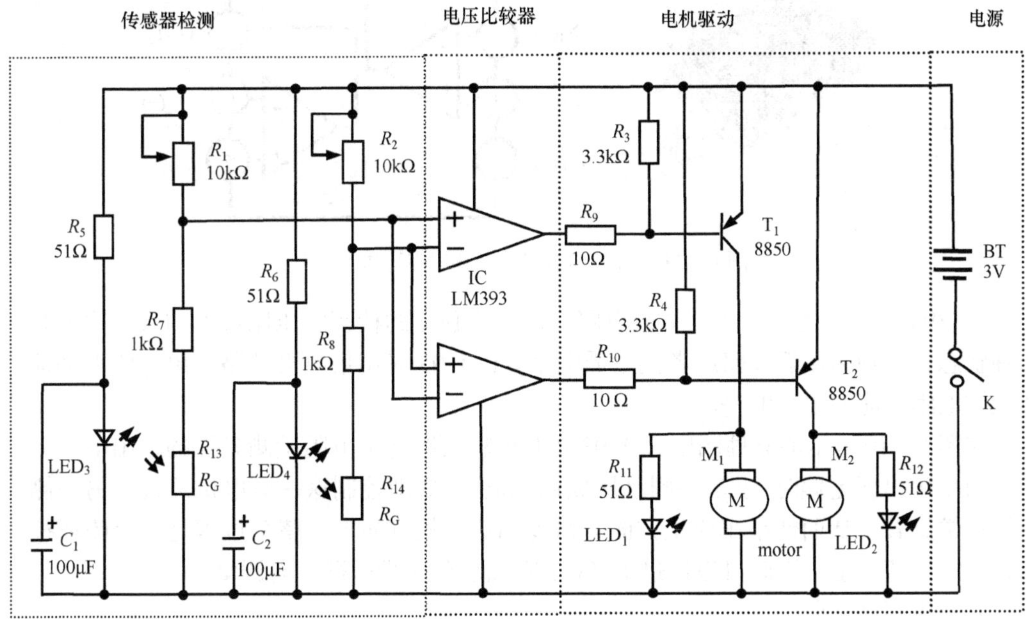

图 6.5.10 光电巡线车电路原理图

1)传感器检测部分

传感器检测部分主要包含光线发射和光强度检测两个部分。

光线发射由高亮度发光二极管 LED_3、LED_4 实现。其中，电阻 R_5、R_6 为限流电阻，电容 C_1、C_2 为旁路电容，滤去电源交流成分。

光强度检测主要利用光敏电阻的特性将光强度变化转变为电压变化信号输出。电路由光敏电阻 R_{13}、R_{14} 和电位器 R_1、R_2 分压实现。当光线强度变强时，光敏电阻的阻值降低，分得的电压下降。当光线强度变弱时，光敏电阻的阻值升高，分得的电压上升。

电位器 R_1、R_2 的功能是灵敏度调节。调节电位器 R_1、R_2 可实现表征光强度的输出电压幅度的调节，使小车正常工作。

总之，LED 光投射到白色区域和黑色跑道时，因为反光率的不同，光敏电阻的阻值会有明显区别，输出的电压也会随之变化，这样便于后续电路进行控制。

2）电压比较器部分

电压比较器的作用是对输入的两个通道的电压值进行比较，图 6.5.10 中双路电压比较器模块 LM393 根据比较的结果使一个电压比较器输出为高电平，另一个输出为低电平。在电路中主要用于判断左右传感器哪边接收到的光强度较强，哪边接收到的光强度较弱。并以光强检测输出的电压大小为依据，确定驱动电机进行巡线车行进转向的调整。如图 6.5.11 所示为 LM393 芯片的实物外形与引脚功能。

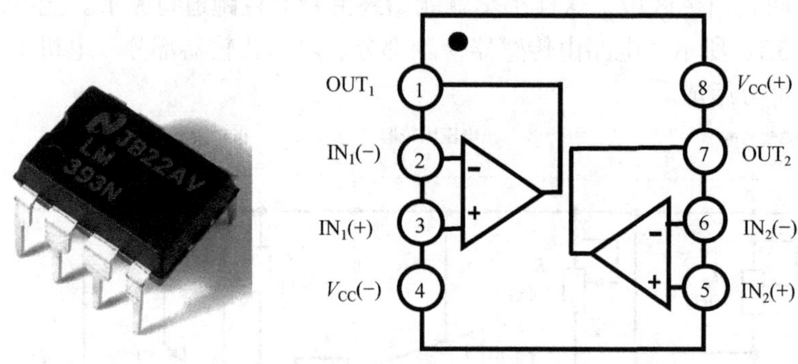

图 6.5.11　LM393 实物外形和引脚功能图

LM393 是双路电压比较器集成电路，由两个独立的精密电压比较器构成。输出有两种状态，分别为接近开路或者接近低电平。LM393 采用集电极开路输出，所以必须加上拉电阻才能输出高电平。

在图 6.5.10 所示的原理图中 LM393 随时比较两路光敏电阻检测光强的输出电压大小。当小车出现走偏时(小车一侧已压黑色跑道)，立即控制这一侧电机停转，另一侧电机正常旋转，从而使小车修正方向，恢复到正确的方向上。整个过程是一个闭环控制，控制快速灵敏。因此可以通过 LM393 实现小车巡线运行方向调整。

3）电机驱动部分

电机采用三极管直接驱动。图 6.5.10 所示电路中采用 PNP 型三极管 8550 实现左右轮电机的直接驱动。三极管在这里起开关的作用。对于 PNP 型三极管来说，基极输入低电平，三极管处于导通状态；基极输入高电平，三极管处于截止状态。同时发光二极管 LED_1、LED_2 支路与电机并联，主要实现电机工作状态的指示功能；电阻 R_{11}、R_{12} 起到限流的作用，保护与之串联的发光二极管。图 6.5.12 为三极管 8550 的引脚功能。

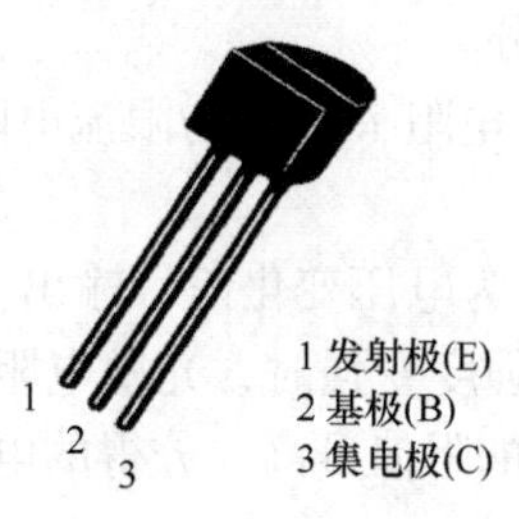

图 6.5.12　三极管 8550 的引脚功能图

4）电源部分

电源部分采用 3V 电池进行供电，开关 K_1 起到通断电源的作用。

5）光电巡线车的运行过程简述

当发光二极管发出的光线照在白色纸面上时反射的光线较强，这时光敏电阻接收到较强的反射光，光敏电阻的电阻值降低，送入比较器的电压下降。反之，当光线照在黑色跑道上时反射的光线较弱，这时光敏电阻接收到较弱的反射光，光敏电阻的阻值增大，送入比较器的电压上升。这时两个电压比较器一个输出低电平，另一个输出高电平。由此，电压比较器可根据光强作出左转、右转的判断。

如果将巡线小车放在黑色跑道上方，传感器位于黑色跑道两侧白色区域。通电后，巡线车向前运动。当小车偏离跑道时，必有一侧发光二极管照到黑色跑道上，此时该侧的比较器输出高电平，三极管截止，电机停转。由于两侧轮子一个停转，巡线车便向轮子停转侧转弯，使得该侧传感器远离黑色跑道。一段时间后，该侧传感器检测到白色跑道后，电机再次启动，巡线车继续向前运动。巡线车在整个前进的过程中不断重复上述动作，不断修正轨迹，从而实现沿跑道前进的目的。

3. 装配步骤

为了避免一些不必要的麻烦，小车组装应该遵循一定的顺序。图 6.5.13 所示为一般小车组装的顺序。装配步骤包括元器件检测、电路基本焊接、安装光电检测电路、安装电池盒、灵敏度和指示灯调试、轮子组装、焊接马达引线、调试电机、功能调试、粘贴电机、整机调试等环节。

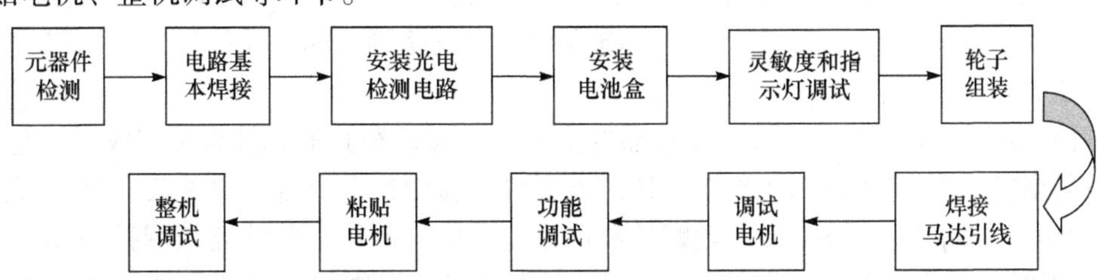

图 6.5.13 光电巡线小车装配步骤图

1) 电路基本焊接

电路基本焊接比较简单，焊接顺序按照元件高度从低到高的原则。焊接电阻前务必用万用表确认阻值是否正确。焊接有极性的元件(如三极管、指示灯、电解电容等)务必分清楚极性，尽量参考原理图中的元件极性来焊接，焊接电容时引脚短的是负极，应该插入 PCB 上阴影的一侧。焊接 LED 指示灯时注意引脚长的是正极，并且焊接时间不能太长，否则容易焊坏。发光二极管 LED_3、LED_4 和光敏电阻 R_{13}、R_{14} 可以暂时不焊，集成电路芯片可以不插，初步焊接完成后，请务必细心核对无件，防止因粗心大意而错焊。

2) 光电检测回路

将万向轮螺丝穿入 PCB 孔中，并旋入万向轮螺母和万向轮。电池盒通过双面胶贴在 PCB 上，引出线穿过 PCB 预留孔焊接到 PCB 上，红线接 3V 正电源，黄线接地，多余的引线可以用于电机连线。光敏电阻和发光二极管(注意极性)是反向安装在 PCB 上的，位于焊接面。它们和地面间距为 5mm 左右，光敏电阻和发光二极管之间距离也在 5mm 左右。最后再通电测试。

3）机械组装安装

机械部分组装的顺序为先组装轮子，再接电机引线，然后确认电机转向，最后再粘贴到 PCB 上。组装轮子时注意内侧的轮片直径比较小，外侧的轮片中心孔是圆的。用两个螺丝螺母固定好轮片，并用黑色的自攻螺丝固定在电机的转轴上，最后将硅胶轮胎套在车轮上。然后用引线连接好电机引线，调试好电机转向，确保小车是前行的，最后将车轮组件用不干胶粘贴在 PCB 指定位置，注意车轮和 PCB 边缘保持足够的间隙，将电机引线焊接到 PCB 上，注意引线适当留长一些，以便于电机旋转方向错误后调换引线的顺序。

4）整车调试

在电池盒内装入 2 节 AA 电池，开关拨在 ON 位置上，小车正确的行驶方向是沿万向轮方向行驶。如果按住左边的光敏电阻，小车右侧的车轮应该转动；按住右边的光敏电阻，小车左侧的车轮应该转动。如果小车后退行驶可以同时交换两个电机的接线，如果一侧正常另一侧后退，只要交换后退一侧电机接线即可。

4. 电路安装与调试注意事项

(1)元件检测。安装前，所有元器件必须进行检测，以确保所使用的元件是好的。

(2)有极性元件的安装。安装时仔细核对线路板上的标识，特别注意有极性的元件，如三极管、发光二极管、二极管、电解电容和集成电路等。如果元件反装，电路将无法正常工作。

(3)检测传感器的安装。检测传感器的安装顺序应该在其他元件焊接完成后。先将导向螺栓装上，再安装检测传感器。传感器元件焊接时应与其他元件相反，装于线路板的焊接面，其高度应根据导向轮螺栓高度来定。安装时可以将线路板焊接面朝上，然后元件顶面与半个导向圆螺母齐平为宜，此时实际工作时传感器与地面距离约为 5mm。

(4)电池盒的安装。电池盒安装时先将背面泡沫胶上的纸撕开，将电池盒对准线路板上的线框，小心地粘在线路板上。注意不要粘歪。引线从线路板上的孔中穿出，然后焊于线路板的相应位置上，注意极性不要搞错。

(5)灵敏度与指示灯的调试。为了方便调试和发现问题，应在安装电机前先进行灵敏度的调整。注意此时不要安装电机。取一张白纸，画一个黑圈。先接通套件的电源，应看到两侧指示灯同时点亮。将小车放在白纸上，让检测器的发光二极管照在黑圈上，同时调节本侧电位器。使检测器的发光二极管照到黑圈时这一侧指示灯灭，照到白纸区域时指示灯亮。反复调节两侧探测器，直到两侧指示灯全部符合上述变化规律。

(6)电机的安装与调试。两只电机转向与电流方向有关。在焊接之前应调试电机的运行情况。先焊好引线(注意此时千万不要把电机粘于线路板上)，再装上电池，打开电源开关，查看电机转向，必须确保装上车轮后小车向前进的方向转动。若相反，应将电机两线互换。确保无误后撕去泡沫胶上的纸，将电机粘于线路板上，粘时尽量让两电机前后一致，且要保证两车轮的灵活转动。

(7)跑道的制作。为了保证小车的正常运行，跑道的制作也很重要。跑道的宽度必须小于两侧探测器的间距，一般以15～20mm较为合适。跑道可以是一个圆，也可以是任意形状，但要保证转弯角度不要太大，否则小车容易脱轨。制作时可取一张A3白纸，先用铅笔在上面画好跑道的初稿，确定好后再用毛笔沿铅笔画好的跑道进行上色加粗，注意画时尽量让整条线粗细均匀些，等画完后让纸在阴凉处阴干，这样自己设计的跑道便制作完成了。上跑道实际通电试车时，适当调整两对传感器的间距，以适应跑道，达到自动识别跑道并准确无误工作为止。

(8)小车打滑的处理。实际试车时，若发现小车跑到某个地方动不了了，只要看到轮子还在转，可能是跑道纸不平整，轮子转动时出现了打滑现象。这时可通过适当增加小车的重量来解决，具体可在小车的电池上装载一点重物，让车轮处重量增加，这样车轮就不会打滑了。

(9)原地打转的处理。当小车原地打转不能前进时，可以调节 R_1、R_2 使小车工作正常。如果不行，再检测 R_7、R_8 是否接错以及是否存在虚焊。

6.5.3 声光控延时开关电路的制作

声光控延时开关电路在日常生活中是很实用的自控开关。可以使用常见的分立元件来制作，既能巩固元器件的知识，又能在制作完成后运用到实际生活中，激发学生的制作兴趣。

1. 套件成品实物图

声光控延时开关电路是一种集声、光、定时于一体，既节电又方便的无触点开关。在晚上光线变暗时，可用声音自动开灯，定时40s左右后自动熄灭。白天光线充足时，无论多大的声音干扰也不能开灯。它特别适用于住宅楼和办公楼的楼道、走廊、仓库、地下室、厕所等公共场所的照明电路。声光控延时开关套件成品实物如图6.5.14所示。

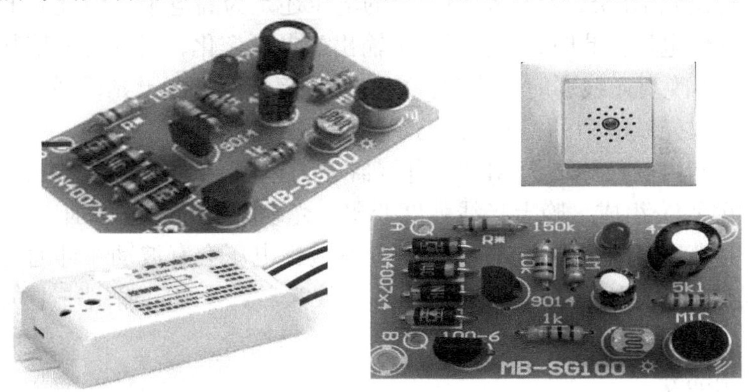

图6.5.14 声光控延时开关套件成品实物图

2. 电路结构及工作原理

声光控延时开关白天灯不亮，夜间有声音(喊话拍手)时灯亮，延时一段时间后自动关闭，起着节约用电、方便控制的作用。

声光控延时开关电路原理如图 6.5.15 所示，由声光信号控制、延时控制、电源和输出控制三个部分组成。

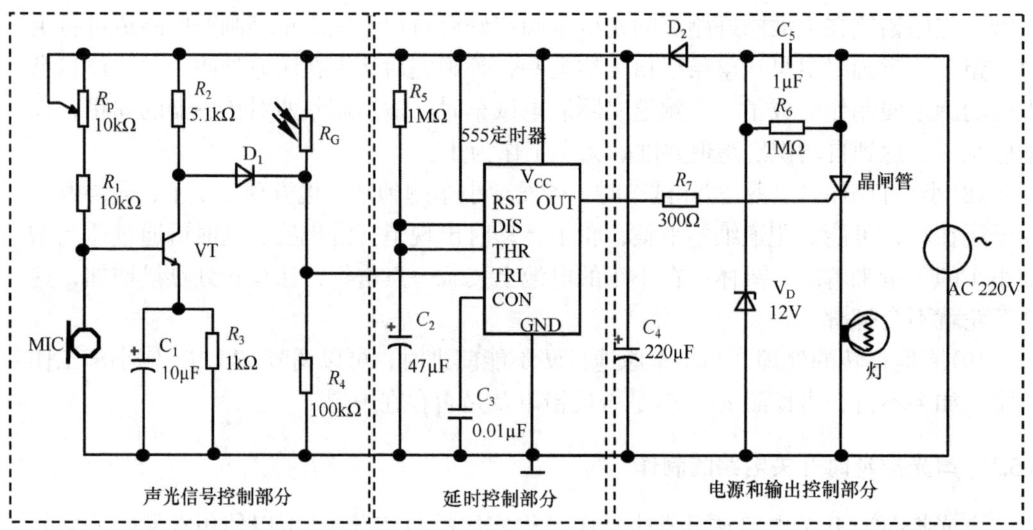

图 6.5.15　声光控延时开关电路原理图

1) 声光信号控制部分

声光信号控制主要包含声音控制和光强度检测与控制两个部分。

光强度检测与控制主要利用光敏电阻的特性将光强度变化转变为电压变化信号输出。电路由光敏电阻 R_G、R_4 分压实现。当白天有光线照在光敏电阻 R_G 上时，其阻值变小，对应输出到 NE555 定时器 TRI 端的电压为高电平。晶体管 VT 输出的电压变化，不足以使 TRI 端电压变为低电平。当晚上无光线照在光敏电阻 R_G 上时，其阻值变大，对应输出到 NE555 定时器 TRI 端的电压还是为高电平，但此时的电压接近高电平的下限阈值电压。此时，晶体管 VT 输出的电压变化，很容易就使其变为低电平。总的来说，当晚上光线弱时，才允许声音信号起作用；白天光线强时，禁止声控部分起作用。所以光敏电阻的控制优先于声音信号的控制。

声光信号控制由驻极体话筒 MIC、电位器 R_P、电阻 R_1、R_2、R_3，电容 C_1 以及晶体管 VT 和二极管 D_1 组成。晚上光线强度变弱，光敏电阻的阻值增加，电阻 R_4 分得的电压减小。当有声音进入驻极体 MIC 时，其输出电压会有波动，即通过驻极体把声音信号变成电压信号输入晶体管，该信号经放大后，从 D_1 输出一个负电压，使 NE555 定时器 TRI 端接收到一个负脉冲。

2) 延时控制部分

延时控制部分是由 R_5、C_2 以及 NE555 定时器组成的单稳态触发器构成的。延时时间 $T = 1.1R_5 \times C_2 = 51.7\text{s}$。延时时间取决于 R_5 和 C_2 的大小，与定时器无关，只要改变电阻 R_5 或电容 C_2 就可变化延时时间。常用的方法是将 R_5 改接成一个电位器，就可以线性改变输出延时时间了。

3) 电源和输出控制部分

电源部分由电阻 R_6、滤波电容 C_5、C_4 以及二极管 D_2 和稳压二极管 V_D 构成。电阻 R_6 是限流电阻，二极管 VD_2、滤波电容 C_4 和稳压二极管 V_D 分别实现整流、滤波、稳压作用，最后使其输出稳定的直流电压为 12V。

控制输出由 R_7 和晶闸管构成。当 NE555 定时器输出高电平时(有触发信号)，晶闸管导通，电流从 220V 电源经晶闸管流过灯泡，控制灯工作。当 NE555 定时器输出低电平(没有触发信号)时晶闸管就会关断，控制灯停止工作。

3. 主要元器件的检测

1) 三极管

(1) 用万用表判断三极管的三个极性。

判断口诀“三颠倒，找基极；PN 结，定管型；顺箭头，偏转大；测不准，动嘴巴”。

(2) 判断三极管的好坏。

① 检查三极管的两个 PN 结。

② 检查三极管的穿透电流。

③ 测量三极管的放大性能。

(3) 三极管放大倍数的测量。

选用欧姆挡的 R×100Ω (或 R×1kΩ挡)，对 NPN 型管，红表笔接发射极，黑表笔接集电极，测量时，比较用手捏住基极和集电极(两极不能接触)和把手放开两种情况下指针摆动的大小，摆动越大，β 值越高。

2) 晶闸管

晶闸管是晶体闸流管的简称，又称作可控硅整流器，以前称为可控硅。图 6.5.16 所示是晶闸管的符号、结构以及引脚图。晶闸管是 PNPN 四层半导体结构，它有三个极，分别为阳极 A、阴极 K 和门极(控制极)G。晶闸管具有硅整流器件的特性，能在高电压、大电流条件下工作，且其工作过程可以控制。广泛应用于可控整流、交流调压、无触点电子开关、逆变及变频等电子电路中。

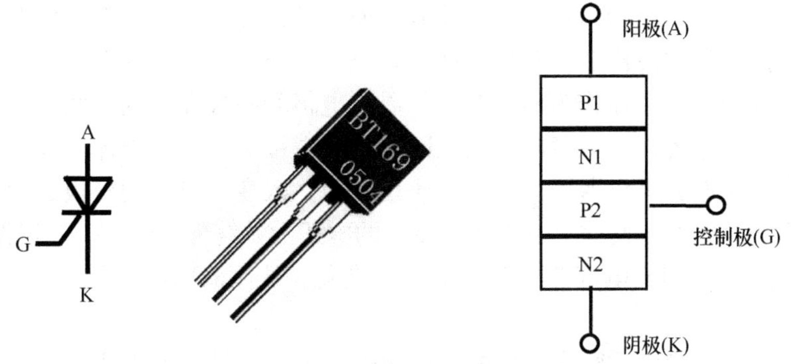

图 6.5.16 晶闸管的符号、结构以及引脚图

(1) 判别各电极。

根据晶闸管的结构可知，其门极(控制极)G 与阴极 K 之间为一个 PN 结，具有单向导电特性，而阳极 A 与门极 G 之间有两个反极性串联的 PN 结。

因此，通过用万用表的 R×100Ω 或 R×1kΩ 挡测量普通晶闸管各引脚之间的电阻值来确定三个电极。具体方法是将指针式万用表黑表笔任接晶闸管某一极，红表笔依次去触碰另外两个电极。若测量结果有一次阻值为几千欧姆，而另一次阻值为几百欧姆，则可判定黑表笔接的是门极 G。在阻值为几百欧姆的测量中，红表笔接的是阴极 K，而在阻值为几千欧姆的那次测量中，红表笔接的是阳极 A。若两次测出的阻值均很大，则说明黑表笔接的不是门极 G，应用同样方法改测其他电极，直到找出三个电极。也可以测任两脚之间的正、反向电阻。若正、反向电阻均接近无穷大，则两极即为阳极 A 和阴极 K，而另一脚即为门极 G。

普通晶闸管也可以根据其封装形式来判断出各电极。螺栓形普通晶闸管的螺栓一端为阳极 A，较细的引线端为门极 G，较粗的引线端为阴极 K。平板形普通晶闸管的引出线端为门极 G，平面端为阳极 A，另一端为阴极 K。金属壳封装(TO-3)的普通晶闸管，其外壳为阳极 A。塑封(TO-220)的普通晶闸管的中间引脚为阳极 A，且多与自带散热片相连。

(2)晶闸管的导通条件。

晶闸管的导通条件是阳极 A 加正向电压，同时门极 G 加正向触发电压。晶闸管导通后，即使门极 G 的电流消失了，晶闸管仍然能够维持导通状态。这是由于触发信号只起触发作用，没有关断功能。

(3)晶闸管的触发能力检测。

对于小功率(工作电流为 5A 以下)的普通晶闸管，可用万用表 R×1Ω挡测量。测量时黑表笔接阳极 A，红表笔接阴极 K，此时表针不动，显示阻值为无穷大。此时，如万用表指针发生偏转，说明该晶闸管已击穿损坏。然后用镊子或导线将晶闸管的阳极 A 与门极 G 短路，相当于给门极 G 加上正向触发电压，此时若电阻值为几欧姆至几十欧姆(具体阻值根据晶闸管的型号不同会有所差异)，则表明晶闸管因正向触发而导通。

3)驻极体话筒

驻极体话筒的基本结构由一片单面涂有金属的驻极体薄膜与一个上面有若干小孔的金属电极(称为背电极)构成。驻极体面与背电极相对，中间有一个极小的空气隙，形成一个以空气隙和驻极体作为绝缘介质，以背电极和驻极体上的金属层作为两个电极构成的一个平板电容器。电容的两极之间有输出电极。由于驻极体薄膜上分布有自由电荷，当声波引起驻极体薄膜振动而产生位移时，改变了电容两极板之间的距离，从而引起电容的容值发生变化。由于驻极体上的电荷数始终保持恒定，并根据 $Q=CU$，所以当 C 变化时必然引起电容器两端电压 U 的变化，从而输出电信号，实现声音向电压的变换。

使用前，应对驻极体话筒进行检测，检测内容包括电阻测量和灵敏度检测。

(1)电阻测量。将万用表置于 R×100Ω 或 R×lkΩ 挡，红表笔接驻极体话筒的芯线或信号输出点，黑表笔接引线的金属外皮或话筒的金属外壳。一般所测阻值应在 500Ω～

3kΩ 范围内。若所测阻值为无穷大，则说明话筒开路；若测得阻值接近 0，则表明话筒有短路性故障。如果阻值比正常值小得多或大得多，都说明被测话筒性能变差或已经损坏。

(2) 灵敏度检测。将万用表置于 R×100Ω挡，将红表笔接话筒的负极(一般为话筒引出线的芯线)，黑表笔接话筒的正极(一般为话筒引出线的屏蔽层)。此时，万用表应指示出某一阻值(如 lkΩ)，接着正对着话筒吹一口气，并仔细观察指针，应有较大幅度的摆动。万用表指针摆动的幅度越大，话筒的灵敏度越高。若指针摆动幅度很小，说明话筒灵敏度很低，使用效果不佳。若吹气时发现指针不动，可交换表笔位置再次吹气试验，若指针仍然不摆动，则说明话筒已经损坏。另外，如果在未吹气时，指针指示的阻值便出现漂移不定的现象，则说明话筒稳定性很差，这样的话筒是不宜使用的。

4) 光敏电阻

光敏电阻是利用半导体光电效应制成的一种特殊电阻。光敏电阻的特点是对光线非常敏感。无光线照射时，光敏电阻呈高阻状态；当有光线照射时，电阻值迅速减小。没有光照时的暗阻越大越好，有光照时的亮阻则越小越好。

(1) 光敏电阻的检测。检测光敏电阻时，将万用表置于 R×lkΩ挡，两表笔分别任意各接光敏电阻的一个引脚，然后分别进行暗阻、亮阻和灵敏性测试。

(2) 检测灵敏性。将光敏电阻透光窗口对准入射光线，用小黑纸片在光敏电阻的透光窗上部晃动，使其间断受光，此时万用表指针应随黑纸片的晃动而左右摆动。如果万用表指针始终停在某一位置不随纸片晃动而摆动，说明光敏电阻已损坏。

4. 调试注意事项

通电后先将光敏电阻透光窗口挡住，用手轻拍出声，这时灯应亮，延时一会儿灯灭。若用光照射光敏电阻，再用手重拍驻极体，这时灯不亮，说明制作成功。若不成功请仔细检查有无虚假错焊和拖锡短路现象。以下是在调试中常出现的现象和解决办法。

(1) 灯泡一直亮着。灯泡一直亮着，多是 NE555 定时器有问题，使输出一直为高电平，造成晶闸管 VT 中一直有电流通过，从而灯泡回路一直处于导通状态。或者是晶闸管 VT 和灯泡回路的接法不正确，使得晶闸管 VT 中一直有电流通过，或者灯泡直接接在电源回路上，从而使灯泡一直处于导通状态。

(2) 灯泡始终不亮。出现这一问题，要先检查灯泡是否正常。如果灯泡正常，就说明开关电路中有元件损坏。可先焊开光敏电阻器的一个脚，在将话筒送入声音信号的同时用万用表测 VT 集电极的电压，看指针是否摆动。若摆动很小或不摆动，就应检查声音触发控制电路中的各元件，包括话筒、电阻器 R_1、R_2、R_3、R_p、电容器 C_1、三极管 VT。若指针摆幅很明显，再测 NE555 定时器的触发端 TRI 端的电压是否变化，如有变化，则说明 NE555 定时器有问题。

(3) 发光时间短。这是延时电路的电容 C_2 或电阻器 R_5 有问题，可用容量大一点的电容替换 C_2，或对电阻 R_5 进行替换。若更换后，延时时间还是较短，则有可能是接触不良。应注意，在实际电路中，由于电容器本身有电阻，再加上其放电并不是放到零为止，所以其放电时间比理论计算短得多。

(4)灯泡响应灵敏度低。如果需要很大响声，灯泡才能触发点亮，则说明触发电路元件性能下降，此时可调节 R_P 电位器，如还是不能解决，则应着重检查三极管 VT 的放大倍数 β 值，以及检查电阻 R_1、R_2、R_3 和电容 C_1 等。

6.5.4 常用单元电路分析与制作

1. 延时电路分析与制作

1)目的

(1)了解并掌握电容充电、放电的工作原理及过程。

(2)了解并掌握电路的工作原理。

2)实习要求

(1)读懂如图 6.5.17 所示电路原理图，并用文字阐述其工作原理。

(2)根据电路原理图设计电路板，并画出元件布置图，将布置图附在报告中。

(3)完成电路板的安装焊接，并进行检查。

(4)对成品电路进行功能调试、观察、记录、验证功能。

(5)回答思考题，并将结果写到实习报告中。

3)注意事项

(1)三极管 9013 的引脚功能如图 6.5.18 所示。不要连错引脚。9013 的参数为 β=50，最大工作电流为 0.5A，功率 0.625W。

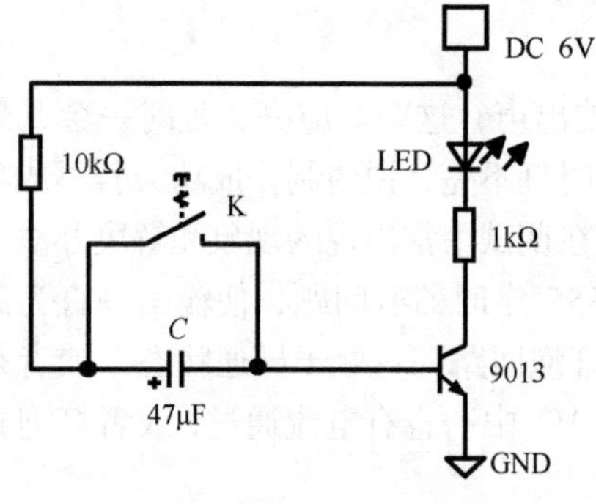

图 6.5.17　延时电路原理图

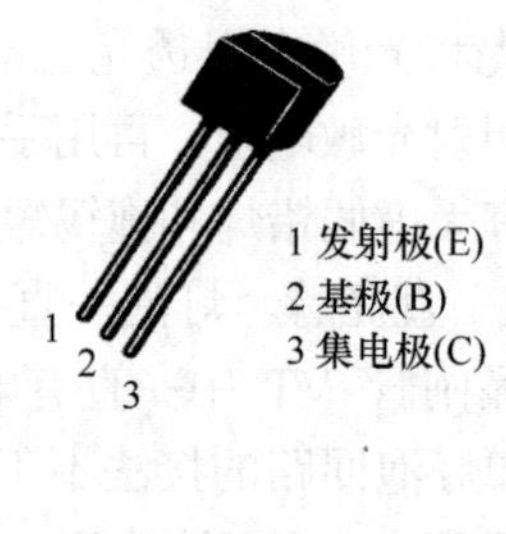

图 6.5.18　三极管 9013 引脚功能图

(2)所用电容为电解电容，连接时一定要注意极性。

(3)发光二极管是有极性的，注意引脚别连错。

4)思考题

(1)分析电路的工作原理。

(2)计算延时常数 τ 。

(3)若将电容的容量改为 10μF，会发生什么情况？若电容极性接反了，又会发生什么情况？

(4)若错将 9015 当作 9013 使用，电路能正常工作吗？为什么？若用 9015 实现延时功能，该怎么接线？

(5) 分析图 6.5.19 电路的工作过程。

2. 光控多谐电路的分析与制作

1) 目的

(1) 了解并掌握多谐振荡器的工作原理。

(2) 了解并掌握光控多谐电路的工作原理。

2) 实习要求

(1) 读懂如图 6.5.20 所示的电路原理图，并用文字阐述其工作原理。

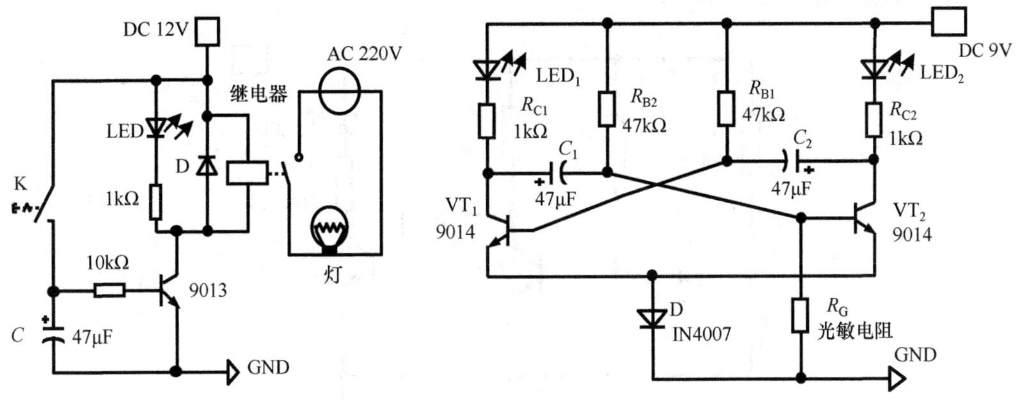

图 6.5.19 常用的延时电路

图 6.5.20 光控多谐电路原理图

(2) 根据电路原理图设计电路板，并画出元件布置图，将布置图附在报告中。

(3) 完成电路板的安装焊接，并进行检查。

(4) 对成品电路进行功能调试、观察、记录、验证功能。

(5) 回答思考题，并将结果写到实习报告中。

3) 注意事项

(1) 发光二极管、二极管都是有极性的，注意引脚别连错。

(2) 所用电容为电解电容，连接时一定注意极性。

4) 思考题

(1) 分析电路的工作原理。

(2) 测量电路的振荡周期 T 和振荡频率 f。

(3) 若将电容的容量都改为 10μF，会发生什么情况？若 C_1=10μF，C_2=47μF，其他不变又会发生什么情况？

(4) 光敏电阻起什么作用？光线很强时发生什么事情？光线很弱时又发生什么事情？

(5) 分析图 6.5.21 电路的工作过程，并查资料弄清楚 555 定时器的引脚功能。

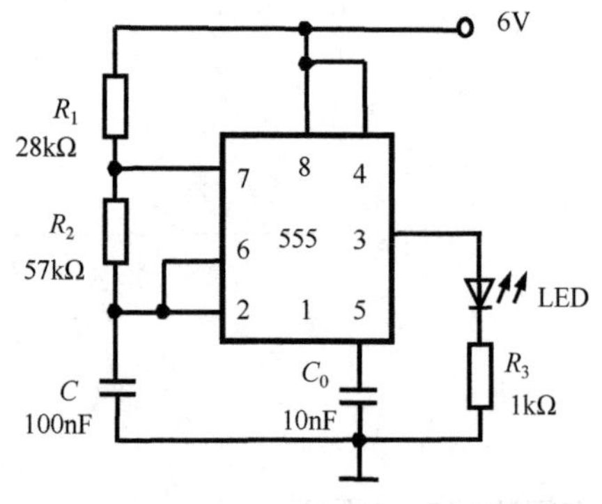

图 6.5.21　555 定时器组成的多谐振荡器

3. 声控电路设计制作

1) 目的

(1) 了解并掌握驻极体话筒的原理及使用。

(2) 了解并掌握三极管电流放大功能。

(3) 了解并掌握电路的工作原理。

2) 实习要求

(1) 读懂如图 6.5.22 所示电路原理图，并用文字阐述其工作原理。

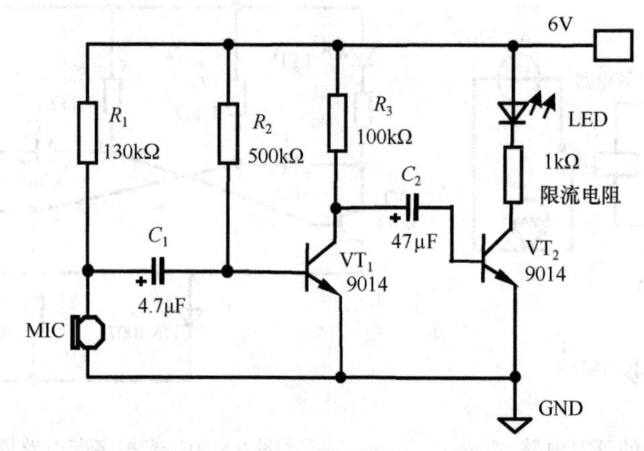

图 6.5.22　声控延时电路原理图

(2) 根据电路原理图设计电路板，并画出元件布置图，将布置图附在报告中。

(3) 完成电路板的安装焊接，并进行检查。

(4) 对成品电路进行功能调试、观察、记录、验证功能。

(5) 回答思考题，并将结果写到实习报告中。

(6) 查资料获得驻极体话筒的原理，并将资料附在报告中。

3) 注意事项

(1) 注意三极管 9014 的引脚，别连错引脚。

(2) 所用电容为电解电容，连接时一定注意极性。

(3) 发光二极管、二极管都是有极性的，注意引脚别连错。

4) 思考题

(1) 分析电路的工作原理。

(2) 计算延时时间。

(3) 若将电容的容量改为 10μF，会发生什么情况？

(4) 限流电阻起什么作用？没有限流电阻，会发生什么事情？

4. 声光控延时电路的分析与制作

1) 目的

(1)了解并掌握驻极体话筒的原理及使用。
(2)学习并掌握电压比较器的功能。
(3)进一步学习光敏电阻、继电器的知识，并掌握电路的工作原理。
2)实习要求
(1)读懂如图 6.5.23 所示电路原理图，并用文字阐述其工作原理。

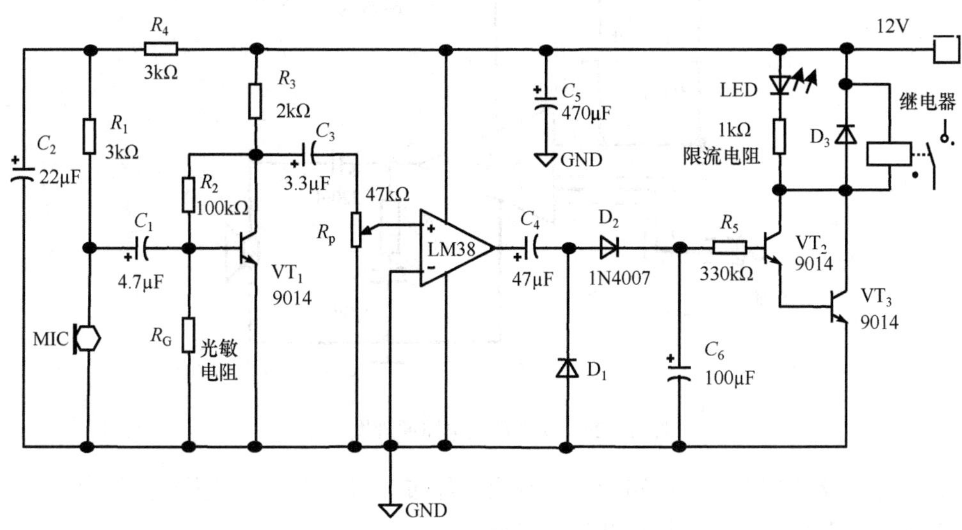

图 6.5.23 声光控延时电路原理图

(2)根据电路原理图设计电路板，并画出元件布置图，将布置图附在报告中。
(3)完成电路板的安装焊接，并进行检查。
(4)对成品电路进行功能调试、观察、记录、验证功能。
(5)回答思考题，并将结果写到实习报告中。
(6)查资料学习光敏电阻的知识，并将资料附在报告中。
3)注意事项
(1)注意三极管 9014 的引脚，别连错引脚。
(2)所用电容都为电解电容，连接时一定注意极性。
(3)发光二极管、二极管都是有极性的，注意引脚别连错。
4)思考题
(1)分析电路的工作原理。
(2)计算延时时间。
(3)试分析电路中各电容起什么作用。
(4)继电器起什么作用？继电器旁的限流电阻和 LED 支路又起什么作用？

5. 功率放大电路的分析与制作

1)目的
(1)了解并掌握功率放大电路的原理。

⑵ 了解并掌握阻抗匹配原则。

⑶ 了解并掌握 LM386 的结构原理及功能。

2) 实习要求

⑴ 读懂如图 6.5.24 所示电路原理图，并用文字阐述其工作原理。

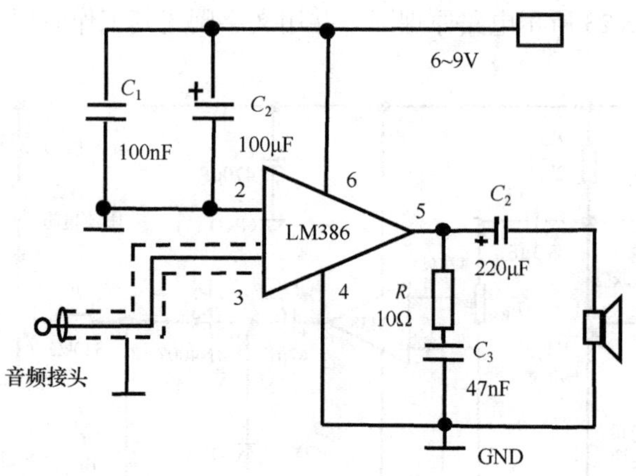

图 6.5.24 功率放大电路原理图

⑵ 根据电路原理图设计电路板，并画出元件布置图，将布置图附在报告中。

⑶ 完成电路板的安装焊接，并进行检查。

⑷ 对成品电路进行功能调试、观察、记录、验证功能。

⑸ 回答思考题，并将结果写到实习报告中。

⑹ 查资料学习功率放大电路的知识，并将资料附在报告中。

3) 注意事项

⑴ 注意放大器 LM386 的引脚，别连错引脚。

⑵ 连接电解电容时一定要注意极性。

⑶ 注意音频接头的的焊接，别短路。

4) 思考题

⑴ 分析电路的工作原理。

⑵ 试分析电路中各电容起什么作用。

6.调频(FM)发射电路设计制作

1) 目的

⑴ 学习信号调频的工作原理。

⑵ 了解并掌握 *LC* 电路的振荡原理。

2) 实习要求

⑴ 读懂如图 6.5.25 所示电路原理图，并说明其工作原理。

⑵ 对照电路原理图设计电路板，完成电路板的安装焊接工作。

⑶ 查资料学习调频电路的知识，并将资料附在报告中。

(4) 对成品电路进行功能调试、观察、记录、验证功能。

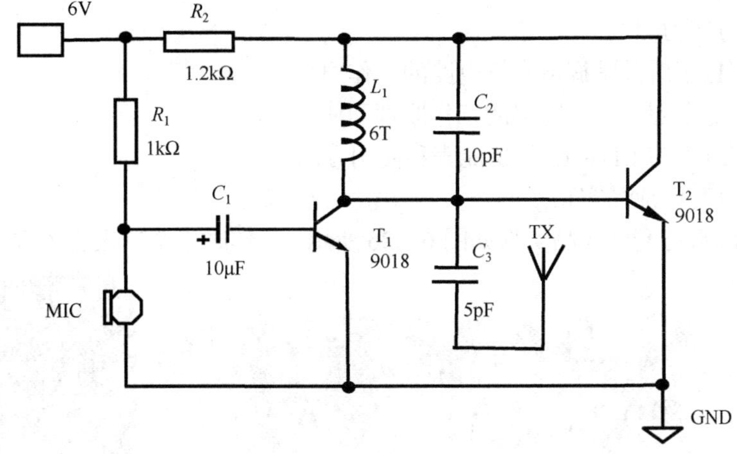

图 6.5.25　调频发射电路原理图

(5) 回答思考题，并将结果写到实习报告中。

3) 注意事项

(1) 线圈绕制要规范。

(2) 连接电解电容时一定要注意极性。

(3) 注意驻极体话筒的焊接，别短路。

4) 思考题

(1) 分析电路的工作原理。

(2) 试分析电路中各部分的作用。

7. 遥控小车的设计与制作

1) 实习目的

(1) 通过对现有成品进行电路功能的组合，学习简单的电子设计方法。

(2) 通过本项目加深对相关电子器件、电子电路的了解。

(3) 学习并培养相互协作的科学工作精神。

(4) 做出一个符合设计功能的四路遥控开关控制光电巡线车的实物成品。

2) 实习要求

(1) 基本要求。用四路遥控开关和光电巡线小车，实现能左转、右转、直行的遥控小车。

(2) 设计思想。写出项目的设计思路、达到的功能、实现设计思路的具体方法。

(3) 写出项目的工作原理，画出项目的电路原理图。可以画出二合一的详细电路原理图，也可以画出二合一的电路框图。但具体连接部分必须仔细画出，实在不便画出的地方，应加文字说明。

(4) 根据电路原理图，完成项目的焊接安装工作。

(5) 对成品进行调试，使其功能达到设计要求。

8. 流水灯电路设计与制作

1) 实习目的

(1) 了解并掌握流水灯电路的工作原理。

(2) 学习 555 定时器的工作原理和使用方法。

(3) 学习 CD4017 的功能表和使用方法。

2) 套件成品实物

流水灯套件成品实物如图 6.5.26 所示。工作时十个二极管依次点亮如同流水一般。

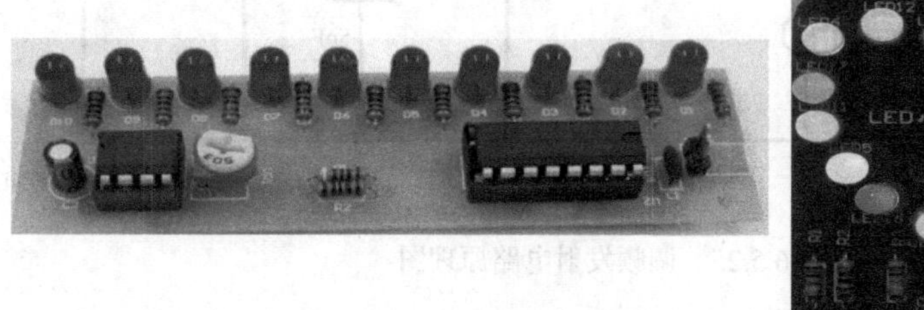

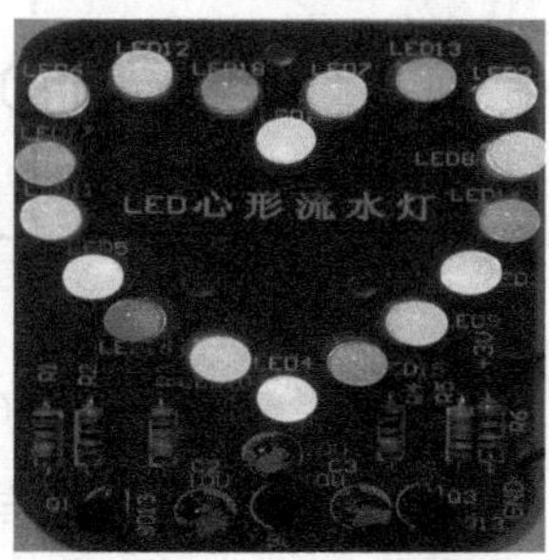

图 6.5.26　流水灯套件成品实物图

3) 流水灯电路原理

流水灯电路原理如图 6.5.27 所示。电路主要由脉冲信号发生器、移位循环控制器和指示灯组成。脉冲信号发生器由 NE555 定时器产生，移位循环控制器由 CD4017 实现，指示灯用发光二极管组成。脉冲信号从 NE555 的 3 脚输出到 CD4017 的 14 脚。通过改变 R_2 的阻值可以改变流水灯的变化频率。每个 LED 需要一个限流电阻。电阻阻

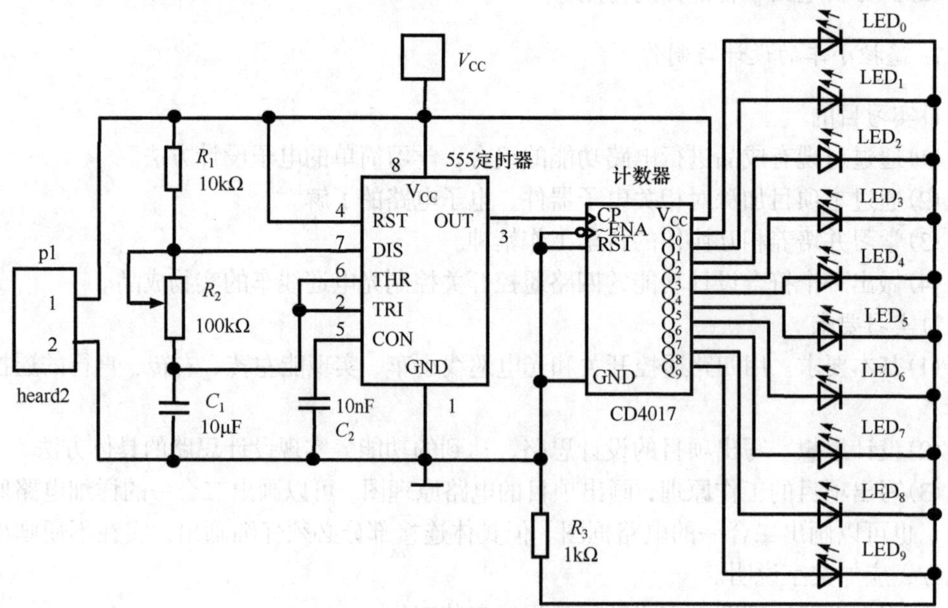

图 6.5.27　流水灯电路原理图

值选用 1kΩ 就可以了。流水灯电路外形可以是圆形、心形等。

4）制作过程与调试注意事项

(1) 全部元器件必须用万用表进行检测后方可使用。

(2) 图 6.5.28 是 CD4017 的引脚图，注意别接错。

(3) 先设计元器件布置图，并按照布置图，将元器件安装在电路板上。

(4) 焊接实物电路前，应对照原理图、布置图仔细检查后方可动手，确保电路板焊接正确。

(5) 焊接完成后，再对照原理图、布置图对实物电路进行最后的仔细检查，准确无误后，方可通入直流 5V 电源，观察电路是否工作正常。

(6) 实物电路正常工作时，10 个发光二极管依次点亮（Q_0～Q_9），点亮的频率快慢，由可调电位器（R_2）调整。

(7) 实物电路工作不正常时，应对照原理图仔细、耐心地进行检查，直到故障完全排除，电路工作正常。

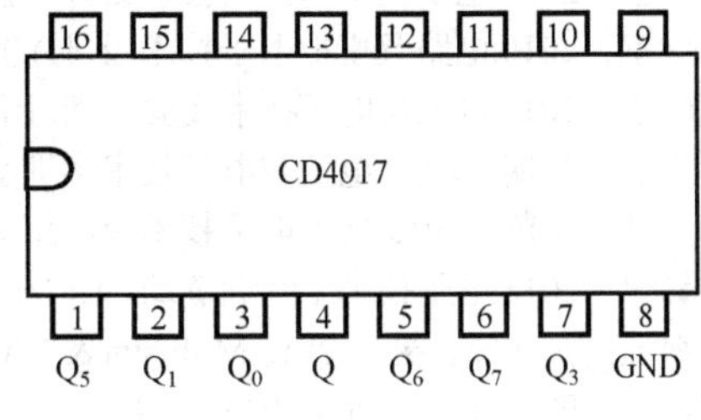

图 6.5.28　CD4017 的引脚

5）分析图 6.5.29 电路的工作过程

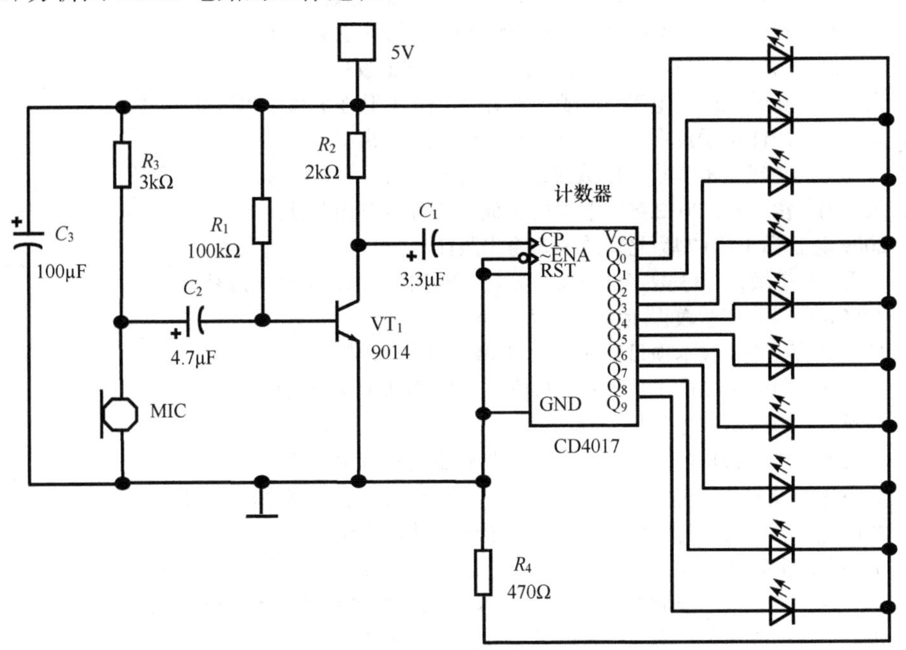

图 6.5.29　声控流水灯接线图

参 考 文 献

陈光明，施金鸿，桂金莲，2007.电子技术课程设计与综合实训.北京:北京航空航天大学出版社.
房永钢，王树红，2009.数字电子技术.北京:北京大学出版社.
冯泽虎，孙世菊，朱相磊.2011.数字电子技术项目教程.北京:北京大学出版社.
何国栋，2014.Multisim 基础与应用.北京:中国水利水电出版社.
侯崇升，2010.电子电工仿真与 EDA 技术.东营:中国石油大学出版社.
胡泽，张雪平，顾三春，2015.电子技术实验教程.北京:高等教育出版社.
贾更新，2006.电子技术基础实验、设计与仿真.郑州:郑州大学出版社.
贾学堂，2010.电路及模拟电子技术(上册).上海:上海交通大学出版社.
贾学堂，2011.电工与电子技术实验实训.上海:上海交通大学出版社.
蒋力立，彭瑞，2013.电工与电子技术实训.武汉:武汉大学出版社.
景兴红，宋苗，2015.模拟电子技术及应用.成都:西南交通大学出版社.
库锡树，2015.电子技术工程训练.北京:电子工业出版社.
李海燕，张榆锋，吴俊.2012.Multisim & Ultiboard 电路设计与虚拟仿真.北京:电子工业出版社.
李鸿林，席志红，2015.电子技术.哈尔滨:哈尔滨工程大学出版社.
廉玉欣，2013.电子技术基础实验教程.2 版.北京:机械工业出版社.
梁明理，2008.电子线路.5 版.北京:高等教育出版社.
刘训非，2011.电子 EDA 技术（Multisim）.北京:北京大学出版社.
刘妍妍，周文良，2011.电子电路设计与实践.北京:国防工业出版社.
鲁宝春，王景利，刘毅，等，2011.电子技术基础实验.沈阳:东北大学出版社.
马秋明，黎翠凤，2014.电子技术实验教程.北京:北京大学出版社.
马永轩，张景异，陈勇，2009.电工与电子技术实践教程.沈阳:东北大学出版社.
聂广林，赵争召，2011.电子技术基础与技能.重庆:重庆大学出版社.
彭端，2011.电工与电子技术实验教程.武汉:武汉大学出版社.
秦长海，张天鹏，翟亚芳，2012.数字电子技术.北京:北京大学出版社.
秦曾煌，2009.电工学(下册).7 版.北京:高等教育出版社.
任骏源，腾香，马敬敏，2013.数字电子技术实验.2 版.沈阳: 东北大学出版社.
司朝良，2014.电子技术实验教程.北京:北京大学出版社.
唐静，2013.实用模拟电子技术项目数程.上海:上海交通大学出版社.
唐明良，张红梅，2014.数字电子技术实验与仿真.重庆:重庆大学出版社.
唐小华，杨怿菲，2010.数字电路与 EDA 实践教程.北京:科学出版社.
童诗白，华成英，2006.模拟电子技术基础.4 版.北京:高等教育出版社.
王传新，2006.电子技术基础实验——分析、调试、综合设计.北京:高等教育出版社.
王德杰，2010.电子技术实验与实训教程.东营:中国石油大学出版社.
吴清富，伍德军，张丽霞，等，2010.电工电子产品制作.成都:电子科技大学出版社.
吴小花，李兰芳，2009.电子技能训练与 EDA 技术应用.广州:华南理工大学出版社.
徐超明，张铭生，2012.电子技术项目教程.北京:北京大学出版社.
杨欣，莱·诺克斯，王玉凤，等，2010.电子设计从零开始.北京:清华大学出版社.
姚丙申，2010.数字电子技术与实训.济南:山东科学技术出版社.
余孟尝，2006.数字电子技术基础简明教程.北京:高等教育出版社.
钟洪声，2012.电子电路设计技术基础.成都:电子科技大学出版社.
钟化兰，2009.模拟电子技术实验教程.南昌: 江西科学技术出版社.
朱荣，2012.电工电子技术实验教程.北京:科学出版社.

附　　录

附录 1　TTL74LS 系列芯片功能表

芯片	功能
74LS00	2 输入端四与非门
74LS01	集电极开路 2 输入端四与非门
74LS02	2 输入端四或非门
74LS03	集电极开路 2 输入端四与非门
74LS04	六反相器
74LS05	集电极开路六反相器
74LS06	集电极开路六反相高压驱动器
74LS07	集电极开路六正相高压驱动器
74LS08	2 输入端四与门
74LS09	集电极开路 2 输入端四与门
74LS10	3 输入三与非门
74LS11	3 输入端三与门
74LS12	开路输出 3 输入端三与非门
74LS13	4 输入端双与非施密特触发器
74LS14	六反相施密特触发器
74LS15	开路输出 3 输入端三与门
74LS16	开路输出六反相缓冲/驱动器
74LS17	开路输出六同相缓冲/驱动器
74LS20	4 输入端双与非门
74LS21	4 输入端双与门
74LS22	开路输出 4 输入端双与非门
74LS26	2 输入端高压接口四与非门
74LS27	3 输入端三或非门
74LS28	2 输入端四或非门缓冲器
74LS30	8 输入端与非门
74LS32	2 输入端四或门

续表

芯片	功能
74LS33	开路输出 2 输入端四或非缓冲器
74LS37	开路输出 2 输入端四与非缓冲器
74LS38	开路输出 2 输入端四与非缓冲器
74LS39	开路输出 2 输入端四与非缓冲器
74LS40	4 输入端双与非缓冲器
74LS42	BCD—十进制代码转换器
74LS45	BCD—十进制代码转换/驱动器
74LS46	BCD—7 段低电平有效译码/驱动器
74LS47	BCD—7 段高电平有效译码/驱动器
74LS48	BCD—7 段译码器/内部上拉输出驱动
74LS50	2-3/2-2 输入端双与或非门
74LS51	2-3/2-2 输入端双与或非门
74LS54	四路输入与或非门
74LS55	4 输入端二路输入与或非门
74LS73	带清除负触发双 JK 触发器
74LS74	带置位复位正触发双 D 触发器
74LS76	带预置清除双 JK 触发器
74LS83	四位二进制快速进位全加器
74LS85	四位数字比较器
74LS86	2 输入端四异或门
74LS90	可二/五分频十进制计数器
74LS93	可二/八分频二进制计数器
74LS95	四位并行输入/输出移位寄存器
74LS97	6 位同步二进制乘法器
74LS112	带预置清除负触发双 JK 触发器
74LS121	单稳态多谐振荡器
74LS122	可再触发单稳态多谐振荡器
74LS123	双可再触发单稳态多谐振荡器
74LS125	三态输出高有效四总线缓冲门
74LS126	三态输出低有效四总线缓冲门
74LS132	2 输入端四与非施密特触发器
74LS133	13 输入端与非门
74LS136	四异或门
74LS138	3-8 线译码器

续表

芯片	功能
74LS139	双 2-4 线译码器
74LS145	BCD—十进制译码/驱动器
74LS150	16 选 1 数据选择/多路开关
74LS151	8 选 1 数据选择器
74LS153	双 4 选 1 数据选择器
74LS154	4 线-16 线译码器
74LS155	图腾柱输出译码器/分配器
74LS156	开路输出译码器/分配器
74LS157	同相输出四 2 选 1 数据选择器
74LS158	反相输出四 2 选 1 数据选择器
74LS160	可预置 BCD 同步清除计数器
74LS161	可预置四位二进制同步计数器
74LS162	可预置 BCD（十进制）同步计数器
74LS163	可预置四位二进制同步计数器
74LS164	八位串行入/并行输出移位寄存器
74LS165	八位并行入/串行输出移位寄存器
74LS166	八位并入/串出移位寄存器
74LS169	二进制四位加/减同步计数器
74LS170	开路输出 4×4 寄存器堆
74LS173	三态输出四位 D 型寄存器
74LS174	带公共时钟和复位六 D 触发器
74LS175	带公共时钟和复位四 D 触发器
74LS180	9 位奇数/偶数发生器/校验器
74LS181	算术逻辑单元/函数发生器
74LS185	二进制—BCD 代码转换器
74LS190	BCD 同步加/减计数器
74LS191	二进制同步可逆计数器
74LS192	可预置 BCD 双时钟可逆计数器
74LS193	可预置四位二进制双时钟可逆计数器
74LS194	四位双向通用移位寄存器
74LS195	四位并行通道移位寄存器
74LS196	十进制/二—十进制可预置计数锁存器
74LS197	二进制可预置锁存器/计数器
74LS221	双/单稳态多谐振荡器

续表

芯片	功能
74LS240	八反相三态缓冲器/线驱动器
74LS241	八同相三态缓冲器/线驱动器
74LS243	四同相三态总线收发器
74LS244	八同相三态缓冲器/线驱动器
74LS245	八同相三态总线收发器
74LS247	BCD—7 段 5V 输出译码/驱动器
74LS248	BCD—7 段译码/升压输出驱动器
74LS249	BCD—7 段译码/开路输出驱动器
74LS251	三态输出 8 选 1 数据选择器/复工器
74LS253	三态输出双 4 选 1 数据选择器/复工器
74LS256	双四位可寻址锁存器
74LS257	三态原码四 2 选 1 数据选择器/复工器
74LS258	三态反码四 2 选 1 数据选择器/复工器
74LS259	八位可寻址锁存器/3-8 线译码器
74LS260	5 输入端双或非门
74LS266	2 输入端四异或非门
74LS273	带公共时钟复位八 D 触发器
74LS279	四图腾柱输出 S-R 锁存器
74LS283	4 位二进制全加器
74LS290	二/五分频十进制计数器
74LS293	二/八分频四位二进制计数器
74LS298	四 2 输入多路带存储开关
74LS299	三态输出八位通用移位寄存器
74LS322	带符号扩展端八位移位寄存器
74LS323	三态输出八位双向移位/存储寄存器
74LS347	BCD—7 段译码器/驱动器
74LS352	双 4 选 1 数据选择器/复工器
74LS353	三态输出双 4 选 1 数据选择器/复工器
74LS365	门使能输入三态输出六同相线驱动器
74LS366	门使能输入三态输出六反相线驱动器
74LS367	4/2 线使能输入三态六同相线驱动器
74LS368	4/2 线使能输入三态六反相线驱动器
74LS373	三态同相八 D 锁存器
74LS374	三态反相八 D 锁存器

续表

芯片	功能
74LS375	4 位双稳态锁存器
74LS377	单边输出公共使能八 D 锁存器
74LS378	单边输出公共使能六 D 锁存器
74LS379	双边输出公共使能四 D 锁存器
74LS380	多功能八进制寄存器
74LS390	双十进制计数器
74LS393	双四位二进制计数器
74LS447	BCD—7 段译码器/驱动器
74LS450	16：1 多路转接复用器多工器
74LS451	双 8：1 多路转接复用器多工器
74LS453	四 4：1 多路转接复用器多工器
74LS460	十位比较器
74LS461	八进制计数器
74LS465	三态同相 2 与使能端八总线缓冲器
74LS466	三态反相 2 与使能端八总线缓冲器
74LS467	三态同相 2 使能端八总线缓冲器
74LS468	三态反相 2 使能端八总线缓冲器
74LS469	八位双向计数器
74LS490	双十进制计数器
74LS498	八进制移位寄存器
74LS502	八位逐次逼近寄存器
74LS503	八位逐次逼近寄存器
74LS533	三态反相八 D 锁存器
74LS534	三态反相八 D 锁存器
74LS540	八位三态反相输出总线缓冲器
74LS563	八位三态反相输出触发器
74LS564	八位三态反相输出 D 触发器
74LS573	八位三态输出触发器
74LS574	八位三态输出 D 触发器
74LS645	三态输出八同相总线传送接收器
74LS670	三态输出 4×4 寄存器堆

附录 2　常用 TTL 芯片引脚图

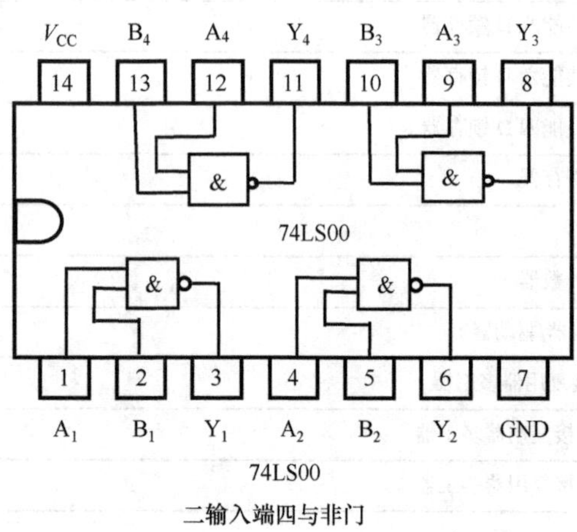

74LS00
二输入端四与非门

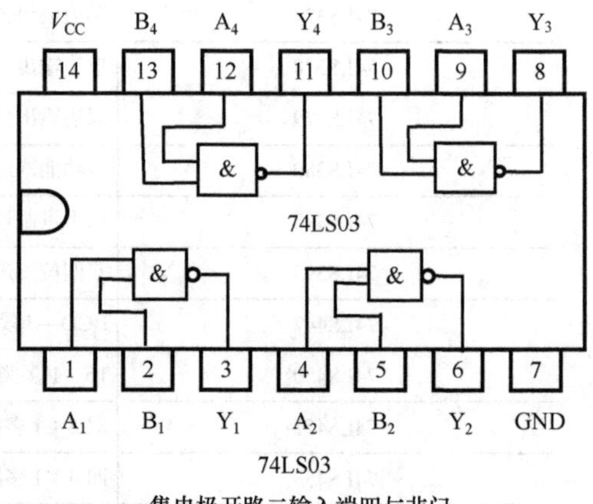

74LS03
集电极开路二输入端四与非门

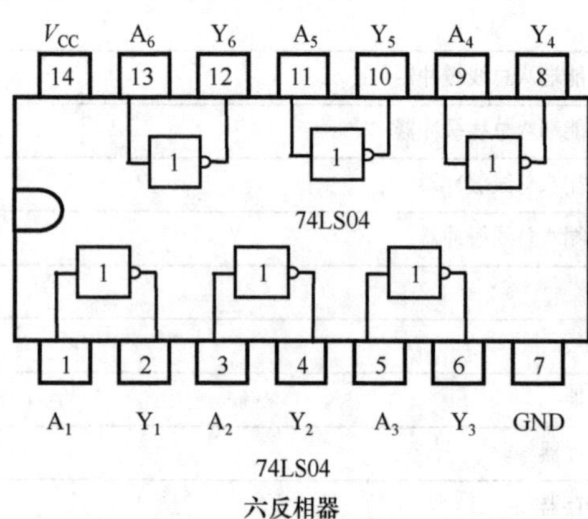

74LS04
六反相器

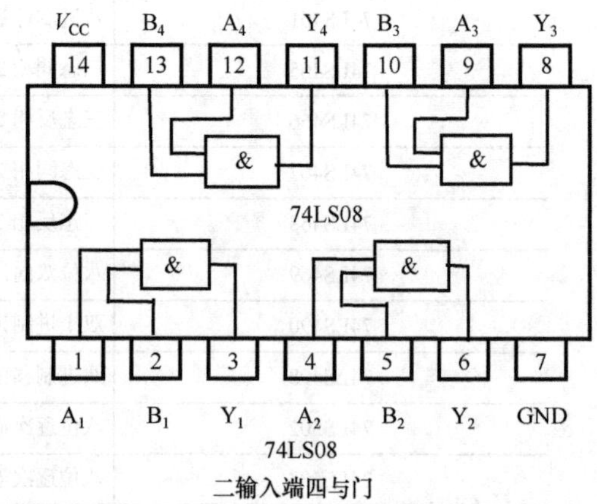

74LS08
二输入端四与门

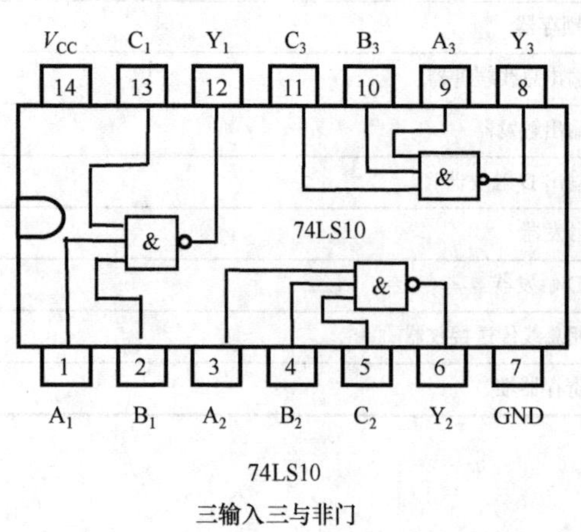

74LS10
三输入三与非门

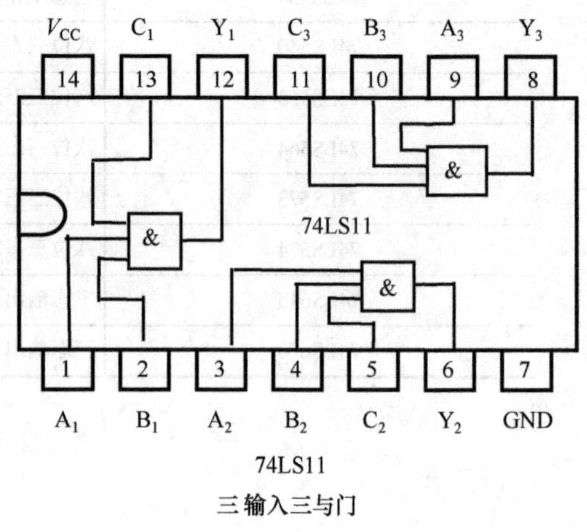

74LS11
三输入三与门

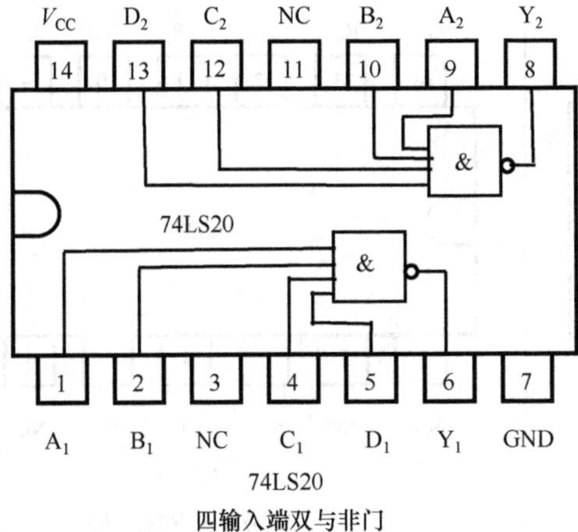

74LS20
四输入端双与非门

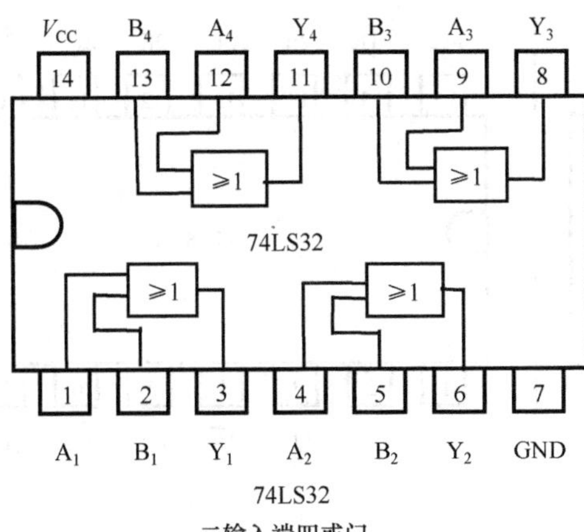

74LS32
二输入端四或门

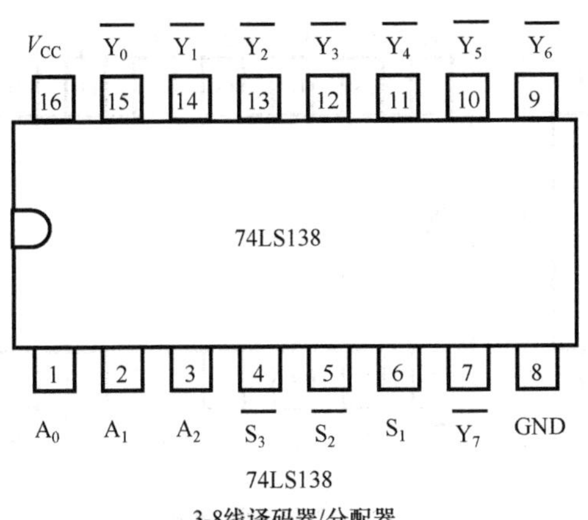

74LS138
3-8线译码器/分配器

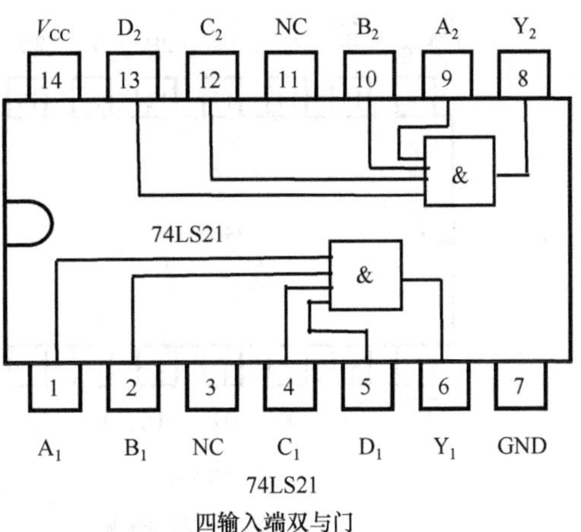

74LS21
四输入端双与门

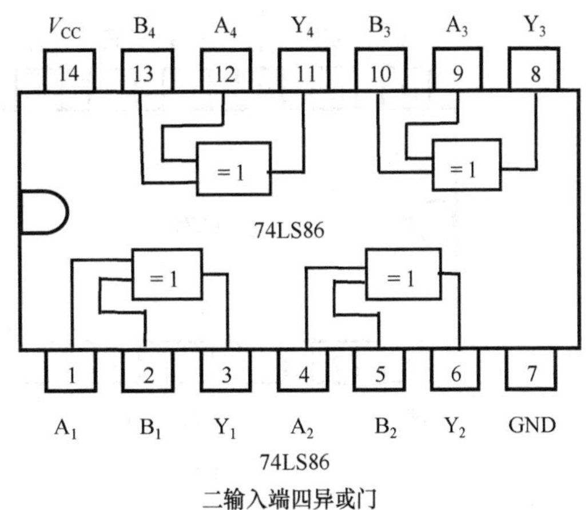

74LS86
二输入端四异或门

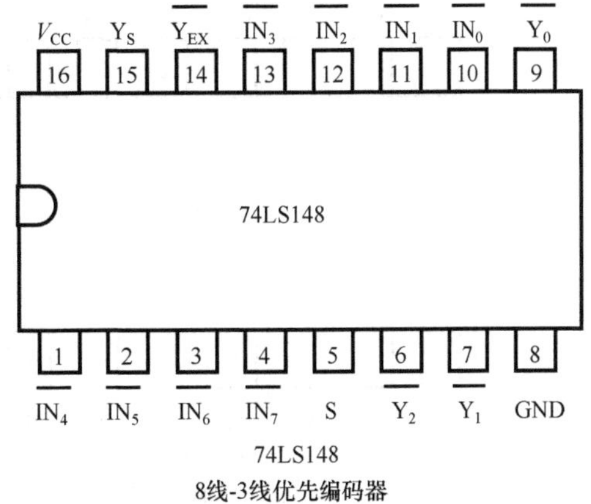

74LS148
8线-3线优先编码器

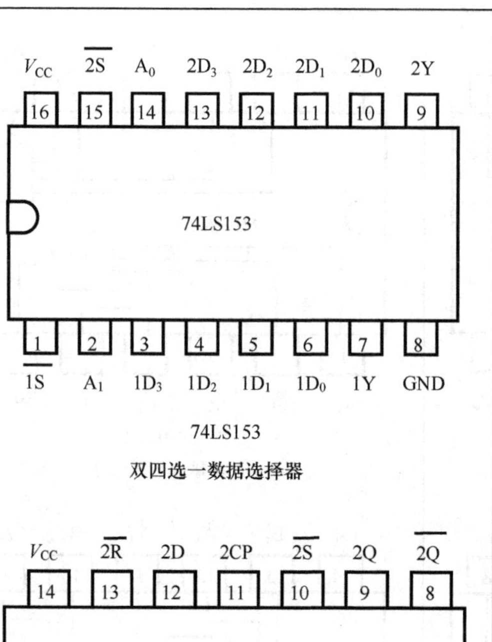

74LS153

双四选一数据选择器

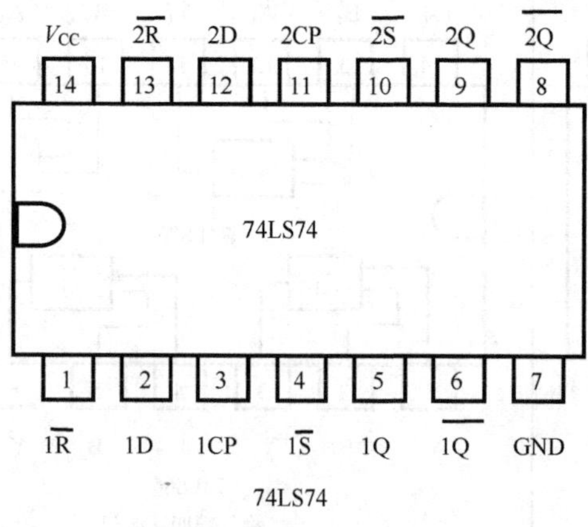

74LS74

带置位复位的触发双D触发器

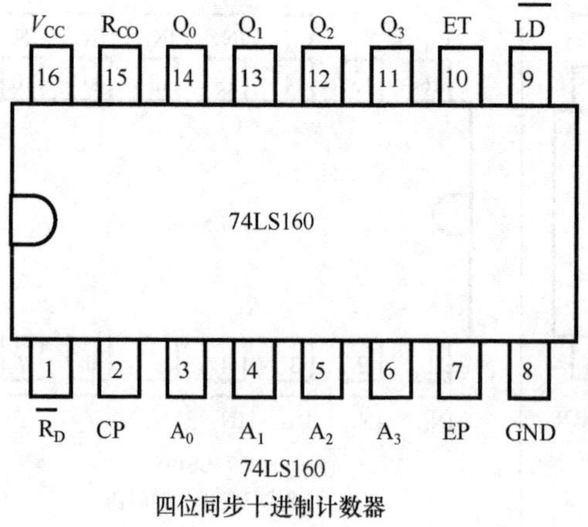

74LS160

四位同步十进制计数器

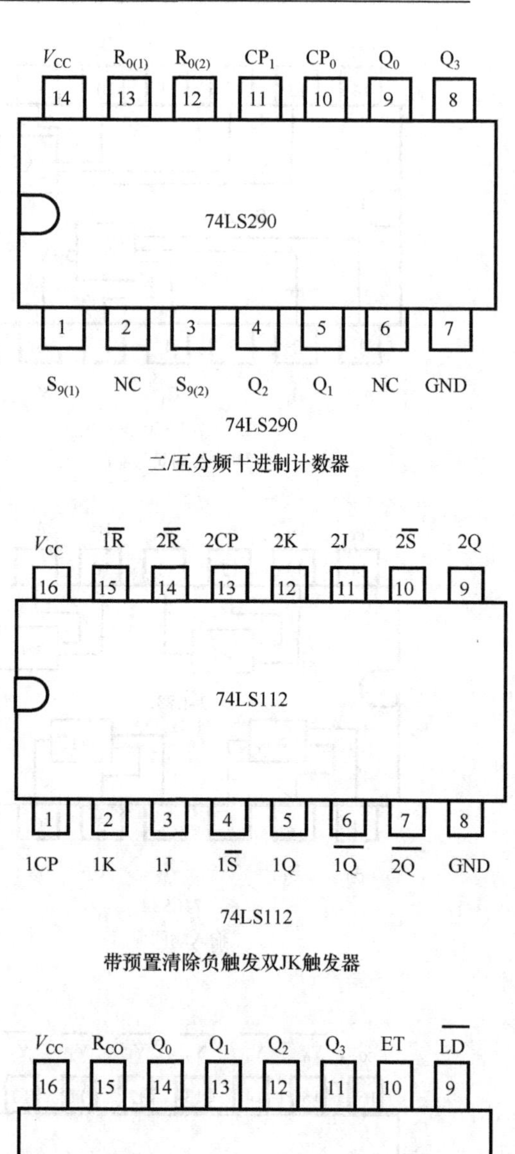

74LS290

二/五分频十进制计数器

74LS112

带预置清除负触发双JK触发器

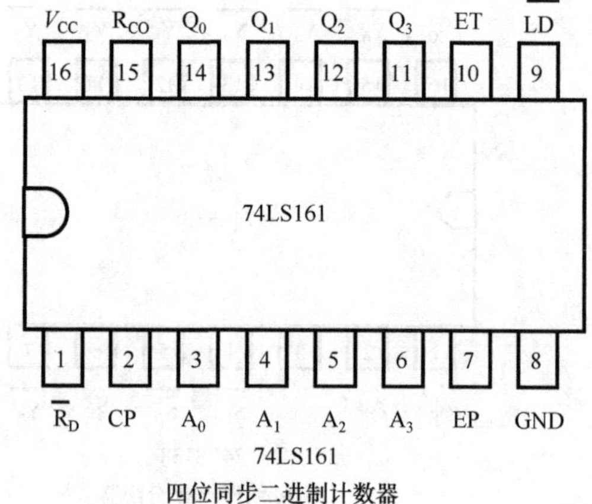

74LS161

四位同步二进制计数器

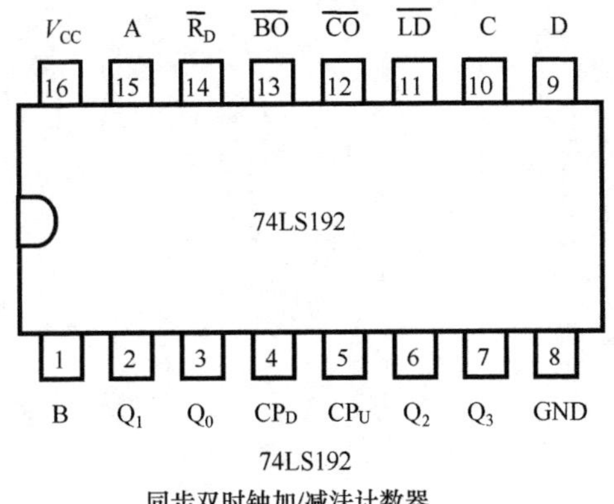

74LS192

同步双时钟加/减法计数器

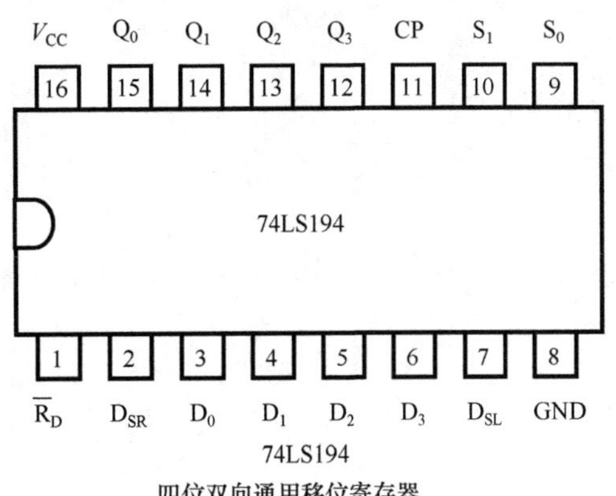

74LS194

四位双向通用移位寄存器

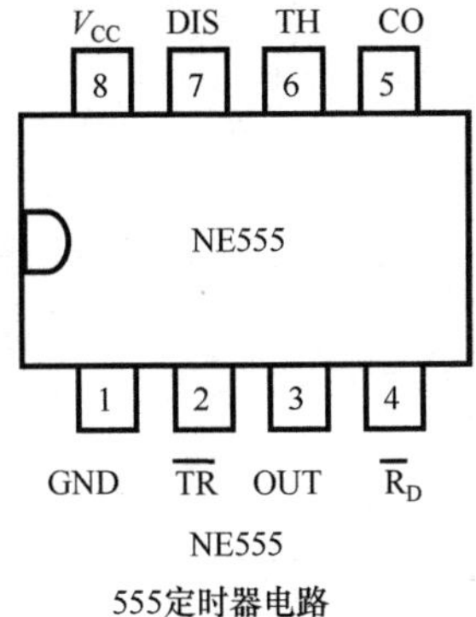

NE555

555定时器电路

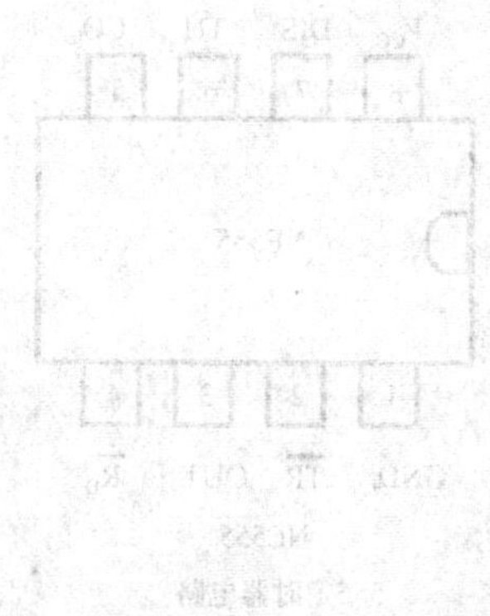